国家出版基金项目
NATIONAL PUBLICATION FOUNDATION

雷达技术丛书

雷达信号处理技术

吴顺君　梅晓春　等　编著

電子工業出版社
Publishing House of Electronics Industry
北京 · BEIJING

内 容 简 介

雷达信号处理技术是雷达系统的重要组成部分，主要完成从雷达接收回波中检测目标、提取目标信息、形成目标航迹等信息处理过程。随着雷达功能的多样化和电磁环境的复杂化，雷达信号处理技术发展迅速，已成为提高雷达系统性能的关键技术。本书比较全面地阐述了雷达信号处理领域的相关技术，内容由浅入深，既有基本原理，又有最新的发展；既有处理理论和方法，又有设计和应用的介绍。

全书共 11 章，第 1 章为概述。第 2～4 章介绍了雷达信号处理基础、雷达信号形式和信号分析、雷达脉冲压缩；第 5～9 章讨论了噪声背景下雷达目标检测、雷达杂波抑制和目标检测、雷达阵列信号处理、雷达抗干扰信号处理、雷达信号处理系统技术；第 10 章和第 11 章分别讨论了雷达目标点迹数据形成与处理、雷达目标的航迹综合处理。

本书可供雷达研究生产、空海保卫、航天监测、环境安全等领域的科技工作者、工程技术人员和雷达部队官兵使用；也可作为高等学校电子与信息学科的高年级本科生和研究生的教材或参考书。

图书在版编目（CIP）数据

雷达信号处理技术 / 吴顺君等编著. -- 北京 : 电子工业出版社, 2024. 12. -- (雷达技术丛书).
ISBN 978-7-121-49347-8

Ⅰ. TN957.51

中国国家版本馆 CIP 数据核字第 202477US44 号

责任编辑：缪晓红　　文字编辑：赵娜
印　　刷：河北迅捷佳彩印刷有限公司
装　　订：河北迅捷佳彩印刷有限公司
出版发行：电子工业出版社
　　　　　北京市海淀区万寿路 173 信箱　邮编 100036
开　　本：720×1 000　1/16　印张：34.5　字数：778 千字
版　　次：2024 年 12 月第 1 版
印　　次：2024 年 12 月第 1 次印刷
定　　价：210.00 元

凡所购买电子工业出版社图书有缺损问题，请向购买书店调换。若书店售缺，请与本社发行部联系，联系及邮购电话：（010）88254888，88258888。

质量投诉请发邮件至 zlts@phei.com.cn，盗版侵权举报请发邮件至 dbqq@phei.com.cn。

本书咨询联系方式：（010）88254760。

“雷达技术丛书”编辑委员会

总序

雷达在第二次世界大战中得到迅速发展，为适应战争需要，交战各方研制出从米波到微波的各种雷达装备。战后美国麻省理工学院辐射实验室集合各方面的专家，总结第二次世界大战期间的经验，于 1950 年前后出版了雷达丛书共 28 本，大幅度推动了雷达技术的发展。我刚参加工作时，就从这套书中得益不少。随着雷达技术的进步，28 本书的内容已趋陈旧。20 世纪后期，美国 Skolnik 编写了《雷达手册》，其版本和内容不断更新，在雷达界有着较大的影响力，但它仍不及麻省理工学院辐射实验室众多专家撰写的 28 本书的内容详尽。

我国的雷达事业，经过几代人 70 余年的努力，从无到有，从小到大，从弱到强，许多领域的技术已经进入国际先进行列。总结和回顾这些成果，为我国今后雷达事业的发展做点贡献是我长期以来的一个心愿。在电子工业出版社的鼓励下，我和张光义院士倡导并担任主编，在中国电子科技集团有限公司的领导下，组织编写了这套"雷达技术丛书"（以下简称"丛书"）。它是我国雷达领域专家、学者长期从事雷达科研的经验总结和实践创新成果的展现，反映了我国雷达事业发展的进步，特别是近 20 年雷达工程和实践创新的成果，以及业界经实践检验过的新技术内容和取得的最新成就，具有较好的系统性、新颖性和实用性。

"丛书"的作者大多来自科研一线，是我国雷达领域的著名专家或学术带头人，"丛书"总结和记录了他们几十年来的工程实践，挖掘、传承了雷达领域专家们的宝贵经验，并融进新技术内容。

"丛书"内容共分 3 个部分：第一部分主要介绍雷达基本原理、目标特性和环境，第二部分介绍雷达各组成部分的原理和设计技术，第三部分按重要功能和用途对典型雷达系统做深入浅出的介绍。"丛书"编委会负责对各册的结构和总体内容进行审定，使各册内容之间既具有较好的衔接性，又保持各册内容的独立性和完整性。"丛书"各册作者不同，写作风格各异，但其内容的科学性和完整性是不容置疑的，读者可按需要选择其中的一册或数册阅读。希望此次出版的"丛书"能对从事雷达研究、设计和制造的工程技术人员，雷达部队的干部、战士以及高校电子工程专业及相关专业的师生有所帮助。

“丛书”是从事雷达技术领域各项工作专家们集体智慧的结晶，是他们长期工作成果的总结与展示，专家们既要完成繁重的科研任务，又要在百忙中抽出时间保质保量地完成书稿，工作十分辛苦，在此，我代表“丛书”编委会向各分册作者和审稿专家表示深深的敬意！

本次“丛书”的出版意义重大，它是我国雷达界知识传承的系统工程，得到了业界各位专家和领导的大力支持，得到参与作者的鼎力相助，得到中国电子科技集团有限公司和有关单位、中国航天科工集团有限公司有关单位、西安电子科技大学、哈尔滨工业大学等各参与单位领导的大力支持，得到电子工业出版社领导和参与编辑们的积极推动，借此机会，一并表示衷心的感谢！

中国工程院院士
2012 年度国家最高科学技术奖获得者 王小谟

2022 年 11 月 1 日

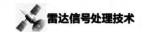

前 言

雷达信号处理技术是雷达从接收回波中剔除干扰信号，提取目标信息的有力手段。良好的信号设计和脉冲压缩方法等有利于抗干扰和提高测量精度；合适的杂波抑制和正确的恒虚警检测技术可以很好地提高雷达对目标的检测性能；雷达成像功能使雷达在微波遥感和目标识别领域大放异彩；快速发展的阵列信号处理技术促进了空时处理和波形分集阵雷达的发展；雷达信号处理系统技术的进步也推动着雷达系统软件化进程的进步；优化的雷达数据处理技术加速了雷达获取信息的有效利用。

本书主要针对电子工程、信号与信息处理、电路与系统等专业的本科生和研究生，以及大学毕业后从事雷达技术研究和生产的技术人员，重点介绍了现代雷达信号处理技术的一些基本内容，并增加了近十多年雷达信号处理技术的新进展。

本书是“雷达技术丛书”的分册之一，是在《雷达信号处理和数据处理技术》的基础上进行修订后的再版。全书共 11 章：第 1 章概述了雷达信号处理技术的研究领域和发展趋势；第 2 章介绍雷达信号处理的一些基础理论，包括信号和频谱、数字信号处理和相参信号处理；第 3 章介绍各种雷达信号形式和信号分析，增加了雷达目标的微多普勒特征；第 4 章介绍雷达脉冲压缩原理、方法和性能，增加了超宽带信号的脉冲压缩；第 5 章讨论了噪声背景下雷达目标检测，包括恒虚警检测器、信号积累和检测、长时间相干积累和弱小目标检测、检测前跟踪；第 6 章介绍雷达杂波抑制和目标检测，包括动目标显示、动目标检测、脉冲多普勒处理和自适应运动杂波抑制；第 7 章介绍雷达阵列信号处理，包括相控阵雷达信号处理及波束形成、阵列雷达高分辨测向方法、空时二维自适应信号处理和波形分集阵雷达信号处理；第 8 章讨论雷达抗干扰信号处理，包括雷达抗有源干扰、抗欺骗干扰、雷达低截获设计和雷达抗干扰性能评估，增加了雷达通信兼容技术；第 9 章介绍雷达信号处理系统技术，包括雷达信号处理系统仿真设计方法、多处理器并行信号处理系统设计、软件化雷达信号处理技术；第 10 章介绍雷达目标点迹数据形成与处理，包括常规监视雷达点迹处理、雷达组网系统中点迹数据处理、运动平台的雷达目标点迹数据处理和双基地雷达点迹数据处理；第 11 章介绍雷达目标的航迹综合处理，包括运动目标的数学模型、跟踪滤波器、复杂环境下的目标跟踪、精细化航迹处理和综合航迹的人工智能处理技术等。

本书的修订工作由吴顺君和梅晓春主持，第 7 章由兰岚修订，第 9 章由苏涛修订，第 10 章和第 11 章由梅晓春修订。戴奉周参与了第 3 章和第 4 章的修订，陶海红和苏洪涛参与了第 5 章和第 8 章的修订。方青、靳俊峰、刘军伟、蔡红军、李正、夏勇和王贝贝参与了第 11 章的修订。曲成华参与了第 10 章和第 11 章的校对和图文编辑工作。吴顺君修订了第 1 章、第 2 章和第 6 章，并对全书进行了统稿和修订。

非常感谢王小谟院士、张光义院士等在本书修订过程中的指导和帮助，以及电子工业出版社学术出版分社社长董亚峰、“雷达技术丛书”特邀首席策划刘宪兰为本书的修订出版工作提供的大力支持。同时，也借此机会感谢西安电子科技大学雷达信号处理国家重点实验室和中国电子科技集团公司第38研究所有关领导和同志的关心和支持。

由于雷达信号处理技术的迅速发展，新技术不断涌现，不少新的技术内容还未能在本书中反映，敬请读者谅解。鉴于作者的学术水平有限，书中可能存在疏漏和不足之处，热忱欢迎广大读者批评指正。

作　者

2022 年 5 月 10 日

目 录

第1章 概述

雷达通过发射电磁信号，从接收到的信号中检测目标回波来探测目标。接收到的信号中，不仅有目标回波，还有噪声（如天地噪声、接收机热噪声），地面、海面和气象（如云雨）等散射产生的杂波信号，以及各种干扰信号（如工业干扰、广播电磁干扰和人为干扰）等。因此，雷达探测目标是在十分复杂的信号背景下进行的，雷达需要通过信号处理来检测目标，并提取目标的各种有用信息，如距离、角度、运动速度、目标形状和性质等。通过数据处理可进一步完成雷达目标的点迹和航迹处理，以及目标信息的显示和分发等。

1.1 雷达信号处理的主要研究领域

现代雷达信号处理需要面对各种应用需求和复杂的雷达工作环境，因此，需要研究各种先进技术来提高雷达从回波信号中提取目标信息的能力。研究内容包括杂波和干扰抑制技术、脉冲压缩和信号相参积累技术、阵列信号处理技术、目标检测技术、目标特征信息提取技术、信号处理系统技术等。雷达点迹和航迹综合处理等数据处理技术，可以把雷达探测信息转换为应用情报信息分发给用户。

1.1.1 信号检测和视频信号积累

早期的雷达，主要功能是发现目标和测定目标的空间位置，因此，信号处理功能相对简单，在噪声背景下检测目标回波是其主要任务，为提高雷达在噪声背景下发现目标的能力，视频信号积累和恒虚警（CFAR）检测技术得到了快速的发展。通过视频信号积累可以提高目标回波的信噪比（SNR），提高雷达在噪声背景下对目标的发现能力。通过恒虚警检测可以使雷达保持较高的发现目标的能力，同时使发生虚警（由噪声引起的，事实上没有目标）的概率大为降低。

1.1.2 相参信号的杂波抑制技术

地物杂波、海杂波、气象杂波和箔条干扰等杂波信号往往比目标回波信号强得多（如几十分贝），对目标回波检测造成了严重干扰。因此，抑制雷达杂波，提高目标回波信号的信杂比（SCR）成为雷达信号处理的又一项重要任务。

随着雷达接收相参技术和全相参雷达技术的发展，20 世纪 70 年代以来[1]，雷达动目标显示（MTI）、雷达动目标检测（MTD）和自适应动目标显示（AMTI）等技术得到了迅速发展。利用目标回波与杂波间的多普勒频率差异，通过多普勒滤波技术滤除（或抑制）各种杂波，从而提高目标回波的信杂比，使雷达在杂波背景下发现目标的能力得到提高。

1.1.3　雷达脉冲压缩技术

雷达通过发射脉冲信号，然后测量目标回波信号与发射脉冲之间的时间延迟来测量目标距离。发射的脉冲宽度越窄，雷达区分两个目标的能力（即距离分辨率）就越强，因此，早期的雷达通过发射窄脉冲来提高雷达的距离分辨率。根据雷达距离方程，雷达探测目标的最大作用距离是与雷达发射信号的平均功率相关的。雷达发射的平均功率为

$$P_{平均} = \frac{\tau}{T_r} P_{峰值} \tag{1.1}$$

式中，$P_{峰值}$ 表示发射脉冲的峰值功率；τ 为发射脉冲宽度；T_r 为发射脉冲重复周期；τ / T_r 也称为雷达脉冲信号占空比。在 T_r 一定的情况下，发射脉冲宽度 τ 越大，雷达发射信号的平均功率 $P_{平均}$ 越大，雷达的最大作用距离就越大。

根据信号理论[2]，雷达的距离分辨率主要取决于发射信号的带宽 B 。对单载频脉冲而言，脉冲宽度越窄，带宽越宽，因此，发射窄脉冲可以提高雷达的距离分辨率。研究证明，发射大时宽带宽积（ $B\tau$ ）的信号，不仅可以提高雷达的距离分辨率，还有利于提高发射信号的平均功率，降低发射脉冲的峰值功率。在接收时，对大时宽带宽积信号进行匹配滤波，可使接收到的目标回波信号压窄，称为脉冲压缩技术。

1.1.4　阵列信号处理理论及应用

传统机械扫描雷达通过天线本身的机械转动来实现对空间的扫描，20 世纪 80 年代出现的相控阵天线，通过移相器实现对天线阵元信号相位的控制来进行扫描。随着数字技术的发展，雷达接收到的信号可以通过 A/D 转换器转换成数字信号，从而可以通过数字方法实现移相。对于阵列天线，利用多路接收机接收的多阵元接收信号，被转换为多路数字信号后，就可用数字方法形成天线方向图，称为数字波束形成（DBF）技术。数字波束形成技术既能形成单波束，也能形成多个波束，其灵活的空间搜索能力大大提高了雷达探测和跟踪目标的能力。

机载雷达下视探测目标时，地杂波是很强的，因此，机载雷达需要利用高稳定的发射信号、超低副瓣天线和高性能的脉冲多普勒信号处理来抑制强地杂波和检测目标。由于载机的高速运动，不同方向地杂波的多普勒频率是不同的，因此，在频率和空间平面上，地杂波频谱的中心是按斜线或弧线分布的。如果仍采用常规的脉冲多普勒方法处理，对地杂波的抑制性能受限。如果机载雷达天线阵元（或子天线）信号的接收通过多路接收机接收，就可能对多路接收信号进行空间和时间二维信号处理，进一步提高机载雷达下视时在强地杂波中检测目标的能

力，这就是迅速发展的空时自适应信号处理技术（STAP[3]）。

随着数字技术的发展，阵列体制也不断升级更新。近年来，频率分集阵（FDA）在发射阵元间引入了一个微小的频率步进量，其产生的天线发射方向图不仅与角度有关，也是距离/时间的函数。经过接收端的信号处理，可以获得距离维的自由度，进一步提升了阵列天线信号处理能力，在距离-角度多维参数联合估计、距离解模糊、主瓣欺骗干扰对抗等方面具有广阔的应用前景。

1.1.5 雷达成像技术

当机载或星载雷达从空中对地观测时，通过距离高分辨和方位高分辨技术，可以得到地球表面的二维高分辨像。距离分辨率的大小主要取决于雷达发射信号的带宽，并通过脉冲压缩技术来实现。方位分辨率的大小与天线孔径有关。通常天线的孔径不可能做得太大，但是通过载机在空中的飞行和定时发射信号，将接收信号存储起来后按某种算法进行处理，就可以得到分辨率很高的“等效天线孔径”，因为这种等效天线孔径是通过信号处理合成产生的，所以称为“合成孔径”，并将具有这种功能的雷达称为合成孔径雷达（SAR）。合成孔径雷达可以得到地面的二维像（距离-方位）。如果采用双天线接收或双极化接收，还可以得到地面的三维像（距离-方位-高度）。

对宽带工作的地面雷达来说，如果雷达所观测的空中运动目标相对于雷达运动形成一定转角，则可以利用合成孔径的原理，通过信号处理方法得到雷达目标的二维像（距离-多普勒）。由于成像时雷达不动，而目标在运动，因此，把这种成像称为逆合成孔径雷达（ISAR）成像。如果与单脉冲雷达技术相结合，通过信号处理也可以得到雷达目标的三维像（距离-方位-多普勒）。

1.1.6 雷达目标识别技术

雷达的主要功能是发现目标和测量目标坐标和运动参数。对火力控制（火炮、导弹）和指挥决策来说，了解目标的性质是十分重要的。目标识别是指判断目标是什么类型的目标，例如，区分飞机是轰炸机还是战斗机；区分车辆是履带车辆还是轮式车辆；指出飞机和军舰的型号；从众多的假目标中识别真目标；从SAR 图像中识别机场、港口、交通枢纽等。

雷达目标识别和分类主要通过信号处理来实现，其方法是多种多样的，既可以利用目标回波串的特性，也可以利用目标的高分辨率图像和微多普勒特征[4]等。特别是雷达目标或其部件的微运动在目标回波上附加的微多普勒调制特征，为目标特征和进行属性识别判断提供了有力的手段。

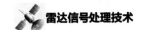

1.1.7 雷达抗电子干扰技术

在现代战争中，雷达面临各种威胁和挑战，如电子干扰、反辐射导弹、低空突防和隐身目标等，直接影响雷达的探测性能，甚至威胁到雷达的生存。在这些威胁中，电子干扰是最常遇到的一种威胁。

电子干扰一般分为无源干扰和有源干扰两种。

无源干扰是指人为布撒在空中的箔条。箔条是表面涂覆金属的玻璃纤维或塑料条。大量的箔条在空中形成大片的箔条云，并在空中随风飘荡，当它受到雷达天线波束照射时会形成很强的反射信号，从而干扰雷达对目标的检测。由于无源干扰的反射信号类似于气象杂波信号，所以，其一般可以用抑制气象杂波的方法进行抑制。

有源干扰是敌方故意施放的电磁干扰信号，一般可分为噪声干扰和欺骗干扰。噪声干扰的功率大，会造成雷达接收机饱和或干扰雷达信号检测。欺骗干扰通过辐射虚假的雷达回波（假目标）来干扰雷达探测和雷达跟踪。抗有源干扰的主要方法有自适应频率捷变（AFT）、自适应波形捷变、自适应天线副瓣匿影（SLB）、自适应天线副瓣相消等方法。

1.1.8 雷达信号处理系统技术

随着微电子技术和数字技术的发展，雷达信号处理的功能越来越强，算法也越来越复杂，利用电子设计自动化软件进行雷达信号处理系统的建模、仿真和设计，可以提高设计效率和雷达信号处理系统的性能。

传统雷达信号处理系统采用以硬件平台为核心的定制化方案，研制周期长，使用、维护和升级困难。随着微电子技术的高速发展，数字信号处理芯片（DSP）、现场可编程门阵列（FPGA）和复杂可编程逻辑器件（CPLD）不断涌现，雷达信号处理的设计更加灵活，功能也越来越强。多机并行系统的出现，缓解了雷达信号处理日益增长的高速、大容量运算等要求。当前，软件化雷达信号处理技术，通过合理的开放式雷达信号处理软硬件平台和各种先进算法软件技术，实现快速研发新设备并能提升雷达信号处理性能，正进入快速发展阶段。

1.1.9 雷达目标点迹数据处理技术

雷达目标回波信号经前端处理之后形成点迹数据，这些点迹数据既可能是真实目标产生的，也可能是噪声、杂波剩余和干扰信号产生的。点迹数据一般是相应目标信号的方位、距离、仰角等参数，也包括信号幅度、方位宽度、多普勒频率或处理频道号、环境信息、录取时间等。受雷达体制、波束形状、信号处理方式、信杂比等因素的影响，一个运动目标可能在不同方位、不同距离上同时输出多个点迹数据，而雷达目标航迹处理要求一条航迹一次扫描仅与一个目标点迹进行相关，因此，雷达目标点迹处理任务主要如下。

（1）依据目标点迹数据所产生的环境背景信息，结合信号幅度、方位宽度，初步确定目标点迹是否为真实目标所产生的。

（2）依据目标点迹在方位、距离、仰角等空间分布情况，需要把一次扫描获得的单个目标的多个点迹分离出来并凝聚成一个点迹，输出一组点迹数据，供航迹关联和更新使用。

（3）为从杂波剩余和干扰中分离目标点迹，利用目标位移帧间的相对均匀性和目标的点迹特征，进行帧间滤波，用于杂波剩余较多和降低检测门限时，可有效提升对弱小目标的发现能力。

（4）对多部雷达产生的目标点迹，需要进行时间统一、空间对齐、误差校正等处理，再进行多雷达点迹合并与凝聚，形成单一点迹数据供航迹关联和更新。

随着探测目标和环境的不断变化，对雷达目标点迹数据处理需要应用新技术和新算法，结合具体的雷达体制、波束形状、波形特征、信号处理方式和环境信息等进行综合处理，以满足探测和用户需求。

1.1.10 雷达目标跟踪数据处理技术

雷达目标跟踪数据处理技术依据目标点迹处理的输出，利用系统模型、目标运动模型和跟踪滤波算法，解决目标跟踪的起始、点迹与点迹相关、点迹与航迹相关、相关区域自动控制等系列问题，重点关注机动目标跟踪、复杂环境下小目标跟踪和相控阵雷达目标跟踪的波束调度及时间能量资源分配。

机动目标跟踪是雷达数据处理中最活跃、最关切的部分。机动目标跟踪对民航目标来说，需要解决航线上的密集飞行、紧急避闪、空中盘旋、机场起降等情况下的稳定跟踪；对军用飞行目标来说，则需要研究交叉、规避、拉升、俯冲、盘旋、剪式穿插、蛇形机动等情况下的跟踪，需要研究低空、超低空、大范围、全航程，特别是在密集飞行、小角度交叉、高速高机动并伴随丢点和干扰环境下的自动正确跟踪问题。

在复杂信息环境下弱小目标的自动跟踪，往往伴随着杂波剩余较多，需要利用高速计算和并行处理技术，研究利用帧间滤波技术、检测前跟踪技术和先进算法，提升对弱小目标的自动跟踪性能。

相控阵雷达的波束调度和时间能量资源分配，是雷达数据处理单元根据任务执行情况进行安排和控制的。通过波束调度，对重点目标和监视区域分配更多的扫描时间和能量资源，实现对重点目标的快速发现确认及高数据率跟踪。需要根据目标的距离远近、方位分布和干扰情况选择扫描模式、脉冲数和驻留时间；需要根据目标重要程度、威胁等级、探测精度和数据更新率合理安排扫描时序，综合考虑各种因素，实现优化调度，满足不同探测环境和目标环境下的目标跟踪需求。

1.2 雷达信号处理的发展趋势

随着信号处理理论的发展、数字化技术的应用和各种学科的交叉渗透，雷达信号处理正日益成为雷达技术发展的先锋。

1.2.1 数字化技术迅速推广

自 20 世纪 70 年代数字处理理论[5]进入雷达信号处理领域以来，雷达信号处理呈现出蓬勃发展的趋势。20 世纪 70 年代以前，雷达信号处理主要采用模拟电路，严重制约了信号处理的发展。例如，“匹配滤波理论”“傅里叶变换算法”早就被提出，但在当时实现起来非常困难。就是相对简单的“一次对消”和“二次对消”等动目标显示技术，在实现上也只能采用水银延迟线、固体延迟线等，既笨重，性能也差。随着数字化技术的发展，这些理论和算法[6,7]迅速在雷达信号处理系统中得到推广和应用[8]，数字化技术也得到了雷达技术人员的认同。信号处理实现手段的强化，大大促进了信号处理技术的迅速发展，使现代雷达信号处理系统向着数字化、软件化、模块化的方向迅速发展，应用范围也越来越广。

1.2.2 雷达信号处理技术正向多功能方向发展

雷达的应用面是很宽的，既可以放在地面、军舰、战车和飞机上，又可以工作在导弹、卫星和航天探测器上。雷达的工作环境也是复杂多变的，因此，对雷达信号处理提出了各种各样的功能要求。雷达信号处理已经从比较简单的在噪声中检测目标，逐步发展到具有抑制各种杂波、抗各种电磁干扰的能力；从视频处理发展到零中频处理和中频处理，从时域处理逐步发展到时域-频域处理、空-时-频-极化综合处理；从测距-测角-测速发展到成像处理、目标识别处理等，功能越来越多，性能越来越高。

1.2.3 雷达信号处理算法迅速发展

雷达信号处理向多功能方向发展对信号处理理论的发展提出了新的要求，而雷达信号处理数字化技术的进展又为各种信号处理理论在雷达信号处理中的应用提供了可能，因此雷达信号处理算法发展很快。

1. 自适应信号处理算法

20 世纪中叶，美国的 B. Widrow 和 M. Hoff 提出了最小均方自适应算法；20 世纪 70 年代，自适应动目标显示（AMTI）开始应用于雷达；20 世纪 80 年代，自适应波束形成算法出现，现在自适应信号处理已在雷达中得到了比较广泛的应用，如自适应杂波对消、自适应干扰抑制、自适应频率检测、自适应波形捷变、二维或多维自适应处理等。

2. 认知雷达

2010 年，加拿大的 Simon Haykin 教授提出了认知雷达的概念[9]，并随后提出了认知动态系统的基本理论和应用框架，引起了大家的关注[10]。认知雷达通过同时优化发射和接收模式，以及自适应多维发射和知识辅助等方法，提高了雷达在复杂电磁环境下探测和识别目标的能力[11]。

3. 新的信号处理理论逐步进入雷达信号处理

在雷达目标识别中，子波分析、模糊理论、神经网络、分形算法和遗传算法已经越来越广泛应用，以数据信息挖掘为代表的人工智能正在引入。在 SAR 图像处理中，各种图像处理算法也已被全面应用来解决有关问题。

1.2.4 多学科领域技术的相互交叉和相互渗透

气象杂波和海杂波的建模仿真需要用到大气传播、海浪和洋流的特性，数字波束形成让大家看到了天线微波技术与信号处理的完美结合，天基雷达的出现又迫使信号处理技术人员进一步了解卫星和宇航方面的有关知识。大运算量、多功能的信号处理系统需要大量的大规模集成电路，这些集成电路的性质、特点和功能是雷达信号处理人员急需掌握和了解的知识。从雷达信号处理技术的发展中，我们可以深切体会到现代多学科领域的交叉和渗透。

隐身目标和超高声速飞行器的出现，以及超宽带雷达、量子雷达和太空电子战等的迅速发展，正不断给雷达信号处理技术提出新的要求。

1.2.5 雷达数据处理技术发展迅速

用户的需求和数字化技术日新月异的发展，推动着雷达数据处理技术不断进步。具备通用性、可扩展性、健壮性、高可靠性的雷达数据处理算法不断出现，以实现对陆海空天目标一体化自动处理、弱小目标自动跟踪、复杂场景稳健关联、虚假航迹准确抑制、轨道信息精确计算。

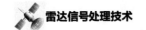

针对高速、高机动、反应时间短、密集度越来越大的新型高威胁目标，目标跟踪模型从单一最优向多次最优发展，跟踪算法从基于模型与规则向基于数据与知识发展。采用智能化处理，进行目标类型快速分类，实现参数自动寻优，基于历史大数据和知识，实现航迹位置准确预测、目标意图识别与威胁估计、复杂自适应波形参数优化设计等。

利用多种传感器对同一区域进行联合探测，实现时间、空间、探测方式的互补和探测信息的融合使用。为有效进行统一管理和资源配置，雷达数据处理根据信息融合和态势感知的实际需要，实时控制传感器工作状态，为作战区域提供完整、准确、通用、连续和及时的态势信息。

1.3 本书章节内容安排

本书后续内容的安排上，力求系统，由浅入深。第 2 章叙述了雷达数字信号处理的一些基础内容，如数字模拟转换、相参信号处理、雷达信号的模糊函数等。第 3 章介绍雷达信号形式和信号分析，如单频脉冲信号、频率调制脉冲信号、相位编码脉冲信号、雷达目标微多普勒特征。雷达信号是信号处理的对象，了解这些信号的特点，有助于研究设计更好的信号处理方法。

第 4 章～9 章讨论雷达信号处理的一些主要内容，包括雷达脉冲压缩、噪声背景下雷达目标检测、雷达杂波抑制和目标检测、雷达阵列信号处理、雷达抗干扰信号处理、雷达信号处理系统技术。因为《雷达成像技术》已是“雷达技术丛书”之一[12]，这次“雷达技术丛书”修订将《雷达目标识别技术》也列为丛书修订版新增书册，所以本书没有列入有关雷达成像和雷达目标识别技术的内容。

本书第一版中的第 11～14 章的内容经过调整成为新版的第 10 章和第 11 章，重点介绍了雷达目标点迹数据形成与处理，以及雷达目标的航迹综合处理。

本章参考文献

[1] SKOLNIK M I. Radar Handbook. Second Edition. New York: McGraw-Hill Publishing Company, 1990.

[2] 库克 C E，伯菲尔德 M. Radar Signal. 董士嘉，译. 南京电子技术研究所，2004.

[3] RICHARD K. Space-Time Adaptive Processing-Principles and Application. IEE Radar Navigation and Avionics 9, The Institute of Electrical Engineers, London, 1998.

[4] CHEN V C. 雷达中的微多普勒效应. 吴顺君，杜兰，刘宏伟，译. 北京：电子工业出版社，2013.

[5] WIDROW B, Hoff J M. Adaptive Switching Circuit. IRE WESCON Conv. Rec. PT4, 1960: 96-104.

[6] ALAN V O, RONALD W S. Digital Signal Processing. Prentice-Hall, Inc., Englewood Cliffs, N. J., 1975.

[7] STANLEY W D. 数字信号处理. 常迥，译. 北京：科学出版社，1979.

[8] 戴树荪，等. 数字技术在雷达中的应用. 北京：国防工业出版社，1981.

[9] SIMON H. New Gueration of Radar Systems Enabled with Cognition. Keynote Speaker of The 2010 IEEE Radar Conference, Washington D. C., 2010, 5: 10-14.

[10] SIMON H. Cognitive Dynamic System. Cambridge University Press, 2012.

[11] JOSEPH R G. 认知雷达——知识辅助的全自适应方法[M]. 吴顺君，戴奉周，刘宏伟，译. 北京：国防工业出版社，2013.

[12] 保铮，邢孟道，王彤. 雷达成像技术[M]. 北京：电子工业出版社，2005.

第2章

雷达信号处理基础

2.1 信号和频谱

信号是指时间上连续观察一个物理过程所得到的观察值的集合或全体。信号是独立变量 t 的函数，一般来说，t 表示时间。信号也可以是其他物理参数，如空间等。如果一个信号可以用数学函数确定地描述，则称其为一个确知信号；否则，称其为一个随机信号或随机过程。

2.1.1 信号波形

物理量 x 随时间 t 的变化称为信号波形。普通脉冲雷达的发射信号是一个载频为 f_0 的矩形脉冲信号，可表示为

$$x(t)=\mathrm{rect}(t)\cdot A\cos(2\pi f_0 t+\varphi_0) \tag{2.1}$$

式中，$A\cos(2\pi f_0 t+\varphi_0)$ 为一个正弦信号，A、f_0 和 φ_0 分别为正弦信号的振幅、频率和初相，$\mathrm{rect}(t)$ 称为矩形函数。

$$\mathrm{rect}(t)=\begin{cases}1, & |t|\leqslant\dfrac{\tau}{2}\\[2mm] 0, & |t|>\dfrac{\tau}{2}\end{cases} \tag{2.2}$$

式中，τ 为矩形宽度。信号 $x(t)$ 的波形如图 2.1 所示。

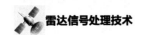

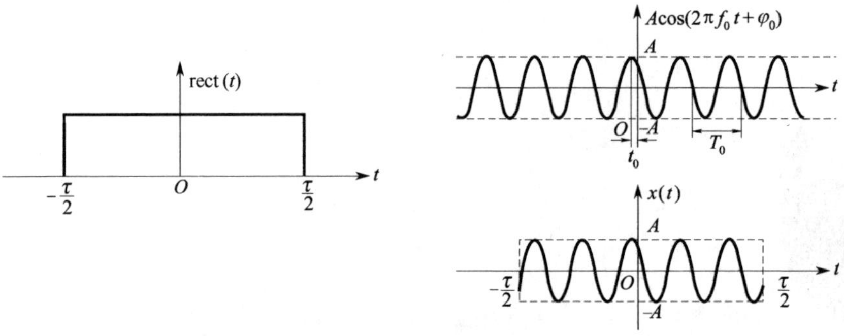

图 2.1　信号 $x(t)$的波形

在图 2.1 中，$x(t)$ 是通过正弦信号与矩形函数相乘得到的，因此，$x(t)$ 是一个经矩形脉冲调制的正弦信号。

在图 2.1 中，正弦信号 $A\cos(2\pi f_0 t+\varphi_0)$ 是一个周期信号，其重复周期为

$$T_0=\frac{1}{f_0} \tag{2.3}$$

因为正弦信号的初相 $\varphi_0 = 2\pi f_0 t_0$，所以，正弦信号的相位 φ 为

$$\varphi = 2\pi f_0 t + \varphi_0 = 2\pi \frac{t}{T_0} + \varphi_0 \tag{2.4}$$

图 2.1 中的矩形脉冲和带载频的波形脉冲是非周期信号，如果矩形脉冲以周期 T_r 重复出现，则形成周期脉冲信号 $x'(t)$，如图 2.2 所示。

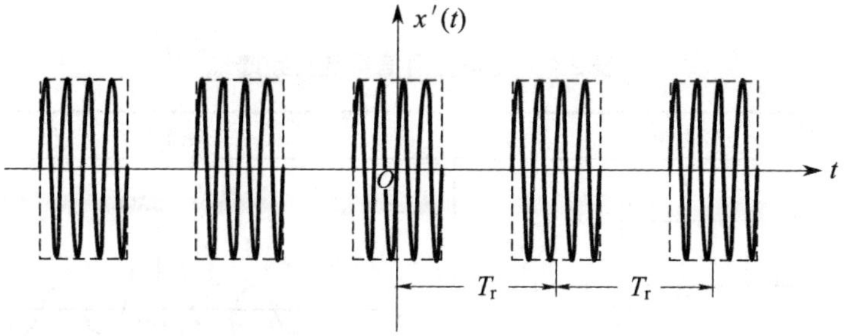

图 2.2　重复周期 T_r 的周期脉冲信号序列

周期脉冲序列 $x'(t)$ 可表示为

$$x'(t) = \mathrm{rect}'(t) \cdot A\cos(2\pi f_0 t + \varphi_0) \tag{2.5}$$

$$\mathrm{rect}'(t) = \begin{cases} 1, & |t \pm NT_r| \leqslant \dfrac{\tau}{2} \\ 0, & |t \pm NT_r| > \dfrac{\tau}{2} \end{cases} \tag{2.6}$$

$$N = 0, 1, 2, 3, \cdots$$

周期 T_r 的倒数为脉冲重复频率 f_r，即

$$f_r = 1/T_r \tag{2.7}$$

2.1.2　信号频谱

根据傅里叶变换理论[1]，任何一个确知信号 $x(t)$ 都可以表示为许多正弦信号之和，这些正弦信号的幅度和相位可以通过 $x(t)$ 的傅里叶变换得到，即

$$X(f) = \int_{-\infty}^{+\infty} x(t) \mathrm{e}^{-\mathrm{j}2\pi ft} \mathrm{d}t \tag{2.8}$$

式中，$X(f)$ 代表信号 $x(t)$ 在频域的特性，称为信号 $x(t)$ 的频谱。通常 $X(f)$ 是一个复函数。

$$X(f) = X_R(f) - \mathrm{j}X_I(f) = |X(f)|\mathrm{e}^{\mathrm{j}\Phi(f)} \tag{2.9}$$

式中，$X_R(f)$ 和 $X_I(f)$ 分别为频谱 $X(f)$ 的实部和虚部。

$$|X(f)| = \sqrt{X_R^2(f) + X_I^2(f)} \tag{2.10}$$

$$\Phi(f) = \arctan\left[X_I(f)/X_R(f)\right] \tag{2.11}$$

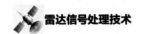

式中，$|X(f)|$ 为信号 $x(t)$ 的幅度谱；$\Phi(f)$ 为信号 $x(t)$ 的相位谱。

从信号频谱 $X(f)$ 的傅里叶反变换也可以得到 $x(t)$，即

$$x(t)=\int_{-\infty}^{+\infty}X(f)\mathrm{e}^{\mathrm{j}2\pi ft}\mathrm{d}f \tag{2.12}$$

因此，信号 $x(t)$ 和其频谱 $X(f)$ 是傅里叶变换对的关系。

表 2.1 列出了几种常用信号及其频谱。

表 2.1　几种常用信号及其频谱

	信号 $x(t)$	频谱 $X(f)$
矩形脉冲	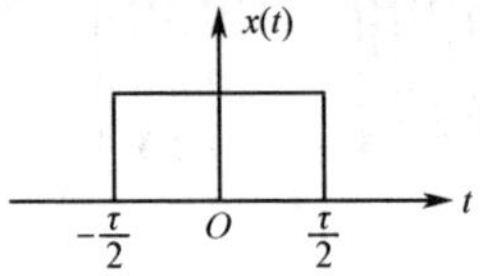 $x(t)=\begin{cases}1, & \lvert t\rvert\leqslant\frac{\tau}{2}\\0, & \lvert t\rvert>\frac{\tau}{2}\end{cases}$	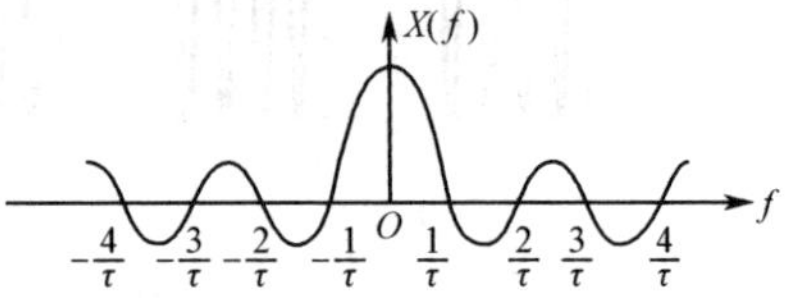 $X(f)=\tau\frac{\sin(\pi\tau f)}{\pi\tau f}$
正弦信号	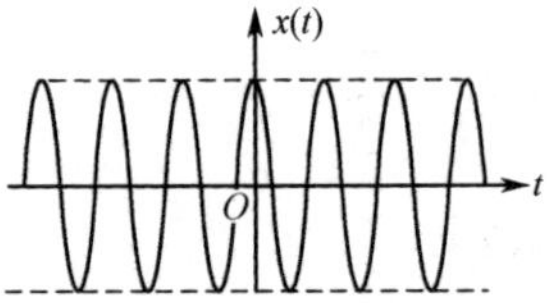 $x(t)=A\cos(2\pi f_0 t)$	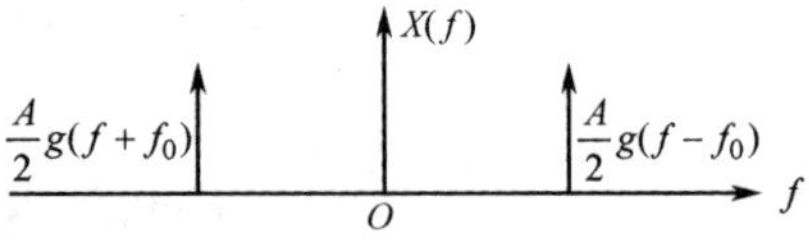 $X(f)=\frac{A}{2}\delta(f-f_0)+\frac{A}{2}\delta(f+f_0)$ $\delta(t)=\begin{cases}1, & t=0\\0, & t\neq 0\end{cases}$
载频为 f_0 的矩形脉冲	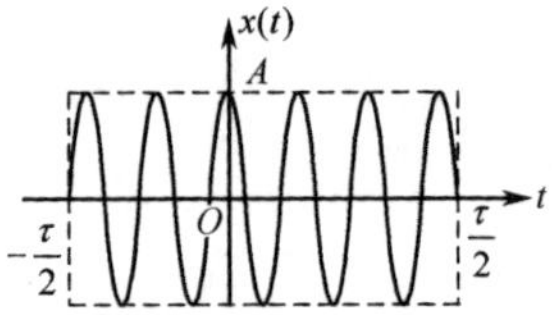 $x(t)=\begin{cases}A\cos(2\pi f_0 t), & \lvert t\rvert\leqslant\frac{\tau}{2}\\0, & \lvert t\rvert>\frac{\tau}{2}\end{cases}$	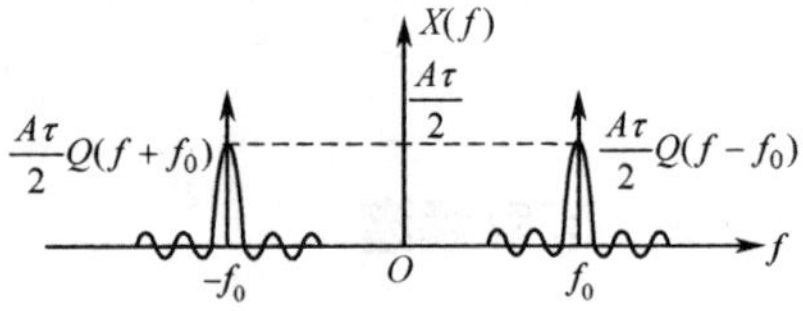 $X(f)=\frac{A\tau}{2}[Q(f+f_0)+Q(f-f_0)]$ $Q(f)=\frac{\sin(\pi\tau f)}{\pi\tau f}$
周期为 T、载频为 f_0 的矩形脉冲	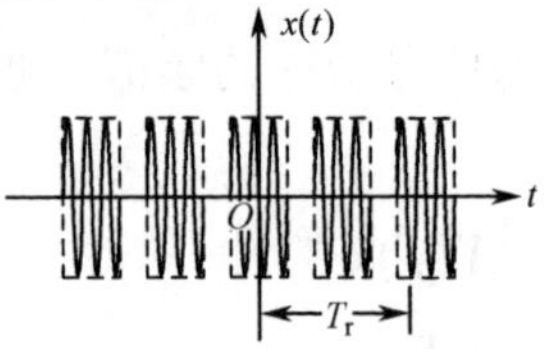 $x(t)=\begin{cases}A\cos(2\pi f_0 t), & \lvert t\pm NT_{\mathrm{r}}\rvert\leqslant\frac{\tau}{2}\\0, & \lvert t\pm NT_{\mathrm{r}}\rvert>\frac{\tau}{2}\end{cases}$	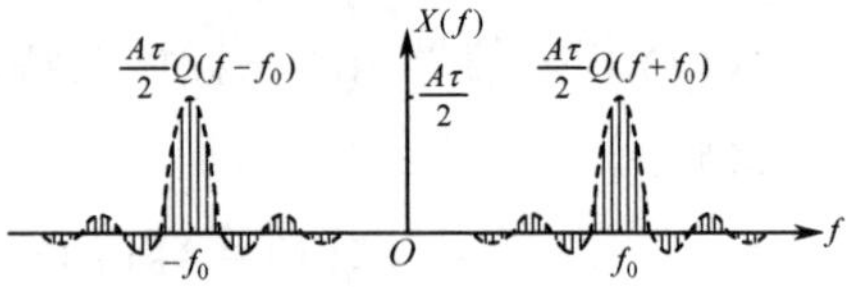 $X(f)=\frac{\sin\pi\tau f}{\pi\tau f}f_{\mathrm{r}}\sum_{n=-\infty}^{+\infty}\delta(f-nf_{\mathrm{r}})$ $f_{\mathrm{r}}=\frac{1}{T_{\mathrm{r}}}$

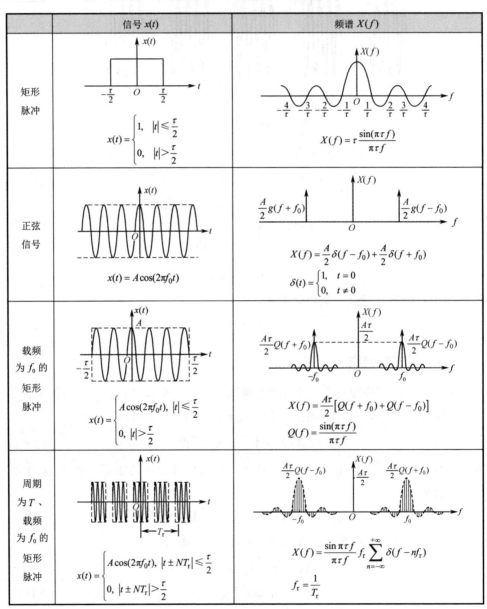

2.1.3　随机信号与功率谱

随机信号是指不可能用数学公式来确切地描述的信号，如接收机热噪声等。观察随机信号只能得到它的样本。随机信号样本随时间 t 的变化曲线是信号样本的波形，如图 2.3 所示。

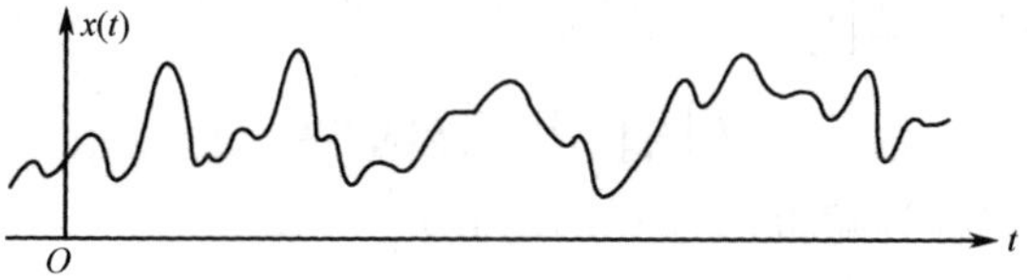

图 2.3　随机信号样本的波形

一个随机信号只能用它的统计特性来进行描述，最常用的是它的概率密度函数 $p(x)$，如雷达接收机噪声一般符合高斯分布（也称为正态分布），其概率密度函数为

$$p(x)=\frac{1}{\sqrt{2\pi}\sigma_x}\exp\left[-\frac{(x-\mu_x)^2}{2{\sigma_x}^2}\right],\quad -\infty<x<+\infty \tag{2.13}$$

式中，μ_x 和 σ_x^2 分别为信号的均值和方差。

图 2.4 所示为高斯分布概率密度函数曲线。

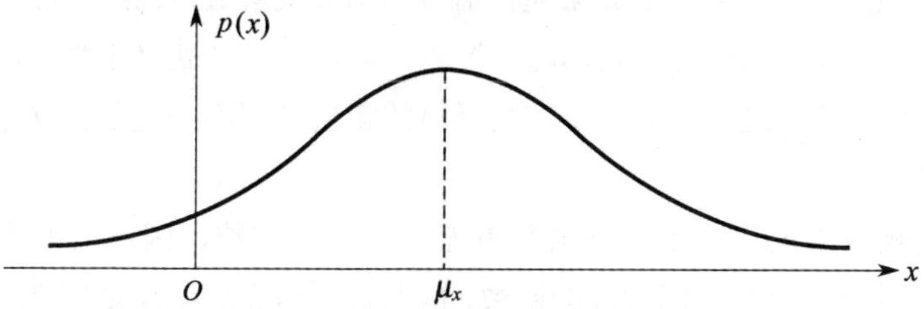

图 2.4　高斯分布概率密度函数曲线

概率密度函数 $p(x)$ 具有下列特性：

（1）$p(x)$ 是非负函数。　　（2.14）

（2）$\int_{-\infty}^{+\infty}p(x)\mathrm{d}x=1$。　　（2.15）

随机信号 $\{x_t\}$ 的各阶矩定义为

$$\begin{cases}\text{一阶矩} & E[x_t]\\ \text{二阶矩} & E\left[x_t^2\right]\\ \quad\vdots & \quad\vdots\\ q\text{阶矩} & E\left[x_t^q\right]\end{cases} \tag{2.16}$$

随机信号的$\{x_t\}$的各阶中心矩定义为

$$\begin{cases} \text{二阶中心矩} & E\left\{x_t - E\left[x_t\right]^2\right\} \\ \vdots & \vdots \\ q\text{阶中心矩} & E\left\{x_t - E\left[x_t\right]^q\right\} \end{cases} \tag{2.17}$$

在上面的公式中，$E[\cdot]$表示数学期望，这里

$$E\left[x_t\right] = \int_{-\infty}^{+\infty} x_t p(x_t)\mathrm{d}x_t \tag{2.18}$$

一阶矩$E\left[x_t\right]$也称为随机信号x_t的均值μ_x，即

$$\mu_x = E\left[x_t\right] \tag{2.19}$$

二阶中心矩常称为随机信号x_t的方差σ_x^2

$$\sigma_x^2 = E\left[(x_t - \mu_x)^2\right] \tag{2.20}$$

随机信号x_t的自相关函数定义为

$$R_x(t,m) = E\left[x_{t+m}x_t^*\right] \tag{2.21}$$

式中，“*”表示复共轭，随机信号x_t的自协方差函数定义为

$$C_x(t,m) = E\left[(x_{t+m} - \mu_{t+m})(x_t - \mu_t)^*\right] \tag{2.22}$$

如果一个随机过程的统计特性与时间起点无关，则称它为狭义平稳的随机信号（或严格平稳的随机信号）；如果随机信号的均值是常数，而其自相关函数只取决于时间差，则称它为广义平稳的随机过程。显然，一个狭义平稳的随机过程一定是广义平稳的随机过程，而一个广义平稳的随机过程不一定是狭义平稳的随机过程。

对高斯噪声来说，由于其均值和方差都是一个常数，因此其概率密度函数［见式（2.13）］是一个与时间无关的函数，因此，高斯噪声不仅是广义平稳的随机信号，而且是狭义平稳的随机信号。广义平稳的随机信号的自相关函数具有厄米特性质，即

$$R_x(-m) = E\left[x_n x_{n+m}^*\right] = R_x^*(m) \tag{2.23}$$

如果一个随机信号的所有统计特性都可以由它的某次样本来决定，则称其是各态历经的（Ergodic）。一个具有各态历经性质的随机信号一定是狭义平稳的，而且其数学期望$E[\cdot]$可以用单次样本的时间平均运算来替代。

如果一个随机信号的统计特性或某阶统计量随时间而变，则称其为非平稳随机信号。

通过式（2.8）计算随机信号不同样本的傅里叶变换得到的信号样本频谱是不同的，它不能很好地表征随机信号在频域的特征。对于广义平稳的随机信号，常

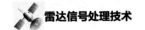

用功率谱（Spectrum）来表征随机信号的频率特征。随机信号功率谱等于其自相关函数的傅里叶变换，即

$$S_x(f)=\int_{-\infty}^{+\infty}R_x(m)\exp(-\mathrm{j}2\pi f_m)\mathrm{d}m \tag{2.24}$$

2.2　数字信号处理基础[2,3]

数字计算机和微电子技术的发展，大大促进了数字信号处理技术的飞速发展，为了进行数字信号处理，首先要将模拟信号转换为数字信号。从模拟信号到数字信号的转换是通过 A/D 转换器完成的。

2.2.1　A/D 转换器和采样定理

A/D 转换器对输入信号 $x(t)$ 在时间上等间隔采样，并将采样得到的信号 $x(n\Delta t)(n=0,1,2,\cdots)$ 在幅度上量化和编码，从而将 $x(t)$ 转换为一个数字信号 $x(n)$。如图 2.5 所示为 A/D 转换器的原理框图，其输出信号的位数为 r。

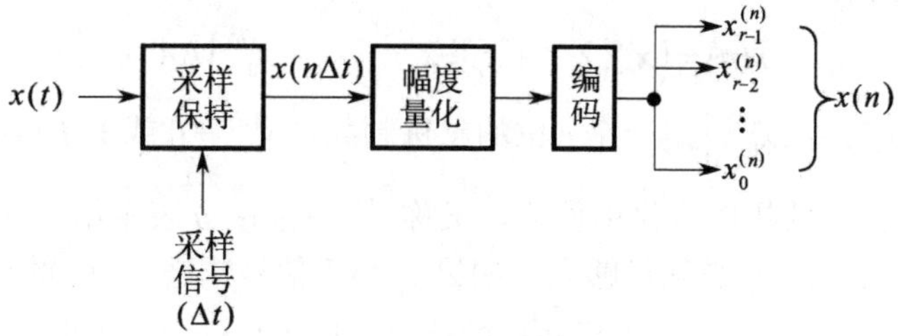

图 2.5　A/D 转换器的原理框图

在图 2.5 中，采样信号是等时间间隔的窄脉冲串，这些窄脉冲的频率为 f_{s}。f_{s} 被称为采样频率，公式为

$$f_{\mathrm{s}}=\frac{1}{\Delta t} \tag{2.25}$$

连续时间信号的采样过程如图 2.6 所示。

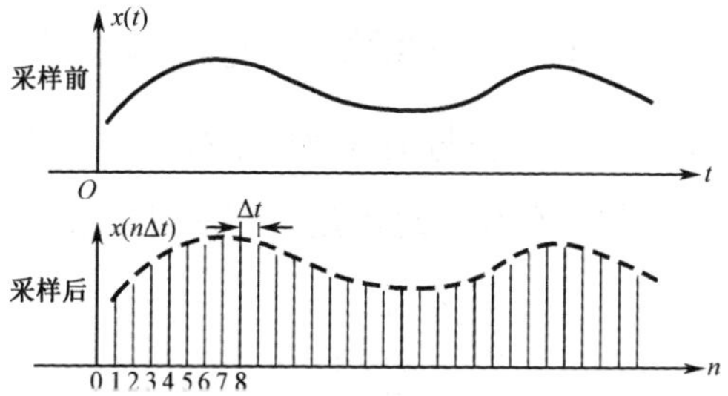

图 2.6　连续时间信号的采样过程

如果连续信号 $x(t)$ 的频谱为 $X(f)$，那么，经采样后得到的离散信号 $x(n)$ 的频谱 $X'(f)$ 是将 $X(f)$ 在频率轴上以 f_s 为周期重排的结果，如图 2.7 所示。

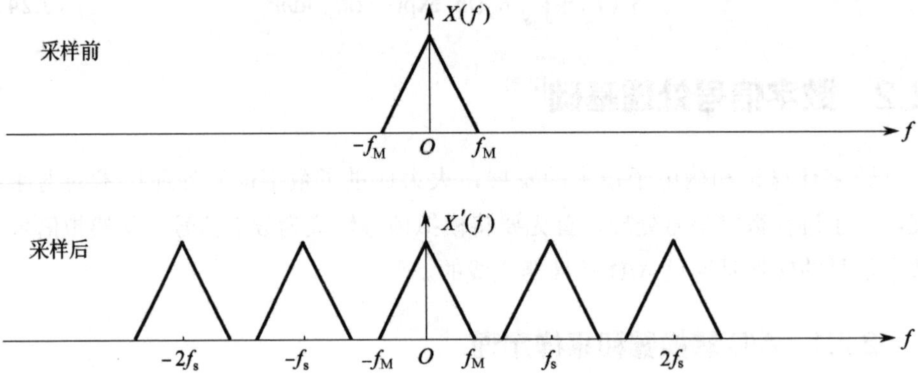

图 2.7　采样前后信号频谱的变化

$x(n)$ 通过幅度量化后可以用各种方式进行编码。常用的是二进制编码，这时 $x(n)$ 可以表示为

$$x(n)=\left(x_{r-1}^{(n)}2^{r-1}+x_{r-2}^{(n)}2^{r-2}+\cdots+x_0^{(n)}\right)\Delta A \tag{2.26}$$

式中，$\left[x_{r-1}^{(n)},x_{r-2}^{(n)},\cdots,x_0^{(n)}\right]$ 是一个 r 位的二进制数，$x_i^{(n)}=0$ 或 1（$i=0,1,\cdots,\ r-1$）；ΔA 为 A/D 转换器的幅度量化单位值，又称量化间隔；n 表示第 n 次采样。

由图 2.7 可知，f_s 必须足够大。如果 f_s 小于信号频谱 $X(f)$ 的最大频率 f_M 的 2 倍，即图 2.8 中 $f_s'<2f_M$，则采样后的信号频谱 $X''(f)$ 中将出现频谱混叠现象，这时将无法从离散信号 $x(n\Delta t)$ 中无失真地恢复出原信号 $x(t)$。

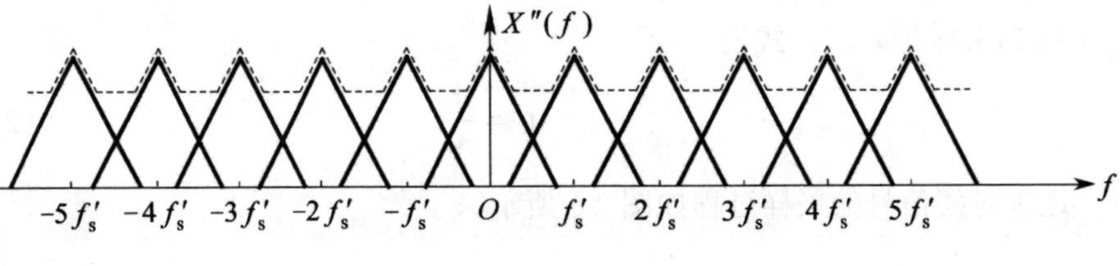

图 2.8　采样频率过低，引起频谱混叠

因此，取样频率 f_s 必须大于信号 $x(t)$ 频谱中最大频率 f_M 的 2 倍，才能保证采样后的信号频谱不发生混叠现象，这就是人们常用的采样定理（或称奈奎斯特采样定理），即

$$f_s \geqslant 2f_M \tag{2.27}$$

称满足式（2.27）的 f_s 为奈奎斯特采样频率。

信号经幅度量化后，将添加一部分噪声，称为量化噪声。量化噪声会使信噪比降低，即带来一定的信噪比损失，称为 A/D 转换器的量化损失。

量化噪声是在$\left(-\dfrac{\Delta A}{2},\dfrac{\Delta A}{2}\right)$内均匀分布的，其概率密度函数为$p(x)=1/\Delta A$，因此，量化噪声的方差为

$$\sigma_{\Delta A}^2=\int_{-\infty}^{+\infty}x^2p(x)\mathrm{d}x=\frac{1}{12}\Delta A^2 \tag{2.28}$$

接收机中频噪声一般为高斯噪声，其方差用σ_n^2表示，幅度检波后输出包络为瑞利分布，方差为

$$\sigma_A^2=\left(2-\frac{\pi}{2}\right)\sigma_\mathrm{n}^2 \tag{2.29}$$

所以，量化损失L_Δ为量化后噪声方差$(\sigma_A^2+\sigma_{\Delta A}^2)$与量化前噪声方差$\sigma_A^2$之比，即

$$\begin{aligned}L_\Delta&=10\lg\left[\frac{\sigma_A^2+\sigma_{\Delta A}^2}{\sigma_A^2}\right]\\&=10\lg\left[1+\frac{\Delta A^2}{(24-6\pi)\sigma_\mathrm{n}^2}\right]\end{aligned} \tag{2.30}$$

式(2.30)说明，量化间隔ΔA越小，量化损失L_Δ就越小。量化间隔ΔA与 A/D 转换器输入电压范围E和 A/D 转换器量化位数r有关，即

$$\Delta A=\frac{E}{2^r-1} \tag{2.31}$$

可得量化损失为

$$L_\Delta=10\lg\left[1+\frac{E^2}{5.15(2^r-1)^2\sigma_\mathrm{n}^2}\right] \tag{2.32}$$

式中，E/σ_n取决于接收机动态范围，E/σ_n越大，量化噪声越大；A/D 转换器量化位数r越大，量化噪声越小。例如，$10\lg(E^2/\sigma_\mathrm{n}^2)=60\mathrm{dB}$，根据式(2.32)可计算得到 A/D 转换器量化位数r为 8、10、12 时，其量化损失分别为 2.41dB、0.196dB、0.012dB。这说明当雷达接收机的动态范围很大，A/D 转换器量化位数又较小时，必须考虑 A/D 转换器量化噪声的影响。

2.2.2　离散傅里叶变换和快速傅里叶变换

计算数字信号的频谱需要使用离散傅里叶变换算法。一个长度为N的数字信号$x(n)$的离散傅里叶变换为

$$X(m)=\sum_{n=0}^{N-1}x(n)\mathrm{e}^{-\mathrm{j}2\pi nm/N},\ m=0,1,2,\cdots,N-1 \tag{2.33}$$

式中，$X(m)$ 表示数字信号 $x(n)$ 的频谱。而 $X(m)$ 的离散傅里叶反变换是 $x(n)$，即

$$x(n)=\frac{1}{N}\sum_{m=0}^{N-1}X(m)\mathrm{e}^{\mathrm{j}2\pi nm/N},\quad m=0,1,2,\cdots,N-1 \tag{2.34}$$

如图 2.9 所示为一个连续信号 $x(t)$ 的频谱与其离散后的数字信号 $x(n)$ 的频谱之间的关系。

图 2.9（a）表示一个连续信号 $x(t)$ 及其频谱 $X(f)$；图 2.9（b）表示采样信号 $\delta(t)$ 及其傅里叶谱 $\varDelta(f)$；图 2.9（c）表示 $x(t)$ 被采样后得到的信号，相当于 $x(t)$ 和 $\delta(t)$ 的乘积。根据卷积定理[1]，其频谱应该是 $X(f)$ 与 $\varDelta(f)$ 的卷积积分。

$$X(f)\times\varDelta(f)=\int_{-\infty}^{+\infty}X(\tau)\Delta(f-\tau)\mathrm{d}\tau \tag{2.35}$$

图 2.9（d）表示频域采样函数 $\varDelta_1(f)$ 及其反变换 $\delta_1(t)$。图 2.9（e）中，数字信号 $x(n)$ 的频谱 $X(m)$ 相当于在频域对 $X(f)*\varDelta(f)$ 以 $1/T_0$ 采样后得到，$x(n)$ 是频谱 $X(m)$ 经傅里叶反变换后得到的时域信号。

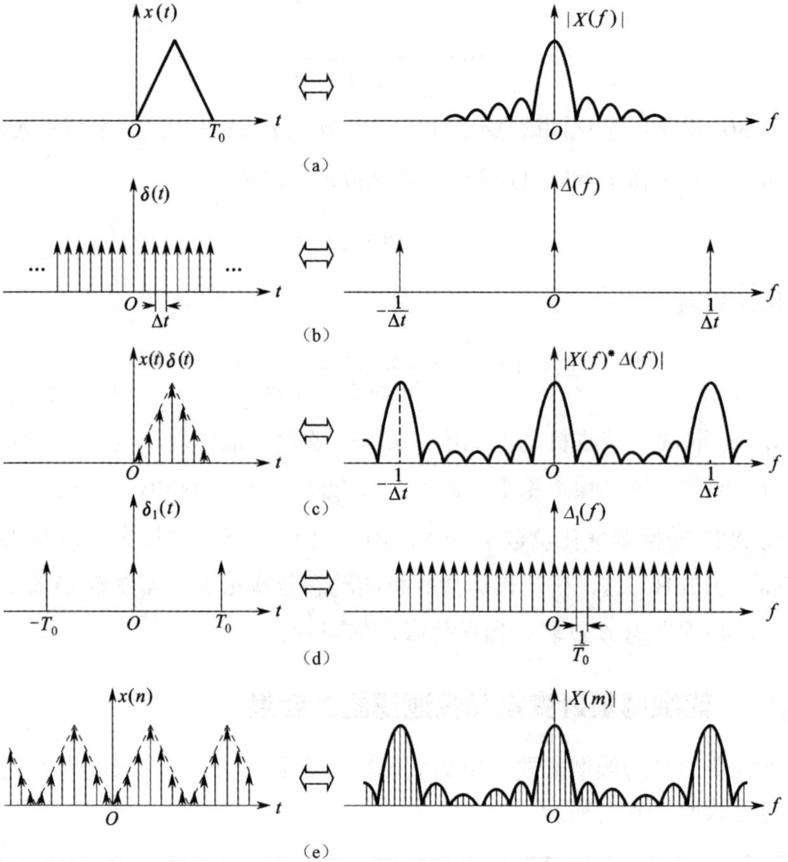

图 2.9　一个连续信号 $x(t)$的频谱与其离散后的数字信号 $x(n)$的频谱之间的关系

根据式(2.33)和式(2.34)计算离散傅里叶变换需要 N 次复数乘法和 $N(N-1)$ 次复数加法。当数字信号 $x(n)$ 的数据长度 $N=2^r$ 时，可以采用快速傅里叶变换（FFT）来减少运算量，重写式（2.33）为

$$X(m)=\sum_{n=0}^{N-1}x(n)\mathrm{e}^{-\mathrm{j}2\pi nm/N}=\sum_{n=0}^{N-1}x(n)w^{nm} \tag{2.36}$$

式中，

$$w=\mathrm{e}^{-\mathrm{j}2\pi/N} \tag{2.37}$$

在 $N=2^r$ 的条件下，n 和 m 可以用二进制数表示

$$\begin{aligned}n&=2^{r-1}n_{r-1}+2^{r-2}n_{r-2}+\cdots+n_0\\m&=2^{r-1}m_{r-1}+2^{r-2}m_{r-2}+\cdots+m_0\end{aligned} \tag{2.38}$$

所以，式（2.36）可以改写为

$$X(m_{r-1},m_{r-2},\cdots,m_0)=\sum_{n=0}^{1}\sum_{n_1=0}^{1}\cdots\sum_{n_{r-1}=0}^{1}x(n_{r-1},n_{r-2},\cdots,n_0)w^p \tag{2.39}$$

式中，

$$p=(2^{r-1}n_{r-1}+2^{r-2}n_{r-2}+\cdots+n_0)\times(2^{r-1}m_{r-1}+2^{r-2}m_{r-2}+\cdots+m_0) \tag{2.40}$$

利用式（2.39）进行计算称为基 2FFT，其复数乘法次数为 $Nr/2$ 次，复数加法次数为 Nr 次。由于 FFT 算法运算量小，在实际应用中即使 $N\neq 2^r$，也可以通过补零的方法使数据长度等于 2^r 进行计算，以减少总运算量。快速傅里叶变换也有基 4、基 8 的，可参考其他相关资料。

2.2.3 数字滤波器

数字滤波器是数字信号处理的重要手段。数字滤波器通过对输入数字信号的相加、相乘和延迟运算保留输入信号中所需的频率分量，滤除不需要的频率分量。数字滤波器可以实现低通、高通和带通等滤波功能。

按冲激响应的不同，数字滤波器可分为无限冲激响应（IIR）滤波器和有限冲激响应（FIR）滤波器[4]。

IIR 滤波器的输入/输出满足下列差分方程

$$y(n)=\sum_{k=0}^{N-1}a_k x(n-k)+\sum_{k=1}^{M-1}b_k y(n-k) \tag{2.41}$$

式中，$x(n)$ 为输入信号，$y(n)$ 为输出信号，a_k 和 b_k 为滤波器的系数。IIR 滤波器的传输函数为

$$H(z)=\frac{\sum_{k=0}^{N-1}a_k z^{-k}}{1-\sum_{k=1}^{M-1}b_k z^{-k}} \tag{2.42}$$

IIR 滤波器的结构如图 2.10 所示。

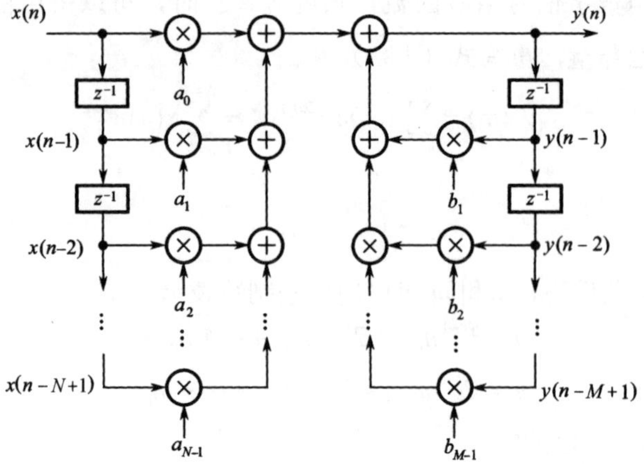

图 2.10　IIR 滤波器的结构

IIR 滤波器的输出信号 $y(n)$ 不仅与输入信号 $x(n)$ 的当前值和过去值有关，还与以前的输出信号 $y(n-1)\cdots y(n-m+1)$ 有关。

FIR 滤波器的输入/输出满足下面的差分方程

$$y(n)=\sum_{k=1}^{N-1}a_k y(n-k) \tag{2.43}$$

其传输函数为

$$H(z)=\sum_{n=0}^{N-1}a_k z^{-k} \tag{2.44}$$

FIR 滤波器的脉冲响应函数 $h(n)$ 只有有限个点。

$$h(n)=\begin{cases}a_n, & 1\leqslant n\leqslant N\\ 0, & \text{其他}\end{cases} \tag{2.45}$$

FIR 滤波器的结构如图 2.11 所示。

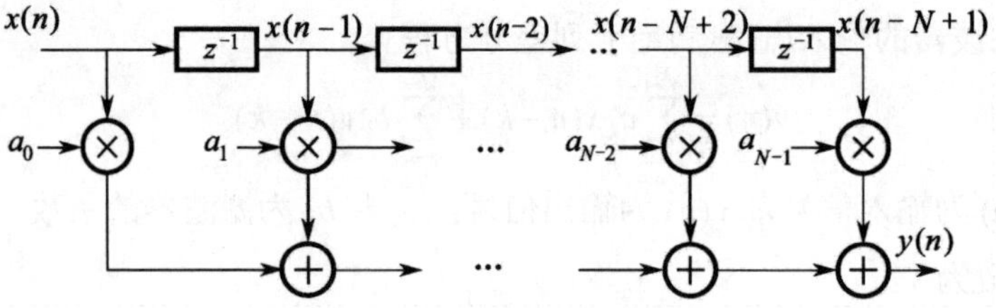

图 2.11　FIR 滤波器的结构

FIR 滤波器的最大优点是可以通过滤波器参数的设计使滤波器具有线性相位特性，因此，其输出信号除了有一个对应于相位斜率的延迟，在滤波器的输出端还可以精确地恢复处在滤波器通带内的信号分量。另外，多个 FIR 滤波器串联工作时，其滤波器次序不影响最后的输出结果。FIR 滤波器是非递归的滤波器，它对由参数量化、舍入和不准确引起的误差相对不敏感，因此，参数量化效应对 FIR 滤波器的影响相对较小。基于此，FIR 滤波器在雷达信号处理中得到了较广泛的应用。

FIR 滤波器的缺点如下：为达到预定的滤波要求，一般需要较 IIR 滤波器更高的滤波器阶数，因此，其输出延迟也要大一些。

设计 FIR 滤波器就是设计适当的滤波器脉冲响应函数 $h(n)$，保证传输函数满足相关技术要求，而且具有线性相位特性。FIR 滤波器的传输函数为

$$H(\mathrm{e}^{\mathrm{j}\omega}) = \sum_{n=0}^{N-1} h(n)\mathrm{e}^{-\mathrm{j}\omega n} = A(\omega)\mathrm{e}^{-\mathrm{j}\theta(\omega)} \tag{2.46}$$

式中，$A(\omega) = \left|H(\mathrm{e}^{\mathrm{j}\omega})\right|$ 是其幅度特性；$\theta(\omega)$ 是其相位特性。$H(\mathrm{e}^{\mathrm{j}\omega})$ 具有线性相位就是要求 $\theta(\omega)$ 是 ω 的线性函数，即

$$\theta(\omega) = -\tau\omega \tag{2.47}$$

或

$$\theta(\omega) = \theta_0 - \tau\omega \tag{2.48}$$

$\theta(\omega)$ 满足式（2.47）或式（2.48）都可保证线性相位。式中的 τ 为群延迟，在这里它是一个常数。

根据分析，长度为 N 的 FIR 滤波器的脉冲响应函数必须满足以下关系式才能具有线性相位特性：

$$\theta(\omega) = -L\frac{\pi}{2} - \frac{1}{2}(N-1)\omega \tag{2.49}$$

当 $L=0$ 时，式（2.49）满足式（2.47），$h(n)$ 关于 $(N-1)/2$ 偶对称，滤波器延迟时间 $\tau=(N-1)/2$。当 $L=1$ 时，式（2.49）满足式（2.48），$h(n)$ 关于 $(N-1)/2$ 奇对称，即

$$h(n) = -h(N-1-n) \tag{2.50}$$

虽然延迟时间仍为 $\tau=(N-1)/2$，但每个频率分量都有一个 $\pi/2$ 的相移，因此更适合一些正交网络的设计。FIR 滤波器的设计方法主要有窗函数法、频率采样法和切比雪夫等波纹逼近法[5]。

1）窗函数法

首先，根据对滤波器的技术要求确定待求滤波器的单位脉冲响应 $h_{\mathrm{d}}(n)$。

$$h_{\mathrm{d}}(n) = \frac{1}{2\pi}\int_{-\pi}^{\pi} H_{\mathrm{d}}(\mathrm{e}^{\mathrm{j}\omega})\mathrm{e}^{\mathrm{j}\omega n}\mathrm{d}\omega \tag{2.51}$$

式中，$H_{\mathrm{d}}(\mathrm{e}^{\mathrm{j}\omega})$ 是所需的滤波器频率响应。

其次，根据对过渡带及阻带衰减的要求，选择窗函数，如表 2.2 所示。

表 2.2　常用窗函数及其特性

类　型	窗函数	峰值旁瓣（dB）	主瓣宽度	最小阻带衰减（dB）
矩形窗	$w(n)=\begin{cases}1, & 0\leqslant n\leqslant N-1\\ 0, & \text{其他}\end{cases}$	−13	$\frac{4\pi}{N}$	−21
三角窗	$w(n)=\begin{cases}\frac{2n}{N-1}, & 0\leqslant n\leqslant \frac{N-1}{2}\\ 2-\frac{2n}{N-1}, & \frac{N-1}{2}<n\leqslant N-1\\ 0, & \text{其他}\end{cases}$	−25	$\frac{8\pi}{N}$	−25
汉明窗（Hamming）	$w(n)=\begin{cases}0.54-0.46\cos\left(\frac{2\pi n}{N-1}\right), & 0\leqslant n\leqslant N-1\\ 0, & \text{其他}\end{cases}$	−31	$\frac{8\pi}{N}$	−44
汉宁窗（Hanning）	$w(n)=\begin{cases}0.5-0.5\cos\left(\frac{2\pi n}{N-1}\right), & 0\leqslant n\leqslant N-1\\ 0, & \text{其他}\end{cases}$	−41	$\frac{8\pi}{N}$	−53
布莱克曼窗（Blackman）	$w(n)=\begin{cases}0.42-0.5\cos\left(\frac{2\pi n}{N-1}\right)+0.08\cos\left(\frac{2\pi n}{N-1}\right), & 0\leqslant n\leqslant N-1\\ 0, & \text{其他}\end{cases}$	−57	$\frac{12\pi}{N}$	−74

在保证阻带衰减要求的条件下，选择主瓣窄的窗函数；然后计算滤波器的脉冲响应函数

$$h(n)=h_{\mathrm{d}}(n)w(n) \tag{2.52}$$

式中，$w(n)$ 是选择的窗函数。因为表 2.2 中的几种窗函数都是关于 $(N-1)/2$ 偶对称的，所以，可以保证滤波器是线性相位的。如果要求 $h(n)$ 对 $(N-1)/2$ 奇对称，那么，只要保证 $h_{\mathrm{d}}(n)$ 对 $(N-1)/2$ 奇对称，就能保证滤波器是线性相位的。

最后，还需要验证 $h(n)$ 是否满足设计要求，$H(\mathrm{e}^{\mathrm{j}\omega})$ 的计算式为

$$H(\mathrm{e}^{\mathrm{j}\omega})=\sum_{n=0}^{N-1}h(n)\mathrm{e}^{-\mathrm{j}\omega n} \tag{2.53}$$

如果 $H(\mathrm{e}^{\mathrm{j}\omega})$ 不满足要求，则应重复上述步骤，直到满足要求为止。

2）频率采样法

首先，根据所要求的 FIR 滤波器的频率响应 $H_{\mathrm{d}}(\mathrm{e}^{\mathrm{j}\omega})$，对它在$(0,2\pi)$内等间隔采样 N 个点，得到一个离散的频率响应 $H_{\mathrm{d}}(k)$，即

$$H_{\mathrm{d}}(k)=H_{\mathrm{d}}\left(\mathrm{e}^{\mathrm{j}\frac{2\pi}{N}k}\right),\quad k=0,1,2,\cdots,N-1 \tag{2.54}$$

然后，对 $H_{\mathrm{d}}(k)$ 进行傅里叶反变换：

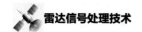

$$h(n)=\frac{1}{N}\sum_{n=0}^{N-1}H_{\mathrm{d}}(k)\mathrm{e}^{\mathrm{j}\frac{2\pi}{N}kn},\quad n=0,1,2,\cdots,N-1 \tag{2.55}$$

最后，根据式（2.53），也可以验证 $h(n)$ 能否满足要求。要注意的是，如果 $H_{\mathrm{d}}(\mathrm{e}^{\mathrm{j}\omega})$ 有间断点，那么，理论上 $h_{\mathrm{d}}(n)$ 将是无限长的，这时所设计的 FIR 滤波器的阶数必然很高。改进的办法是在间断点附近内插几个过渡采样点，这样 $H_k'(\omega)$ 在间断点附近缓慢过渡，就可以避免这个问题，如图 2.12 所示。

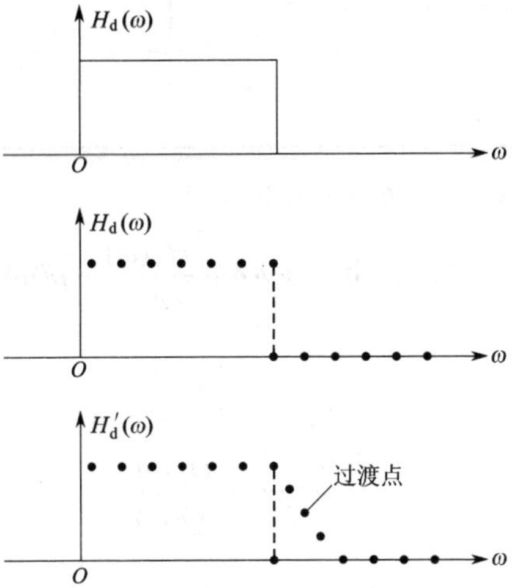

图 2.12　在理想滤波器特性上增加过渡点

3）切比雪夫等波纹逼近法

切比雪夫等波纹逼近法就是根据设计要求，利用等波纹最优一致逼近原则，使设计的最优滤波器特性在逼近的频率（通带和阻带）上误差绝对值的最大值最小，这时所设计的滤波器在通带和阻带内呈现等波纹幅度特性。

假设所要求的滤波器的幅度特性为 $H_{\mathrm{d}}(\omega)$，逼近滤波器幅度特性为 $H_{\mathrm{a}}(\omega)$，则加权误差函数为

$$E(\omega)=W(\omega)\left[H_{\mathrm{d}}(\omega)-H_{\mathrm{a}}(\omega)\right] \tag{2.56}$$

式中，$W(\omega)$ 为误差加权函数，在设计前由设计者选定。在误差小的频带内 $W(\omega)$ 取较大值，在误差大的频带内 $W(\omega)$ 取较小值。FIR 滤波器的脉冲响应函数 $h(n)$ 应使加权误差函数 $E(\omega)$ 的最大绝对值 $\|E(\omega)\|$ 最小，即

$$\|E\|=\underset{h(n)}{\mathrm{Min}}\left[\underset{\omega\in A}{\mathrm{Max}}\left|E(\omega)\right|\right] \tag{2.57}$$

式中，A 表示要逼近的通带和阻带。切比雪夫等波纹逼近法的设计步骤如下。

（1）根据所需要的滤波器技术指标 $(N, H_{\mathrm{d}}(\omega), W(\omega))$ 选择线性相位滤波器的类型，如表 2.3 所示。令

$$H_{\mathrm{a}}(\omega)=Q(\omega)p(\omega)$$

表 2.3 线性相位滤波器的类型

类 型	$Q(\omega)$	$p(\omega)$
1	$\hat{a}(n)=1 \quad n=0,\cdots,(N-1)/2$	$\sum_{n=0}^{(N-1)/2}\hat{a}(n)\cos(n\omega)$
2	$\hat{b}(n)=\cos\left(\frac{\omega}{2}\right) \quad n=0,\cdots,(N-2)/2$	$\sum_{n=0}^{(N-2)/2}\hat{b}(n)\cos(n\omega)$
3	$\hat{c}(n)=\sin(\omega) \quad n=0,\cdots,(N-3)/2$	$\sum_{n=0}^{(N-3)/2}\hat{c}(n)\cos(n\omega)$
4	$\hat{d}(n)=\sin\left(\frac{\omega}{2}\right) \quad n=0,\cdots,(N-2)/2$	$\sum_{n=0}^{(N-2)/2}\hat{d}(n)\cos(n\omega)$

（2）按滤波器类型转化为等效的逼近形式

$$E(\omega)=W(\omega)Q(\omega)\left[\frac{H_{\mathrm{d}}(\omega)}{Q(\omega)}-p(\omega)\right] \tag{2.58}$$

再令

$$\hat{W}(\omega)=W(\omega)Q(\omega) \tag{2.59}$$

$$\hat{D}(\omega)=\frac{H_{\mathrm{d}}(\omega)}{Q(\omega)} \tag{2.60}$$

得到

$$E(\omega)=\hat{W}(\omega)\left[\bar{D}(\omega)-p(\omega)\right] \tag{2.61}$$

（3）给出 $r+1$ 个极值频率初始估计值 $\omega_i\,(i=0,1,\cdots,r)$，并调用雷米兹算法求解最优极值频率和 $p(\omega)$ 系数。雷米兹算法流程如图 2.13 所示。

由于逼近时在逼近区间内有 $r+1$ 个极值频率，且误差正负相间，所以，这种逼近被称为等波纹逼近。如图 2.14 所示为一个低通滤波器的等波纹逼近设计案例。设 $N=13$，$(N+1)/2=7$，幅度特性 $H_{\mathrm{a}}(\omega)$ 最多有 9 个极值点，而误差函数 $E(\omega)$ 也有 9 个极值点，因为边界频率 ω_a 和 ω_b 也是其极值点，所以，在实际计算时 N 增大到 17。

（4）利用 $p(\omega)$ 计算单位脉冲响应 $h(n)$，即

$$\begin{aligned} h(n)&=\frac{1}{r}\sum_{k=0}^{r-1}H_{\mathrm{a}}\left(\mathrm{e}^{\mathrm{j}\frac{2\pi}{r}k}\right)\mathrm{e}^{\mathrm{j}\frac{2\pi}{r}kn} \\ &=\frac{1}{r}\sum_{k=0}^{r-1}\sum_{k=0}^{r-1}a(k)\cos(k\omega)\mathrm{e}^{\mathrm{j}\frac{2\pi}{r}kn} \end{aligned} \tag{2.62}$$

式中，$r=(N+1)/2$。需要根据计算得到的 $h(n)$ 来检验通带和阻带内的误差容限 δ_1 和 δ_2。

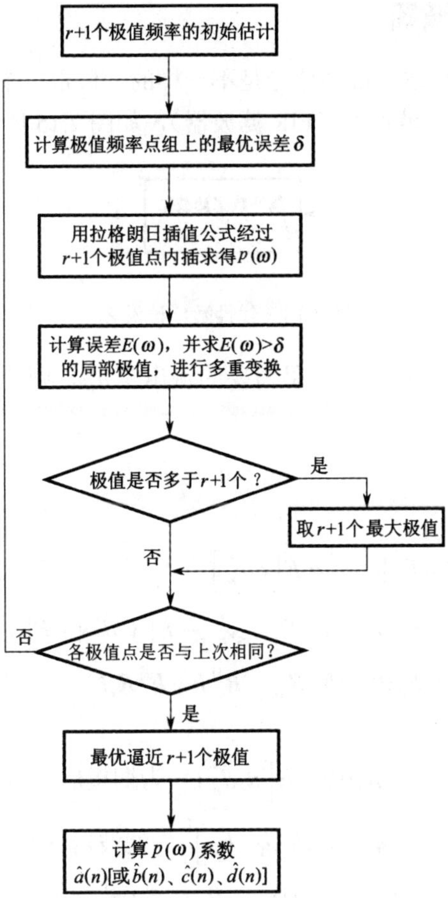

图 2.13　雷米兹算法流程

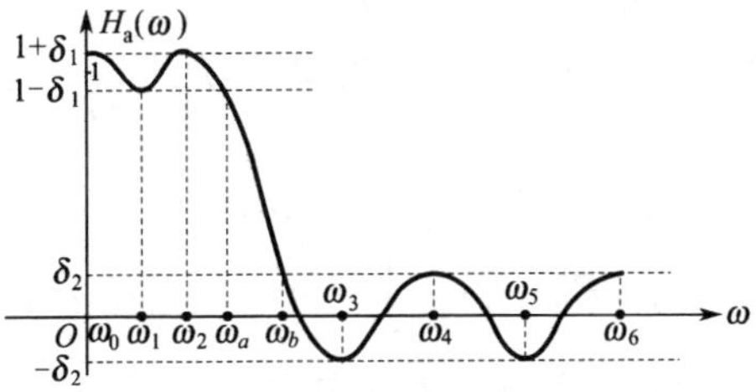

图 2.14　低通滤波器的等波纹逼近设计案例

关于 FIR 滤波器的设计，现在已有许多软件可以使用，如 MATLAB，在设计时应尽可能利用这些软件，以提高设计效率。

2.2.4 维纳滤波器

随机信号的滤波问题与确知信号是不一样的。假定一个广义平稳的随机信号 x_n 输入到一个线性数字滤波器（FIR 滤波器），如图 2.15 所示。

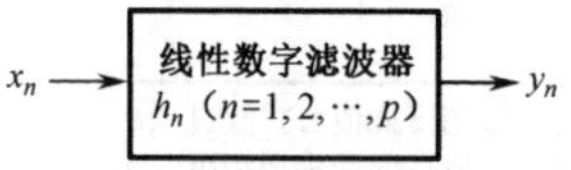

图 2.15 线性数字滤波器

滤波器的实际输出是 y_n，如果需要的输出是 d_n，则滤波器输出与所需输出之间的误差为

$$e_n = d_n - y_n \tag{2.63}$$

e_n 的均方差值为

$$\begin{aligned} P &= E\left[\left|e_n\right|^2\right] = E\left[e_n e_n^*\right] \\ &= E\left[d_n d_n^*\right] - E\left[d_n y_n^*\right] - E\left[y_n d_n^*\right] + E\left[y_n y_n^*\right] \\ &= R_d(0) - \boldsymbol{h}^{\mathrm{H}}\boldsymbol{R}_{dx} - \boldsymbol{R}_{dx}^{\mathrm{H}}\boldsymbol{h} + \boldsymbol{h}^{\mathrm{H}}\boldsymbol{R}_x\boldsymbol{h} \end{aligned} \tag{2.64}$$

式中，

$$R_d(0) = E\left[d_n d_n^*\right] \quad \text{为期望信号的方差} \tag{2.65}$$

$$\boldsymbol{h} = \left[h_1, h_2, \cdots, h_p\right]^{\mathrm{T}} \text{为滤波器脉冲信号矢量} \tag{2.66}$$

$$\boldsymbol{R}_{dx} = \left[R_{dx}(0), R_{dx}(1), \cdots, R_{dx}(p-1)\right]^{\mathrm{T}} \quad \text{为互相关矢量} \tag{2.67}$$

$$R_{dx}(m) = E\left[d_x x_{n-m}\right] \quad \text{为互相关函数} \tag{2.68}$$

$$\boldsymbol{R}_x = \begin{bmatrix} R_x(0) & R_x(-1) & \cdots & R_x(1-p) \\ R_x(1) & R_x(0) & \cdots & R_x(2-p) \\ \vdots & \vdots & \cdots & \vdots \\ R_x(p-1) & R_x(p-2) & \cdots & R_x(0) \end{bmatrix} \quad \text{为 } x_n \text{ 的自相关矩阵} \tag{2.69}$$

$$R_x(l-k) = E\left[x_{n-k} x_{n-l}^*\right] \quad \text{为 } x_n \text{ 的自相关函数} \tag{2.70}$$

式中，上标 * 表示复共轭，上标 T表示转置，上标 H 表示复共轭转置。使式（2.64）中 e_n 的均方值 P 最小的脉冲响应矢量 $\boldsymbol{h}_0$ 应满足下面的方程[6]：

$$\boldsymbol{h}_0 = \boldsymbol{R}_x^{-1}\boldsymbol{R}_{dx} \tag{2.71}$$

这就是维纳-霍夫方程，$\boldsymbol{R}_x^{-1}$ 为自相关矩阵 $\boldsymbol{R}_x$ 的逆矩阵。具有脉冲响应矢量 $\boldsymbol{h}_0$ 的滤波器被称为维纳滤波器。这种滤波器的输出矢量在最小均方差意义上最接近所需矢量 $\boldsymbol{d}$，这时误差功率 P 最小，可用 $P_{\min}$ 表示为

$$P_{\min} = R_d(0) - \boldsymbol{R}_{dx}^{\mathrm{H}}\boldsymbol{h}_0 = R_d(0) - \boldsymbol{R}_{dx}^{\mathrm{H}}\boldsymbol{R}_x^{-1}\boldsymbol{R}_{dx} \tag{2.72}$$

2.2.5　预测滤波器和最小二乘估计

当期望信号 d_x 等于 x_n 的下一时刻值 x_{n+1} 时，根据式（2.68）和式（2.67）可得

$$R_{dx}(m)=R_x(m+1),\quad m=0,1,\cdots,p-1 \tag{2.73}$$

$$\boldsymbol{R}_{dx}=\left[R_x(1),R_x(2),\cdots,R_x(p)\right]^{\mathrm{T}}=\boldsymbol{r}_x \tag{2.74}$$

这时，$\boldsymbol{h}_0$ 应满足下面的预测滤波器方程

$$\boldsymbol{h}_0=\boldsymbol{R}_x^{-1}\boldsymbol{r}_x \tag{2.75}$$

根据式(2.75)就可以计算得到预测信号 $\{x_n\}$ 下一时刻值 x_{n+1} 的预测滤波器系数，其输出是对 x_{n+1} 的最小均方估计，记为 $\hat{x}_{n+1}$。

根据式（2.72），p 阶滤波器的预测误差功率 $p_{\min}$ 可用 σ_p^2 来表示

$$\begin{aligned}\sigma_p^2&=R_d(0)-\boldsymbol{R}_{dx}^{\mathrm{H}}\boldsymbol{h}_0\\&=R_x(0)-\boldsymbol{r}_x^{\mathrm{H}}\boldsymbol{h}_0\end{aligned} \tag{2.76}$$

组合式（2.75）与式（2.76），并定义系数 $a_{p,k}$ 为

$$a_{p,k}=\begin{cases}1, & k=0\\-h_{0,k}, & k=1,2,\cdots,p\end{cases} \tag{2.77}$$

可以得到 $p+1$ 个方程：

$$\sum_{k=0}^{p}a_{p,k}R_x(m-k)=\begin{cases}\sigma_p^2, & m=0\\0, & m=1,2,\cdots,p\end{cases} \tag{2.78}$$

或其矩阵表示式：

$$\begin{bmatrix}R_x(0) & R_x(-1) & \cdots & R_x(-p)\\R_x(1) & R_x(0) & \cdots & R_x(1-p)\\\vdots & \vdots & \cdots & \vdots\\R_x(p) & R_x(p-1) & \cdots & R_x(0)\end{bmatrix}\begin{bmatrix}1\\a_{p,1}\\\vdots\\a_{p,p}\end{bmatrix}=\begin{bmatrix}\sigma_p^2\\0\\\vdots\\0\end{bmatrix} \tag{2.79}$$

这就是预测误差滤波器方程（Yule-Walker 方程），只要已知或估计得到信号 x_n 的 $p+1$ 个自相关函数 $\{R_x(0),R_x(1),\cdots,R_x(p)\}$，就可以利用这个方程求得预测误差滤波器系数 $\{a_{p,1},\cdots,a_{p,p}\}$，以及相应的预测误差功率 σ_p^2。这种方法也被称为最小均方（LMS）方法。

用 $\{a_{p,1},\cdots,a_{p,p}\}$ 可以预测信号 x_n 下一时刻的值，因此，也称为前向预测，其预测误差可记为

$$f_{p,n}=x_{n+1}-\hat{x}_{n+1}=\sum_{k=0}^{p}a_{p,k}x_{n-k} \tag{2.80}$$

估计 $\{a_{p,1},\cdots,a_{p,p}\}$，利用了信号 $\{x_n\}$ 的 N 个值 $\{x_0,x_1,\cdots,x_{N-1}\}$，利用这 N 个值，也可以向后预测 x_{n-N} 的值，这时称为后向预测，其预测误差记为

$$b_{p,n}=b_{n-N}-\hat{b}_{n-N}=\sum_{k=0}^{p}c_{p,k}x_{n-k} \tag{2.81}$$

式中，$c_{p,k}$ 表示后向预测误差滤波器的系数。

BURG J.P.证明了[7]：如果信号 $\{x_n\}$ 是一个广义平稳的随机过程，则最佳后向预测误差滤波器系数组等于前向预测误差滤波器系数组的共轭，而且在时间上反置，即

$$b_{p,n}=\sum_{k=0}^{p}a_{p,p-k}^{*}x_{n-k} \tag{2.82}$$

通过令前向预测误差能量 $\sum_{n=p}^{N-1}\left|f_{p,n}\right|^2$ 最小，或者后向误差能量 $\sum_{n=p}^{N-1}\left|b_{p,n}\right|^2$ 最小，或者前后预测误差能量之和最小，可以得到从信号样本（而不是自相关函数）直接求解预测误差滤波器系数的算法，称为最小二乘（LS）方法。这种方法可以减少小样本情况下因自相关函数估计误差较大而造成的影响。

2.3 相参信号处理

早期的脉冲雷达大多使用磁控管发射机，但磁控管发射机不能实现发射脉冲间的相位相参，限制了雷达抑制各种杂波和检测运动目标的能力。放大链发射机的出现使雷达成为全相参雷达，满足了雷达的这种需求。

2.3.1 相参信号处理原理

运动目标回波信号与固定目标（包括地物等）回波信号之间的主要差别是运动目标回波信号带有多普勒频率。

假定雷达发射信号频率为 f_0，初相为 φ_0，则发射信号可表示为

$$s(t)=A\cos(2\pi f_0 t+\varphi_0) \tag{2.83}$$

距离为 R 处的目标回波为

$$s_{\mathrm{r}}(t)=KA\cos[2\pi f_0(t_0+t_{\mathrm{r}})+\varphi_0] \tag{2.84}$$

式中，K 为回波幅度衰减系数；t_{r} 为目标距离引起的回波延迟时间，即

$$t_{\mathrm{r}}=\frac{2R}{c} \tag{2.85}$$

式中，c 为电磁波传播速度，大约为 3×10^8 m/s。

当目标以速度 V_{r} 向着雷达运动时，目标距离是一个变量

$$R(t)=R_0-V_{\mathrm{r}}t \tag{2.86}$$

式中，R_0 为 $t=0$ 时刻的目标距离，因此

$$t_r = 2R(t)/c = 2(R_0 - V_r t)/c \tag{2.87}$$

回波信号与发射信号的相位差为

$$\varphi = -2\pi f_0 t_r = -4\pi f_0 (R_0 - V_r t)/c = -4\pi(R_0 - V_r t)/\lambda \tag{2.88}$$

相位差φ是时变的，说明目标以径向速度V_r匀速运动时，回波信号与发射信号之间有一个频率差，称其为目标多普勒频率，用f_d表示，有

$$f_d = \frac{1}{2\pi}\frac{d\varphi}{dt} = \frac{2V_r}{\lambda} \tag{2.89}$$

目标多普勒频率与目标径向速度成正比，与工作波长λ成反比。当目标向着雷达方向运动时，多普勒频率为正值；当目标背离雷达方向运动时，多普勒频率为负值。

为了从回波信号中取得运动目标的多普勒信息，雷达发射信号、本振信号和中频相参检波信号必须由同一个高稳定、高纯度的信号源产生，这样就可能利用多普勒信息将同一距离单元的固定目标回波和运动目标区分开。如图 2.16 所示为一个全相参雷达的组成框图。

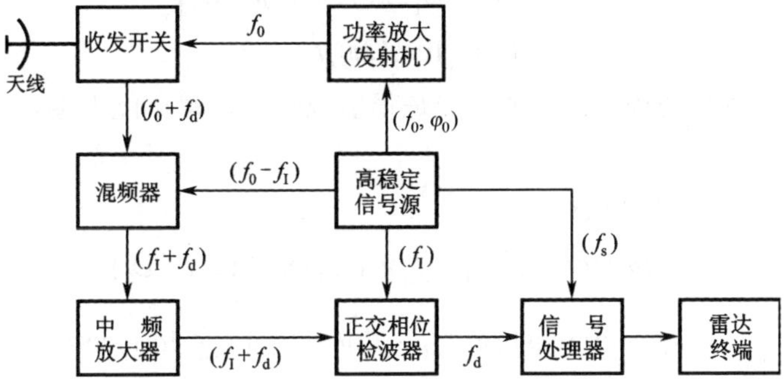

图 2.16 全相参雷达的组成框图

在图 2.16 中，高稳定信号源产生的频率为f_0的发射信号经功率放大后从天线辐射出去；目标回波信号经收发开关送到混频器，其频率为$(f_0 + f_d)$（f_d是由目标运动引起的多普勒频率），混频器将回波信号与高稳定信号源送来的频率为$(f_0 - f_I)$的信号混频后送出频率为$(f_I + f_d)$的中频信号。中频信号经中频放大器后送到正交相位检波器。以高稳定信号源送来的频率为f_I的中频相参检波信号为参考进行相位检波，得到代表目标多普勒频率f_d的输出信号送到信号处理器。这里要特别强调的是，高稳定信号源送出的四路信号（包括信号处理中 A/D 转换所需的频率为f_s的采样信号）均需要由同一个基准信号经分频、倍频或混频产生，才能实现全相参雷达信号处理。

2.3.2 正交相位检波器

对于非相参雷达，中频信号的相位因为没有参考信号而失去意义，所以，只能进行幅度检波。全相参雷达则不然，回波中频信号相对于高稳定信号源送出的相参中频信号相位是有意义的，因此，在全相参雷达中，可以用正交相位检波器来获得中频信号的基带信号（零中频信号） $x(t)$ 。有时也称 $x(t)$ 为中频信号的复包络，即

$$x(t)=x_{\mathrm{I}}(t)+\mathrm{j}x_{\mathrm{Q}}(t)=a(t)\mathrm{e}^{\mathrm{j}\varphi(t)} \tag{2.90}$$

式中，

$$x_{\mathrm{I}}(t)=a(t)\cos\varphi(t) \tag{2.91}$$

$$x_{\mathrm{Q}}(t)=a(t)\sin\varphi(t) \tag{2.92}$$

式中， $x_{\mathrm{I}}(t)$ 和 $x_{\mathrm{Q}}(t)$ 称为正交双通道信号， $x_{\mathrm{I}}(t)$ 为同相通道信号， $x_{\mathrm{Q}}(t)$ 为正交通道信号。正交相位检波器如图 2.17 所示，其中， $s(t)$ 为中频回波信号， $s_{\mathrm{c}}(t)$ 为中频相参检波信号，可分别表示为

$$s(t)=a(t)\cos\left[2\pi(f_0+f_{\mathrm{d}})t+\varphi_0\right] \tag{2.93}$$

$$s_{\mathrm{c}}(t)=A\cos(2\pi f_0 t+\varphi_0) \tag{2.94}$$

式中， f_{d} 表示多普勒频率，其值可能是正值或负值，也可能为零。

因此

$$\begin{aligned}s_{\mathrm{I}}(t)&=s(t)s_{\mathrm{c}}(t)\\&=Aa(t)\cos\left[2\pi(f_{\mathrm{I}}+f_{\mathrm{d}})t+\varphi_0\right]\cos(2\pi f_{\mathrm{I}}t+\varphi_0)\\&=\frac{1}{2}Aa(t)\cos\left[2\pi(2f_{\mathrm{I}}+f_{\mathrm{d}})t+2\varphi_0\right]+\frac{1}{2}Aa(t)\cos(2\pi f_{\mathrm{d}}t)\end{aligned} \tag{2.95}$$

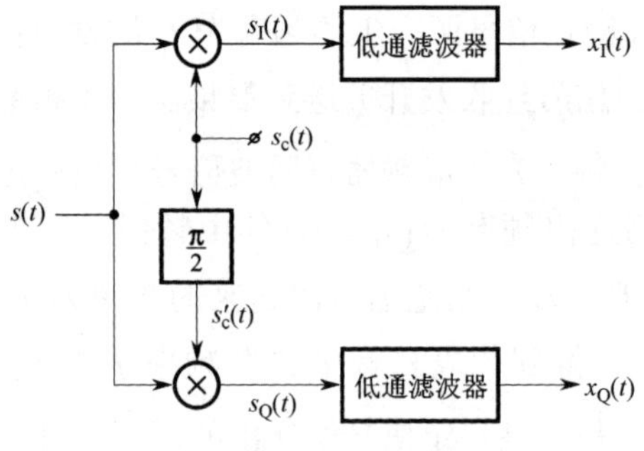

图 2.17　正交相位检波器

$$
\begin{aligned}
s_{\mathrm{Q}}(t) &= s(t)s'_{\mathrm{c}}(t) \\
&= Aa(t)\cos\left[2\pi(f_{\mathrm{I}}+f_{\mathrm{d}})t+\varphi_0\right]\cos\left(2\pi f_{\mathrm{I}}t+\varphi_0+\frac{\pi}{2}\right) \\
&= -Aa(t)\cos\left[2\pi(f_{\mathrm{I}}+f_{\mathrm{d}})t+\varphi_0\right]\sin(2\pi f_{\mathrm{I}}t+\varphi_0) \\
&= -\frac{1}{2}Aa(t)\cos\left[2\pi(2f_{\mathrm{I}}+f_{\mathrm{d}})t+2\varphi_0\right]+\frac{1}{2}Aa(t)\sin(2\pi f_{\mathrm{d}}t)
\end{aligned}
\tag{2.96}
$$

图 2.17 中的低通滤波器将滤去 $2f_{\mathrm{I}}$ 的分量，可得到输出的正交双通道信号为

$$
x_{\mathrm{I}}(t)=\frac{1}{2}Aa(t)\cos(2\pi f_{\mathrm{d}}t)=Ka(t)\cos(2\pi f_{\mathrm{d}}t) \tag{2.97}
$$

$$
x_{\mathrm{Q}}(t)=\frac{1}{2}Aa(t)\sin(2\pi f_{\mathrm{d}}t)=Ka(t)\sin(2\pi f_{\mathrm{d}}t) \tag{2.98}
$$

令比例系数 $K=1$，$\varphi(t)=2\pi f_{\mathrm{d}}t$，则式（2.97）和式（2.98）与式（2.91）和式（2.92）是一致的。

在正交相位检波器中，乘法器和低通滤波器都是由模拟电路构成的，两个通道的增益和附加相移的不一致可引起 $x_{\mathrm{I}}(t)$ 和 $x_{\mathrm{Q}}(t)$ 在幅度上的不一致和相位上的不正交（相位差不等于 90°）。幅度相对误差用 ε 表示，相位上的正交误差用 φ_{e} 表示，经分析表明[8, 9]，幅度相对误差 ε 和相位正交误差 φ_{e} 将在 $x(t)$ 单边带谱的对称一侧附加上一个频谱分量，称为镜频分量。镜频分量与理想频谱分量的功率之比称为镜频抑制比 IR，即

$$
\mathrm{IR}=10\log\left[\frac{(\varphi_{\mathrm{e}}/90^\circ)^2+\varepsilon^2}{4}\right]-\log(4.3\varepsilon) \tag{2.99}
$$

镜频抑制比 IR 是一个负数，单位为 dB，其值越大，镜频分量越小，当 $\varepsilon=0.05$，$\varphi_{\mathrm{e}}=3^\circ$ 时，$\mathrm{IR}\approx-29\mathrm{dB}$；当 $\varepsilon=0.03$，$\varphi_{\mathrm{e}}=2^\circ$ 时，$\mathrm{IR}\approx-33\mathrm{dB}$；当 $\varepsilon=0.01$，$\varphi_{\mathrm{e}}=1^\circ$ 时，$\mathrm{IR}\approx-40\mathrm{dB}$。

这种镜频分量会严重限制雷达信号处理系统的性能，因此，必须减小镜频分量。提高镜频抑制比的办法有如下 3 种：

（1）尽可能提高正交相位检波器两个通道的一致性。

（2）采用误差校正方法，对 ε 和 φ_{e} 进行补偿。

（3）采用基于数字正交变换原理的数字正交相位检波器。

第（1）种方法是在器件和电路上下功夫，第（2）种和第（3）种方法将在 2.3.3 节和 2.3.4 节中分析。

2.3.3　正交相位检波器的误差校正

正交相位检波器的误差校正是用数字电路完成的，它不仅可以校正正交相位

检波器引进的误差，也能校正由于两路 A/D 转换器的不一致附加的误差。正交相位检波器误差校正方法[10]如图 2.18 所示。

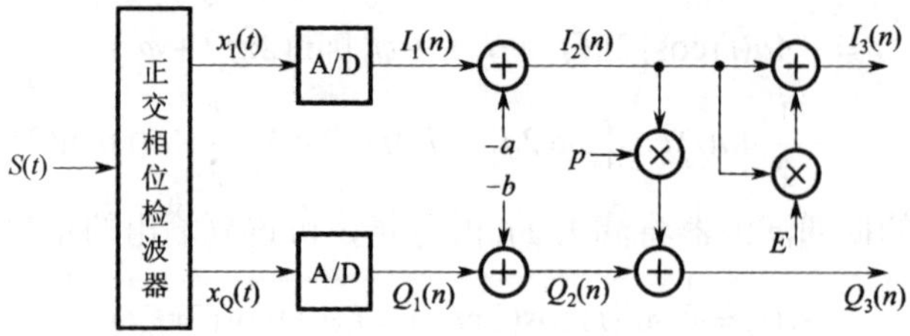

图 2.18　正交相位检波器误差校正方法

在理想情况下，正交双通道信号 $x_I(t)$ 和 $x_Q(t)$ 之间无幅度误差，而且相位完全正交，则 $I_1(n)$ 和 $Q_1(n)$ 可以表示为

$$\begin{cases} I_1(n) = A\cos(2\pi f_d n\Delta t) \\ Q_1(n) = A\sin(2\pi f_d n\Delta t) \end{cases} \tag{2.100}$$

当两路不一致时，可表示为

$$\begin{cases} I_1(n) = (1+\varepsilon)A\cos(2\pi f_d n\Delta t) + a \\ Q_1(n) = A\sin(2\pi f_d n\Delta t + \varphi_e) + b \end{cases} \tag{2.101}$$

式中，ε 是幅度相对误差；φ_e 为相位正交误差；a 是 I 通道的直流偏移；b 是 Q 通道的直流偏移。如图 2.18 所示，从 I 通道和 Q 通道分别减去直流偏移后可得到 $I_2(n)$ 和 $Q_2(n)$，即

$$\begin{cases} I_2(n) = (1+\varepsilon)A\cos(2\pi f_d n\Delta t) \\ Q_2(n) = A\sin(2\pi f_d n\Delta t + \varphi_e) \end{cases} \tag{2.102}$$

为了得到幅度相等、相位正交的输出信号 $I_3(n)$ 和 $Q_3(n)$，需要对 $I_2(n)$ 和 $Q_2(n)$ 进行类似 Gram-Schemidt 正交化的处理，即令

$$\begin{bmatrix} I_3(n) \\ Q_3(n) \end{bmatrix} = \begin{bmatrix} E & 0 \\ p & 1 \end{bmatrix} \begin{bmatrix} I_2(n) \\ Q_2(n) \end{bmatrix} \tag{2.103}$$

式中，E 和 p 是校正系数。根据式（2.102）和式（2.103），可得

$$\begin{cases} E = \cos\varphi_e / (1+\varepsilon) \\ p = -\sin\varphi_e / (1+\varepsilon) \end{cases} \tag{2.104}$$

经过校正后的输出为

$$\begin{cases} I_3(n) = A\cos\varphi_e \cos(2\pi f_d n\Delta t) \\ Q_3(n) = A\cos\varphi_e \sin(2\pi f_d n\Delta t) \end{cases} \tag{2.105}$$

式（2.105）说明，利用如图 2.18 所示的校正方法，可以使正交双通道信号成为等幅正交的两路信号。下面的问题是如何获得 a、b、E 和 p 这 4 个参数。

根据式（2.101），未加校正前的基带信号 $x_1(t)$ 可以表示为

$$\begin{aligned}x_1(t) &= I_1(n) + \mathrm{j}Q_1(n) \\ &= (1+\varepsilon)A\cos(2\pi f_\mathrm{d} n\Delta t) + a + \mathrm{j}A\sin(2\pi f_\mathrm{d} n\Delta t + \varphi_e) + \mathrm{j}b \\ &= \frac{A}{2}(1+\varepsilon+\cos\varphi_\mathrm{e} + \mathrm{j}\sin\varphi_\mathrm{e})\exp\left[\mathrm{j}(2\pi f_\mathrm{d} n\Delta t)\right] + \\ &\quad \frac{A}{2}(1+\varepsilon-\cos\varphi_\mathrm{e} + \mathrm{j}\sin\varphi_\mathrm{e})\exp\left[-\mathrm{j}(2\pi f_\mathrm{d} n\Delta t)\right] + a + \mathrm{j}b\end{aligned} \tag{2.106}$$

对式（2.106）进行离散傅里叶变换，可得到 $x_1(n)$ 的信号分量 $y(f_\mathrm{d})$ 及其镜频分量 $y(-f_\mathrm{d})$ 和直流分量 $y(0)$。

$$\begin{cases} y(f_\mathrm{d}) = \dfrac{A}{2}(1+\varepsilon+\cos\varphi_\mathrm{e}+\mathrm{j}\sin\varphi_\mathrm{e}) \\ y(-f_\mathrm{d}) = \dfrac{A}{2}(1+\varepsilon-\cos\varphi_\mathrm{e}+\mathrm{j}\sin\varphi_\mathrm{e}) \\ y(0) = a + \mathrm{j}b \end{cases} \tag{2.107}$$

由此可得

$$a = \mathrm{Re}\left[y(0)\right] \tag{2.108}$$

$$b = \mathrm{Im}\left[y(0)\right] \tag{2.109}$$

式中，$\mathrm{Re}[\bullet]$ 和 $\mathrm{Im}[\bullet]$ 分别表示取括号内复数的实部或虚部。

根据式（2.104）和式（2.107），可得

$$E = 2\,\mathrm{Re}\left[\frac{y(f_\mathrm{d})}{y^*(f_\mathrm{d}) + y(-f_\mathrm{d})}\right] - 1 \tag{2.110}$$

$$p = -2\,\mathrm{Im}\left[\frac{y(f_\mathrm{d})}{y^*(f_\mathrm{d}) + y(-f_\mathrm{d})}\right] \tag{2.111}$$

根据上述公式，如果在如图 2.18 所示的正交相位检波器的输入端输入一个频率为 $(f_0 + f_\mathrm{d})$ 的测试信号，并对测试信号经正交相位检波和 A/D 转换后的输出信号 $x_1(n)$ 进行 DFT 处理，就可得到 $y(f_\mathrm{d})$、$y(-f_\mathrm{d})$ 和 $y(0)$，然后根据式（2.108）、式（2.109）、式（2.110）和式（2.111）计算，得到校正参数 a、b、E 和 p。最后去掉测试信号，加上接收机的中频信号，进入正常工作状态，同时利用计算得到的校正参数对信号进行校正。

注意，测试信号频率应满足

$$f_\mathrm{d} = \frac{M}{N} f_\mathrm{s} \tag{2.112}$$

式中，f_s 是 A/D 采样频率；N 是离散傅里叶变换的点数；M 是小于 $N/2$ 的一个整数，以保证 $f_\mathrm{s} > 2f_\mathrm{d}$。根据文献[11]，假设测试信号的频率为 125kHz，$N = 128$，

$M=16$，则 $f_s=1\,\text{MHz}$，经过校正后，镜频抑制比可以达到-56dB 左右，因而可以满足较高性能雷达信号处理的要求。

2.3.4 数字正交相位检波器

从根本上解决正交相位检波器的幅度误差和相位正交误差的方法是采用数字正交相位检波器，如图 2.19 所示。

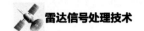

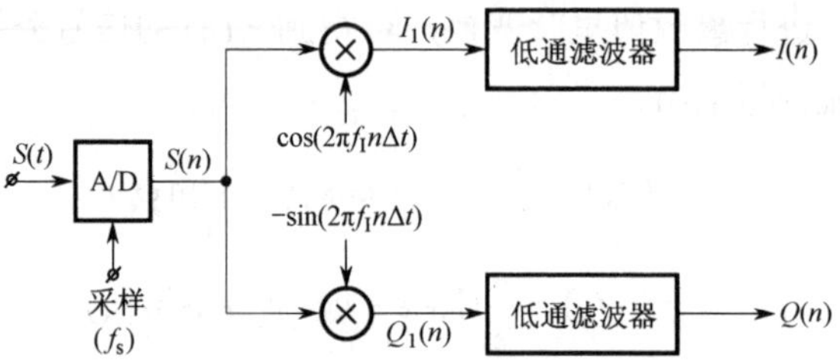

图 2.19　数字正交相位检波器

在图 2.19 中，数字正交相位检波器输入中频信号 $S(t)$ 的中心频率为 f_I，带宽为 B，则经 A/D 采样后，转换为数字信号 $S(n)$。经过与模拟正交相位检波器类似的运算得到正交双通道信号 $I(n)$ 和 $Q(n)$。不同的是，图 2.19 所示的乘法器和低通滤波都是通过数字运算完成的，不存在模拟乘法器和模拟低通滤波器因电路不一致而引起的幅度误差和相位正交误差。由于中频信号载频为 f_I，带宽为 B，所以，A/D 转换器的采样频率 f_s 需要满足采样定理，保证 A/D 采样后信号的频谱不发生混叠[11, 12]，即

$$f_s \geqslant 2B \tag{2.113}$$

同时，f_s 和 f_I 还应满足如下关系：

$$f_I=\frac{2M-1}{4}f_s \tag{2.114}$$

图 2.20 所示为数字正交相位检波器的频谱图。

由图 2.20 可知，中频信号 $S(t)$ 是一个实信号，$S_{中频}(f)$ 有双边谱，在 f_I 和 $(-f_I)$ 处各有一个频谱分量，称为正谱分量和负谱分量。经 A/D 采样后，$S_{A/D}(f)$ 是 $S_{中频}(f)$ 在频率轴上以 $\pm Nf_s(N=0,1,2,\cdots)$ 为中心重排的结果。在图 2.20 中，假设 $f_s=2B$，并且 $M=2$，$f_s=\frac{4}{3}f_I$，则 f_s 同时满足式（2.113）和式（2.114），没有发生频谱混叠现象。$S(n)$ 与数字相参中频信号相乘后得到 $I(n)$ 和 $Q(n)$，其频谱用 $S_{移频}(f)$ 表示，它是 $S_{A/D}(f)$ 向左移动 f_0 后得到的。而 $H(f)$ 为图 2.19 中低通滤波器的特性，经低通滤波后得到数字正交相位检波器输出信号的频谱为 $S_{输出}(f)$。

需要注意的是，低通滤波器必须采用具有线性相位的FIR滤波器，其滤波特性 $H(f)$ 必须精心设计，使它具有陡降的截止特性，以保证大的镜频抑制比。如图 2.21 所示为一个低通滤波器设计案例。假设：$B=10\text{MHz}$，$f_0=70\text{MHz}$，A/D为 12bit，$f_s=40\,\text{MHz}$。由于设计的 16 阶低通滤波器采用了切比雪夫加权，所以镜频抑制比可大于 70dB。

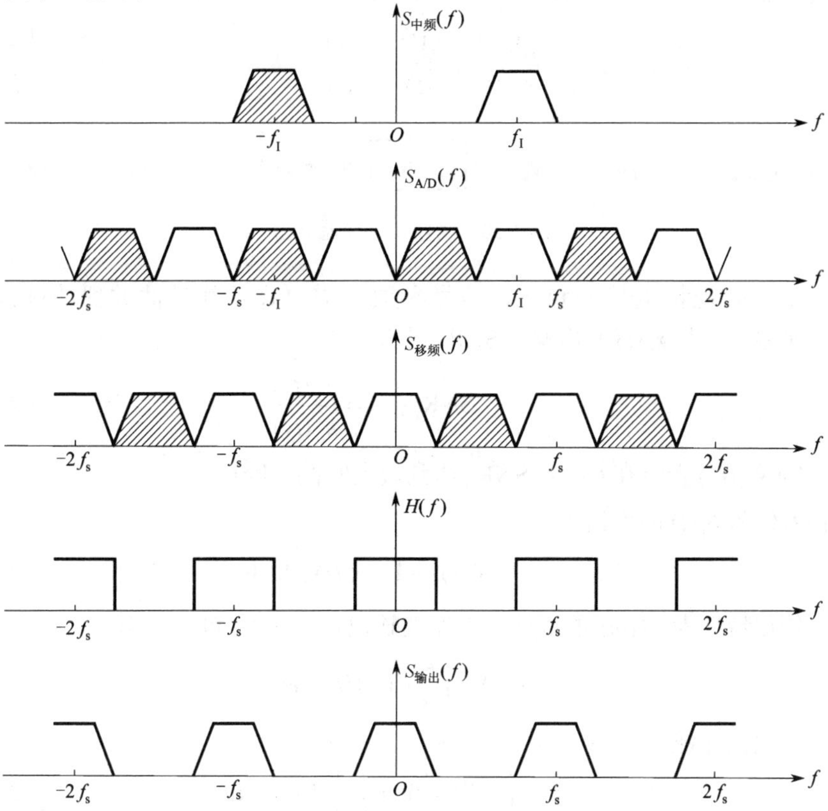

图 2.20　数字正交相位检波器的频谱图

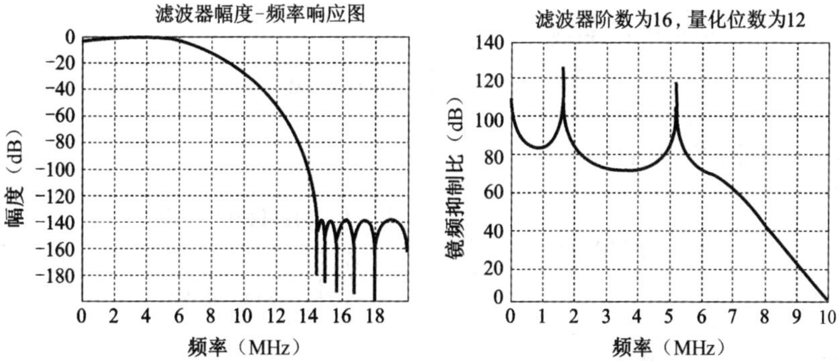

（a）滤波器特性　　（b）镜频抑制比

图 2.21　16 阶低通滤波器特性及其镜频抑制比

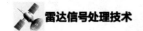

2.3.5 匹配滤波器

匹配滤波是从噪声背景中的雷达信号的最佳检测发展而来的信号处理理论。匹配滤波器是一种以最大信噪比为准则的最佳线性滤波器。

雷达接收系统可以等效为一个线性非时变滤波器，如图2.22所示。其输入信号 $x_{\mathrm{i}}(t)$ 和输出信号 $x_{\mathrm{o}}(t)$ 分别为信号和噪声之和，即

$$x_{\mathrm{i}}(t)=S_{\mathrm{i}}(t)+n_{\mathrm{i}}(t) \tag{2.115}$$

$$x_{\mathrm{o}}(t)=S_{\mathrm{o}}(t)+n_{\mathrm{o}}(t) \tag{2.116}$$

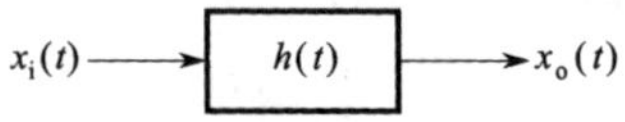

图 2.22 线性非时变滤波器

为了有效地检测信号和估计信号参数，需要设计线性滤波器的脉冲响应 $h(t)$，使输出信号 $x_{\mathrm{o}}(t)$ 的信噪比 $\mathrm{SNR}_{\mathrm{o}}$ 最大。

$$\mathrm{SNR}_{\mathrm{o}}(t_{\mathrm{d}})=\frac{S_{\mathrm{o}}^{2}(t_{\mathrm{d}})}{n_{\mathrm{o}}^{2}(t_{\mathrm{d}})} \tag{2.117}$$

式中，$\mathrm{SNR}_{\mathrm{o}}(t_{\mathrm{d}})$ 表示在 t_{d} 时刻 $\mathrm{SNR}_{\mathrm{o}}$ 达到最大时的信噪比。

输入信号 $S_{\mathrm{i}}(t)$ 的频谱为

$$F_{\mathrm{i}}(\omega)=\int_{-\infty}^{+\infty}S_{\mathrm{i}}(t)\mathrm{e}^{-\mathrm{j}\omega t}\mathrm{d}t \tag{2.118}$$

所以，传输特性为 $|H(\omega)|$ 的线性滤波器的输出信号 $S_{\mathrm{o}}(t)$ 可表示为

$$S_{\mathrm{o}}(t)=\int_{-\infty}^{+\infty}F(\omega)H(\omega)\mathrm{e}^{\mathrm{j}\omega t}\mathrm{d}f \tag{2.119}$$

输入端信号能量为

$$E=\int_{-\infty}^{+\infty}S_{\mathrm{i}}^{2}(t)\mathrm{d}t=\int_{-\infty}^{+\infty}|F(\omega)|^{2}\,\mathrm{d}f \tag{2.120}$$

假设滤波器输入端的白噪声功率谱密度为 $N_0/2$（单位为 W/Hz），则滤波器输出端的噪声平均输出功率为

$$N=\frac{N_0}{2}\int_{-\infty}^{+\infty}|H(\omega)|^{2}\,\mathrm{d}f \tag{2.121}$$

所以，根据式（2.117）得

$$\mathrm{SNR}_{\mathrm{o}}(t_{\mathrm{d}})=\frac{S_{\mathrm{o}}^{2}(t_{\mathrm{d}})}{N}=\frac{\left|\int_{-\infty}^{+\infty}F(\omega)H(\omega)\mathrm{e}^{\mathrm{j}\omega t_{\mathrm{d}}}\mathrm{d}f\right|^{2}}{\frac{N_0}{2}\int_{-\infty}^{+\infty}|H(\omega)|^{2}\,\mathrm{d}f} \tag{2.122}$$

根据施瓦茨不等式

$$\left|\int_{-\infty}^{+\infty}x(\omega)y(\omega)\mathrm{d}\omega\right|^{2}\leqslant\int_{-\infty}^{+\infty}|x(\omega)|^{2}\,\mathrm{d}\omega\int_{-\infty}^{+\infty}|y(\omega)|^{2}\,\mathrm{d}\omega \tag{2.123}$$

可得到不等式

$$\left|\int_{-\infty}^{+\infty} F(\omega)\left[H(\omega)\mathrm{e}^{\mathrm{j}\omega t_\mathrm{d}}\right]\mathrm{d}\omega\right|^2 \leqslant \int_{-\infty}^{+\infty}\left|F(\omega)\right|^2\mathrm{d}\omega\int_{-\infty}^{+\infty}\left|H(\omega)\mathrm{e}^{\mathrm{j}\omega t_\mathrm{d}}\right|^2\mathrm{d}\omega \quad (2.124)$$

因此有

$$\frac{S_\mathrm{o}^2(t_\mathrm{d})}{N} \leqslant \frac{2E}{N_\mathrm{o}} \quad (2.125)$$

若使式（2.125）中的等式成立，必须有下式成立：

$$H(\omega) = KF^*(\omega)\mathrm{e}^{-\mathrm{j}\omega t_\mathrm{d}} \quad (2.126)$$

式中，K 是一个常数。线性滤波器的传输特性符合式（2.126），则线性滤波器的输出在 t_d 时刻信噪比最大。

具有如式（2.126）所示滤波器特性的滤波器被称为匹配滤波器。它的特性为输入信号频谱的复共轭加一个线性相位项 $\mathrm{e}^{-\mathrm{j}\omega t_\mathrm{d}}$，因此，匹配滤波器又被称为共轭滤波器。

通过式（2.126）可得匹配滤波器的脉冲响应为

$$h(t) = KS_\mathrm{i}(t_\mathrm{d} - t) \quad (2.127)$$

匹配滤波器是在信号加白噪声的条件下，使滤波器输出在 t_d 时刻达到最大的最优滤波器。

随着匹配滤波技术的发展，匹配滤波不仅可以应用于改善雷达在白噪声中的信号检测性能，也可以用于在雷达脉冲压缩中得到雷达的最优分辨性能，还可以用于以最小均方误差估算目标参数（距离、速度）等问题。

2.4　雷达信号的模糊函数

模糊函数是雷达信号分析和设计的有力工具，它不仅表示了雷达信号的固有分辨能力和模糊度，也表示了雷达采用该信号后可能达到的距离、速度测量精度和杂波抑制方面的能力。

2.4.1　模糊函数的定义[13]

信号的距离分辨能力和速度分辨能力与信号波形参数有关。对于一个距离为 R 、径向速度为 V_r 的目标，其回波信号相对于发射信号的延迟时间 $t_\mathrm{r} = 2R/c$（$c = 3\times10^8\,\mathrm{m/s}$ 为电波传播速度），其多普勒频率 $f_\mathrm{d} = 2V_\mathrm{r}/\lambda$（$\lambda$ 为雷达工作波长）。目标的回波信号可表示为

$$\begin{aligned} S_\mathrm{r}(t) &= u(t - t_\mathrm{r})\mathrm{e}^{\mathrm{j}2\pi(f_0 + f_\mathrm{d})(t - t_\mathrm{r})} \\ &= u(t - t_\mathrm{r})\mathrm{e}^{\mathrm{j}2\pi f_\mathrm{d}(t - t_\mathrm{r})}\mathrm{e}^{\mathrm{j}2\pi f_0(t - t_\mathrm{r})} \end{aligned} \quad (2.128)$$

式中，$u(t-t_{\mathrm{r}})\mathrm{e}^{\mathrm{j}2\pi f_{\mathrm{d}}(t-t_{\mathrm{r}})}$ 为目标回波信号的复包络，可表示为

$$S_1(t)=u(t-t_{\mathrm{r}})\mathrm{e}^{\mathrm{j}2\pi f_{\mathrm{d}}(t-t_{\mathrm{r}})} \tag{2.129}$$

假设第二个目标相对于发射信号的延迟时间为 $(t_{\mathrm{r}}+\tau)$，多普勒频率为 $(f_{\mathrm{d}}+\xi)$，则第二个目标的回波复包络可表示为

$$S_2(t)=u(t-t_{\mathrm{r}}-\tau)\mathrm{e}^{\mathrm{j}2\pi(f_{\mathrm{d}}+\xi)(t-t_{\mathrm{r}}-\tau)} \tag{2.130}$$

为了区分这两个目标，可以求这两个目标回波信号复包络的均方差，即

$$\begin{aligned}\varepsilon^2&=\int_{-\infty}^{+\infty}\left|S_1(t)-S_2(t)\right|^2\mathrm{d}t\\&=\int_{-\infty}^{+\infty}\left|u(t-t_{\mathrm{r}})\right|^2\mathrm{d}t+\int_{-\infty}^{+\infty}\left|u(t-t_{\mathrm{r}}-\tau)\right|^2\mathrm{d}t-\\&\quad 2\mathrm{Re}\int_{-\infty}^{+\infty}u^*(t-t_{\mathrm{r}})u(t-t_{\mathrm{r}}-\tau)\mathrm{e}^{\mathrm{j}2\pi[\xi(t-t_{\mathrm{r}}-\tau)-f_{\mathrm{d}}\tau]}\mathrm{d}t\end{aligned} \tag{2.131}$$

式中，$\int_{-\infty}^{+\infty}\left|u(t-t_{\mathrm{r}})\right|^2\mathrm{d}t=\int_{-\infty}^{+\infty}\left|u(t-t_{\mathrm{r}}-\tau)\right|^2\mathrm{d}t=2E$ 为信号能量。令 $t-t_{\mathrm{r}}-\tau=t'$，得

$$\begin{aligned}\varepsilon^2&=2\left\{2E-\mathrm{Re}\left[\mathrm{e}^{-\mathrm{j}2\pi f_{\mathrm{d}}\tau}\int_{-\infty}^{+\infty}u(t')u^*(t'+\tau)\mathrm{e}^{\mathrm{j}2\pi\xi t'}\mathrm{d}t'\right]\right\}\\&=2\left\{2E-\mathrm{Re}\left[\mathrm{e}^{-\mathrm{j}2\pi f_{\mathrm{d}}\tau}\chi(\tau,\xi)\right]\right\}\end{aligned} \tag{2.132}$$

$$\chi(\tau,\xi)=\int_{-\infty}^{+\infty}u(t')u^*(t'+\tau)\mathrm{e}^{\mathrm{j}2\pi\xi t'}\mathrm{d}t' \tag{2.133}$$

在式（2.133）中，用 t 代表积分变量 t'，可得

$$\chi(\tau,\xi)=\int_{-\infty}^{+\infty}u(t)u^*(t+\tau)\mathrm{e}^{\mathrm{j}2\pi\xi t}\mathrm{d}t \tag{2.134}$$

函数 $\chi(\tau,\xi)$ 定义为模糊函数，它是两个目标信号回波复包络的时间-频率复合自相关函数。

因为在式（2.132）中

$$\mathrm{Re}\left[\mathrm{e}^{-\mathrm{j}2\pi f_{\mathrm{d}}\tau}\chi(\tau,\xi)\right]\leqslant\left|\chi(\tau,\xi)\right| \tag{2.135}$$

所以有

$$\varepsilon^2\geqslant 2\left[2E-\left|\chi(\tau,\xi)\right|\right] \tag{2.136}$$

因为目标信号的分辨一般在信号检波之后进行，即利用信号的模值进行，所以，模糊函数的模值 $|\chi(\tau,\xi)|$ 给出了两个相邻目标距离-速度联合分辨能力的一种量度。如果 $|\chi(\tau,\xi)|$ 随 τ 和 ξ 的增加而下降得更迅速，ε^2 越大，则两个目标就越容易分辨，也就是模糊度越小。在雷达信号处理中，目标分辨也可能在相参积累或非相参积累后进行，这时也可以用 $|\chi(\tau,\xi)|^2$ 作为目标信号分辨能力的度量，其本质上是相同的。

信号 $x(t)$ 的模糊函数 $|\chi(\tau,\xi)|$ 的三维图形称为模糊函数图。有时也用 $|\chi(\tau,\xi)|$ 在-3dB 或-6dB 处的截面来表示，称为模糊度图。

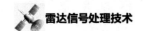

当两个目标多普勒频率之差$\xi=0$时，由式（2.133）可以得到距离模糊函数$\chi(\tau)$，即

$$\begin{aligned}\chi(\tau)=\chi(\tau,0)&=\int_{-\infty}^{+\infty}u(t)u^*(t+\tau)\mathrm{d}t\\&=\int_{-\infty}^{+\infty}\left|U^*(f)\right|^2\mathrm{e}^{\mathrm{j}2\pi f\tau}\mathrm{d}f\end{aligned}\tag{2.137}$$

式中，$U(f)$为$u(t)$的傅里叶变换，即$U(f)$是复包络$u(t)$的频谱；$\chi(\tau)$是信号的复自相关函数。当两个目标的延迟时间差$\tau=0$时，可以从式(2.134)得到速度模糊函数

$$\begin{aligned}\chi(\xi)=\chi(0,\xi)&=\int_{-\infty}^{+\infty}\left|U(f)\right|^2\mathrm{e}^{\mathrm{j}2\pi\xi t}\mathrm{d}t\\&=\int_{-\infty}^{+\infty}U(f)U^*(f-\xi)\mathrm{d}f\end{aligned}\tag{2.138}$$

所以，$\chi(\xi)$是信号的频率自相关函数。

2.4.2 模糊函数的性质

模糊函数描述了雷达信号的基本特性，研究模糊函数的一些基本性质，将有助于利用模糊函数进行雷达信号的设计[14]。

1）唯一性定理

唯一性定理：若信号$u(t)$和$v(t)$分别具有模糊函数$\chi_u(\tau,\xi)$和$\chi_v(\tau,\xi)$，则仅当$v(t)=cu(t)$且$|c|=1$时，才有$\chi_u(\tau,\xi)=\chi_v(\tau,\xi)$。

这表明，对于一个给定的信号，它的模糊函数是唯一的，不同的信号具有不同的模糊函数，这就为利用模糊函数进行信号设计提供了充分必要条件。

2）原点对称性

根据模糊函数的定义，对式（2.134）两边分别取复共轭，可得

$$\chi^*(\tau,\xi)=\int_{-\infty}^{+\infty}u^*(t)u(t+\tau)\mathrm{e}^{-\mathrm{j}2\pi\xi t}\mathrm{d}t\tag{2.139}$$

经变量置换，式（2.139）转化为

$$\begin{aligned}\chi^*(\tau,\xi)&=\int_{-\infty}^{+\infty}u^*(t-\tau)u(t)\mathrm{e}^{-\mathrm{j}2\pi\xi(t'-\tau)}\mathrm{d}t'\\&=\mathrm{e}^{-\mathrm{j}2\pi\xi\tau}\int_{-\infty}^{+\infty}u(t)u^*(t'-\tau)\mathrm{e}^{-\mathrm{j}2\pi\xi t'}\mathrm{d}t'\\&=\mathrm{e}^{-\mathrm{j}2\pi\xi\tau}\chi(-\tau,-\xi)\end{aligned}\tag{2.140}$$

由于共轭函数的绝对值相等，所以，由式（2.140）可得

$$\left|\chi(\tau,\xi)\right|=\left|\chi^*(\tau,\xi)\right|=\left|\chi(-\tau,-\xi)\right|\tag{2.141}$$

式（2.140）和式（2.141）说明模糊函数具有原点对称性。

3）在原点有极大值

根据施瓦兹不等式

$$\begin{aligned}|\chi(\tau,\xi)|^2 &= \left|\int_{-\infty}^{+\infty}u(t)u^*(t+\tau)\mathrm{e}^{\mathrm{j}2\pi\xi t}\mathrm{d}t\right|^2 \\ &\leqslant \int_{-\infty}^{+\infty}|u(t)|^2\mathrm{d}t\int_{-\infty}^{+\infty}|u^*(t+\tau)|^2\mathrm{d}t\end{aligned} \tag{2.142}$$

而

$$\int_{-\infty}^{+\infty}|u(t)|^2\mathrm{d}t = \int_{-\infty}^{+\infty}|u^*(t+\tau)|^2\mathrm{d}t = \chi(0,0) = 2E \tag{2.143}$$

在式（2.143）中，E 为信号能量，可得

$$|\chi(\tau,\xi)|^2 \leqslant |\chi(0,0)|^2 = (2E)^2 \tag{2.144}$$

这说明，模糊函数的最大点就发生在原点（$\tau=0,\xi=0$）上，这时两个目标在距离和速度上均无差别，因此，两个目标无法被分辨。

4）模糊体积不变性

根据模糊函数的定义［见式（2.134）］，有

$$\begin{aligned}\chi^*(\tau,\xi) &= \int_{-\infty}^{+\infty}u^*(t)u(t+\tau)\mathrm{e}^{-\mathrm{j}2\pi\xi t}\mathrm{d}t \\ &= +\int_{-\infty}^{+\infty}U(f)U^*(f+\xi)\mathrm{e}^{\mathrm{j}2\pi\tau f}\mathrm{d}f\end{aligned} \tag{2.145}$$

因此

$$\begin{aligned}|\chi(\tau,\xi)|^2 &= \chi(\tau,\xi)\chi^*(\tau,\xi) \\ &= \int_{-\infty}^{+\infty}\int_{-\infty}^{+\infty}u(t)u^*(t+\tau)U(f)U^*(f-\xi)\mathrm{e}^{\mathrm{j}2\pi(f\tau+\xi t)}\mathrm{d}t\mathrm{d}f\end{aligned} \tag{2.146}$$

$$\begin{aligned}&\int_{-\infty}^{+\infty}\int_{-\infty}^{+\infty}|\chi(\tau,\xi)|^2\,\mathrm{d}\tau\mathrm{d}\xi \\ &= \int_{-\infty}^{+\infty}\int_{-\infty}^{+\infty}\int_{-\infty}^{+\infty}\int_{-\infty}^{+\infty}u(t)u^*(t+\tau)U(f)U^*(f-\xi)\mathrm{e}^{\mathrm{j}2\pi(f\tau+\xi t)}\mathrm{d}t\mathrm{d}f\mathrm{d}\tau\mathrm{d}\xi\end{aligned} \tag{2.147}$$

因为

$$\int_{-\infty}^{+\infty}u^*(t+\tau)\mathrm{e}^{\mathrm{j}2\pi f\tau}\mathrm{d}\tau = \mathrm{e}^{-\mathrm{j}2\pi f\tau}U^*(f) \tag{2.148}$$

$$\int_{-\infty}^{+\infty}u^*(f-\xi)\mathrm{e}^{-\mathrm{j}2\pi\xi t}\mathrm{d}\xi = \mathrm{e}^{\mathrm{j}2\pi ft}u^*(t) \tag{2.149}$$

将式（2.148）和式（2.149）代入式（2.147），可得

$$\begin{aligned}\int_{-\infty}^{+\infty}\int_{-\infty}^{+\infty}|\chi(\tau,\xi)|^2\,\mathrm{d}\tau\mathrm{d}\xi &= \int_{-\infty}^{+\infty}\int_{-\infty}^{+\infty}u(t)u^*(t)U(f)U^*(f)\mathrm{d}f\mathrm{d}t \\ &= \int_{-\infty}^{+\infty}|u(t)|^2\mathrm{d}t\int_{-\infty}^{+\infty}|U(f)|^2\mathrm{d}f \\ &= |\chi(0,0)|^2 \\ &= (2E)^2\end{aligned} \tag{2.150}$$

式（2.150）说明，模糊函数三维图中模糊曲面下的总体积只取决于信号能

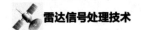

量，而与信号形式无关，这也被称为模糊原理。雷达信号波形设计只能在模糊原理的约束下，通过改变雷达信号的调制特性来改变模糊曲面的形状，使之与雷达目标的环境相匹配。

5）模糊函数的自变换性质

模糊函数的自变换性质即

$$\int_{-\infty}^{+\infty}\int_{-\infty}^{+\infty}|\chi(\tau,\xi)|^2 \mathrm{e}^{\mathrm{j}2\pi(\xi z-\tau y)}\mathrm{d}\tau\mathrm{d}\xi = |\chi(z,y)|^2 \tag{2.151}$$

式（2.151）表明模糊函数的二维傅里叶变换仍为模糊函数。

6）模糊体积分布的限制

模糊体积分布的限制即

$$\int_{-\infty}^{+\infty}|\chi(\tau,\xi)|^2\,\mathrm{d}\tau = \int_{-\infty}^{+\infty}|\chi(\tau,0)|^2\,\mathrm{e}^{\mathrm{j}2\pi\xi\tau}\mathrm{d}\tau \tag{2.152}$$

$$\int_{-\infty}^{+\infty}|\chi(\tau,\xi)|^2\,\mathrm{d}\xi = \int_{-\infty}^{+\infty}|\chi(0,\xi)|^2\,\mathrm{e}^{\mathrm{j}2\pi\xi\tau}\mathrm{d}\xi \tag{2.153}$$

式（2.152）表明，模糊体积沿 ξ 轴的分布完全取决于信号复包络的自相关函数或信号幅度谱的形状，而与信号的相位谱无关。式（2.153）说明，模糊体积沿 τ 轴的分布完全取决于 $|\chi(0,\xi)|^2$ 或复傅里叶反变换式 $|u(t)|^2$，而与信号的相位调制函数无关。

7）复共轭信号的模糊函数

复共轭信号的模糊函数如下。

如果 $v(t)=u^*(t)$，则

$$\chi_v(\tau,\xi)=\chi_u^*(\tau,-\xi)=\mathrm{e}^{-\mathrm{j}2\pi\xi\tau}\chi_u(-\tau,\xi) \tag{2.154}$$

8）模糊函数的组合性质

模糊函数的组合性质如下。

如果 $c(t)=a(t)+b(t)$，则有

$$\chi_c(\tau,\xi)=\chi_a(\tau,\xi)+\chi_b(\tau,\xi)+\chi_{ab}(\tau,\xi)+\mathrm{e}^{-\mathrm{j}2\pi\xi\tau}\chi_{ab}^*(-\tau,-\xi) \tag{2.155}$$

9）模糊函数的相乘规则

模糊函数的相乘规则如下。

如果 $w(t)=u(t)v(t)$ 或 $W(f)=U(f)\otimes V(f)$，其中 $W(f)$、$U(f)$ 和 $V(f)$ 分别为 $w(t)$、$u(t)$ 和 $v(t)$ 的傅里叶变换（$\otimes$ 表示卷积），则有

$$\chi_w(\tau,\xi)=\int_{-\infty}^{+\infty}\chi_u(\tau,p)\chi_v(\tau,\xi-p)\mathrm{d}p \tag{2.156}$$

如果 $W(f)=U(f)V(f)$ 或 $w(t)=u(t)\otimes v(t)$，则有

$$\chi_w(\tau,\xi)=\int_{-\infty}^{+\infty}\chi_u(q,\xi)\chi_v(\tau-q,\xi)\mathrm{d}q \tag{2.157}$$

10）旋转不变性

模糊函数 $\chi(\tau,\xi)$ 沿 (τ,ξ) 平面旋转一个角度 θ，即进行如下坐标变换：

$$\begin{bmatrix}\tau\\\xi\end{bmatrix}=\begin{bmatrix}\cos\theta & -\sin\theta\\\sin\theta & \cos\theta\end{bmatrix}\begin{bmatrix}\tau'\\\xi'\end{bmatrix} \tag{2.158}$$

得到的函数 $\chi(\tau',\xi')$ 仍是模糊函数，即旋转不变性。

11）信号周期重复的影响

如果基于信号 $u(t)$ 的模糊函数为 $\chi_u(\tau,\xi)$，使 $u(t)$ 在时间轴上以 T_r 为间隔重复出现，则形成具有 N 个 $u(t)$ 的周期重复信号 $v(t)$，即

$$v(t)=\sum_{i=0}^{N-1}c_i u(t-iT_\mathrm{r}) \tag{2.159}$$

式中，c_i 表示复加权系数。

那么 $v(t)$ 的模糊函数为

$$\begin{aligned}\chi_v(\tau,\xi)=&\sum_{m=1}^{N-1}\mathrm{e}^{\mathrm{j}2\pi\xi mT_\mathrm{r}}\chi_u(\tau+mT_\mathrm{r},\xi)\sum_{i=0}^{N-1-m}c_i^* c_{i+m}\mathrm{e}^{\mathrm{j}2\pi\xi iT_\mathrm{r}}+\\&\sum_{m=0}^{N-1}\chi(\tau-mT_\mathrm{r},\xi)\sum_{i=0}^{N-1-m}c_i^* c_{i+m}\mathrm{e}^{\mathrm{j}2\pi\xi iT_\mathrm{r}}\end{aligned} \tag{2.160}$$

模糊函数还有许多其他性质，可参见文献[13]。

2.5 本章小结

本章介绍了雷达中的常用信号形式及其波形、频谱和功率谱，以及进行雷达信号处理时需要面对的信号处理基础问题，包括模拟/数字变换、傅里叶变换、数字滤波器、预测滤波器和最小二乘估计等信号处理方法，并讨论了相参信号处理、正交相位检波器、匹配滤波器，以及雷达信号分析设计的重要工具——雷达信号模糊函数。

本章主要讨论了时域、频域和时-频域的雷达信号，随着多基地雷达、多输入多输出雷达和频率分集阵雷达的出现，时-空-频信号及其应用日益增多，时-空-频信号优化设计方法和信号处理方法的研究将进一步提高雷达的探测性能。

本章参考文献

[1] 布赖姆 E O. 快速傅里叶变换[M]. 柳群，译. 上海：上海科学技术出版社，1979.

[2] PAPOULICS A. Signal Analysis[M]. New York: McGraw-Hill, 1979.

[3] ALAN V O, ROLAND W S. Digital Signal Processing[M].Englewood Cliffs, N.J:

Prentice-Hall, Inc., 1975.

[4] STANLEY W D. Digital Signal Processing[M]. Reston Publishing Company, Inc., 1975.

[5] 丁玉美，高西全，彭学愚. 数字信号处理[M]. 西安：西安电子科技大学出版社，1995.

[6] WIENER N. Extrapolation, Interpolation and Smoothing of Stationary Time Series with Engineering Applications[M]. Cambridge, Mass.: The MIT. Press, 1949.

[7] BURG J P. Maximum Entropy Spectral Analysis[C]. 37th Annual International Meeting, Soc. Explor. Geophys., Oklahoma, 1967.

[8] ROOME S J. Analysis of Quadrature Detector Using Complex Envelope Notation[J]. IEEE, 1990, F(2).

[9] SINCKY A I, WANG P C P. Error Analysis of a Quadrature Coherent Detector Processing[J]. IEEE Transactions On AES. 1974, 10(11).

[10] CURCHILL F E, et al. The Correction of *I* and *Q* Errors in a Coherent Prcessor[J]. IEEE Trans. On AES, 1981, 17(1).

[11] WNTERS W M, JARRETT B R. Bandpass Signal Sampling and Coherent Detection[J]. IEEE Transactions On AES 1982, (11, 4).

[12] LIU H, GHAFOON A. A New Quadrature Sampling and Processing Approach[J]. IEEE Transactions. On AES, 1989, 25(9, 5).

[13] WOODWARD P M. Probability and Informantion Theory with Application to Radar[M]. Second Edition. Oxford: Pergamon Press, 1964.

[14] 林茂庸，柯有安. 雷达信号理论[M]. 北京：国防工业出版社，1984.

第 3 章
雷达信号形式和信号分析

雷达的功能是多种多样的，不同用途和功能的雷达需要采用不同的信号形式，信号形式的不同会影响雷达的工作方式和性能。对信号的幅度、频率、相位、时间等参数进行调整可以形成各种各样的信号，以满足雷达各种应用的需求。

3.1　单频脉冲信号

单频脉冲信号是雷达常用的信号形式，它可以分为 3 种形式：非相参脉冲信号、相参脉冲串信号和参差变周期相参脉冲信号。

3.1.1　非相参脉冲信号

非相参脉冲信号是雷达最早使用的信号形式。非相参脉冲信号是一种载频为 f_0、时间宽度为 t_p 的脉冲调制的正弦信号，可表示为

$$x(t) = Au(t)\cos(2\pi f_0 t) \tag{3.1}$$

式中，A 为脉冲幅度；$u(t)$ 为脉冲幅度调制函数，当脉冲为矩形时

$$u(t) = \mathrm{rect}(t) = \begin{cases} 1, & 0 < t < t_p \\ 0, & 其他 \end{cases} \tag{3.2}$$

式中，t_p 为脉冲宽度；$\mathrm{rect}(t)$ 为矩形脉冲函数。此时可称 $x(t)$ 为单频矩形脉冲信号，f_0 为它的载频。单频矩形脉冲信号 $x(t)$ 的波形如图 3.1 所示。

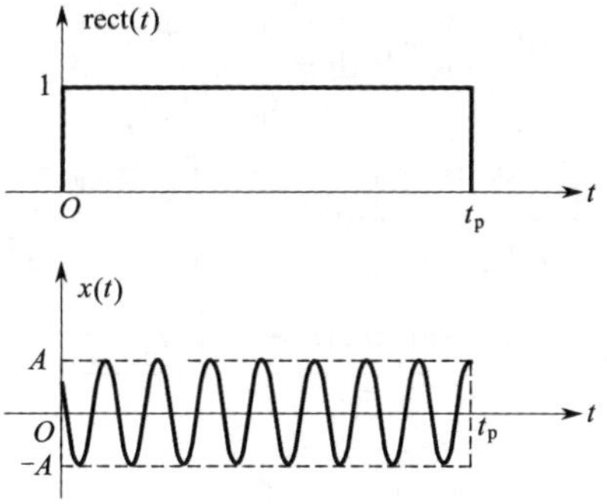

图 3.1　单频矩形脉冲信号的波形

$X(f)$ 是 $x(t)$ 的傅里叶变换，可表示为

$$\begin{aligned} X(f) &= \int_{-\infty}^{+\infty} x(t)\mathrm{e}^{-\mathrm{j}2\pi ft}\mathrm{d}t \\ &= \frac{At_p}{2}\left[Q(f+f_0)+Q(f-f_0)\right] \end{aligned} \tag{3.3}$$

式中，$Q(f)$ 为辛克尔函数，即

$$Q(f)=\frac{\sin(\pi t_{\mathrm{p}} f)}{\pi t_{\mathrm{p}} f} \tag{3.4}$$

单频矩形脉冲信号的频谱 $X(f)$ 如图 3.2 所示。

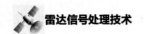

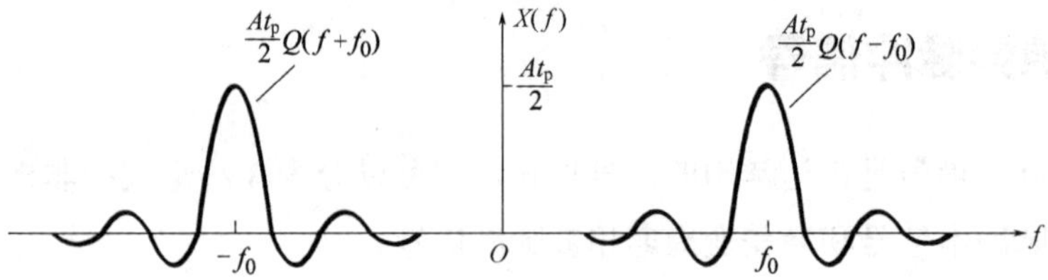

图 3.2　单频矩形脉冲信号的频谱 $X(f)$

单频矩形脉冲信号的归一化复包络可以表示为

$$u(t)=\mathrm{rect}(t)=\begin{cases}1/\sqrt{t_{\mathrm{p}}}, & 0<t<t_{\mathrm{p}}\\ 0, & 其他\end{cases} \tag{3.5}$$

根据模糊函数的定义，可得其模糊函数为

$$\chi(\tau,\xi)=\int_{-\infty}^{+\infty}u(t)u^{*}(t+\tau)\mathrm{e}^{\mathrm{j}2\pi\xi t}\mathrm{d}t=\frac{1}{t_{\mathrm{p}}}\int_{a}^{b}\mathrm{e}^{\mathrm{j}2\pi\xi t}\mathrm{d}t \tag{3.6}$$

式（3.6）中的积分可以分段确定。

（1）当 $0<\tau<t_{\mathrm{p}}$ 时，$a=0, b=-\tau+t_{\mathrm{p}}$，有

$$\begin{aligned}\chi(\tau,\xi)&=\int_{0}^{-\tau+t_{\mathrm{p}}}\left(\frac{1}{t_{\mathrm{p}}}\right)\mathrm{e}^{\mathrm{j}2\pi\xi t}\mathrm{d}t=\frac{1}{t_{\mathrm{p}}}\left.\frac{\mathrm{e}^{\mathrm{j}2\pi\xi t}}{\mathrm{j}2\pi\xi}\right|_{0}^{-\tau+t_{\mathrm{p}}}\\&=\frac{1}{t_{\mathrm{p}}}\frac{\mathrm{e}^{\mathrm{j}2\pi\xi(t_{\mathrm{p}}-\tau)}}{\mathrm{j}2\pi\xi}=\frac{1}{t_{\mathrm{p}}}\mathrm{e}^{\mathrm{j}2\pi\xi(t_{\mathrm{p}}-\tau)}\left[\frac{\mathrm{e}^{\mathrm{j}2\pi\xi(t_{\mathrm{p}}-\tau)}-\mathrm{e}^{-\mathrm{j}2\pi\xi(t_{\mathrm{p}}-\tau)}}{\mathrm{j}2\pi\xi}\right]\\&=\mathrm{e}^{\mathrm{j}2\pi\xi(t_{\mathrm{p}}-\tau)}\left[\frac{\sin\left[\pi\xi(t_{\mathrm{p}}-\tau)\right]}{\pi\xi(t_{\mathrm{p}}-\tau)}\right]\frac{t_{\mathrm{p}}-\tau}{\tau}\end{aligned} \tag{3.7}$$

（2）当 $-t_{\mathrm{p}}<\tau<0$ 时，$a=-\tau, b=t_{\mathrm{p}}$，有

$$\begin{aligned}\chi(\tau,\xi)&=\int_{-\tau}^{t_{\mathrm{p}}}\left(\frac{1}{t_{\mathrm{p}}}\right)\mathrm{e}^{\mathrm{j}2\pi\xi t}\mathrm{d}t=\frac{1}{t_{\mathrm{p}}}\left.\frac{\mathrm{e}^{\mathrm{j}2\pi\xi t}\mathrm{d}t}{\mathrm{j}2\pi\xi}\right|_{-\tau}^{t_{\mathrm{p}}}=\frac{1}{t_{\mathrm{p}}}\left[\frac{\mathrm{e}^{\mathrm{j}2\pi\xi t_{\mathrm{p}}}-\mathrm{e}^{-\mathrm{j}2\pi\xi\tau}}{\mathrm{j}2\pi\xi}\right]\\&=\frac{\mathrm{e}^{\mathrm{j}2\pi\xi t}\mathrm{e}^{\mathrm{j}2\pi\xi(t_{\mathrm{p}}+\tau)}}{t_{\mathrm{p}}}\left[\frac{\mathrm{e}^{\mathrm{j}2\pi\xi(t_{\mathrm{p}}+\tau)}-\mathrm{e}^{-\mathrm{j}2\pi\xi(t_{\mathrm{p}}+\tau)}}{\mathrm{j}2\pi\xi}\right]\\&=\mathrm{e}^{\mathrm{j}2\pi\xi(t_{\mathrm{p}}-\tau)}\left[\frac{\sin\left[\pi\xi(t_{\mathrm{p}}+\tau)\right]}{\pi\xi(t_{\mathrm{p}}+\tau)}\right]\frac{t_{\mathrm{p}}+\tau}{t_{\mathrm{p}}}\end{aligned} \tag{3.8}$$

（3）当$|\tau|>t_{\mathrm{p}}$时，因为$u(t)u^*(t+\tau)=0$，所以有

$$\chi(\tau,\xi)=0,\quad |\tau|>t_{\mathrm{p}} \tag{3.9}$$

综合式（3.7）、式（3.8）和式（3.9），可得

$$\chi(\tau,\xi)=\begin{cases}\mathrm{e}^{\mathrm{j}2\pi\xi(t_{\mathrm{p}}-\tau)}\left\{\dfrac{\sin\left[\pi\xi(t_{\mathrm{p}}-|\tau|)\right]}{\pi\xi(t_{\mathrm{p}}-|\tau|)}\right\}\dfrac{t_{\mathrm{p}}-|\tau|}{t_{\mathrm{p}}}, & |\tau|<t_{\mathrm{p}}\\ 0, \quad |\tau|\geqslant t_{\mathrm{p}}\end{cases} \tag{3.10}$$

常用的模糊函数的模值为

$$|\chi(\tau,\xi)|=\begin{cases}\left|\dfrac{\sin\left[\pi\xi(t_{\mathrm{p}}-|\tau|)\right]}{\pi\xi(t_{\mathrm{p}}-|\tau|)}\dfrac{t_{\mathrm{p}}-|\tau|}{t_{\mathrm{p}}}\right|, & |\tau|<t_{\mathrm{p}}\\ 0, \quad |\tau|\geqslant t_{\mathrm{p}}\end{cases} \tag{3.11}$$

令式（3.11）中的$\xi=0$，可以得到$|\chi(\tau,\xi)|$沿τ轴的轴向切割$\chi(\tau,0)$，将此函数称为距离模糊函数，它也是矩形脉冲包络的自相关函数$R(t)$，即

$$\chi(\tau,0)=R(t)=\begin{cases}\dfrac{t_{\mathrm{p}}-|\tau|}{t_{\mathrm{p}}}, & |\tau|<t_{\mathrm{p}}\\ 0, \quad |\tau|\geqslant t_{\mathrm{p}}\end{cases} \tag{3.12}$$

令式（3.11）中的$\tau=0$，得到$|\chi(\tau,\xi)|$沿ξ轴的轴向切割$\chi(0,\xi)$函数，将此函数称为速度模糊函数，它相当于信号包络的傅里叶变换，即

$$\chi(0,\xi)=\left|\frac{\sin\pi\xi t_{\mathrm{p}}}{\pi\xi t_{\mathrm{p}}}\right| \tag{3.13}$$

如图 3.3 所示为非相参矩形脉冲信号包络的模糊函数图。

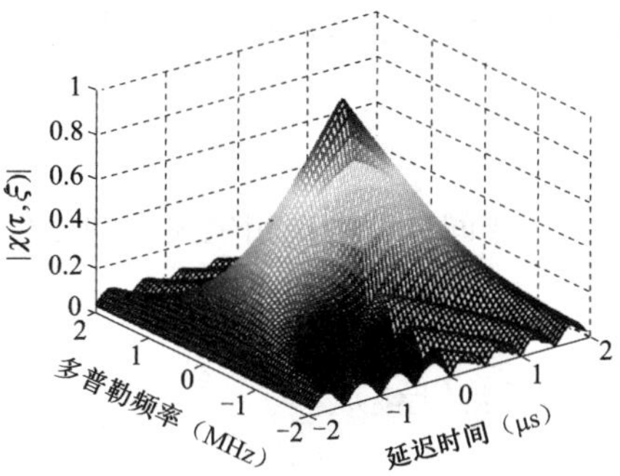

（a）模糊函数图

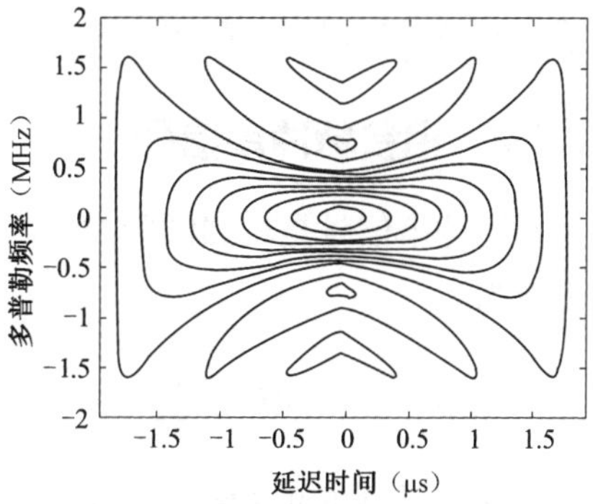

（b）模糊函数的等高线图

图 3.3　非相参矩形脉冲信号包络的模糊函数图（$t_{\mathrm{p}}=2\mu\mathrm{s}$）

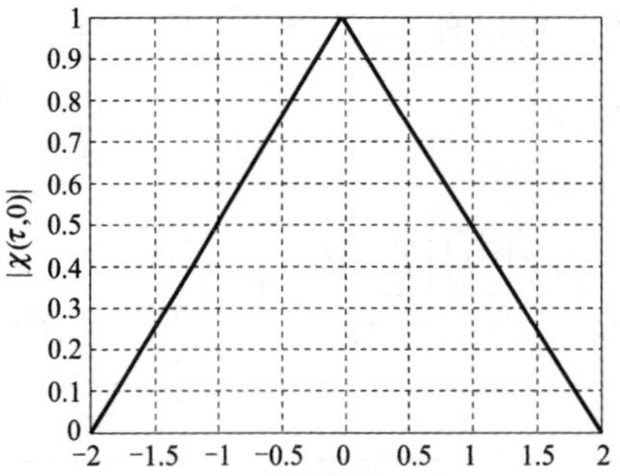

（c）距离模糊函数图

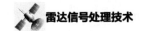

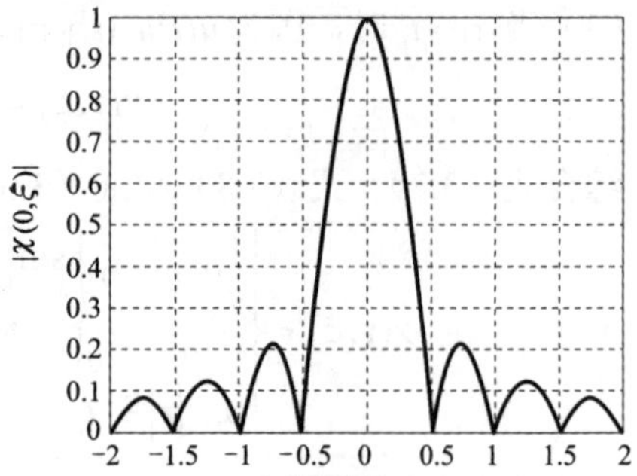

（d）速度模糊函数图

图 3.3　非相参矩形脉冲信号包络的模糊函数图（$t_p = 2\mu s$）（续）

因为非相参脉冲信号的初始相位是随机的，所以，在式（3.1）中，为方便起见，假定其初相为 0。当多个非相参脉冲信号构成非相参脉冲序列信号时，其相邻脉冲间无固定相位关系，可表示为

$$x(t)=\sum_{n=-\infty}^{+\infty} Au(t-nT_r)\cos(2\pi f_0 t+\varphi_n) \tag{3.14}$$

式中，T_r 为脉冲重复周期；φ_n 为第 n 个脉冲的初相。

$$u(t-nT_r)=\text{rect}\left(t-nT_r\right)=\begin{cases}1, & 0<t-nT_r<t_p\\ 0, & 其他\end{cases} \tag{3.15}$$

因为 φ_n 随 n 而变，不是固定值，所以，相邻脉冲的相位是不相参的。早期的雷达大都采用非相参脉冲序列信号，因此，雷达只能利用目标回波的幅度来直接检测目标和测量目标坐标，限制了雷达性能的提高。现代雷达信号处理大都同时利用信号的幅度和相位，雷达采用全相参体制，发射信号是相参脉冲串信号。

3.1.2　相参脉冲串信号

相参脉冲串信号是相邻的脉冲调制正弦信号间具有固定相位关系的信号，它可以表示为

$$x(t)=\sum_{n=-\infty}^{+\infty} Au(t-nT_r)\cos(2\pi f_0 t+\varphi_0) \tag{3.16}$$

式中，φ_0 是一个固定的初相；$u(t-nT_r)$ 同式（3.15）。相参脉冲串信号波形如图 3.4 所示。这时 $x(t)$ 是一个无限长的周期为 T_r、脉冲宽度为 t_p、载频为 f_0 的脉冲信号序列。

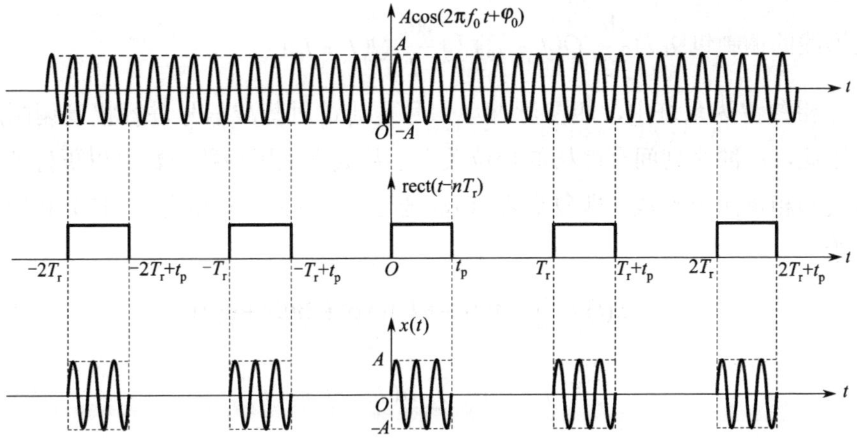

图 3.4　相参脉冲串信号波形

由图 3.4 可知，相参脉冲串信号是对一个基准正弦信号 $A\cos(2\pi f_0 t+\varphi_0)$ 进行脉冲幅度调制而形成的。幅度调制脉冲串的脉冲宽度为 t_p，周期为 T_r。

相参脉冲串信号的频谱是式（3.16）中 $x(t)$ 的傅里叶变换：

$$
\begin{aligned}
X(f) &= \int_{-\infty}^{+\infty} x(t)\mathrm{e}^{-\mathrm{j}2\pi ft}\mathrm{d}t \\
&= \int_{-\infty}^{+\infty}\left[\sum_{n=-\infty}^{+\infty} Au(t-nT_r)\cos(2\pi f_0 t+\varphi_0)\right]\mathrm{e}^{-\mathrm{j}2\pi ft}\mathrm{d}t \\
&= \frac{At_p}{2}\sum_{n=-\infty}^{+\infty}\delta(f-nf_r)\left[Q(f+f_0)+Q(f-f_0)\right]
\end{aligned}
\tag{3.17}
$$

相参脉冲串信号的频谱 $X(f)$ 如图 3.5 所示。

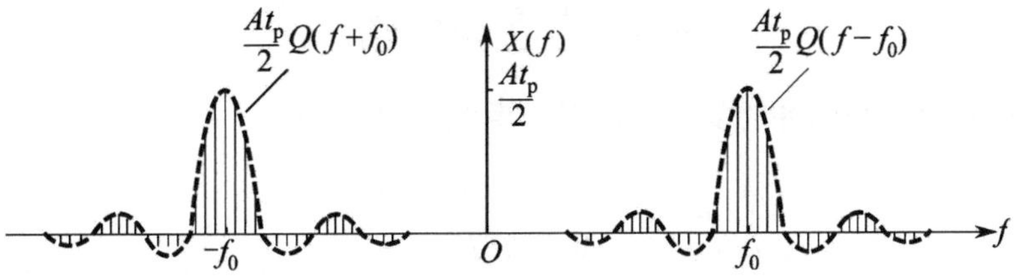

图 3.5　相参脉冲串信号的频谱 $X(f)$

由图 3.5 可知，周期为 T_r、脉冲宽度为 t_p 的相参脉冲串信号 $x(t)$ 的频谱是由一系列谱线构成的，这些谱线的间隔为 f_r，即脉冲重复频率为 f_r。f_r 是 T_r 的倒数，即

$$
f_r = \frac{1}{T_r} \tag{3.18}
$$

这些谱线的调制包络为$\dfrac{At_{\mathrm{p}}}{2}Q(f-f_0)$和$\dfrac{At_{\mathrm{p}}}{2}Q(f+f_0)$。

在相参雷达系统中，相参脉冲串信号是通过对基准信号进行幅度调制产生的，因此，脉冲序列间有严格的相位关系。从数学上用指数函数可以更好地表示其幅度和相位两个参数（即复数表示），这时，式（3.16）和式（3.17）相应地可表示为

$$x(t)=\sum_{n=-\infty}^{+\infty}Au(t-nT_{\mathrm{r}})\exp\left[\mathrm{j}(2\pi f_0 t+\varphi_0)\right] \tag{3.19}$$

$$X(f)=At_{\mathrm{p}}\sum_{n=-\infty}^{+\infty}\delta(f-nf_{\mathrm{r}})Q(f) \tag{3.20}$$

相参脉冲串信号$x(t)$的频谱$X(f)$（复数表示）如图3.6所示。

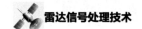

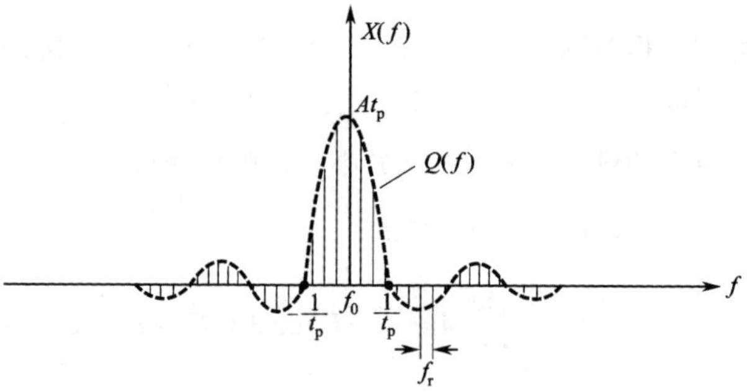

图3.6　相参脉冲串信号$x(t)$的频谱$X(f)$（复数表示）

N个脉冲的相参脉冲串信号的复包络可表示为

$$u(t)=\frac{1}{\sqrt{N}}\sum_{n=0}^{N-1}u_1(t-nT_{\mathrm{r}}) \tag{3.21}$$

式中，$u_1(t)$为单个脉冲的复包络，对于矩形脉冲

$$u_1(t)=\begin{cases}1/\sqrt{t_{\mathrm{p}}}, & 0<t<t_{\mathrm{p}}\\ 0, & 其他\end{cases} \tag{3.22}$$

根据模糊函数的性质［见式（2.154）和式（2.155）］，令复加权系数$c_i=1(i=0,1,\cdots,N-1)$，可得相参脉冲串信号的模糊函数为

$$\chi(\tau,\xi)=\frac{1}{N}\sum_{p=1}^{N-1}\mathrm{e}^{\mathrm{j}2\pi\xi pT_{\mathrm{r}}}\chi_1(\tau+pT_{\mathrm{r}},\xi)\sum_{m=0}^{N-1-p}\mathrm{e}^{\mathrm{j}2\pi\xi mT_{\mathrm{r}}} \tag{3.23}$$

经过推导可得

$$\chi(\tau,\xi)=\frac{1}{N}\sum_{p=-(N-1)}^{N-1}\mathrm{e}^{\mathrm{j}2\pi\xi(N-1+p)T_{\mathrm{r}}}\frac{\sin\left[\pi\xi(N-|p|)T_{\mathrm{r}}\right]}{\sin(\pi\xi T_{\mathrm{r}})}\chi_1(\tau-pT_{\mathrm{r}},\xi) \tag{3.24}$$

式中，$\chi_1(\tau,\xi)$为$u_1(t)$的模糊函数，可参见式（3.10），最后可得相参脉冲串信号

的模糊函数为

$$\chi(\tau,\xi)=\sum_{p=-(N-1)}^{N-1}\frac{\mathrm{e}^{\mathrm{j}\pi\xi(N-1+p)T_\mathrm{r}}\mathrm{e}^{\mathrm{j}2\pi\xi(\tau-pT_\mathrm{r})}}{Nt_\mathrm{p}}\frac{\sin\pi\xi(t_\mathrm{p}-|\tau-pT_\mathrm{r}|)}{\pi\xi}\frac{\sin\pi\xi(N-|p|)T_\mathrm{r}}{\sin\pi\xi T_\mathrm{r}} \tag{3.25}$$

令 $\xi=0$，可得其距离模糊函数 $|\chi(\tau,0)|$，即

$$|\chi(\tau,0)|=\sum_{p=-(N-1)}^{N-1}\frac{t_\mathrm{p}-|\tau-pT_\mathrm{r}|}{t_\mathrm{p}}\times\frac{N-|p|}{N} \tag{3.26}$$

式中，$|\chi(\tau,0)|$ 相当于单个脉冲的距离模糊函数 $|\chi_\mathrm{c}(\tau,0)|\left(=\dfrac{t_\mathrm{p}-|\tau|}{t_\mathrm{p}}\right)$ 按脉冲串的时间间隔 T_r 重复出现，但每个模糊带的中心高度随着 p 的增加而按 $\dfrac{N-|p|}{N}$ 的规律减小。令式（3.25）中的 $\tau=0$，可得其速度模糊函数 $|\chi(0,\xi)|$ 为

$$\begin{aligned}\chi(0,\xi)&=\frac{1}{Nt_\mathrm{p}}\times\frac{\sin(\pi\xi t_\mathrm{p})}{\pi\xi}\times\frac{\sin(\pi\xi NT_\mathrm{r})}{\sin(\pi\xi T_\mathrm{r})}\\&=\frac{\sin(\pi\xi t_\mathrm{p})}{\pi\xi t_\mathrm{p}}\times\frac{\sin(\pi\xi NT_\mathrm{r})}{N\sin(\pi\xi T_\mathrm{r})}\end{aligned} \tag{3.27}$$

可见其速度模糊函数是单个脉冲频谱的包络与 N 个脉冲串所产生的频率调制函数的乘积。如图 3.7 所示为相参脉冲串信号的模糊函数图。

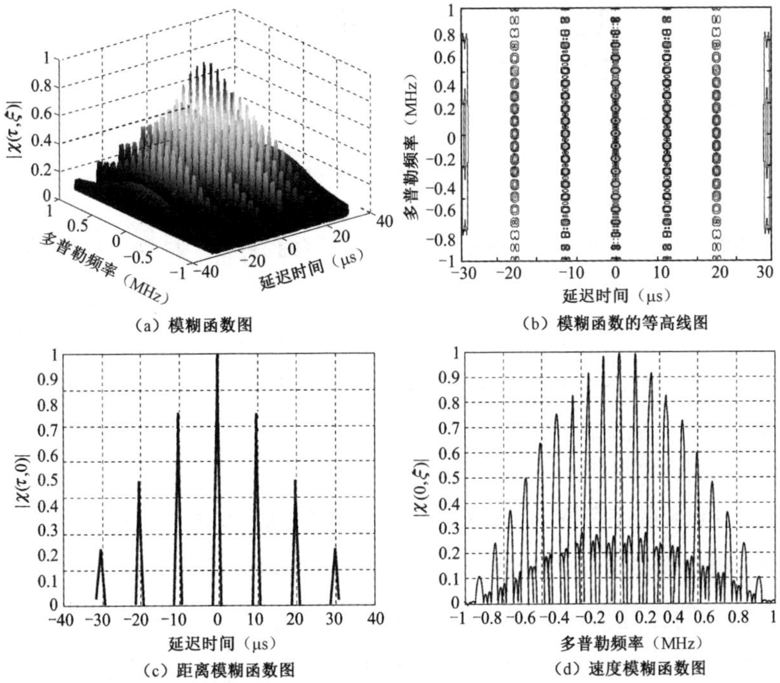

（a）模糊函数图　（b）模糊函数的等高线图

（c）距离模糊函数图　（d）速度模糊函数图

图 3.7　相参脉冲串信号的模糊函数图（$t_\mathrm{p}=1\mu\mathrm{s}$，$T_\mathrm{r}=10\mu\mathrm{s}$）

由图 3.7 可知，相参脉冲串信号模糊函数的大部分模糊体积移至远离原点的“模糊瓣”内，原点处的主瓣尖而窄，因而具有较高的距离和速度分辨能力。其缺点是当距离和速度分布范围超出清晰区时，存在距离和速度模糊。

克服上述缺点的办法有如下两种。一是保证其一维，牺牲另一维，如加大脉冲重复周期可消除距离模糊，而速度模糊加重；反之，减小脉冲重复周期可消除速度模糊，而距离模糊加重。二是通过重复周期参差、脉间相位编码或频率编码等办法来抑制距离旁瓣，或者通过对脉冲信号的幅度、相位和脉宽进行调制以抑制多普勒副瓣。

3.1.3 参差变周期相参脉冲信号

雷达通过目标回波相对于发射信号的延迟时间来测量目标的距离。目标越远，延迟时间越大。假定目标距离为 R，延迟时间 t 为电波传播来回所需的时间，即

$$t = 2R/c \tag{3.28}$$

式中，c 为电磁波的传输速度，通常取 $c = 3\times10^8\,\text{m}$。当目标延迟时间超过发射信号的重复周期时，目标会出现在下一个发射信号之后，如图 3.8 所示。

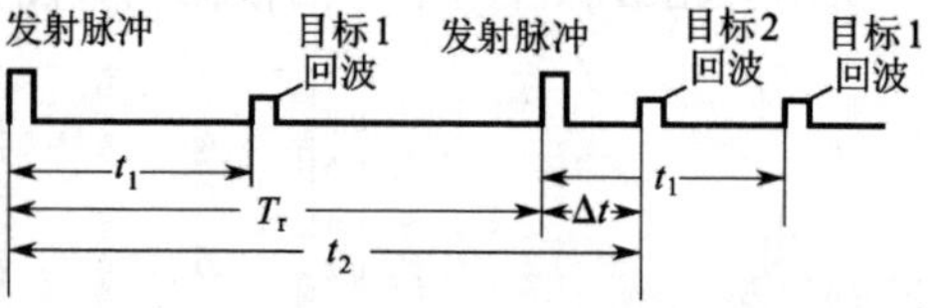

图 3.8　雷达测距模糊

由图 3.8 可知，目标 1 的回波延迟时间 $t_1 < T_r$，因此，目标 1 的回波出现在每次发射脉冲的后面 t_1 处。目标 2 的回波因延迟时间大于重复周期 T_r，因此，出现在下一个发射脉冲的后面，$\Delta t = t_2 - T_r$，从而造成测距的错误，称为目标距离模糊。事实上，回波信号也可能出现在第 2 个、第 3 个、……，甚至更多个发射脉冲的后面，称为多重距离模糊。

为避免目标距离模糊，一种方法是增大发射脉冲信号的重复周期 T_r（降低脉冲重复频率 f_r），这在许多情况下是可行的。在发射脉冲信号重复周期大小受限的情况下，也可以用参差变周期脉冲信号来解决目标距离模糊问题。

参差变周期脉冲信号就是一个脉冲重复周期为 $(T_1,T_2,\cdots,T_L)$ 的脉冲序列，称此脉冲序列为 L 参差脉冲序列，如图 3.9 所示。发射的第 1 个周期为 T_1，第 2 个周期为 T_2,……，直到第 L 个周期 T_L，然后发射周期又变为 T_1,T_2……

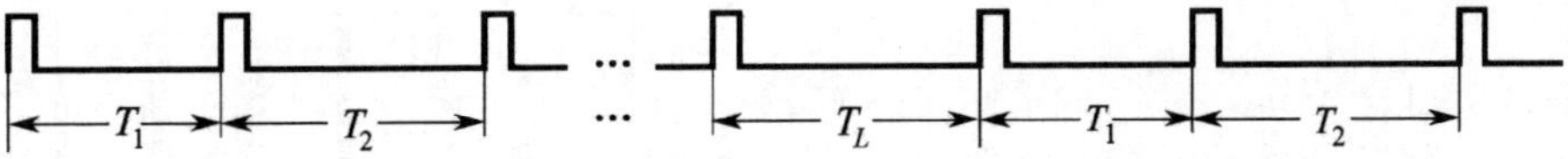

图 3.9　脉冲重复周期为 $(T_1, T_2, \cdots, T_L)$ 的参差变周期脉冲信号

假设 $T_1 = K_1 \Delta T, T_2 = K_2 \Delta T, \cdots, T_L = K_L \Delta T$，称 $[K_1 : K_2 : \cdots : K_L]$ 为参差码。

$$[K_1 : K_2 : \cdots : K_L] = [T_1 : T_2 : \cdots : T_L] \tag{3.29}$$

一般来说 $K_1, K_2, \cdots$ 与 K_L 间应互为素数，即

$$(K_i, K_j) = 1, \quad i \neq j \quad (i, j = 1, 2, \cdots, L) \tag{3.30}$$

在只考虑测距的情况下，参差码的设计是比较简单的，一般取“二参差”或“三参差”（L 为 2 或 3）就够了。在同时需要测距和测速的情况下，脉冲重复频率相对较高，可能需要多重参差码。

参差变周期脉冲信号的复包络为

$$u(t) = \frac{1}{\sqrt{N}} \sum_{n=0}^{N-1} u_1(t - nT_r - \Delta T_n) \tag{3.31}$$

式中，T_r 为平均脉冲重复周期；ΔT_n 表示第 n 个脉冲周期的时间增量，令 $\Delta T_0 = 0$，则

$$\Delta T_n = T_r - T_n + \Delta T_{n-1} \tag{3.32}$$

$u_1(t)$ 为子脉冲函数，对于矩形脉冲，有

$$u_1(t) = \begin{cases} 1/\sqrt{t_p}, & 0 < t < t_p \\ 0, & 其他 \end{cases} \tag{3.33}$$

根据模糊函数定义，可得 $u(t)$ 的模糊函数为

$$\chi(\tau, \xi) = \frac{1}{N} \sum_{n=0}^{N-1} \sum_{m=0}^{N-1} \int_{-\infty}^{+\infty} u_1(t - nT_r - \Delta T_n) u_1^*(t + \tau - mT_r - \Delta T_m) e^{j2\pi\xi t} dt \tag{3.34}$$

用新变量 t 替换式（3.34）中的 $(t - nT_r - \Delta T_n)$，可得

$$\chi(\tau, \xi) = \frac{1}{N} \sum_{n=0}^{N-1} \sum_{m=0}^{N-1} e^{j2\pi\xi(nT_r + \Delta T_n)} \chi_1[\tau - (m-n)T_r - (\Delta T_m - \Delta T_n), \xi] \tag{3.35}$$

式中，$\chi_1(\tau, \xi)$ 为 $u_1(t)$ 的模糊函数，可参见式（3.10）。

经推导可得参差周期脉冲信号的模糊函数为

$$\begin{aligned} \chi(\tau, \xi) = & \frac{1}{N} \sum_{p=-(N-1)}^{0} \sum_{m=0}^{N-1-p} e^{j2\pi\xi(mT_r + \Delta T_m)} \chi_1(\tau - pT_r - \Delta T_{m+|p|} + \Delta T_m, \xi) + \\ & \frac{1}{N} \sum_{p=1}^{N-1} \sum_{m=0}^{N-1-p} e^{j2\pi\xi[(m+p)T_r + \Delta T_{m+p}]} \chi_1(\tau - pT_r - \Delta T_m + \Delta T_{m+p}, \xi) \end{aligned} \tag{3.36}$$

如图 3.10 所示为参差变周期脉冲信号的模糊函数图。

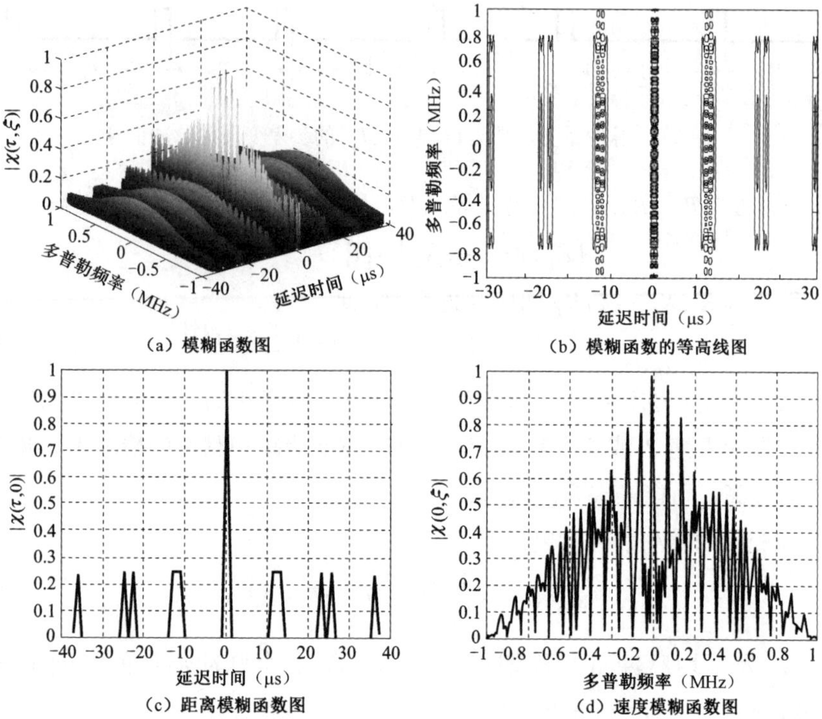

（$t_{\mathrm{p}}=1\mu s$，三参差，$T_{\mathrm{r1}}=11\mu s$，$T_{\mathrm{r2}}=12\mu s$，$T_{\mathrm{r3}}=13\mu s$）

图 3.10　参差变周期脉冲信号的模糊函数图

3.2　频率调制脉冲信号

信号的时域分辨能力取决于信号带宽。在雷达中，为了提高距离分辨能力，常采用各种频率调制方法来增大信号的带宽。频率调制的方式多种多样，如线性调频、非线性调频和步进频率。

3.2.1　线性调频脉冲信号

线性调频脉冲信号是一种脉冲内频率调制信号。如图 3.11 所示为一个中心频率为 f_0、脉宽为 t_{p}、带宽为 B 、幅度为 A 的线性频率调制脉冲信号。

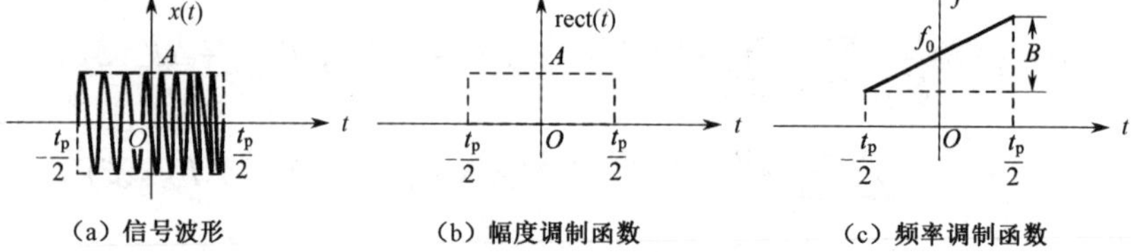

图 3.11　线性频率调制脉冲信号

线性频率调制脉冲信号 $x(t)$ 可表示为

$$x(t)=A\mathrm{rect}\left(t\right)\exp\left[\mathrm{j}\left(2\pi f_0 t+\frac{1}{2}\mu t^2\right)\right] \tag{3.37}$$

信号脉冲时间为 $\left(-\frac{t_\mathrm{p}}{2},\frac{t_\mathrm{p}}{2}\right)$，在脉冲宽度内，信号的角频率从 $\left(2\pi f_0-\frac{\mu t_\mathrm{p}}{2}\right)$ 变化到 $\left(2\pi f_0+\frac{\mu t_\mathrm{p}}{2}\right)$，因此调频斜率 μ 为

$$\mu=2\pi B/t_\mathrm{p} \tag{3.38}$$

对线性频率调制脉冲信号来说有些参数是很重要的，具体如下。

1. 信号占空比

信号占空比（η）是指脉冲信号时间宽度 t_p 与重复周期 T_r 之比，即

$$\eta=t_\mathrm{p}/T_\mathrm{r} \tag{3.39}$$

在脉冲峰值功率一定的情况下，η 越大，信号的平均功率就越大。

2. 信号时宽带宽积

信号时宽带宽积（D）是指脉冲信号时间宽度 t_p 与脉冲信号调频带宽 B 的乘积，即

$$D=t_\mathrm{p}\cdot B \tag{3.40}$$

在对线性调频脉冲信号的脉冲压缩处理中，D 也被称为脉压比。

3. 线性调频信号的频谱

线性调频信号的频谱 $X(f)$ 为

$$\begin{aligned}X(f)&=\int_{-\infty}^{+\infty}A\mathrm{rect}\left(\frac{t}{t_\mathrm{p}}\right)\exp\left(2\pi f_0 t+\frac{\mu t^2}{2}\right)\exp(-\mathrm{j}2\pi ft)\mathrm{d}t\\&=A\sqrt{\frac{\pi}{\mu}}\left\{\left[c(v_1)+c(v_2)\right]^2+\left[s(v_1)+s(v_2)\right]^2\right\}^{\frac{1}{2}}\cdot\\&\quad\exp\left\{\mathrm{j}\left[-\frac{2\pi^2}{\mu}(f-f_0)^2+\arctan\frac{s(v_1)+s(v_2)}{c(v_1)+c(v_2)}\right]\right\}\end{aligned} \tag{3.41}$$

式中，

$$v_1=\sqrt{D}\frac{1+2(f-f_0)/\Delta f}{\sqrt{2}} \tag{3.42}$$

$$v_2=\sqrt{D}\frac{1-2(f-f_0)/\Delta f}{\sqrt{2}} \tag{3.43}$$

$$c(v)=\int_0^v \cos\left(\frac{\pi}{2}x^2\right)\mathrm{d}x \tag{3.44}$$

$$s(v)=\int_0^v \sin\left(\frac{\pi}{2}x^2\right)\mathrm{d}x \tag{3.45}$$

式中，$c(v)$ 和 $s(v)$ 称为菲涅耳积分。

$X(f)$ 的幅度谱 $|X(f)|$ 和相位谱 $\Phi(f)$ 可分别表示为

$$|X(f)|=A\sqrt{\frac{\pi}{\mu}\left\{\left[c(v_1)+c(v_2)\right]^2+\left[s(v_1)+s(v_2)\right]^2\right\}} \tag{3.46}$$

$$\Phi(f)=-\frac{2\pi^2}{\mu}(f-f_0)^2+\arctan\frac{s(v_1)+s(v_2)}{c(v_1)+c(v_2)} \tag{3.47}$$

当 $D\gg 1$ 时，$|X(f)|$ 和 $\Phi(f)$ 可近似表示为

$$|X(f)|\approx\begin{cases}A\sqrt{\tau/B}, & |f-f_0|\leqslant\dfrac{B}{2}\\ 0, & |f-f_0|>\dfrac{B}{2}\end{cases} \tag{3.48}$$

$$\Phi(f)\approx-\frac{2\pi^2(f-f_0)^2}{\mu}+\frac{\pi}{4},\quad |f-f_0|\leqslant\frac{B}{2} \tag{3.49}$$

$$X(f)=\begin{cases}A\sqrt{\dfrac{t_\mathrm{p}}{B}}\exp\left\{\mathrm{j}\left[-2\pi^2(f-f_0)^2/\mu+\dfrac{\pi}{4}\right]\right\}, & |f-f_0|\leqslant\dfrac{B}{2}\\ 0, & |f-f_0|>\dfrac{B}{2}\end{cases} \tag{3.50}$$

线性调频信号的复包络可表示为

$$u(t)=\begin{cases}\dfrac{1}{\sqrt{t_\mathrm{p}}}\mathrm{e}^{\mathrm{j}\pi\mu t^2}, & 0<t<t_\mathrm{p}\\ 0, & 其他\end{cases} \tag{3.51}$$

线性调频脉冲信号的模糊函数可由非相参矩形脉冲信号的模糊函数 $\chi_1(\tau,\xi)$ 按下列关系导出：

$$\chi(\tau,\xi)=\mathrm{e}^{\mathrm{j}2\pi\mu\tau^2}\chi_1\left[(\tau,(\xi-\mu\tau)\right] \tag{3.52}$$

根据式（3.10），有

$$\chi_1(\tau,\xi)=\begin{cases}\mathrm{e}^{\mathrm{j}\pi\xi(t_\mathrm{p}-\tau)}\dfrac{\sin\left[\pi\xi(t_\mathrm{p}-|\tau|)\right]}{\pi\xi(t_\mathrm{p}-|\tau|)}\times\dfrac{t_\mathrm{p}-|\tau|}{t_\mathrm{p}}, & |\tau|<t_\mathrm{p}\\ 0, & 其他\end{cases} \tag{3.53}$$

$$\chi(\tau,\xi)=\begin{cases}\mathrm{e}^{\mathrm{j}\pi\left[(\xi-\mu\tau)(t_\mathrm{p}-\tau)-\mu\tau^2\right]}\dfrac{\sin\left[\pi(\xi-\mu\tau)(t_\mathrm{p}-|\tau|)\right]}{\pi(\xi-\mu\tau)(t_\mathrm{p}-|\tau|)}\times\dfrac{t_\mathrm{p}-|\tau|}{t_\mathrm{p}}, & |\tau|<t_\mathrm{p}\\ 0, & |\tau|\geqslant t_\mathrm{p}\end{cases} \tag{3.54}$$

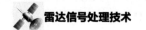

所以

$$
|\chi(\tau,\xi)|=\begin{cases}\dfrac{\sin\left[\pi(\xi-\mu\tau)(t_{\mathrm{p}}-|\tau|)\right]}{\pi(\xi-\mu\tau)(t_{\mathrm{p}}-|\tau|)}\times\dfrac{t_{\mathrm{p}}-|\tau|}{t_{\mathrm{p}}}, & |\tau|<t_{\mathrm{p}}\\ 0, \quad |\tau|\geqslant t_{\mathrm{p}} \end{cases} \tag{3.55}
$$

令 $\xi=0$，可得距离模糊函数为

$$
|\chi(\tau,0)|=\frac{\sin\left[\dfrac{\mu\tau}{2}(t_{\mathrm{p}}-|\tau|)\right]}{\dfrac{\mu\tau}{2}(t_{\mathrm{p}}-|\tau|)}\times\frac{t_{\mathrm{p}}-|\tau|}{t_{\mathrm{p}}},\quad |\tau|<t_{\mathrm{p}} \tag{3.56}
$$

令 $\tau=0$，可得速度模糊函数

$$
|\chi(0,\xi)|=\left|\frac{\sin(\pi\xi t_{\mathrm{p}})}{\pi\xi t_{\mathrm{p}}}\right|,\quad |\tau|<t_{\mathrm{p}} \tag{3.57}
$$

线性调频脉冲信号的模糊函数图如图 3.12 所示。

由图 3.12 可知，线性调频脉冲信号的模糊函数图具有斜刀刃形状，改变信号时宽和带宽可以改变坐标原点附近模糊函数沿两个坐标轴的宽度，从而达到较好的距离分辨率和速度分辨率。

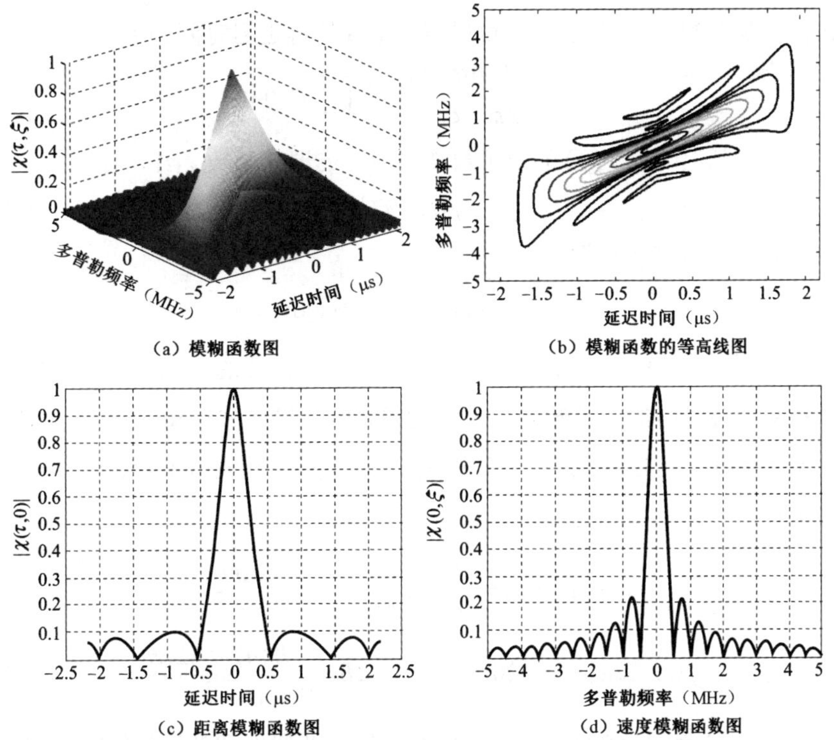

(a) 模糊函数图　(b) 模糊函数的等高线图　(c) 距离模糊函数图　(d) 速度模糊函数图

图 3.12　线性调频脉冲信号的模糊函数图（$t_{\mathrm{p}}=2\mu\mathrm{s}$，$B=5\mathrm{MHz}$）

3.2.2 非线性调频脉冲信号

非线性调频脉冲信号是指脉冲内频率调制函数是非线性函数的一类信号，它是线性调频信号的一种改进。线性调频信号通过匹配滤波器后输出信号的副瓣电平较高，为了降低副瓣，在通过匹配滤波器之前，需要用窗函数加权。但是，窗函数加权会引起信噪比（SNR）的损失，一种改进的办法是将线性调频信号的时域或频域加权预先加到其频率调制函数上，从而形成非线性调频信号。

非线性调频信号 $x(t)$ 可表示为

$$x(t)=u(t)\exp\left[\mathrm{j}\varphi(t)\right] \tag{3.58}$$

假设 $x(t)$ 的频谱为 $X(f)$，则其匹配滤波器的频率特性应为

$$H(f)=X^{*}(f) \tag{3.59}$$

式中，$*$ 表示复共轭，这时匹配滤波器的输出 $y(t)$ 的频谱 $Y(f)$ 为

$$\begin{aligned}Y(f)&=\int_{-\infty}^{+\infty}y(t)\exp(-\mathrm{j}2\pi ft)\mathrm{d}t\\&=X(f)H(f)=\left|X(f)\right|^{2}\end{aligned} \tag{3.60}$$

对于某种频域窗函数 $\omega(f)$，令

$$\left|X^{2}(f)\right|=\omega(f) \tag{3.61}$$

根据“逗留相位”原理[1, 2]，可以得到 $x(t)$ 的群延迟时间 $T(f)$ 为

$$T(f)=\frac{1}{2\pi}\frac{\mathrm{d}\Phi(f)}{\mathrm{d}f}=K\int_{-\infty}^{f}\omega(v)\mathrm{d}v \tag{3.62}$$

$x(t)$ 的群延迟时间 $T(f)$ 的反函数就是 $x(t)$ 的调频函数 $f(t)$，即

$$f(t)=T^{-1}(f) \tag{3.63}$$

$x(t)$ 的相位函数 $\varphi(t)$ 为

$$\varphi(t)=2\pi\int_{-\infty}^{t}f(v)\mathrm{d}v \tag{3.64}$$

所以，利用式（3.63）和式（3.64），可以求得所需要的非线性调频信号 $x(t)$。直接求解两个公式中的反函数和积分常常需要解非线性方程和数值积分，很不方便。根据文献[3]，可以将式（3.63）和式（3.64）先展开成傅里叶级数形式，$x(t)$ 的调频函数 $f(t)$ 和相位函数 $\varphi(t)$ 分别为

$$f(t)=T^{-1}(f)=\frac{Bt}{\tau}+B\sum_{n=1}^{+\infty}K(n)\sin\left|\frac{2\pi nt}{\tau}\right| \tag{3.65}$$

$$\varphi(t)=2\pi\int_{-\infty}^{t}f(v)\mathrm{d}v=\frac{B\pi}{\tau}t^{2}+2B\tau\sum_{n=1}^{+\infty}\frac{K(n)}{n}\sin\left|\frac{2\pi nt}{\tau}\right| \tag{3.66}$$

在式（3.65）和式（3.66）中，τ 和 B 分别为非线性调频信号的时宽和带宽，

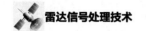

$K(n)$ 为傅里叶级数的系数。在实际应用时，上述傅里叶级数只需要取前几项即可。

图 3.13、图 3.14 和图 3.15 分别表示 $B=2\text{MHz}$，$t_{\text{p}}=100\mu\text{s}$，采用汉明窗设计的一个非线性调频信号的群延迟时间 $T(f)$、调频函数 $f(t)$，以及非线性调频信号的实部和虚部。其模糊函数如图 3.16 所示。

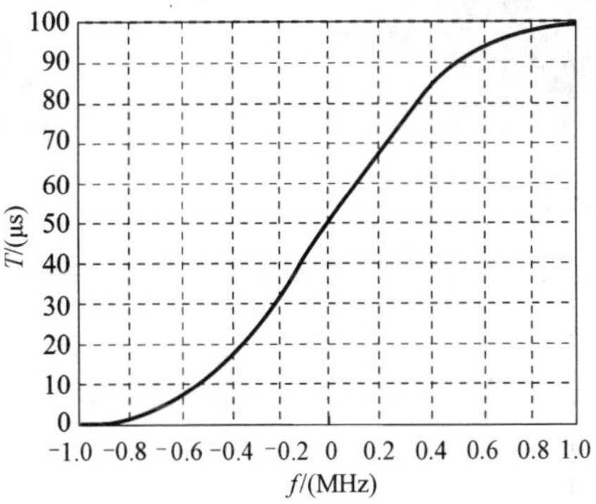

图 3.13　非线性调频信号的群延迟时间 $T(f)$（t_{p}=100μs，B=2MHz，汉明窗）

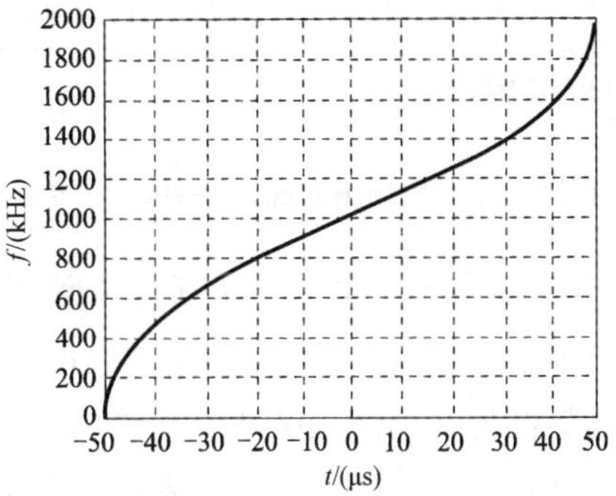

图 3.14　非线性调频信号的调频函数 $f(t)$（t_{p}=100μs，B=2MHz，汉明窗）

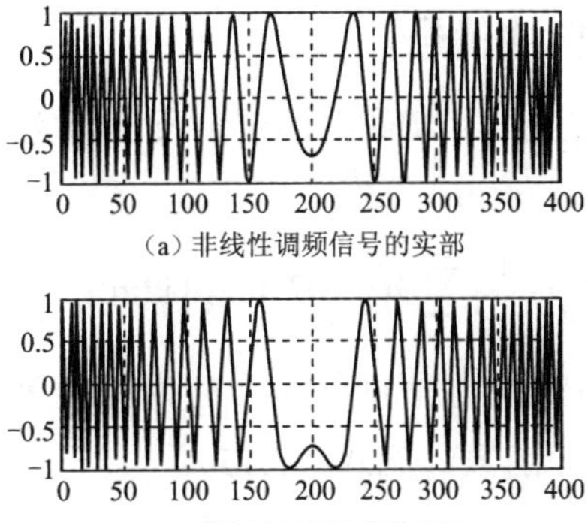

图 3.15　非线性调频信号的实部和虚部（t_{p}=100μs，B=2MHz，汉明窗）

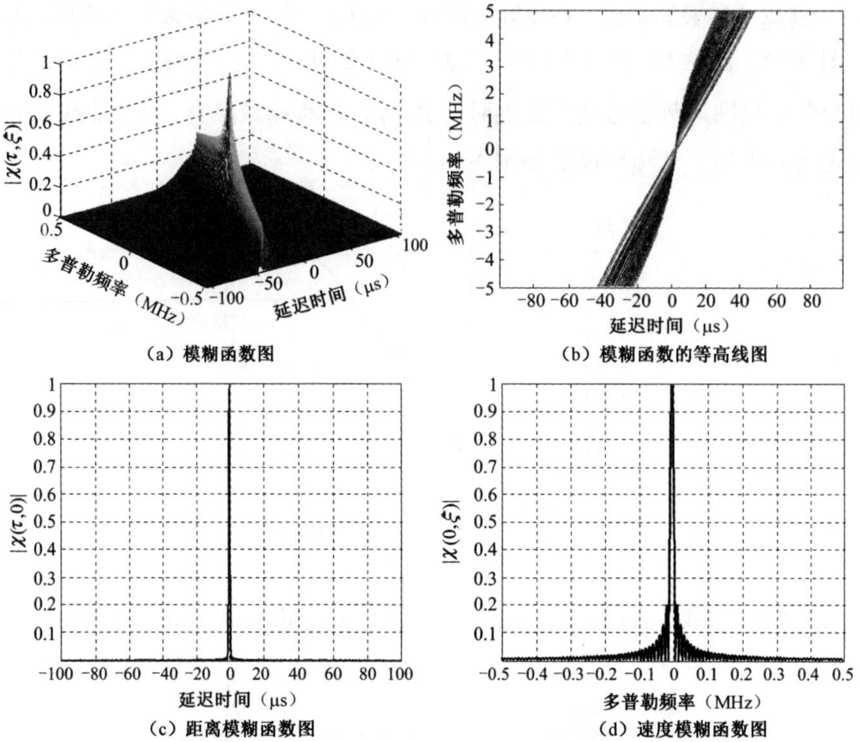

图 3.16　非线性调频信号的模糊函数图（t_p=100μs，B=2MHz，汉明窗）

由图3.13可知，调频曲线非常类似于一个线性调频信号叠加上一个正弦调频信号，呈现斜“S”形，因此，人们定义由线性调频加正弦调频组合的非线性调频信号为“S”形非线性调频信号，其调频函数可以简单地表示为

$$f(t)=\frac{\pi Bt}{t_\mathrm{p}}+\sin\left(\frac{2\pi f}{B}+\pi\right),\quad -\frac{B}{2}\leqslant f\leqslant\frac{B}{2} \tag{3.67}$$

3.2.3　步进频率脉冲信号

步进频率脉冲信号是指一组载频按固定步长Δf递增（或递减）的相参脉冲序列，可表示为

$$x(t)=\frac{1}{\sqrt{N}}\sum_{n=0}^{N-1}u(t-nT_\mathrm{r})\exp\left[\mathrm{j}2\pi(f_0+n\Delta f)t\right] \tag{3.68}$$

式中，N为脉冲序列中的步进脉冲个数；T_r为脉冲重复周期；f_0为载频中心值；$u(t-nT_\mathrm{r})$为矩形脉冲函数，见式（3.15）。

步进频率脉冲序列信号波形如图 3.17 所示。

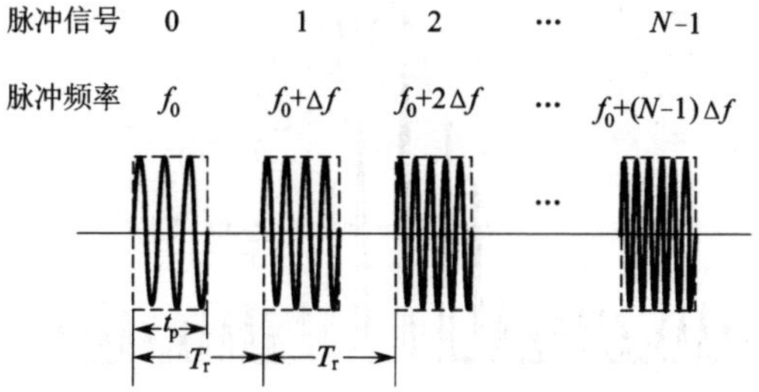

图 3.17　步进频率脉冲序列信号波形

步进频率脉冲信号的载频变化规律如图 3.18 所示。

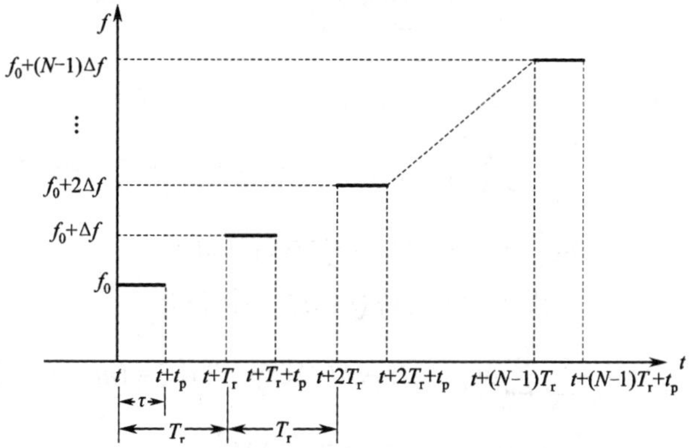

图 3.18　步进频率脉冲信号的载频变化规律

步进频率脉冲信号的频谱为

$$\begin{aligned}X(f)&=\int_{-\infty}^{+\infty}x(t)\mathrm{e}(-\mathrm{j}2\pi ft)\mathrm{d}t\\&=\int_{-\infty}^{+\infty}\frac{1}{\sqrt{N}}\sum_{n=0}^{N-1}u(t-nT_r)\exp\left[\mathrm{j}2\pi(f_0+n\Delta f)t\right]\exp(-\mathrm{j}2\pi ft)\mathrm{d}t\\&=\frac{A\tau}{2}\sum_{n=-\infty}^{+\infty}Q_1(f_0+nf_r)Q_2(f)\end{aligned} \tag{3.69}$$

式中，

$$Q_1(f_0+nf_r)=\frac{\sin\pi\tau(f_0+nf_r)}{\pi\tau(f_0+nf_r)} \tag{3.70}$$

$$Q_2(f)=\frac{\sin\pi NT_rf}{\pi NT_rf} \tag{3.71}$$

步进频率脉冲序列信号频谱 $X(f)$ 的幅度谱如图 3.19 所示。

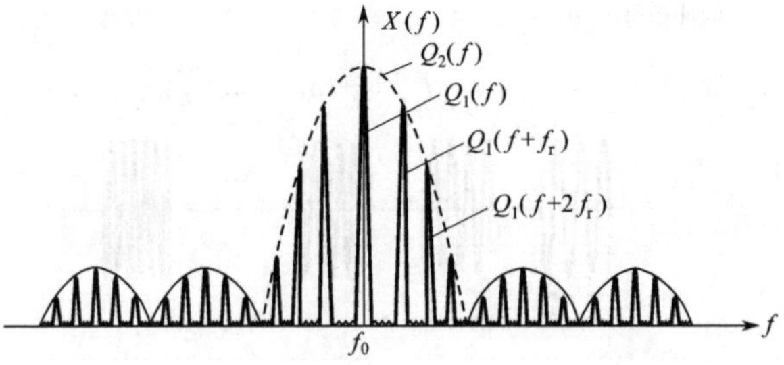

图 3.19 步进频率脉冲序列信号频谱 $X(f)$ 的幅度谱

步进频率脉冲信号的复包络可表示为

$$u(t)=\frac{1}{\sqrt{N}}\sum_{n=0}^{N-1}u(t-nT_{\rm r}){\rm e}^{{\rm j}2\pi n\Delta ft} \tag{3.72}$$

根据模糊函数的定义

$$\begin{aligned}\chi(\tau,\xi)=&\frac{1}{\sqrt{N}}\sum_{n=0}^{N-1}\sum_{m=0}^{N-1}\int_{-\infty}^{+\infty}u(t-nT_{\rm r})u^*(t+\tau-mT_{\rm r})\exp({\rm j}2\pi n\Delta ft)\times\\&\exp\left[-{\rm j}2\pi m\Delta f(t+\tau)\right]\exp({\rm j}2\pi\xi t){\rm d}t\end{aligned} \tag{3.73}$$

在式（3.73）中，用新变量 t 代替 $(t-nT_{\rm r})$ 后可得

$$\begin{aligned}\chi(\tau,\xi)=&\frac{1}{N}\sum_{n=0}^{N-1}\sum_{m=0}^{N-1}\exp(-{\rm j}2\pi m\Delta f\tau)\exp\left\{{\rm j}2\pi\left[\xi-(m-n)\Delta f\right]nT_{\rm r}\right\}\times\\&\chi_1\left[\tau-(m-n)T_{\rm r},\xi-(m-n)\Delta f\right]\end{aligned} \tag{3.74}$$

$$\chi_1(\tau,\xi)=\begin{cases}\exp\left[{\rm j}\pi\xi(t_{\rm p}-\tau)\right]\dfrac{\sin\left[\pi\xi(t_{\rm p}-|\tau|)\right]}{\pi\xi(t_{\rm p}-|\tau|)}\dfrac{t_{\rm p}-|\tau|}{t_{\rm p}}, & |\tau|<t_{\rm p}\\0, & 其他\end{cases} \tag{3.75}$$

令 $p=m-n$，代入式（3.74），经过简化得

$$\begin{aligned}\chi(\tau,\xi)=&\frac{1}{N}\sum_{p=-(N-1)}^{N-1}\exp\left\{{\rm j}\pi\left[(N-1-p)(\xi-p\Delta f)-(N-1+p)\Delta f\tau\right]\right\}\times\\&\frac{\sin\left\{(N-|p|)\pi\left[(\xi-p\Delta f)T_{\rm r}-\Delta f\tau\right]\right\}}{\sin\left\{\pi\left[(\xi-p\Delta f)T_{\rm r}-\Delta f\tau\right]\right\}}\chi_1(\tau-pT_{\rm r},\xi-p\Delta f)\end{aligned} \tag{3.76}$$

令 $\xi=0$，可得到其距离模糊函数 $|\chi(\tau,0)|$ 为

$$|\chi(\tau,0)|=\frac{1}{N}\sum_{N=-(N-1)}^{N-1}\frac{\sin\left[\pi(N-p)(p\Delta fT_{\rm r}+\Delta f\tau)\right]}{\sin\left[\pi(p\Delta fT_{\rm r}+\Delta f\tau)\right]}\times\frac{\sin\left[\pi p\Delta f(t_{\rm p}-|\tau|)\right]}{\pi p\Delta f(t_{\rm p}-|\tau|)}\times\frac{t_{\rm p}-|\tau|}{t_{\rm p}} \tag{3.77}$$

令 $\tau=0$，可得其速度模糊函数 $|\chi(0,\xi)|$ 为

$$|\chi(0,\xi)|=\frac{1}{N}\sum_{N=-(N-1)}^{N-1}\frac{\sin\left[\pi(N-p)(\xi-p\Delta f)T_{\rm r}\right]}{\sin\left[\pi(\xi-p\Delta f)T_{\rm r}\right]}\times\frac{\sin(\pi\xi t_{\rm p})}{\pi\xi t_{\rm p}} \tag{3.78}$$

如图 3.20 所示为步进频率脉冲信号的模糊函数图。

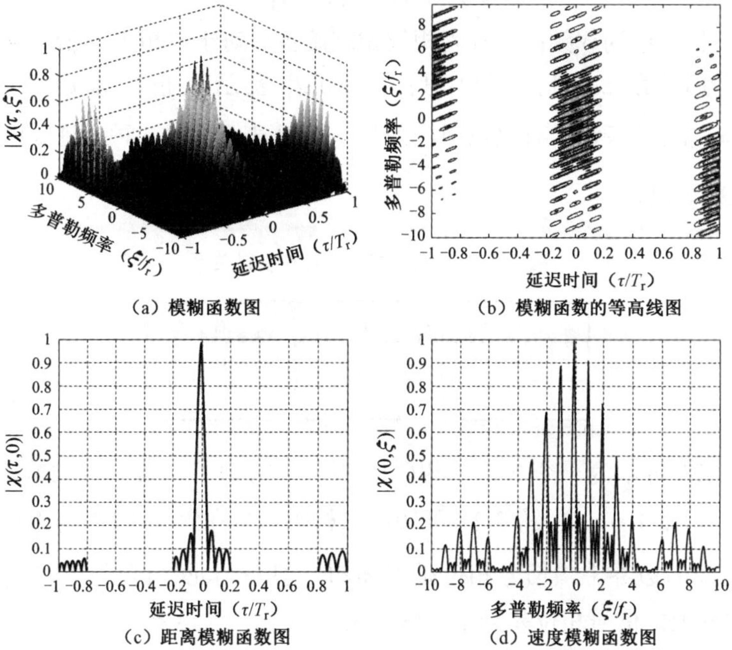

（a）模糊函数图　（b）模糊函数的等高线图

（c）距离模糊函数图　（d）速度模糊函数图

图 3.20　步进频率脉冲信号的模糊函数图

3.3　相位编码脉冲信号

相位编码脉冲信号是由许多子脉冲构成的，每个子脉冲的宽度相等，而相位是由一个编码序列决定的。假设子脉冲宽度为 t_p，各个子脉冲之间紧密相连，编码序列长度为 N，则相位编码信号的等效时宽为 Nt_p，等效带宽 B 取决于子脉冲宽度 t_p，$B = 1/t_p$。所以二相码信号的时宽带宽积为 N。

当子脉冲之间的相移只取 0 和 π 两个数值时，可构成二相码信号；当子脉冲之间的相移可取两个以上相移值时，可构成多相码信号。

常用的编码序列是随机编码信号序列，因为它们的模糊函数呈现理想的“图钉形”，所以，具有良好的距离和速度分辨能力，如巴克码、M 序列码和 L 序列码等。

3.3.1　二相码信号

相位编码信号可表示为

$$x(t) = a(t)\exp\left[\mathrm{j}\varphi(t)\right]\exp(\mathrm{j}2\pi f_0 t) \tag{3.79}$$

信号的复包络为

$$u(t)=a(t)\exp\left[\mathrm{j}\varphi(t)\right] \tag{3.80}$$

式（3.79）中，f_0 为载频；$\varphi(t)$ 为相位调制函数。对于二相码，$\varphi(t)$ 只能取 0 或 π 。$\varphi(t)$ 可以用二进制相位序列 $\{\varphi_k=0,\pi\}$ 表示，也可以用二进制序列 $\left\{q_k=\mathrm{e}^{\mathrm{j}\varphi_k}=+1,-1\right\}$ 表示，有时也用序列 $\{q_k=0,1\}$ 表示。这 3 种二进制序列的映射关系如表 3.1 所示。

表 3.1　3 种二进制序列的映射关系

φ_k	c_k	q_k
0	+1	0
π	−1	1

如图 3.21 所示为一个 7 位二相码脉冲信号的例子，其二进制编码序列为 $\{q_n\}=[1,1,1,0,0,1,0]$。由图 3.21 可知，二相码信号在码元“1”与“1”或“0”与“0”之间的边界上，信号相位是连续的；但在码元“1”与“0”或“0”与“1”的边界上，信号相位差为π（180°）。

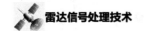

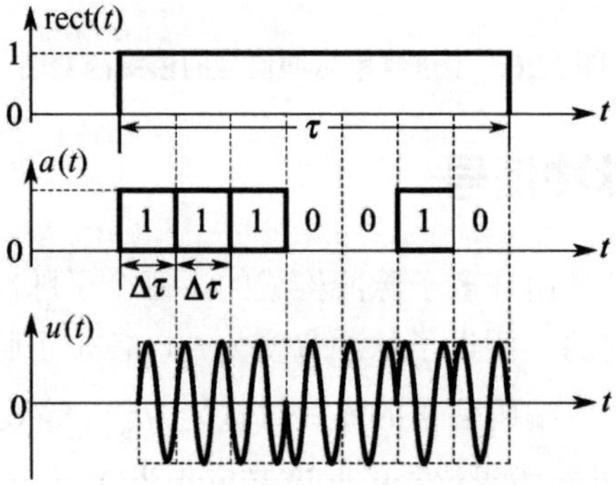

图 3.21　7 位二相码脉冲信号

如果二相码脉冲信号的包络为矩形，且包含 N 个子脉冲，则

$$a(t)=\begin{cases}1/\sqrt{Nt_{\mathrm{p}}}, & 0<t<t_{\mathrm{p}}\\ 0, & 其他\end{cases} \tag{3.81}$$

所以，二相码脉冲信号的复包络可表示为

$$u(t)=\begin{cases}\dfrac{1}{\sqrt{N}}\displaystyle\sum_{k=0}^{N-1}q_kV(t-kt_{\mathrm{p}}), & 0<t<Nt_{\mathrm{p}}\\ 0, & 其他\end{cases} \tag{3.82}$$

式中，$V(t)$ 为子脉冲函数；Nt_{p} 为二相码信号时宽。利用 δ 函数的性质，式(3.82)可以写为

$$\begin{aligned} u(t) &= v(t) \otimes \frac{1}{\sqrt{N}} \sum_{k=0}^{N-1} c_k \delta(t - kt_{\mathrm{p}}) \\ &= u_1(t) \otimes u_2(t) \end{aligned} \tag{3.83}$$

$$u_1(t) = v(t) = \begin{cases} 1/\sqrt{t_{\mathrm{p}}}, & 0 < t < t_{\mathrm{p}} \\ 0, & 其他 \end{cases} \tag{3.84}$$

$$u_2(t) = \frac{1}{\sqrt{N}} \sum_{k=0}^{N-1} c_k \delta(t - kt_{\mathrm{p}}) \tag{3.85}$$

根据 2.4.2 节模糊函数的相乘规则，二相码脉冲信号的模糊函数为

$$\begin{aligned} \chi(\tau,\xi) &= \chi_1(\tau,\xi) \otimes \chi_2(\tau,\xi) \\ &= \sum_{m=-(N-1)}^{N-1} \chi_1(\tau - mt_{\mathrm{p}},\xi)\chi_2(\tau - mt_{\mathrm{p}},\xi) \end{aligned} \tag{3.86}$$

$$\chi_1(\tau,\xi) = \begin{cases} \mathrm{e}^{\mathrm{j}\pi\xi(t_{\mathrm{p}}-\tau)} \dfrac{\sin\left[\pi\xi(t_{\mathrm{p}} - |\tau|)\right]}{\pi\xi(t_{\mathrm{p}} - |\tau|)} \times \dfrac{t_{\mathrm{p}} - |\tau|}{t_{\mathrm{p}}}, & |\tau| < t_{\mathrm{p}} \\ 0, \quad |\tau| > t_{\mathrm{p}} \end{cases} \tag{3.87}$$

$$\chi_2(mt_{\mathrm{p}},\xi) = \begin{cases} \dfrac{1}{N} \displaystyle\sum_{k=0}^{N-1-m} c_k c_{k+m} \mathrm{e}^{\mathrm{j}2\pi\xi kt_{\mathrm{p}}}, & 0 \leqslant m \leqslant N-1 \\ \dfrac{1}{N} \displaystyle\sum_{k=-m}^{N-1-m} c_k c_{k+m} \mathrm{e}^{\mathrm{j}2\pi\xi kt_{\mathrm{p}}}, & -(N-1) \leqslant m < 0 \end{cases} \tag{3.88}$$

如果知道了二相码脉冲信号的二元随机序列 $\{c_k\}$，就可以利用式（3.86）、式（3.87）和式（3.88）计算二相码脉冲信号的模糊函数。下面介绍几种优选的二元随机序列：巴克码、M 序列码及 L 序列码。

1）巴克（Barker）码

巴克码是 R. H. Barke[2]研究设计的一种优选的二元随机序列，$\{c_n\} \in \{+1,-1\}$，$n = 0, 1, 2, \cdots, N-1$。巴克码具有非常理想的非周期自相关函数：

$$R(m) = \sum_{K=0}^{N-1-|m|} c_K c_{K+m} = \begin{cases} N, & m = 0 \\ 0 或 \pm 1, & m \neq 0 \end{cases} \tag{3.89}$$

其自相关函数峰值为 N，具有均匀的副瓣。因为巴克码的主副瓣比等于压缩比，即码长，所以，巴克码称为最优二元序列。巴克码的数目很少，目前已发现的巴克码如表 3.2 所示，最大码长度为 13，其中 $N = 2$ 和 $N = 4$ 时各有两组码。

表 3.2 巴克码

码长 N	巴 克 码	$R(m),\ m=0,1,\cdots,N-1$	主副瓣比/dB
2	1 1, −1 1	2, 1; 2, −1	6
3	1 1 −1	3, 0, −1	9.6
4	1 1 −1 1, 1 1 1 −1	4, −1, 0 1; 4, 1, 0, −1	12
5	1 1 1 −1 1	5, 0, 1, 0, 1	14
7	1 1 1 −1 −1 1 −1	7, 0, −1, 0, −1, 0, −1	17
11	1 1 1 −1 −1 −1 1 −1 −1 1 −1	11, 0, −1, 0, −1, 0, −1, 0, −1, 0, −1	20.8
13	1 1 1 1 1 −1 −1 1 1 −1 1 −1 1	13, 0, 1, 0, 1, 0, 1, 0, 1, 0, 1, 0, 1	22.2

表 3.2 中的每组巴克码共有 4 组同构码，即原码、反码、反序码和反补码(反序码的补码)。例如：

$$\begin{cases} 原码：\{c_n\}=1\ 1\ 1\ 0\ 1 \\ 反码：\{\overline{c}_n\}=0\ 0\ 0\ 1\ 0 \\ 反序码：\{\tilde{c}_n\}=1\ 0\ 1\ 1\ 1 \\ 反补码：\{\tilde{\overline{c}}_n\}=0\ 1\ 0\ 0\ 0 \end{cases} \tag{3.90}$$

这 4 个同构码具有相同的自相关函数，即相同的自相关峰和副瓣特性。

巴克码的最大缺陷是其长度有限。目前已有人证明[4]，长度 $N>13$ 的奇数长度巴克码不存在；长度为偶数的巴克码在 $N\leqslant 11664$ 的区间内也只有 $N=2$ 和 $N=4$ 才有[5]。

为充分利用巴克码的优良特性，有人提出了用一组长度为 K 的巴克码作为另一组长度为 L 的巴克码的码元，从而构成长度为 KL 的组合巴克码[6]，其性能虽次于巴克码，但延长了码长，因而有利于提高雷达信号的占空比，从而增加发射信号的平均功率。

如图 3.22 所示是 $\{c_k\}$ 为 7 位巴克码的二相码脉冲信号的模糊函数图，$\{c_k\}_B=[1,1,1,-1,-1,1,-1]$。

2）*M* 序列码

M 序列码即最大长度序列，也是一种二元随机序列。*M* 序列码可以用线性逻辑反馈移位寄存器来产生。霍夫曼定义 *M* 序列码为[7]

$$X_0=\{x_0,x_1,\cdots,x_{n-1},\cdots\} \tag{3.91}$$

式中，$x_i\in(0,1)$，且满足下列关系式

$$(I\oplus D\oplus D^2+\cdots+D^n)=0 \tag{3.92}$$

式中，“$\oplus$”表示模 2 相加，D 表示单元位移，当 $(I\oplus D\oplus D^2+\cdots+D^n)$ 为不可分解的多项式，且又是本原多项式时，X_0 具有最大长度，长度 $p=2^{n-1}$，因此，其被称为最大长度序列。

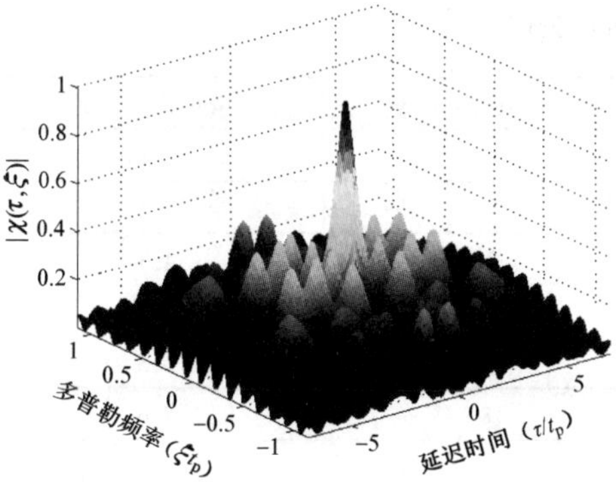

（a）模糊函数图

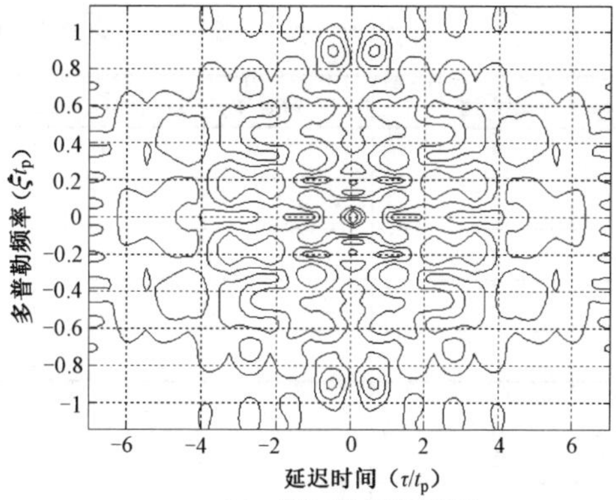

（b）模糊函数的等高线图

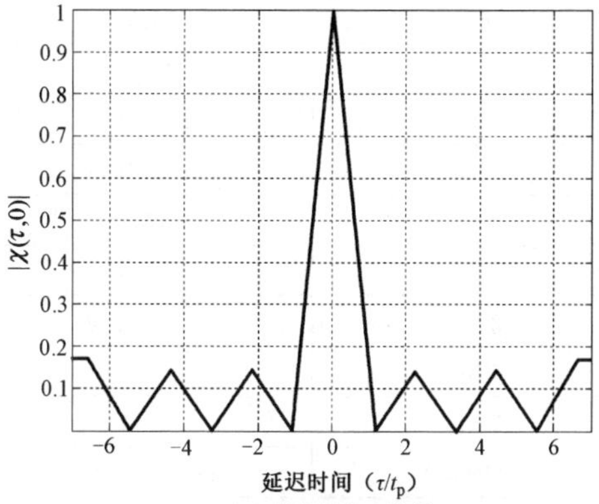

（c）距离模糊函数图

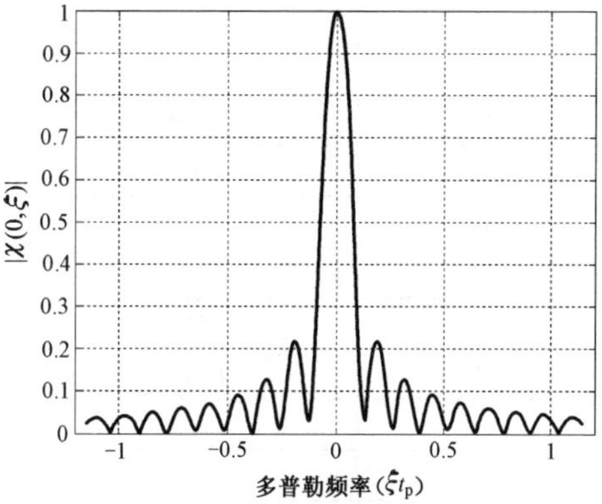

（d）速度模糊函数图

图 3.22　$\{c_k\}$ 为 7 位巴克码的二相码脉冲信号模糊函数图

用来产生 M 序列码的带反馈的线性移位寄存器如图 3.23 所示，线性移位寄存器工作前要初始化，其预置值可以是全“1”，或“1”与“0”的组合，但不能全为“0”，因为这样做会产生全“0”输出序列。线性移位寄存器在时钟作用下输出“0”和“1”的序列，只有适当的反馈连接才能产生 M 序列码。文献[3]给出了产生 M 序列码的线性移位寄存器的反馈连接，最长序列的长度和最长序列的数目如表 3.3 所示。

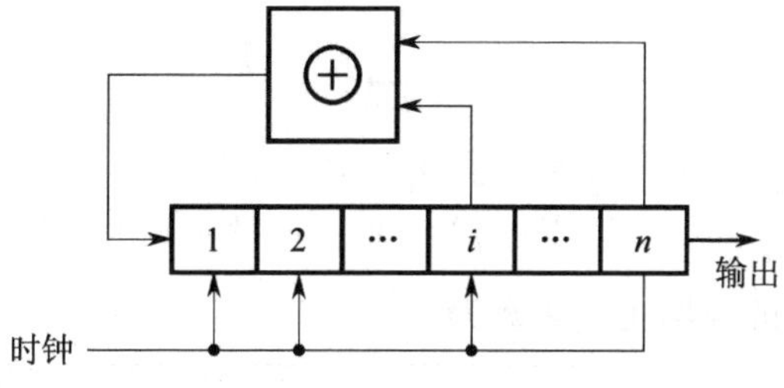

图 3.23　产生 M 序列码的线性移位寄存器

表 3.3　M 序列码

级数 n	最长序列的长度 N	最长序列的数目 M	级间反馈连接
2	3	1	2, 1
3	7	2	3, 2
4	15	2	4, 3
5	31	6	5, 3
6	63	6	6, 5
7	127	18	7, 6
8	255	16	8, 6, 5, 4
9	511	48	9, 5
10	1023	60	10, 7
11	2047	176	11, 9
12	4095	144	12, 11, 8, 6
13	8191	630	13, 12, 10, 9
14	16383	756	14, 13, 8, 4
15	32767	1800	15, 14
16	65535	2048	16, 15, 13, 4
17	131071	7710	17, 14
18	262143	7776	18, 11
19	524287	27594	19, 18, 17, 14
20	1048575	24000	20, 17

n 级线性移位寄存器可产生的 M 序列码的总数为

$$M = \frac{N}{n}\prod\left[1-\frac{1}{p_i}\right] = \frac{2^n-1}{n}\prod\left[1-\frac{1}{p_i}\right] \tag{3.93}$$

式中，p_i 为 N 的素数因子，i 为素数因子分数。

M序列码有许多重要性质，与信号波形设计关系密切的有如下几个。

（1）M序列码的长度 N 为奇数，码元等于 -1 的个数为 $(N+1)/2$，码元等于 $+1$ 的个数为 $(N-1)/2$，因此

$$\sum_{k=0}^{N-1} x_k = -1 \tag{3.94}$$

（2）M序列码与其移位序列相乘可得另一个移位序列，即

$$(x_q)(x_{q+k}) = (x_{g+h}),\quad k \neq 0 \ (\mathrm{mod}\, N) \tag{3.95}$$

（3）M序列码的周期相关函数为

$$R(m) = \sum x_k x_{k+m} = \begin{cases} N, & m \equiv 0 \ (\mathrm{mod}\, N) \\ -1, & m \neq 0 \ (\mathrm{mod}\, N) \end{cases} \tag{3.96}$$

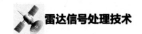

M序列码的非周期自相关函数较大，因此，其有较高的副瓣，非周期自相关函数在时间轴上的平均副瓣电平为$-1/2$，但峰值副瓣明显增大。当序列长度$N \gg 1$时，M序列码主瓣、副瓣峰值电平比约为$\sqrt{N}$。

（4）M序列码的傅里叶变换为

$$X_m = \sum_{k=0}^{N-1} x_k \mathrm{e}^{-\mathrm{j}\frac{2\pi}{N}km} \tag{3.97}$$

$$\left|X_m\right|^2 = \begin{cases} 1, & m \equiv 0 \ (\mathrm{mod}\, N) \\ N+1, & m \neq 0 \ (\mathrm{mod}\, N) \end{cases} \tag{3.98}$$

（5）$\{c_k\}_{\mathrm{M}}$ 为 31 位M序列码的二相码脉冲信号的模糊函数图如图 3.24 所示。

$$\{c_k\}_{\mathrm{M}} = [1,-1,-1,-1,-1,1,-1,1,1,1,-1,1,1,-1,-1,-1,1,1,1,1,1,-1,-1,1,1,-1,1,-1,-1]$$

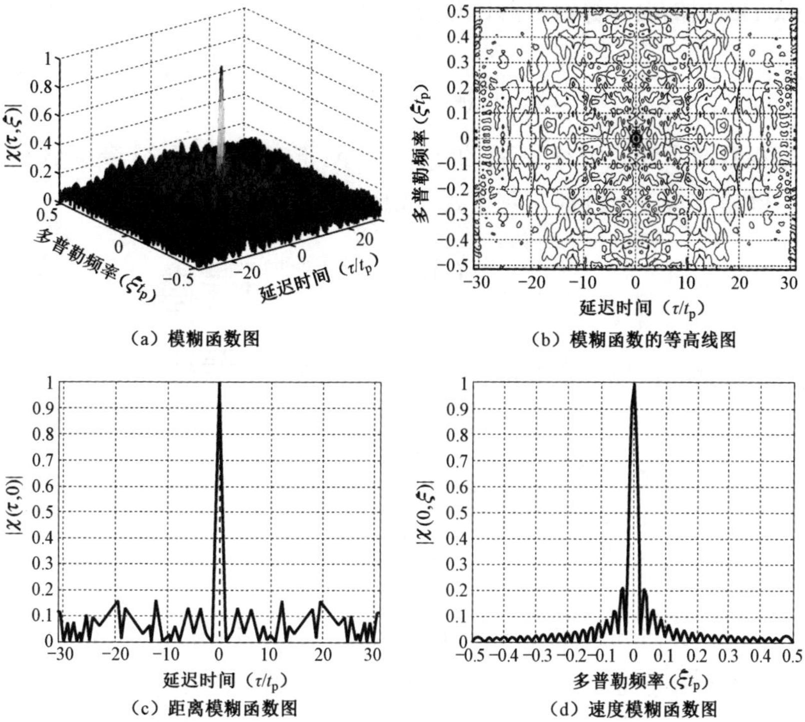

（a）模糊函数图　（b）模糊函数的等高线图

（c）距离模糊函数图　（d）速度模糊函数图

图 3.24　$\{c_k\}$为 31 位 M 序列码的二相码脉冲信号的模糊函数图

3）L序列码

L序列码即勒让德（Legendre）序列，也称为平方余数序列。L序列码也是一个二元随机序列码。L序列码定义为长度是 $N \equiv 3 \ (\mathrm{mod}\, 4)$ 型素数的二元周期序列，$x_{\mathrm{L}} = (\cdots, x_0, x_1, x_2, \cdots, x_{N-1}, \cdots)$，$x_l \in (+1,-1)$，且 x_i 按式（3.99）取值为+1或−1：

$$x_i=\begin{cases}\left(\dfrac{n}{N}\right), & n=1,2,\cdots,N-1\\ -1, & i\equiv 0 \pmod N\end{cases} \tag{3.99}$$

式中，$\left(\dfrac{n}{N}\right)$称为勒让德符号。它可以表示为

$$\left(\frac{n}{N}\right)=\begin{cases}1, & n\text{是模}N\text{的平方余数}\\ -1, & n\text{是模}N\text{的非平方余数}\end{cases} \tag{3.100}$$

勒让德符号$\left(\dfrac{n}{N}\right)$的含义如下：如果$N$是奇素数，$n$是与$N$互质的整数，并且$x^2\equiv n \pmod N$有整数解，则$n$是模$N$的平方余数；否则，$n$就是模$N$的非平方余数。

文献[1]给出的勒让德符号的计算公式为

$$\left(\frac{n}{N}\right)=(-1)^{\sum\limits_{k=1}^{(N-1)/2}\left[\frac{2nk}{N}\right]} \tag{3.101}$$

式中，幂指数的求和式中符号$[\bullet]$的含义是，对于实数Z，$[Z]$表示小于Z的最大整数。例如，当$N=11$时，利用式（3.101）可求得

$$\begin{cases}\left(\dfrac{1}{11}\right)=(-1)^{\sum\limits_{k=1}^{5}\left[\frac{2k}{11}\right]}=(-1)^{(0+0+0+0+0)}=+1\\ \left(\dfrac{2}{11}\right)=(-1)^{\sum\limits_{k=1}^{5}\left[\frac{4k}{11}\right]}=(-1)^{(0+0+1+1+1)}=-1\\ \quad\vdots \qquad\quad \vdots \qquad\qquad\qquad \vdots \qquad\quad \vdots\\ \left(\dfrac{10}{11}\right)=(-1)^{\sum\limits_{k=1}^{5}\left[\frac{20k}{11}\right]}=(-1)^{(1+3+5+7+9)}=-1\\ \left(\dfrac{11}{11}\right)=(-1)\end{cases} \tag{3.102}$$

所以，N为 11 的L序列码是$(+1,-1,+1,+1,+1,-1,-1,-1,+1,-1,-1)$。现已证明，当序列长度小于 100 时，只存在 13 个L序列码，其长度分别是 3, 7, 11, 19, 23, 31, 43, 47, 59, 67, 71, 79, 83，表 3.4 列出了$N\leqslant 31$的 5 个L序列码。

表 3.4 L序列码（$N\leqslant 31$）

N	L序列
3	+ − −
7	+ + − + − − −
11	+ − + + + − − − + − −

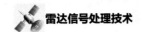

续表

N	L 序列
19	+ − − + + + + − + − + − − − − + + − −
23	+ + + + − + − + + − − + + − − + − + − − − − −
31	+ + − + + − + + + + − − − + − + − + + + − − − − + − − + − − −

L 序列码与 M 序列码一样，也是二元伪随机序列，其主要性质如下。

（1）L 序列码的长度 N 为奇素数，码元为 -1 的个数为 $(N+1)/2$，码元为 $+1$ 的个数为 $(N-1)/2$，因此

$$\sum_{k=0}^{N-1} x_k = -1 \tag{3.103}$$

（2）L 序列码的自相关函数为

$$R(m) = \sum_{k=0}^{N-1} x_k x_{k+m} = \begin{cases} N, & m \equiv 0 \pmod N \\ -1, & m \neq 0 \pmod N \end{cases}, \quad N \equiv 3 \pmod 4 \tag{3.104}$$

（3）L 序列码的傅里叶变换是周期为 N 的复数序列 $\{X_m\}$

$$X_m = \sum_{k=0}^{N-1} x_k \exp\left(-\mathrm{j}\frac{2\pi}{N}km\right) \tag{3.105}$$

$$|X_m| = \begin{cases} 1, & m \equiv 0 \pmod N \\ N+1, & m \neq 0 \pmod N \end{cases} \tag{3.106}$$

（4）L 序列码与其移位序列相乘可得另一移位序列，即

$$(x_q)(x_{q+k}) = (x_{q+h}) \quad k \neq 0 \pmod N \tag{3.107}$$

（5）$\{c_k\}$ 为 19 位 L 序列码的二相码信号的模糊函数图如图 3.25 所示。

$$\{c_k\}_L = [1,-1,-1,1,1,1,1,-1,1,-1,1,-1,-1,-1,-1,1,1,-1,-1]$$

3.3.2 多相码信号

二元伪随机序列也被称为二相码，除巴克码外，其他序列的非周期自相关函数都不太理想，因此，人们开始在复数多元序列中寻找非周期自相关函数良好的多相伪随机序列，也称为多相码。如果多相码的相位数为 p，则称为 p 相码，如三相码、四相码等。

多相码种类很多，下面介绍法兰克多相码和泰勒四相码。

1. 法兰克多相码

法兰克多相码是海米勒（Heimiler）[8]和法兰克（Frank）[9,10]提出的，因此，其也称为 FH 码。相位数为 p 的多相码的构造方法为

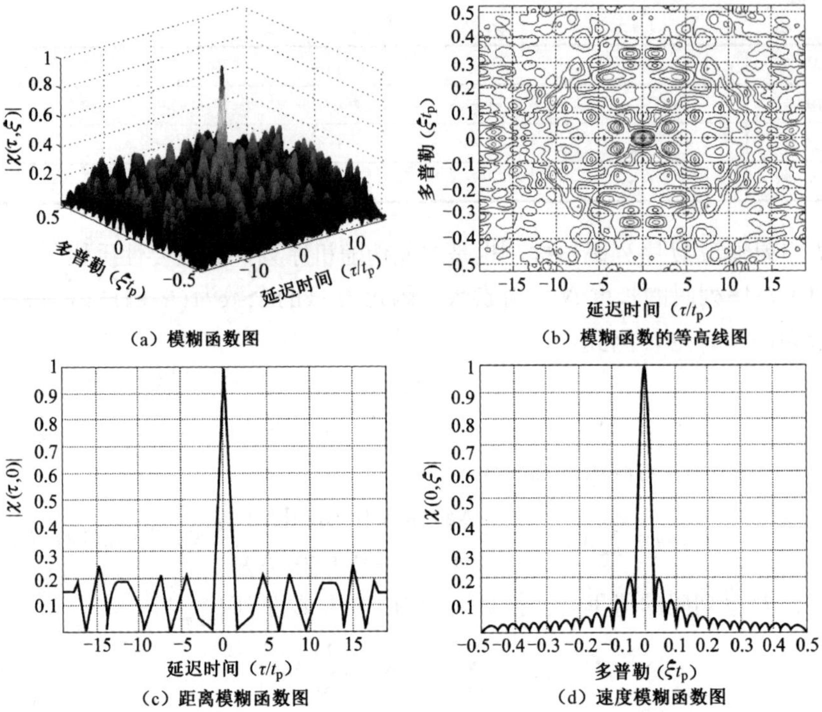

（a）模糊函数图　（b）模糊函数的等高线图

（c）距离模糊函数图　（d）速度模糊函数图

图 3.25　$\{c_k\}$为 19 位 L 序列码的二相码脉冲信号的模糊函数图

$$C_n = \mathrm{e}^{\mathrm{j}\phi_n},\quad n = 0,1,\cdots,p-1 \tag{3.108}$$

式中，相位 ϕ_n 根据下列矩阵 $\boldsymbol{B}$ 导出：

$$\boldsymbol{B} = \begin{bmatrix} 0 & 0 & 0 & \cdots & 0 \\ 0 & 1 & 2 & \cdots & (p-1) \\ 0 & 2 & 4 & \cdots & 2(p-1) \\ \vdots & \vdots & \vdots & \cdots & \vdots \\ 0 & (p-1) & 2(p-1) & \cdots & (p-1)^2 \end{bmatrix} \tag{3.109}$$

式中，p 表示序列的相数，基本移相为 $2\pi s/p$，s 是与 p 互质的整数，一般取 $s=1$。矩阵 $\boldsymbol{B}$ 的每个元数表示基本移相的倍乘系数。根据矩阵 $\boldsymbol{B}$ 按行（或列）依次

串行排列，可得到长度 $N = p^2$ 的法兰克 p 相码。

例如，当 $p=3$ 时，基本相移为 $2\pi/3$，矩阵 $\boldsymbol{B}$ 为

$$\boldsymbol{B} = \begin{bmatrix} 0 & 0 & 0 \\ 0 & 1 & 2 \\ 0 & 2 & 1 \end{bmatrix} \tag{3.110}$$

可得到长度 $N = p^2 = 9$ 的三相码，即 $\{\varphi_n\} = \left\{0,0,0,\frac{2\pi}{3},\frac{4\pi}{3},0,\frac{4\pi}{3},\frac{2\pi}{3}\right\}$，所以，法兰克三相码为

$$\{c_n\} = \left\{1,1,1,1,\mathrm{e}^{\mathrm{j}\frac{2\pi}{3}},\mathrm{e}^{-\mathrm{j}\frac{\pi}{3}},1,\mathrm{e}^{-\mathrm{j}\frac{\pi}{3}},\mathrm{e}^{\mathrm{j}\frac{2\pi}{3}}\right\} \tag{3.111}$$

法兰克码的周期自相关函数为

$$R(m) = \sum_{k=0}^{N-1} c_k c_{k+m}^* = \begin{cases} N, & m \equiv 0 \pmod N \\ 0, & m \neq 0 \pmod N \end{cases} \tag{3.112}$$

法兰克码的非周期自相关函数主瓣高度为 p^2，副瓣的上限为 $1/\sin(\pi/p)$，当 p 很大时，$\sin(\pi/p) \approx \pi/p$，副瓣高度趋于 p/π，因此，主瓣副瓣比趋近于 πp。与同样长度的M序列码或L序列码相比，主瓣副瓣比提高了大约 10dB，但是相位数 p 太大了，信号产生和处理都较困难，因此，通常 p 取 8 以下。

如图 3.26 所示为 16 位法兰克四相码信号的模糊函数图。

$$\{c_n\}_{\mathrm{F}} = [1,1,1,1,1,\mathrm{j},-1,-\mathrm{j},1,-1,1,-1,1,-\mathrm{j},-1,\mathrm{j}]$$

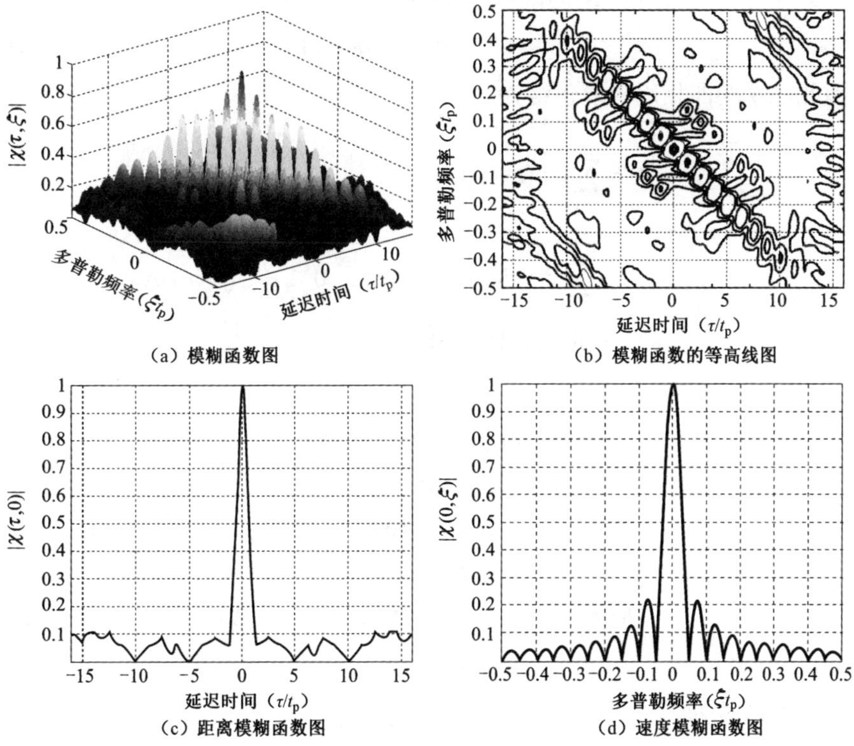

图 3.26 $\{c_k\}_{\mathrm{F}}$ 为 16 位法兰克四相码信号的模糊函数图

2. 泰勒四相码

泰勒四相码是由 J. W. Taylor[11]提出的一种四相编码信号，其子脉冲具有半余

弦形状，相邻子脉冲的相位变化限制在±90°之间。泰勒四相码可由一个半余弦子脉冲（底宽为$2\Delta\tau$）通过一个抽头延迟线（抽头延迟线单元延迟为$\Delta\tau$）加权网络产生，如图 3.27 所示。

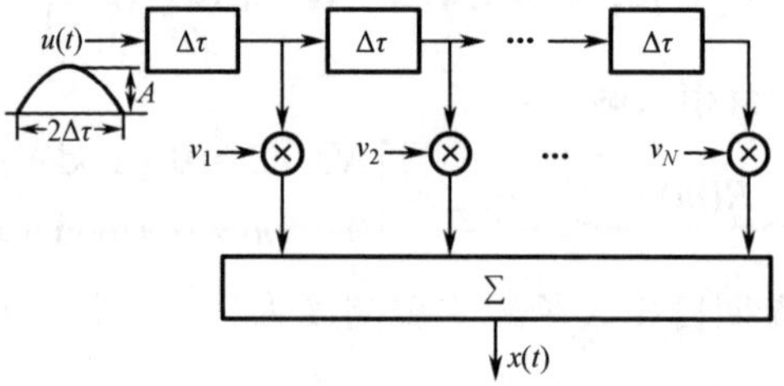

图 3.27　泰勒四相码信号产生器

在图 3.27 中，加权系数$\{v_k\}(k=1,2,\cdots,N)$是由一个二相码$\{c_k\}$变换得到的，即

$$v_k = \mathrm{j}^{s(k-1)}c_k,\quad k=1,2,\cdots,N \tag{3.113}$$

式中，s 固定为 1 或 −1，N 为四相码序列长度。二相码 c_k 可表示为

$$c_k = \exp(\mathrm{j}\theta_k) \tag{3.114}$$

因此，泰勒四相码的复包络为

$$\begin{aligned} x(t) &= \sum_{k=1}^{N} v_k u(t-k\Delta\tau) \\ &= \sum_{k=1}^{N} \mathrm{j}^{s(k-1)} c_k u(t-k\Delta\tau),\quad 0\leqslant t\leqslant (N+1)\Delta\tau \\ &= a(t)\exp[(\mathrm{j}\theta_k)] \end{aligned} \tag{3.115}$$

式中，

$$a(t)=\begin{cases} A\sin(2\pi t/4\Delta\tau), & 0\leqslant t\leqslant \Delta\tau \\ A, & \Delta\tau\leqslant t\leqslant N\Delta\tau \\ A\cos[2\pi(t-N\Delta\tau)/4\Delta\tau)], & N\Delta\tau\leqslant t\leqslant (N+1)\Delta\tau \end{cases} \tag{3.116}$$

$$\theta(k\Delta\tau)=\begin{cases} 0, & k=0 \\ s(k-1)\pi/2+\theta_k, & k=1,2,\cdots,N \\ 0, & k=N+1 \end{cases} \tag{3.117}$$

子脉冲函数为

$$u(t) = A\cos(\pi t/2\Delta\tau),\quad -\Delta\tau\leqslant t\leqslant \Delta\tau \tag{3.118}$$

码元 c_k 和 V_k 的二相码和四相码转换关系如表 3.5 所示。

表 3.5　码元 c_k 和 $\{c_k\}_T$ 的二相码和四相码转换关系

序号 k	1	2	3	4	5	6	7	8	9	10	11	12	13
巴克码 c_k	1	1	1	1	1	−1	−1	1	1	−1	1	−1	1
泰勒四相码 $\{c_k\}_T$ $(s=1)$	1	j	−1	−j	1	−j	1	−j	1	−j	−1	j	1
泰勒四相码 $\{c_k\}_T$ $(s=-1)$	1	−j	−1	j	1	j	1	j	1	j	−1	−j	1

如图 3.28 所示为一个以 13 位巴克码为原型码 $\{c_k\}$，经过如表 3.5 所示的二相码和四相码转换后产生的泰勒四相码信号（当 $s=1$ 时）。

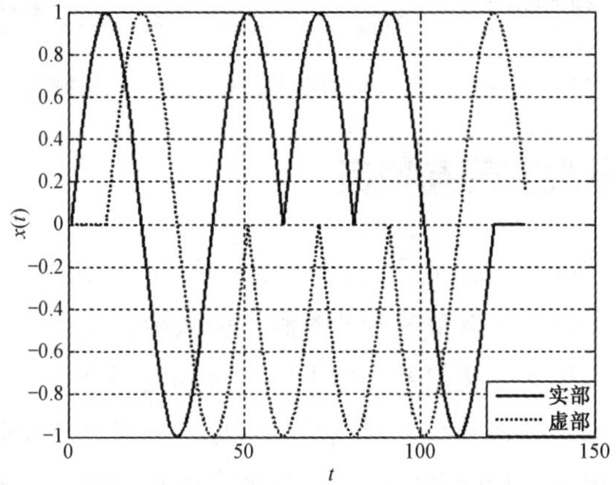

图 3.28　以 13 位巴克码为原型码的泰勒四相码信号（s=1）

在图 3.28 中，$I(t)$ 和 $Q(t)$ 分别表示泰勒四相码的同相分量和正交分量，即

$$u(t)=I(t)+\mathrm{j}Q(t) \tag{3.119}$$

如图 3.29 所示为以 13 位巴克码为原型码的泰勒四相码信号的模糊函数图。

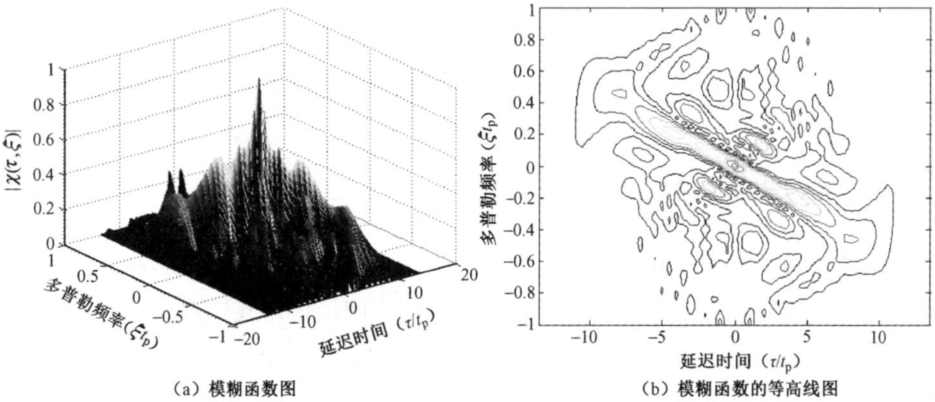

图 3.29　以 13 位巴克码为原型码的泰勒四相码信号的模糊函数图

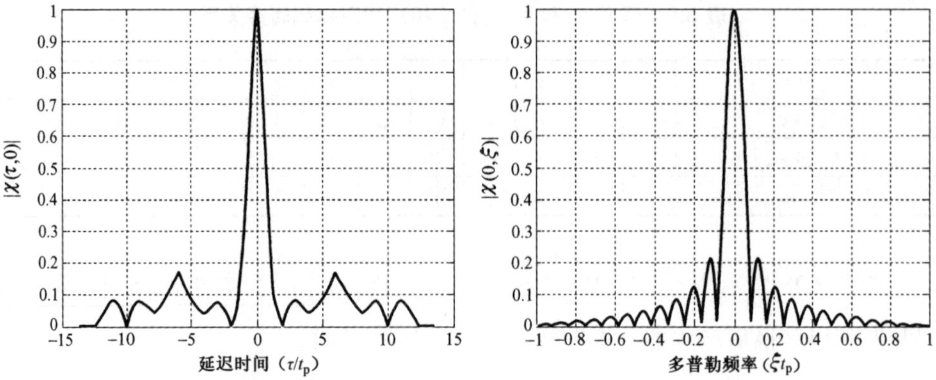

（c）距离模糊函数图　　（d）速度模糊函数图

图 3.29　以 13 位巴克码为原型码的泰勒四相码信号的模糊函数图（续）

3.4　雷达目标微多普勒特征

微多普勒最早是在相关激光雷达测量目标振动时提出的概念。2000 年，美国海军实验室的 V. C. Chen 将微多普勒的概念引入微波雷达中[12]，并很快受到了雷达界的广泛关注。传统雷达信号处理中的多普勒处理利用目标质心与雷达之间相对的径向运动来抑制静止杂波、检测运动目标；而微多普勒处理的概念与之不同，微多普勒处理提取目标除径向运动以外的其他运动特征和参数[12-14]。雷达目标的微多普勒处理已在雷达目标检测、姿态参数测量和目标识别等方面得到了广泛应用[15]。

3.4.1　雷达目标微多普勒效应

在许多情况下，目标除质心运动（或整体运动）外，还存在其他附加运动，这些附加运动的幅度与质心运动相比要小得多，因此，其被称为微动[3]。微多普勒效应就是指雷达目标的微动所引起的叠加在目标平动多普勒上的多普勒频率调制。引起微多普勒效应的目标运动可分为以下两类。

1. 刚体目标的微多普勒效应

刚体是指在运动中和受力作用后，形状和大小不变，而且内部各点的相对位置不变的物体。刚体的几何状态由它的位置和方向描述。其位置取决于刚体质心在参考坐标系中的位置，其方向与其运动学参数有关。刚体目标运动时，它的位置和方向都将随时间变化，使刚体目标产生平移和转动，平移时刚体内部各点以同样的平移速度移动，转动时刚体内部各点以同样的角速度旋转。

刚体目标相对于雷达的平动速度决定了目标回波的平动多普勒频率，而刚体目标的转动角速度决定了目标的微多普勒调制。典型的刚体目标微动包括振动、自旋、进动和章动等。刚体目标的微动引起的微多普勒效应在雷达观测中应用非常广泛。例如，飞机螺旋桨或旋翼的转动引起的微多普勒调制；地面轮式车辆的车轮和履带车辆的履带所引起的微多普勒调制；在海面上舰船在偏航、俯仰和翻滚 3 个方向上随海浪的摇摆引起的微多普勒调制；自旋稳定导弹在运动过程中的自旋、进动和章动引起的微多普勒调制；桥梁的振动引起的微多普勒调制；等等[14,15]。

2. 非刚体目标的微多普勒效应

非刚体是指在运动中和受力作用后，形状和大小发生变化，而且内部各点的相对位置也发生变化的物体，简言之就是各部分之间存在相对运动的物体。与刚体目标相同，非刚体目标相对于雷达的平动速度决定了其平动多普勒，而目标上各部分之间的相对运动速度在雷达视线方向上的投影则决定了其微多普勒调制。在雷达观测中，典型的非刚体目标微多普勒效应包括：人或其他动物在运动时肢体、躯干和头部的摆动所引起的微多普勒调制[14,15]；人的动态手势引起的微多普勒调制[14]；飞鸟在飞行中扇动的翅膀所引起的微多普勒调制[14,15]；等等。

3.4.2　雷达目标微多普勒频率估计

各种微动都具有高度的非线性形式，而微多普勒是微动在雷达径向方向上投影所引起的目标回波多普勒频率调制，因此，微多普勒信号是频率随时间变化的非平稳信号[1-3]。传统的多普勒处理基于傅里叶变换或其他平稳信号分析和处理方法，无法表征微多普勒频率随时间的变化，不适用于微多普勒信号的分析和处理。时频分析是分析和处理时变非平稳信号的工具[16, 17]，它可以获取信号的瞬时频率随时间变化的特征，因而适用于微多普勒信号的分析和处理。

1. 时频分析

时频分析是信号处理领域一个非常活跃的研究方向，经过半个多世纪的发展，已有大量较为成熟的时频分析方法。考虑用于获取雷达目标微多普勒特征的雷达往往工作在较高频段（即相对于目标的光学区），而在光学区目标通常可以近似为若干离散的散射中心，因此，微动目标的回波可以近似为若干个调幅-调频信号的线性叠加。根据雷达目标微多普勒信号的这一特点，短时傅里叶变换、Cohen 类时频分析和时变自回归模型等非平稳信号分析方法可较好地应用于雷达目标微多普勒分析和处理。下面简要介绍这 3 类时频分析方法。

1）短时傅里叶变换

短时傅里叶变换（Short-Time Fourier Transform，STFT）是一种最基本的时频分析方法[16]。对于信号 $x(t)\in\mathbb{C}$，其 STFT 定义为

$$F(t,f)=\int_{-\infty}^{+\infty}x(\tau)g(t-\tau)\mathrm{e}^{-\mathrm{j}2\pi f\tau}\mathrm{d}\tau \tag{3.120}$$

式中，$g(\tau)$ 为窗函数，常见的窗函数有矩形窗、汉明窗、汉宁窗等。短时傅里叶变换假设信号在一个较短的时间窗内是平稳或近似平稳的，在这种假设下就可以利用傅里叶变换对短时间窗内的信号进行频谱分析，进而通过滑窗处理得到整个观测时间内的时频分布。虽然短时傅里叶变换计算简单，但时频分辨率受海森伯格测不准原理的限制[16]，无法同时提高时间和频率分辨率。

短时傅里叶变换时频分辨能力较差的一个主要原因是在短时间窗内采用离散傅里叶变换来实现谱分析。当采用离散傅里叶变换实现谱分析时，存在主瓣展宽和副瓣较高的问题，因此，可以采用具有主瓣锐化、副瓣抑制和频率超分辨能力的现代谱估计方法替代短时傅里叶变换中的基于离散傅里叶变换的频谱分析方法，从而在一定程度上克服时频测不准原理的限制，得到具有更高时频分辨率的微多普勒分析结果。

稀疏贝叶斯学习和迭代自适应是两种性能较好的自适应谱估计方法，下面分别简要介绍这两种方法的实现步骤。

稀疏贝叶斯学习是一种稳健的稀疏信号恢复方法[18]，可以将其看作一种迭代计算的维纳滤波算法，从而得到非常尖锐的谱线和极低的副瓣，并具有一定的超分辨能力。稀疏贝叶斯学习的基本思想如下：给频域稀疏的信号指定一个稀疏先验分布，然后在贝叶斯推理的框架下估计信号参数。稀疏贝叶斯学习算法的主要过程是按式（3.121）和式（3.122）分别迭代估计信号的条件均值和条件协方差矩阵。

$$\mu=\sigma^{-2}\boldsymbol{\Sigma}\boldsymbol{F}^{\mathrm{H}}\boldsymbol{x} \tag{3.121}$$

$$\boldsymbol{\Sigma}=(\boldsymbol{P}+\sigma^{-2}\boldsymbol{F}^{\mathrm{H}}\boldsymbol{F})^{-1} \tag{3.122}$$

式中，$\boldsymbol{x}$ 是观测向量；$\boldsymbol{F}$ 是过完备离散傅里叶变换字典矩阵；σ 是观测噪声的标准差；$\boldsymbol{P}$ 是一个对角矩阵，对角线上的元素是每次迭代中对信号各频率分量功率的估计。待迭代过程收敛后，条件均值 μ 就是信号频谱的最大后验估计。

迭代自适应算法也是一种具有主瓣锐化、旁瓣抑制和超分辨能力的自适应谱估计方法[19,20]，其实现过程的主要步骤是按照式（3.123）和式（3.124）分别迭代计算信号的频谱和协方差矩阵。

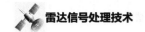

$$\hat{\boldsymbol{s}} = \frac{\boldsymbol{F}^{\mathrm{H}} \hat{\boldsymbol{R}}^{-1} \boldsymbol{x}}{\boldsymbol{F}^{\mathrm{H}} \hat{\boldsymbol{R}}^{-1} \boldsymbol{F}} \tag{3.123}$$

$$\hat{\boldsymbol{R}} = \boldsymbol{F} \boldsymbol{P} \boldsymbol{F}^{\mathrm{H}} \tag{3.124}$$

式中的变量 $\boldsymbol{F}$、$\boldsymbol{P}$ 和 $\boldsymbol{x}$ 的含义与稀疏贝叶斯学习算法中相同变量的含义相同。

与迭代自适应谱分析方法相比，虽然稀疏贝叶斯学习得到的谱分析结果的主瓣更加尖锐，副瓣也更低，但是其收敛速度较慢，通常需要 50 次以上的迭代才能收敛，而迭代自适应算法通常只需要 10～15 次迭代就可以收敛。

2）Wigner-Ville 分布

短时傅里叶变换因为窗函数及自身原理的限制，导致其时频分辨率较低，基于双线性形式的时频分布可以得到更高的时频分辨率。Wigner-Ville 分布（WVD）是最简单的双线性时频分布，信号 $x(t)$的 WVD 定义为[5]

$$W(t,f) = \int_{-\infty}^{\infty} x(t+\tau/2)x^*(t-\tau/2)\mathrm{e}^{-\mathrm{j}2\pi f\tau}\mathrm{d}\tau \tag{3.125}$$

也可以将 Wigner-Ville 分布看作信号中心协方差函数的傅里叶变换，它具有很多优良的性能，如对称性、时移性、组合性等。Wigner-Ville 分布的不足之处在于对多分量信号或具有复杂调制规律的信号分析时会产生严重的交叉干扰，而大量的交叉项会淹没或严重干扰信号的原始特征。为了抑制 WVD 中不同信号分量的交叉项，需要在 WVD 中引入核函数，形成了信号的 Cohen 类分布[5]。

信号 $x(u)$的 Cohen 类分布定义为

$$C_x(t,\omega:g) = \frac{1}{2\pi}\iiint x\left(u+\frac{\tau}{2}\right)x^*\left(u-\frac{\tau}{2}\right)g(\theta,\tau)\mathrm{e}^{-\mathrm{j}(\theta t+\omega\tau-u\theta)}\mathrm{d}u\mathrm{d}\tau\mathrm{d}\theta \tag{3.126}$$

式中，$g(\theta,\tau)$ 为核函数。WVD 就是 $g(\theta,\tau)=1$ 时 Cohen 类时频分布的一个特例。由于交叉项在 (θ,τ) 上远离原点，所以，设计 $g(\theta,\tau)$ 为一个二维低通函数，可以抑制 Cohen 类时频分布的交叉项。不同的核函数确定了不同的 Cohen 类时频分布，固定核函数的 Cohen 类时频分布主要有伪 Wigner 分布、Rihaczek 分布、Born-Jordan 分布、Page 分布、Choi-Williams 分布、Zhao-Atlas-Marks 分布等[5]。此外，根据信号自适应调整高斯核函数参数的自适应最优核（Adaptive-Optimal Kernel，AOK）[21]方法也是抑制交叉项的方法之一。核函数在抑制交叉项的同时也会降低信号项的时频聚集性和时频分辨率，在实际应用中需要根据情况综合考虑交叉项抑制和时频分辨率来选择合适的时频分布。

3）时变自回归（Time Varying Auto Regression，TVAR）模型

基于时变自回归的非平稳信号分析方法是由针对平稳信号谱分析的自回归（AR）模型方法推广演变而来的[6]。与前两类时频分析方法相比，基于时变自回归模型的微多普勒分析方法对噪声更加稳健，时频分辨率也更高。

设 $x(n)$（$n=0,1,\cdots,N-1$）为非平稳随机信号，可由 P 阶 TVAR 模型表示，其前向和后向预测方程分别表示为如下形式：

$$x(n)=-\sum_{i=1}^{p}a_i(n)x(n-i)+w(n),\quad n=p,p+1,\cdots,N-1 \tag{3.127}$$

$$x(n)=-\sum_{i=1}^{p}a_i^*(n)x(n+i)+w(n),\quad n=0,1,\cdots,N-p-1 \tag{3.128}$$

式中，$a_i^*(n)$ 是 $a_i(n)$ 的共轭；$w(n)$ 表示均值为零、方差为 σ_w^2 的白噪声。TVAR 模型与 AR 模型的最大区别在于模型系数由时不变变为时变。

根据 TVAR 模型的时变系数，瞬时功率谱可由下式求得[6]：

$$P(f,n)=\frac{\sigma_w^2}{\left|1+\sum_{i=1}^{p}a_i(n)\exp(-\mathrm{j}2\pi if)\right|^2} \tag{3.129}$$

式中，f 为频率，实际求解时噪声方差 σ_w^2 采用估计值替代。由式（3.129）可知，在基于 TVAR 模型的时频分析方法中，信号时变功率谱估计的问题转化为时变自回归模型的参数估计问题。

根据式（3.127），可得前向预测误差为

$$f_p(n)=x(n)+\sum_{i=1}^{p}a_i(n)x(n-i),\quad n=p,p+1,\cdots,N-1 \tag{3.130}$$

根据式（3.130），可得后向预测误差为

$$b_p(n)=x(n)+\sum_{i=1}^{p}a_i^*(n)x(n+i),\quad n=0,1,\cdots,N-p-1 \tag{3.131}$$

从而，前向、后向预测误差平方和为

$$\xi=\frac{1}{2(N-p)}\left(\sum_{n=p}^{N-1}\left|f_p(n)\right|^2+\sum_{n=0}^{N-p-1}\left|b_p(n)\right|^2\right) \tag{3.132}$$

求解使式（3.132）中的误差平方和 ξ 最小的模型参数，就可以得到 TVAR 模型参数 $a_i(n)$（$i=1,\cdots,p$；$n=0,1,\cdots,N-1$）的最小二乘估计。

直接估计 TVAR 模型参数是一个无约束的欠定方程求解问题，难以求解，可以将 TVAR 模型参数用一组以时间为变量的基函数的线性组合表示，这样就可以将 TVAR 模型参数估计中的时变系数的估计问题转化为时不变常系数的估计问题，进而采用最小二乘方法求解[6]。

将 $a_i(n)$ 由一组基函数 $f_j(n)$（$j=1,\cdots,q$）展开为

$$a_i(n)=\sum_{j=1}^{q}a_{ij}f_j(n) \tag{3.133}$$

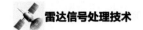

式中，q 为基函数的维数；a_{ij}（$i=1,\cdots,p$；$j=1,\cdots,q$）均为常数。常用的基函数有离散余弦（Discrete Cosian Transform，DCT）基、离散傅里叶（DFT）基、Chebyshev 基、多项式基等。

将式（3.133）代入式（3.127）和式（3.128），可得

$$x(n)=-\sum_{i=1}^{p}\sum_{j=1}^{q}a_{ij}f_j(n)x(n-i)+w(n),\quad n=p,p+1,\cdots,N-1 \tag{3.134}$$

$$x(n)=-\sum_{i=1}^{p}\sum_{j=1}^{q}a_{ij}^{*}f_j^{*}(n)x(n+i)+w(n),\quad n=0,1,\cdots,N-p-1 \tag{3.135}$$

将式（3.134）和式（3.135）改写为矩阵形式，有

$$\boldsymbol{Y}_f=-\boldsymbol{X}_f\boldsymbol{\alpha} \tag{3.136}$$

$$\boldsymbol{Y}_b=-\boldsymbol{X}_b\boldsymbol{\alpha}^{*} \tag{3.137}$$

式（3.136）和式（3.137）中，$\boldsymbol{Y}_f=\left[x(p),x(p+1),\cdots,x(N-1)\right]^{\mathrm{T}}$，$\boldsymbol{Y}_b=\left[x(0),x(1),\cdots,x(N-p-1)\right]^{\mathrm{T}}$，$\boldsymbol{\alpha}=\left[a_{11},a_{12},\cdots,a_{1q},\cdots,a_{p1},a_{p2},\cdots,a_{pq}\right]^{\mathrm{T}}$，$\boldsymbol{\alpha}^{*}=\left[a_{11}^{*},a_{12}^{*},\cdots,a_{1q}^{*},\cdots,a_{p1}^{*},a_{p2}^{*},\cdots,a_{pq}^{*}\right]^{\mathrm{T}}$，上标 T 表示矩阵转置，

$$\boldsymbol{X}_f=\begin{bmatrix} f_1(p)x(p-1) & \cdots & f_q(p)x(p-1) & \cdots & f_1(p)x(0) & \cdots & f_q(p)x(0) \\ f_1(p+1)x(p) & \cdots & f_q(p+1)x(p) & \cdots & f_1(p)x(1) & \cdots & f_q(p)x(1) \\ \vdots & \vdots & \vdots & \vdots & \vdots & \vdots & \vdots \\ f_1(N-1)x(N-2) & \cdots & f_q(N-1)x(N-2) & \cdots & f_1(N-1)x(N-1-p) & \cdots & f_q(N-1)x(N-1-p) \end{bmatrix}$$

$$\boldsymbol{X}_b=\begin{bmatrix} f_1^{*}(0)x(1) & \cdots & f_q^{*}(0)x(1) & \cdots & f_1^{*}(0)x(p) & \cdots & f_q^{*}(0)x(p) \\ f_1^{*}(1)x(2) & \cdots & f_q^{*}(1)x(2) & \cdots & f_1^{*}(1)x(p+1) & \cdots & f_q^{*}(1)x(p+1) \\ \vdots & \vdots & \vdots & \vdots & \vdots & \vdots & \vdots \\ f_1^{*}(N-p-1)x(N-p) & \cdots & f_q^{*}(N-p-1)x(N-p) & \cdots & f_1^{*}(N-p-1)x(N-1) & \cdots & f_q^{*}(N-p-1)x(N-1) \end{bmatrix}$$

根据式（3.136）和式（3.137），TVAR 模型的前向、后向预测误差平方和可以表示为

$$\xi=\frac{1}{2(N-p)}\left(\left\|\boldsymbol{Y}_f+\boldsymbol{X}_f\boldsymbol{\alpha}\right\|_2^2+\left\|\boldsymbol{Y}_{b1}+\boldsymbol{X}_{b1}\boldsymbol{\alpha}^{*}\right\|_2^2\right) \tag{3.138}$$

根据式（3.138），令 $\partial\xi/\partial\boldsymbol{\alpha}=0$，就可以得到 TVAR 模型参数的最小二乘解

$$\hat{\boldsymbol{\alpha}}=\boldsymbol{C}^{-1}\boldsymbol{d} \tag{3.139}$$

式中，$\boldsymbol{C}=\boldsymbol{X}_f^{\mathrm{H}}\boldsymbol{X}_f+\boldsymbol{X}_{b1}^{\mathrm{H}}\boldsymbol{X}_{b1}$，$\boldsymbol{d}=-(\boldsymbol{X}_f^{\mathrm{H}}\boldsymbol{Y}_f+\boldsymbol{X}_{b1}^{\mathrm{H}}\boldsymbol{Y}_{b1})$。与用于平稳信号分析的 AR 模型类似，TVAR 模型的最小二乘解对模型阶数的设置十分敏感，对基函数的个数设置也十分敏感，因而需要考虑在合适的准则下自动选择模型阶数和基函数的个数。

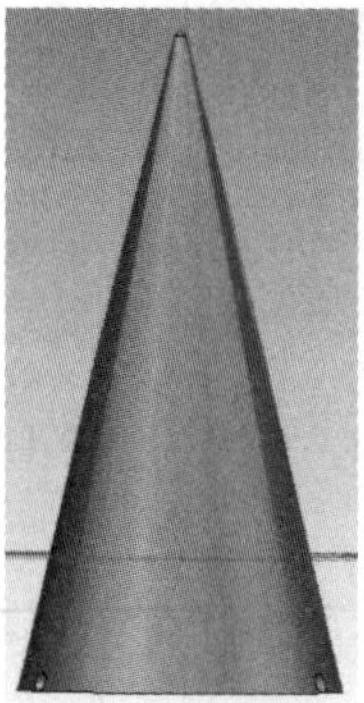

图 3.30　微动目标模型

考虑到目标散射点的稀疏性和微动的平滑性，在微多普勒分析问题中，模型参数向量$\boldsymbol{\alpha}$具有一定的稀疏性，因此，可以将 TVAR 模型参数的估计问题转化成一个稀疏重构问题，并采用对参数设置不敏感的稀疏贝叶斯学习算法求解。研究表明，采用稀疏贝叶斯学习算法求解 TVAR 模型的参数，可以克服采用最小二乘方法求解时结果对模型阶数和基向量个数设置敏感的问题[22]。

在此，通过一组仿真来展示将以上提到的短时傅里叶变换、短时稀疏贝叶斯学习、短时迭代自适应、自适应最优核时频分布及稀疏时变自回归方法应用于微多普勒分析的效果。微动目标模型是一个如图 3.30 所示的锥形弹头模型，在锥面靠近底部处有 4 个半径相同的半圆形凹槽。目标在绕锥轴自旋的同时还存在进动。

回波信号的信噪比是 20dB。如图 3.31 所示为采用上述 5 种时频分析方法对回波信号做微多普勒分析得到的目标微多普勒图。

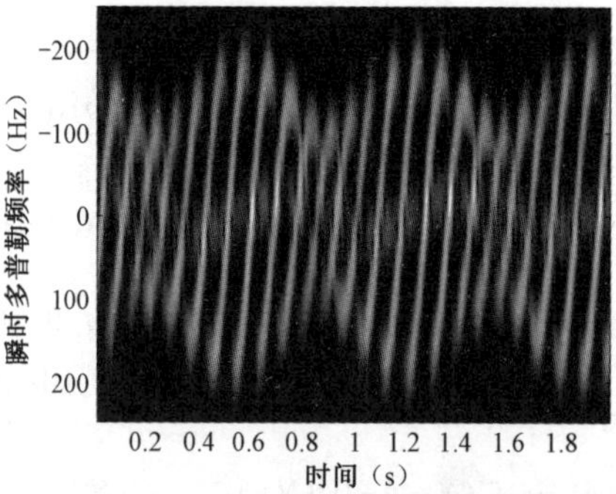

（a）短时傅里叶变换

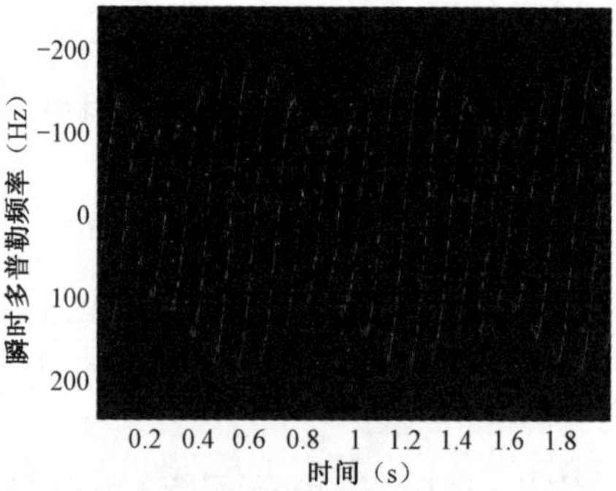

（b）短时稀疏贝叶斯学习

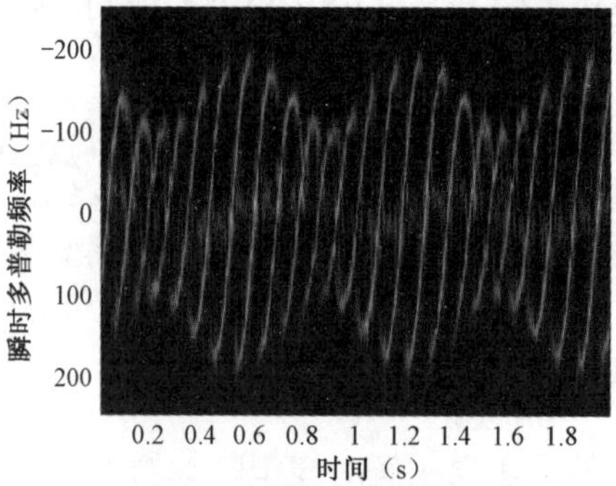

（c）短时迭代自适应

图 3.31　通过 5 种时频分析方法得到的目标微多普勒图

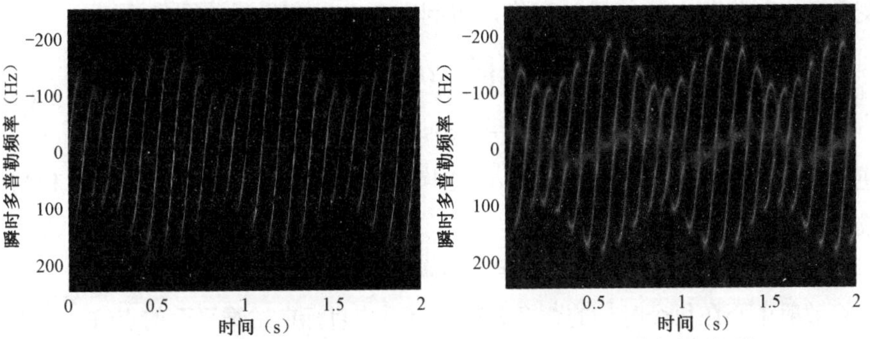

（d）自适应最优核时频分布　　（e）稀疏时变自回归

图 3.31　通过 5 种时频分析方法得到的目标微多普勒图（续）

由如图 3.31 所示的结果可以看出，在分析微动目标的回波时，基于稀疏时变自回归方法得到的微多普勒图的时频分辨率比其他方法高，在瞬时多普勒变化较快之处也可以得到较清晰的时频图。此外，稀疏时变自回归方法还具有较好的抗噪声能力，可以得到信噪比较低的散射中心的微多普勒时频曲线。

2. 微多普勒曲线提取

在微多普勒的很多应用中，需要从微多普勒信号的时频图中提取微多普勒曲线，以便完成后续的目标成像、姿态参数估计和识别等任务。现有提取微多普勒曲线的方法主要有基于逆 Radon 变换的方法[23]、基于卡尔曼滤波的方法[24]、基于粒子滤波的方法[25]和基于动态规划的方法[15]等，下面简要介绍前两种方法。

1）基于逆 Radon 变换的微多普勒曲线提取

微动目标的微多普勒随时间呈正弦变化规律，其时频图为包含正弦曲线的二维图像。根据图像重建理论，逆 Radon 变换可以实现正弦曲线到参数空间的映射，完成时频曲线的提取[23]。

微多普勒的时频图像可以表示为

$$g(\rho,\theta)=\delta\left[\rho-a\cos(\theta+\phi)\right] \tag{3.140}$$

式中，θ 和 ρ 分别表示慢时间和频率，a 和 ϕ 表示正弦曲线的幅度和初相。逆 Radon 变换的实现方法有傅里叶切片法、滤波反投影法、卷积反投影法等。这里采用傅里叶切片法进行分析。对时频图像关于慢时间进行傅里叶变换，得到

$$\begin{aligned}G(v\cos\theta,v\sin\theta)&=\int_{-\infty}^{\infty}g(\rho,\theta)\mathrm{e}^{-\mathrm{j}2\pi\rho v}\mathrm{d}\rho\\&=\mathrm{e}^{-\mathrm{j}2\pi av\cos(\theta+\phi)}\end{aligned} \tag{3.141}$$

通过极坐标转换 $k_x=v\cos\theta$，$k_y=v\sin\theta$，得到

$$G(k_x,k_y)=\mathrm{e}^{-\mathrm{j}2\pi a(k_x\cos\phi-k_y\sin\phi)} \tag{3.142}$$

对变量 k_x，k_y 进行二维傅里叶变换，得到逆 Radon 变换后的图像为

$$\begin{aligned} g(x,y) &= \int_{-\infty}^{\infty}\int_{-\infty}^{\infty} G(k_x,k_y)\mathrm{e}^{\mathrm{j}2\pi(k_x x+k_y y)}\mathrm{d}k_x\mathrm{d}k_y \\ &= \delta(x-a\cos\phi)\cdot\delta(y+a\sin\phi) \end{aligned} \tag{3.143}$$

对逆 Radon 变换后的图像进行 Radon 变换，即可估计出正弦曲线的幅度和初相，完成微多普勒曲线的提取。

2）基于卡尔曼滤波的微多普勒曲线提取

将散射中心在每个时刻的微多普勒频点看作目标在二维平面的点迹，将微多普勒频率曲线看作目标的航迹，这样散射中心关联问题就转化为目标跟踪问题[13]。根据目标的微动特性，相邻时刻散射中心的微多普勒频率ρ、频率变化速度 v 和加速度 a 变化不大，可以用常加速度（Constant Acceleration，CA）模型对散射中心运动进行建模，并通过卡尔曼滤波（Kalman Filter，KF）对同一散射中心的距离数据进行关联。在 CA 模型中，t_k 时刻目标运动的状态向量为

$$\boldsymbol{g}(\boldsymbol{k}) = \begin{bmatrix}\rho_k & v_k & a_k & t_k & \dot{t}_k & \ddot{t}_k\end{bmatrix}^{\mathrm{T}} \tag{3.144}$$

式中，ρ_k 和 t_k 为 t_k 时刻散射中心在多普勒-时间平面的位置；v_k、a_k、$\dot{t}_k$ 和 $\ddot{t}_k$ 分别为散射中心沿两维的速度和加速度。KF 是一种利用预测值和观测值估计当前最优值的递推算法，卡尔曼滤波包括预测和更新两步。

（1）预测。

状态预测：

$$\boldsymbol{x}_{k+1|k} = \boldsymbol{A}_k\boldsymbol{x}_{k|k} \tag{3.145}$$

状态协方差预测：

$$\boldsymbol{P}_{k+1|k} = \boldsymbol{A}_k\boldsymbol{P}_{k|k}\boldsymbol{A}_k^{\mathrm{T}} + \boldsymbol{Q}_k \tag{3.146}$$

新息预测：

$$\boldsymbol{v}_{k+1} = \boldsymbol{v}_{k+1} - \boldsymbol{H}_{k+1}\boldsymbol{x}_{k+1|k} \tag{3.147}$$

新息协方差预测：

$$\boldsymbol{S}_{k+1} = \boldsymbol{H}_{k+1}\boldsymbol{P}_{k+1|k}\boldsymbol{H}_{k+1}^{\mathrm{T}} + \boldsymbol{R}_{k+1} \tag{3.148}$$

（2）更新。

增益：

$$\boldsymbol{K}_{k+1} = \boldsymbol{P}_{k+1|k}\boldsymbol{H}_{k+1}^{\mathrm{T}}\boldsymbol{S}_{k+1}^{-1} \tag{3.149}$$

状态更新：

$$\boldsymbol{x}_{k+1|k+1} = \boldsymbol{x}_{k+1|k} + \boldsymbol{K}_{k+1}\boldsymbol{v}_{k+1} \tag{3.150}$$

状态协方差更新：

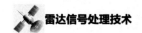

$$P_{k+1|k+1} = P_{k+1|k} - K_{k+1} S_{k+1} K_{k+1}^{\mathrm{T}} \tag{3.151}$$

3.4.3　雷达目标微多普勒特征的应用

近年来，雷达目标微多普勒特征在许多场景中得到了应用，如弹道导弹目标识别[26, 27]、地面车辆识别[28]、人体动作识别[4]、手势识别[29]等。下面简要介绍微多普勒特征在弹道导弹目标识别和人体运动识别中的应用，也是微多普勒的应用中受关注最多的两个方面。

1. 弹道导弹目标识别

卫星、弹道导弹、空间碎片等空间目标是典型的刚体目标。目前，微多普勒理论应用最为深入的是中段弹头目标识别。弹道导弹飞行过程一般分为助推段、中段和再入段，其中，中段飞行时间一般占整个飞行时间的 70%以上，且识别跟踪难度最大，因此，中段目标识别成为当前的研究热点。弹头在与推进器分离后，除了沿预定轨道运动，还需要通过自旋保持姿态稳定，同时，分离时产生的横向作用力也会引起目标在自旋的同时进行锥旋，产生进动、章动等运动状态。由于运动状态不同，弹头目标的微动特征和碎片、诱饵等非受控目标的微动特征存在明显的差异。其次，由于弹头质量较大，其自旋频率通常为 2Hz 左右；对于质量较小的诱饵，若要保持姿态稳定，其自旋频率通常要达到 8～15Hz，各种诱饵及假弹头的微动特性与真弹头的微动特性存在明显差异，可利用其微多普勒特征的不同来加以分类识别。

早在 1990 年 3 月 29 日和 10 月 20 日，美国就进行了两次被称为 Firefly[27]的试验，验证利用微动特征进行弹道导弹中段真假目标识别的可行性，如图 3.32 所示为美国 Firefly 试验示意图。在试验中，把诱饵装在存储罐中，自旋弹出后膨胀成 2m 大小的锥体气球，可控锥体气球模拟了几种不同的进动过程，利用 Filepond 激光雷达进行了观测，成功观测到了 700km 以外的诱饵运动过程，并估计出了目标运动参数。美国海军导弹防御委员会于 2001 年对海基雷达用于弹道导弹防御进行了论证，并指出，对导弹防御雷达系统来说，微动特征是高威胁度目标所蕴含的特征，这些特征使雷达能够将弹头从诱饵和碎片中识别出来。据报道，美国导弹防御系统中的地基 X 波段雷达能够精确测量威胁目标的微动特征，作用距离达到 2000km 以上，距离分辨率达到 15cm，因此，弹道导弹目标的雷达微动特征提取为弹道导弹目标识别提供了一种非常具有潜力的技术手段。

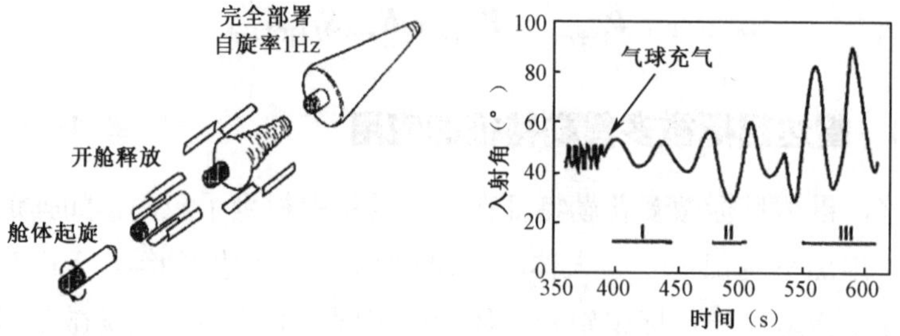

图 3.32　美国 Firefly 试验示意图

2. 人体运动识别

人体步行姿态特征识别是微多普勒效应的一个重要应用方向。与光学和红外设备相比，雷达具有全天候、全天时、穿透性强的优点，基于雷达微多普勒信号的人体步态识别在国土边境监测及城市巷战中具有重要意义。人体微动特征研究主要集中在两个方面：人体微多普勒信号建模和基于雷达观测的人体微动识别。目前，已有许多研究机构参与到该项研究工作中来，并采集了大量实测数据，研究结果表明，利用微多普勒特征有望实现对具有不同步行姿态的人体目标的智能识别。与通常的人造目标的运动相比，人体目标的运动表达式十分复杂。为了实现对人体目标微多普勒信号的建模，一般采取将人体分为头、躯干、手大臂（左/右）、手小臂（左/右）、大腿（左/右）、小腿（左/右）和脚（左/右）等许多部分，根据人体各部分运动状态近似对各部分的运动进行建模来分析微多普勒特征。在对人体运动进行精细分解的基础上，再分析躯体不同部位的运动引起的微多普勒特征，为人体目标智能识别提供依据。如图 3.33 所示为不同运动人体的微多普勒谱图，显示了人体走、跑和爬行时的微多普勒分析结果，从图中可以看出人体在做不同的运动时，微多普勒有显著差异，可作为动作识别的特征。

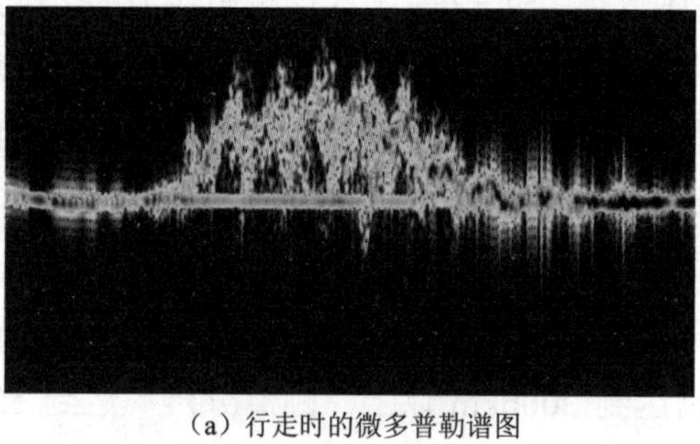

（a）行走时的微多普勒谱图

图 3.33　不同运动人体的微多普勒谱图

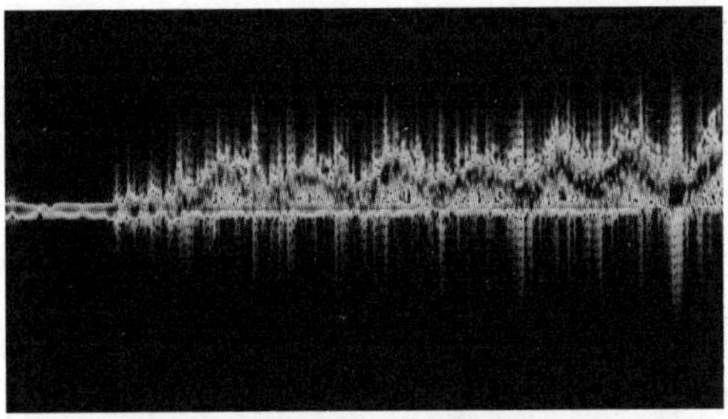

（b）跑步时的微多普勒谱图

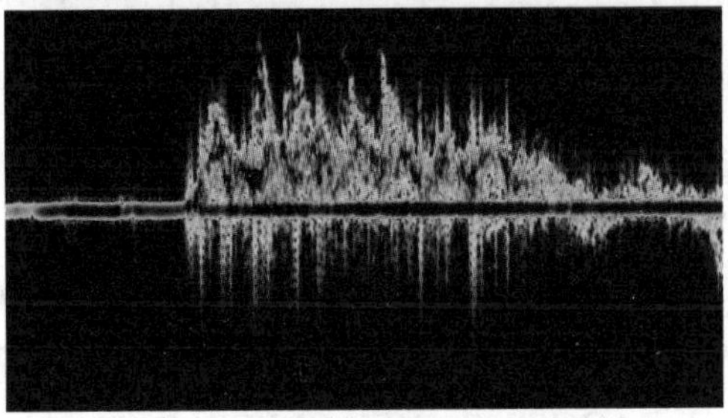

（c）爬行时的微多普勒谱图

图 3.33 不同运动人体的微多普勒谱图（续）

3.5 本章小结

本章介绍了常用的雷达信号形式，主要包括单频脉冲、线性调频脉冲、非线性调频脉冲、步进频脉冲，以及二相码和多相码等相位编码信号，并分析了这些信号的模糊函数，最后介绍了雷达信号微多普勒的概念及分析和处理方法。

本章所介绍的雷达信号形式是较为基础和传统的，近年来为应对日益复杂的电磁环境，并尽可能在有限时间频率资源的条件下提高雷达的探测能力，新形式的雷达信号设计受到了广泛关注。研究者提出了大量新的雷达信号形式及优化设计方法，如相参随机捷变频信号、脉内相位-频率随机调制信号、频率分集调制信号、混沌信号等。此外，从功能上来看，研究者还提出了面向 MIMO 雷达方向图控制的多通道联合优化设计联合相位编码信号、雷达通信一体化信号、雷达干扰一体化信号等。篇幅所限，本章无法对这些不断出现的新形式雷达信号一一展开介绍，从事这方面研究的读者可以参考相关的文献。

本章参考文献

[1] 林茂庸，柯有安. 雷达信号理论[M]. 北京：国防工业出版社，1984.

[2] COOK C E, BORNFELD M. Radar Signal-An Introduction to Theory and

Application[M]. New York: Academic Press, 1967.

[3] SKOLNIK M I. Radar Handbook[M]. New York: McGraw-Hill Publishing House, 1990.

[4] Storer J E .Optimum finite code groups[J].Proc Ire, 1958, 46.

[5] TURYN, R. On Barker codes of even length[J]. Proceedings of the IEEE, 1963, 51.9: 1256-1256.

[6] HOLLIS, Ernest E. Comparison of combined Barker codes for coded radar use[J]. IEEE Transactions on Aerospace and Electronic Systems, 1967, 1: 141-143.

[7] HUFFMAN D A. The Synthesis of Linear Sequential Coding Networks[M]. London: Symposium on Information Theory, 1955.

[8] HEIMILLER, R. Phase shift pulse codes with good periodic correlation properties[J]. IRE Transactions on Information Theory, 1961, 7.4: 254-257.

[9] FRANK, Raphael; ZADOFF, S.; HEIMILLER, R. Phase shift pulse codes with good periodic correlation properties [J]. IRE Transactions on Information Theory, 1962, 8.6: 381-382.

[10] Frank, R. (1963). Polyphase codes with good nonperiodic correlation properties[J]. IEEE Transactions on Information Theory, 9(1), 43-45.

[11] Taylor J W , Blinchikoff H J .Quadriphase code-a radar pulse compression signal with unique characteristics[J].IEEE Transactions on Aerospace & Electronic Systems, 1988, 24(2):156-170.

[12] CHEN V C. Analysis of radar micro-Doppler with time-frequency transform [C]//Proceedings of the Tenth IEEE Workshop on Statistical Signal and Array Processing (Cat. No. 00TH8496). IEEE, 2000: 463-466.

[13] CHEN V C, LI F, HO S S, et al. Micro-Doppler effect in radar: Phenomenon, model, and simulation study[J]. IEEE Transactions on Aerospace and Electronic Systems, 2006, 42(1): 2-21.

[14] CHEN V C. The micro-Doppler effect in radar[M]. Artech House, 2019.

[15] Chen, Victor C., David Tahmoush, and William J. Miceli. Radar Micro-Doppler Signatures[M]. London, UK: Institution of Engineering and Technology, 2014.

[16] 张贤达，保铮. 非平稳信号分析与处理[M]. 北京：国防工业出版社，1998.

[17] HLAWATSCH F, FRANÇOIS A. Time-frequency analysis[M]. John Wiley & Sons, 2013.

[18] JI S, XUE Y, CARIN L. Bayesian compressive sensing[J]. IEEE Transactions on

Signal Processing, 2008, 56(6): 2346-2356.

[19] GLENTIS G O, JAKOBSSON A. Efficient implementation of iterative adaptive approach spectral estimation techniques[J]. IEEE Transactions on Signal Processing, 2011, 59(9): 4154-4167.

[20] DU L, LI J, STOICA P, et al. Doppler spectrogram analysis of human gait via iterative adaptive approach[J]. Electronics Letters, 2009, 45(3): 186-188.

[21] JONES D L, BARANIUK R G. An adaptive optimal-kernel time-frequency representation[J]. IEEE Transactions on Signal Processing, 1995, 43(10): 2361-2371.

[22] SU N, DAI F, LIU H, et al. Micro-Doppler frequency estimation and association via the inverse free complex SBL TVAR method[J]. IET Radar, Sonar & Navigation, 2021, 15(10): 1247-1265.

[23] STANKOVIC L, DAKOVIC M, THAYAPARAN T, et al. Inverse radon transform-based micro-Doppler analysis from a reduced set of observations[J]. IEEE Transactions on Aerospace and Electronic Systems, 2015, 51(2): 1155-1169.

[24] CHANGYU S, LAN D, XUN H, et al. Multiple target tracking based separation of Micro-Doppler signals from coning target[C]//2014 IEEE Radar Conference. IEEE, 2014: 0130-0133.

[25] GULDOGAN M B, GuSTAFSSON F, ORGUNER U, et al. Human gait parameter estimation based on micro-doppler signatures using particle filters[C]// 2011 IEEE International Conference on accoustic, Speech and Signal Processing (ICASSP), IEEE, 2011: 5940-5943.

[26] GAO H, XIE L, WEN S, et al. Micro-Doppler signature extraction from ballistic target with micro motions[J]. IEEE Transactions on Aerospace and Electronic Systems, 2010, 46(4): 1969-1982.

[27] SCHULTZ, KENNETH, et al. Range Doppler laser radar for midcourse discrimination-The Fireflyexperiments[C]. Annual Interceptor Technology Conference. 1993.

[28] LI Y, DU L, LIU H. Hierarchical classification of moving vehicles based on empirical mode decomposition of micro-Doppler signatures[J]. IEEE Transactions on Geoscience and Remote Sensing, 2012, 51(5): 3001-3013.

[29] LI G, ZHANG R, RITCHIE M, et al. Sparsity-driven micro-Doppler feature extraction for dynamic hand gesture recognition[J]. IEEE Transactions on Aerospace and Electronic Systems, 2017, 54(2): 655-665.

第 4 章 雷达脉冲压缩

4.1　脉冲压缩原理

雷达测距是通过测量目标回波的延迟时间来实现的，因此，雷达对目标的距离分辨能力与回波脉冲的宽度有关。脉冲宽度越窄，距离分辨能力越强。但是，发射脉冲越窄，雷达发射平均功率越低，雷达的作用距离受到的直接影响越大。现代雷达大都发射大时宽和大带宽的信号来兼顾作用距离和分辨能力。大时宽信号有利于提高雷达发射的平均功率，大带宽信号在接收时通过脉冲压缩可成为窄脉冲，以达到强的距离分辨能力。

从本质上说，雷达距离分辨能力取决于发射信号带宽，脉冲越窄，其带宽越宽，分辨能力越强。虽然大时宽、大带宽信号具有高的距离分辨潜力，但高距离分辨率的实现是在脉冲压缩滤波器之后展现的，如图 4.1 所示。

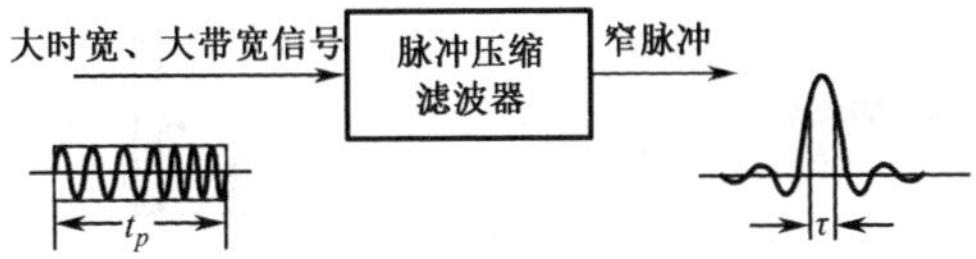

图 4.1　脉冲压缩滤波器

脉冲压缩滤波器的工作原理如图 4.2 所示。图 4.2（a）所示为输入信号的包络，时宽为$t_p = t_2 - t_1$（T 是脉冲宽度。在第三章表示为 tp）。图 4.2（b）所示为输入信号的频谱，它具有正的斜率，带宽$B = f_2 - f_1$。脉冲压缩滤波器的延迟时间-频率特性如图 4.2（c）所示，它具有负斜率的延迟特性，对于f_1具有大的延迟时间t_{D_1}，对于f_2具有小的延迟时间t_{D_2}。这样输入脉冲起始的低频分量将受到大的延迟，输入脉冲后面的高频分量受到小的延迟，中间的频率分量按比例延迟，延迟的结果是实现了对脉冲的时间压缩，在某个时刻t_{d0}会在滤波器的输出端形成一个比输入脉冲窄得多的输出脉冲，脉冲时宽（简称脉宽）为τ，如图 4.2（d）所示。

通过脉冲压缩滤波器后，脉冲时宽被压缩的倍数称为脉压比，可表示为

$$D = t_p / \tau \tag{4.1}$$

式中，t_p为输入大时宽信号的时宽；τ为输出窄脉冲的时宽。

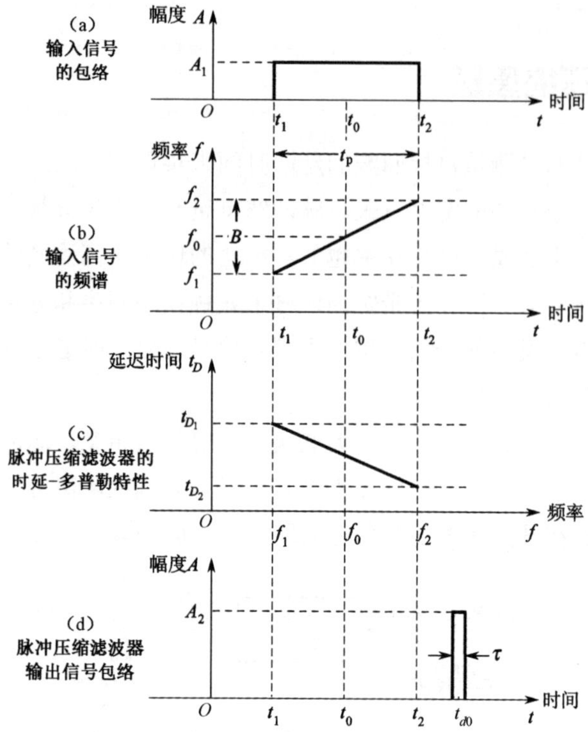

图 4.2　脉冲压缩滤波器的工作原理

4.2　脉冲压缩基本方法

脉冲压缩是大时宽带宽积信号通过一个脉冲压缩滤波器实现的，这时雷达发射信号是载频按一定规律变化的宽脉冲，即具有非线性相位谱的宽脉冲。脉冲压缩滤波器具有与发射信号变化规律相反的时延-多普勒特性，即脉冲压缩滤波器的相频特性应该与发射信号实现相位共轭匹配，因此，理想的脉冲压缩滤波器就是匹配滤波器。实现脉冲压缩可以在时域进行，也可以在频域进行。

4.2.1　时域脉冲压缩方法

假设需要脉冲压缩的信号是一个大时宽带宽的信号 $s_{\mathrm{i}}(t)$，脉冲压缩滤波器的冲激响应为

$$h(t) = Ks_{\mathrm{i}}^{*}(t_d - t) \tag{4.2}$$

式中，t_d 为脉压滤波器的延迟时间；K 为增益常数。这时，脉冲压缩滤波器的输出 $s_{\mathrm{o}}(t)$ 为输入信号 $s_{\mathrm{i}}(t)$ 与滤波器脉冲响应 $h(t)$ 的卷积，可表示为

$$s_{\mathrm{o}}(t) = s_{\mathrm{i}}(t) * h(t) \tag{4.3}$$

通常，脉冲压缩用数字滤波器来实现，这时输入信号 $s_{\mathrm{i}}(t)$ 需要通过 A/D 转换器转换为数字信号 $s_{\mathrm{i}}(n)$，假设被压缩信号的脉宽 t_p 内共有 N 个采样，即 $n=0,1,2,\cdots,N-1$，则脉冲压缩滤波器的脉冲响应 $h(n)$ 可表示为

$$h(n)=s_{\mathrm{i}}^{*}(N-1-n),\ \ n=0,1,2,\cdots,N-1 \tag{4.4}$$

根据式（4.3），脉冲压缩滤波器的输出为

$$s_{\mathrm{o}}(n)=\sum_{k=0}^{N-1}s_{\mathrm{i}}(n-k)h(k) \tag{4.5}$$

这时脉冲压缩滤波器就是如图 4.3 所示的有限脉冲响应（FIR）滤波器。它是用 FIR 滤波器实现时域脉冲压缩的。该图中 T_{s} 表示 A/D 取样间隔，它是取样频率 f_{s} 的倒数。被脉冲压缩信号序列 $s_{\mathrm{i}}(n)$ 输入到一个由 $N-1$ 个延迟节构成的抽头延迟线中，每个延迟节的延迟时间均为 T_{s}。当 $s_{\mathrm{i}}(n)$ 的 N 个数据全部进入抽头延迟线时，输出信号 $s_{\mathrm{o}}(n)$ 将达到最大。

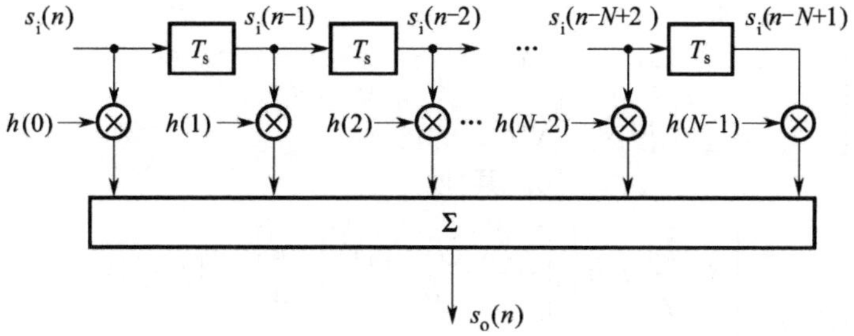

图 4.3　有限脉冲响应（FIR）滤波器

4.2.2　频域脉冲压缩方法

根据数字信号处理理论，式（4.3）中的 $s_{\mathrm{i}}(n)$ 和 $h(n)$ 的卷积也可以利用快速傅里叶变换将它们变换到频域进行。$s_{\mathrm{i}}(n)$ 的离散傅里叶变换（DFT）为其频谱 $S_{\mathrm{i}}(k)$，即

$$S_{\mathrm{i}}(k)=\sum_{k=0}^{N-1}s_{\mathrm{i}}(n)\mathrm{e}^{-\mathrm{j}2\pi nk/N},\ \ k=0,1,2,\cdots,N-1 \tag{4.6}$$

脉冲响应 $h(n)$ 的离散傅里叶变换（DFT）为滤波器传递函数 $H(k)$：

$$H(k)=\sum_{k=0}^{N-1}h(n)\mathrm{e}^{-\mathrm{j}2\pi nk/N},\ \ k=0,1,2,\cdots,N-1 \tag{4.7}$$

这时，输出信号 $s_{\mathrm{o}}(n)$ 为 $S_{\mathrm{i}}(k)$ 和 $H(k)$ 乘积的逆离散傅里叶变换的结果：

$$s_{\mathrm{o}}(n)=\frac{1}{N}\sum_{k=0}^{N-1}S_{\mathrm{i}}(k)H(k)\mathrm{e}^{\mathrm{j}2\pi nk/N},\ \ n=0,1,2,\cdots,N-1 \tag{4.8}$$

为了减少运算量，上述离散傅里叶变换一般用快速傅里叶变换来执行。频域

脉冲压缩方法可用图 4.4 来表示。

时域处理方法比较直观、简单，当 N 较小时相对运算量也不大，因此，时域处理方法应用较普遍。但是，当 N 很大时，时域卷积的运算量也大，这时适宜采用频域脉冲压缩方法，以减少运算量。

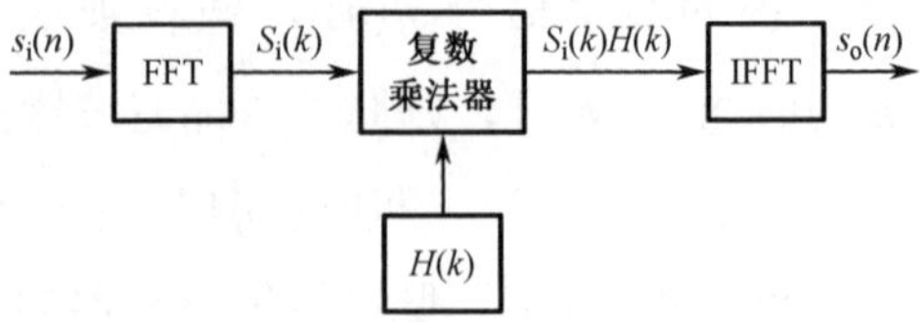

图 4.4　频域脉冲压缩方法

4.2.3　脉冲压缩滤波器及脉冲压缩性能

根据 4.2.2 节的分析，脉冲压缩滤波器是与输入信号匹配的匹配滤波器。下面以线性调频信号为例来分析脉冲压缩滤波器和脉冲压缩性能。

依据式（3.50）和式（3.51），线性调频脉冲信号 $s_i(t)$ 的复包络 $u(t)$ 和频谱 $X_i(f)$ 可分别表示为

$$u(t)=\begin{cases}\dfrac{1}{\sqrt{t_p}}e^{j2\pi\mu t^2}, & 0<t<t_p\\ 0, & 其他\end{cases} \tag{4.9}$$

$$X_i(f)=\begin{cases}A\sqrt{\dfrac{2\pi}{\mu}}\exp\left\{j\left[\dfrac{-2\pi^2(f-f_0)^2}{\mu}\right]+\dfrac{\pi}{4}\right\}, & |f-f_0|\leqslant\dfrac{B}{2}\\ 0, & |f-f_0|>\dfrac{B}{2}\end{cases} \tag{4.10}$$

对于经过雷达接收机的正交相位检波器输出的零中频信号，中频频率 $f_0=0$，所以

$$X_i(f)=\begin{cases}A\sqrt{\dfrac{2\pi}{\mu}}\exp\left\{j\left[\dfrac{-2\pi^2 f^2}{\mu}\right]+\dfrac{\pi}{4}\right\}, & \dfrac{-B}{2}\leqslant f\leqslant\dfrac{B}{2}\\ 0, & 其他\end{cases} \tag{4.11}$$

式中，$\mu=2\pi B/t_p$ 为调频斜率；B 为信号带宽；t_p 为信号时宽。脉冲压缩滤波器的频率特性 $H(f)$ 应为

$$H(f)=K|X_i(f)|e^{-j\phi_i(f)}e^{-j2\pi f t_{d0}} \tag{4.12}$$

式中，$|X_i(f)|$ 和 $\phi_i(f)$ 分别为线性调频信号的幅度谱和相位谱，它们分别为

$$|X_i(f)|=\begin{cases}A\sqrt{\dfrac{2\pi}{\mu}}, & \dfrac{-B}{2}\leqslant f\leqslant\dfrac{B}{2}\\ 0, & 其他\end{cases} \tag{4.13}$$

$$\phi_{\mathrm{i}}(f)=-\frac{-2\pi^2 f^2}{\mu}+\frac{\pi}{4} \tag{4.14}$$

因此，脉冲压缩滤波器的幅频特性$|H(f)|$和相频特性$\phi_{\mathrm{H}}(f)$分别为

$$|H(f)|=K|X_{\mathrm{i}}(f)|=\begin{cases}KA\sqrt{\dfrac{2\pi}{\mu}}, & \dfrac{-B}{2}\leqslant f\leqslant\dfrac{B}{2}\\ 0, & 其他\end{cases} \tag{4.15}$$

$$\phi_{\mathrm{H}}(f)=-\phi_{\mathrm{i}}(f)-2\pi f t_{d0}=\frac{2\pi^2 f^2}{\mu}-\frac{\pi}{4}-2\pi f t_{d0} \tag{4.16}$$

为讨论方便，令$K=\dfrac{\sqrt{\dfrac{\mu}{2\pi}}}{A}$，所以

$$|H(f)|=\begin{cases}1, & \dfrac{-B}{2}\leqslant f\leqslant\dfrac{B}{2}\\ 0, & 其他\end{cases}$$

脉冲压缩滤波器的群延时$t_{\mathrm{d}}(f)$表示压缩滤波器对输入信号各频谱分量的延迟特性，即

$$t_{\mathrm{d}}(f)=-\frac{\mathrm{d}\phi_{\mathrm{H}}(2\pi f)}{\mathrm{d}(2\pi f)} \tag{4.17}$$

根据式（4.16）和式（4.17），可得线性调频信号的群延时特性为

$$t_{\mathrm{d}}(f)=-\frac{2\pi f}{\mu}+t_{d0}=-\frac{f t_{\mathrm{p}}}{B}+t_{d0} \tag{4.18}$$

由式(4.18)可知，脉冲压缩滤波器的延时特性是随频率变化的，这说明脉冲压缩滤波器具有色散特性。脉冲压缩滤波器输出信号的频谱$S_{\mathrm{o}}(f)$为输入信号频谱$S_{\mathrm{i}}(f)$与脉冲压缩滤波器频率特性$H(f)$的乘积，即

$$S_{\mathrm{o}}(f)=S_{\mathrm{i}}(f)H(f)=A\sqrt{\frac{2\pi}{\mu}}\mathrm{e}^{-\mathrm{j}2\pi f t_{d0}} \tag{4.19}$$

因此可得，线性调频信号的脉冲压缩输出信号$s_{\mathrm{o}}(t)$为

$$\begin{aligned}s_{\mathrm{o}}(t)&=\int_{-\infty}^{\infty}S_{\mathrm{o}}(f)\mathrm{e}^{-\mathrm{j}2\pi f t}\mathrm{d}t\\&=\int_{-B/2}^{B/2}A\sqrt{\frac{2\pi}{\mu}}\mathrm{e}^{\mathrm{j}2\pi f(t-t_{d0})}\mathrm{d}f\\&=A\sqrt{Bt_{\mathrm{p}}}\frac{\sin[\pi B(t-t_{d0})]}{\pi B(t-t_{d0})}\\&=A\sqrt{D}\frac{\sin[\pi B(t-t_{d0})]}{\pi B(t-t_{d0})}\end{aligned} \tag{4.20}$$

式中，D 为线性调频信号的时宽带宽积，也称为压缩比，有

$$D = Bt_{\rm p} \tag{4.21}$$

线性调频信号的脉冲压缩输出信号 $s_{\rm o}(t)$ 的波形如图 4.5 所示。

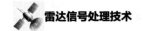

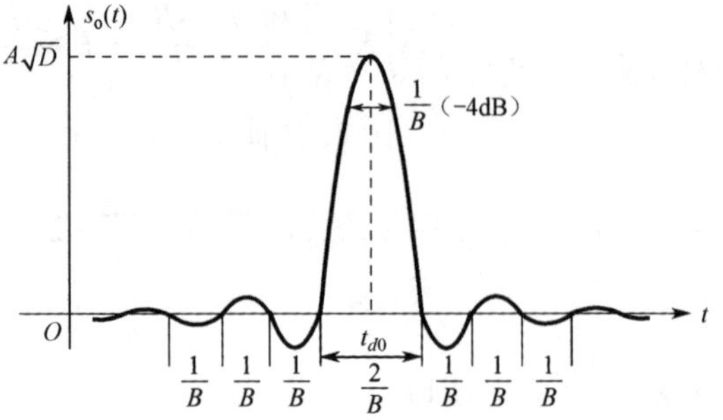

图 4.5　线性调频信号的脉冲压缩输出信号 $s_{\rm o}(t)$ 的波形

由图 4.5 可知，线性调频信号的脉冲压缩输出信号为辛格函数（$\sin x / x$）。由此可得表征脉冲压缩性能的 3 个指标。

1）脉冲压缩输出信号脉冲宽度 τ

辛格函数在峰值以下−4dB 处的脉宽等于信号有效带宽 B 的倒数，因此，线性调频信号输出信号 −4dB 处的脉宽 τ 为

$$\tau = \frac{1}{B} \tag{4.22}$$

根据式（4.21）可得

$$\tau = \frac{1}{B} = \frac{t_{\rm p}}{D} \tag{4.23}$$

由式（4.23）可知，脉冲压缩滤波器输出脉冲信号宽度 τ 与输入信号脉冲宽度 $t_{\rm p}$ 相比被压窄为原来的 $1/D$。

2）脉冲压缩输出脉冲信号峰值功率与输入脉冲信号功率之比 $p_{\rm o} / p_{\rm i}$

输入脉冲信号（矩形脉冲）的幅度为 A，由式（4.20）可知，输出脉冲信号的峰值为 $A\sqrt{D}$，增大了 $\sqrt{D}$ 倍，因此，输出脉冲信号峰值功率比输入信号功率增大了 D 倍。

$$\frac{p_{\rm o}}{p_{\rm i}} = D = Bt_p \tag{4.24}$$

3）脉冲压缩输出信号的主瓣与第一副瓣之比 MSR

由图 4.5 可知，脉压输出信号主瓣两侧存在一系列副瓣，其第一副瓣比主瓣低 13.2dB，其余副瓣依此减小 4dB。定义线性调频信号脉冲压缩输出信号的主副瓣比 MSR 为其主瓣电平 A_0 与第一副瓣电平 A_1 之比。

$$\text{MSR} = 10\lg\left(\frac{A_0}{A_1}\right) = 13.2\text{dB} \tag{4.25}$$

由式（4.25）可知，图 4.5 中线性调频信号经过匹配滤波器直接得到的脉冲压缩输出信号效果并不理想，特别是脉冲压缩输出信号的主副瓣比 MSR 只有 13.2dB，这在许多情况下是不能满足使用要求的。因为大的副瓣（也可称为距离副瓣）会在主瓣周围形成虚假目标，而且大目标的距离副瓣也会掩盖其邻近距离上的小目标，造成小目标丢失，所以，必须研究必要的措施，降低脉冲压缩输出信号的副瓣。常用的降低线性调频信号脉冲压缩输出信号副瓣的方法是加权方法。

4.3　降低副瓣的加权方法

加权方法就是在脉冲压缩滤波器后面级联一个频率响应具有某种锥削函数的副瓣抑制滤波器，如图 4.6 所示。这种锥削函数被称为加权函数，常用的加权函数有余弦函数、汉明（Hamming）函数、泰勒加权函数、切比雪夫加权函数等。

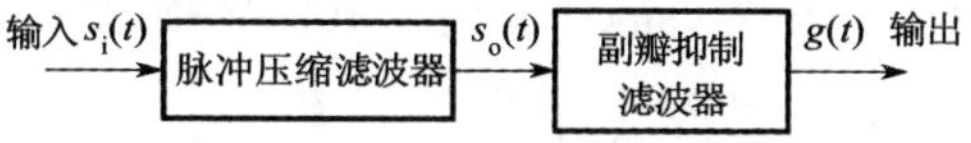

图 4.6　副瓣抑制滤波器

如果脉冲压缩滤波器采用图 4.4 所示的频域脉冲压缩方法，副瓣抑制的脉冲压缩滤波器可以与脉冲压缩滤波器合并进行脉冲压缩处理，如图 4.7 所示。

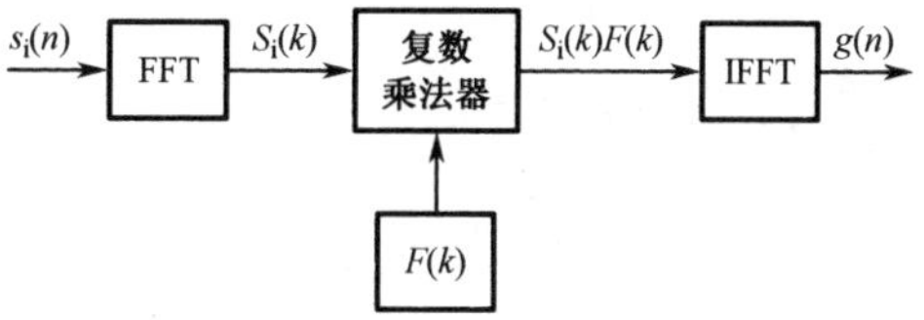

图 4.7　带副瓣抑制的脉冲压缩滤波器

在图 4.7 中，脉冲压缩滤波器频率响应 $F(k)$ 为原脉冲压缩滤波器频率响应 $H(k)$ 与副瓣抑制滤波器频率响应 $W(k)$ 的乘积，即

$$F(k) = H(k)W(k) \tag{4.26}$$

如果脉冲压缩在时域进行，加权滤波器也可以与脉冲压缩滤波器合并进行脉冲压缩处理。这时式（4.5）可表示为

$$g(n) = \sum_{k=0}^{N-1} s_i(n-k)h(k)\omega(k) \tag{4.27}$$

式（4.27）中的 $\omega(k)$ 为时域加权函数，令

$$f(k)=h(k)\omega(k),\quad k=0,1,\cdots,N-1 \tag{4.28}$$

则可得到

$$g(n)=\sum_{k=0}^{N-1}s_{\mathrm{i}}(n-k)f(k) \tag{4.29}$$

式（4.29）表示的具有副瓣抑制的时域脉冲压缩滤波器在形式上与图 4.3 相同，只是脉冲响应由 $[h(0),h(1),\cdots,h(N-1)]$ 改成了 $[f(0),f(1),\cdots,f(N-1)]$。

加权函数种类很多[1]，常用的有汉明加权、余弦平方加权、余弦立方加权、余弦四次方加权等函数，文献[2]用下面的一般形式来代表一些常用的加权函数：

$$W(f)=K+(1-K)\cos^{n}\left(\frac{\pi f}{B}\right) \tag{4.30}$$

式中，B 为线性调频信号的带宽。当 $K=0.08$、$n=2$ 时，$W(f)$ 为汉明加权函数；当 $K=0.333$、$n=2$ 时，$W(f)$ 为 3:1 锥比加权函数；当 $K=0$ 且 $n=2,3,4$ 时，$W(f)$ 分别为余弦平方、余弦立方和余弦四次方加权函数。

下面分析线性调频信号经加权处理后的脉冲压缩性能。假设线性调频信号经匹配滤波器后输出为辛格函数（sinc）信号，其信号频谱为

$$U(f)=\sqrt{\frac{t_{\mathrm{p}}}{B}}\mathrm{rect}\left(\frac{f}{B}\right),\quad -\frac{B}{2}\leqslant f\leqslant\frac{B}{2} \tag{4.31}$$

式中，t_{p} 为信号时宽；B 为信号带宽。此信号再通过一个加权滤波器（副瓣抑制滤波器），加权滤波器的频率响应为

$$\begin{aligned}W(f)&=K(1-K)\cos^{2}\left(\frac{\pi f}{B}\right)=K+(1-K)\left[\frac{\cos(2\pi f/B)+1}{2}\right]\\&=\frac{1+K}{2}+\frac{1-K}{4}\left(\mathrm{e}^{\mathrm{j}2\pi f/B}+\mathrm{e}^{-\mathrm{j}2\pi f/B}\right)\end{aligned} \tag{4.32}$$

所以，经加权滤波器后的脉冲压缩输出信号为

$$\begin{aligned}g(t)&=\sqrt{\frac{t_{\mathrm{p}}}{B}}\int_{-\frac{B}{2}}^{\frac{B}{2}}W(f)\mathrm{e}^{\mathrm{j}2\pi ft}\mathrm{d}f\\&=\sqrt{\frac{t_{\mathrm{p}}}{B}}\int_{-\frac{B}{2}}^{\frac{B}{2}}\left[\frac{1+K}{2}+\frac{1-K}{4}\left(\mathrm{e}^{\mathrm{j}2\pi f/B}+\mathrm{e}^{-\mathrm{j}2\pi f/B}\right)\mathrm{e}^{\mathrm{j}2\pi ft}\mathrm{d}f\right]\end{aligned} \tag{4.33}$$

根据傅里叶变换的线性性质和延迟性质可得

$$g(t)=\sqrt{\frac{t_{\mathrm{p}}}{B}}\left[g_{1}(t)+g_{2}(t)+g_{3}(t)\right] \tag{4.34}$$

式中，

$$g_{1}(t)=\int_{-\frac{B}{2}}^{\frac{B}{2}}\left(\frac{1+K}{2}\right)\mathrm{e}^{\mathrm{j}2\pi ft}\mathrm{d}f=\frac{1+K}{2}B\mathrm{sinc}(Bt) \tag{4.35}$$

$$g_2(t)=\int_{-\frac{B}{2}}^{\frac{B}{2}}\left(\frac{1-K}{4}\mathrm{e}^{\mathrm{j}2\pi f/B}\right)\mathrm{e}^{\mathrm{j}2\pi ft}\mathrm{d}f=\frac{1-K}{4}B\mathrm{sinc}(Bt+1) \tag{4.36}$$

$$g_3(t)=\int_{-\frac{B}{2}}^{\frac{B}{2}}\left(\frac{1-K}{4}\mathrm{e}^{-\mathrm{j}2\pi f/B}\right)\mathrm{e}^{\mathrm{j}2\pi ft}\mathrm{d}f=\frac{1-K}{4}B\mathrm{sinc}(Bt-1) \tag{4.37}$$

$$\mathrm{sinc}(x)=\frac{\sin x}{x} \tag{4.38}$$

经过整理可得

$$g(t)=\sqrt{\frac{t_{\mathrm{p}}}{B}}\frac{1+K}{2}B\left\{\mathrm{sinc}(Bt)+\frac{1-K}{2(1+K)}\left[\mathrm{sinc}(Bt+1)+\mathrm{sinc}(Bt-1)\right]\right\} \tag{4.39}$$

根据式(4.39)可计算得到级联加权滤波器后的脉冲压缩性能指标。脉冲压缩匹配滤波器后级联了加权滤波器，实际上是一种失配处理，在降低副瓣和提高主副瓣比的同时，也会引起信噪比的损失和主瓣展宽的问题。

1. 加权引起的信噪比损失 L_{s}

根据式（4.24），脉冲压缩滤波器输出端的信噪比为

$$(\mathrm{SNR})_{脉冲压缩}=\frac{Bt_{\mathrm{p}}}{N_0 B}=\frac{t_{\mathrm{p}}}{N_0} \tag{4.40}$$

式中，N_0 为脉冲压缩滤波器输入端噪声平均功率。加权滤波器输出信号电压最大值出现在 $t=0$ 的时刻，即

$$g_{\max}(t)=g(0)=\sqrt{\frac{t_{\mathrm{p}}}{B}}\int_{-\frac{B}{2}}^{\frac{B}{2}}H(f)\mathrm{d}f \tag{4.41}$$

输出端的噪声平均功率为

$$\sigma^2=N_0\int_{-\frac{B}{2}}^{\frac{B}{2}}W^2(f)\mathrm{d}f \tag{4.42}$$

根据式（4.40）和式（4.41）可得加权滤波器输出端的信噪比为

$$(\mathrm{SNR})_{加权}=\frac{\left[\sqrt{\frac{t_{\mathrm{p}}}{B}}\int_{-\frac{B}{2}}^{\frac{B}{2}}W(f)\mathrm{d}f\right]^2}{N_0\int_{-\frac{B}{2}}^{\frac{B}{2}}W^2(f)\mathrm{d}f} \tag{4.43}$$

因此，加权滤波器引起的信噪比损失为

$$L_{\mathrm{s}}=10\lg\frac{(\mathrm{SNR})_{加权}}{(\mathrm{SNR})_{匹配}}=10\lg\frac{\left[\int_{-\frac{B}{2}}^{\frac{B}{2}}W(f)\mathrm{d}f\right]^2}{B\int_{-\frac{B}{2}}^{\frac{B}{2}}W^2(f)\mathrm{d}f} \tag{4.44}$$

根据式（4.32），有

$$W(f)=\frac{1+K}{2}+\frac{1-K}{2}\cos\left(\frac{2\pi f}{B}\right) \tag{4.45}$$

由式（4.45）可分别计算得到

$$\int_{-\frac{B}{2}}^{\frac{B}{2}} W(f)\mathrm{d}f=\frac{1+K}{2}B \tag{4.46}$$

$$\int_{-\frac{B}{2}}^{\frac{B}{2}} W^2(f)\mathrm{d}f=\frac{B}{8}(3K^2+2K+3) \tag{4.47}$$

将式（4.56）和式（4.47）代入式（4.44），可得

$$L_{\mathrm{s}}=10\lg\frac{2(K^2+2K+1)}{3K^2+2K+3} \tag{4.48}$$

以汉明加权为例，将$K=0.08$代入式（4.48），可计算得到汉明加权引起的信噪比损失为

$$L_{\mathrm{s}}=10\lg\frac{2\times(0.08^2+2\times0.08+1)}{3\times0.08^2+2\times0.08+3}=-1.34\mathrm{dB} \tag{4.49}$$

2. 主副瓣比 MSR

主副瓣比 MSR 定义为信号主瓣电平与最大副瓣电平之比。下面也以汉明加权为例，当$K=0.08$时，根据式（4.39），当$t=0$时，$g(t)$达到最大，即

$$g(0)=\sqrt{\frac{t_{\mathrm{p}}}{B}}\frac{1+K}{2}B=0.54\sqrt{B\tau} \tag{4.50}$$

如果依次令$t=m/B$，可绘出$g(t=m/B)/g(t=0)$与$t=m/B$的关系曲线，如图 4.8 所示。

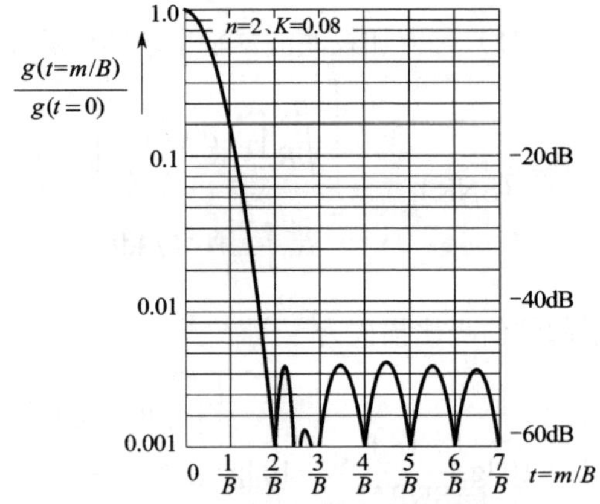

图 4.8　加权滤波器输出信号的副瓣结构

由图 4.8 可知，最大副瓣出现在 $t=4.5/B$ 处，根据式（4.39）可计算得到

$$\begin{aligned}\text{MSR}&=20\lg\frac{g(t=0)}{g\left(t=\dfrac{4.5}{B}\right)}\\&=20\lg\left\{\frac{1}{\pi}\left[\frac{2}{9}+\frac{1-K}{2(1+K)}\left(-\frac{2}{11}-\frac{2}{7}\right)\right]\right\}^{-1}\\&=20\lg(7.349\times10^{3})\\&=42.56\text{dB}\end{aligned}\tag{4.51}$$

3. -3dB 处的主瓣宽度展宽系数 α

展宽系数定义为加权滤波器输出端信号-3dB 处主瓣宽度 t_2 与加权滤波器输入端信号-3dB 处主瓣宽度 t_1 之比。

加权滤波前（即匹配滤波器输出）信号波形为 sinc 波形，即

$$t_1=0.443/B\tag{4.52}$$

加权滤波器输出端波形表达式 $g(t)$ 见式（4.39），汉明加权时，由 $K=0.08$ 可求得

$$t_2=0.6512/B\tag{4.53}$$

因此，通过计算得到汉明加权时，-3dB 处的主瓣宽度展宽系数为

$$\alpha=\frac{t_2}{t_1}=1.47\tag{4.54}$$

采用上述方法可以分别计算得到采用不同加权函数情况下的性能，如表 4.1 所示。

表 4.1　几种加权函数性能比较

加权函数	表达式	主副瓣比（dB）	信噪比损失（dB）	-3dB 处主瓣宽度展宽系数	副瓣衰减速率 dB/倍频程
矩形函数	$\text{rect}\left(\dfrac{f}{B}\right)$	13.26	0	1.00	4
泰勒加权	$1+2\sum_{m=1}^{\bar{n}-1}F_m\cos\left(\dfrac{2\pi mf}{B}\right)$，$\bar{n}=8$ （F_m 的计算见注 1）	40	1.14	1.41	6
汉明加权	$0.08+0.92\cos^2\left(\dfrac{\pi f}{B}\right)$	42.56	1.34	1.47	6
3：1 锥比加权	$0.33+0.67\cos^2\left(\dfrac{\pi f}{B}\right)$	26.7	0.52	1.21	6
两个汉明加权串联	$\left[0.08+0.92\cos^2\left(\dfrac{\pi f}{B}\right)\right]^2$	46	2.5	2.036	18

续表

加权函数	表达式	主副瓣比（dB）	信噪比损失（dB）	-3dB 处主瓣宽度展宽系数	副瓣衰减速率 dB/倍频程
两个 3∶1 锥比加权串联	$\left[0.33+0.67\cos^2\left(\frac{\pi f}{B}\right)\right]^2$	32.8	1.46	1.45	6
汉明加权与 3∶1 锥比加权串联	$\left[0.08+0.92\cos^2\left(\frac{\pi f}{B}\right)\right]\left[0.33+0.67\cos^2\left(\frac{\pi f}{B}\right)\right]$	47.3	2.12	2.1	6
余弦加权	$\cos\left(\frac{\pi f}{B}\right)$	23.6	1.0	1.56	12
余弦平方加权	$\cos^2\left(\frac{\pi f}{B}\right)$	31.7	1.76	1.62	18
余弦立方加权	$\cos^3\left(\frac{\pi f}{B}\right)$	39	2.38	1.87	24
余弦四次方加权	$\cos^4\left(\frac{\pi f}{B}\right)$	47	2.88	2.20	30

注 1： F_m 的计算方法为

$$\begin{cases} F_m = F_{-m} = \dfrac{0.5(-1)^{m+1}}{\prod\limits_{\substack{n=1\\(n\neq m)}}^{\bar{n}-1}(1-m^2/n^2)}\prod\limits_{n=1}^{\bar{n}-1}\left[1-\dfrac{\sigma^2 m^2}{A^2+(n-1/2)^2}\right], & 0<m<\bar{n} \\ F_m = 0, & |m|\geqslant \bar{n} \end{cases}$$

$$\sigma^2 = \frac{\pi^2}{A^2+(\pi-1/2)^2}$$

式中，A 取决于旁瓣电平 η，$\eta=(\cosh \pi A)^{-1}$。

加权方法在降低线性调频信号脉冲、压缩输出信号副瓣、提高主副瓣比的同时，也带来了信噪比损失和主瓣宽度展宽的问题，信噪比损失会缩短雷达最大作用距离，主瓣宽度展宽会降低雷达距离分辨能力。一种改进的方法是采用非线性调频信号，这相当于在发射端对信号进行加权，改变了调频规律，而发射信号幅度没有加权，因此，可以降低副瓣电平，同时使主瓣宽度也有展宽，但不会带来附加的信噪比损失。

4.4 相位编码信号脉冲压缩的副瓣抑制

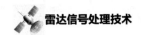

当二相码的周期自相关函数都较理想时，得到的主瓣高度等于码长 N。二相码的非周期自相关函数，也是必须关注的。例如，巴克码是一种最优二相码，其周期的自相关函数为 N，非周期自相关函数也比较理想，等于0 或 ±1。但是巴克码的码长 N 最大为 13，13 位巴克码脉冲压缩输出信号的主副瓣比最大只能达到 13，这就限制了巴克码的应用。M 序列码、L 序列码周期自相关函数都很理

想，但是其非周期自相关函数并不理想，因此，造成距离副瓣较高。当 N 很大时，M 序列码、L 序列码等二相码信号脉冲压缩输出信号的主副瓣比趋近 $\sqrt{N}$，在许多情况下，这不能满足实际应用需求，因此，需要对相位编码信号的脉冲压缩输出信号进行进一步的副瓣抑制。

参考文献[3-5]给出了各种副瓣抑制滤波器的设计方法，归纳起来可分为时域设计方法和频域设计方法两类。因为滤波器的脉冲响应 $h(t)$ 与滤波器频率特性 $H(f)$ 之间是傅里叶变换对的关系，所以设计一个脉冲响应为 $h(t)$ 的副瓣抑制滤波器使副瓣抑制与设计一个频率特性为 $H(f)$ 的副瓣抑制滤波器使副瓣抑制在本质上是一致的。

因为时域设计方法比较直观一些，容易理解，所以，下面从时域设计方法来讨论二相码副瓣抑制滤波器的设计。以 13 位巴克码为例，它的脉冲压缩输出 $s_{\mathrm{o}}(t)$ 即二相码 $\{C_k\}=[1,1,1,1,1,-1,-1,1,1,-1,1,-1,1]$ 的自相关函数，如图 4.9 所示，主瓣高为 13，底宽为 $2\Delta\tau$，$\Delta\tau$ 为子脉冲宽度。两侧副瓣为 6 个高为 1、底宽 $2\Delta\tau$ 的三角形。

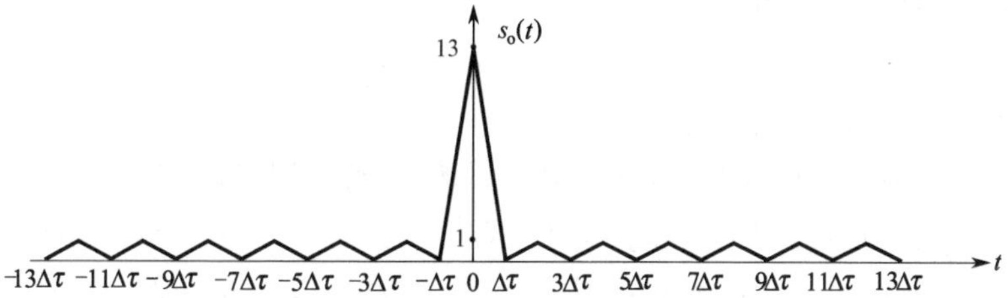

图 4.9　13 位巴克码的自相关函数

为了抑制副瓣，可以采用如图 4.10 所示的巴克码副瓣抑制滤波器，它有 12 个延迟时间为 $2\Delta\tau$ 的延时节及由 13 个权值组成的脉冲响应 $h(t)$。因为如图 4.9 所示的波形是对称的，所以，希望经过副瓣抑制滤波器后，输出波形也对称，则脉冲响应 $h(t)$ 也应对称，即

$$\beta_{-K}=\beta_K,\quad K=1,2,\cdots,6 \tag{4.55}$$

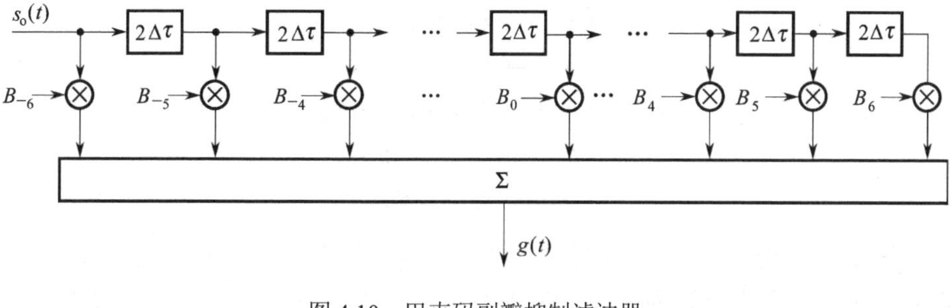

图 4.10　巴克码副瓣抑制滤波器

由图 4.10 可得

$$g(t)=\int_{-\infty}^{\infty}s_{\mathrm{o}}(t-y)h(y)\mathrm{d}y \tag{4.56}$$

而滤波器脉冲响应 $h(t)$ 可写成如下形式：

$$h(t)=\sum_{K=-(N-1)/2}^{(N-1)/2}\beta_K\delta(t-K2\Delta\tau) \tag{4.57}$$

因为 $N=13$，而

$$\delta(t-K2\Delta\tau)=\begin{cases}1, & t=K2\Delta\tau\\ 0, & \text{其他}\end{cases} \tag{4.58}$$

所以，可得

$$\begin{aligned}g(t)&=\sum_{K=-6}^{6}\beta_K\int_{-\infty}^{\infty}s_{\mathrm{o}}(t-y)\delta(t-K2\Delta\tau)\mathrm{d}y\\&=\sum_{K=-6}^{6}\beta_K s_{\mathrm{o}}(t-K2\Delta\tau)\end{aligned} \tag{4.59}$$

如果要求副瓣抑制滤波器输出信号高度不变，仍为 13，而副瓣在 $-12\Delta\tau<t<12\Delta\tau$ 内为 0，同时令

$$t=K'2\Delta\tau,\quad K'=1,2,\cdots,6 \tag{4.60}$$

则由式（4.59）可得下列方程组：

$$\begin{cases}13\beta_0+2\beta_1+2\beta_2+2\beta_3+2\beta_4+2\beta_5+2\beta_6=13, & K'=0,t=0\\ \beta_0+14\beta_1+2\beta_2+2\beta_3+2\beta_4+2\beta_5+2\beta_6=0, & K'=1,t=2\Delta\tau\\ \beta_0+2\beta_1+14\beta_2+2\beta_3+2\beta_4+2\beta_5+2\beta_6=0, & K'=2,t=4\Delta\tau\\ \beta_0+2\beta_1+2\beta_2+14\beta_3+2\beta_4+2\beta_5+2\beta_6=0, & K'=3,t=6\Delta\tau\\ \beta_0+2\beta_1+2\beta_2+2\beta_3+14\beta_4+2\beta_5+2\beta_6=0, & K'=4,t=8\Delta\tau\\ \beta_0+2\beta_1+2\beta_2+2\beta_3+2\beta_4+14\beta_5+2\beta_6=0, & K'=5,t=10\Delta\tau\\ \beta_0+2\beta_1+2\beta_2+2\beta_3+2\beta_4+2\beta_5+14\beta_6=0, & K'=6,t=12\Delta\tau\end{cases} \tag{4.61}$$

求解联立方程组式（4.61）可得副瓣抑制滤波器脉冲响应函数 $h(t)$ 的权值为

$$\begin{cases}\beta_0=1.047722182\\ \beta_1=-0.0407328662\\ \beta_2=-0.0455717223\\ \beta_3=-0.0500941064\\ \beta_4=-0.0542686157\\ \beta_5=-0.0580662589\\ \beta_6=-0.0614606642\end{cases} \tag{4.62}$$

13 位巴克码的脉压输出信号经过这样的副瓣抑制滤波器后，在 $-12\Delta\tau\leqslant t\leqslant 12\Delta\tau$ 内输出信号副瓣降为 0，如图 4.11 所示。在上述范围以外的其他时间出现

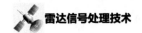

了新的副瓣，主副瓣比由原来的 13（22.3dB）提高到 42（32.4dB）左右。

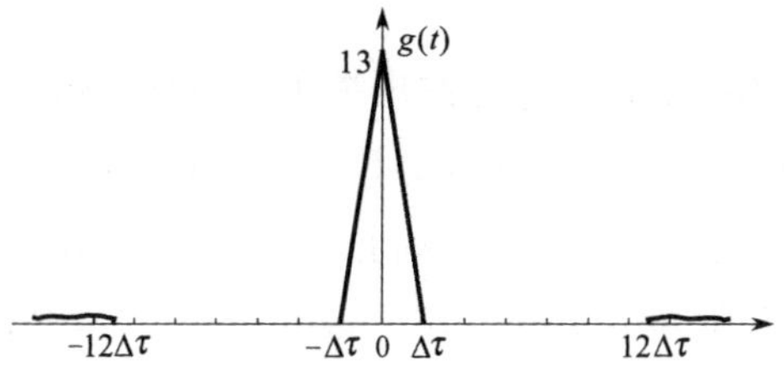

图 4.11　级联副瓣抑制滤波器后 13 位巴克码的脉冲压缩输出

如果希望进一步扩展副瓣抑制范围，可以增加副瓣抑制滤波器的延迟节数和权系数。由于在脉冲压缩匹配滤波器后级联了副瓣抑制滤波器，因此，合起来的处理系统是一个失配系统，也带来了一定的信噪比损失，据分析，采用如式（4.62）所示的一组加权系统，信噪比损失约为 0.25dB。

4.5　超宽带信号的脉冲压缩

4.5.1　超宽带信号

美国国防部早期将超宽带信号（UWB）定义为在发射信号衰减 20dB 处绝对带宽大于 1.5GHz 或相对带宽（绝对带宽与中心频率之比）大于 25%的信号[6,7]。随着高速 D/A、A/D 转换器件及射频放大器等器件性能的提升，超宽带雷达信号的带宽现在已经可以达到 4GHz，甚至更宽。超宽带雷达信号有很多种，表现形式各不相同，按照增加信号带宽的不同方式，可以分为两类。第一类是扩频调制信号，在不减小信号脉冲宽度的条件下增加信号的带宽，这就需要在脉冲内对信号进行调制，这种信号具有大的时宽带宽积。常用的调制信号包括线性调频信号、频率步进信号、非线性调频信号、二相或四相编码等[8]，近年来又出现了正交频分复用[9]、连续相位编码[10]、频率和相位混合编码[1]等新的超宽带雷达信号的形式。第二类是窄脉冲超宽带信号，这种波形由于携带的能量有限，因此，主要应用在穿墙、探地等近程探测雷达中[11]。本节主要讨论针对扩频调制宽带信号的脉冲压缩方法。

4.5.2　超宽带信号的脉冲压缩方法

如果按照传统的方法实现超宽带雷达信号的脉冲压缩，则需要极高的采样率和极大的计算量，以目前的信号处理器件水平难以实现实时处理，因此，在实践中通常根据多速率信号处理的理论，对超宽带信号进行多通道分时多相采样，而后在每个子带中进行脉冲压缩和相应的处理，最后将各子带的处理结果进行综合得出超宽带信号回波[12]。

基于多速率处理的超宽带信号脉冲压缩主要包括子带分解、子带脉冲压缩及超宽带信号重构等过程。根据诺贝尔恒等变换原理[13]，可以将子带分解前的抗混叠滤波器和子带综合后的镜像频率抑制滤波器分别放在抽取后和内插前进行，从而减少滤波过程的计算量。另外，在子带分解和子带综合时如果采用 DFT 调制滤波器组，还可利用 FFT 进行加速。

基于多速率处理的超宽带雷达信号脉冲压缩的实现框图如图 4.12 所示。其中，分析滤波器组将宽带回波信号分解为多个窄带分量，在各子带进行脉冲压缩之后，综合滤波器组再将各子带分量重组为宽带回波信号。

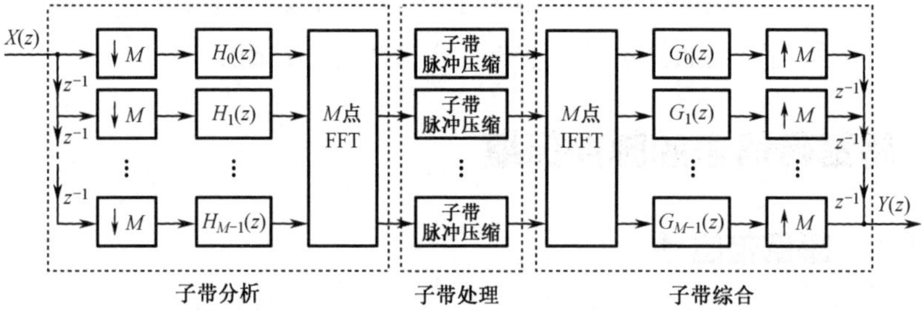

图 4.12　超宽带雷达信号脉冲压缩的实现框图

根据如图4.12所示的流程，详细介绍基于子带处理的目标回波脉冲压缩快速算法，具体步骤如下。

1. 子带分析

设接收到的宽带雷达回波信号是 $x(n)$，其 z 变换为 $X(z)$。回波信号被均匀分解为 M 个子带。在此采用了先抽取后滤波的多相滤波结构。设分析滤波器组的原型低通 FIR 滤波器的单位脉冲响应是 $h(n)$，阶数是 $KM-1$，根据多相滤波的原理，第 m 个子带对应的滤波器的单位脉冲响应为

$$h_m(r) = h(rM+m),\quad r=0,\cdots,K-1,\quad m=0,\cdots,M-1 \tag{4.63}$$

输入信号 $x(n)$，通过抽取被分成了 M 路，其中第 m 路为

$$x_m(r) = x(rM-m),\quad m=0,\cdots,M-1 \tag{4.64}$$

根据图 4.12 中子带分析部分的结构，DFT 调制滤波器组输出的第 l 个（l=0,…, M–1）子带的信号为

$$z_l(r)=\sum_{m=0}^{M-1}\left(\sum_{t=0}^{\infty}h_m(t)x_m(r-t)\right)\mathrm{e}^{-\mathrm{j}\frac{2\pi}{M}ml} \tag{4.65}$$

2. 子带处理

设雷达发射的宽带信号的匹配滤波器的单位脉冲响应为 $p(n)$。对 $p(n)$ 也需要通过与接收回波信号相同的子带分析处理方式将其分解为 M 个窄带匹配滤波器。设第 l 个子带的匹配滤波器的单位脉冲响应为 $p_l(r)$，则第 l 个子带的信号经过匹配滤波器后的输出为

$$s_l(r)=\sum_{t=0}^{\infty}p_l(t)z_l(r-t) \tag{4.66}$$

3. 子带综合

在雷达信号完成子带匹配滤波后，还需要通过综合滤波器组将各子带经过匹配滤波后的窄带信号组合，以得到经过匹配滤波处理后的宽带回波。子带综合仍采用 DFT 调制滤波器组。与子带分析滤波器类似，为了提高处理效率，其也采用了先滤波后内插的多相滤波结构，如图 4.12 中的子带综合部分所示。

子带综合的第一步是对各个子带匹配滤波的输出做逆离散傅里叶变换，结果为

$$u_m(r)=\frac{1}{M}\sum_{l=0}^{M-1}s_l(r)\mathrm{e}^{\mathrm{j}\frac{2\pi}{N}lm} \tag{4.67}$$

设所分析滤波器组的原型低通 FIR 滤波器的单位脉冲响应是 $g(n)$，阶数是 $KM-1$，根据多相滤波的原理，第 m 个支路的滤波器的单位脉冲响应为

$$g_m(r)=g(rM+m),\quad r=0,\cdots,K-1,\quad m=0,\cdots,M-1 \tag{4.68}$$

综合滤波器中第 m 个支路的输出为

$$q_m(r)=\sum_{t=0}^{\infty}g_m(t)s_m(r-t) \tag{4.69}$$

对 $q_m(r)$ 做 M 倍内插，结果为

$$q_m(n)=\begin{cases}q_m(r), & n\text{ 是 }r\text{ 的整数倍}\\ 0, & \text{其他}\end{cases} \tag{4.70}$$

最后将 M 个支路的信号延时相加，得到宽带匹配滤波的输出结果为

$$y(n)=\sum_{m=0}^{M-1}q_m(n-m) \tag{4.71}$$

图 4.13 通过一个仿真示例，给出了一个宽带信号分别采用子带脉冲压缩和直接宽带脉冲压缩方法的结果。本示例中雷达发射带宽为 2GHz 的线性调频信号，

脉冲宽度是 64μs，在脉冲压缩时加了 60dB 的切比雪夫权。采用子带脉冲压缩时宽带信号被 DFT 调制滤波器组均匀地划分在 128 个子带中。

图 4.13（a）和图 4.13（c）中画出了主瓣附近 1000 个距离单元中的匹配滤波输出结果。可以看出，子带脉冲压缩的结果会有一些等间隔分布的残余镜像频率，是子带综合时产生的镜像频率经过滤波器后的剩余。图 4.13（b）和图 4.13（d）中画出了主瓣附近 100 个距离单元中的匹配滤波输出结果，可以看出，在主瓣附近，子带脉冲压缩得到的结果与直接脉冲压缩几乎完全相同。

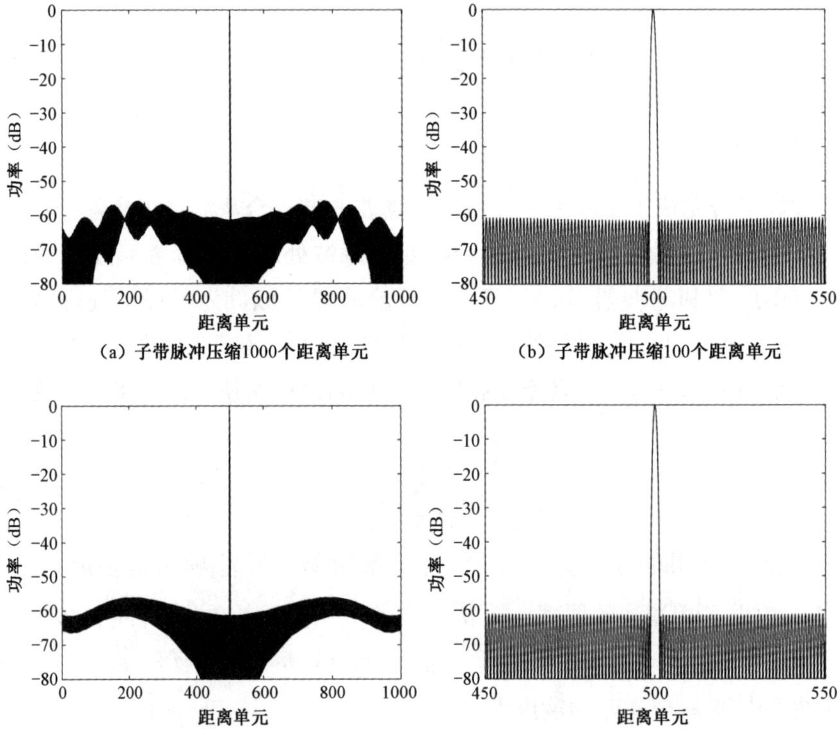

（a）子带脉冲压缩1000个距离单元　（b）子带脉冲压缩100个距离单元

（c）直接脉冲压缩1000个距离单元　（d）直接脉冲压缩100个距离单元

图 4.13　子带脉冲压缩和直接脉冲压缩结果对比

4.6　本章小结

本章介绍了雷达信号脉冲压缩方法，主要包括线性调频信号的时域和频域脉冲压缩方法、通过加权降低距离副瓣的方法，以及相位编码信号的脉冲压缩和通过失配滤波器降低距离副瓣的方法，最后还介绍了基于子带处理的超宽带雷达信号脉冲压缩方法。

随着更多新形式雷达信号的出现和新的探测需求的提出，传统的雷达信号脉冲压缩方法在很多任务中已难以胜任，主要体现在为满足其他探测需求而采取的波形可能无法得到较低的脉冲压缩副瓣。自适应脉冲压缩、稀疏信号恢复等现代信号处理方法为解决这一问题提供了一条新的路径，并已有所应用。这类方法在应用中还存在两个问题尚未得到很好的解决：一是这类方法计算量较大，实时处理对信号处理平台的要求过高；二是这类方法只能适用于探测距离段中只存在稀疏分布的目标或杂波的情况。随着信号处理算法和计算平台的发展，雷达脉冲压缩新方法必将得到更多的应用。

本章参考文献

[1] 林茂庸，柯有安. 雷达信号理论[M]. 北京：国防工业出版社，1984.

[2] COOK C E, BERNFELD M, PAOLILLO J, et al. Matched Filtering, Pulse Compressing and Waveform Design[J]. Microvave Journal, 1984.

[3] Rihaczek A W , Golden R M .Range Sidelobe Suppression for Barker Codes[J].IEEE Transactions on Aerospace and Electronic Systems, 1971, 7(6):1087-1092.

[4] Ackroyd M , Ghani F .Optimum Mismatched Filters for Sidelobe Suppression[J]. Aerospace & Electronic Systems IEEE Transactions on, 1973, 9(2):214-218.

[5] Zoraster S .Minimum Peak Range Sidelobe Filters for Binary Phase-Coded Waveforms[J]. IEEE Transactions on Aerospace and Electronic Systems, 1980, 16(1):112-115.

[6] 龙腾，刘泉华，陈新亮. 宽带雷达[M]. 北京：国防工业出版社，2015.

[7] 王德纯. 宽带相控阵雷达[M]. 北京：国防工业出版社，2010.

[8] NADAV L, Eli M. Radar signal[M]. Hoboken: John Wiley&Sons. Inc, 2004.

[9] HUANG H, WANG W. FDA-OFDM for Integrated Navigation, Sensing, and Communication Systems[J]. IEEE Aerospace and Electronic Systems Magazine, 2018, 33(5-6): 34-42. doi: 10.1109/MAES.2018.170109.

[10] Wicks M C , Mokole E L , Blunt S D ,et al.Principles of Waveform Diversity and Design[M]. 2011.

[11] TAYLOR J D. et al. Ultrawide Band Radar: Applications and Design[M]. CRC Press, 2012.

[12] 戴奉周. 宽带雷达信号处理——检测、杂波抑制与认知跟踪[D]. 西安：西安电子科技大学，2010.

[13] 陶然，张惠云，王越. 多抽样率数字信号处理理论及其应用[M]. 北京：清华大学出版社，2007.

第 5 章
噪声背景下雷达目标检测

在雷达接收的回波信号中，不仅有目标信号，还有噪声和杂波等各种干扰信号，因此，雷达目标信号检测是在有噪声和干扰的条件下进行的。

5.1　信号检测原理

早期的雷达目标信号检测是由雷达操纵员在雷达显示器上用人眼观测完成的，但人工检测方法已无法适应现代雷达的需求，需要使用高效先进的雷达目标信号自动检测技术。

5.1.1　噪声中的信号检测

在噪声中检测雷达目标信号是一个选择-判决的问题。雷达回波信号 $x(t)$ 在任一时刻 t 均有两种可能情况：一种是仅有噪声 $n(t)$（无目标信号）的情况，用假设 H_0 表示；另一种是既有噪声又有目标信号的情况，用假设 H_1 表示。

$$\begin{cases} \text{假设}H_0\text{：} & x(t)=n(t) \\ \text{假设}H_1\text{：} & x(t)=s(t)+n(t) \end{cases} \tag{5.1}$$

因为雷达回波信号中只有假设 H_0（无目标信号）和假设 H_1（有目标信号）两种状态，所以必然有

$$P(H_0)+P(H_1)=1 \tag{5.2}$$

式中，$P(H_0)$ 和 $P(H_1)$ 分别表示假设 H_0 和假设 H_1 的先验概率。这时的检测判决常用贝叶斯准则。

首先定义一个似然比函数 $L(x)$，即

$$L(x)=\frac{P(x/H_1)}{P(x/H_0)} \tag{5.3}$$

式中，$P(x/H_1)$ 和 $P(x/H_0)$ 分别表示假设 H_1 和假设 H_0 时 x 的条件概率密度（也称为似然函数）。

利用似然比函数 $L(x)$，贝叶斯准则检测法则可表示为

$$\begin{cases} L(x)\geqslant U_0, & \text{判决为有信号} \\ L(x)<U_0, & \text{判决为无信号} \end{cases} \tag{5.4}$$

式中，U_0 为判决门限，利用式（5.4）进行检测时的检测结果可能有如下 4 种情况。

（1）假设在 H_1 情况下判为有信号，此时称为正确检测，正确检测的概率称为检测概率，用 $P_{\rm d}$ 表示，$0\leqslant P_{\rm d}\leqslant 1$，$P_{\rm d}$ 越大越好。

（2）假设在 H_1 情况下判为无信号，则称为漏警，漏警概率可用 $P_{\rm m}$ 表示，

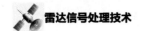

$P_m = 1 - P_d$。

（3）假设在 H_0 情况下判为有信号，此时称为虚警，虚警概率用 P_f 表示，P_f 的值越小越好。

（4）假设在 H_0 情况下判为无信号，这也是正确判断。

5.1.2　白噪声条件下的最优检测

对噪声中的雷达目标信号检测来说，通常要求在一定的虚警概率 P_f 的条件下，目标检测概率 P_d 越大越好，这种检测准则称为聂曼-皮尔逊（Neymum-Person）准则。

假设最优检测的目标函数为错误概率 P_E。错误概率 P_E 定义为虚警概率 P_f 与漏警概率 P_m 的加权和，即

$$P_E = P_f + Y_0 P_m \tag{5.5}$$

式中，Y_0 为拉格朗日乘子，也是待定系数。通过使 P_E 最小，可以求得所需要的似然比门限 Y_0。它可以使得雷达在虚警概率 P_f 不超过规定值的情况下检测概率 P_d 最大或漏警概率 P_m 最小。

如果噪声统计特性服从高斯分布，信号幅度为 a，则可得条件概率 $P(x/H_0)$ 和 $P(x/H_1)$ 分别为

$$P\left(\frac{x}{H_0}\right) = \frac{1}{\sqrt{2\pi\sigma}} e^{-\frac{x^2}{2\sigma^2}} \tag{5.6}$$

$$P\left(\frac{x}{H_1}\right) = \frac{1}{\sqrt{2\pi\sigma}} e^{-\frac{(x-a)^2}{2\sigma^2}} \tag{5.7}$$

可画出条件概率 $P\left(\frac{x}{H_0}\right)$、$P\left(\frac{x}{H_1}\right)$ 和检测门限，如图 5.1 所示。

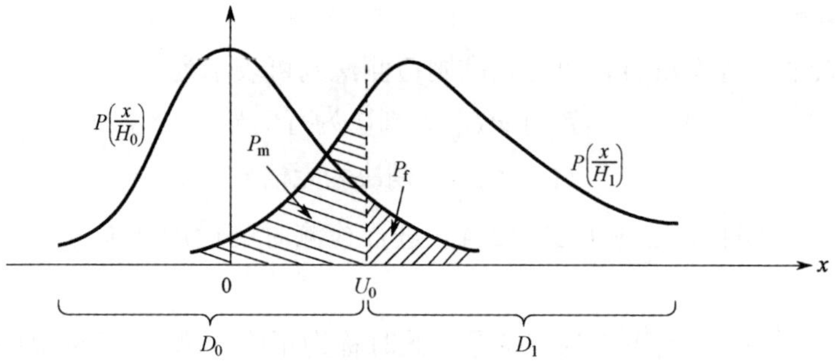

图 5.1　条件概率 $P\left(\frac{x}{H_0}\right)$、$P\left(\frac{x}{H_1}\right)$ 和检测门限

由图 5.1 可知，对于 $P\left(\frac{x}{H_0}\right)$ 而言，超过似然比门限 U_0 的曲线以下区域的面积即虚警概率 P_f，即

$$P_\mathrm{f}=P\left(\frac{D_1}{H_0}\right)=\int_{D_1}P\left(\frac{x}{H_0}\right)\mathrm{d}x \tag{5.8}$$

同理，对于 $P\left(\frac{x}{H_1}\right)$ 而言，低于似然比门限 U_0 的曲线以下区域的面积代表漏警概率 P_m，即

$$p_\mathrm{m}=\int_{D_0}P\left(\frac{x}{H_1}\right)\mathrm{d}x \tag{5.9}$$

所以，检测概率 P_d 应为

$$P_\mathrm{d}=1-P_\mathrm{m}=1-\int_{D_0}P\left(\frac{x}{H_1}\right)\mathrm{d}x \tag{5.10}$$

根据 2.3.5 节所述匹配滤波器的特性，当目标信号处于白噪声中时，使其通过一个与所检测信号相匹配的匹配滤波器，可在匹配滤波器输出端得到最大的信噪比，然后用贝叶斯准则作判决，这样的系统即白噪声中的最优信号检测器，如图 5.2 所示。

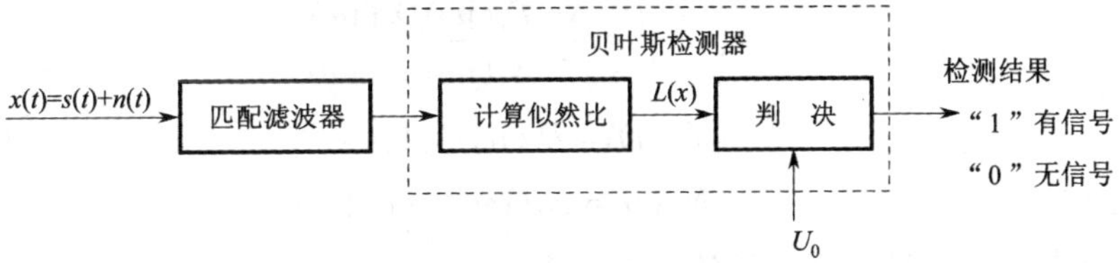

图 5.2　白噪声中的最优信号检测器

根据式（2.126），匹配滤波器的传输函数为

$$H(\omega)=KF^*(\omega)\mathrm{e}^{-\mathrm{j}\omega t_\mathrm{d}} \tag{5.11}$$

式中，K 是一个常数；$F(\omega)$ 是信号 $s(t)$ 的频谱；t_d 是延迟时间。匹配滤波器的输出值在 t_d 时刻信噪比最大。

5.1.3　色噪声条件下的最优检测

在色噪声条件下，只用匹配滤波器实现对信号的匹配达不到最优滤波的目的。应该首先使用白化滤波器，然后用匹配滤波器实现色噪声条件下的最优滤波[1]，最后进行贝叶斯检测，从而构成色噪声条件下的最优信号检测器，如图 5.3 所示。这时的最优滤波器特性为

$$H_{\text{opt}}(\omega)=H_{\text{W}}(\omega)H_{\text{MF}}(\omega) \tag{5.12}$$

式中，$H_{\text{W}}(\omega)$ 和 $H_{\text{MF}}(\omega)$ 分别为白化滤波器特性和匹配滤波器特性。

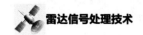

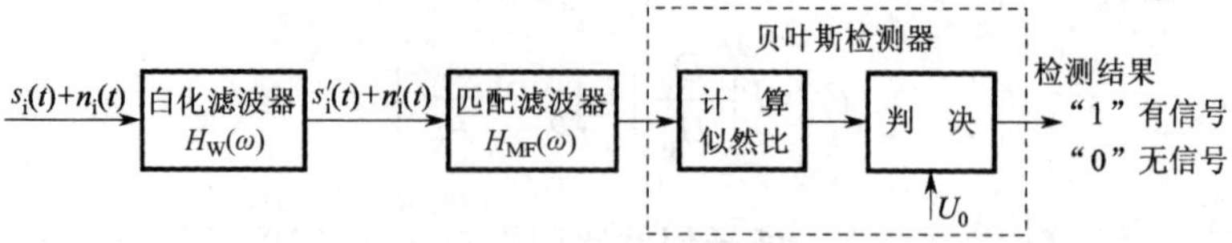

图 5.3　色噪声条件下的最优信号检测器

白化滤波器是一种将色噪声转化为白噪声的滤波器，假设色噪声 $n(t)$ 具有功率谱 $G_{\text{nn}}(\omega)$，则有

$$G_{\text{nn}}(\omega)=\frac{N(\omega)}{D(\omega)} \tag{5.13}$$

白化滤波器的功率传输函数为

$$\left|H_{\text{W}}(\omega)\right|^2=\frac{N_0}{2}\frac{D(\omega)}{N(\omega)} \tag{5.14}$$

所以，白化滤波器的输出 $n_{\text{i}}'(t)$ 是功率谱为 $\frac{N_0}{2}$ 的白噪声。因为 $\left|H_{\text{W}}(\omega)\right|^2$ 是实数，可将其因式分解为复共轭的两部分

$$\left|H_{\text{W}}(\omega)\right|^2=\frac{N_0}{2}\frac{D_1(\text{j}\omega)D_1^*(\text{j}\omega)}{N_1(\text{j}\omega)N_1^*(\text{j}\omega)} \tag{5.15}$$

$$D^2(\omega)=D_1(\text{j}\omega)D_1^*(\text{j}\omega) \tag{5.16}$$

$$N^2(\omega)=N_1(\text{j}\omega)N_1^*(\text{j}\omega) \tag{5.17}$$

所以，白化滤波器的传输函数 $H_{\text{W}}(\omega)$ 可表示为

$$H_{\text{W}}(\omega)=\sqrt{\frac{N_0}{2}}\left[\frac{D_1(\text{j}\omega)}{N_1(\text{j}\omega)}\right] \tag{5.18}$$

图 5.3 中，白化滤波器输出信号 $s_{\text{i}}'(t)$ 的频谱为

$$S_{\text{i}}'(\omega)=H_{\text{W}}(\omega)S_{\text{i}}(\omega)=\sqrt{\frac{N_0}{2}}\frac{D_1(\text{j}\omega)}{N_1(\text{j}\omega)}S_{\text{i}}(\omega) \tag{5.19}$$

所以，图 5.3 中对应于 $S_{\text{i}}'(t)$ 的匹配滤波器的传输函数应为

$$H_{\text{MF}}(\omega)=\sqrt{\frac{2}{N_0}}K\frac{D_1^*(\text{j}\omega)}{N_1^*(\text{j}\omega)}S_{\text{i}}^*(\omega)\text{e}^{-\text{j}\omega t_{\text{d}}} \tag{5.20}$$

将式（5.20）和式（5.18）代入式（5.12），可得组合后的色噪声条件下最优滤波器传输函数为

$$\begin{aligned} H_{\mathrm{opt}}(\omega) &= H_{\mathrm{W}}(\omega) H_{\mathrm{MF}}(\omega) \\ &= K \frac{D^2(\omega)}{N^2(\omega)} S_{\mathrm{i}}^*(\omega) \mathrm{e}^{-\mathrm{j}\omega t_{\mathrm{d}}} \\ &= K \frac{S_{\mathrm{i}}^*(\omega) \mathrm{e}^{-\mathrm{j}\omega t_{\mathrm{d}}}}{G_{\mathrm{nn}}(\omega)} \end{aligned} \tag{5.21}$$

5.1.4　恒虚警检测原理

雷达接收的回波信号中不仅包含目标信号，还包含各种噪声、杂波和干扰。当采用固定的门限进行检测时，如果门限高了，则虚警概率低，可能会发生大量漏警；如果门限低了，检测概率虽将增大，但噪声、杂波和干扰等会引起大量虚警。

在现代雷达信号处理中，为了提高雷达的性能，首先需要提高检测器输入端的信噪比及信干比，其措施是降低接收机的噪声系数，采用各种抑制杂波和抗干扰的措施等。即使采用了上述方法，检测器输入端还会有噪声、杂波和干扰的剩余分量。接收机内部噪声电平因模拟器件的影响而缓慢时变，杂波和干扰剩余也是时变的，且在空间非均匀分布，因此，仍需要采用各种恒虚警方法来保证雷达信号检测具有恒虚警（Constant False Alarm Rate）特性。

恒虚警方法就是采用自适应门限代替固定门限，而且此自适应门限能随着被检测点的背景噪声、杂波和干扰的大小自适应地调整。如果背景噪声、杂波和干扰大，自适应门限就调高；如果背景噪声、杂波和干扰小，自适应门限就调低，以保证虚警概率恒定。基于此，设计雷达恒虚警检测器的关键是获取这种自适应门限的方法。

5.2　恒虚警检测器

在不同噪声、杂波和干扰背景下检测目标信号，应该采用不同的恒虚警检测器，以实现在保证虚警概率恒定的同时得到高的检测概率。

5.2.1　白噪声背景的恒虚警检测器

接收机内部噪声属于高斯白噪声，通过包络检波器后噪声电压服从瑞利分布，其概率密度函数为

$$P(x) = \frac{x}{b^2} \exp\left(-\frac{x^2}{2b^2}\right), \quad x > 0 \tag{5.22}$$

式中，b 是瑞利系数，b 与噪声 x 的均值 μ 成正比，即

$$b=\sqrt{\frac{2}{\pi}}\mu \tag{5.23}$$

由式（5.22）可知，$P(x)$ 是 b 的函数，而由式（5.23）可知，b 又与代表噪声强弱的 μ 有关，因此，如果用固定门限在白噪声背景下进行信号检测，则虚警概率将随着噪声的强弱而变化，如图 5.4 所示。

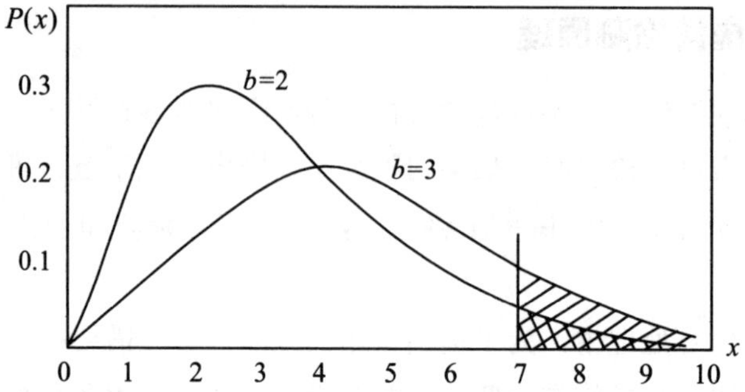

图 5.4　白噪声背景下的固定门限检测

如果用 $y=x/b$ 代替式（5.22）中的 x，即对噪声电压 x 进行归一化处理，则 y 的概率密度函数为

$$P(y)=y\exp\left(-\frac{y^2}{2}\right),\quad y\geqslant 0 \tag{5.24}$$

因为 $P(y)$ 与噪声强度无关，所以，即使采用固定门限在噪声 y 的背景下进行信号检测，虚警概率也不会随着输入噪声的强弱而变化，可以得到恒虚警的效果。根据这样的原理可得如图 5.5 所示的白噪声背景下的恒虚警检测器。

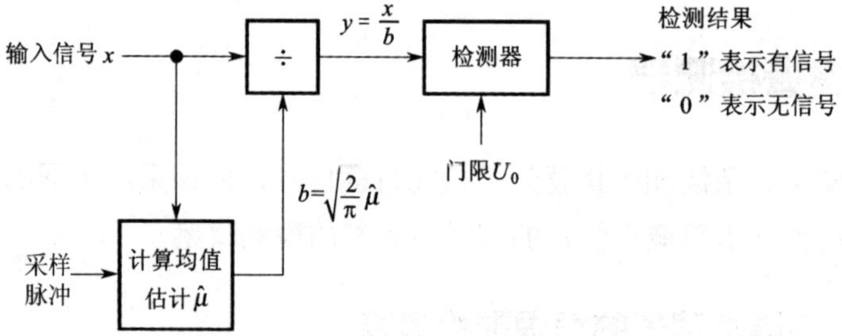

图 5.5　白噪声背景下的恒虚警检测器

在图 5.5 中，采样脉冲应该使计算均值估计 $\hat{\mu}$ 的数据样本来自雷达休止期中的数据，因为这些数据代表噪声，且一般不包含目标信号和杂波。此外，对均值估计 $\hat{\mu}$ 的计算需要大量的噪声数据样本，而单次雷达休止期中的噪声数据样本数

是有限的，因此，常采用多个雷达重复周期的休止期数据样本来计算 $\hat{\mu}$。为了简化计算，相邻重复周期之间的均值估计结果可以再通过一阶递归滤波器来平滑，如图 5.6 所示。

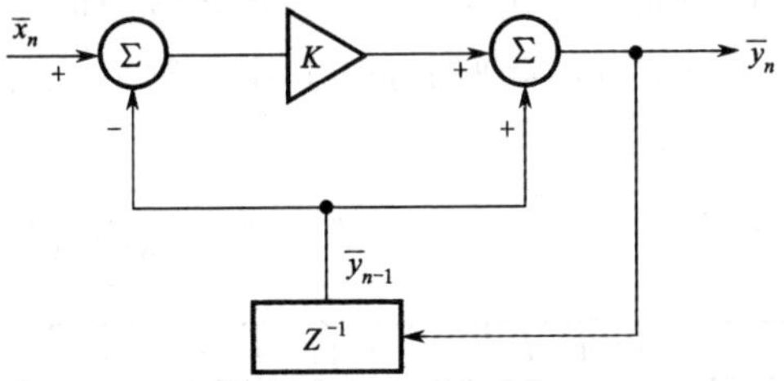

图 5.6　一阶递归滤波器

图 5.6 中，z^{-1} 表示跨发射周期的延迟，$\overline{x}_n$ 代表从第 n 个雷达重复周期的休止期得到的所有样本数据的均值，$\overline{y}_n$ 代表递归滤波后的输出。

$$\begin{aligned}\overline{y}_n &= K(\overline{x}_n - \overline{y}_{n-1}) + \overline{y}_{n-1} \\ &= (1-K)\overline{y}_{n-1} + K\overline{x}_n\end{aligned} \tag{5.25}$$

图 5.5 所示的白噪声背景下的恒虚警检测器是通过计算输入噪声的均值估计 $\hat{\mu}$，然后对输入信号 x 归一化后进行检测的，这时检测门限可采用固定门限。为避免对输入信号 x 的归一化运算，可在计算得到均值估计 $\hat{\mu}$ 以后，使检测门限 U_0 随着 $\hat{\mu}$ 的大小自适应地调整，以得到恒虚警检测效果，如图 5.7 所示。

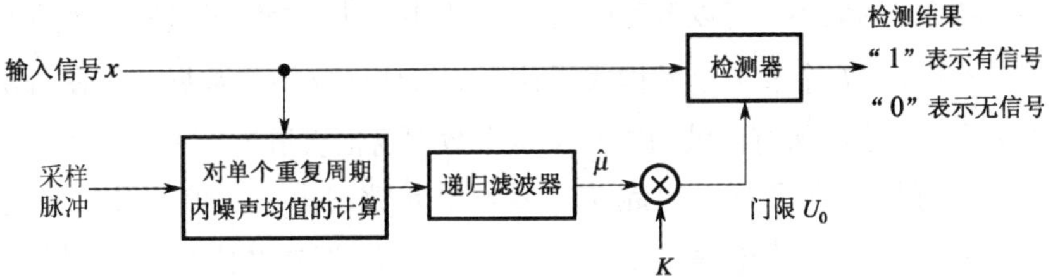

图 5.7　白噪声背景下的自适应门限恒虚警检测器

图 5.7 中，递归滤波器输出的是对输入信号 x 中的噪声均值估计 $\hat{\mu}$，乘以门限乘子 K 以后得到自适应门限 $U_0 = K\hat{\mu}$。门限乘子 K 是一个标量，K 的大小应根据所要求的虚警概率的大小确定。

5.2.2　单元平均恒虚警检测器

地物杂波、海杂波、气象杂波和箔条杂波等都是天线波束照射区内大量散射单元的散射信号叠加而成的，因此，可以认为这些杂波是近似高斯分布的，杂波回波经幅度检波后幅度概率密度函数符合瑞利分布。基于此，5.2.1 节中所述的恒虚警原理也可以应用于这种杂波背景下的恒虚警检测。但是，杂波在空间的分布是非同态的，有些还是时变的，不同区间的杂波强度也有大的区别，因而，杂波背景下的恒虚警检测器与噪声背景下的恒虚警检测器有明显的差别，其杂波的均值只能通过被检测点的邻近单元计算得到，所形成的恒虚警检测器称为邻近单元平均恒虚警检测器，也可直接称为单元平均恒虚警（CA-CFAR）检测器[2]，如图 5.8 所示。

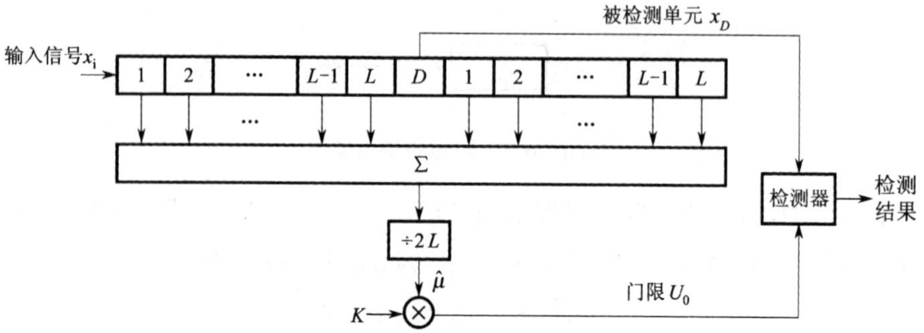

图 5.8　单元平均恒虚警（CA-CFAR）检测器

在图 5.8 中，输入信号 x_i 被送到由 $2L+1$ 个延迟单元构成的延迟线中，D 是被检测单元，D 的两侧各 L 个单元为参考单元。将所有参考单元中的 x 值求和后再除以 $2L$，就可以得到被检测单元处杂波背景的均值估计 $\hat{\mu}$。检测门限 $U_0 = K\hat{\mu}$，调整门限乘子 K 的大小，可以改变门限 U_0 的大小，从而控制了虚警概率的大小。

图 5.8 中，$2L$ 个参考单元构成了计算均值估计 $\hat{\mu}$ 用的数据窗，在每次雷达发射脉冲后，接收的所有回波数据将从这个数据窗依次滑过，由于参考单元数有限，因此均值估计 $\hat{\mu}$ 会有一定起伏。参考单元数越少，均值估计 $\hat{\mu}$ 的起伏越大。为了保持同样的虚警概率，必须适当提高门限（调整 K 值）。但门限的提高将降低检测概率，因此，需要增加信噪比以保持指定的检测概率。这种为了达到指定的恒虚警要求而需要额外增加的信噪比称为恒虚警损失，用 L_{CFAR} 表示。

恒虚警损失 L_{CFAR} 的计算步骤是根据参考单元的数目 M 和指定的虚警概率 P_f，求得检测概率与输入信噪比的关系，就可计算得到恒虚警损失。恒虚警损失不仅与参考单元数有关，还与检测前的脉冲积累数 N 和目标起伏情况有关。表 5.1 列出了高斯杂波背景下目标无起伏、目标起伏为斯韦林情况Ⅰ（Swerling Ⅰ）和斯韦林情况Ⅱ（Swerling Ⅱ）3 种情况下的恒虚警损失 L_{CFAR}。在计算过程中可认为参考单元中不包含目标信号，参考单元中的杂波是独立同分布的[3]。

表 5.1　$P_f = 10^{-6}$ 时，CA-CFAR 检测器的恒虚警损失 L_{CFAR}（单位：dB）

积累脉冲数 N	参考单元数 $2L$	目标无起伏		Swerling Ⅰ		Swerling Ⅱ	
		$P_d = 0.5$	$P_d = 0.9$	$P_d = 0.5$	$P_d = 0.9$	$P_d = 0.5$	$P_d = 0.9$
1	1	—	—	—	—	—	—
	2	—	—	21.1	—	—	—
	3	13.0	15.3	12.9	13.3	—	—
	5	7.2	7.7	7.1	7.3	—	—
	10	3.4	3.5	3.1	3.4	—	—
3	1	15.1	—	15.4	—	15.5	15.9
	2	7.4	7.8	7.3	7.7	7.2	7.5
	3	4.9	5.1	4.7	4.7	4.9	5.1
	5	2.9	3.1	2.8	2.8	2.8	2.9
	10	1.4	1.4	1.4	1.2	1.5	1.4
10	1	5.9	6.3	6.0	6.0	6.1	6.4
	2	3.1	3.3	3.3	3.1	3.4	3.4
	3	2.0	2.2	2.2	2.1	2.3	2.4
	5	1.2	1.3	1.4	1.2	1.4	1.4
	10	0.5	0.7	0.7	0.6	0.7	0.7
30	1	3.5	3.6	3.2	3.7	3.5	3.5
	2	2.0	2.0	1.7	1.9	2.0	1.9
	3	1.3	1.4	1.1	1.4	1.3	1.3
	5	0.8	1.0	0.7	0.8	0.8	0.8
	10	0.4	0.5	0.3	0.4	0.4	0.3
100	1	2.5	2.4	3.4	4.3	2.4	2.5
	2	1.4	1.4	1.4	1.6	1.4	1.5
	3	1.0	1.0	0.9	1.3	0.9	1.0
	5	0.6	0.6	0.7	0.9	0.7	0.7
	10	0.3	0.3	0.3	0.7	0.3	0.3

由表 5.1 可知，参考单元数越多，恒虚警损失就越小；脉冲积累数越多，恒虚警损失也就越小。当脉冲积累数大于 10 以后，只要参考单元数大于 3，恒虚警损失就可以降到 2dB 以下。脉冲积累数受限于雷达波束内可能接收到的回波脉冲数。参考单元数也不能太大，因为杂波在空间分布是非同态的，即使同一种杂波在不同距离和方位上也有所不同，如果参考单元数太大，会使均值估计难以适应杂波在空间的非同态分布变化。

根据地物杂波的空间分布变化，参考单元数一般取 4～16。如果地形复杂，当参考单元数小于 4 时，CA-CFAR 检测器的恒虚警效果就比较差。这时需要采用杂波图恒虚警等措施（见 5.2.6 节）。

气象杂波、海杂波和箔条杂波通常在空间是成片分布的，片内分布比地杂波区要均匀一些，因此，参考单元数可以取得大一些，但一般不超过50。

CA-CFAR 检测器在杂波边缘的检测性能会明显变坏，因而要采取必要的措施，如图5.9所示为一个方波信号输入CA-CFAR检测器的各点波形。

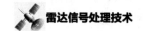

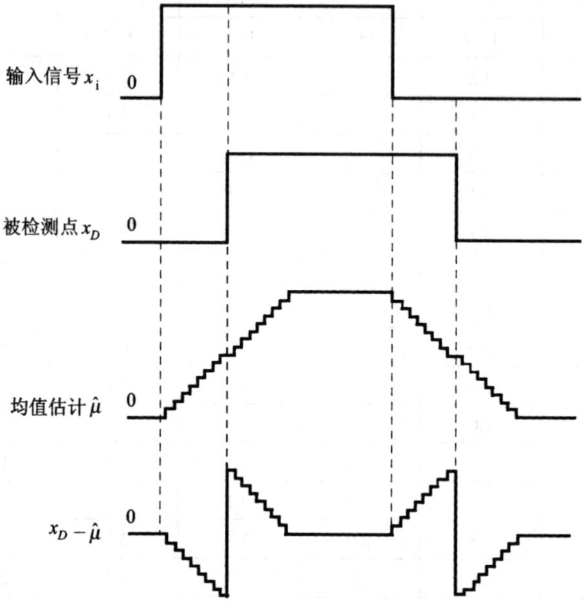

图5.9　方波输入到CA-CFAR检测器的各点波形

由图5.9可知，CA-CFAR检测器在方波的外侧因方波引起的门限升高，检测能力下降；而在方波的内侧，因门限的升高有一个暂态，而出现一个虚警概率较高的区域。改进的方法是采用如图5.10所示的两侧单元平均选大/选小恒虚警检测器。

在图5.10中，当选大/选小开关置于“选大”时，$\hat{\mu}=\max[\hat{\mu}_1,\hat{\mu}_2]$，检测器被称为两侧单元平均选大恒虚警（GO-CFAR）检测器。当选大/选小开关置于“选小”时，$\hat{\mu}=\min[\hat{\mu}_1,\hat{\mu}_2]$，检测器被称为两侧单元平均选小恒虚警（SO-CFAR）检测器。

当一个方波输入如图5.10所示的两侧单元平均选大/选小恒虚警检测器时，检测器各点的波形如图5.11所示。如图5.11（a）所示为两侧选大时的情况，如图5.11（b）所示为两侧选小时的情况。图5.11表明，GO-CFAR检测器可以明显解决方波内侧虚警概率增大的问题，但方波外侧检测性能下降问题仍存在。SO-CFAR检测器可以解决方波外侧检测性能下降问题，但不能解决方波内侧虚警概率增大的问题。

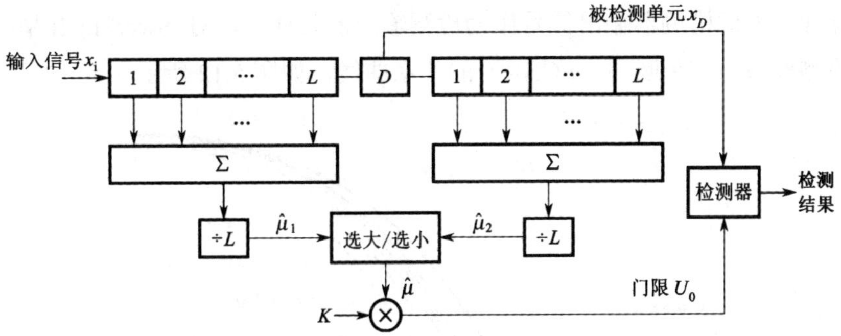

图 5.10　两侧单元平均选大/选小恒虚警检测器

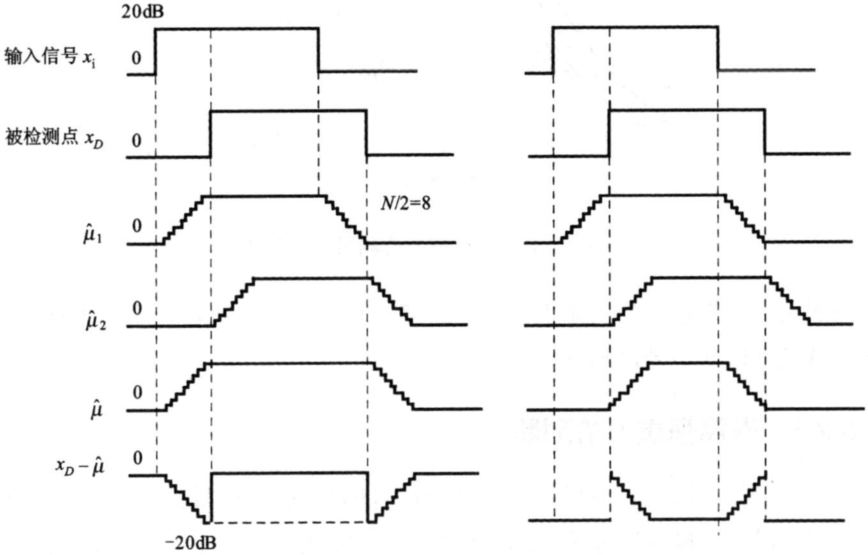

（a）两侧选大时（GO-CFAR）　（b）两侧选小时（SO-CFAR）

图 5.11　方波输入到两侧单元平均选大/选小恒虚警检测器的各点波形

CA-CFAR 检测器和 GO-CFAR 检测器性能也会受到被检测目标信号本身的影响。根据奈奎斯特采样定理，一个目标回波脉冲内一般采样两次，因此，目标信号有可能落入参考单元，从而意外提高门限，降低了检测性能。解决的办法是在恒虚警检测器的被检测单元两侧分别插入 1 个隔离单元，使目标信号本身不参与杂波均值的估计。

CA-CFAR 检测器和 GO-CFAR 检测器性能还可能因为其他目标信号出现在参考单元中而意外抬高了检测门限，降低了检测性能。但 SO-CFAR 检测器不受此类目标信号干扰的影响，因此，具有一定的抗邻近目标干扰的能力。

参考文献[4]给出了 3 种均值类恒虚警检测器，在未知电平的均匀杂波背景中及单脉冲平方律检测器输出信号作为检测输入的条件下，对 Swerling Ⅱ 型起伏目标的检测概率与信杂噪比（SCNR）的关系曲线，如图 5.12 所示。

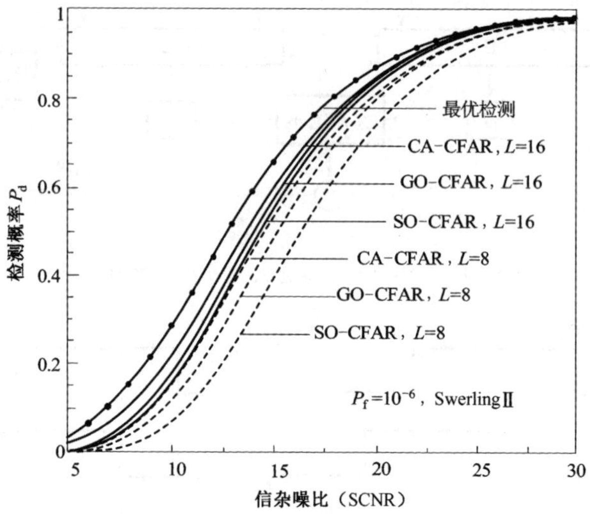

图 5.12　3 类均值恒虚警检测器的检测性能

由图 5.12 可知，在均匀杂波背景中，参考单元数 L 越大，均值类恒虚警检测器性能越接近最优信号检测器。

5.2.3　有序恒虚警检测器

当参考单元中出现其他目标信号（干扰目标）时，将引起恒虚警检测器检测性能的下降。为了提高恒虚警检测器抗其他干扰目标的能力，罗林（Rohling）提出了一种有序统计量恒虚警检测器，简称有序恒虚警（OS-CFAR）检测器[5, 6]，其结构如图 5.13 所示。

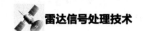

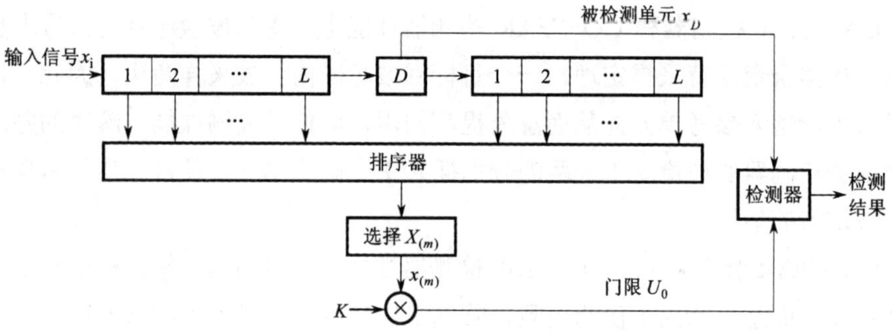

图 5.13　有序恒虚警（OS-CFAR）检测器结构

图 5.13 中的排序器对参考单元内的 $2L$ 个 x 值进行大小排序，假设排序后的数据为

$$x_{(1)} \leqslant x_{(2)} \leqslant \cdots \leqslant x_{(2L)} \tag{5.26}$$

再选择排序后的第 m 个样本 $x_{(m)}$ 作为 $2L$ 个参考单元内杂波电平的一种估计，$x_{(m)}$ 乘以门限乘子 K 作为门限 U_0，即 $U_0 = Kx_{(m)}$。在一般情况下，m 可取为参考单元数 $2L$ 的 3/4，即

$$m = \frac{3}{4} \times 2L = 1.5L \tag{5.27}$$

当有较强的 1 个或多个干扰目标进入 $2L$ 个参考单元时，只会引起 OS-CFAR 检测器中排序结果的变化，对门限的影响较小。在 CA-CFAR 检测器中，当其他干扰目标信号进入 $2L$ 个参考单元时，会造成均值估计 $\hat{\mu}$ 的显著提高，从而使检测单元目标信号检测能力下降，因此，OS-CFAR 检测器比 CA-CFAR 检测器有更好的抗干扰目标的能力。

文献[4]推导了在瑞利杂波条件下，经过平方律检波器以后，x_{i} 服从指数分布，并得到有序恒虚警检测器的虚警概率 P_{f} 与参考单元数 $2L$ 和 m 之间的关系。

$$P_{\mathrm{f}} = mC_{2L}^{m} \frac{\Gamma[2L-K+1+K]\Gamma[m]}{\Gamma[2L+K+1]} \tag{5.28}$$

式中，C_{2L}^{m} 表示从 $2L$ 个数中任取 m 个数的组合数，$C_{2L}^{m} = 2L!/(2L-m)!m!$；$\Gamma[\bullet]$ 为伽马函数。式（5.28）说明虚警概率 P_{f} 与杂波功率无关，因此，能够获得恒虚警效果。为进一步提高有序恒虚警检测器抗干扰目标的能力，人们陆续提出了几种改进的有序恒虚警检测器。

1. 剔除和平均恒虚警（CMLD-CFAR）检测器[7]

在图 5.13 中，将 $2L$ 个参考单元中的数据排序后，剔除 r 个最大的值 $(x_{(1)}, x_{(2)}, \cdots, x_{(r)})$，然后对剩余的数据求均值 μ_{CMLD}。

$$\mu_{\mathrm{CMLD}} = \frac{1}{2L-r} \sum_{i=1}^{2L-r} x_{(i)} \tag{5.29}$$

再用 $K\mu_{\mathrm{CMLD}}$ 作为检测门限 U_0，就构成了 CMLD-CFAR 检测器。

2. 整理和平均恒虚警（TM-CFAR）检测器[8]

在图 5.13 中，将 $2L$ 个参考单元中的数据排序后，剔除 r_1 个最小值和 r_2 个最大值，然后求剩余数据的均值 μ_{TM}。

$$\mu_{\mathrm{TM}} = \frac{1}{2L-(r_1+r_2)} \sum_{i=r_1+1}^{2L-r_2} x_{(i)} \tag{5.30}$$

再用 $K\mu_{TM}$ 作为检测门限 U_0，就构成了 TM-CFAR 检测器。

3. 有序两侧选大（OSGO）和有序两侧选小（OSSO）恒虚警检测器[9]

在图 5.13 中，对检测单元两侧各 L 个数据分别排序，选择前 L 个单元中的第 m 个数据 $x_{(m)}$ 作为前 L 个单元的均值估计 $\hat{\mu}_1$，选择后 L 个单元中的第 m 个数据 $y_{(m)}$ 作为后 L 个单元的均值估计 $\hat{\mu}_2$。如果取 $\hat{\mu}=\max[\hat{\mu}_1,\hat{\mu}_2]$ 乘以门限乘子 K 作门限 U_0，则构成了 OSGO-CFAR 检测器。如果取 $\hat{\mu}=\min[\hat{\mu}_1,\hat{\mu}_2]$ 乘以门限乘子 K 作门限 U_0，就构成了 OSSO-CFAR 检测器。

这 3 种改进的有序恒虚警检测器可以在不同程度上改善有序恒虚警检测器的抗多个干扰目标的能力。

5.2.4 非高斯杂波中的恒虚警检测器

在本章前几节中，已经假定噪声和杂波的统计特性符合高斯分布，其幅度检波后所得包络的概率密度函数符合瑞利分布，这在许多情况下是一种合理的假设。在有些情况下，雷达杂波的统计特性是非高斯分布的，如对数-正态分布、韦布尔分布等，这时需要采用适于非高斯杂波背景下的恒虚警检测器。

1）对数-正态分布杂波背景下的恒虚警检测器

对数-正态分布杂波的概率密度函数为

$$f(x)=\frac{1}{\sqrt{2\pi}\sigma_c x}\exp\left[-\frac{(\ln x-\mu_m)^2}{2}\right],\quad x>0,\quad \sigma_c>0,\quad \mu_m>0 \tag{5.31}$$

式中，μ_m 是 x 的尺度函数；σ_c 是 x 的形状参数，如果令

$$y=\ln x \tag{5.32}$$

则 y 的概率密度函数可通过随机变量 y 的特征函数求得[10]。$y=\ln x$ 的特征函数为

$$\begin{aligned}\varPhi_y(\omega)-\int_{-\infty}^{\infty}\mathrm{e}^{\mathrm{j}\omega y}f(y)\mathrm{d}y&=E\left[\mathrm{e}^{\mathrm{j}\omega\ln x}\right]\\&=\int_{-\infty}^{\infty}\mathrm{e}^{\mathrm{j}\omega\ln x}f(x)\mathrm{d}x\end{aligned} \tag{5.33}$$

如果式（5.33）中的积分能够表示为 $\int_{-\infty}^{\infty}\mathrm{e}^{\mathrm{j}\omega y}h(y)\mathrm{d}y$，则随机变量 y 的概率密度函数 $f(y)=h(y)$。由式（5.32）可得

$$\mathrm{d}y=\frac{1}{x}\mathrm{d}x \tag{5.34}$$

将式（5.34）代入式（5.33）可得

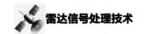

$$\begin{aligned}\Phi_y(\omega)&=\int_{-\infty}^{\infty}\mathrm{e}^{\mathrm{j}\omega y}\frac{1}{\sqrt{2\pi}\sigma_c x}\exp\left[-\frac{(y-\mu_m)^2}{2}\right]x\mathrm{d}x\\&=\int_{-\infty}^{\infty}\mathrm{e}^{\mathrm{j}\omega y}\frac{1}{\sqrt{2\pi}\sigma_c}\exp\left[-\frac{(y-\mu_m)^2}{2}\right]\mathrm{d}y\end{aligned}\tag{5.35}$$

由式（5.35）可得 y 的概率密度函数为

$$f(y)=\frac{1}{\sqrt{2\pi}\sigma_c}\exp\left[-\frac{(y-\mu_m)^2}{2}\right]\mathrm{d}y\tag{5.36}$$

式（5.36）说明 y 符合正态分布。这说明通过式（5.32）的转换已将对数-正态分布杂波 x 变换成正态分布杂波 y 。y 的均值为 μ_m，方差为 σ_c 。如果再对 y 做归一化处理，令

$$z=\frac{y-\mu_m}{\sigma_c}\tag{5.37}$$

则同理，z 的概率密度函数也可通过随机变量 z 的特征函数求得

$$f(z)=\frac{1}{\sqrt{2\pi}}\exp\left(-\frac{z^2}{2}\right)\tag{5.38}$$

式（5.38）说明，z 是一个与杂波参数 μ_m、σ_c^2 无关的标准正态分布随机过程，因此，若采用门限 U_0，则可以直接计算得到虚警概率为

$$\begin{aligned}P_{\mathrm{f}}&=\int_{U_0}^{\infty}\frac{1}{\sqrt{2\pi}}\exp\left(-\frac{z^2}{2}\right)\mathrm{d}z\\&=1-\int_{-\infty}^{U_0}\frac{1}{\sqrt{2\pi}}\exp\left(-\frac{z^2}{2}\right)\mathrm{d}z\end{aligned}\tag{5.39}$$

式中，$\int_{-\infty}^{U_0}\frac{1}{\sqrt{2\pi}}\exp\left(-\frac{z^2}{2}\right)\mathrm{d}z$ 为正态概率积分，可以通过《数学手册》查表得到相关值[11]。这说明，对于固定门限 U_0，虚警概率 P_{f} 是恒定的。根据上面的分析，对数-正态分布杂波中的恒虚警检测器如图 5.14 所示。

图 5.14 中，输入 x_{i} 首先取对数运算得到 y_{i}，y_{i} 通过第一条延迟线做求和平均运算，求得均值估计 $\hat{\mu}_m$，再用 D_1 的输出 y_{D_1} 求得 $(y_{D_1}-\hat{\mu}_m)^2$ 作为第二条延迟线的输入，经过求和平均运算求得方差 σ_c^2 的平方估计 $\hat{\sigma}_c^2$，然后与单元 D_2 的输出相除并开方，得到 z_{i}，z_{i} 再与固定门限 U_0 比较，进行恒虚警检测得到检测结果。注意，改变 U_0 的大小可以得到所需要的虚警概率。

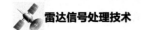

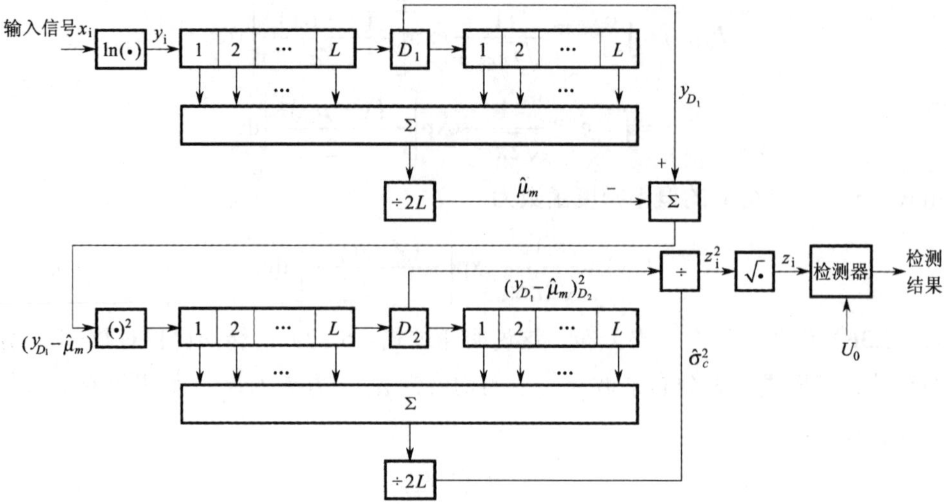

图 5.14　对数-正态分布杂波中的恒虚警检测器

2）韦布尔杂波背景下的恒虚警检测器

韦布尔杂波的概率密度函数为

$$f(x)=\frac{p}{q}\left(\frac{x}{q}\right)^{p-1}\exp\left[-\left(\frac{x}{q}\right)^{p}\right],\quad x\geqslant 0,\ p>0,\ q>0 \tag{5.40}$$

式中，p 是形状参数；q 是尺度参数。为了获得恒虚警处理性能，同样可以令

$$y=\ln x \tag{5.41}$$

通过 y 的特征函数可以求得 y 的概率密度函数为

$$f(y)=\frac{p}{q^{p}}\exp[py]\exp\left[-\left(\frac{\exp(py)}{q^{p}}\right)\right] \tag{5.42}$$

式中，y 的均值 μ 和方差 σ^2 分别为

$$\mu=E[y]=-\frac{1}{p}\left[\upsilon-\ln(q^{p})\right] \tag{5.43}$$

$$\sigma^{2}=E\left[(y-\mu)^{2}\right]=\frac{\pi^{2}}{6p^{2}} \tag{5.44}$$

式中，υ 为欧拉常数（$\upsilon=0.5772156649$）。如果用 μ 和 σ 再对 y 作归一化处理，即令

$$z=\frac{y-\mu}{\sigma}=\frac{y+\frac{1}{p}\left[\upsilon-\ln(q^{p})\right]}{\frac{\pi}{\sqrt{6}p}} \tag{5.45}$$

通过 z 的特征函数，可以求得 z 的概率密度函数为

$$f(z)=\frac{\pi}{\sqrt{6}}\exp\left(\frac{\pi}{\sqrt{6}}z-\upsilon\right)\exp\left[-\exp\left(\frac{\pi}{\sqrt{6}}z-\upsilon\right)\right] \tag{5.46}$$

式中，$f(z)$ 与韦布尔分布的形状参数 p 和尺度参数 q 无关，如果用固定门限 U_0 做检测，则虚警概率 P_{f} 为

$$\begin{aligned}P_{\mathrm{f}}&=\int_{U_0}^{\infty}f(z)\mathrm{d}z\\&=\int_{U_0}^{\infty}\frac{\pi}{\sqrt{6}}\exp\left(\frac{\pi}{\sqrt{6}}z-\upsilon\right)\exp\left[-\exp\left(\frac{\pi}{\sqrt{6}}z-\upsilon\right)\right]\\&=\exp\left[-\exp\left(\frac{\pi}{\sqrt{6}}U_0-\upsilon\right)\right]\end{aligned} \tag{5.47}$$

由式（5.47）可知，虚警概率 P_{f} 只与门限 U_0 有关，而与韦布尔杂波的形状参数 p 和尺度参数 q 无关，因此，具有恒虚警性能，改变门限 U_0 就可以直接改变虚警概率。

用式（5.32）、式（5.37）将对数-正态分布杂波转换为与概率分布 μ_m 和 σ_c^2 无关的随机过程 z，以及用式（5.41）和式（5.45）将韦布尔分布转换为概率分布与 p 和 q 无关的随机过程 z，所用的变换是类似的，因此，如图 5.14 所示的恒虚警检测器同样可以作为韦布尔杂波背景下的恒虚警检测器。

5.2.5　非参量恒虚警检测器

在杂波统计特性已知的情况下，可以采用参量型恒虚警检测器。例如，杂波为高斯杂波，采用单元平均恒虚警检测器，通过估计杂波均值的方法可使虚警概率恒定，这种针对某种杂波统计特性设计的恒虚警检测器称为参量型恒虚警检测器。参量型恒虚警检测的特点：如果实际杂波符合假设的统计模型，则参量型恒虚警检测器具有良好的性能；如果实际杂波与假设的统计模型不符合，则参量型恒虚警检测器的恒虚警性能就会明显变差。

非参量恒虚警检测器是针对杂波统计模型未知的情况设计的恒虚警检测器，通常其恒虚警检测性能低于杂波统计模型与所假设的统计模型匹配时的参量型恒虚警检测器，但其性能要高于杂波统计模型与所假设的统计模型失配时的参量型恒虚警检测器。非参量恒虚警检测器同样要求检测区内的杂波背景是独立同分布的。

非参量恒虚警检测器的基本原理是利用被检测单元周围杂波（或噪声）的数据得到对杂波（或噪声）统计特性的某种估计，然后进行检测。非参量恒虚警检

测使用的是秩值检测原理，如图 5.15 所示。

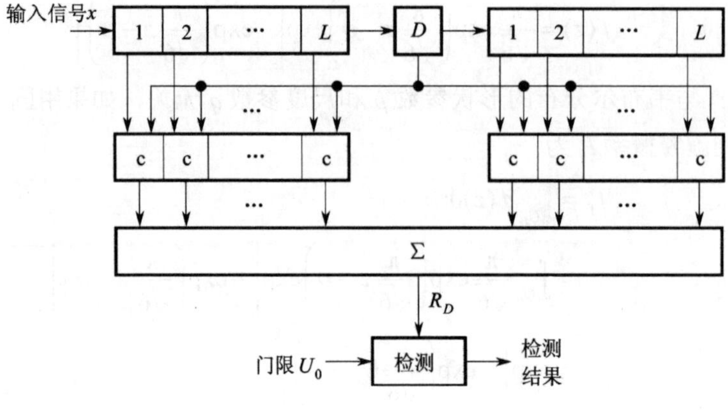

图 5.15　秩值检测原理

在图 5.15 中，输入信号 x 顺序通过 $(2L+1)$ 个单元的延迟线，D 为被检测单元，D 的两侧各有 L 个参考单元。$2L$ 个比较器 c 将参考单元中的数据 x_k 分别与被检测单元 x_D 比较，若 $x_k > x_D$，则比较器 c 输出 $C(x_k - x_D)$ 为“1”；若 $x_k < x_D$，则比较器 c 输出 $C(x_k - x_D)$ 为“0”。

$$C(x_k - x_D) = \begin{cases} 1, & x_k - x_D > 0 \\ 0, & x_k - x_D < 0 \end{cases} \tag{5.48}$$

R_D 是 $2L$ 个比较器的输出 $C(x_k - x_D)$ 的和，即

$$R_D = \sum_{k=1}^{2L} C(x_k - x_D) \tag{5.49}$$

R_D 的值正好是被检测单元 x_D 和 $2L$ 个参考单元中的 x_i 值从小到大顺序排列时 x_D 所处的序号，称为该被检测单元的秩值，用 x_D 的秩值 R_D 与门限 U_0 比较就构成了秩值检测器。

$$\begin{cases} R_D \geqslant U_0, & \text{判决为有信号} \\ R_D < U_0, & \text{判决为无信号} \end{cases} \tag{5.50}$$

式中，当 $x_k = x_D$ 时，$C(x_k - x_D)$ 可以为“1”，也可以为“0”。为了使排序更准确，可以将发射周期用变量 j 进行编号，并将式（5.48）修正为

$$C(x_k - x_D) = \begin{cases} 1, & x_k - x_D > 0 \text{ 或 } x_k = x_D \text{ 且 } |k-j| \text{ 为奇数} \\ 0, & x_k - x_D < 0 \text{ 或 } x_k = x_D \text{ 且 } |k-j| \text{ 为偶数} \end{cases} \tag{5.51}$$

式中，k 为距离门号，j 为发射周期号，这样就可以使 $C(0)$ 等于“1”或“0”的概率基本相同。

如果检测单元和参考单元中都不存在目标信号，只有杂波，则在杂波数据符

合独立同分布的假设下，秩值 R_D 等于门限 U_0 的概率为 $\left(\dfrac{1}{2L+1}\right)$，即

$$P(R_D = U_0) = \frac{1}{2L+1} \tag{5.52}$$

所以

$$P(R_D \geqslant U_0) = 1 - \frac{U_0}{2L+1} = \frac{2L-U_0+1}{2L+1} \tag{5.53}$$

因为 U_0 是检测门限，所以，$P(R_D \geqslant U_0)$ 就是秩检测器的虚警概率。

$$P_{\mathrm{f}} = P(R_D \geqslant U_0) = \frac{2L-U_0+1}{2L+1} \tag{5.54}$$

式（5.54）表明，秩检测器的虚警概率 P_{f} 与杂波分布和杂波强度无关，它仅取决于参考单元数 $2L$ 和门限 U_0，因此，秩检测器具有恒虚警检测性能。式（5.54）展示的是一次发射的秩检测器的虚警概率，它的虚警概率是相当高的，即使门限 U_0 取为 $2L$，虚警概率仍为

$$P_{\mathrm{f}}(U_0 = 2L) = \frac{1}{2L+1} \tag{5.55}$$

这说明当 $2L < 100$ 时，虚警概率 P_{f} 仍将大于 0.01，是比较高的，改进的办法是通过积累门限和双门限检测等方法来降低虚警概率，具体分析可参见 5.3.1 节。

5.2.6　杂波图恒虚警检测器

杂波图是表征雷达威力范围内按方位-距离单元分布的杂波强度图。方位-距离单元的划分方法如图 5.16 所示。

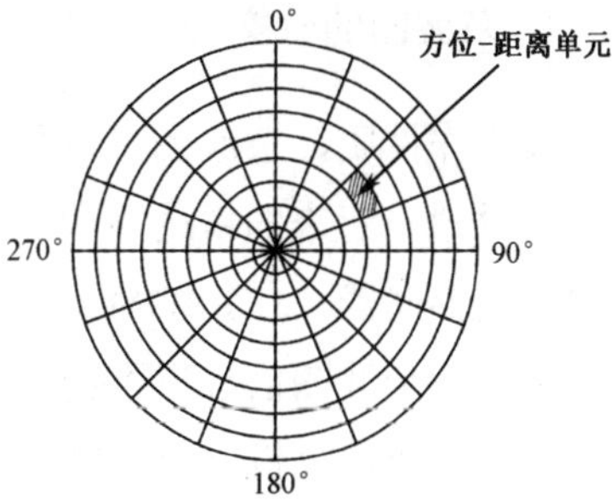

图 5.16　方位-距离单元的划分方法

假设距离维上划分为 N 个距离单元（$n=0,1,\cdots,N-1$），方位维上划分为 M 个方位单元（$m=0,1,\cdots,M-1$），则杂波图共有 NM 个方位-距离单元，此处用 $C_{n,m}$ 表示方位-距离单元的编号。这时需要一个具有 NM 个地址的存储器对应这 NM 个方位-距离单元，用来存储杂波数据。每个方位-距离单元上的杂波数据 $D_{n,m}$ 应等于这个方位-距离单元上所有采样数据的均值。假设某个方位-距离单元 $C_{n,m}$ 中共有 I 个距离门和 J 个发射周期的数据，则

$$D_{n,m} = \frac{1}{IJ}\sum_{i=0}^{I-1}\sum_{j=0}^{J-1} x_{n+i,m+j} \tag{5.56}$$

由于雷达杂波是一个随机过程，如果用 l 表示第 l 个天线扫描周期，那么，

天线不同扫描周期所得到的 $D_{n,m}(l)$ 是时变的，因此，在杂波图建立过程中，$D_{n,m}(l)$ 需要进行天线扫描到扫描的数据平均，以求得在每个方位-距离单元上随时间可能缓变的杂波均值。

为了减少运算量，通常天线扫描到扫描的数据平均是用如图 5.17 所示的一阶递归滤波器来实现的。其中，l 表示当前天线扫描，$l-1$ 表示上一次天线扫描。杂波图存储器是一个容量为 NM 的数据存储器，其输出比输入延迟一个天线扫描周期。加权系数 ω 是一个大于 0 且小于 1 的数，由图 5.17 可见

$$E_{n,m}(l)=\omega\left[D_{n,m}(l)-E_{n,m}(l-1)\right]+E_{n,m}(l-1) \tag{5.57}$$

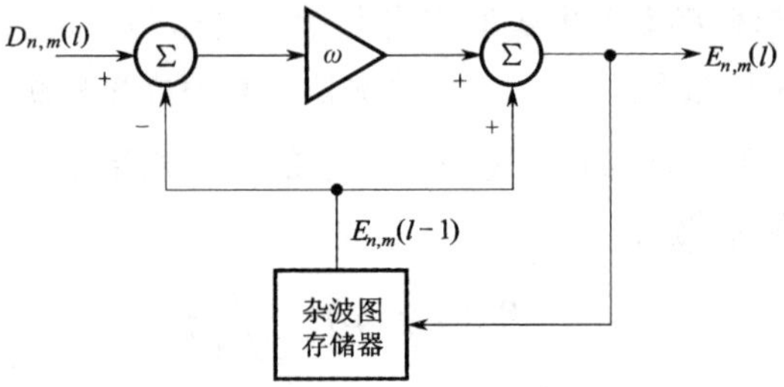

图 5.17　一阶递归滤波器

通过式（5.57）的自身迭代，可得

$$E_{n,m}(l)=\sum_{i=0}^{\infty}\omega(1-\omega)^i D_{n,m}(l-i) \tag{5.58}$$

1. 杂波图的分类

按工作性质，杂波图可以分为静态杂波图和动态杂波图。静态杂波图是在雷达建站时建立起来的雷达周围固定杂波的强度信息图。杂波数据存储于电可擦可编程只读存储器（E^2PROM）中，因此，雷达工作期间，杂波图信息保持不变，雷达关机后杂波图信息也不会丢失。静态杂波图的主要用途如下。

（1）形成接收机增益控制图。雷达接收机的线性动态范围通常为50～60dB，但是杂波强度可能超出70dB，为保证雷达接收系统线性工作，对于杂波很强的情况需要用到增益控制图。

通过增益控制图可在强杂波区降低接收机增益，在弱杂波区提高接收机增益，从而大大扩展雷达接收系统的线性动态范围。此外，通过增益控制图控制接收机的增益，虽然可使强杂波区接收机的增益按比例下降，抑制强杂波，并使接收机输出的“噪声+杂波”背景趋于均匀，起到一定的恒虚警作用，但这样做也会使杂波区内的小目标信号检测概率降低。

（2）形成杂波轮廓图。将静态杂波图的杂波强度信息加以处理，如果方位-距离单元上的杂波强度超过一定电平，则将此方位-距离单元上的数据置为“1”；否则置为“0”，就可以得到杂波轮廓图。通过杂波轮廓图可以送出“杂内（杂波区内）/杂外（杂波区外）”标志信号，其中，“1”表示杂波区内，“0”表示杂波区外。

利用“杂内/杂外”标志信号可以在杂波区内选择 MTI 的处理输出，在杂波区外选用正常视频的处理结果作为输出，以提高雷达的检测性能。

动态杂波图是在雷达工作时随着天线的扫描，杂波图数据不断得到更新的实时杂波信息图，它既包含雷达周围固定杂波的信息，也可以反映运动杂波的信息。动态杂波图的用途如下。

（1）形成实时杂波区轮廓图。如果对动态杂波图强度数据加以处理，首先区分出杂波区和非杂波区，然后利用固定杂波抑制滤波器滤除杂波区内的固定杂波，就可以将杂波区分为固定杂波区和运动杂波区，这就形成了实时杂波区轮廓图。

利用实时杂波区轮廓图，在无杂波区外选用正常视频处理，在固定杂波区内采用 MTI 处理，在运动杂波区内采用 AMTI 或 MTD 处理。

（2）形成杂波图恒虚警检测门限。因为动态杂波图各方位-距离单元中存有杂波强度的均值，所以，利用这个均值乘以一定的门限乘子，就可以形成杂波图恒虚警检测门限。例如，将形成的杂波图恒虚警检测门限用于 MTD 中零号滤波器的目标检测，可以提高雷达对低速目标的检测性能。

（3）形成静态杂波图。建站时，雷达一旦开机，动态杂波图将不断更新，当动态杂波图趋向稳定后，将杂波强度数据存入静态杂波图（E^2PROM）就可以自动形成静态杂波图。

2. 杂波图恒虚警检测性能

由前面的讨论可知，杂波图恒虚警检测器是利用动态杂波图来实现的，其组成如图 5.18 所示。

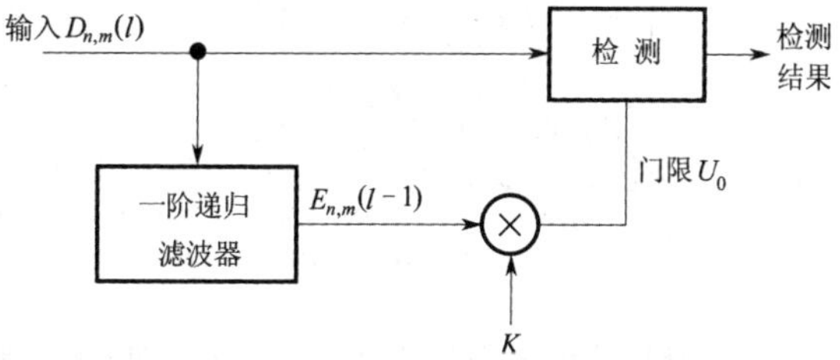

图 5.18　杂波图恒虚警检测器

在图 5.18 中，为避免被检测信号本身对门限的影响，检测门限的生成利用了一阶递归滤波器（见图 5.17）中的 $E_{n,m}(l-1)$，设 K 为门限乘子，则检测判决准则为

$$\begin{cases} D_{n,m}(l) \geqslant KE_{n,m}(l-1), & \text{判为有信号} \\ D_{n,m}(l) < KE_{n,m}(l-1), & \text{判为无信号} \end{cases} \tag{5.59}$$

假定目标起伏符合 Sweling I 模型，背景噪声和杂波都是高斯分布，则杂波图输入信号 $D_{n,m}(l)$ 的概率密度函数为

$$f(D) = \exp\left[-D / C(1+\overline{\gamma})\right] / C(1+\overline{\gamma}) \tag{5.60}$$

式中，C 是噪声和杂波功率之和；$\overline{\gamma}$ 是信号与 C 之比（信杂噪比 SCNR）。受风和天线扫描周期较长的影响，可以认为 $D_{n,m}(l)$ 与 $E_{n,m}(l-1)$ 是统计独立的，因此，式（5.59）中判为有信号的概率，即检测概率为[12]

$$P_{\mathrm{d}} = \prod_{l=0}^{\infty}\left[1 + \frac{K\omega}{1+\overline{\gamma}}(1-\omega)^{l}\right]^{-1} \tag{5.61}$$

根据信杂噪比 $\overline{\gamma}$ 和门限乘子 K，可通过式（5.61）计算得到检测概率 P_{d}。如果令 $\overline{\gamma}=0$，也可以通过式（5.61）计算得到指定虚警概率所需要的 K 值。图 5.19 画出了杂波图恒虚警检测器的检测概率 P_{d} 与 SCNR 和加权系数 ω 之间的关系，当加权系数 ω 不同时，曲线也不同。如图 5.20 所示为杂波图恒虚警检测器的恒虚警损失与加权系数 ω 的关系曲线。

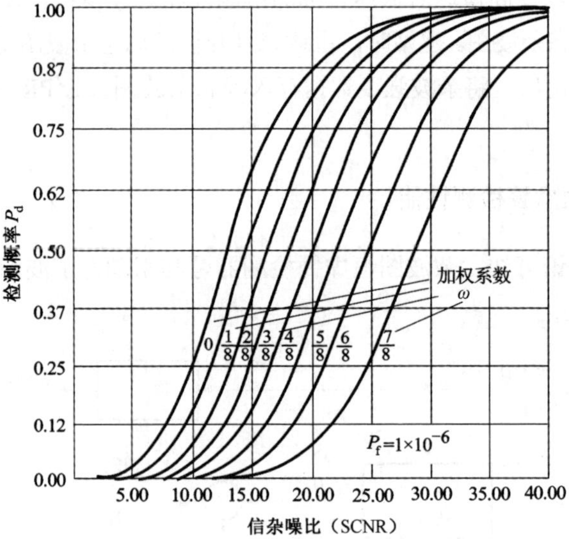

图 5.19　杂波图恒虚警检测器的检测概率 P_{d} 与 SCNR 和加权系数 ω 的关系曲线

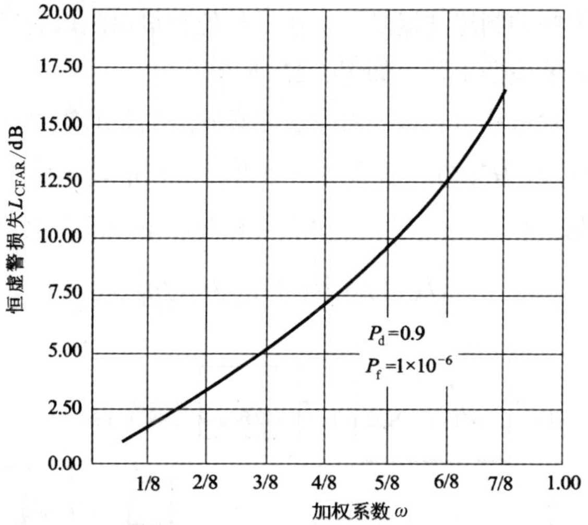

图 5.20　杂波图恒虚警检测器的恒虚警损失与加权系数 ω 的关系曲线

3. 起伏杂波图恒虚警检测器

如前所述，如果在雷达天线波束照射区内的地面不仅有大量的小散射单元，还存在一些强点反射单元，如城市地区的楼房、水塔等，则地杂波的强度明显增强，地杂波概率密度函数将趋向莱斯（Rice）分布，可表示为

$$f(x)=\frac{x}{\sigma^2}\exp\left[-\frac{x^2+\mu^2}{2\sigma^2}\right]I_0\left[\frac{\mu}{\sigma^2}x\right],\quad x\geqslant 0 \tag{5.62}$$

式中，$I_0[\bullet]$为零阶贝塞尔函数；σ^2 为方差，代表地杂波起伏分量的平均功率；μ 为强散射点的回波幅度，是一个低频直流分量。当 $\mu=0$ 时，$f(x)$ 将变为瑞利分布。通过零频抑制滤波器滤除莱斯分布杂波的低频直流分量，可以使莱斯分布杂波转换为瑞利分布杂波，再进行杂波图恒虚警检测，就可以改善检测性能，这就是起伏杂波图恒虚警检测器[13]，如图 5.21 所示。

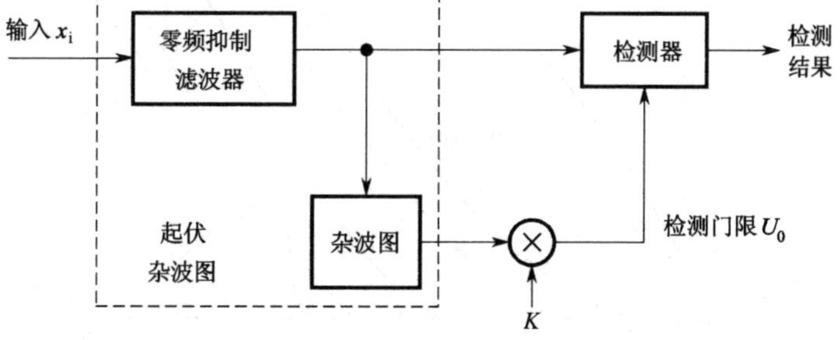

图 5.21　起伏杂波图恒虚警检测器

图5.21中的零频抑制滤波器是一个在零频处有很深凹口的滤波器，可采用卡尔马斯（Kalmus）滤波器实现，如图5.22所示。

在图5.22中，输入信号进入一对位于零频附近的复共轭对称滤波器，其滤波器特性分别为$H(f)$和$H^*(f)$，且有部分重叠，它们的输出值经模值计算后再相减，将得到在零频处输出接近零的很深凹口。Kalmus滤波器的传输函数可表示为

$$|H_K(f)| = \left||H(f)| - |H^*(f)|\right| \tag{5.63}$$

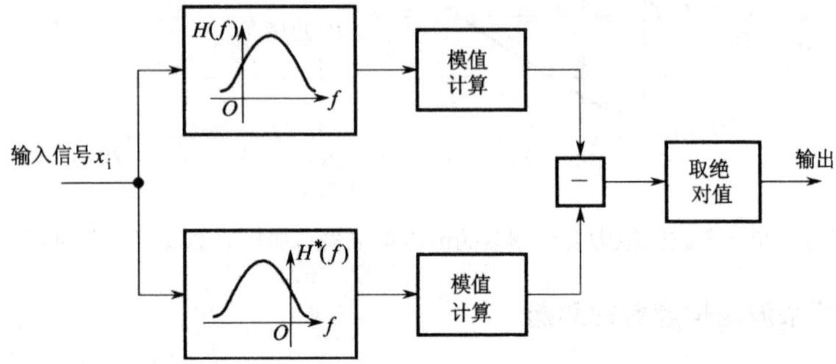

图5.22　Kalmus滤波器

文献[4]给出了对这种检测器的恒虚警性能仿真分析结果，如图5.23所示。仿真分析中假设杂波服从莱斯分布，接收机噪声服从高斯白噪声，杂噪比（CNR）分别为0dB、10dB或100dB，假定各数据样本是独立同分布的，R表示计算杂波图各方位-距离单元的$\hat{\mu}$和$\hat{\sigma}^2$时所用的天线扫描次数。

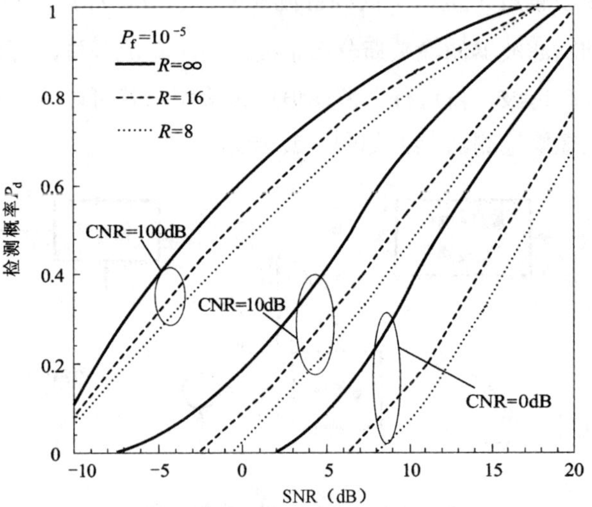

图5.23　起伏杂波图恒虚警检测器性能仿真结果

4. 分区杂波图恒虚警检测

雷达周围的环境是非同态的。利用杂波图中所存储的杂波均值估计构成检测门限，可以起到恒虚警的作用。虚警概率的大小取决于门限 U_0 的大小。

$$U_0 = K\hat{\mu} \tag{5.64}$$

U_0 的大小不仅与 $\hat{\mu}$ 有关，还与门限乘子 K 有关。在各种不同的地杂波区中，使用相同的门限乘子 K，会造成不同杂波区虚警概率的不同。改进的办法是采用分区杂波图（RAG 图）恒虚警检测。

分区杂波图是雷达操纵人员根据雷达周围的杂波环境情况，人工建立的一种门限乘子控制图，如图 5.24 所示。在显示器画面上显示的这些扇区、环形区等都是人工建立的，分区的数量依据需要而定，每个分区可以赋予一定的 K 值。当雷达工作时，从相应的区域提取指定的 K 值作为门限乘子。在虚警概率大的区域，K 值要大一些；在虚警概率小的区域，K 值相对要小一些。最后结果是使雷达在威力覆盖区内虚警概率尽可能均匀。

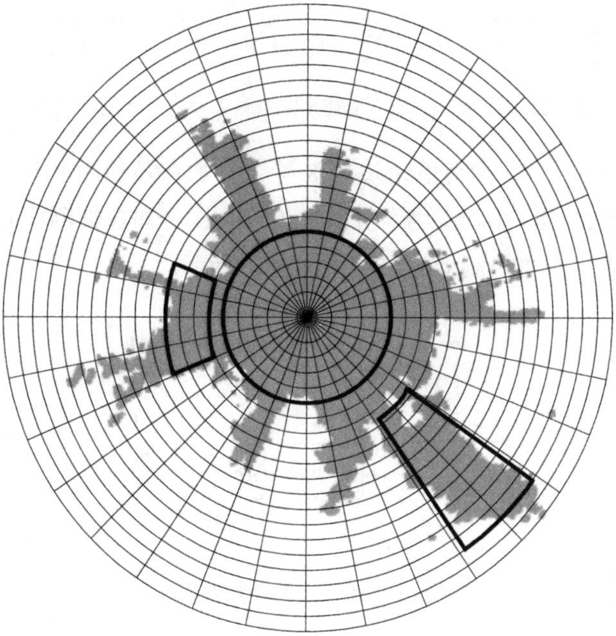

图 5.24　分区杂波图的划分方法

5.2.7　二维恒虚警检测器

恒虚警检测也可以在距离-方位或距离-频率二维上进行，从而构成了二维恒虚警检测器。

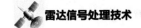

1. 距离-方位二维恒虚警检测器

杂波图恒虚警检测器是利用天线扫描到扫描的递归滤波处理获得各个距离-方位单元上的杂波均值来实现恒虚警检测的。由于杂波在距离和方位上形成二维分布，因此，5.2.2 节中的单元平均恒虚警检测器可以推广到距离和方位二维上进行。杂波均值是在距离和方位二维上选取相邻的参考单元来获得的，如图 5.25 所示为距离-方位二维恒虚警检测器参考单元选取方式，它显示了两种可能的参考单元选取方式。

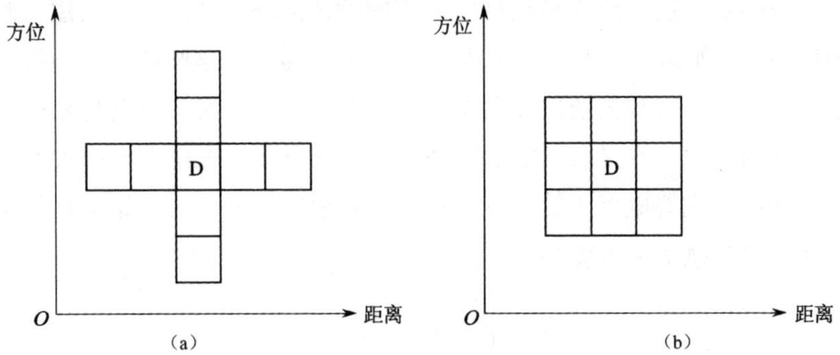

图 5.25　距离-方位二维恒虚警检测器参考单元选取方式

在图 5.25（a）中，参考单元共有 8 个，分布在被检测单元附近，成“十字形”分布。图 5.25（b）中，参考单元也为 8 个，但分布在被测单元的四周，形成一个矩形。二维恒虚警检测器的结构如图 5.26 所示。

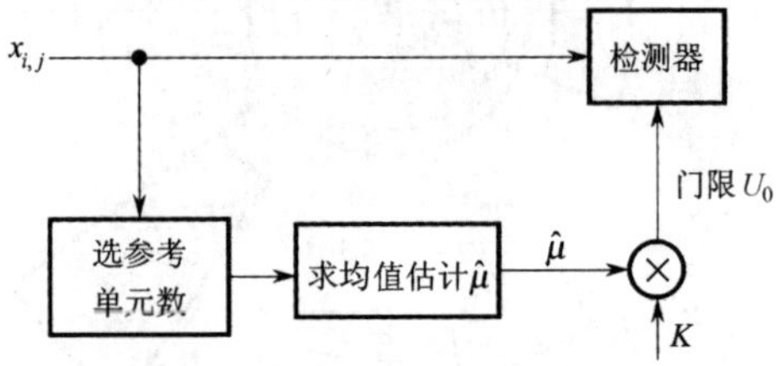

图 5.26　二维恒虚警检测器的结构

图 5.26 中，$x_{i,j}$ 表示第 i 次天线发射、第 j 个距离单元的回波数据，作为被检测单元数据，按如图 5.25 所示的方式，从 $x_{i,j}$ 中选取合适的参考单元，求出这些参考单元中数据的均值估计 $\hat{\mu}$，乘以门限乘子 K 作为检测门限 U_0，就构成了二维恒虚警检测器。

2. 距离-频域二维恒虚警检测器

随着 MTD 和 PD 处理在雷达中的广泛应用，目标检测放在多普勒滤波器后进行，且通常采用如图 5.27 所示的多通道恒虚警检测器进行目标检测。

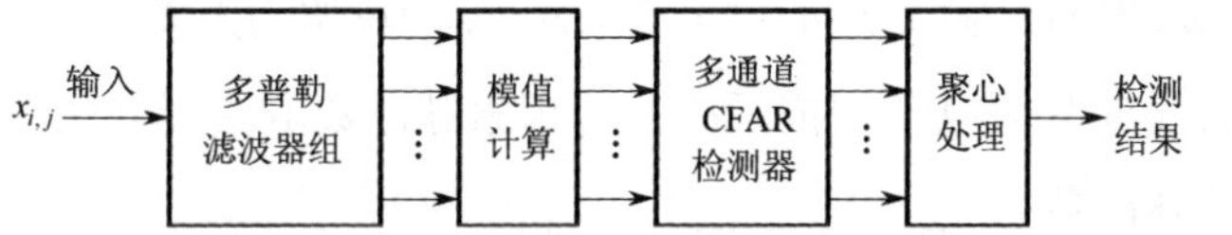

图 5.27　多通道恒虚警检测器

由图 5.27 可知，输入信号为雷达接收的回波数据，它顺序输入到 MTD 或 PD 处理的多普勒滤波器组，进行相参积累，$x_{i,j}$ 表示第 i 个发射周期、第 j 个距离单元的回波数据。N 个多普勒滤波器的输出分别经模值计算（包络检波）后，得到各多普勒滤波器组输出数据的模值（信号包络），再分多普勒通道进行恒虚警检测。由于 MTD 或 PD 处理的多普勒滤波器相互有一定的交叠，因此，同一个目标信号，可能会在相邻的 2～3 个多普勒滤波器都有输出，需要进行聚心处理。聚心处理可以采用简单的选大方式，也可以按多普勒滤波器输出值的大小进行内插，以求得更加精确的目标多普勒频率。因为如图 5.27 所示的恒虚警检测是在多普勒滤波后按多普勒通道分别进行的，所以，其称为多通道恒虚警检测器。

利用图 5.27 中多通道的模值输出也可以进行距离-频率二维恒虚警处理，如图 5.28 所示。

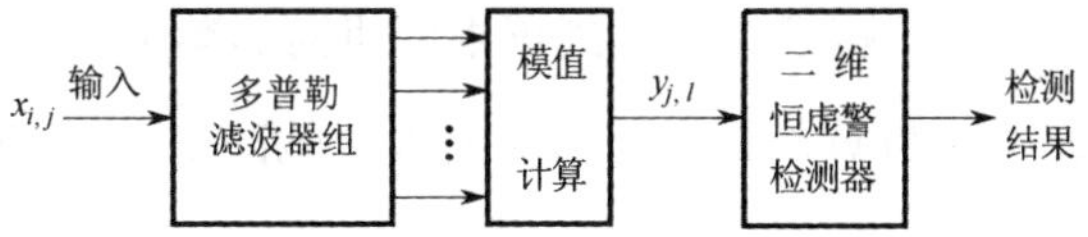

图 5.28　距离-频率二维恒虚警检测器

图 5.28 中，$y_{j,l}$ 表示二维模值计算的输出，下角标 j 表示距离单元，l 表示多普勒滤波器号。距离-频率二维恒虚警检测器结构与如图 5.26 所示结构相同，但要注意，此时参考单元的选择是在距离-频率二维上选取的，因此，在如图 5.25 中所示参考单元的选取方式中，方位维应改为频率维。

5.3　信号积累和检测

雷达天线波束扫过目标时，雷达将接收到一串目标回波信号。目标回波脉冲

数 M 与天线波束宽度 $\theta_{0.5}$、天线扫描速度 V_{R}、雷达脉冲重复频率 F_{r} 和目标仰角 ε 有关，即

$$M=\frac{\theta_{0.5}F_{\mathrm{r}}}{6V_{\mathrm{R}}\cos\varepsilon} \tag{5.65}$$

式中，$\theta_{0.5}$ 和 ε 的单位为°；F_{r} 的单位为 Hz；V_{R} 的单位为天线每分钟旋转的圈数。对于相控阵天线或其他电子扫描天线，可积累脉冲数取决于波束在此方向上驻留期间所发射的脉冲数。

5.3.1 信号积累

信号积累分为相参积累和非相参积累。相参积累是一种对中频信号或零中频信号的复包络进行累加和平均的方法，M 个幅度相等的中频脉冲信号同相相加，输出脉冲幅度将增加 M 倍，输出脉冲功率相应地增加 M^2 倍。噪声是随机的，M 个独立同分布的随机噪声脉冲相加的结果是噪声功率增加 M 倍，因此，相参积累的结果使输出信噪比改善 M 倍。

非相参积累是在幅度（包络）检波器之后进行的，也称为视频积累。幅度检波器分为平方律检波器、线性检波器和对数检波器。常用的是线性检波器，它的作用是将线性检波器输出的 M 个脉冲幅度相加，这样可改善信噪比，称为非相参积累。幅度检波器中的非线性处理使信号与噪声结合在一起，积累的改善是指信号加噪声与噪声的对比关系，因而，非相参积累的信噪比改善要小于相参积累的信噪比改善，非相参积累的性能常用积累损失 L 来表征。

积累损失 L 的定义如下：在一定的虚警概率 P_{f} 的条件下，为达到所需的检测概率，M 个脉冲经非相参积累时折算到积累前所需的单个脉冲信噪比 SNR_1 与 M 个脉冲经相参积累时折算到积累前所需的单个脉冲信噪比 SNR_2 的比值。

$$L=10\lg\frac{\mathrm{SNR}_1}{\mathrm{SNR}_2}(\mathrm{dB}) \tag{5.66}$$

假设在一定的虚警概率 P_{f} 时，达到检测概率 P_{d} 所需的信噪比为 $\frac{2E}{N_0}$，这里 E 是信号能量，$\frac{N_0}{2}$ 为噪声双边功率谱密度。如果用 M 个脉冲相参积累，信噪比改善为 M 倍，折算到相参积累前对单个脉冲信噪比要求为

$$\mathrm{SNR}_2=\frac{1}{M}\left(\frac{2E}{N_0}\right) \tag{5.67}$$

如果用 M 个脉冲进行积累，为了达到同样的检测性能，对非相参积累前单个脉冲所需的信噪比要求显然要比相参积累时的要求高，可表示为

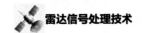

$$\mathrm{SNR}_1 = \frac{2E'}{N_0} \tag{5.68}$$

将式（5.67）和式（5.68）代入式（5.66）可得

$$L = 10\lg\frac{2E'/N_0}{2E/MN_0} \tag{5.69}$$

由上述分析可知，积累损失 L 不仅与虚警概率 P_{f}、检测概率 P_{d}、积累脉冲数 M 有关，还与 E' 有关。如果目标回波起伏不一样，则非相参积累后信号能量的增加也是不一样的，因此，脉冲积累损失 L 还与目标回波起伏情况有关。

图 5.29 所示为无起伏脉冲串的积累损失，表示了无起伏脉冲串的脉冲积累损失与积累脉冲数 M 之间的关系[1]。当 M 较小时，积累损失 L 很小。当 $M \gg 1$ 时，积累损失曲线斜率接近虚线的斜率 $10\lg\sqrt{M}$， $L \approx 10\lg\sqrt{M} - 5.5(\mathrm{dB})$。

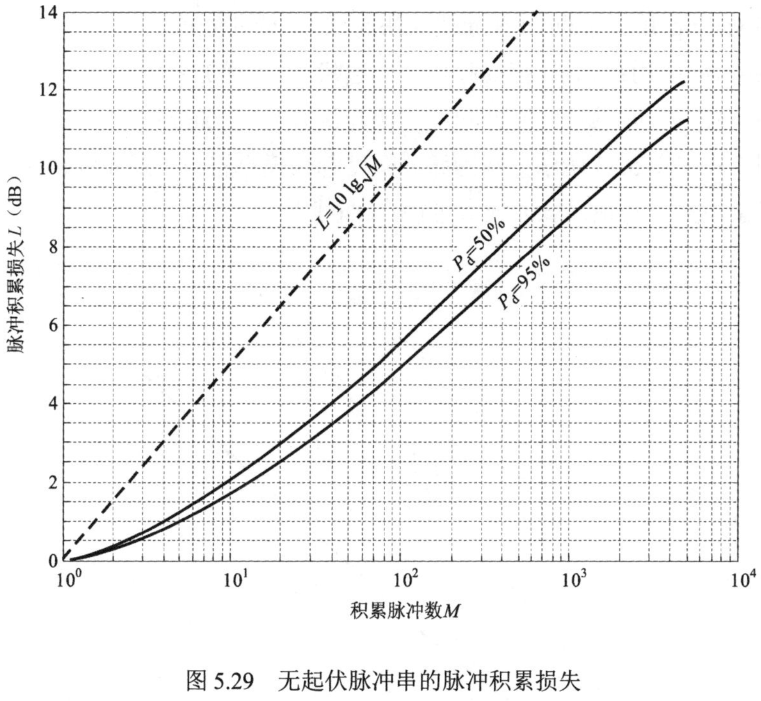

图 5.29　无起伏脉冲串的脉冲积累损失

对于不同的雷达视角，目标的雷达截面积是不同的，因为空中飞行的目标与雷达有相对运动，包括平移、颠簸、偏航和横滚等，所以，运动中的雷达目标回波脉冲幅度是起伏变化的，斯韦林在参考文献[14]中提出了描述这种起伏的统计模型，称为斯韦林（Swerling）模型。Swerling 模型将目标回波脉冲幅度起伏分为快起伏和慢起伏，其中，快起伏是指每次接收的脉冲幅度都有变化；慢起伏是指天线扫描到-扫描间脉冲幅度有起伏。在快起伏、慢起伏下，根据脉冲起伏概率密度函数的不同又可分为两种情况，一种情况是目标由许多小散射单元组成，回波幅度概率密度符合瑞利分布，用 $P_1(A)$ 表示，即

$$P_1(A)=\frac{A}{A_0^2}\exp\left[-\frac{A^2}{2A_0^2}\right],\quad A\geqslant 0 \tag{5.70}$$

另一种情况是目标由一个大反射体加许多小散射单元组成，回波幅度概率密度符合二阶瑞利起伏分布，用 $P_2(A)$ 表示，即

$$P_2(A)=\frac{9A^3}{2A_0^4}\exp\left[-\frac{3A^2}{2A_0^2}\right],\quad A\geqslant 0 \tag{5.71}$$

因此，根据回波脉冲幅度起伏的快慢和起伏的概率密度函数，Swerling 模型分为如下 4 种。

① Swerling Ⅰ：扫描-扫描起伏（慢起伏），瑞利分布。

② Swerling Ⅱ：脉冲-脉冲起伏（快起伏），瑞利分布。

③ Swerling Ⅲ：扫描-扫描起伏（慢起伏），一优加分布。

④ Swerling Ⅳ：脉冲-脉冲起伏（快起伏），一优加分布。

如图 5.30～图 5.33 所示分别为脉冲幅度起伏模型符合上述 4 种 Swerling 模型的脉冲积累损失 L 与积累脉冲数 M 的关系曲线[1]。

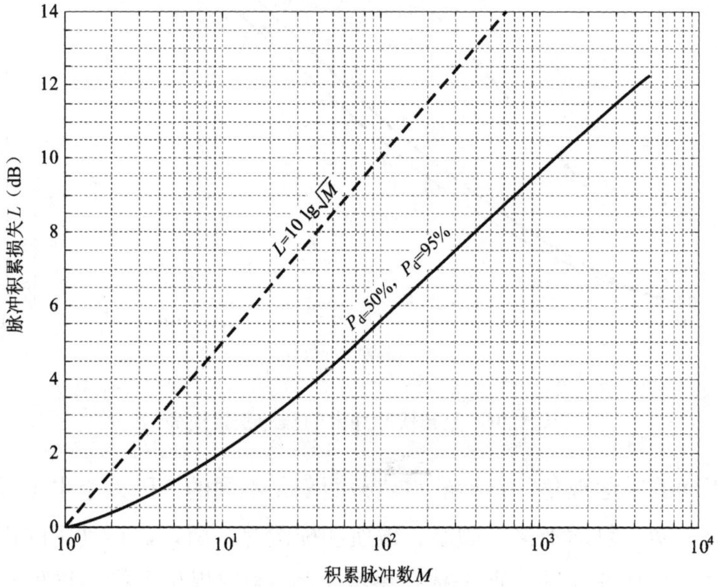

图 5.30　脉冲幅度起伏为 Swerling Ⅰ时的积累损失曲线

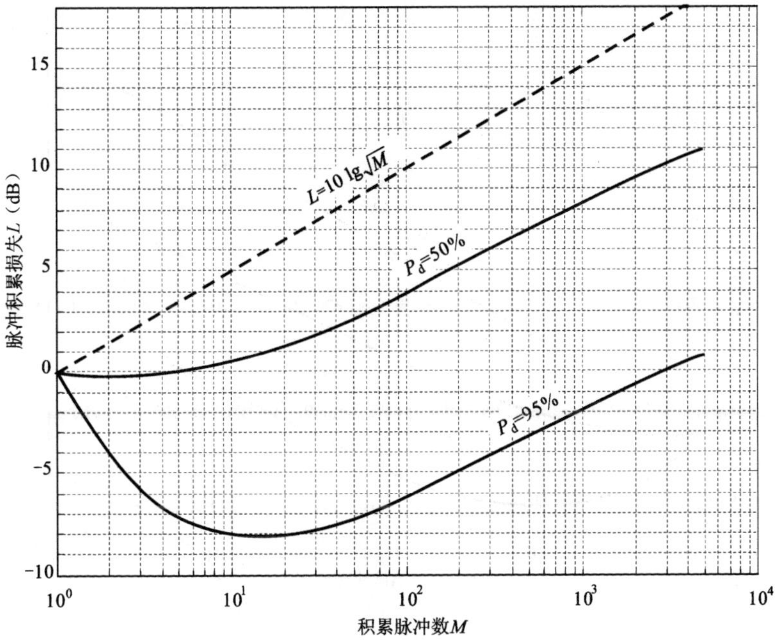

图 5.31　脉冲幅度起伏为 Swerling Ⅱ时的积累损失曲线

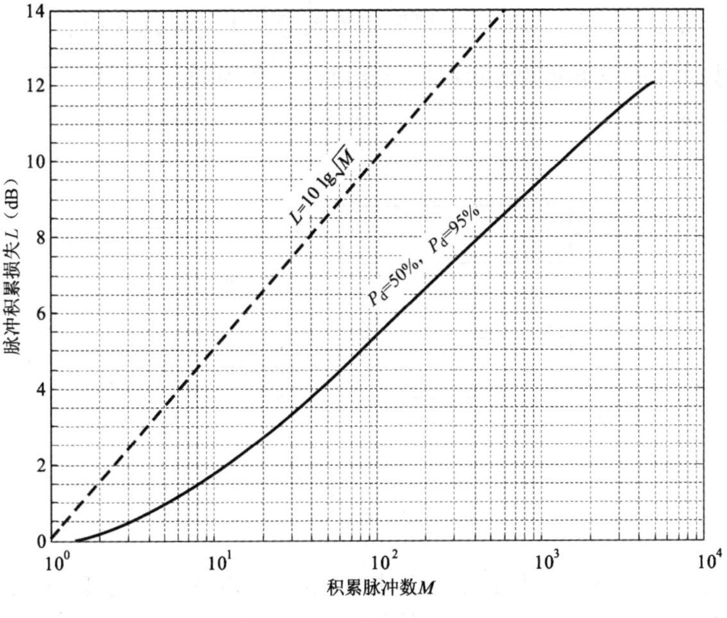

图 5.32　脉冲幅度起伏为 Swerling Ⅲ 时的积累损失曲线

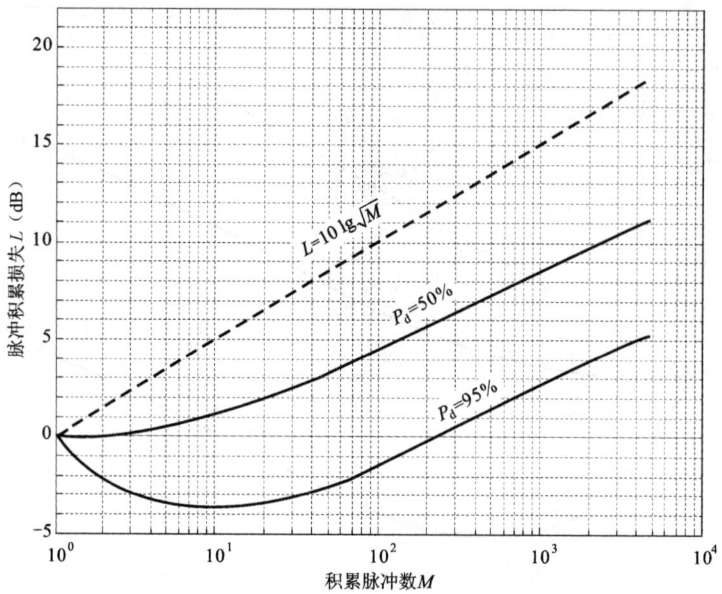

图 5.33　脉冲幅度起伏为 Swerling Ⅳ时的积累损失曲线

脉冲串非相参积累的实现方法较多，如滑窗积累器、反馈积累器、双极点滤波器等。如图 5.34 所示为滑窗积累器，输入脉冲串 x_i 被送入由 L 个延迟单元组成的延迟线时，每个单元的延迟时间等于脉冲重复周期。L 一般小于或等于脉冲串的积累脉冲数 M 。

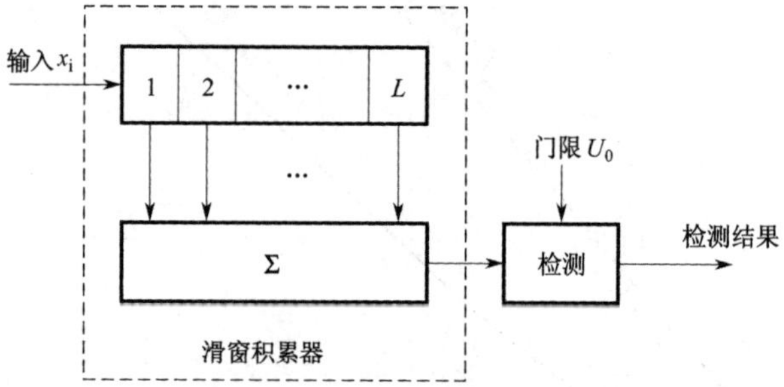

图 5.34　滑窗积累器

如图 5.35 所示为反馈积累器，其中 z^{-1} 表示延迟单元，其延迟时间等于脉冲重复周期 T_r；K 为大于 0 且小于 1 的系数。

如图 5.36 所示为双极点滤波器形式的积累器，它包括两个跨脉冲重复周期的延迟单元和两个反馈回路；K_1 和 K_2 都是大于 0 且小于 1 的系数。

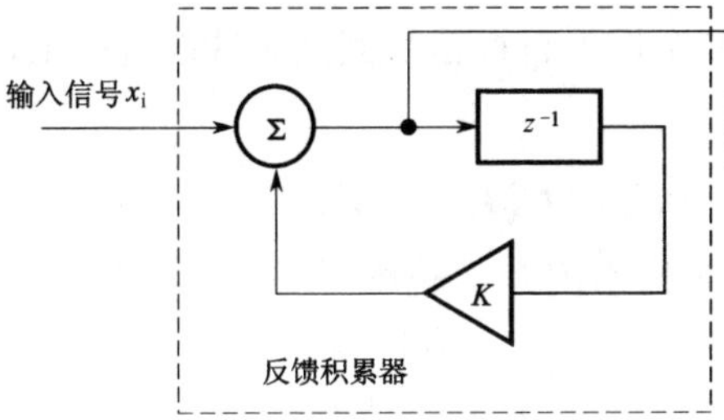

图 5.35　反馈积累器

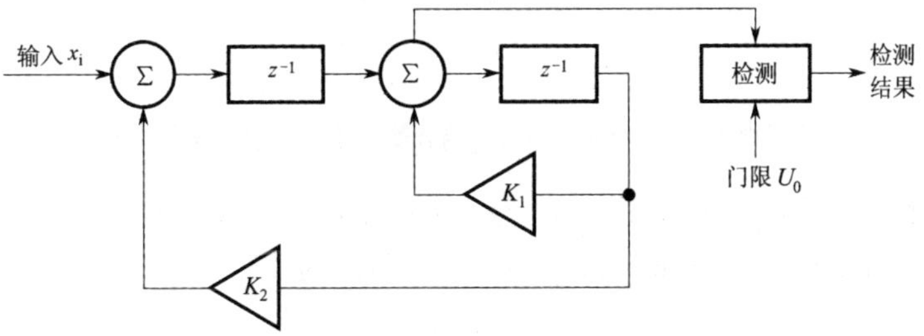

图 5.36　双极点滤波器形式的积累器

5.3.2　二进制积累和双门限检测器

对脉冲串中的每个脉冲进行二次检测，第一次检测的结果用“0”或“1”表示，将该检测结果输入长度为L的延迟线，并做滑窗式二进制积累，其积累结果再进行第二次检测，得到最终检测结果。这样的检测器称为双门限检测器，如图 5.37 所示。

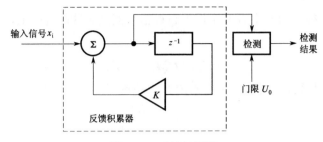

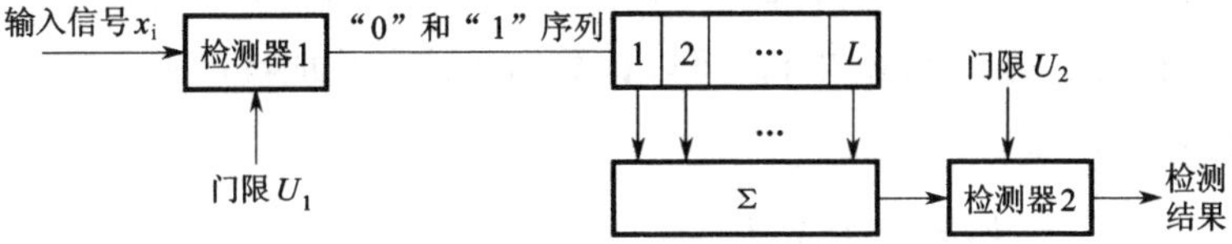

图 5.37　双门限检测器

双门限检测器的检测性能与两个门限U_1和U_2有关。如果第一门限U_1高了，可降低虚警概率，但这不利于微弱目标的检测。如果第一门限U_1低了，虽有利于检测微弱目标，但虚警概率增大，这时就需要提高第二门限U_2，以保持检测器的最终虚警概率处在允许的范围内。下面先分析双门限检测器的检测概率与虚警概率。

假设输入信号x_i为信号加白噪声的脉冲序列，x_i超过第一门限的概率为

$$V=\begin{cases}1, & x_i \geqslant U_1 \\ 0, & x_i < U_1\end{cases} \tag{5.72}$$

N 个统计独立的 x_{i} 中有 K 个以上目标信号回波脉冲超过门限 U_1 的概率 $P(K)$ 符合二项式分布

$$P(K) = C_N^K V^K (1-V)^{N-K} \tag{5.73}$$

式中，二项式系数 C_N^K 表示 N 个样本中 K 次超过门限 U_1 的事件组合总数，即

$$C_N^K = \frac{N!}{K!(N-K)!} \tag{5.74}$$

式中，$N! = N \times (N-1) \times (N-2) \times \cdots \times 1$。在式（5.73）中，$K$ 的均值 μ_K 和方差 σ_K^2 分别为

$$\mu_K = NV \tag{5.75}$$

$$\sigma_K^2 = NV(1-V) \tag{5.76}$$

假设第二门限 $U_2 = M$，其中 M 为一个小于或等于 N 的整数（$M \leqslant N$），则超过第一门限的次数 K 等于或大于 M 的概率可表示为

$$\begin{aligned} P(K \geqslant M) &= \sum_{K=M}^{N} P(K) \\ &= \sum_{K=M}^{N} C_N^K V^K (1-V)^{N-K} \end{aligned} \tag{5.77}$$

输入信号序列 x_{i} 的概率密度函数可用莱斯分布（也称为修正的瑞利分布）来表示，即

$$P(x_{\mathrm{i}}, R_{\mathrm{P}}) = x_{\mathrm{i}} \exp\left(-\frac{x_{\mathrm{i}}^2 + R_{\mathrm{P}}}{2}\right) I_0(x_{\mathrm{i}}\sqrt{R_{\mathrm{P}}}) \tag{5.78}$$

式中，R_{P} 表示单个脉冲的信噪比，当 $R_{\mathrm{P}} = 0$ 时表示无噪声；$I_0[\bullet]$ 为修正的第一类零阶贝塞尔函数。根据 $P(x_{\mathrm{i}}, R_{\mathrm{P}})$，可以计算出当信号叠加噪声时，$x_{\mathrm{i}}$ 超过第一门限 U_1 的概率 V_{S}，即

$$\begin{aligned} V_{\mathrm{S}} &= \int_{U_1}^{\infty} P(x_{\mathrm{i}}, R_{\mathrm{P}}) \mathrm{d}x_{\mathrm{i}} \\ &= \int_{U_1}^{\infty} x_{\mathrm{i}} \exp\left(-\frac{x_{\mathrm{i}}^2 + R_{\mathrm{P}}}{2}\right) I_0(x_{\mathrm{i}}\sqrt{R_{\mathrm{P}}}) \mathrm{d}x_{\mathrm{i}} \\ &= 1 - \int_{0}^{U_1} x_{\mathrm{i}} \exp\left(-\frac{x_{\mathrm{i}}^2 + R_{\mathrm{P}}}{2}\right) I_0(x_{\mathrm{i}}\sqrt{R_{\mathrm{P}}}) \mathrm{d}x_{\mathrm{i}} \end{aligned} \tag{5.79}$$

当噪声单独出现时，x_{i} 超过 U_1 的概率 V_{n} 为

$$\begin{aligned} V_{\mathrm{n}} &= \int_{U_1}^{\infty} P(x_{\mathrm{i}}, 0) \mathrm{d}x_{\mathrm{i}} \\ &= \int_{U_1}^{\infty} x_{\mathrm{i}} \exp\left(-\frac{x_{\mathrm{i}}^2}{2}\right) \mathrm{d}x_{\mathrm{i}} \\ &= \mathrm{e}^{-U_1^2/2} \end{aligned} \tag{5.80}$$

所以，双门限检测器的检测概率 P_d 可通过将 V_S 代入式（5.77）得到，即

$$P_d = \sum_{K=M}^{N} C_N^K V_S^K (1-V_S)^{N-K} \tag{5.81}$$

双门限检测器的虚警概率 P_f 可通过将 V_n 代入式（5.77）得到

$$P_f = \sum_{K=M}^{N} C_N^K V_n^K (1-V_n)^{N-K} \tag{5.82}$$

式（5.81）和式（5.82）说明，双门限检测器的检测性能与 N、M、V_S 及 V_n 有关，而 V_S 与第一门限 U_1 及信噪比 R_P 有关，V_n 也与第一门限 U_1 有关。所以，在 N 和 R_P 一定的情况下，为在一定的虚警概率 P_f 条件下达到指定的检测概率 P_d 所需的门限 U_1 和 M，可以通过计算机仿真来解决。

文献[15,1]通过简化的方法，得到了一些双门限检测器检测性能 P_d、虚警概率 P_f 与 N、M、R_P 之间的关系曲线，可供参考。

5.4　长时间相干积累和弱小目标检测

弱小目标检测是雷达经常会遇到的问题，如无人机、掠海飞行的导弹、隐身飞行器等。它们的雷达截面积小，回波信号很弱；或者处于强的杂波中，信杂比很低。一般的相参积累或非相参积累方式都难以保证对此类目标的可靠检测。为解决这个问题，采取的改进方法之一是采用长时间信号积累，如积累时间可能达到秒级甚至更长。随着积累时间的延长，目标的距离移动和机动等将带来新的问题。

（1）长时间积累期间目标移动将引起目标能量扩散，如果目标移动超过脉冲宽度，在单个距离单元上进行脉冲积累的方法将失效，需要进行跨距离单元的积累和检测。

（2）长时间积累期间目标的匀速模型假设不再成立。目标的转向或加速运动等将引起目标多普勒频率的变动，因而影响相参积累的效果。

将非相参积累检测算法应用于雷达目标检测时存在一个共同缺点[16]，即没有利用回波的相位信息。这使得在检测 SNR 极端低下的微弱目标时，非相参积累检测算法往往由于积累增益不够高而失效，而同时利用幅度和相位信息的相参积累检测算法成为一种更有效的算法。长时间的相参积累，可以有效增加可获取的目标回波能量，提高可靠检测所需的信噪比。然而，随着积累时间的延长，特别是当目标进行变速、转弯等机动飞行时，在长时间积累期间目标回波有可能发生距离徙动（包括距离走动、距离弯曲）和多普勒徙动（多普勒展宽），因此，进行有效的包络补偿和相位补偿是实现长时间相参积累的关键。

5.4.1 距离走动补偿

当目标匀速运动或匀加速运动且加速度较小时，距离走动主要是线性距离走动，即主要由径向速度引起的距离走动。对于线性距离走动的补偿，有如下两种算法：频域法和 Keystone 变换。

1. 频域法

频域法[17~20]是把快时间-慢时间二维回波信号变换到快时间频率-多普勒频率二维频率域或快时间频率-慢时间时域，再通过构造频率域距离走动补偿函数对包络距离走动进行补偿，将回波信号集中到同一距离单元。该方法需要对目标的运动参数进行搜索，当目标运动简单或有一些先验信息时，可以缩小目标运动参数的搜索范围，从而减小运算量。然而，当目标运动复杂且没有相关的先验信息时，运动参数的搜索量将大幅增加。

假设雷达发射线性调频信号，则回波信号为

$$s(t,t_{\mathrm{m}})=\mathrm{rect}\left(\frac{t-\tau}{T_{\mathrm{p}}}\right)\exp\left(\mathrm{j}\pi\mu(t-\tau)^2\right)\exp\left(-\mathrm{j}\frac{4\pi}{\lambda}R_{\mathrm{s}}(t_{\mathrm{m}})\right) \tag{5.83}$$

式中，t_{m} 是慢时间，即相干处理间隔内脉冲之间的时间；τ 是雷达回波的时延，$\tau=2R_{\mathrm{s}}(t_{\mathrm{m}})/c$，$c$ 是光速；$\lambda=c/f_{\mathrm{c}}$ 表示雷达发射信号的波长；$R_{\mathrm{s}}(t_{\mathrm{m}})$ 表示雷达在观测时间内与目标之间的径向距离，它是慢时间 t_{m} 的函数。

假设一个运动目标在 $t_{\mathrm{m}}=0$ 时的最初径向距离为 R_0，目标的初始径向速度是 v，径向加速度为 a（加速度很小），这里不考虑高阶运动参数。在这种情况下，机动目标与雷达之间的径向距离可表示为

$$R_{\mathrm{s}}(t_{\mathrm{m}})=R_0+vt_{\mathrm{m}}+\frac{1}{2}at_{\mathrm{m}}^2 \tag{5.84}$$

可以得到脉冲压缩后的回波信号在距离频率域的表达式为

$$s(f,t_{\mathrm{m}})=\left|P(f)\right|^2\exp\left(-\mathrm{j}\frac{4\pi}{c}(f+f_{\mathrm{c}})\left(R_0+vt_{\mathrm{m}}+\frac{1}{2}at_{\mathrm{m}}^2\right)\right) \tag{5.85}$$

这里的 f 表示相对于快时间 t 的距离频率变量，$\left|P(f)\right|^2$ 是快时间频域-慢时间时域的信号能量。

由于加速度很小，因此，可以忽略 $\exp\left(-\mathrm{j}\frac{4\pi}{c}f\cdot\frac{1}{2}at_{\mathrm{m}}^2\right)$ 项带来的距离弯曲，即可认为此时只存在线性距离走动。

构造补偿函数如下：

$$H(f,t_{\mathrm{m}})=\exp\left(\mathrm{j}\frac{4\pi}{c}f\cdot v_{\mathrm{r}}t_{\mathrm{m}}\right) \tag{5.86}$$

式中，f 表示相对于快时间 t 的距离频率变量，v_{r} 为估计的目标速度信息。

式（5.86）乘式（5.85）后可得（忽略距离弯曲）

$$S\left(f,t_{\mathrm{m}}\right)=\left|P(f)\right|^2\exp\left(-\mathrm{j}\frac{4\pi}{c}f_{\mathrm{c}}\left(R_0+vt_{\mathrm{m}}+\frac{1}{2}at_{\mathrm{m}}^2\right)\right)\exp\left(-\mathrm{j}\frac{4\pi}{c}f\left(R_0+\left(v-v_{\mathrm{r}}\right)t_{\mathrm{m}}\right)\right) \tag{5.87}$$

做完距离频域 IFFT 后，可以得到二维回波为

$$s\left(t,t_{\mathrm{m}}\right)=A\operatorname{sinc}\left(B\left(t-\frac{2\left(R_0+\left(v-v_{\mathrm{r}}\right)t_{\mathrm{m}}\right)}{c}\right)\right)\exp\left(-\mathrm{j}\frac{4\pi}{\lambda}R_{\mathrm{s}}\left(t_{\mathrm{m}}\right)\right) \tag{5.88}$$

式中，A 表示信号幅度，当 $v=v_{\mathrm{r}}$ 时，信号的能量聚集到了同一个距离单元，完成了线性距离走动的补偿，此时回波为

$$s\left(t,t_{\mathrm{m}}\right)=A\operatorname{sinc}\left(B\left(t-\frac{2R_0}{c}\right)\right)\exp\left(-\mathrm{j}\frac{4\pi}{\lambda}R_{\mathrm{s}}\left(t_{\mathrm{m}}\right)\right) \tag{5.89}$$

2. Keystone 变换

Keystone 变换[21]可以在目标径向速度未知的情况下，通过变量代换实现对慢时间维的伸缩变换，将雷达回波的矩形支撑域变换成一个倒梯形，通过解除快时间和慢时间的线性耦合，消除包络的线性距离走动[22]，如图 5.38 所示。

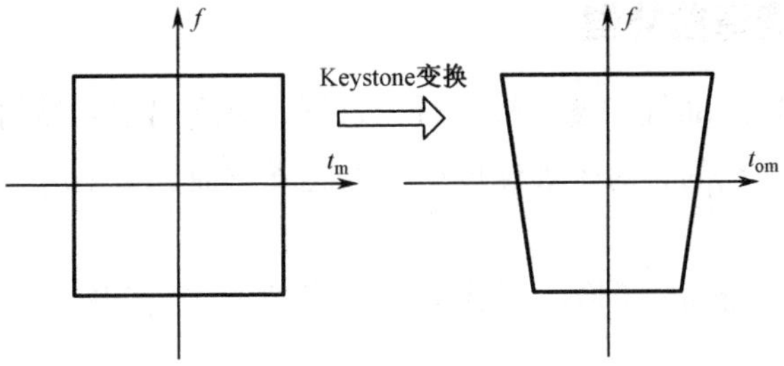

图 5.38　Keystone 变换

因此，Keystone 变换即建立一个虚拟的慢时间轴 τ_{m}，使其存在如下关系：

$$\tau_{\mathrm{m}}f_{\mathrm{c}}=\left(f+f_{\mathrm{c}}\right)t_{\mathrm{m}} \tag{5.90}$$

当脉冲重复频率比较小时，目标的不模糊速度很小，很可能存在速度模糊，可以将速度表示如下：

$$v=M_{\mathrm{amb}}v_{\mathrm{a}}+v_0 \tag{5.91}$$

式中，M_{amb} 是模糊数（折叠因子）；$v_{\mathrm{a}}=\lambda\mathrm{PRF}/2$，表示盲速；$v_0$ 是不模糊速度，且其满足 $v_0\in\left[-\frac{\lambda\mathrm{PRF}}{4},\frac{\lambda\mathrm{PRF}}{4}\right]$。

将式（5.90）、式（5.91）代入式（5.85）并忽略距离弯曲可得（在窄带情况下，有如下近似公式：$\frac{f_c}{f+f_c}\approx 1-\frac{f}{f_c}$，$f+f_c\approx\frac{f_c^2}{f_c-f}$）

$$S_1(f,\tau_m)=|P(f)|^2\exp\left(-j\frac{4\pi}{c}(f+f_c)R_0\right)\exp\left(-j\frac{4\pi}{c}f_c v_0\tau_m\right)\exp\left(-j\frac{4\pi}{c}v_a M_{amb}\left(1-\frac{f}{f_c}\right)f\tau_m\right) \tag{5.92}$$

式中，f 和 $M_{amb}v_a$ 之间还存在耦合项，接下来构造模糊数的补偿函数如下：

$$H_m(f,\tau_m)=\exp\left(j\frac{4\pi}{c}Mv_a\left(1-\frac{f}{f_c}\right)f\tau_m\right) \tag{5.93}$$

式（5.92）与式（5.93）相乘，可得如下关系式：

$$S_1(f,\tau_m)H_m(f,\tau_m)=|P(f)|^2\exp\left(-j\frac{4\pi}{c}(f+f_c)R_0\right)\exp\left(-j\frac{4\pi}{c}f_c v_0\tau_m\right)\exp\left(-j\frac{4\pi}{c}v_a(M_{amb}-M)\left(1-\frac{f}{f_c}\right)f\tau_m\right) \tag{5.94}$$

当 $M=M_{amb}$ 时，式（5.94）的第三个指数项为 1，消除了距离频域与速度之间的耦合，补偿了距离走动。

5.4.2 距离弯曲补偿

当目标匀加速运动且加速度较大时，目标距离会出现明显的弯曲，这主要是由目标的加速度引起的。对于加速度引起的距离弯曲，常采用二阶 Keystone 变换方法[23]来补偿。

所谓二阶 Keystone 变换，即建立一个虚拟的慢时间轴 τ_m，使其存在如下关系：

$$\tau_m=\sqrt{\frac{f+f_c}{f_c}}t_m \tag{5.95}$$

此时，因加速度带来的距离弯曲不能忽略，将式（5.95）代入式（5.85）可得

$$S(f,\tau_m)=|P(f)|^2\exp\left(-j\frac{4\pi}{c}(f+f_c)R_0\right)\exp\left(-j\frac{4\pi}{c}\sqrt{f_c(f+f_c)}v\tau_m\right)\times\exp\left(-j\frac{2\pi}{c}af_c\tau_m^2\right) \tag{5.96}$$

通过估计加速度 a 构造补偿函数，就可以消除第三个指数项的影响，然后进行一次二阶 Keystone 变换，可得如下关系式：

$$S_2\left(f,\tau_{\mathrm{m}}'\right)=\left|P\left(f\right)\right|^2\exp\left(-\mathrm{j}\frac{4\pi}{c}\left(f+f_{\mathrm{c}}\right)R_0\right)\exp\left(-\mathrm{j}\frac{4\pi}{c}f_{\mathrm{c}}v\tau_{\mathrm{m}}'\right) \tag{5.97}$$

将式（5.97）做 IFFT，变回到距离-慢时间域可得

$$s\left(t,\tau_{\mathrm{m}}'\right)=A\operatorname{sinc}\left(B\left(t-\frac{2R_0}{c}\right)\right)\exp\left(-\mathrm{j}\frac{4\pi}{\lambda}\left(R_0+v\tau_{\mathrm{m}}'\right)\right) \tag{5.98}$$

从式(5.98)可以看到距离走动已经被补偿，回波的能量已经集中到了同一个距离单元。

5.4.3　多普勒频率走动补偿

由于目标复杂的运动状态，其相对雷达的径向速度往往并不是唯一的，而是一个不断变换的量。现假设目标存在径向加速度，此时，目标的多普勒频率将不唯一，即能量不能很好地聚集到同一个多普勒通道，存在积累能量损失。为了使各个脉冲信号的能量得到最大限度的积累，需要对加速度引起的速度变化进行补偿。多普勒频率走动补偿算法有补偿函数法和分数阶傅里叶变换。

1. 补偿函数法

补偿函数法[22]是指，在补偿了距离走动后，通过构造二次或三次相位补偿函数消除多普勒展宽。前面介绍了几种距离走动补偿的方法，通过距离走动补偿后，信号的能量聚集到了同一个距离单元，接下来对这个距离单元的信号进行时频分析。通过时频分析的结果，可以得到多普勒频率与时间的关系，从而可以估计出目标的径向加速度，关系式如下：

$$f_{\mathrm{d}}(t)=-2\frac{v+at}{\lambda} \tag{5.99}$$

通过式（5.99）可以估计出目标的径向加速度，然后构造补偿函数：

$$H_{a'}(t_{\mathrm{m}})=\exp\left(\mathrm{j}\frac{4\pi}{\lambda}\frac{1}{2}a't_{\mathrm{m}}^2\right) \tag{5.100}$$

用式（5.89）乘式（5.100）可得

$$s\left(t,t_{\mathrm{m}}\right)H_{a'}'(t_{\mathrm{m}})=A\operatorname{sinc}\left(B\left(t-\frac{2R_0}{\mathrm{c}}\right)\right)\exp\left(-\mathrm{j}\frac{4\pi}{\lambda}\left(R_0+vt_{\mathrm{m}}+\frac{1}{2}\left(a-a'\right)t_{\mathrm{m}}^2\right)\right) \tag{5.101}$$

当 $a=a'$ 时，多普勒频率 $f_{\mathrm{d}}=\dfrac{2v}{\lambda}$，信号的能量聚集于此多普勒通道，完成了多普勒频率走动的补偿。

2. 分数阶傅里叶变换

分数阶傅里叶变换（Fractional Fourier Transform，FRFT）[24, 25]是一种时频分

析工具，可以通过将信号变换到介于时域和频域之间的变换域，来获取在信号时域及其傅里叶频域无法获取的信息。

信号 $x(t)$ 的 FRFT 的定义为

$$X_p(u)=\int_{-\infty}^{+\infty}K_\alpha(t,u)x(t)\mathrm{d}t \tag{5.102}$$

式中，α 是旋转角度，且存在如下关系 $\alpha=p\dfrac{\pi}{2}$，$0\leqslant|p|\leqslant 2$，p 是 FRFT 的变换阶次；$K_\alpha(t,u)$ 是 FRFT 的变换核，表示如下：

$$K_\alpha(t,u)=\begin{cases}\sqrt{(1-\mathrm{j}\cot\alpha)/2\pi}\exp\left[\mathrm{j}\left(\dfrac{1}{2}t^2\cot\alpha-ut\csc\alpha+\dfrac{1}{2}u^2\cot\alpha\right)\right], & \alpha\neq n\pi\\ \delta\left[u-(-1)^n t\right], & \alpha=n\pi\end{cases} \tag{5.103}$$

将式（5.103）代入式（5.102）可得，当 $\dfrac{1}{S^2}*\cot\alpha=\dfrac{4\pi a}{\lambda}$（$S=\sqrt{\mathrm{CPI/PRF}}$）时，径向加速度带来的多普勒频率走动得到补偿，也可由 FRFT 估计目标的径向加速度。

5.5 检测前跟踪（TBD）

在雷达检测前进行跨距离单元的长时间信号积累是困难的。因为检测前既不知道是否存在目标，也不知道目标的运动规律，所以，脉冲包络对齐和目标速度估计等都难以实现。

1. 先检测后跟踪（TAD）方法

传统的目标检测和跟踪可用图 5.39 表示。检测是对雷达天线扫描的单帧数据独立进行的，得到的结果是目标点迹（点迹数据包括目标的距离、角度、幅度、速度等信息），然后雷达数据处理器进行目标的航迹跟踪处理。这种处理方法统称为先检测后跟踪（TAD）方法。

图 5.39　先检测后跟踪（TAD）方法

2. 检测前跟踪（TBD）方法

当目标信噪比低到难以利用单帧数据有效检测目标时，人们试图在检测之前先采用一些跟踪算法估计目标在空间平面中的位置，然后用序列检测算法对估计的航迹进行检测判决，以实现弱小目标的能量沿其航迹积累的效果，以提高检测性能，这就是检测前跟踪（TBD）方法，如图 5.40 所示。

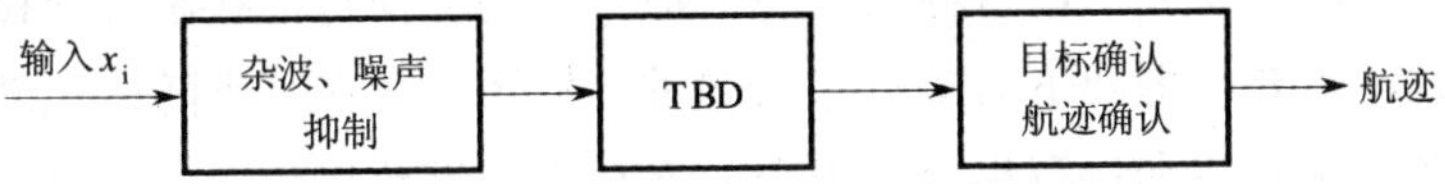

图 5.40　检测前跟踪（TBD）方法

TBD 方法将雷达每次天线扫描（帧）的回波信息数字化，并存储起来，然后在各帧数据间对假设路径包含的点进行几乎没有信息损失的相关处理，经过数次扫描的积累处理，在目标的航迹被估计出来后，同时得到检测结果与目标航迹。

TBD 方法最早用于红外图像序列中对弱小目标的检测，陆续提出了动态规划法[26]、神经网络方法[27]、最大似然法[28]、Hough 变换法[29]、粒子滤波法[30]等，并逐步引入到雷达目标检测中[31, 32]。

TBD 方法需要求出由各扫描时刻的点构成的所有可能路径之后，将每条路径上所有回波幅度相加，找出累加结果超过门限的路径。假设$S(x_k)$是第K个扫描时刻所构成的一条路径中各个回波的幅度累加值，x_k表示各个扫描时刻的回波幅度，如果$S(x_k)$大于某个门限U_0，则可表示为$\hat{x}_k=\{x_k:S(x_k)>U_0\}$，则路径$S(x_k)$中所包含的点$\{x_1,x_2,\cdots,x_k\}$是可以确认的一条目标航迹，也就是检测到了目标。

由于在实际处理中，可能的路径数很多，用穷举法解决这类问题，运算量是非常大的，因此，为了减少运算量，在解决方法中最基本的思路是对每次扫描所得的每帧数据，在信息选择的基础上通过目标函数选择一条最优路径，以此实现 TBD 检测。

3. 随机有限集理论

21 世纪初，R. Mahler 首次将随机有限集（RFS）理论引入多目标跟踪问题，从而使多目标跟踪理论研究进入了一个崭新的发展阶段。基于 RFS 的多目标跟踪算法避免了数据关联及其所带来的种种问题，迅速受到国内外众多学者的热切关注，成为近年来多目标跟踪理论的一个重要发展方向。基于 RFS 的多目标跟踪算法成为多目标跟踪领域的主要研究方向，且已在一些实际工程场景中得到广泛应用，如航海图像处理、被动多传感器多目标检测与跟踪、声呐图像处理、汽车导航系统及机动目标跟踪等[33]。

Mahler 首先提出了基于 RFS 的多目标跟踪算法，该类算法在每一时刻预测和更新多目标联合概率密度函数，是一种基于贝叶斯模型的递推算法。

在单目标跟踪问题中，每一时刻的目标状态和量测信息用维数不变的向量表示。在多目标问题研究中，目标的出现、消失，均会使目标状态与数目均随时间变化，因此，需要在框架下对多目标问题进行描述。在在基于随机集理论的跟踪模型中，多目标状态和量测集合中集合元素与集合维数均为随机变量，这就是随机集理论名称的由来。多目标状态和量测可建模为如下形式：

$$X_k = \left\{x_{k,1}, \cdots, x_{k,N_k}\right\} \in F(X) \tag{5.104}$$

$$Z_k = \left\{z_{k,1}, \cdots, z_{k,M_k}\right\} \in Z(\psi) \tag{5.105}$$

式中，X_k 表示 k 时刻目标的状态集；Z_k 表示 k 时刻的量测集；N_k 表示 k 时刻目标的数目；M_k 表示 k 时刻的量测数目；$F(X)$ 和 $Z(\psi)$ 分别表示目标状态空间 X 和量测空间 ψ 上所有有限子集的集合。

若 $k-1$ 时刻的目标状态 RFS 为 X_{k-1}，那么在 k 时刻，目标状态 X_k 的 RFS 可能包含 3 个部分：从 $k-1$ 时刻到 k 时刻存活的目标状态 RFS，k 时刻衍生出的目标状态 RFS，新生目标状态 RFS。在 k 时刻的目标状态 RFS X_k 可表示为

$$X_k = \left(\bigcup_{x \in X_{k-1}} S_{k|k-1}(x)\right) \bigcup \left(\bigcup_{x \in X_{k-1}} B_{k|k-1}(x)\right) \bigcup \varGamma_k \tag{5.106}$$

式中，$S_{k|k-1}(x)$ 为 $k-1$ 时刻到 k 时刻继续存活的目标 RFS；$B_{k|k-1}(x)$ 为 k 时刻衍生的目标 RFS；$\varGamma_k$ 为 k 时刻新生的目标 RFS。

对于目标状态集合中任一目标 $x_k \in X_k$，它将产生一个 RFS $\varTheta_k(x)$，如果 $\varTheta_k(x) = \{Z_k\}$，则表示目标被检测到；如果 $\varTheta_k(x) = \phi$，则表示目标没有被检测到。在 k 时刻量测状态 RFS 模型 Z_k 可表示为

$$Z_k = K_k \bigcup \left(\bigcup_{x \in X_k} \varTheta_k(x)\right) \tag{5.107}$$

式中，K_k 表示 k 时刻的虚警或杂波；$\varTheta_k(x)$ 为 k 时刻每个真实目标的量测集合。

基于 RFS 理论多目标跟踪的状态模型和量测模型所述，由贝叶斯公式推导出来的多目标跟踪后验概率分布密度表示为

预测：

$$p_{k|k-1}\left(X_k \mid Z_{1:z-1}\right) = \int f_{k|k-1}\left(X_k \mid \zeta\right) p_{k-1}\left(\zeta \mid Z_{1:z-1}\right) \mu_s \mathrm{d}\zeta \tag{5.108}$$

更新：

$$p_{k|k-1}\left(X_k \mid Z_{1:z-1}\right) = \frac{g_k\left(Z_k \mid X_k\right) p_{k|k-1}\left(X_k \mid Z_{1:z-1}\right)}{\int g_k\left(Z_k \mid \zeta\right) p_{k|k-1}\left(\zeta \mid Z_{1:z-1}\right) \mu_s \mathrm{d}\zeta} \tag{5.109}$$

式中，$f_{k|k-1}(\cdot|\cdot)$ 和 $g_k(\cdot|\cdot)$ 分别表示多目标状态转移概率密度函数和状态似然函数；$Z_{1:k}=\{Z_1,Z_2,\cdots,Z_k\}$ 是从 1 时刻到 k 时刻的所有测量 RFS；$p_{k-1}(\cdot|Z_{1:k-1})$ 和 $p_{k|k}(\cdot|Z_{1:k})$ 分别代表多目标预测概率密度函数和多目标后验概率密度函数；μ_s 表示 $F(X)$ 近似 Lebesgue 测度。

5.6　本章小结

本章首先介绍了白噪声、色噪声情况下的最优检测及多种恒虚警检测器，然后针对现代雷达所面临的反隐身这一难点问题，系统地介绍了传统信号积累和检测算法，重点介绍了针对弱小目标的长时间相干积累和检测算法，以及信号处理和数据处理相结合的检测前跟踪算法。

高空高速飞行器、隐身飞机、巡航导弹等新型目标的不断涌现，以及反辐射武器、雷达对抗装备能力的持续提升，对雷达反隐身探测能力形成了严峻挑战。多子雷达分布式有机协同是提升雷达反隐身能力的重要发展趋势，尤其是多子雷达间的信号级、数据级融合可以增强弱小目标，从而使反隐身技术成为重要的研究方向。

本章参考文献

[1] DIFRANNCO J V, RUBIN W L. Radar Detection[M]. Prentice-Hall, 1968.

[2] FINN H M, JOHNSON R S. Adaptive Detection Mode with Threshold Control as Function of Spatially Sampled Clutter-Level Estimation[J]. RCA Review., 1968, 9(30): 414-464.

[3] MITCHELL R L, WALKER J F. Recursive Methods for Computing Detection Probabilities[J]. IEEE Transactions on Aerospace and Electronic Systems, vol. AES-7, no. 4, pp. 671-676, July 1971.

[4] 何友，关键，彭应宁，等. 雷达自动检测与恒虚警处理[M]. 北京：清华大学出版社，1999.

[5] HERMANN R. Radar CFAR Thresholding in Clutter and Multiple Target Situations[J]. IEEE Transactions on Aerospace and Electronic Systems.

[6] HERMANN R. New CFAR-Processor Based on An Ordered Statistic[C]. IEEE International Radar Conference, May. 1985, USA.

[7] RICHARD J T, DILLARD G M. Adaptive Detection Algorithms for Multiple-

Target Situations[J]. IEEE Transactions. on AES, 1977, 13(4): 338-343.

[8] GANDHI P P, KASSAM S A. Analysis of CFAR Processors in Nonhomogeneous Background[J]. IEEE Transactions. on AES, 1988, AES-24(4): 427-445.

[9] ELIAS A R, DE M M G, DAVO E R. Analysis of Some Modified Order Statistic CFAR: OSGO and OSSO CFAR[J]. IEEE Transactions. on AES, 1990, AES-26(1): 197-202.

[10] PAPOULIS A, PILLAI S U. 概率、随机变量与随机过程[M]. 保铮，冯大政，水鹏朗，译. 西安：西安交通大学出版社，2004.

[11] 数学手册编写组. 数学手册[M]. 北京：高等教育出版社，1979.

[12] NITZBERG R. Clutter Map CFAR Analysis[J]. IEEE Transactions. on AES, 1986, AES-22(4): 419-421.

[13] ZH B, et al. The Performance Improvement of the Zero-Velocity Filter in MTD Radar[C]. Proceedings of Radar, 1984, France.

[14] WERLING P S. Probability of Detection for Fluctuating Target[J]. Trans. IRE Prof. Group on Information Theory, 1960, IT-6(2): 269-308.

[15] HARRINGTON J V. An Analysis of the Detection of Repeated Signals in Noise by Binary Integration[C]. IRE Transactions. On IT, March, 1985.

[16] 饶烜. 空中弱小目标长时间相参积累检测技术研究[D]. 西安：西安电子科技大学，2015.

[17] 吴孙勇，廖桂生，朱圣棋，等. 提高雷达机动目标检测性能的二维频率域匹配方法[J]. 电子学报，2012，40（12）：2415-2420.

[18] 夏卓卿，陆军，陈伟建. 一种 Chirp 雷达包络对齐新方法[J]. 雷达科学与技术，2010，8（1）：44-48.

[19] 战立晓，汤子跃，陈克军，等. 一种新的超声速弱目标长时间相参积累算法[J]. 现代雷达，2013，35（5）：47-51.

[20] 郑纪彬，符渭波，苏涛，等. 一种新的高速多目标检测及参数估计方法[J]. 西安电子科技大学学报，2013，40（2）：82-88.

[21] PERRY R P, DIPIETRO R C, FANTE R L. SAR imaging of moving targets[J]. IEEE Trans. Aerosp. Electronic. Systems., 1999, 35(1): 188-199.

[22] SU J, XING M, WANG G, et al. High-speed multi-target detection with narrow band radar[J]. IET Radar Sonar Navig, 2010, 4(4): 595-603.

[23] KIRKLAND D. Imaging moving targets using the second-order keystone transform[J]. IET Radar Sonar and Navigation, 2011, 5(8): 902-910.

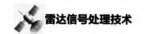

[24] NAMIAS V. The Fractinal Order Fourier Transform and its Application on Quantum Mechanics[J]. Institute. Mathematics. Appliactuns, 1980, 25: 241-265.

[25] MENDLOVIC D, OZAKTAS H M. Fractional Fourier Transforms and Their Optical Implementation (I)[J]. Opt. Sco. AM. A, 1993, 10(10): 1875-1881.

[26] LARSON R E, PESCHON J A. Dynamic Programming Approach to Trajectory Estimation[J]. IEEE Transactions. On Automatic Control, 1966, 3: 537-540.

[27] ROTH M W. Neutral Networks for Extraction of Weak Target in High Clutter Environments[J]. IEEE Transactions. On SMC, 1989, SMC-19(5): 1210-1217.

[28] TONISSEN S M, BAR-SHALOM Y. Maximum Likelihood Track-Before Detect with Fluctuating Target Amplitude[J]. IEEE Transactions. On AES, 1998, AES-34(3): 796-809.

[29] RICHARDS G A. Application of Hough Transform as a Track-Before-Detect Method[C]. IEE, London WCIRBL, UK, 1996: 1-3.

[30] BOERSY N, DRIESSEN J. Multi-Target Particle Filter Track-Before-Detect Application[J]. IEE Proceedings of Radar Sonar Navigation, 2004, 151(6): 351-357.

[31] WYNN D A, COOPER D C. Coherent Track-Before-Detection Processing in a Ship-Based Multifunction Radar[C]. Radar Conference, 2002: 206-209.

[32] DARID J. Track-Before-Detect Processing for an Airborne Type Radar[C]. IEEE International Radar Conference, 1990, 422-427: USA.

[33] 彭冬亮，文成林，徐晓滨，等. 随机集理论及其在信息融合中的应用[J]. 电子与信息学报，2006，28（11）：2199-2204.

第6章
雷达杂波抑制和目标检测

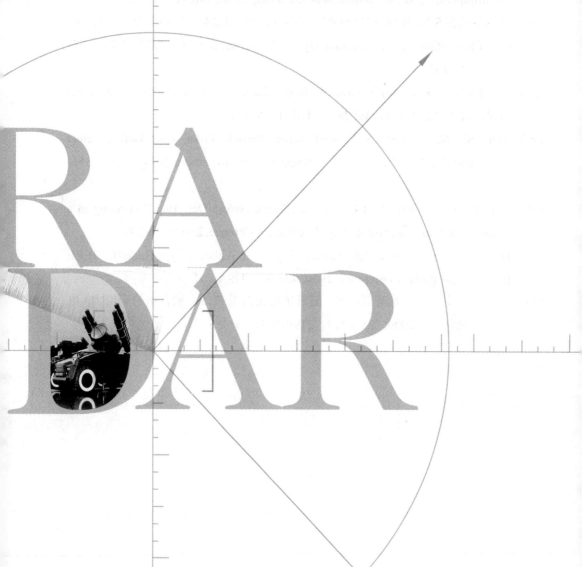

雷达需要探测飞机、导弹、船舶等运动目标，但雷达接收到的信号中不仅含有来自运动目标的回波信号，也有从地物、云雨及人为施放的箔条等物体散射产生的回波信号，这种回波信号称为杂波。因为杂波往往比目标信号强得多，所以，杂波的存在会严重影响雷达对运动目标的检测能力，需要研究抑制杂波的方法，以提高在杂波区中检测运动目标的能力。

6.1　雷达杂波

雷达杂波的种类很多，大致可以分为地杂波、海杂波、气象杂波、箔条杂波等。

6.1.1　地杂波

雷达发射的信号照射到地面后，从地面的山丘、树林、农田、沙漠、城市建筑等散射形成的回波信号通称为地杂波。地杂波是一种面杂波，它的强度与雷达天线波束照射的杂波区面积及杂波的后向散射系数的大小有关。杂波的平均回波功率可表示为

$$\bar{P}_{\mathrm{r}}=\frac{1}{(4\pi)^2}\int_A\frac{P_{\mathrm{t}}G_{\mathrm{t}}A_{\mathrm{r}}\sigma^0 A}{R^4} \tag{6.1}$$

式中，P_{t}、G_{t} 和 A_{r} 分别表示发射功率、发射天线增益和接收天线面积；R 为距离；A 为雷达天线波束的照射区域面积；σ^0 为天线波束照射区域内地面的散射系数（也称为单位面积的雷达散射截面积），它是天线波束照射区域内所有散射单元散射截面积的均值。σ^0 的大小还与天线波束的入射角（也称擦地角）φ 有关，如图 6.1 所示，$\mathrm{d}A$ 表示天线波束投影面积，$\sigma^0 A$ 与 $\mathrm{d}A$ 的关系可表示为

$$\sigma^0 A=\gamma\cdot\mathrm{d}A=\gamma\cdot(\cos\theta)A \tag{6.2}$$

$$\sigma^0=\gamma\cdot\cos\theta \tag{6.3}$$

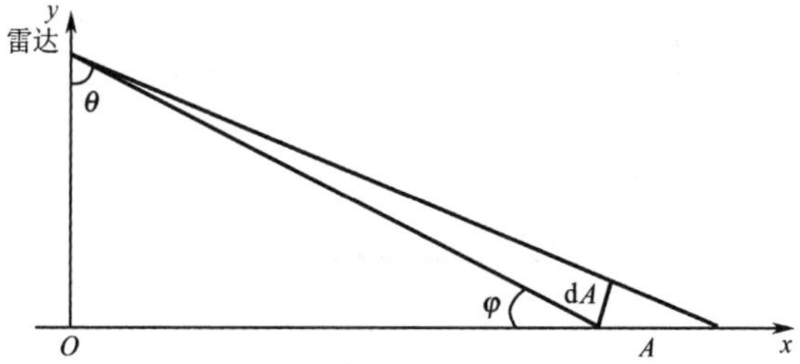

图 6.1　雷达波束照射面积和投影面积

式（6.2）和式（6.3）中，θ 为入射角 φ 的余角；σ^0 是天线波束照射区域面积 A 定义的地面散射系数；γ 是天线波束投影面积 $\mathrm{d}A$ 定义的散射系数。在实际应用中要注意区分。

天线波束照射的杂波区面积越大，后向散射系数越大，则地杂波越强。根据实际测量，地杂波的强度最大可比接收机噪声大 70dB 以上。地物表面生长的草、木、庄稼等会随风摆动，导致地杂波大小的起伏变化。地杂波的这种随机起伏特性可用概率密度函数和功率谱来表示。因为地杂波是天线波束照射区内大量散射单元的回波合成的结果，所以，地杂波的起伏特性一般符合高斯分布。高斯概率密度函数可表示为

$$f(x)=\frac{1}{\sqrt{2\pi}\sigma}\exp\left[\frac{(x-\mu)^2}{2\sigma^2}\right] \tag{6.4}$$

式中，μ 为 x 的均值；σ^2 是 x 的方差。当雷达信号用复信号表示时，可以认为地杂波的实部和虚部信号分别为符合式（6.4）的独立同分布的高斯随机过程，而地杂波的幅度（复信号的模值）符合瑞利分布。瑞利分布的概率密度函数为

$$f(x)=\frac{x}{b^2}\exp\left(-\frac{x^2}{2b^2}\right),\quad x\geqslant 0,\quad b>0 \tag{6.5}$$

式中，b 为瑞利系数。瑞利分布信号的均值 μ 和方差 σ^2 分别为

$$\mu=E[x]=b\sqrt{\pi/2} \tag{6.6}$$

$$\sigma^2=E\left[(x-\mu)^2\right]=\left(\frac{4-\pi}{2}\right)b^2 \tag{6.7}$$

式（6.6）和式（6.7）中，$E[\cdot]$ 表示求统计平均。当 b 取不同值时瑞利分布曲线如图 6.2 所示。

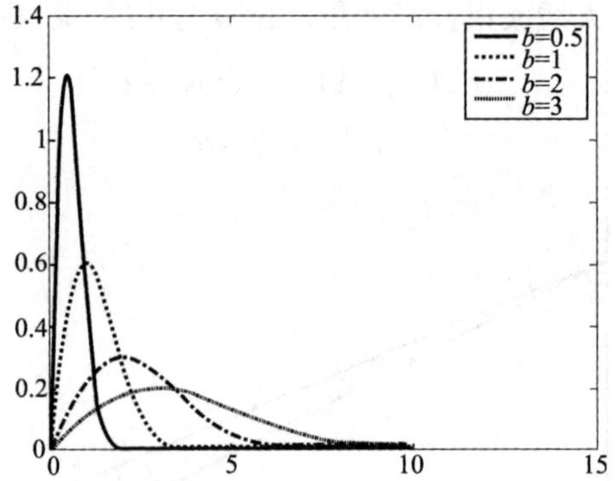

图 6.2　瑞利分布曲线

当雷达天线波束照射区内不仅有大量的小散射单元，还存在强点反射单元

（如水塔等）时，地杂波的分布不再符合高斯分布，其幅度分布也不符合瑞利分布，而更趋近于莱斯（Rice）分布，其概率密度函数可表示为

$$f(x)=\frac{x}{\sigma^2}\exp\left[\frac{x^2+\mu^2}{2\sigma^2}\right]I_0\left[\frac{\mu}{\sigma^2}x\right],\quad x\geqslant 0 \tag{6.8}$$

式中，σ^2 为方差；μ 为均值；$I_0[\cdot]$ 为零阶贝塞尔函数。对于高分辨雷达和小入射角的情况，地杂波的幅度分布也可能符合其他非高斯分布。

地杂波是一种随机过程，除了其概率密度分布特性，还必须研究其相关特性。根据维纳的理论[1]，随机过程的自相关函数与功率谱是傅里叶变换对的关系。从滤波器的角度看，用功率谱来表示地杂波的相关特性更为直观。

通常，地杂波的功率谱可采用高斯模型表示，称为高斯谱，表达式为

$$S(f)=S_0\exp\left[-\frac{(f-f_{\mathrm{d}})^2}{2\sigma_{\mathrm{f}}^2}\right] \tag{6.9}$$

式中，S_0 为地杂波平均功率；f_{d} 为地杂波的多普勒频率，计算公式为

$$f_{\mathrm{d}}=\frac{2V_{\mathrm{r}}}{\lambda} \tag{6.10}$$

式中，λ 为雷达工作波长；V_{r} 为雷达与地杂波区域中心的相对移动速度。

式（6.9）中的 σ_{f} 为地杂波功率谱的标准离差，计算公式为

$$\sigma_{\mathrm{f}}=\frac{2\sigma_v}{\lambda} \tag{6.11}$$

σ_v 被称为地杂波的标准差，它是与地杂波区植被类型和风速有关的一个量，如表 6.1[2]所示。

表 6.1 地杂波的标准差

类型	风速（kn）	σ_v(m/s)	参考资料
稀疏树林	无风	0.017	Barlow[9]
有树林的小山	10	0.04	Goldstein[10]第 583～585 页
有树林的小山	20	0.22	Barlow[9]
有树林的小山	25	0.12	Goldstein[10]第 583 页
有树林的小山	40	0.32	Goldstein[10]第 583～585 页

对于高分辨雷达和擦地角较小的情况，地杂波功率谱中的高频分量会明显增大，需要用全极谱或指数谱来表示，这是因为全极谱和指数谱的曲线具有比高斯谱曲线更长的拖尾，适用于表征其高频分量的增加。全极谱可表示为

$$S(f)=\frac{S_0}{1+(f-f_{\mathrm{d}})^n/f_{\mathrm{c}}} \tag{6.12}$$

式中，f_d 为地杂波谱中心的多普勒频率；f_c 为归一化特征频率，是杂波归一化功率谱-3dB 点的宽度。当 $n=2$ 时，全极谱常称为柯西谱；当 $n=3$ 时，全极谱称为立方谱。

指数型功率谱也称为指数谱，其表达式为

$$S(f)=S_0\exp\left[\frac{-(f-f_d)}{f_c}\right] \tag{6.13}$$

式中，f_d 为杂波谱中心的多普勒频率；f_c 为归一化特征频率。如图 6.3 所示为三种杂波功率谱模型。

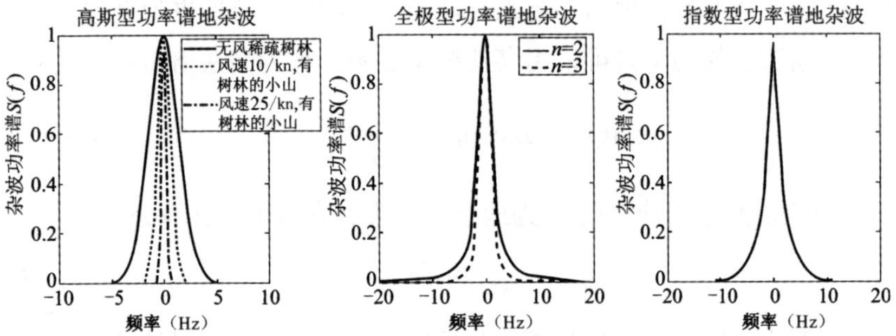

图 6.3　三种杂波功率谱模型

6.1.2　海杂波

海杂波是指从海面散射的回波，海洋表面状态不仅与海面的风速、风向有关，还受到洋流、涌波、海表面温度等各种因素的影响，因此，海杂波不仅与雷达的工作波长、极化方式、电波入射角有关，还与海面状态有关。海杂波的动态范围可达 40dB 以上。海杂波概率分布也可以用高斯分布来表示，其幅度概率密度分布符合瑞利分布，见式（6.5）。

随着雷达分辨率的提高，人们发现海杂波的概率分布出现了更长的拖尾，其概率分布偏离高斯分布，其幅度概率密度函数需要采用对数正态（Log-Normal）分布、韦布尔（Weibull）分布和 K 分布等非高斯模型。

1. 对数正态分布

对数正态分布的概率密度函数为

$$f(x)=\frac{1}{\sqrt{2\pi}\sigma_c x}\exp\left[-\frac{(\ln x-\mu_m)^2}{2\sigma_c^2}\right],\ x>0,\sigma_c>0,\mu_m>0 \tag{6.14}$$

式中，μ_m 是尺度参数，取 x 的中值；σ_c 是形状参数。对数正态分布的均值与方

差分别为

$$\mu = E[x] = \exp\left[\mu_m + \frac{\sigma_c^2}{2}\right] \tag{6.15}$$

$$\sigma^2 = E\left[(x-\mu)^2\right] = \mathrm{e}^{2\mu+\sigma_c^2}(\mathrm{e}^{\sigma_c^2}-1) \tag{6.16}$$

形状参数σ_c越大，对数正态分布曲线的尾巴越长，这时杂波取大幅度的概率就越大。如图 6.4 所示为几种对数正态分布的概率分布曲线。

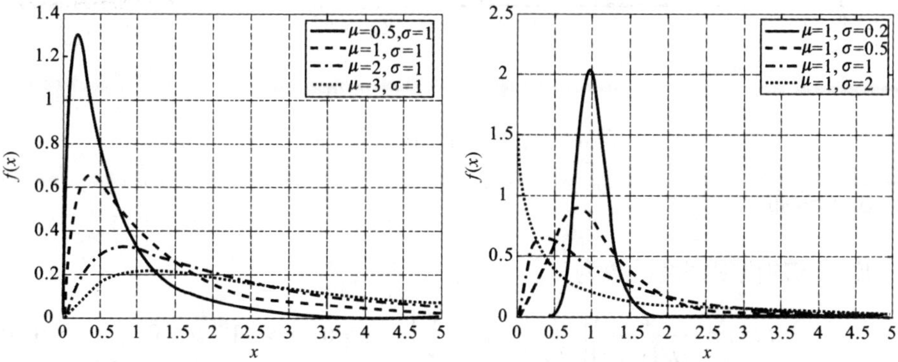

(a) 随尺度参数μ变化的曲线　　(b) 随形状参数σ变化的曲线

图 6.4　对数正态分布概率密度曲线

2. 韦布尔分布

韦布尔分布的概率密度函数为

$$f(x) = \frac{p}{q}\left(\frac{x}{q}\right)^{p-1}\exp\left[-\left(\frac{x}{q}\right)^{p}\right],\quad x \geqslant 0,\quad p>0,\quad q>0 \tag{6.17}$$

式中，p是形状参数；q为尺度参数；韦布尔分布的均值和方差分别为

$$\mu = E[x] = q\cdot\Gamma[1+p^{-1}] \tag{6.18}$$

$$\sigma^2 = E\left[(x-\mu)^2\right] = q^2\left\{\Gamma\left[1+\frac{2}{p}\right] - \Gamma^2\left[1+\frac{1}{p}\right]\right\} \tag{6.19}$$

式中，$\Gamma[\cdot]$是伽马函数。当形状参数$p=1$时，韦布尔分布退化为指数分布；而当形状参数$p=2$时，韦尔布分布退化为瑞利分布。调整韦布尔分布的参数，可以使韦布尔分布模型更好地与实际杂波数据匹配，因此，韦布尔分布是一种适用范围较宽的杂波概率分布模型。如图 6.5 所示为不同参数时的韦布尔分布概率密度曲线。

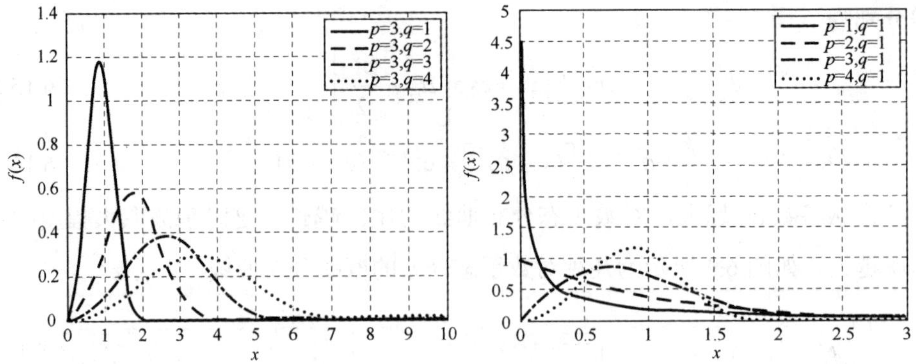

(a) 随尺度参数q变化的曲线　　(b) 随形状参数p变化的曲线

图 6.5　韦布尔分布概率密度曲线

3. K 分布

K 分布的概率密度函数为

$$f(x)=\frac{2}{\alpha\Gamma\left[v+1\right]}\left(\frac{x}{2\alpha}\right)^{v+1}K_v\left[\frac{x}{\alpha}\right],\quad x>0,\ v>-1,\ \alpha>0 \tag{6.20}$$

式中，v 是形状参数。当$v\to 0$时，概率分布曲线有长的拖尾，表示杂波有尖峰出现；当$v\to\infty$时，概率分布曲线接近瑞利分布。α 是一个尺度函数，与杂波的均值大小有关。$\Gamma\left[\cdot\right]$为伽马函数，$K_v\left[\cdot\right]$是修正的v阶贝塞尔函数。K 分布的均值与方差分别为

$$\mu=E\left[x\right]=\frac{2\alpha\Gamma\left[v+\frac{3}{2}\right]\Gamma\left[\frac{3}{2}\right]}{\Gamma\left[v+1\right]} \tag{6.21}$$

$$\sigma^2=E\left[(x-\mu)^2\right]=4\alpha^2\left\{v+1-\frac{\Gamma^2\left[v+\frac{3}{2}\right]\Gamma^2\left[\frac{3}{2}\right]}{\Gamma^2\left[v+1\right]}\right\} \tag{6.22}$$

K 分布可以在很宽的范围内表征高分辨雷达在低入射角情况下海杂波的幅度概率分布。如图 6.6 所示为几种参数的 K 分布概率密度曲线。

海杂波的功率谱与多种因素有关，短时谱的峰值频率与海浪的轨迹有关。逆风时，峰值频率为正；顺风时，峰值频率为负；侧风时，峰值频率降为零，其谱中心随着风向在零频附近左右摇摆，其平均多普勒频率可以认为是零。海杂波的功率谱也可用均值为零的高斯型谱表示，海杂波的标准差σ_v为 0.46～1.1m/s，如表 6.2 所示[2]。

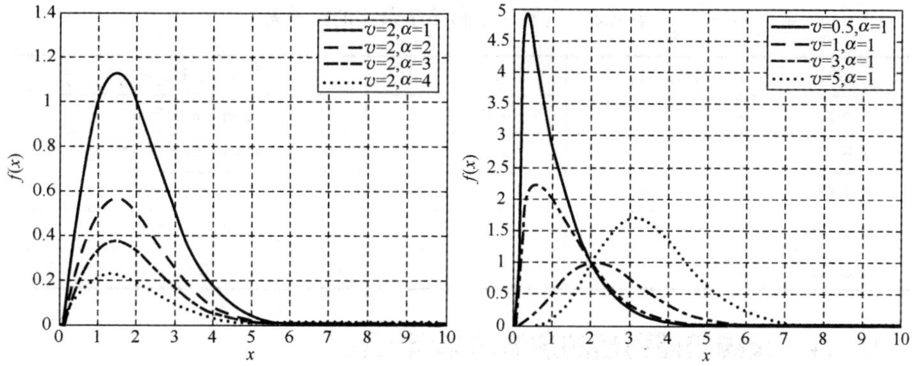

（a）随尺度参数α的变化曲线　　（b）随形状参数υ的变化曲线

图 6.6　K 分布概率密度曲线

表 6.2　海杂波的标准差

类型	风速（kn）	σ_v(m/s)	参考资料
海杂波	—	0.7	Wiltse[11]第 226 页
海杂波	—	0.75～1.0	Goldstein[10]第 580～581 页
海杂波	8～20	0.46～1.1	Hicks 等[12]第 831 页
海杂波	大风	0.89	Barlow[9]

6.1.3　气象杂波和箔条杂波

云、雨和雪的散射回波称为气象杂波。气象杂波是一种体杂波，其强度与雷达天线波束照射区内的杂波体积、信号的距离分辨率及散射体的性质有关。从散射体的性质来说，非降雨的云强度最小，从小雨、中雨到大雨，气象杂波强度不断增大。因为气象杂波是由大量微粒的散射形成的，所以，杂波幅度分布一般符合高斯分布。虽然气象杂波的功率谱符合高斯分布模型，但由于风的作用，其功率谱中含有一个与风向、风速有关的平均多普勒频率。

$$S_{气象}(f)=S_0\exp\left[-\frac{(f-f_{\mathrm{d}})^2}{2\sigma_{\mathrm{f}}^2}\right] \tag{6.23}$$

式中，f_{d} 是其平均多普勒频率，与风速、风向有关；σ_{f} 是其功率谱的标准差，对于云雨来说，$\sigma_v=1\sim4\mathrm{m/s}$（见表 6.3），$\sigma_{\mathrm{f}}$ 可通过式（6.11）计算。

人工施放的箔条云在高空会停留一段时间，其对应的箔条杂波的特性与雨杂波类似，箔条杂波的标准差 $\sigma_v=0.4\sim1.2\mathrm{m/s}$，如表 6.3 所示[2]。

表 6.3 气象杂波和箔条杂波的标准差

类型	风速（kn）	σ_v(m/s)	参考资料
箔条杂波	—	0.37～0.91	Goldstein[10]第 472 页
箔条杂波	25	1.2	Goldstein[10]第 472 页
箔条杂波	大风	1.1	Barlow[9]
雨云杂波	25	1.8～4.0	Goldstein[10]第 576 页
雨云杂波	—	2.0	Barlow[9]

6.1.4 天线扫描引起的杂波功率谱展宽

在用式(6.11)计算杂波功率谱标准差时，只考虑杂波的标准差σ_v是不够的，在有些雷达中还需要考虑天线扫描引起的杂波功率谱的展宽。设天线方向图具有高斯形状，双程天线方向图对回波信号的幅度调制引起的杂波功率谱展宽可用标准差σ_c表示[3]为

$$\sigma_c = \frac{\sqrt{\ln 2}}{\pi}\frac{f_r}{n} = 0.265\frac{f_r}{n} \tag{6.24}$$

式中，f_r为雷达脉冲重复频率；n为单程天线方向图 3dB 宽度内目标的回波脉冲数。如果天线方向图不是高斯形状，式(6.24)也基本可用，因此，对于天线扫描工作的雷达，接收的杂波功率谱标准差应为

$$\sigma_{杂波} = \sqrt{\sigma_f^2 + \sigma_c^2} \tag{6.25}$$

式中，σ_f通过式（6.11）计算得到。

6.2 雷达杂波抑制和改善因子

通常，雷达回波可表示为

$$x(t) = s(t) + n(t) \tag{6.26}$$

式中，$s(t)$表示目标回波信号；$n(t)$表示噪声。噪声对目标信号$s(t)$检测的影响与信噪比（SNR）有关。SNR 定义为信号功率S与噪声功率N之比，即

$$\text{SNR} = \frac{S}{N} \tag{6.27}$$

当雷达回波中存在杂波$c(t)$时，有

$$x(t) = s(t) + n(t) + c(t) \tag{6.28}$$

这时，可用信杂噪比（SCNR）代替信噪比（SNR），即

$$\text{SCNR} = \frac{S}{C+N} \tag{6.29}$$

式中，C为杂波功率，由于C往往比N大得多，所以，这时影响目标信号$s(t)$检

测的主要是信杂比。信杂比（SCR）定义为信号功率 S 与杂波功率 C 之比，即

$$\mathrm{SCR}=\frac{S}{C} \tag{6.30}$$

抑制杂波，提高信杂比，可以提高雷达在杂波背景下检测目标的能力。

根据相参信号处理原理（见 2.3.1 节），正交相位检波器的输出信号为

$$x(t)=x_{\mathrm{I}}(t)+\mathrm{j}x_{\mathrm{Q}}(t)=Ka(t)\mathrm{e}^{\mathrm{j}2\pi f_{\mathrm{d}}t} \tag{6.31}$$

$$\begin{cases}x_{\mathrm{I}}(t)=Ka(t)\cos 2\pi f_{\mathrm{d}}t\\ x_{\mathrm{Q}}(t)=Ka(t)\sin 2\pi f_{\mathrm{d}}t\end{cases} \tag{6.32}$$

式中，$x_{\mathrm{I}}(t)$ 为同相通道信号，$x_{\mathrm{Q}}(t)$ 为正交通道信号，K 为一常数，$a(t)$ 为信号包络，f_{d} 为多普勒频率。如图 6.7 所示为全相参脉冲雷达 A 式显示器的回波信号，其中 R 表示距离，是以发射时刻为基准从 t 转换得到的：

$$R=\frac{1}{2}ct \tag{6.33}$$

式中，c 为电磁波的传播速度，$c=3\times10^{8}\,\mathrm{m/s}$ 。

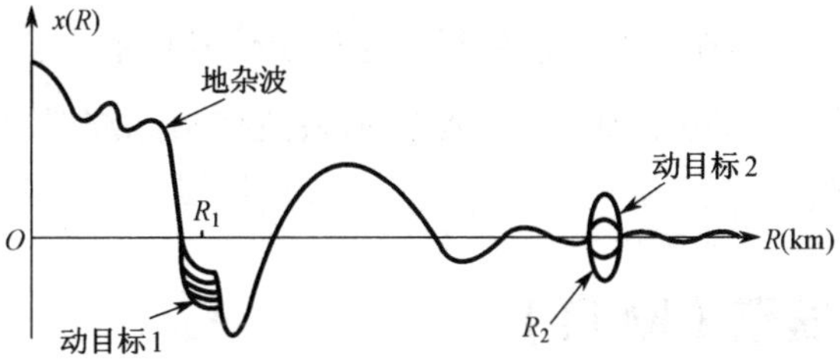

图 6.7　全相参脉冲雷达 A 式显示器的回波信号（多次距离扫描）

由于地物杂波的多普勒频率在零频附近，因此，对应雷达的多次发射，相参检波器输出的地杂波信号变化很慢，多次扫描基本上是重复的。动目标 1 和动目标 2 的回波因为具有多普勒频率，所以，对应于雷达的多次发射，其回波信号是变化的，在 A 式显示器上呈现“蝴蝶形”。假设动目标 1 的距离为 R_1，R_1 处回波信号的功率谱如图 6.8 中实线所示。R_1 处的地物杂波具有高斯型功率谱，中心频率为零，目标具有多普勒频率 f_{d1}，从频率轴上看，目标和杂波是分开的。这种情况下，在正交相位检波器的输出端级联一个杂波抑制滤波器，而且具有如图 6.8 所示的杂波抑制滤波器特性（杂波抑制滤波器特性的凹口对准地杂波功率谱的峰），就可以明显抑制地物杂波，使杂波抑制滤波器输出端 R_1 处的信杂比有大的提高。

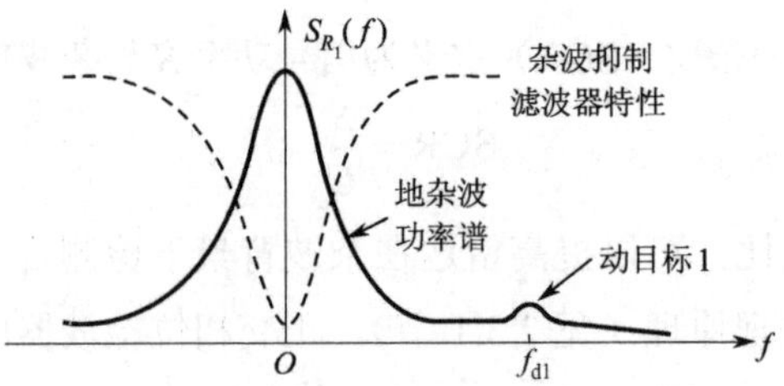

图 6.8　距离 R_1 处的信号功率谱和杂波抑制滤波器特性

杂波抑制滤波器对信杂比改善的大小，可以用改善因子来表示。改善因子 I 定义为杂波抑制滤波器的输出信杂比（S_o/C_o）与输入信杂比（S_i/C_i）之比，即

$$I=\frac{S_o/C_o}{S_i/C_i}=\frac{S_o}{S_i}\frac{C_i}{C_o}=\overline{G}\cdot \text{CA} \tag{6.34}$$

$$\overline{G}=\frac{S_o}{S_i} \tag{6.35}$$

$$\text{CA}=\frac{C_i}{C_o} \tag{6.36}$$

式中，S_i 和 S_o 是指目标在所有可能的径向速度上信号功率的平均值；$\overline{G}$ 为杂波抑制滤波器对信号的平均功率增益；CA 表示杂波抑制滤波器对杂波功率的衰减量，称为杂波衰减。

6.3　动目标显示（MTI）

动目标显示是指利用杂波抑制滤波器抑制各种杂波，提高雷达信号的信杂比，以利于运动目标检测的技术。最早的动目标显示是用超声波延迟线（如水银延迟线、熔融石英延迟线等）、电荷耦合器件（CCD）延迟线和模拟运算电路等来实现的。20 世纪 60 年代以后，随着微电子技术的发展，动目标显示开始采用数字技术实现，所以也称为数字动目标显示（DMTI）技术。

6.3.1　杂波对消器

杂波对消器是最早出现，也是最常用的 MTI 滤波器之一。根据对消次数的不同，杂波对消器分为一次对消器、二次对消器和多次对消器。

一次对消器如图 6.9 所示。一次对消器是由延迟时间等于发射周期 T_r 的延迟单元（数字延迟线）和加法器构成的。其中，$x_n(m)$ 表示第 n 个发射周期、第 m 个距离门的回波信号，一次对消器的输出为

$$y_n(m)=x_n(m)-x_{n-1}(m) \tag{6.37}$$

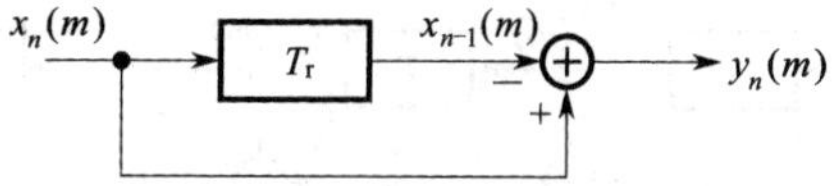

图 6.9　一次对消器

二次对消器如图 6.10 所示。二次对消器是由两个一次对消器级联构成的。

$$
\begin{aligned}
y_n(m) &= y_n'(m) - y_{n-1}'(m) \\
&= x_n(m) - x_{n-1}(m) - x_{n-1}(m) + x_{n-2}(m) \\
&= x_n(m) - 2x_{n-1}(m) + x_{n-2}(m)
\end{aligned} \tag{6.38}
$$

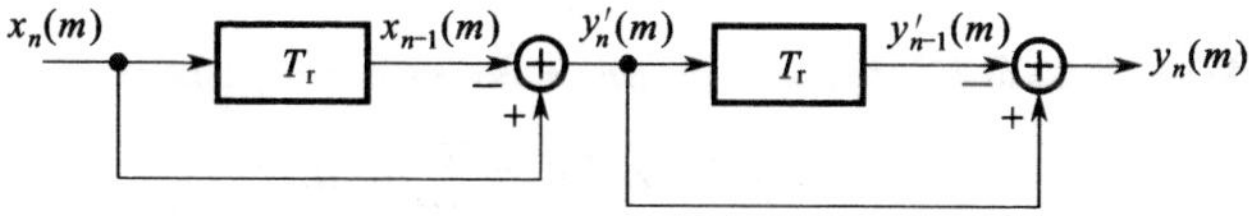

图 6.10　二次对消器

根据式(6.38)，二次对消器的滤波器系数为[1,−2,1]，因此，二次对消器也可以表示为如图 6.11 所示的形式。

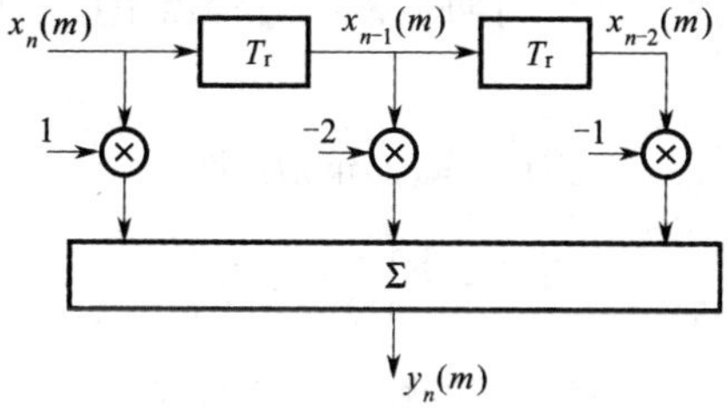

图 6.11　二次对消器的另一种表示

以此类推，三次以上的多次对消器是由多个一次对消器级联而成的，K 次对消器的输出可表示为

$$
y_n(m) = \sum_{i=0}^{K} \omega_i x_{n-i}(m) \tag{6.39}
$$

式中，K 为对消器的次数，对消器的系数 ω_i 为二项式系数，表示为

$$
\omega_i = (-1)C_K^i = (-1)^i \frac{K!}{(K-i)!(i)!}, \quad i = 0,1,\cdots,K \tag{6.40}
$$

即一次对消（$K=1$）时，$[\omega_0,\omega_1]=[1,-1]$；二次对消（$K=2$）时，$[\omega_0,\omega_1,\omega_2]=[1,-2,1]$；三次对消（$K=3$）时，$[\omega_0,\omega_1,\omega_2,\omega_3]=[1,-3,3,1]$；四次对消（$K=4$）时，$[\omega_0,\omega_1,\omega_2,\omega_3,\omega_4]=[1,-4,6,-4,1]$；……

所以，多次对消器的结构也可用图 6.12 来统一表示。

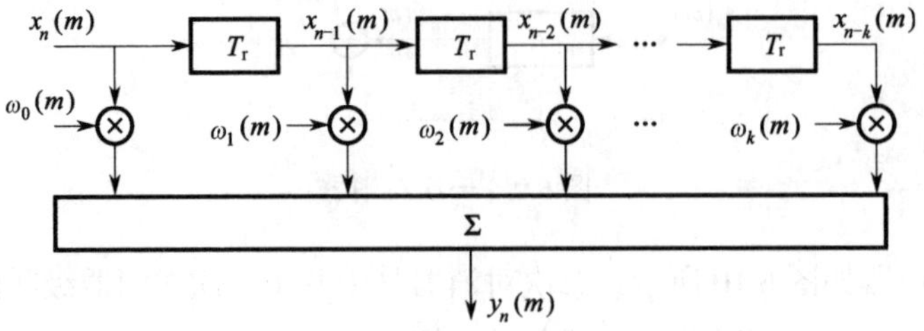

图 6.12　对消器统一结构表示

滤波器系数 $\omega_i(m)$ 都是实数，一次对消器的传递函数为 $(1-z^{-1})$，因此，K 次对消器的传递函数为

$$H(z)=(1-Z^{-1})^K=\sum_{i=0}^{K}\omega_i(m)z^{-1} \tag{6.41}$$

由式（6.41）可知，K 次对消器在 z 平面上具有 K 个位于 $z=+1$ 处的重合零点。K 次对消器的频率响应为

$$H(f)=(1-\mathrm{e}^{-\mathrm{j}2\pi fT_r})^K=(2\sin\pi fT_r)^K\mathrm{e}^{\mathrm{j}K\left(\frac{\pi}{2}-\pi fT_r\right)} \tag{6.42}$$

式中，$T_r=1/f_r$ 为雷达脉冲重复周期。K 次对消器幅度响应和相位响应可分别表示为

$$H(f)=(2\sin\pi fT_r)^K \tag{6.43}$$

$$\phi(f)=K\left(\frac{\pi}{2}-\pi fT_r\right) \tag{6.44}$$

如图 6.13 所示为 $K=1,2,3$ 时对消器的幅度频率响应曲线。

由式（6.44）可知，相位响应 $\phi(f)$ 与 f 呈线性关系，因此，对消器是一种线性相位滤波器，回波信号通过它后，相位关系不产生非线性变化，这一点对于后续信号处理有时是很重要的。

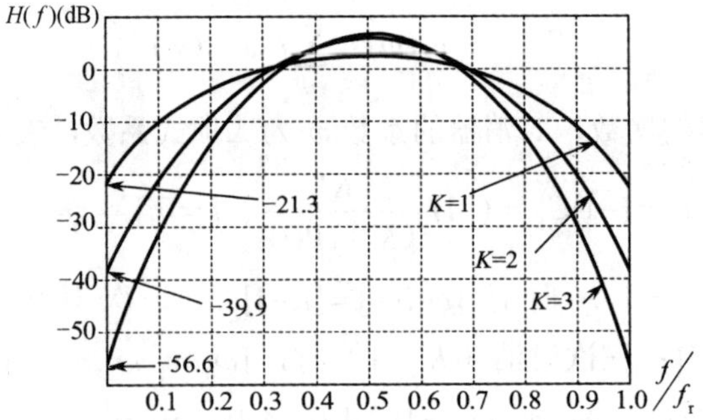

图 6.13　对消器的幅度-频率响应曲线

假设输入杂波具有中心频率为零的高斯型功率谱，其功率谱的标准差为σ_f，则对消器的改善因子仅与σ_f和雷达重复频率f_r有关，可用下面的公式计算得到[2]。

$$\text{一次对消器：}\quad I_1 \approx 2\left(\frac{f_\mathrm{r}}{2\pi\sigma_f}\right)^2 \tag{6.45}$$

$$\text{二次对消器：}\quad I_2 \approx 2\left(\frac{f_\mathrm{r}}{2\pi\sigma_f}\right)^4 \tag{6.46}$$

$$\text{三次对消器：}\quad I_3 \approx \frac{4}{3}\left(\frac{f_\mathrm{r}}{2\pi\sigma_f}\right)^6 \tag{6.47}$$

如果对消次数相同，其改善因子大小主要决定于比值（f_r/σ_f）。由图 6.13 可知，随着对消次数的增加，对消器零点处的滤波特性凹口增大，改善因子也增大，但是幅度-频率响应更加不平坦。这意味着对消器输出端动目标信号的大小会随着动目标多普勒频率f_d的不同而变化。这会干扰对目标信号大小的判断，应设法避免。

MTI 滤波器如果具有与杂波功率谱主峰宽度相适应的滤波特性凹口和相对平坦的通带，会使杂波抑制滤波器输出的目标信号在通带内不随f_d而变化，这时，对消器不能满足这种要求，需要使用专门设计的 MTI 滤波器。

6.3.2　MTI 滤波器

滤波器主要分为无限脉冲响应（IIR）滤波器和有限脉冲响应（FIR）滤波器两种。IIR 滤波器的优点是可用相对较少的阶数达到预期的滤波器响应，但是其相位特性是非线性的，在 MTI 滤波器中已很少采用。因为 FIR 滤波器具有线性相位特性，所以，MTI 滤波器主要采用 FIR 滤波器。对消器也是一种 FIR 滤波器，是系数符合二项式展开式的特殊 FIR 滤波器。FIR 滤波器输出可表示为

$$y_n(m) = \sum_{i=0}^{K} \omega_i(m) x_{n-i}(m) \tag{6.48}$$

式中，MTI 滤波器的滤波器系数$\omega_0(m), \omega_1(m), \cdots, \omega_K(m)$构成一个系数矢量$\boldsymbol{W}$

$$\boldsymbol{W} = \left[\omega_0(m), \omega_1(m), \cdots, \omega_K(m)\right]^\mathrm{T} \tag{6.49}$$

式中，$\boldsymbol{W}$是一个列矢量。MTI 滤波器的设计就是要设计一组合适的滤波器系数，能有效地抑制杂波，并保证目标信号能良好地通过。这是一个数字滤波器的设计问题。根据对滤波器阻带（抑制杂波）通带（通过目标信号）的要求，利用 2.2.3

节中的数字滤波器设计方法就可以设计出合适的 MTI 滤波器。这里再介绍另一种常用的 MTI 滤波器设计方法——特征矢量法。

假设杂波具有高斯型功率谱

$$C(f)=\frac{1}{2\pi\sigma_f}\exp\left[-\frac{(f-f_0)^2}{2\sigma_f^2}\right] \tag{6.50}$$

根据随机信号理论，如果杂波是平稳随机过程，其功率谱与其自相关函数是傅里叶变换对的关系。所以，杂波自相关函数 $r_c(i,j)$ 为其功率谱 $C(f)$ 的傅里叶变换：

$$\begin{aligned} r_c(i,j) &= \int_{-\infty}^{\infty} C(f)\mathrm{e}^{\mathrm{j}2\pi f(t_i-t_j)}\mathrm{d}f \\ &= \int_{-\infty}^{\infty}\frac{1}{2\pi\sigma_f}\exp\left[-\frac{(f-f_0)^2}{2\sigma_f^2}\right]\mathrm{e}^{\mathrm{j}2\pi f(t_i-t_j)}\mathrm{d}f \end{aligned} \tag{6.51}$$

利用积分公式

$$\frac{1}{2\pi}\int_{-\infty}^{\infty}\mathrm{e}^{-ax^2}\mathrm{e}^{\mathrm{j}\xi x}\mathrm{d}x=\frac{1}{\sqrt{2a}}\mathrm{e}^{\frac{\xi^2}{4a}} \tag{6.52}$$

经推导可得

$$\begin{aligned} r_c(i,j) &= \mathrm{e}^{-2\pi^2\sigma_f^2\tau_{ij}^2}\bullet\mathrm{e}^{\mathrm{j}2\pi f_0\tau_{ij}} \\ &= \mathrm{e}^{-2\pi^2\sigma_f^2\tau_{ij}^2}\left[\cos(2\pi f_0\tau_{ij})+\mathrm{j}\sin(2\pi f_0\tau_{ij})\right] \end{aligned} \tag{6.53}$$

式中，$\tau_{ij}=t_i-t_j$。

如果杂波谱的中心频率 $f_0=0$，这时

$$r_c(i,j)=\mathrm{e}^{-\mathrm{j}2\pi^2\sigma_f^2\tau_{ij}^2} \tag{6.54}$$

根据式（6.53）或式（6.54），可以计算得到杂波的自相关矩阵 $\boldsymbol{R}_c$ 为

$$\boldsymbol{R}_c=\begin{bmatrix} r_c(0,0) & r_c(0,1) & \cdots & r_c(0,N) \\ r_c(1,0) & r_c(1,1) & \cdots & r_c(1,N) \\ \vdots & \vdots & \vdots & \vdots \\ r_c(N,0) & r_c(N,1) & \cdots & r_c(N,N) \end{bmatrix} \tag{6.55}$$

对目标回波信号来说，其多普勒频率是未知的，假设其在区间 $(-B/2,B/2)$ 内均匀分布，则目标信号 $s(t)$ 可表示为

$$s(t)=\begin{cases} 1, & -\dfrac{B}{2}\leqslant f\leqslant\dfrac{B}{2} \\ 0, & \text{其他} \end{cases} \tag{6.56}$$

目标信号的自相关函数为

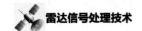

$$r_s(i,j)=\frac{1}{B}\int_{-\frac{B}{2}}^{\frac{B}{2}}\mathrm{e}^{\mathrm{j}2\pi f\tau_{ij}}\mathrm{d}f \tag{6.57}$$

根据积分公式$\int \mathrm{e}^{ax}\mathrm{d}x=\frac{1}{a}\mathrm{e}^{ax}$可得

$$\begin{aligned}r_s(i,j)&=\frac{1}{\mathrm{j}2\pi B\tau_{ij}}\left[\mathrm{e}^{\mathrm{j}2\pi\frac{B}{2}\tau_{ij}}-\mathrm{e}^{-\mathrm{j}2\pi\frac{B}{2}\tau_{ij}}\right]\\&=\frac{\sin(\pi B\tau_{ij})}{\pi B\tau_{ij}}\end{aligned} \tag{6.58}$$

假设 MTI 滤波器输入端的杂波数据和目标信号数据分别为

$$\boldsymbol{C}=\left[c(t_1),c(t_2),\cdots,c(t_n)\right] \tag{6.59}$$

$$\boldsymbol{S}=\left[s(t_1),s(t_2),\cdots,s(t_n)\right] \tag{6.60}$$

那么，MTI 滤波器输出端的杂波功率和信号功率可分别表示为

$$C_{\mathrm{o}}=E\left[\left|\boldsymbol{C}^{\mathrm{H}}\boldsymbol{W}\right|^2\right]=C_{\mathrm{in}}\boldsymbol{W}^{\mathrm{H}}\boldsymbol{R}_c\boldsymbol{W} \tag{6.61}$$

$$S_{\mathrm{o}}=E\left[\left|\boldsymbol{S}^{\mathrm{H}}\boldsymbol{W}\right|^2\right]=S_{\mathrm{in}}\boldsymbol{W}^{\mathrm{H}}\boldsymbol{R}_s\boldsymbol{W} \tag{6.62}$$

C_{in} 和 S_{in} 分别表示 MTI 滤波器输入端的杂波功率和信号功率，根据 MTI 改善因子的定义

$$\begin{aligned}I&=\frac{S_{\mathrm{o}}/C_{\mathrm{o}}}{S_{\mathrm{in}}/C_{\mathrm{in}}}=\frac{S_{\mathrm{o}}}{S_{\mathrm{in}}}\frac{C_{\mathrm{in}}}{C_{\mathrm{o}}}\\&=\frac{S_{\mathrm{in}}\boldsymbol{W}^{\mathrm{H}}\boldsymbol{R}_s\boldsymbol{W}}{S_{\mathrm{in}}}\frac{C_{\mathrm{in}}}{C_{\mathrm{in}}\boldsymbol{W}^{\mathrm{H}}\boldsymbol{R}_c\boldsymbol{W}}\\&=\frac{\boldsymbol{W}^{\mathrm{H}}\boldsymbol{R}_s\boldsymbol{W}}{\boldsymbol{W}^{\mathrm{H}}\boldsymbol{R}_c\boldsymbol{W}}\end{aligned} \tag{6.63}$$

根据式（6.58），有

$$r_s(i,j)=\begin{cases}1, & i=j\\0, & i\neq j\end{cases} \tag{6.64}$$

因此，$\boldsymbol{R}_s$ 为一个单位矩阵，根据式（6.63）得

$$I=\frac{\boldsymbol{W}^{\mathrm{H}}\boldsymbol{W}}{\boldsymbol{W}^{\mathrm{H}}\boldsymbol{R}_c\boldsymbol{W}} \tag{6.65}$$

$\boldsymbol{R}_c$ 的特征方程为

$$\boldsymbol{R}_c\boldsymbol{W}_i=\lambda_i\boldsymbol{W}_i \tag{6.66}$$

式中，$\boldsymbol{W}_i$ 为特征值 λ_i 所对应的特征矢量。当 $\boldsymbol{R}_c$ 为 $N\times N$ 的方阵时，$\boldsymbol{R}_c$ 具有 N 个特征值，根据大小排列可得

$$\lambda_1<\lambda_2<\lambda_3<\cdots<\lambda_N \tag{6.67}$$

这些特征值分别对应着特征矢量$\boldsymbol{W}_1,\boldsymbol{W}_2,\cdots,\boldsymbol{W}_N$。在$N$个特征值中，$d$个大特征值$(\lambda_{N-d+1}\sim\lambda_N)$所对应的$d$个特征矢量$(\boldsymbol{W}_{N-d+1}\sim\boldsymbol{W}_N)$张成的子空间被称为信号子空间。因为$\boldsymbol{R}_c$是杂波的协方差矩阵，所以，杂波的主要分量位于这个子空间。$(N-d)$个小特征值$(\lambda_1\sim\lambda_{N-d})$对应的特征矢量$(\boldsymbol{W}_1\sim\boldsymbol{W}_{N-d})$张成的子空间被称为噪声子空间。因为噪声子空间与信号子空间是正交的，所以，最小特征值λ_1所对应的特征矢量$\boldsymbol{W}_1$被取为 MTI 滤波器的权系数矢量，就可以最大限度地抑制杂波分量，改善因子I将最大。

这种利用杂波自相关矩阵的特征分解，用其最小特征值所对应的特征矢量，设计杂波抑制滤波器的方法，称为特征矢量法。这样设计的滤波器可以得到良好的杂波抑制性能，因此，得到了比较广泛的应用。

如果存在两种以上杂波，如地杂波和云雨杂波，两种杂波的谱中心可能分布在频率轴上不同位置，这时需要用特征矢量法设计具有两个凹口的滤波器，同时在两种杂波的谱中心形成两个不同的凹口。

对于第N个具有高斯谱的混合杂波，其功率谱是它们各自功率谱之和，即

$$C(f)=\sum_{k=1}^{N}\frac{C_k}{2\pi\sigma_{fk}}\exp\left\{\frac{(f-f_{0k})^2}{2\sigma_{fk}^2}\right\} \tag{6.68}$$

式中，f_{0k}为第k个杂波的中心频率；σ_{fk}为第k个杂波的标准差；C_k表示第k个杂波的平均功率。杂波的自相关函数$r_c(i,j)$与功率谱$C(f)$是傅里叶反变换关系，即

$$r_c(i,j)=\int_{-\infty}^{\infty}C(f)\mathrm{e}^{\mathrm{j}2\pi f(t_i-t_j)}\mathrm{d}f \tag{6.69}$$

令$\tau_{i,j}=t_i-t_j$为相关时间，将式（6.68）代入式（6.69）化简后得

$$\begin{aligned}r_c(i,j)&=\sum_{k=1}^{n}C_k\exp\left\{\frac{(f_{0k}+\mathrm{j}2\pi\sigma_{fk}^2\tau_{ij})^2-f_{0k}^2}{2\sigma_{fk}^2}\right\}\\&=\sum_{k=1}^{n}C_k\exp(-2\pi^2\sigma_{fk}^2\tau_{ij}^2)(\cos2\pi\tau_{ij}f_{0k}+\mathrm{j}\sin2\pi\tau_{ij}f_{0k})\end{aligned} \tag{6.70}$$

由式(6.70)可以看出，在存在多个杂波的情况下，$r_c(i,j)$由对应的多杂波分量之和构成。因此，利用这种由多杂波分量之和表示的自相关函数建立自相关矩阵$\boldsymbol{R}_c$，再采用特征矢量法就可以得到能抑制多个杂波的 MTI 滤波器的权系数矢量。

6.4 参差 MTI 滤波器

参差MTI滤波器是雷达工作于参差周期时一种可以用来防止盲速影响的MTI滤波器。

6.4.1 盲速

对于发射脉冲重复频率为 f_r 的脉冲雷达，如果动目标相对雷达的径向速度 V_r 引起的相邻周期回波信号相位差 $\Delta\varphi = 2\pi f_d T_r$，其中，$f_d$ 为 V_r 产生的多普勒频率，$T_r = 1/f_r$ 为雷达脉冲重复周期。当 $\Delta\varphi$ 为 2π 的整数倍时，由于脉冲雷达系统对目标多普勒频率取样的结果，相位检波器的输出为等幅脉冲，与固定目标相同，所以，动目标显示输出为零，这时的目标速度为盲速，可推导如下：

$$\Delta\varphi = 2\pi f_{bn} T_r = n2\pi,\quad n = 1,2,3,\cdots \tag{6.71}$$

式（6.71）中的 f_{bn} 为产生盲速时的目标多普勒频率，由式（6.71）可得

$$f_{bn} = n\frac{1}{T_r} = nf_r,\quad n = 1,2,3,\cdots \tag{6.72}$$

盲速 V_{bn} 与其多普勒频率的关系为 $f_{bn} = 2V_{bn}/\lambda$，所以有

$$V_{bn} = \frac{1}{2} n\lambda f_r,\quad n = 1,2,3,\cdots \tag{6.73}$$

如图 6.14 所示为发生盲速时相位检波器输出的波形图。图 6.14（a）中显示的是固定目标的回波信号，因为固定目标多普勒频率为零，所以，相位检波器输出电压 $u(t)$ 为一串等幅脉冲信号。图 6.14（b）表明，对于多普勒频率为 $f_d = f_{b1} = f_r = 1/T_r$ 的动目标，对多普勒频率 f_d 进行以 T_r 为取样间隔的等间隔取样，相位检波器的输出信号 $u(t)$ 也表现为一串等幅脉冲，这时多普勒频率并不为零的动目标在相位检波器的输出端呈现出与多普勒频率为零的目标相同的输出，即产生了盲速现象。

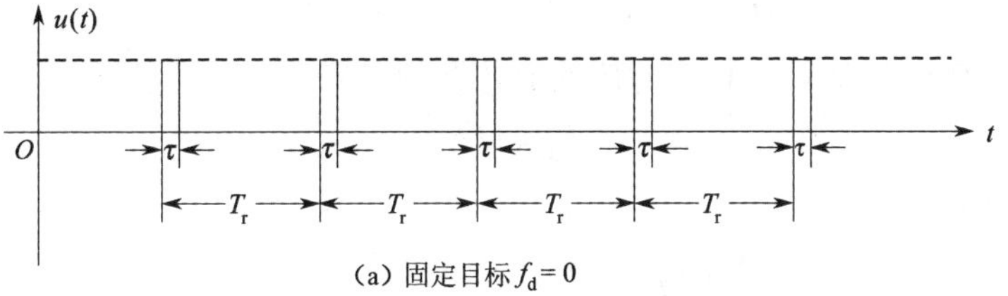

（a）固定目标 $f_d = 0$

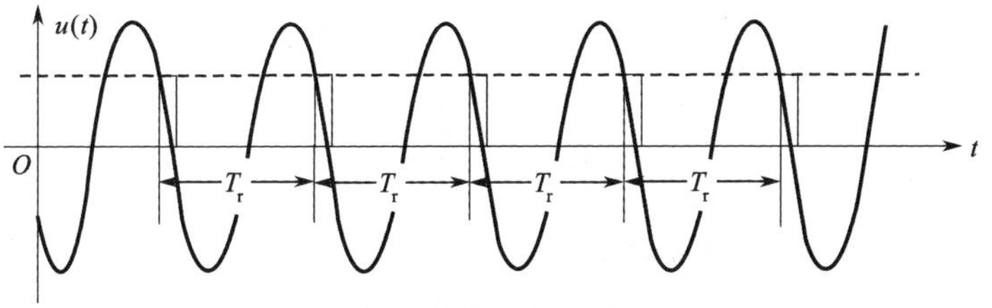

（b）动目标 $f_d = f_r$

图 6.14　发生盲速时的相位检波器输出

根据式（6.72）可以计算出多个盲速点。当 $n=1$ 时，$f_{b1}=f_r$，这时 $V_{b1}=\frac{\lambda}{2}f_r$，称 V_{b1} 为第一盲速；当 $n=2$ 时，$V_{b2}=\lambda f_r$ 为第二盲速；以此类推。为解决盲速问题，常用的方法是采用多个重复频率参差工作，使第一盲速大于雷达所要探测目标的最大径向速度，从而避免盲速发生。

6.4.2 参差周期和参差 MTI 滤波器

如果雷达采用 N 个重复频率 $f_{r1},f_{r2},f_{r3},\cdots,f_{rN}$，则它们的重复周期可以表示为

$$\begin{cases} T_1=\dfrac{1}{f_{r1}}=K_1\Delta T \\ T_2=\dfrac{1}{f_{r2}}=K_2\Delta T \\ \quad\vdots \\ T_N=\dfrac{1}{f_{rN}}=K_N\Delta T \end{cases} \tag{6.74}$$

式中，ΔT 为 $[T_1,T_2,\cdots,T_N]$ 的最大公约周期，这时，参差周期之比为

$$T_1:T_2:\cdots:T_N=K_1:K_2:\cdots:K_N \tag{6.75}$$

$[K_1:K_2:\cdots:K_N]$ 称为参差码，参差码中最大的 K 值与最小的 K 值之比称为参差周期的最大变比 r，即

$$r=\max[K_1,K_2,\cdots,K_N]/\min[K_1,K_2,\cdots,K_N] \tag{6.76}$$

如果 K_i 之间互异互素，且满足式（6.74），即

$$\Delta T=T_1/K_1=T_2/K_2=\cdots=T_N/K_N \tag{6.77}$$

这时参差 MTI 滤波器第一盲速对应的多普勒频率为

$$F_B=1/\Delta T \tag{6.78}$$

雷达的平均重复周期为

$$T_r=\frac{1}{N}\sum_{i=1}^{N}T_i=\left(\frac{1}{N}\sum_{i=1}^{N}K_i\right)\Delta T=K_{av}\Delta T \tag{6.79}$$

式中，K_{av} 是参差码的均值，有

$$K_{av}=\frac{1}{N}\sum_{i=1}^{N}K_i \tag{6.80}$$

根据式（6.79）和式（6.78）得

$$K_{av}=T_r/\Delta T=T_rF_B=F_B/F_r \tag{6.81}$$

$$F_B=K_{av}F_r \tag{6.82}$$

因为 $F_r=1/T_r$ 是雷达平均重复频率，所以，也称参差码的均值 K_{av} 为盲速扩

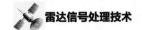

展倍数。在参差周期情况下的参差MTI滤波器结构如图6.15所示。要注意，图6.15中抽头延迟线中每个延迟节的延迟时间是不同的，分别等于参差码对应的N个参差重复周期$T_1,T_2,\cdots,T_N$。

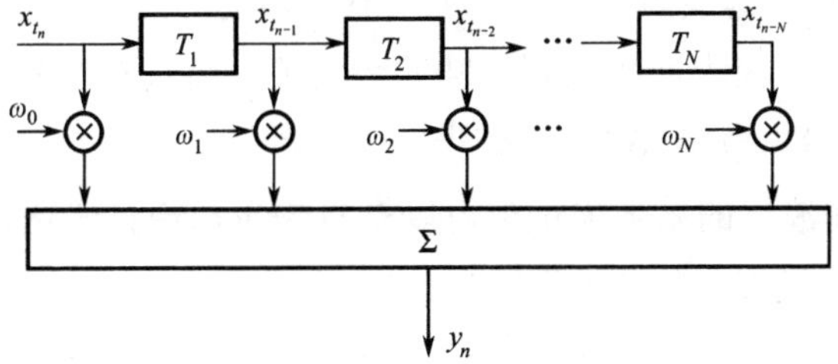

图 6.15　参差 MTI 滤波器

在图6.15中，有

$$\begin{cases} x_{t_{n-1}} = x_{t_n - T_1} \\ x_{t_{n-2}} = x_{t_n - T_1 - T_2} \\ \quad\vdots \\ x_{t_{n-N}} = x_{t_n - T_1 - T_2 - \cdots - T_N} \end{cases} \tag{6.83}$$

参差MTI滤波器输出y_n为

$$y_n = \sum_{i=0}^{N} \omega_i x_{t_{n-i}} \tag{6.84}$$

参差MTI滤波器的频率响应$H(\mathrm{j}\omega)$为

$$H(\mathrm{j}\omega) = \omega_0 + \omega_1 \mathrm{e}^{-\mathrm{j}2\pi f T_1} + \omega_2 \mathrm{e}^{-\mathrm{j}2\pi f (T_1+T_2)} + \cdots + \omega_N \mathrm{e}^{-\mathrm{j}2\pi f (T_1+T_2+\cdots+T_N)} \tag{6.85}$$

根据式（6.85），参差MTI滤波器的频率响应取决于参差周期$T_1,T_2,\cdots,T_N$和滤波器系数$[\omega_0,\omega_1,\cdots,\omega_N]$。如果滤波器系数$[\omega_0,\omega_1,\cdots,\omega_N]$为二项式系数［可用式（6.40）计算］，就构成了参差对消器。如图6.16所示为参差比为27:28:29的三脉冲参差对消器的频率响应曲线。

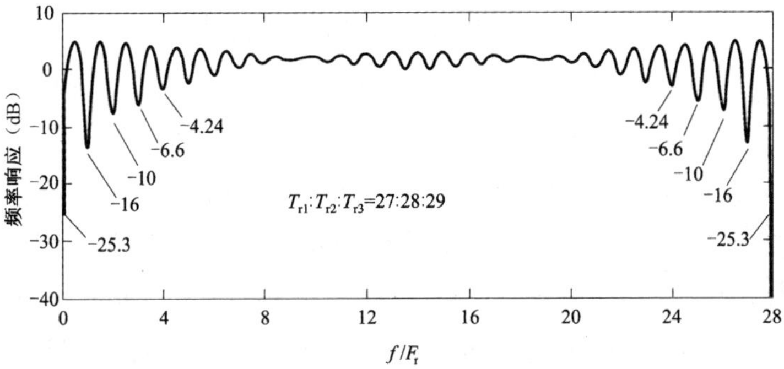

图 6.16　三脉冲参差对消器的频率响应曲线（参差比为 27:28:29）

在图 6.16 中，横坐标为 f/F_r，频率响应在 $f/f_r=0$ 处有很深的凹口，同时在 $f/f_r=1,2,3,\cdots, K_{av}$ 处出现了多个凹口。第一凹口深度为-16dB，第二凹口深度为-10dB。

参差 MTI 滤波器速度响应凹口深度与对消器的形式（单路、双路、三路）无关，也和雷达天线波束内所接收到的脉冲数无关，而只与参差周期的最大变比 r［见式（6.76）］有关，如图 6.17 所示[2]。

参差 MTI 滤波器的系数矢量也可以是复矢量，通过优化设计参差码和滤波器系数可以得到比较理想的滤波器特性。

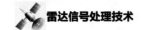

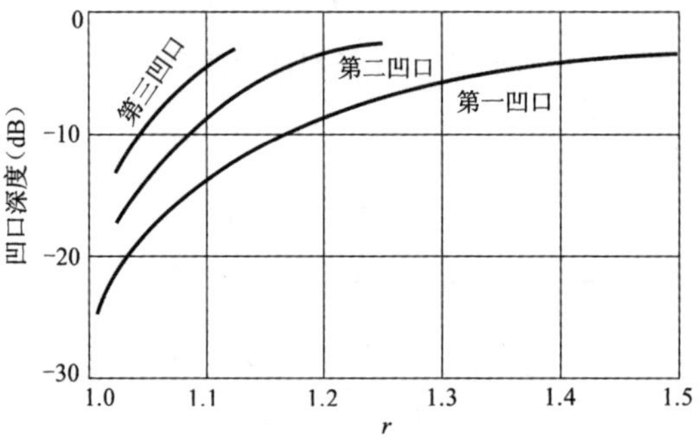

图 6.17 参差对消器速度响应曲线上凹口近似深度与 r 的关系

6.4.3 参差码的优化设计

参差码决定了参差 MTI 滤波器的无盲速频率范围，而参差码$[K_1:K_2:\cdots:K_N]$不同，参差 MTI 滤波器的特性也不同。参差码优化设计的原则是在保证最大参差比 r 不大于允许值 r_g，第一盲速点大于需要探测目标的最大速度（盲速扩展倍数 K_{av} 必须大于第一盲速点对应的扩展倍数 K_g）的条件下，使参差 MTI 滤波器第一凹口（除零频处的杂波抑制凹口外，其他凹口中深度最大的凹口）的深度 D_0 尽可能小。这样的问题可以用一个离散非线性数学规划来表示。

$$\begin{cases} D_0=\min\left[\left|H(\mathrm{j}\omega)\right|\right], f\in D_t\cap\bar{D}_c \\ r\leqslant r_g \\ K_{av}>K_g \end{cases} \tag{6.86}$$

式中，D_t 表示目标的多普勒频率分布区；D_c 为杂波谱分布区；$\bar{D}_c$ 表示 D_c 的补集，即杂波谱分布区以外的区域；$D_t\cap\bar{D}_c$ 表示 D_t 和 D_c 的交集。因此，式(6.86)中第一项表示第一凹口的值 D_0（凹口深度）在目标多普勒分布区和杂波区以外的频率区域内达到最小。根据式（6.86），通过搜索运算就可能得到最优参差码。

这种搜索运算的计算量是比较大的。在设计中，可以采用某些策略来减少运算量。如$K_{\rm av}$值大于要求值$K_{\rm g}$，可以在某个区间（$K_{\rm av}\sim K_{\rm av}+\Delta K$）搜索，$\Delta K$的大小可以根据需要调整。此外，互为倒序的参差码具有相同的第一凹口深度，只需要计算一种，因此，运算量可以减半。

在工程设计中，经常遇到参差码组合数非常大的情况，例如，11 阶的参差 MTI 滤波器，如果参差码的取值范围为$K_i \in [46,76]$，即可以从 30 个K_i中任取 12 个值，得到一种参差码组合，则参差码组合数为$C_{30}^{12}=86493225$。每种组合可能有$12!=479001600$种排列方式。在这种排列组合数目极大的情况下，全范围搜索显然是很费时间的，这时也可以采取其他优化搜索方法，如遗传算法等。

6.4.4 参差 MTI 滤波器系数的优化设计

用于求解 MTI 滤波器权系数的特征矢量法同样适用于参差 MTI 滤波器系数的设计。根据式（6.54），当杂波平均多普勒频率$f_{\rm d}=0$时，归一化的杂波自相关矩阵的元素可以表示为如下形式：

$$r_c(i,j)={\rm e}^{-2\pi^2\sigma_f^2\tau_{ij}^2}={\rm e}^{-2\pi^2\sigma_f^2(t_i-t_j)^2} \tag{6.87}$$

所以，重复频率参差时的杂波自相关矩阵为

$$\boldsymbol{R}_{c参差}=\begin{bmatrix} 1 & {\rm e}^{-2\pi^2\sigma_f^2(t_0-t_1)^2} & {\rm e}^{-2\pi^2\sigma_f^2(t_0-t_2)^2} & \cdots & {\rm e}^{-2\pi^2\sigma_f^2(t_0-t_{N-1})^2} \\ {\rm e}^{-2\pi^2\sigma_f^2(t_1-t_0)^2} & 1 & {\rm e}^{-2\pi^2\sigma_f^2(t_1-t_2)^2} & \cdots & {\rm e}^{-2\pi^2\sigma_f^2(t_1-t_{N-1})^2} \\ \vdots & \vdots & \vdots & \vdots & \vdots \\ {\rm e}^{-2\pi^2\sigma_f^2(t_{N-1}-t_0)^2} & {\rm e}^{-2\pi^2\sigma_f^2(t_{N-1}-t_1)^2} & {\rm e}^{-2\pi^2\sigma_f^2(t_{N-1}-t_2)^2} & \cdots & 1 \end{bmatrix} \tag{6.88}$$

式中，对角线上的元素$r_c(i,j)=1$。可见在参差情况下的杂波自相关矩阵与等周期的杂波自相关矩阵是相似的，但不具备 Toeplitz 特性。当参差 MTI 滤波器的滤波器系数矢量取自相关矩阵$\boldsymbol{R}_{c参差}$最小特征值对应的特征矢量时，参差 MTI 滤波器的改善因子将达到最大。

6.5 动目标检测（MTD）

动目标检测是一种利用多普勒滤波器来抑制各种杂波，以提高雷达在杂波背景下检测动目标能力的技术。20 世纪 70 年代初，美国麻省理工学院林肯实验室研制成功第一代 MTD 处理器[4]，它的基本结构包括三脉冲对消器级联 8 点 FFT 的杂波滤波器、单元平均恒虚警电路和杂波地图等先进技术。这种 MTD 杂波滤波器在杂波背景下检测运动目标的能力比 MTI 有较大的提高。后来经过改进，林肯实验室又推出了第二代 MTD 处理器[5]，使用了优化设计的 FIR 滤波器组代替对消器级联 FFT 的滤波器结构，进一步提高了对杂波的抑制能力。

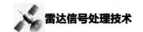

6.5.1 对消器级联 FFT 的结构

根据最佳滤波理论[6]，在噪声与杂波背景下检测运动目标，是一个广义匹配滤波问题，最佳滤波器应由白化滤波器级联匹配滤波器构成。白化滤波器将杂波（有色高斯噪声）变成高斯白噪声，匹配滤波器使输出信噪比达到最大，如图 6.18 所示。

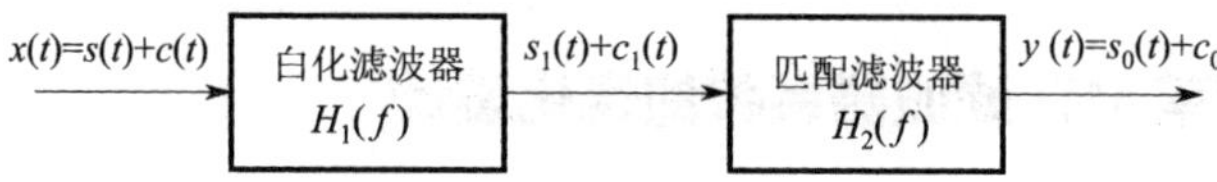

图 6.18　广义匹配滤波器

假设目标信号 $s(t)$ 的功率谱为 $S(f)$，杂波 $c(t)$ 的功率谱为 $C(f)$，根据匹配滤波器的定义，有

$$H_2(f)=S_1^*(f)\mathrm{e}^{-\mathrm{j}2\pi f t_\mathrm{d}}=\left[H_1(f)\cdot S(f)\right]^*\mathrm{e}^{-\mathrm{j}2\pi f t_\mathrm{d}} \tag{6.89}$$

式中，t_d 表示匹配滤波器输出达到最大的时刻。白化滤波器是一种使杂波 $c(t)$ 的输出 $c_1(t)$ 的功率谱变为 1，即 $c_1(t)$ 成为白噪声的滤波器，有

$$C(f)\left|H_1(f)\right|^2=C_1(f)=1 \tag{6.90}$$

由式（6.90）可知，白化滤波器的功率传输函数应为杂波功率谱 $C(f)$ 的倒数，即

$$\left|H_1(f)\right|^2=\frac{1}{C(f)} \tag{6.91}$$

根据式（6.89）和式（6.91）可得广义匹配滤器的传递函数为

$$\begin{aligned}H(f)&=H_1(f)H_2(f)\\&=\left|H_1(f)\right|^2S^*(f)\mathrm{e}^{-\mathrm{j}2\pi f t_\mathrm{d}}\\&=\frac{S^*(f)}{C(f)}\mathrm{e}^{-\mathrm{j}2\pi f t_\mathrm{d}}\end{aligned} \tag{6.92}$$

因为目标回波信号是未知的，$S(f)$ 和 $C(f)$ 都不可能预先知道，所以，可以用如图 6.19 所示的 MTD 滤波器来近似实现如图 6.18 所示的广义匹配滤波器。

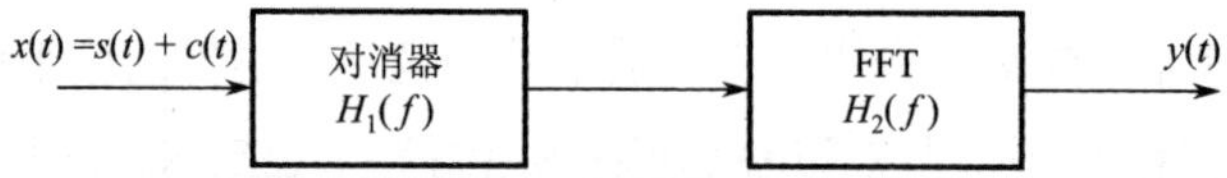

图 6.19　MTD 滤波器

在图 6.19 中，对消器在零频附近有凹口可实现对地杂波的近似白化滤波。FFT 构成了一组在频率轴上相邻且部分重叠的窄带滤波器组，以完成对多普勒频率不同的目标信号的近似匹配滤波，如图 6.20 所示。

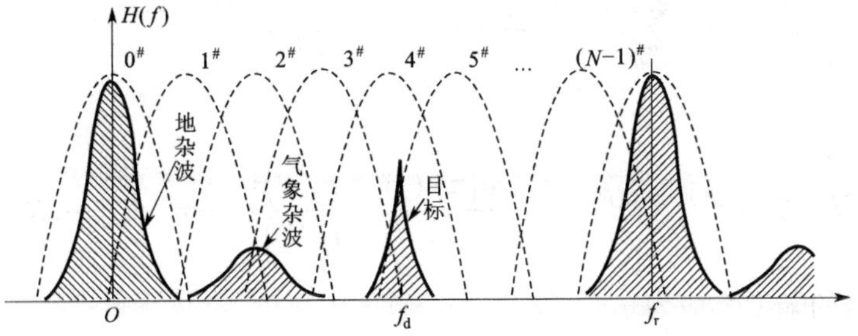

图 6.20　MTD 滤波器的频率特性

由图 6.20 可见，地杂波频谱位于 $f = \pm nf_{\rm r}$ 处（$n = 0,1,2,\cdots$）。其谱峰正好处于对消器的凹口，所以地杂波得到大的抑制。N 点 FFT 形成的 N 个滤波器则均匀分布在 $(0\sim f_{\rm r})$ 的频率区间内，动目标信号由于多普勒频率的不同可能出现在频率轴上的不同位置，因而可能从 $0^{\#}\sim(N-1)^{\#}$ 的多普勒滤波器输出。只要目标信号与地杂波从不同的多普勒滤波器输出，目标信号所在滤波器输出的信杂比就将得到明显提高。

对于气象杂波，由于风的作用，其谱中心可能偏离零频，所以，对消器难以实现对气象杂波的抑制。但是，当目标信号与气象杂波因多普勒频率不同而从不同多普勒滤波器输出时，多普勒滤波器的副瓣会滤除气象杂波，而使目标信号所在多普勒滤波器输出的信杂比得到提高，达到抑制气象杂波的效果。

N 点 FFT 运算可以表示为

$$\begin{aligned} X(n) &= \sum_{k=0}^{N-1} x(k){\rm e}^{-{\rm j}2\pi nk/N} \\ &= \sum_{k=0}^{N-1} W^{nk} x(k), \qquad n = 0,1,2,\cdots,N-1 \end{aligned} \tag{6.93}$$

$$W^{nk} = {\rm e}^{-{\rm j}2\pi nk/N}, \qquad n = 0,1,2,\cdots,N-1 \tag{6.94}$$

$X(0), X(1), \cdots, X(N-1)$ 相当于 N 个 FIR 滤波器的输出。各 FIR 滤波器的频率响应为

$$\begin{aligned} H_{2n}(f) &= \sum_{k=0}^{N-1} {\rm e}^{-{\rm j}2\pi nk/N} {\rm e}^{-{\rm j}2\pi kfT_{\rm r}} \\ &= \sum_{k=0}^{N-1} {\rm e}^{-{\rm j}2\pi k\left(\frac{n}{N}+f/f_{\rm r}\right)} \end{aligned} \tag{6.95}$$

式中，雷达脉冲重复频率 $f_{\mathrm{r}}=\dfrac{1}{T_{\mathrm{r}}}$。

令 $x=\mathrm{e}^{-\mathrm{j}2\pi(fT_{\mathrm{r}}+n/N)}$，根据等比级数求和公式，有

$$\sum_{k=0}^{N-1}x^k=\frac{1-x^N}{1-x}=x^{(N-1)/2}\frac{x^{-N/2}-x^{N/2}}{x^{-1/2}-x^{1/2}} \tag{6.96}$$

可得

$$H_{2n}(f)=\mathrm{e}^{-\mathrm{j}\pi(N-1)(fT_{\mathrm{r}}+n/N)}\frac{\sin\left[\pi N(fT_{\mathrm{r}}+n/N)\right]}{\sin\left[\pi(fT_{\mathrm{r}}+n/N)\right]},\ n=0,1,2,\cdots,N-1 \tag{6.97}$$

滤波器的幅度响应为

$$\left|H_{2n}(f)\right|=\frac{\sin\left[\pi N(f/f_{\mathrm{r}}+n/N)\right]}{\sin\left[\pi(f/f_{\mathrm{r}}+n/N)\right]},\ n=0,1,2,\cdots,N-1 \tag{6.98}$$

式中，n 为滤波器号，各滤波器具有相同形状，但中心频率不同，分别位于 $\pi(f/f_{\mathrm{r}}+n/N)=0,\pm\pi,\pm2\pi,\cdots$ 处。$0^{\#}$ 滤波器（$n=0$）的峰值，分别位于 $f/f_{\mathrm{r}}=0,\pm1,\pm2,\cdots$ 处；$1^{\#}$ 滤波器（$n=1$）的峰值，分别位于 $f/f_{\mathrm{r}}=\dfrac{1}{N},\pm\dfrac{1}{N},\cdots$ 处；以此类推，$n^{\#}$ 滤波器的峰值，分别位于 $f/f_{\mathrm{r}}=\dfrac{n}{N},1\pm\dfrac{n}{N},2\pm\dfrac{n}{N},\cdots$ 处。

对于数字处理，只需要关心 $f/f_{\mathrm{r}}=0\sim1$，共有 N 个滤波器，它们具有相同的幅度特性，且等间隔地分布在频率轴上。由式（6.98）可见，FFT 形成的多普勒滤波器特性都是辛格函数型式，每个滤波器的主副瓣比只有 13.2，限制了它对气象杂波的抑制性能，需要使用很低副瓣的多普勒滤波器。此外，如图 6.21 所示的 MTI+FFT 级联形成的合成滤波器特性，由于对消器滤波特性的影响，多普勒滤波器组中各滤波器的主瓣有明显变形，各合成多普勒滤波器的杂波抑制特性各不相同。根据杂波抑制要求，直接设计一组具有更好杂波抑制性能的多普勒滤波器组，来替代 MTI+FFT 形式的 MTD 滤波器组，可以进一步提高 MTD 处理的性能。

下面再介绍两种改进方法。

6.5.2 超低副瓣滤波器组结构

该方法首先要设计一个低通 FIR 滤波器，其通带为 f_{r}/N，N 为构成 MTD 多普勒器组的滤波器数目，它具有超低副瓣，如图 6.22 所示。

假设图 6.22 中，滤波器特性 $H_0(f)$ 的主副瓣比 E(dB) 大于要求的改善因子，即大于对地改善因子和对运动杂波的改善因子中的大者，则称这个滤波器

为 0# 滤波器，将这个滤波器特性乘以 $e^{jn2\pi f_r/N}$（$n=1,2,3,\cdots$），使 0# 滤波器在频率轴上平移，就可以得到 N 个在 0～f_r 内均匀抑制的多普勒滤波器组，其滤波器的特性为

$$|H_n(f)|=|H_0(f)|e^{jn2\pi f_r/N},\ n=1,2,\cdots,N-1 \tag{6.99}$$

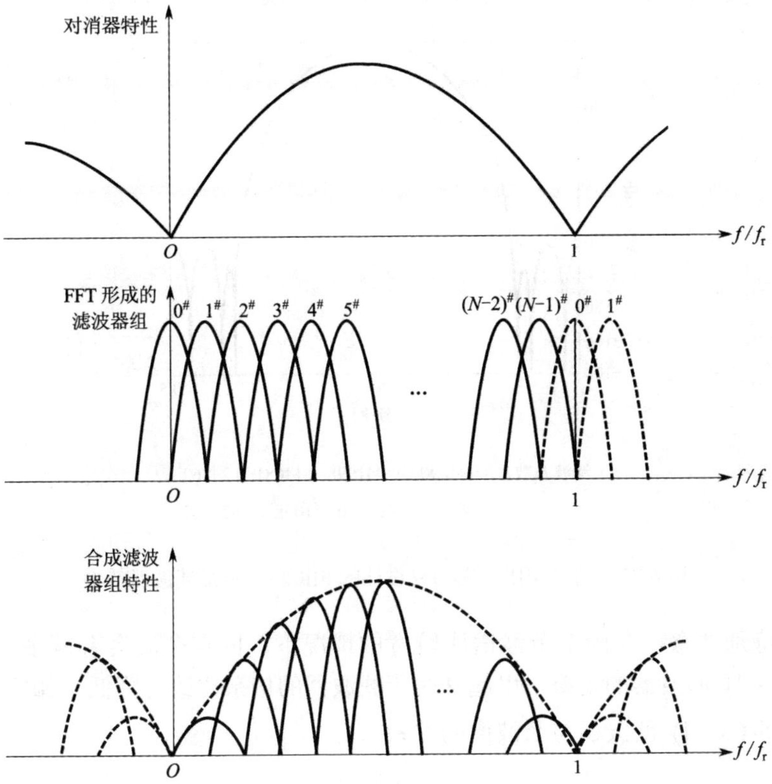

图 6.21　MTI+FFT 级联形成的合成滤波器特性

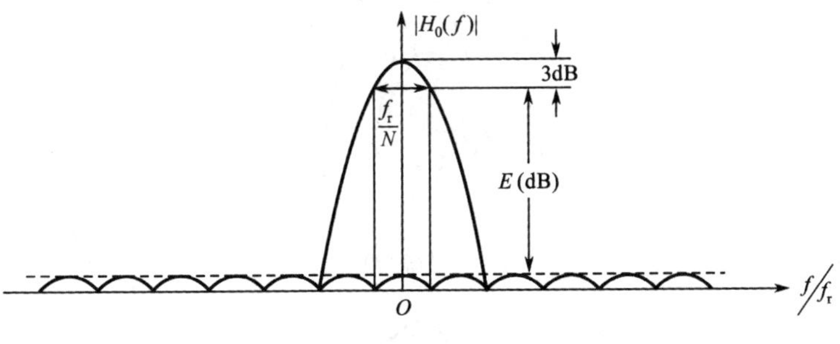

图 6.22　超低副瓣滤波器设计要求

式中，n 为滤波器号，从而构成了一组副瓣非常低的滤波器组，因为这些滤波器

的副瓣电平特别低，所以，不需要级联对消器也可以达到大的信杂比改善。这种超低副瓣滤波器，通常可通过切比雪夫加权实现，但在加权的同时也会使滤波器的主瓣展宽，如图 6.23 所示为通过切比雪夫加权设计的 FIR 超低副瓣滤波器（N=8）特性，其主副瓣比达 60dB 以上，同时主瓣有较大展宽，因此，在构成滤波器组时，可以根据滤波器主瓣展宽的情况适当减小滤波器组中滤波器的数目。

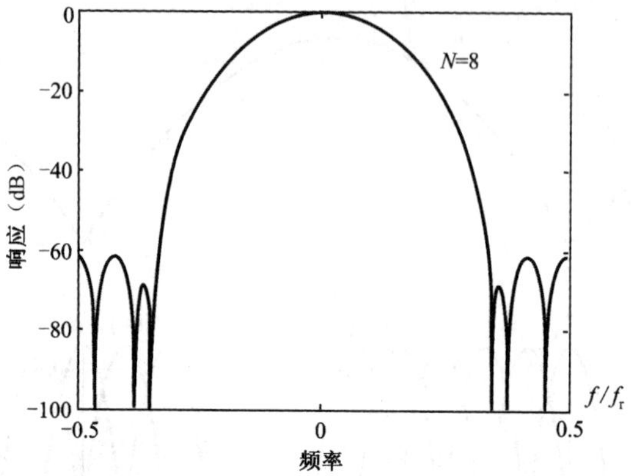

滤波系数：0.0032907, 0.041098, 0.14081, 0.24362,
0.24362, 0.14081, 0.041098, 0.0032907

图 6.23　通过切比雪夫加权设计的 FIR 超低副瓣滤波器特性

要特别注意，在固定杂波谱比较宽的情况下，固定杂波会有较多分量通过 $1^{\#}$ 和 $(N-1)^{\#}$ 滤波器的主瓣，引起这两个滤波器的信杂比改善降低。如图 6.24 所示为 $1^{\#}$ 和 $(N-1)^{\#}$ 滤波器与杂波谱的关系。

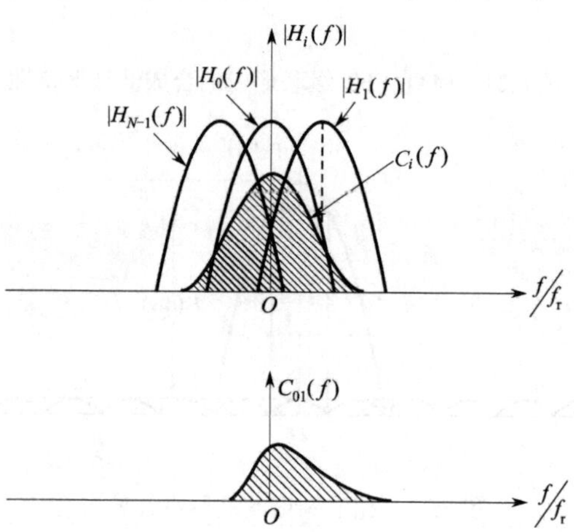

图 6.24　$1^{\#}$ 和 $(N-1)^{\#}$ 滤波器与杂波谱的关系

在图 6.24 中，$C_{01}(f)$ 表示从主瓣进入 $1^\#$ 滤波器的杂波输出频谱，它的大小与杂波的谱宽、多普勒滤波器通带的展宽系数及 $1^\#$ 滤波器通带的中心位置有关，因此，在各多普勒滤波器的输出进行恒虚警检测时，$1^\#$ 和 $(N-1)^\#$ 滤波器输出的恒虚警检测门限需要适当提高，以降低其虚警概率。

6.5.3 优化设计的多普勒滤波器组

如果多普勒滤波器组中每个滤波器在零频都有比较深的凹口，而且副瓣也比较低，这样的多普勒滤波器都可达到大的信杂比改善，称这样的多普勒滤波器组为优化设计的多普勒滤波器组。为了使每个滤波器能达到的信杂比改善最大，设计的方法如下：首先将 0～f_r 的频率范围分为 N 段，每段作为一个多普勒滤波器的通带。将零频附近的地杂波频谱区设为第一阻带，将通带与第一阻带以外的区域设为第二阻带和第三阻带，用于抑制运动杂波，如图 6.25 所示。

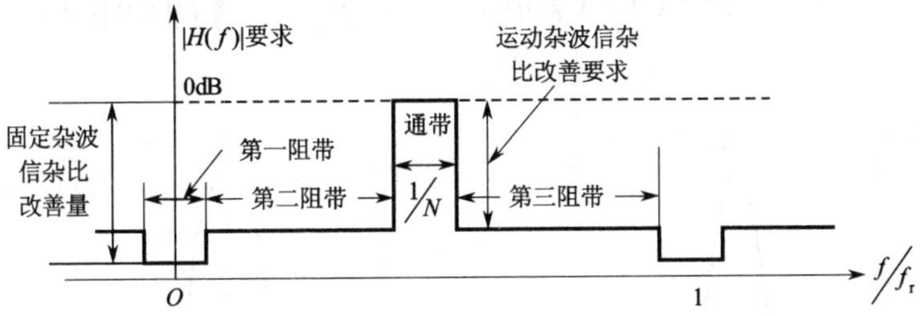

图 6.25　优化设计多普勒滤波器组设计要求

在图6.25中，通带与第一阻带幅度之比应大于雷达对固定杂波的信杂比改善要求，通带与第二阻带和第三阻带的幅度之比应大于雷达对运动杂波信杂比改善的要求。根据如图 6.25 所示的滤波器特性要求设计的 MTD 多普勒滤波器称为优化设计的多普勒滤波器。以此类推，分别设计出在 0～f_r 均匀分布的一组滤波器，这就构成了优化设计的多普勒滤波器组。如图 6.26 所示为一组优化设计的 MTD 滤波器组特性，处理脉冲数为 16，滤波器数目为 14。因为 $1^\#$ 与 $13^\#$、$2^\#$ 与 $12^\#$、$3^\#$ 与 $11^\#$、$4^\#$ 与 $10^\#$、$5^\#$ 与 $9^\#$、$6^\#$ 与 $8^\#$ 分别为共轭对称滤波器，所以，图 6.26 中只画出了 $0^\#$～$7^\#$ 共 8 个滤波器的特性。

由图 6.26 可知，每个滤波器的第一凹口深度都大于−50dB，因此，对地物杂波的改善因子可达 50dB 以上，除 $1^\#$ 和 $2^\#$ 滤波器外，各滤波器的副瓣都较低，可以起到对气象杂波的明显抑制作用。

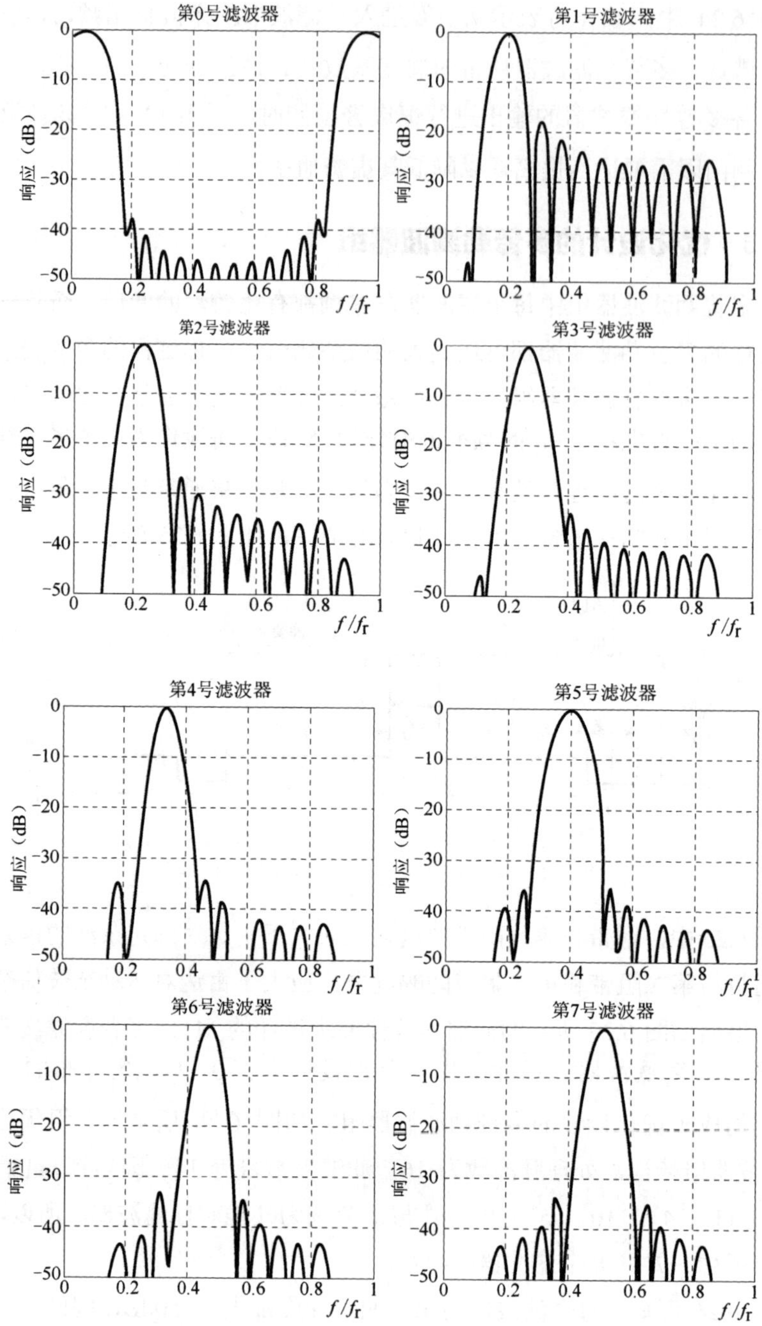

图 6.26　优化设计的 MTD 滤波器组（N=16）特性

6.6 脉冲多普勒（PD）处理

脉冲多普勒处理主要用于机载、星载和弹载等运动平台上的雷达信号处理。由于雷达平台位置高，雷达与地杂波之间是一种下视关系，地杂波特别强。而雷达平台高速运动使地杂波的频谱与载机运动速度和方向有关，因此，脉冲多普勒处理与地面雷达的 MTI 和 MTD 处理相比，虽然都用于对地物杂波的抑制，但具有明显的区别。下面首先分析 PD 雷达地杂波频谱，然后讨论 PD 信号处理方法。

6.6.1 PD 雷达地杂波频谱

如图 6.27 所示为 PD 雷达下视工作时与地面之间的位置关系，V_{s} 为平台运动速度，ψ 为雷达天线指向（视线）与平台运动方向之间的夹角，θ 表示方位角，φ 为入射角。由图 6.27 可知，地面 A 点与雷达之间的相对速度为

$$V_{\mathrm{r}} = V_{\mathrm{s}} \cdot \cos\psi = V_{\mathrm{s}} \cos\varphi \cos\theta \tag{6.100}$$

所以，A 点多普勒频率为

$$f_{\mathrm{d}} = \frac{2V_{\mathrm{s}}}{\lambda}\cos\psi = \frac{2V_{\mathrm{s}}}{\lambda}\cos\varphi\cos\theta \tag{6.101}$$

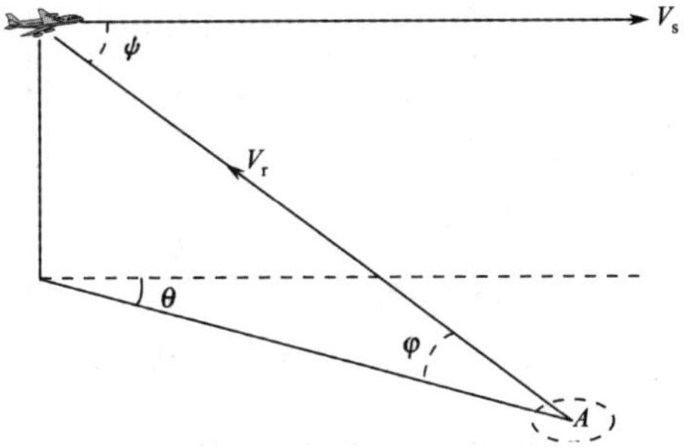

图 6.27　雷达平台与地面之间的几何关系

在三维坐标中，雷达的等距离线为以载机为圆心、半径为 R 的一个球形等距曲面与地面之间的交线，如图 6.28 所示。

在图 6.28 中，$X-Y$ 平面表示地平面（未考虑地球表面的弯曲问题），Z 为经过运动平台中心垂直于地平面的坐标方向，半径为 R 的球形等距曲面可表示为

$$x^2 + y^2 + z^2 = R^2 \tag{6.102}$$

O 表示 Z 与地面的交点，r 为地面某点到 O 点的距离，有

$$x^2 + y^2 = r^2 \tag{6.103}$$

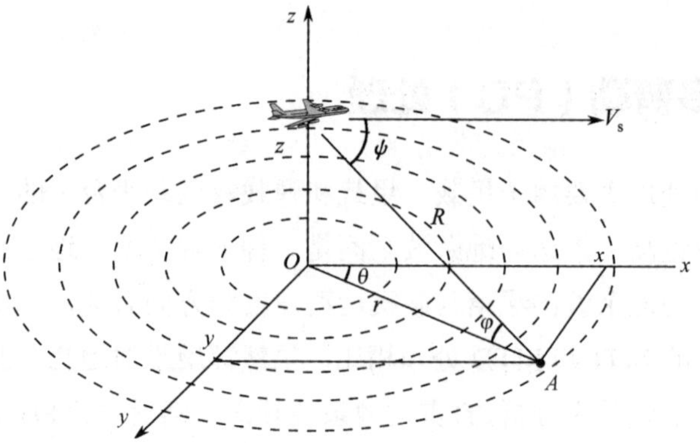

图 6.28　等距离线

在运动平台中，具有恒定视在多普勒频率的所有点应该位于以平台运动方向为轴、以半锥角ψ旋转而成的一个等多普勒锥面上，如图 6.29 所示。假设平台相对地面水平飞行，这时锥体与地面之间的交线为一条双曲线，位于此双曲线上的所有地杂波具有相同的多普勒频率。

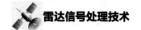

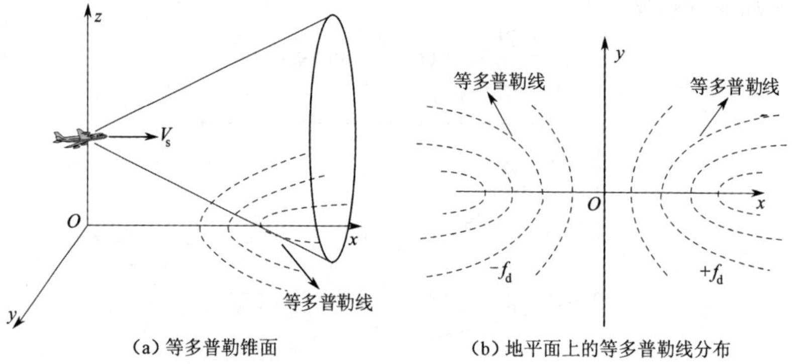

图 6.29　等多普勒线

根据图 6.29 可知，等多普勒的锥面为

$$\frac{\sqrt{y^2+z^2}}{x^2}=\tan\psi \tag{6.104}$$

多普勒锥面与地平面的交线即等多普勒线。当平台高度一定且等于 H 时，$z=H$，等多普勒线可表示为

$$x^2\tan^2\psi-y^2=H^2 \tag{6.105}$$

根据上述分析，图 6.30 画出了对于连续波的理想杂波多普勒谱，以及它与不同距离上散射点对杂波谱的贡献情况[7]。副瓣杂波区的边界 f_{de} 与斜距 R 有关。

$$f_{de} = \frac{2V_s}{\lambda}\sqrt{1-(H/R)^2} \tag{6.106}$$

在地面雷达的 MTI 和 MTD 处理中，雷达脉冲重复频率常取低重复频率，这时雷达无测距模糊，但目标信号可能有多重速度模糊，不能测速。对于运动平台上的 PD 雷达，为了提高其强杂波背景下检测运动目标的能力，需要采用中重复频率和高重复频率的脉冲工作方式。

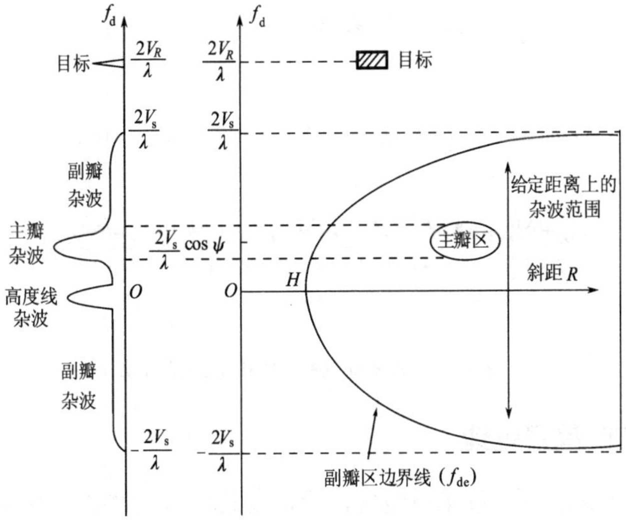

图 6.30 连续波理想杂波的多普勒谱与距离的关系图

在高重复频率情况下，雷达有距离模糊，但速度是不模糊的。对于载频为 f_0 的矩形发射脉冲信号，其发射信号频谱由包络为 $\frac{\sin x}{x}$ 的许多离散谱线组成，如图 6.31（a）所示，各谱线的位置为 $f_0 \pm nf_r$。重复频率越高，谱线的间距越大。由于雷达平台的高速运动，因此地杂波的频谱谱线将展宽成如图 6.30 所示的连续波理想杂波谱，如果雷达脉冲重复频率大于 $4V_s/\lambda$，这些展宽的谱线将不会发生重叠，如图 6.31（b）所示。

由图 6.31（b）可知，在高重复频率情况下，展宽的谱线之间将出现一些不存在杂波的空廓区。如果目标的多普勒频率（根据目标与雷达之间的相对运动速度进行计算）位于这些空廓区，则目标检测就不受地杂波的影响，因此，PD 雷达常采用高重复频率工作，以形成较大的空廓区，从而增大目标在无杂波背景下的检测概率。

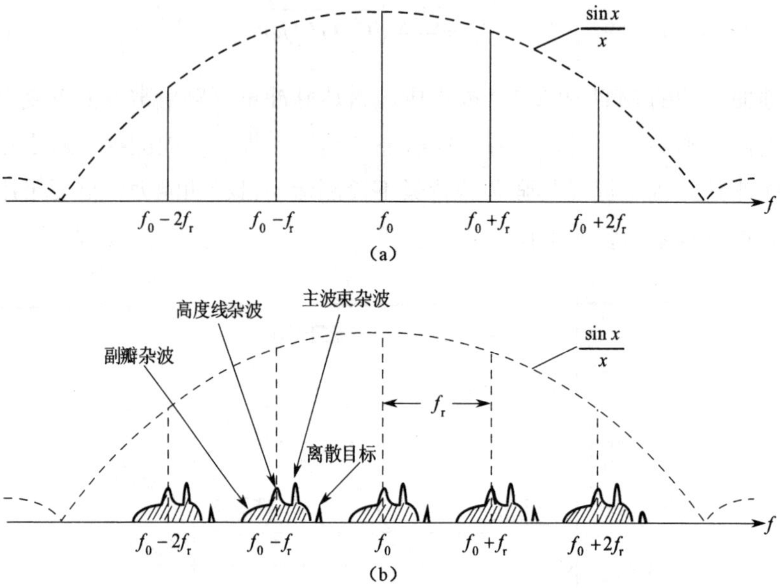

图 6.31　高重复频率 PD 雷达地杂波谱

6.6.2　PD 信号处理

如果目标多普勒频率位于杂波区，则需要采取措施抑制杂波并提高信杂比，然后进行目标检测，如图 6.32 所示。

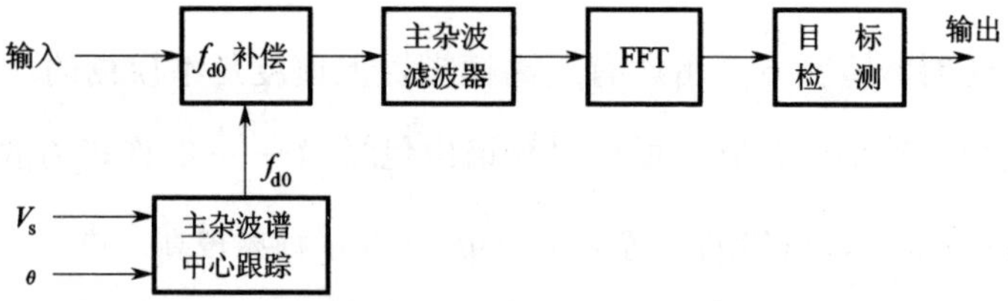

图 6.32　PD 信号处理框图

在图 6.32 中，主杂波谱中心跟踪电路根据载机速度 V_s 和天线指向角 ψ 计算出主杂波谱中心频率 f_{d0}，见式（6.101），并利用 f_{d0} 对输入信号作补偿，将输入信号的主瓣杂波中心平移到零频附近。然后利用 MTI 滤波器将主瓣杂波滤去，这种 MTI 滤波器常称为主杂波滤波器。经过主杂波滤波器滤波后的信号经傅里叶变换（FFT），相当于窄带滤波器组滤波，这种处理与地面雷达的 MTD 处理是非常相似的。

为了提高机载脉冲多普勒雷达发现目标的能力，在雷达设计中，除了采用较高的脉冲重复频率，增大空廓区（必须注意：增大雷达脉冲重复频率可能会引起目标距离模糊)，降低天线副瓣电平，以减少杂波从天线副瓣进入也是很重要的。副瓣杂波强度的降低，将提高目标处在副瓣杂波区时的检测概率。一般要求 PD 雷达天线副瓣电平应低于-35dB。

PD 雷达重复频率的高低，既涉及雷达的检测目标能力，还关系到解距离模糊、解速度模糊的问题，解距离模糊和解速度模糊常用的方法为中国余数定理法和多脉冲重复频率测距重合法，读者可以参考文献[2,8]。

进一步改进 PD 雷达在强杂波背景下检测运动目标的能力，可能要用到偏置相位中心天线（DPCA）技术和空时二维自适应信号处理技术（STAP），这些都涉及阵列天线系统，将在第 7 章叙述。

6.7　自适应运动杂波抑制

对于气象（云、雨等）杂波和箔条杂波等杂波，受风的影响，它们在空中是随风移动的，因此，常称为运动杂波，其谱中心不在零频，并且是时变的。为了抑制此类运动杂波，需要采用自适应运动杂波抑制技术。

6.7.1　运动杂波谱中心补偿抑制法

对于运动杂波，如果其谱宽较窄，则可通过杂波谱中心估计，对其谱中心补偿，然后进行杂波抑制，此方法称为运动杂波谱中心补偿抑制法，如图 6.33 所示。

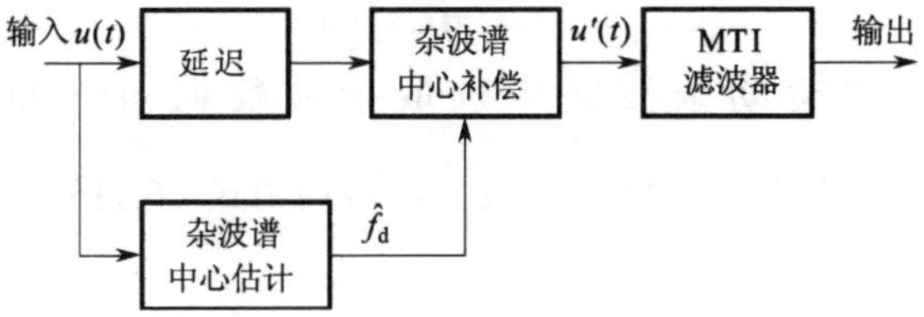

图 6.33　运动杂波谱中心补偿抑制法

在杂波区，杂波谱中心估计电路对输入信号中的运动杂波中心 f_d 进行估计，得到杂波谱中心的多普勒频率估计值 $\hat{f}_d$，再用 $\hat{f}_d$ 对输入信号进行杂波谱中心补偿，将其中心频率移到零，就可以用前面介绍的MTI滤波器进行杂波抑制。因为杂波谱中心估计需要时间，所以，$u(t)$ 要先经延迟，在时间上与 $\hat{f}_d$ 配准后再进行补偿。当运动杂波谱中心 f_d 随风力、风向变化时，得到的杂波谱中心频率估计 $\hat{f}_d$ 也会随着 f_d 变化，因此，这种方法可以自适应抑制运动杂波。运动杂波谱中心补偿抑制法需要分如下 3 步完成。

（1）估计运动杂波谱中心。

窄带杂波可以表示为

$$u(t)=U(t)\mathrm{e}^{\mathrm{j}(2\pi f_{\mathrm{d}}t+\theta_0)} \tag{6.107}$$

式中，$U(t)$ 是运动杂波复包络；f_{d} 为运动杂波谱的中心，即运动杂波谱的平均多普勒频移；θ_0 为初相。根据式（6.107），在 $t=t_1$ 和 $t=t_2$ 时刻的 $u(t)$ 分别为

$$u(t_1)=U(t_1)\mathrm{e}^{\mathrm{j}(2\pi f_{\mathrm{d}}t_1+\theta_0)}=U(t_1)\mathrm{e}^{\mathrm{j}\varphi_1} \tag{6.108}$$

$$u(t_2)=U(t_2)\mathrm{e}^{\mathrm{j}(2\pi f_{\mathrm{d}}t_2+\theta_0)}=U(t_2)\mathrm{e}^{\mathrm{j}\varphi_2} \tag{6.109}$$

这时

$$\frac{u^*(t_1)u(t_2)}{|u(t_1)||u(t_2)|}=\mathrm{e}^{\mathrm{j}(\varphi_2-\varphi_1)}=\mathrm{e}^{\mathrm{j}\Delta\varphi} \tag{6.110}$$

$$\Delta\varphi=\varphi_2-\varphi_1=2\pi f_{\mathrm{d}}(t_2-t_1) \tag{6.111}$$

因为 $u(t_1)$ 和 $u(t_2)$ 是复数，所以可表示为

$$u(t_1)=U(t_1)\cos\varphi_1+\mathrm{j}U(t_1)\sin\varphi_1=I_1+\mathrm{j}Q_1 \tag{6.112}$$

$$u(t_2)=U(t_2)\cos\varphi_2+\mathrm{j}U(t_2)\sin\varphi_2=I_2+\mathrm{j}Q_2 \tag{6.113}$$

可推导得到

$$\Delta\varphi=\arctan\left(\frac{I_1Q_2-I_2Q_1}{I_1I_2-Q_1Q_2}\right) \tag{6.114}$$

根据式（6.111）和式（6.114），可得运动杂波谱中心 f_{d} 的估计值为

$$\hat{f}_{\mathrm{d}}=\frac{\Delta\varphi}{2\pi(t_2-t_1)} \tag{6.115}$$

从回波信号的运动杂波区中选取杂波数据 $u(t_1)$ 和 $u(t_2)$，通常取 $t_2-t_1=\dfrac{1}{f_{\mathrm{r}}}$，用式（6.114）计算相位差 $\Delta\varphi$，再利用式（6.115）就可得到运动杂波的中心频率估计。

（2）运动杂波谱中心补偿。在得到运动杂波谱中心估计值 $\hat{f}_{\mathrm{d}}$ 之后，在 $U(t)$ 上乘以 $\mathrm{e}^{-\mathrm{j}2\pi\hat{f}_{\mathrm{d}}t}$ 就可以将运动杂波中心移到零频附近，即

$$\begin{aligned}u'(t)&=u(t)\mathrm{e}^{-\mathrm{j}2\pi\hat{f}_{\mathrm{d}}t}=U(t)\mathrm{e}^{\mathrm{j}(2\pi\hat{f}_{\mathrm{d}}t+\theta_0)}\mathrm{e}^{-\mathrm{j}2\pi\hat{f}_{\mathrm{d}}t}\\&=U(t)\mathrm{e}^{\mathrm{j}\theta_0}\end{aligned} \tag{6.116}$$

（3）利用一个凹口位于零频的 MTI 滤波器抑制谱中心已移到零频的运动杂波，就完成了对运动杂波的自适应抑制。

6.7.2 权系数库和速度图法

在计算得到运动杂波谱中心估计值 $\hat{f}_{\mathrm{d}}$ 以后，抑制杂波的方法有两种：一种是

对回波信号 $u(t)$ 进行运动杂波谱中心补偿，将运动杂波谱中心移到零频来，再用凹口位于零频的 MTI 滤波器抑制运动杂波，这就是上面介绍的运动杂波谱中心补偿抑制法；另一种方法是不用对运动杂波谱中心进行谱中心补偿，直接采用凹口位于 $\hat{f}_{\mathrm{d}}$ 处的MTI滤波器直接抑制运动杂波。凹口位于 $\hat{f}_{\mathrm{d}}$ 处的 MTI 滤波器权系数可预先存储在一个滤波器权系数库中。这种方法称为权系数库法，如图 6.34 所示。

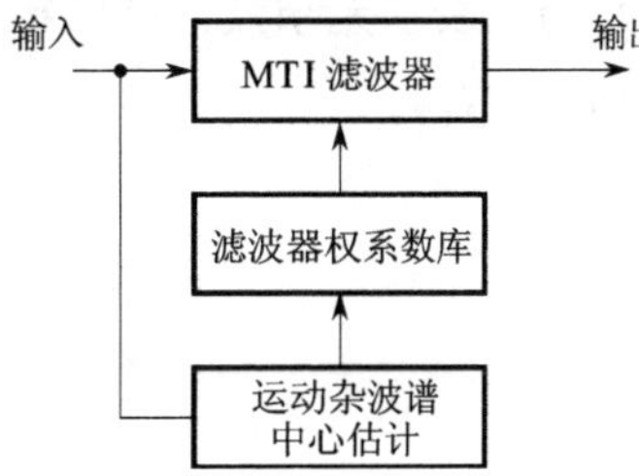

图 6.34　权系数库法

这种方法的优点是将运动杂波谱中心补偿转移到了滤波器权系数的变化上，因为滤波器权系数可以预先计算，所以，可减少实时运算量。

首先需要设计一个凹口位于零频的 MTI 滤波器，它对多普勒频率为零的运动杂波的改善因子应满足指标要求；然后将这个滤波器在频率轴上平移，形成所需要的滤波器权系数库。假设凹口在零频的 MTI 滤波器的权系数矢量为

$$\boldsymbol{W}_0=\begin{bmatrix} W_{01} \\ W_{02} \\ \vdots \\ W_{0N} \end{bmatrix} \tag{6.117}$$

其他滤波器的权系数矢量可通过下式计算得到：

$$\boldsymbol{W}_m=\begin{bmatrix} W_{m1} \\ W_{m2} \\ \vdots \\ W_{mN} \end{bmatrix}=\begin{bmatrix} W_{01} \\ W_{02}\mathrm{e}^{\mathrm{j}2\pi f_m T_{\mathrm{r}}} \\ \vdots \\ W_{0N}\mathrm{e}^{\mathrm{j}2\pi f_m (N-1)T_{\mathrm{r}}} \end{bmatrix},\quad m=1,2,3,\cdots,M \tag{6.118}$$

式中，T_{r} 为雷达脉冲重复频率。f_m 为滤波器的凹口位置。

$$f_m=m\Delta f,\ \ m=1,2,3,\cdots,M \tag{6.119}$$

权系数矢量 $\boldsymbol{W}_m$ 以 m 为地址在权系数库中排列，f_m 与运动杂波谱中心估计值 $\hat{f}_{\mathrm{d}}$ 相对应，就可以实现对运动杂波的抑制。要注意的问题是，f_m 应涵盖运动杂波谱中心在频率轴上的可能分布区域。

在雷达中，运动杂波谱中心的估计受噪声的影响和可用数据量的限制，估计值是有误差的，从而影响杂波抑制性能。此外，因为雷达杂波在空间的分布是不均匀的，所以，在实际应用权系数库时，为了提高自适应滤波的效果，常常将权系数库与速度图结合来完成自适应杂波抑制。

速度图就是将雷达周围的监视区域分为许多方位距离单元，如图 6.35 所示。

假设距离上分为I个单元，方位上分为J个单元，则共有IJ个方位距离单元。每个方位距离单元存有两个信息：一个信息是杂波标志位，通常用 1 位，杂波标志位为“0”表示无杂波，杂波标志位为“1”表示有杂波；另一个信息是杂波谱中心的估计值。

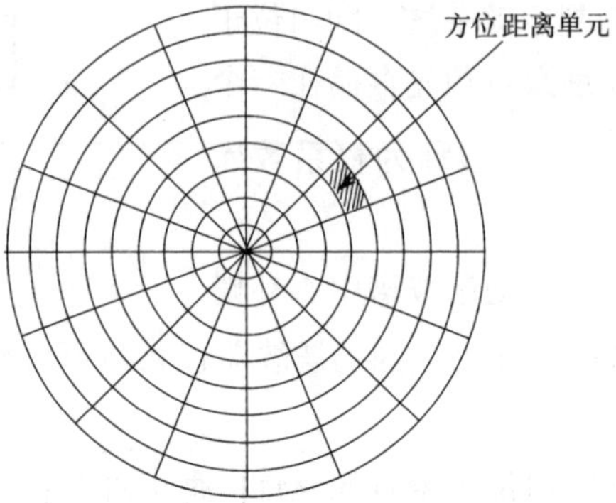

图 6.35　方位距离单元的划分

如图 6.36 所示为权系数库与速度图相结合的自适应滤波方法。输入信号首先通过一个地物杂波滤波器滤去地物杂波，以减少地物杂波对运动杂波谱中心估计的影响。滤波结果再经过运动杂波谱中心估计，运动杂波谱中心估计值经过递归滤波后存入速度图，如图 6.37 所示。

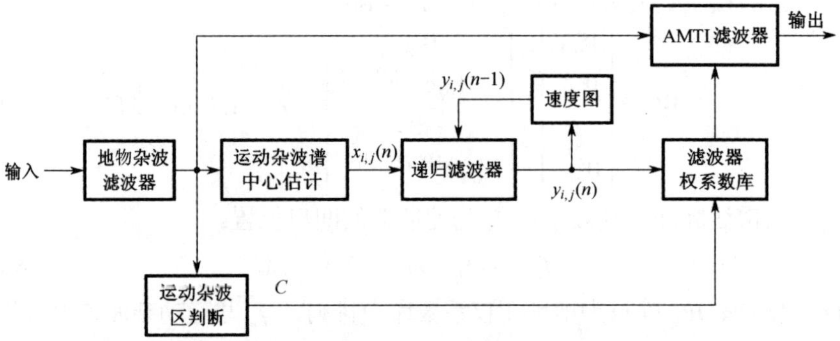

图 6.36　权系数库与速度图相结构的自适应杂波抑制

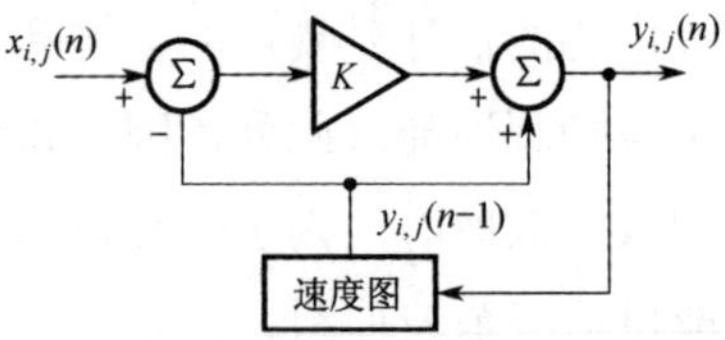

图 6.37　速度图与递归滤波器

速度图中各个方位距离单元中的信息更新是分别进行的。由图 6.37 可知，对距离为 i、方位为 j 的某个方位距离单元 (i,j) 来说，速度图的 n 时刻输出为

$$\begin{aligned} y_{i,j}(n) &= \left[x_{i,j}(n) - y_{i,j}(n-1)\right]K + y_{i,j}(n-1) \\ &= (1-K)y_{i,j}(n-1) + Kx_{i,j}(n) \end{aligned} \tag{6.120}$$

式中，$0<K<1$；$i=1,2,\cdots,I-1$；$j=0,1,2,\cdots,J-1$。因为 n 与 $n-1$ 相差一个天线扫描周期，所以，上述递归滤波运算是以天线扫描周期进行的。速度图与递归滤波器相结合后，速度图有存储运动杂波速度（运动杂波多普勒中心估计值 $\hat{f}_{\mathrm{d}}$）的功能；递归滤波器能平滑和减少对运动杂波谱中心单次估计结果的偏差；当运动杂波移动或风速等条件变化时，速度图中的存储数据还能自动更新。

在图 6.36 中，地物杂波滤波器的输出被送到一个运动杂波判断电路。如果地物杂波滤波器输出大于某个门限值，则认为存在运动杂波，这时 $C=1$，滤波器权系数库工作，根据速度图和递归运算的输出 $y_{i,j}(n)$ 选择合适的滤波器权系数到 AMTI 滤波器。当 $C=0$ 时，表示输入无运动杂波，这时从滤波器权系数库中送出一组全通滤波器的权系数，使输入信号直接通过 AMTI 滤波器。

6.7.3　自适应杂波滤波器

运动杂波谱中心补偿抑制法及权系数库和速度图法都是通过对运动杂波谱中心的估计来实施杂波抑制的。在滤波器抑制凹口的设计上，只能将对雷达的杂波抑制性能要求及给定的杂波速度标准差 σ_v 作为杂波谱计算和滤波器设计的主要依据。因为实际的运动杂波谱宽和强度是随着气象条件的不同而变化的，所以，只有采用自适应杂波抑制滤波器才能做到最佳杂波抑制。

自适应杂波抑制滤波器如图 6.38 所示。

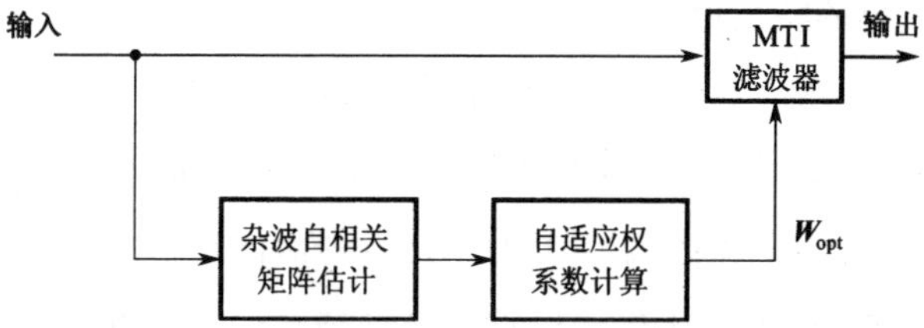

图 6.38　自适应杂波抑制滤波器

杂波自相关矩阵估计必须利用大量的杂波数据，设杂波数据共 N 个数据，即

$$\{x_n\} = x_0, x_1, \cdots, x_{N-1} \tag{6.121}$$

$\{x_n\}$ 的自相关函数为

$$r_x(m)=\frac{1}{N-m}\sum_{n=0}^{N-m-1}x_{n+m}x_n^* \tag{6.122}$$

其自相关矩阵可以表示为

$$\boldsymbol{R}_x=\begin{bmatrix} r_x(0) & r_x^*(1) & \cdots & r_x^*(p-1) \\ r_x(1) & r_x(0) & \cdots & r_x^*(p-2) \\ \vdots & \vdots & \vdots & \vdots \\ r_x(p-1) & r_x(p-2) & \cdots & r_x(0) \end{bmatrix} \tag{6.123}$$

自相关矩阵中 p 应等于所用滤波器的阶数。

受雷达天线扫描和天线波束宽度的限制，在天线波束宽度内能够发射和接收的脉冲数是有限的，因此，杂波数据个数 N 不可能太大。当 N 不大时，用式（6.122）计算得到的自相关系数 $r_x(m)$ 存在估计误差，这种估计误差较大会影响对运动杂波的抑制效果。

因为运动杂波是连片分布的，相邻的一些距离门上，杂波数据是独立同分布的，所以，可以利用某个距离段上的所有杂波数据来估计杂波的自相关函数。假设某个距离段上的多次回波信号的数据为 $\{x_{i,j}\}$，i 是发射脉冲编号，$i=0,1,2,\cdots,I-1$；j 是距离门编号，$j=0,1,2,\cdots,J$，那么

$$r_x(m)=\frac{1}{(I-m)J}\sum_{i=0}^{I-m-1}\sum_{j=0}^{J-1}x_{i+m,j}x_{i,j}^* \tag{6.124}$$

用式（6.124）求得 $\{x_{i,j}\}$ 的自相关函数 $r_x(m)$，代入式（6.123）得到 $\{x_{i,j}\}$ 的 p 阶自相关矩阵 $\boldsymbol{R}_x$，再用特征矢量法来计算自适应权系数。自相关矩阵 $\boldsymbol{R}_x$ 的特征方程为

$$\boldsymbol{R}_x\boldsymbol{W}_i=\lambda_i\boldsymbol{W}_i \tag{6.125}$$

式中，λ_i 为 $\boldsymbol{R}_x$ 的特征值，$i=0,1,\cdots,p-1$；$\boldsymbol{W}_i$ 为 λ_i 所对应的特征矢量；λ_i 为实数，p 个 λ_i 中最小的特征值为

$$\lambda_{\min}=\min\left[\lambda_0,\lambda_1,\cdots,\lambda_{p-1}\right] \tag{6.126}$$

与 $\lambda_{\min}$ 相对应的特征矢量就是所要计算的自适应权系数矢量 $\boldsymbol{W}_{\text{opt}}$，利用 $\boldsymbol{W}_{\text{opt}}$ 对图 6.38 中的输入信号进行 MTI 滤波，就可以自适应地抑制输入信号中的杂波。

自适应杂波抑制滤波器不仅可以抑制运动杂波，还可以抑制固定杂波，或者同时抑制存在的固定杂波和运动杂波，对杂波的改善因子为

$$I=\frac{\boldsymbol{W}^{\text{H}}\boldsymbol{W}}{\boldsymbol{W}^{\text{H}}\boldsymbol{R}_x\boldsymbol{W}} \tag{6.127}$$

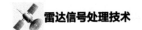

6.8　本章小结

雷达杂波会严重干扰雷达目标的检测，本章介绍了地面、海面、云雨和箔条产生的杂波性质，讨论了动目标显示、动目标检测、脉冲多普勒杂波抑制和自适应运动杂波抑制等多种杂波抑制措施及其性能改善方法。当前，机载雷达检测地面动目标的方法、抑制海杂波提高超视距雷达检测性能的方法等发展很快。随着认知雷达的深入研究，杂波条件下的认知检测方法也日益受到更多关注。

本章参考文献

[1] WIENER N. Extrapolation Interpolation and Smoothing of Stationary Time Series With Engineering Applications[M]. Cambridge, Mass.,: The MIT Press, 1949.

[2] MERRILL I. Skolnik, Radar Handbool (Second Edition) [M]. McGraw-Hill Companies, Inc., 1990.

[3] BARTON D K. Radar System Analysis[M]. Englewood Cliffs, N. J.: Prentice-Hall, 1964.

[4] DRARY W H. Improved MTI Radar Signal Processor? AD-A010-478.

[5] DONNEL R M O, MUEHE C E. Automated Tracking for Aircraft Surveillance Radar Systems[J]. IEEE Trans. On Aerospace and Electronics Systems, IEEE Trans. On Aerospace and Electronics Systems, Vol.AES-15, No.4, pp.508-517, July, 1979.

[6] 张贤达. 现代信号处理[M]. 北京：清华大学出版社，1995.

[7] GUY M, LINDA H. Airborne Pulse Doppler Radar (Second Edition)[M]. Artech House, Inc., 1996.

[8] 郦能敬. 预警机系统导论[M]. 北京：国防工业出版社，1998.

[9] BARLOW E. Doppler Radar[J]. Proc. IRE, 1949, 37(4): 340-355.

[10] GOLDSTEIN S E. The Origins of Echo Fluctuations, and the Fluctuations of Clutter Echoes[M]. in Kerr, D. E. (ed.) Propagation of Short Radio Waves. MIT Radiation Laboratory Series. New York: McGraw-Hill Book Company, 1951, 13(6.6-6.21): 560-587.

[11] WILTSE J C, SCHLESINGER S P, JOHNSON C M. Backscattering Characteristics of the Sea in the Region from 10 to 50 KMC[J]. Proc. IRE, 1957, 45(2): 220-228.

[12] HICKS B L, NABLE N K, KOVALY J J, et al. The Spectrum of X Band Radiation Backscattered from the Sea Surface[J]. J. Geophys. Res., 1960, 65(3): 828-837.

第 7 章
雷达阵列信号处理

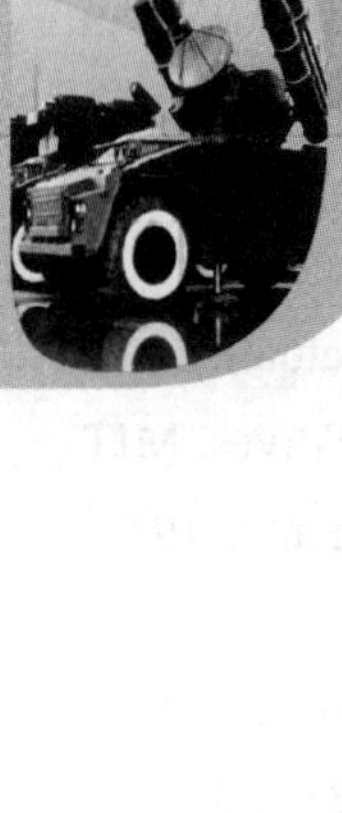

用多个离散分布的小天线代替连续孔径分布的大天线，就形成了阵列天线。连续孔径天线通常用一路接收机将信号接收下来，相当于对空间不同方向的电磁波信号进行了波束形成；而按一定几何结构分布于空间不同位置的阵列天线的各单元将不同方向的信号接收下来，相当于用阵列天线对空间电磁波信号进行了空域采样，这种空域采样信号通常称为阵列信号，它不仅可以通过固定加权求和的方式进行合成来达到等效的连续孔径天线的效果，还可以用自适应加权求和的方式来形成更加灵活的天线方向图，其中包括天线的波束指向和在干扰方向上形成波束零点，以抑制干扰。

从不同方向传播到达阵列上的各阵元信号具有不同的特征，如果是窄带信号情况，则主要表现在相位特征上的不同。对阵列信号的这些特征进行提取，还可以测量多个在空间上靠近的信号源到达阵列上的入射角度［也称为波达方向（DOA）］、信号波形和极化等参数。不同于连续孔径天线雷达的空域信号是标量，不可再进行空域处理的情况，阵列天线雷达的空域信号是矢量，包含丰富的空域信号特征，可对其进行处理，包括滤波、检测、参数估计、成像、跟踪与识别等，内容非常丰富。

本章重点研究阵列雷达信号处理常用的波束形成与干扰抑制技术、目标 DOA 估计技术、空时二维自适应处理（STAP）技术，以及新体制波形分集阵雷达信号处理方法与应用。

7.1　相控阵雷达信号处理及波束形成

如上所述，将一组传感器（如雷达天线）按一定的几何结构分布于空间不同位置，对空间电磁波携带信号进行空间采样并形成阵列信号，电磁波从不同方向传播到达各阵元位置，存在不同的传输延迟，传输延迟反映在各个阵元接收信号上，表示为信号有不同的延迟。显然，人们只关心各阵元的相对延迟，因而可以任选空间某位置作为参考点来计算电磁波到达各阵元的相对延迟。如图 7.1 所示，空间位置 $\boldsymbol{r}=(x,y,z)$ 处接收远场平面波信号，其传播方向为

$$\boldsymbol{\alpha}=(\cos\theta\cos\varphi,\sin\theta\cos\varphi,\sin\varphi) \tag{7.1}$$

式中，θ 为传播方向与 x 轴的夹角，称为方位角；φ 为传播方向与 z 轴的夹角，称为俯仰角。

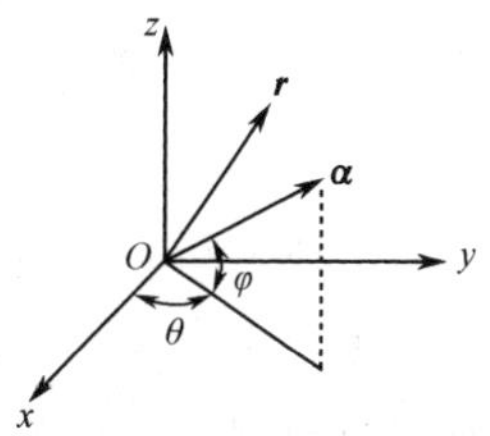

图 7.1　平面波信号传播模型

由于平面波的等相位面是垂直于传播方向的，因此，采用直角坐标系表示传播方向和阵列几何位置最方便。内积 $\boldsymbol{r}^{\mathrm{T}}\boldsymbol{\alpha}$ 表示平面波到达位置 $\boldsymbol{r}$ 处相对于其到达位置 O 处的距离差，对应的延迟差为

$\tau = -\boldsymbol{r}^{\mathrm{T}}\boldsymbol{\alpha}/c$，这里的负号表示波到达 $\boldsymbol{r}$ 比到达 O 滞后，c 为电磁波的传播速度，传播延迟改写为

$$\tau = \frac{x\cos\theta\cos\varphi + y\sin\theta\cos\varphi + z\sin\varphi}{c} \tag{7.2}$$

由式（7.2）可知，电磁波到达阵列上的传播延迟是由阵列几何结构和电磁波的传播方向决定的。反过来，当阵列几何结构固定且可精确测量其几何坐标时，由式（7.2）表示的延迟与电磁波的传播方向的对应关系，可以通过测量阵列各阵元间的传播延迟来测定波的传播方向。容易看到，在单个电磁波信号场合，只要比较两个阵元的延迟差即可获得信号的传播方向与这两个阵元连线（称为基线）的夹角。但是，在有多个电磁波信号的情况下，天线阵列接收的是叠加的多个信号，如何测量各个电磁波信号的传播延迟将在后面进行详细介绍。

雷达信号通常可用复解析信号的形式表示，信号的延迟反映在复包络和载波相位的变化程度不同，将它们的变化区别对待是非常方便的，下面进行简要讨论。

设雷达信号用解析信号表示如下：

$$x(t) = s(t)\mathrm{e}^{\mathrm{j}\omega_0 t} \tag{7.3}$$

将信号延迟 τ 后，得 $x(t-\tau) = s(t-\tau)\mathrm{e}^{\mathrm{j}\omega_0(t-\tau)}$，其中复包络的延迟变化 $s(t-\tau)$ 取决于信号带宽的大小，在天线阵列尺寸不是很大的条件下，如10m量级，电磁波在整个阵列上的传播延迟在几十纳秒量级，对于带宽为几兆赫兹的信号，其复包络的变化可以忽略不计，即 $s(t-\tau) \approx s(t)$，这就表明各阵元信号的复包络基本相同，这样的信号称为窄带阵列信号。

定义：窄带阵列信号的条件就是电磁波穿越全阵列孔径的最大延迟远小于信号带宽的倒数。满足此条件的信号就称为窄带阵列信号。

纳秒量级的传播延迟在载波相位上的变化是不可忽视的，这取决于载波频率。对于雷达信号，其载波频率一般都在几百兆赫兹以上，10 纳秒量级的延迟乘以几百兆赫兹的载频就可能有数个 2π 弧度的变化，因此，传播延迟在载波相位上的变化是很敏感的，这就为人们利用载波相位信息测定电磁波的传播延迟和传播方向，以及补偿各阵元信号在某个特定方向上的相位后进行同相相加以增加该方向的信号强度，或者反相相抵以抑制该方向的干扰信号强度奠定了物理学基础。

从上述分析可以看到，对于窄带阵列信号，空间电磁波信号的传播方向信息实际上蕴含于载波项中而不是信号复包络上，这与通常的信息传输系统中将信息调制在复包络上（信号波形中）不同。调制在复包络上的信息（信号波形）是随时间变化的，称为时域信息，而载波项包含空域信息。阵列信号处理可以按空域

一维信号处理来研究，即不关心信号的波形；也可以按空域时域二维信号处理来进行研究，这时就要考虑信号的波形了。

上述结论只适用于窄带阵列信号（电磁波在全阵列上的传播延迟并不导致各阵元信号的复包络存在明显的变化，只使它们的相位有明显的变化），如果电磁波在各阵元上的传播延迟导致信号复包络有明显的变化而必须考虑时，则空域信息也会蕴含于信号波形中，这时，阵列信号处理必须考虑各阵元信号的复包络变化，其信号处理会比较复杂，称为宽带阵列信号处理，这涉及空时二维信号处理，将在后面进行讨论。

7.1.1　雷达阵列信号模型

空间电磁波信号服从 Maxwell 波动方程，一般是空间和时间的四维函数，如图 7.1 所示，假设在坐标原点的平面波信号用解析信号表示为

$$x(O,t)=s(t)\mathrm{e}^{\mathrm{j}\omega_0 t} \tag{7.4}$$

则该平面波在时刻 t 、空间任意一点位置 $\boldsymbol{r}$ 处的信号为

$$x(\boldsymbol{r},t)=s(t-\boldsymbol{r}^{\mathrm{T}}\boldsymbol{\alpha}/c)\mathrm{e}^{\mathrm{j}\omega_0(t-\boldsymbol{r}^{\mathrm{T}}\boldsymbol{\alpha}/c)} \tag{7.5}$$

上述四维函数在一定条件下其维数可以减少，一是前述的窄带条件，即 $s(t-\boldsymbol{r}^{\mathrm{T}}\boldsymbol{\alpha}/c)\approx s(t)$；二是限定阵列几何结构，如最简单的线性阵列结构。

在窄带信号条件下，空间阵列采样各单元信号的复包络相同，简化了阵列信号的表示，即将四维函数简化为时间一维函数 $s(t)$ ，如果进一步限定阵列为线阵，则平面波到达各阵元的相对延迟只是传播方向与线性阵列夹角余弦的一维函数；如果阵列的所有单元是在同一时刻采集信号的，则各阵元信号的复包络相同，而它们的相位差只依赖一维角度，即传播方向与阵列夹角的余弦，而不是式（7.2）中的二维角度。

相邻阵元间距相等的线阵称为等距线阵，记为 ULA，如图 7.2 所示，将 N 元等距线阵各阵元同时采样的信号用矢量 $\boldsymbol{X}(t)$ 表示，以第一个阵元作为参考点，相邻阵元间距为 d 。假设一平面波以与阵列法线方向夹角为 θ 的方向传播到阵列上，则平面波到达阵元 2 的时间比到达阵元 1 超前 $\tau=d\sin\theta/c$ ，平面波到达阵元 3 的时间比到达阵元 1 超前 $2\tau=2d\sin\theta/c$ ，以此类推，平面波到达阵元 N 的时间比到达阵元 1 超前 $(N-1)\tau=(N-1)\ d\sin\theta/c$ ，在窄带条件下，阵列信号可表示为

$$\boldsymbol{X}(t)=\begin{bmatrix}x_1(t)\\x_2(t)\\\vdots\\x_N(t)\end{bmatrix}=\begin{bmatrix}s(t)\mathrm{e}^{\mathrm{j}\omega_0 t}\\s(t)\mathrm{e}^{\mathrm{j}\omega_0(t+\tau)}\\\vdots\\s(t)\mathrm{e}^{\mathrm{j}\omega_0[t+(N-1)\tau]}\end{bmatrix}=s(t)\mathrm{e}^{\mathrm{j}\omega_0 t}\begin{bmatrix}1\\\mathrm{e}^{\mathrm{j}\omega_0\tau}\\\vdots\\\mathrm{e}^{\mathrm{j}(N-1)\omega_0\tau}\end{bmatrix}$$

注意，$\omega_0\tau=2\pi f_0\tau=2\pi f_0 d\sin\theta/c=\dfrac{2\pi d\sin\theta}{\lambda}$，$\lambda$为波长，并将$\mathrm{e}^{\mathrm{j}\omega_0 t}$归并到$s(t)$中，或者雷达接收机中的下变频处理使该项消失，因而阵列信号通常写为

$$\boldsymbol{X}(t)=s(t)\cdot\left[1,\mathrm{e}^{\mathrm{j}\frac{2\pi d\sin\theta}{\lambda}},\cdots,\mathrm{e}^{\mathrm{j}(N-1)\frac{2\pi d\sin\theta}{\lambda}}\right]^{\mathrm{T}} \tag{7.6}$$

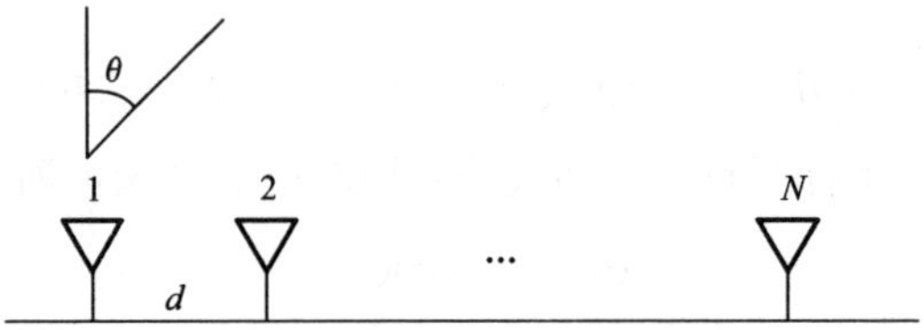

图 7.2　等距线阵几何结构

需要说明的是：

（1）将阵列中各阵元信号的一次同时采样称为快拍（Snapshot），窄带信号条件下各阵元信号的复包络相同，其相位差才能唯一地反映电磁波的传播方向，这正是干涉仪比相测角技术的物理基础，如前所述，干涉仪比相测角技术只适合单信源情况。

（2）波达方向信息是由载波项引入的，与信号波形无关，反映在式（7.6）的矢量中，记为$\boldsymbol{a}(\theta)$，即

$$\boldsymbol{a}(\theta)=\left[1,\mathrm{e}^{\mathrm{j}\frac{2\pi d}{\lambda}\sin\theta},\cdots,\mathrm{e}^{\mathrm{j}(N-1)\frac{2\pi d}{\lambda}\sin\theta}\right]^{\mathrm{T}} \tag{7.7}$$

由于波达方向信息完全包含于式（7.7）的矢量中，因此称此矢量为导向矢量或方向矢量（Steering Vector），它在阵列信号处理中占据着非常重要的地位。

导向矢量是由阵列几何结构和电磁波的传播方向决定的，反映了窄带信号条件下各阵元接收信号相位的相互关系。阵列结构通常是固定的，将所有关心的电磁波的传输方向角对应的导向矢量构成一个集合，称为阵列流形（Array Manifold）。在很多文献中，人们会不加区分地将导向矢量与阵列流形等同。

（3）在上述推导中，将阵列中所有传感器阵元特性视为相同，因而所有阵元的幅度和相位响应（幅相响应是频率、波达方向角度的函数）都是相同的，可以

把它们归并到信号波形中，而不是在导向矢量 $\boldsymbol{a}(\theta)$ 中出现。在实际应用中，各阵元的幅相响应特性不尽相同，这时不能把它们一起从导向矢量中提出并归并到信号波形中，导向矢量中应该将各阵元的实际幅相响应特性反映出来。如果把各阵元的方向性函数记为 $g_i(\theta)$（$i=1,2,\cdots,N$），则实际导向矢量应写为

$$\boldsymbol{a}(\theta)=\left[g_1(\theta),g_2(\theta)\mathrm{e}^{\mathrm{j}\frac{2\pi d}{\lambda}\sin\theta},\cdots,g_N(\theta)\mathrm{e}^{\mathrm{j}(N-1)\frac{2\pi d}{\lambda}\sin\theta}\right]^{\mathrm{T}} \tag{7.8}$$

通常，在实际阵列天线系统中，应将各阵元方向性函数及通道响应尽可能精确地测量出来，并在导向矢量及阵列信号处理中加以考虑。在实际工程中，受测量精度的限制和环境的变化影响，阵元方向图和通道响应不可避免地存在测量误差，严重制约了理论上高性能的阵列信号处理技术的实际应用，这正是当前阵列信号处理应用与研究领域中最受关注的问题之一。

（4）由于波动方程满足叠加原理，因此，多个电磁波信号可以在自由空间中独立传播，而阵列接收来自 P 个平面波的信号满足叠加原理，设 P 个平面波信号 $s_i(t)$（$i=1,2,\cdots,P$），分别从阵列法线方向 $\theta_1,\theta_2,\cdots,\theta_P$ 到达 N 元等距线阵上，各阵元接收机噪声记为 $n_i(t)$（$i=1,\cdots,N$），则一般的阵列信号模型为

$$\boldsymbol{X}(t)=\sum_{i=1}^{P}s_i(t)\boldsymbol{a}(\theta_i)+\boldsymbol{N}(t) \tag{7.9}$$

式中，$\boldsymbol{N}(t)=[n_1(t),\cdots,n_N(t)]^{\mathrm{T}}$ 是阵列接收机噪声矢量，用矩阵改写式（7.9），得

$$\boldsymbol{X}(t)=\boldsymbol{A}(\theta)\boldsymbol{S}(t)+\boldsymbol{N}(t) \tag{7.10}$$

式中，

$$\boldsymbol{A}(\theta)=[\boldsymbol{a}(\theta_1),\boldsymbol{a}(\theta_2),\cdots,\boldsymbol{a}(\theta_p)]_{N\times P} \tag{7.11}$$

$$\boldsymbol{S}(t)=[\boldsymbol{s}_1(t),\boldsymbol{s}_2(t),\cdots,\boldsymbol{s}_p(t)]_{1\times p} \tag{7.12}$$

$N\times P$ 阶矩阵 $\boldsymbol{A}(\theta)$ 又称为方向矩阵，它包含全部 P 个信号源的波达方向。$1\times P$ 矢量 $\boldsymbol{S}(t)$ 是 P 个信号源的复包络矢量，没有方向信息。

7.1.2　波束形成基本概念

前面已经提到过，用阵列天线替换连续孔径天线后，对天线阵列信号加权求和不仅可以获得与连续孔径天线等效的方向图，而且可以获得更灵活的波束。所谓阵列信号波束形成，就是对阵列各单元信号加权求和，即用矢量 $\boldsymbol{W}$ 与阵列信号 $\boldsymbol{X}(t)$ 做内积，即

$$y(t)=\boldsymbol{W}^{\mathrm{H}}\boldsymbol{X}(t) \tag{7.13}$$

式中，H 表示共轭转置。

式（7.13）的物理意义是用复数权矢量 $\boldsymbol{W}$ 的相位对阵列信号各分量进行相位

补偿，使得在期望信号方向上各个分量同相相加，以形成天线方向图的主瓣，而在其他方向上非同相相加而形成天线方向图的副瓣，甚至在个别方向上反相相加以形成方向图零点。如果能够控制权矢量$\boldsymbol{W}$使零点位于干扰方向上，则可以实现对干扰信号的抑制。权矢量$\boldsymbol{W}$的幅度可以控制波束形成方向图的形状，起到降低方向图副瓣的作用，经典的幅度权矢量就是在传统滤波设计中的各种窗函数，如泰勒（Taylor）窗、切比雪夫（Chebychev）窗、汉明（Hamming）窗等。式（7.13）表示的波束形成可以从滤波器角度来理解，即对特定方向的信号进行相参相加，使其得以增强。对来自其他方向不需要的信号进行反相相加从而加以抑制。这种滤波器对方向较敏感，称为空域滤波器。与传统的频率选择性的时域滤波不同，空域滤波是方向选择性的，它将波束形成（空域滤波）与时域滤波进行对比，有利于理解波束形成的概念，并利用滤波器设计的工具进行波束形成设计，即阵列方向图综合。如表 7.1 所示为空域滤波与时域滤波的对比。

表 7.1　空域滤波与时域滤波的对比

波束形成（空域滤波）	时域滤波
方向图	频率响应
主瓣	通带
副瓣（旁瓣）	阻带
方向选择	频率选择

滤波器的权矢量分为固定不变的权矢量和自适应可变的权矢量。权矢量固定不变的波束形成称为普通波束形成，其权矢量主要用于调整阵列信号使其在期望的目标信号方向上同相位，因此，普通波束形成器就是匹配滤波理论在空域阵列信号中的应用，下面进行简要分析。

首先考虑最简单的单信源（或单目标）情况：设阵列信号$\boldsymbol{X}(t)=\boldsymbol{s}(t)\boldsymbol{a}(\theta_0)+\boldsymbol{N}(t)$，表示阵列接收到来自方向$\theta_0$的平面波信号，其信号波形为$\boldsymbol{s}(t)$。我们希望找一个权矢量$\boldsymbol{W}$使得阵列波束形成方向图主瓣指向$\theta_0$方向，即让$\theta_0$方向的信号无失真、不损失地通过。在白噪声背景下，根据匹配滤波器原理，显然当权矢量$\boldsymbol{W}$取$\boldsymbol{a}(\theta_0)$时，波束形成输出：

$$
\begin{aligned}
y(t) &= \boldsymbol{W}^{\mathrm{H}}\boldsymbol{X}(t) \\
&= \boldsymbol{a}^{\mathrm{H}}(\theta_0)\boldsymbol{s}(t)\boldsymbol{a}(\theta_0)+\boldsymbol{a}^{\mathrm{H}}(\theta_0)\boldsymbol{N}(t) \\
&= N\boldsymbol{s}(t)+\boldsymbol{a}^{\mathrm{H}}(\theta_0)\boldsymbol{N}(t)
\end{aligned}
\tag{7.14}
$$

在白噪声背景下，式（7.14）的信噪比（SNR）等于$N\dfrac{\sigma_s^2}{\sigma_N^2}$，其中，$\sigma_s^2=E[\boldsymbol{s}(t)\boldsymbol{s}^{\mathrm{H}}(t)]$、$\sigma_N^2=E[N(t)N^{\mathrm{H}}(t)]$分别是输入的信号功率、噪声功率。可见当

$\boldsymbol{W}=\boldsymbol{a}(\theta_0)$ 时，该阵列的波束可获得最大的信噪比增益，即 N 倍增益，这是因为这时波束形成器对来自 θ_0 方向的信号实现了相参相加（实际上是电压相加），而对噪声实现了非相参相加（实际上是功率相加）。

该波束形成器对来自任意方向的信号输出为

$$\begin{aligned}y(t)&=\boldsymbol{a}^{\mathrm{H}}(\theta_0)\boldsymbol{X}(t)\\&=\boldsymbol{a}^{\mathrm{H}}(\theta_0)\boldsymbol{s}(t)\boldsymbol{a}(\theta)+\boldsymbol{a}^{\mathrm{H}}(\theta_0)\boldsymbol{N}(t)\\&=\boldsymbol{s}(t)\boldsymbol{a}^{\mathrm{H}}(\theta_0)\boldsymbol{a}(\theta)+\boldsymbol{a}^{\mathrm{H}}(\theta_0)\boldsymbol{N}(t)\end{aligned} \tag{7.15}$$

由式（7.15）可见，阵列信号波束形成不改变信号波形 $\boldsymbol{s}(t)$，而只是对信号幅度乘以复增益 $\boldsymbol{a}^{\mathrm{H}}(\theta_0)\boldsymbol{a}(\theta)$，该增益是权矢量 $\boldsymbol{a}(\theta_0)$ 与导向矢量作内积，由于权矢量是固定的，因而复增益 $\boldsymbol{a}^{\mathrm{H}}(\theta_0)\boldsymbol{a}(\theta)$ 是来波方向 θ 的函数。

一般，定义复增益函数 $\boldsymbol{W}^{\mathrm{H}}\boldsymbol{a}(\theta)$ 为天线方向图，通常用其模平方来表示：

$$P(\theta)=\left|\boldsymbol{W}^{\mathrm{H}}\boldsymbol{a}(\theta)\right|^2 \tag{7.16}$$

如果要求在 θ_0 方向形成主瓣，取 $\boldsymbol{W}=\boldsymbol{a}(\theta_0)$，则其方向图可计算得

$$\begin{aligned}P(\theta)&=\left|\boldsymbol{a}^{\mathrm{H}}(\theta_0)\boldsymbol{a}(\theta)\right|^2\\&=\left|\sum_{i=1}^{N}\mathrm{e}^{-\mathrm{j}\frac{2\pi d}{\lambda}(i-1)\sin\theta_0}\mathrm{e}^{\mathrm{j}\frac{2\pi d}{\lambda}(i-1)\sin\theta}\right|^2\\&=N^2F^2(\varphi-\varphi_0)\end{aligned} \tag{7.17}$$

式中，$\varphi=\dfrac{2\pi d}{\lambda}\sin\theta$；$F(\varphi)=\dfrac{1}{N}\left|\dfrac{\sin\dfrac{N\varphi}{2}}{\sin\dfrac{\varphi}{2}}\right|$，为辛格函数，这是在时域信号处理中大家所熟悉的。如图 7.3 所示为阵元数 N=8 时的天线方向图。

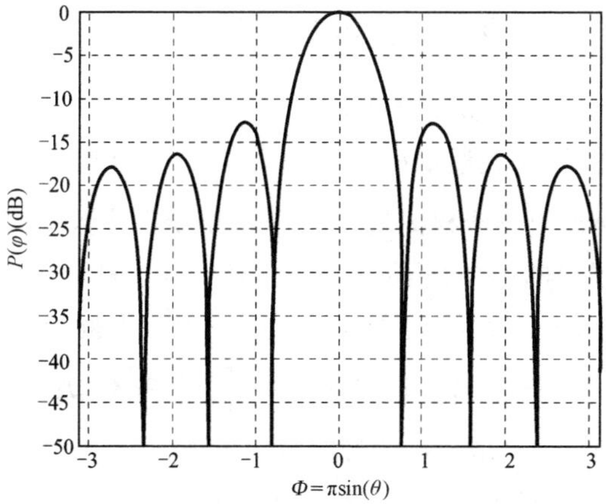

图 7.3　N=8 时的天线方向图

辛格函数的第一个零点位置是 $\varphi=\dfrac{2\pi}{N}$，对应方向角 θ 满足如下条件：$\dfrac{2\pi d}{\lambda}\sin\theta=\dfrac{2\pi}{N}$，即 $\sin\theta=\dfrac{\lambda}{Nd}$，通常 Nd 远大于 λ，则 $\theta\approx\dfrac{\lambda}{Nd}$（弧度）。

若以主瓣的两个零点间宽度定义波束宽度，则其宽度是 $2\lambda/Nd$，其中 Nd 为阵列孔径。在工程上通常以半功率点（3dB 处）定义波束宽度，则其宽度是两个零点间宽度的一半，即 $B_{3\mathrm{dB}}=\lambda/Nd$。可见，主瓣宽度与阵列孔径成反比。

式(7.17)表示的方向图为全相位加权，即只调整阵列信号的相位而不对其幅度进行调整。上文曾提到，还可以对阵列信号进行幅度加权以压低方向图的副瓣电平，即进行加窗处理。加窗处理的数学理论已经非常完美了，在理论上可以设计任意低的副瓣电平，付出的代价是主瓣略有加宽。在实际加工制作天线和多通道接收机时，受加工精度的限制，低（超低）副瓣天线的制造仍然是难度比较高的技术。

下面再讨论多信源情况。

假定 P 个窄带信号分别从方向角 θ_i（$i=1,2,\cdots,P$）到达 N 元阵列上，阵列信号由式（7.10）给出。假设第一个信号是期望信号，而其他 $P-1$ 个信号为干扰，现在的问题是如何寻找波束形成权矢量 $\boldsymbol{W}$，使得波束形成器对期望信号获得最大增益而对 $P-1$ 个干扰置零，即要求

$$\begin{cases}\boldsymbol{W}^{\mathrm{H}}\boldsymbol{a}(\theta_1)=1\\ \boldsymbol{W}^{\mathrm{H}}\boldsymbol{a}(\theta_i)=0,\quad i=2,3,\cdots,P\end{cases}\tag{7.18}$$

则波束形成输出为

$$\begin{aligned}y(t)&=\boldsymbol{W}^{\mathrm{H}}\boldsymbol{X}(t)=\boldsymbol{W}^{\mathrm{H}}\left[\sum_{i=1}^{P}s_i(t)\boldsymbol{a}(\theta_i)+\boldsymbol{N}(t)\right]\\&=\sum_{i=1}^{P}s_i(t)\boldsymbol{W}^{\mathrm{H}}\boldsymbol{a}(\theta_i)+\boldsymbol{W}^{\mathrm{H}}\boldsymbol{N}(t)\\&=\boldsymbol{s}_1(t)+\boldsymbol{W}^{\mathrm{H}}\boldsymbol{N}(t)\end{aligned}\tag{7.19}$$

假定 P 个信号的导向矢量 $\boldsymbol{a}(\theta_i)$（$i=1,2,\cdots,P$）全部已知，则由线性方程组式（7.18）可以求解波束形成权矢量 $\boldsymbol{W}$，下面用线性代数中的投影矩阵来求解。

由 $P-1$ 个干扰信号对应的导向矢量生成的 N 维线性空间中 $P-1$ 子空间记为 $\mathrm{Span}(\boldsymbol{a}(\theta_2),\boldsymbol{a}(\theta_3),\cdots,\boldsymbol{a}(\theta_P))$，称为干扰子空间。由此干扰子空间的正交投影变换的投影矩阵容易计算得到 $P=\boldsymbol{A}_J(\theta)\left[\boldsymbol{A}_J^{\mathrm{H}}(\theta)\boldsymbol{A}_J(\theta)\right]^{-1}\boldsymbol{A}_J^{\mathrm{H}}(\theta)$，其中，$\boldsymbol{A}_J(\theta)=\left[\boldsymbol{a}(\theta_2),\boldsymbol{a}(\theta_P)\right]_{N\times(P-1)}$ 是干扰信号的方向矩阵。

如图 7.4 所示，将期望信号的导向矢量 $\boldsymbol{a}(\theta_1)$ 向干扰子空间作正交投影变换，得投影矢量为 $\boldsymbol{Pa}(\theta_1)$，则矢量 $\boldsymbol{a}(\theta_1)-\boldsymbol{Pa}(\theta_1)$ 与干扰子空间正交。令

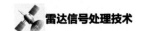

$\boldsymbol{W}=\boldsymbol{a}(\theta_1)-\boldsymbol{P}\boldsymbol{a}(\theta_1)$，则$\boldsymbol{W}$与干扰导向矢量$\boldsymbol{a}(\theta_i)$（$i=2,3,\cdots,P$）均正交且与目标导向矢量$\boldsymbol{a}(\theta_1)$不正交。对$\boldsymbol{W}$进行必要的归一化处理，则$\boldsymbol{W}^{\mathrm{H}}\boldsymbol{a}(\theta_1)=1$，因此，该波束形成主瓣指向期望信号方向$\boldsymbol{a}(\theta_1)$，并且在$P-1$个干扰方向上全部置零。

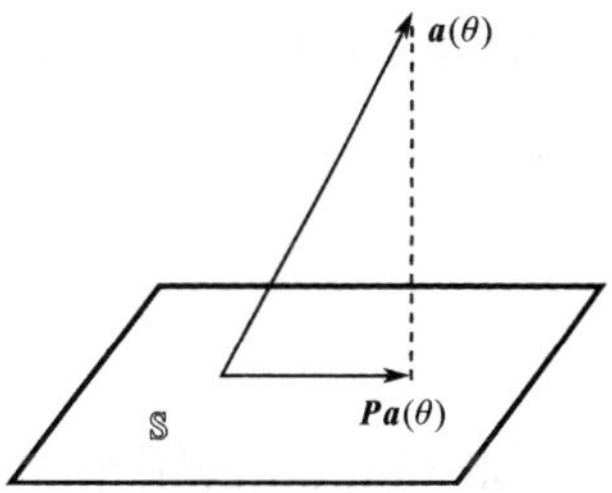

图 7.4　向干扰子空间作正交投影

上述方法的优点是可以全部抑制干扰信号并且波束指向目标方向，缺点是必须已知所有信号（包括目标和干扰）的波达方向角。另一个问题就是该方法没有涉及噪声项的抑制，这种方法在对干扰全部置零的同时，有可能对噪声放大而降低阵列波束形成的输出信噪比，尤其是当干扰方向与目标方向比较靠近（小于一个波束宽度）时，受阵列分辨率的限制，波束指向与干扰零点位置太近，因此，波束指向目标方向最大与干扰方向置零相互矛盾，将导致波束主瓣偏移目标方向，并且天线方向图副瓣电平严重抬高，而放大噪声功率。

这种固定权矢量的普通波束形成方法，优点是易于工程实现；缺点是方向图副瓣是固定的。在干扰方向上不能自适应地形成足够深的零点，因而强干扰有可能从比较高的副瓣进入接收系统。普通波束形成不能适应环境的变化。因此，需要研究自适应波束形成技术，它是 Wiener 滤波理论在空域信号处理中的应用。

7.1.3　自适应波束形成

如图 7.5 所示的滤波器的波束形成权矢量$\boldsymbol{W}$可以随环境和系统本身变化而自适应地调整，所以称为自适应波束形成。所谓自适应，有两层含义：一是对环境变化进行自适应，如干扰信号波达方向变化、噪声环境变化等，自适应波束形成可以自动调整权矢量来跟踪干扰信号方向的变化；二是对系统本身变化的自动调节能力，如对阵列天线与通道间的幅相不一致性的变化具有自动调节功能。

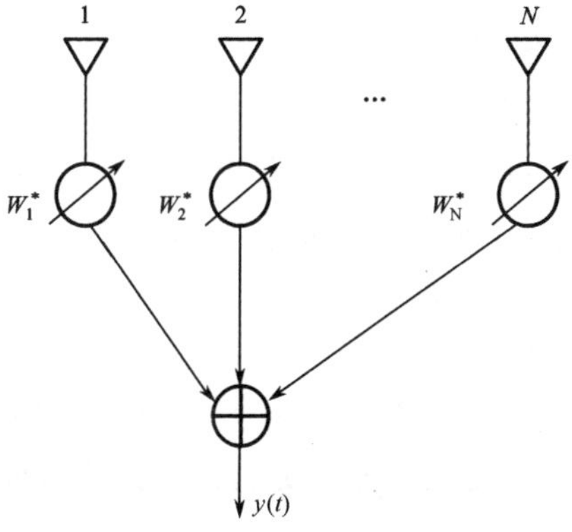

图 7.5　自适应波束形成

如何计算自适应调节权矢量$\boldsymbol{W}$呢？雷达阵列信号一般是随机信号，对于平稳随机信号，Wiener 滤波理论是成熟的，可以利用波束形成输出信号的二阶统计特性，并且遵循一定的最优准则来寻求自适应权矢量。

为方便起见，不失一般性，假定阵列信号$\boldsymbol{X}(t)$是N维零均值平稳随机过程，则波束形成输出信号的功率为

$$\begin{aligned}E\left\{|y(t)|^2\right\} &= E\left\{\left|\boldsymbol{W}^{\mathrm{H}}\boldsymbol{X}(t)\right|^2\right\}\\ &= E\left\{\boldsymbol{W}^{\mathrm{H}}\boldsymbol{X}(t)\boldsymbol{X}^{\mathrm{H}}(t)\boldsymbol{W}\right\}\\ &= \boldsymbol{W}^{\mathrm{H}}\boldsymbol{R}_x\boldsymbol{W}\end{aligned} \tag{7.20}$$

式中，$\boldsymbol{R}_x = E\left\{\boldsymbol{X}(t)\boldsymbol{X}^{\mathrm{H}}(t)\right\}$被称为阵列信号的相关矩阵或协方差矩阵。

自适应波束形成的基本思想就是在波束最大值指向目标方向的同时，尽可能地抑制干扰和噪声功率，这等价于在保证信号功率为一定值的条件下使波束形成输出的总功率最小化，因此，在数学上可以将自适应波束形成一般框架描述为一个带约束的二次规划问题：

$$\begin{cases}\min\limits_{\boldsymbol{W}} \boldsymbol{W}^{\mathrm{H}}\boldsymbol{R}_x\boldsymbol{W}\\ \text{s.t. } f(\boldsymbol{W}) = 0\end{cases} \tag{7.21}$$

式中，$f(\boldsymbol{W}) = 0$为施加于权矢量$\boldsymbol{W}$的约束方程，各式各样的自适应波束形成方法的区别在于约束方程的不同具体形式，下文再详细讨论。

7.1.4 最优波束形成原理及算法

1. 最优波束形成原理

自适应波束形成是一个最优滤波过程，通常基于一定的准则研究最优权矢量，主要有如下 3 个最优准则：

（1）最小均方误差（MMSE）准则。

（2）最大信噪比（MSNR）准则。

（3）线性约束最小方差（LCMV）准则。

以上 3 个最优准则是针对不同应用条件提出的，虽然具有不同的表达形式和各自的优缺点，但是，后面将证明，在共同的应用条件下，3 个最优准则是等价的。

下面分别介绍这些最优准则。

1）最小均方误差（MMSE）准则

设阵列的期望输出信号（参考信号）为$\boldsymbol{d}(t)$，而阵列的实际输出信号$y(t) = \boldsymbol{W}^{\mathrm{H}}\boldsymbol{X}(t)$，则误差信号$\boldsymbol{e}(t) = \boldsymbol{y}(t) - \boldsymbol{d}(t)$，其均方值为

$$\sigma(\boldsymbol{W}) = E\{|e(t)|^2\} \tag{7.22}$$

对式（7.22）求导可得，使 $\sigma(\boldsymbol{W})$ 最小的最优权矢量为

$$\boldsymbol{W}_{\mathrm{opt}} = \boldsymbol{R}_{\boldsymbol{x}}^{-1}\boldsymbol{r}_{\boldsymbol{x}d} \tag{7.23}$$

式中，$\boldsymbol{r}_{xd} = E\{\boldsymbol{X}(t)\boldsymbol{d}^*(t)\}$ 为阵列接收数据和期望输出信号的互相关矢量。

基于 MMSE 准则的自适应波束形成要求已知参考信号，这时可以使用训练信号或使信号满足某些特征作为参考信号。下面举例加以说明。

雷达信号处理中应用 MMSE 准则的典型例子是自适应天线副瓣相消器（SCL）[1, 2]，如图 7.6 所示，采用若干个辅助天线自适应加权求和得到 $\boldsymbol{y}(t)=\boldsymbol{W}^{\mathrm{H}}\boldsymbol{X}(t)$，而将雷达主天线输出信号 $\boldsymbol{m}(t)$ 作为参考信号，相当于对辅助天线加权求和以预测雷达的主天线输出信号 $\boldsymbol{m}(t)$。在实际自适应天线副瓣相消器设计中，辅助天线的增益小，大致与主天线副瓣相当，希望辅助天线波束形成输出信号 $\boldsymbol{y}(t)$ 中的目标信号可以忽略不计，而几乎仅含干扰噪声信号，主天线和辅助天线输出信号 $\boldsymbol{m}(t)$ 和 $\boldsymbol{y}(t)$ 相减，相当于用辅助天线的干扰信号减去主天线中所含的干扰信号，余下的误差信号就是目标信号。

辅助天线的最优加权系数由式（7.3）给出，其中 $\boldsymbol{X}(t)$ 为辅助天线信号，并用 $\boldsymbol{m}(t)$ 取代 $\boldsymbol{d}(t)$ 计算互相关矢量 $\boldsymbol{r}_{xm} = E\{\boldsymbol{X}(t)\boldsymbol{m}^*(t)\}$。

要想获得好的干扰抑制性能，要求主天线与辅助天线接收的干扰信号的相关性很好。

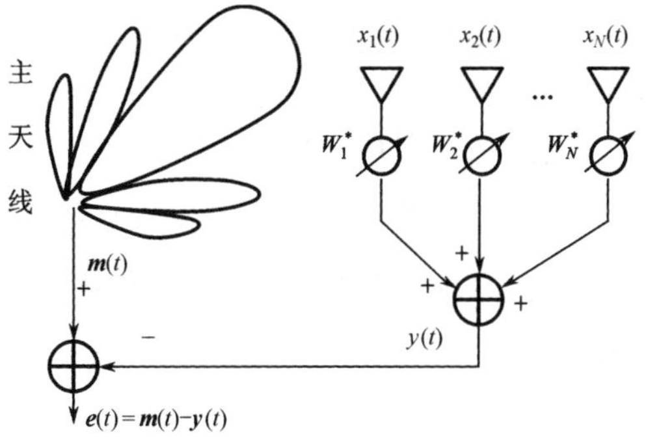

图 7.6　自适应天线副瓣相消器

2）最大信噪比（MSNR）准则

阵列接收的数据由 $\boldsymbol{X}_{\mathrm{s}}(t)$ 和 $\boldsymbol{X}_{\mathrm{N}}(t)$ 两部分组成，即

$$\boldsymbol{X}(t) = \boldsymbol{X}_{\mathrm{s}}(t) + \boldsymbol{X}_{\mathrm{N}}(t) \tag{7.24}$$

式中，$\boldsymbol{X}_{\mathrm{s}}(t)$ 为对应的信号部分，$\boldsymbol{X}_{\mathrm{N}}(t)$ 为噪声部分（包括干扰）。假定信号与噪声互不相关，即 $E\{\boldsymbol{X}_{\mathrm{s}}(t)\boldsymbol{X}_{\mathrm{N}}^{\mathrm{H}}(t)\}=0$，并且信号和噪声的二阶统计量 $\boldsymbol{R}_{\mathrm{s}} = E[\boldsymbol{X}_{\mathrm{s}}(t)\boldsymbol{X}_{\mathrm{s}}^{\mathrm{H}}(t)]$ 和 $\boldsymbol{X}_{\mathrm{L}}(t) = \boldsymbol{A}_{\mathrm{M}}(\theta)\boldsymbol{D}^{L-1}\boldsymbol{S}(t) + \boldsymbol{N}_{\mathrm{L}}(t)$ 均已知。

波束形成后阵列的输出功率为

$$P = P_s + P_N \tag{7.25}$$

式中，$P_s = E\{\boldsymbol{W}^H \boldsymbol{X}_s(t) \boldsymbol{X}_s^H(t) \boldsymbol{W}\} = \boldsymbol{W}^H \boldsymbol{R}_s \boldsymbol{W}$ 为信号功率，$P_N = \boldsymbol{W}^H \boldsymbol{R}_N \boldsymbol{W}$ 为噪声功率。

阵列输出信噪比（SNR）可表示为

$$\text{SNR} = \frac{P_s}{P_N} = \frac{\boldsymbol{W}^H \boldsymbol{R}_s \boldsymbol{W}}{\boldsymbol{W}^H \boldsymbol{R}_N \boldsymbol{W}} \tag{7.26}$$

使式(7.26)取最大值的权矢量就是 MSNR 准则下的最优权矢量，记为 $\boldsymbol{W}_{opt}$，它是矩阵对 $(\boldsymbol{R}_s, \boldsymbol{R}_N)$ 的最大广义特征值 λ_{max} 对应的特征矢量，可表示为

$$\boldsymbol{R}_s \boldsymbol{W}_{opt} = \lambda_{max} \boldsymbol{R}_N \boldsymbol{W}_{opt} \tag{7.27}$$

在假设为白噪声背景和阵列接收单个信号源的特殊情况下，$\boldsymbol{R}_s = \sigma_s^2 \boldsymbol{a}(\theta_1) \boldsymbol{a}^H(\theta_1)$，$\boldsymbol{R}_N = \sigma_N^2 \boldsymbol{I}$。由 MSNR 准则得到的最优权矢量 $\boldsymbol{W}_{opt} = \boldsymbol{a}(\theta_1)$，即普通波束形成。

在实际应用 MSNR 准则时，关键是要能给出波束形成器输出信噪比关于自适应权矢量 $\boldsymbol{W}$ 的函数表达式 SNR($\boldsymbol{W}$)，然后对 SNR($\boldsymbol{W}$)关于 $\boldsymbol{W}$ 寻优。

3）线性约束最小方差（LCMV）准则

如式（7.24）所示，阵列的接收数据由两部分组成，如果考虑阵列接收期望信号为单个方向的点源，则阵列接收数据可表示为

$$\boldsymbol{X}(t) = \boldsymbol{s}_1(t) \boldsymbol{a}(\theta_1) + \boldsymbol{X}_N(t) \tag{7.28}$$

波束形成器输出功率可以写成如下形式：

$$\begin{aligned} P_{out}(\boldsymbol{W}) &= E|\boldsymbol{W}^H \boldsymbol{X}(t)|^2 \\ &= \boldsymbol{W}^H \boldsymbol{R}_x \boldsymbol{W} \\ &= \sigma_s^2 \left|\boldsymbol{W}^H \boldsymbol{a}(\theta_1)\right|^2 + \boldsymbol{W}^H \boldsymbol{R}_N \boldsymbol{W} \end{aligned} \tag{7.29}$$

式（7.29）第 2 个等式的前一部分为信号分量，后一部分为噪声分量，其中 σ_s^2 为单个阵元接收信号的功率。当权矢量 $\boldsymbol{W}$ 变化时，固定前一部分的信号功率不变，而使后一部分的噪声功率最小化，则波束形成输出的信噪比最大。但由于 σ_s^2 是阵列接收的信号功率，与权矢量 $\boldsymbol{W}$ 无关，可以约束 $\boldsymbol{W}^H \boldsymbol{a}(\theta_1)$ 为一定值，即信号分量就固定了，然后使整个阵列输出信号的方差 $E|\boldsymbol{W}^H \boldsymbol{X}(t)|^2$ 最小化，因此，如果已知 $\boldsymbol{a}(\theta_1)$，则 LCMV 准则下的最优波束形成为

$$\begin{cases} \min\limits_{\boldsymbol{W}} \ \boldsymbol{W}^H \boldsymbol{R}_x \boldsymbol{W} \\ \text{s.t.} \ \ \boldsymbol{W}^H \boldsymbol{a}(\theta_1) = 1 \end{cases} \tag{7.30}$$

构造拉格朗日代价函数为

$$F(\boldsymbol{W}, \lambda) = \boldsymbol{W}^H \boldsymbol{R}_x \boldsymbol{W} + \lambda(\boldsymbol{W}^H \boldsymbol{a}(\theta_1) - 1) \tag{7.31}$$

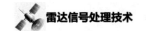

求 $F(\boldsymbol{W},\lambda)$ 对 $\boldsymbol{W}$ 和 λ 的导数并置为零，可得到最优权矢量表达式为

$$\boldsymbol{W}_{\text{opt}} = \mu \boldsymbol{R}_{\boldsymbol{x}}^{-1} \boldsymbol{a}(\theta_1) \tag{7.32}$$

式中，$\mu = \dfrac{1}{\boldsymbol{a}(\theta_1)^{\text{H}} \boldsymbol{R}_{\boldsymbol{x}}^{-1} \boldsymbol{a}(\theta_1)}$，当 μ 取任何不为零的常数时，都不影响输出信噪比和阵列方向图。

在一些应用场合，目标信号方向矢量 $\boldsymbol{a}(\theta_1)$ 不是精确已知的，式（7.30）约束的方向可能不是真正的目标信号的波达方向，相当于对目标信号没有起到约束作用，则自适应波束形成的方向图主瓣将会偏离目标方向，甚至出现主瓣分裂现象，导致目标信号输出功率受损。

在目标方向附近增加多个点方向约束条件或对目标导向矢量的连续几阶导数进行约束，可以使得自适应波束形成的方向图在目标方向上平坦展宽，起到保护目标信号功率不受损失的作用。

多约束条件可写为 $\boldsymbol{C}^{\text{H}}\boldsymbol{W} = \boldsymbol{F}$，其中，$\boldsymbol{C}$ 为 $N \times L$ 阶约束矩阵，$\boldsymbol{F}$ 为 $L \times 1$ 阶约束值矢量（常数矢量）。更一般的线性约束最小方差法可表示成

$$\begin{cases} \min\limits_{\boldsymbol{W}} \boldsymbol{W}^{\text{H}} \boldsymbol{R}_X \boldsymbol{W} \\ \text{s.t} \quad \boldsymbol{W}^{\text{H}} \boldsymbol{C} = \boldsymbol{F}^{\text{H}} \end{cases} \tag{7.33}$$

其最优解为

$$\boldsymbol{W}_{\text{opt}} = \boldsymbol{R}_X^{-1} \boldsymbol{C} \left(\boldsymbol{C}^{\text{H}} \boldsymbol{R}_X^{-1} \boldsymbol{C} \right)^{-1} \boldsymbol{F} \tag{7.34}$$

上面分别介绍了 3 个最优准则，接下来在相同的条件下比较上述 3 个最优准则，从理论上证明这 3 个最优准则其实是等价的。在应用时，可根据不同的已知条件采用不同的最优准则。基于这 3 个最优准则的自适应波束形成可获得良好的阵列输出性能。

4）3 个最优准则的比较

3 个最优准则的比较如表 7.2 所示。表中总结了上述 3 个最优准则下的最优权矢量计算公式。

表 7.2　3 个最优准则的比较

准则	解的表达式	所需已知条件
MSNR 准则	$\boldsymbol{R}_{\text{s}} \boldsymbol{W}_{\text{opt}} = \lambda_{\max} \boldsymbol{R}_{\text{N}} \boldsymbol{W}_{\text{opt}}$	已知 $\boldsymbol{R}$
MMSE 准则	$\boldsymbol{W}_{\text{opt}} = \boldsymbol{R}_X^{-1} \boldsymbol{r}_{Xd}$	已知期望信号 $d(t)$
LCMV 准则	$\boldsymbol{W}_{\text{opt}} = \mu \boldsymbol{R}_X^{-1} \boldsymbol{a}(\theta_0)$	已知期望信号方向 θ_0

假设阵列信号 $\boldsymbol{X}(t) = \boldsymbol{s}(t)\boldsymbol{a}(\theta_0) + \boldsymbol{X}_{\text{N}}(t)$，已知 $\boldsymbol{a}(\theta_0)$ 且目标信号 $\boldsymbol{s}(t)$ 与噪声 $\boldsymbol{X}_{\text{N}}(t)$ 不相关。

首先考察 MMSE 准则，把目标信号 $\boldsymbol{s}(t)$ 看成希望信号 $\boldsymbol{d}(t)$，假定噪声 $\boldsymbol{X}_{\text{N}}(t)$

与信号不相关，则

$$
\begin{aligned}
\boldsymbol{r}_{Xd} &= E\left[\boldsymbol{X}(t)\boldsymbol{d}^*(t)\right] \\
&= E\left[\boldsymbol{s}(t)\boldsymbol{a}(\theta_0)\boldsymbol{d}^*(t)\right] \\
&= E\left[\boldsymbol{s}(t)\boldsymbol{d}^*(t)\right]\boldsymbol{a}(\theta_0)
\end{aligned}
\tag{7.35}
$$

所以

$$
\begin{aligned}
\boldsymbol{W}_{\text{opt MMSE}} &= E\left[\boldsymbol{s}(t)\boldsymbol{d}^*(t)\right]\boldsymbol{R}_X^{-1}\boldsymbol{a}(\theta_0) \\
&= \mu\boldsymbol{R}_X^{-1}\boldsymbol{a}(\theta_0)
\end{aligned}
\tag{7.36}
$$

其中，$\mu = E\left[\boldsymbol{s}(t)\boldsymbol{d}^*(t)\right]$

对于 LCMV 准则：$\boldsymbol{W}_{\text{opt LCMV}} = \mu\boldsymbol{R}_X^{-1}\boldsymbol{a}(\theta_0)$，因此，MMSE 准则与 LCMV 准则等价。

下面考察 MSNR 准则。

$$
\begin{aligned}
\boldsymbol{R}_{\text{s}} &= E\left[\boldsymbol{s}(t)\boldsymbol{a}(\theta_0)\boldsymbol{a}^{\text{H}}(\theta_0)\boldsymbol{s}^*(t)\right] \\
&= \sigma_s^2\boldsymbol{a}(\theta_0)\boldsymbol{a}^{\text{H}}(\theta_0) \\
\boldsymbol{R}_{\text{n}} &= E\left[\boldsymbol{X}_n(t)\boldsymbol{X}_n^{\text{H}}(t)\right]
\end{aligned}
\tag{7.37}
$$

根据 MSNR 准则计算，有

$$
\boldsymbol{R}_{\text{s}}\boldsymbol{W}_{\text{opt MSNR}} = \lambda_{\max}\boldsymbol{R}_n\boldsymbol{W}_{\text{opt MSNR}}
$$

所以

$$
\begin{aligned}
&\sigma_s^2\boldsymbol{a}(\theta_0)\boldsymbol{a}^{\text{H}}(\theta_0)\boldsymbol{W}_{\text{opt MSNR}} = \lambda_{\max}\boldsymbol{R}_n\boldsymbol{W}_{\text{opt MSNR}} \\
&\Rightarrow \boldsymbol{W}_{\text{opt MSNR}} = \mu\boldsymbol{R}_n^{-1}\boldsymbol{a}(\theta_0)
\end{aligned}
\tag{7.38}
$$

其中，$\mu = \sigma_s^2\dfrac{\boldsymbol{a}^{\text{H}}(\theta_0)\boldsymbol{W}_{\text{opt MSNR}}}{\lambda_{\max}}$

式（7.38）表明，MSNR 准则与 LCMV 准则形式上一样，只是前者用 $\boldsymbol{R}_n$ 求逆计算，而后者用 R_X 求逆计算。下面分析两者之间的差别。

注意：$\boldsymbol{R}_X = \sigma_s^2\boldsymbol{a}(\theta_0)\boldsymbol{a}^{\text{H}}(\theta_0) + \boldsymbol{R}_n$，$\boldsymbol{R}_X$ 中含有目标信号分量，而 $\boldsymbol{R}_n$ 中不含目标信号分量，仅为噪声分量。

由矩阵求逆引理：

$$
\left(\boldsymbol{b}\boldsymbol{b}^{\text{H}} + \boldsymbol{A}\right)^{-1} = \boldsymbol{A}^{-1} - \frac{\boldsymbol{A}^{-1}\boldsymbol{b}\boldsymbol{b}^{\text{H}}\boldsymbol{A}^{-1}}{1 + \boldsymbol{b}^{\text{H}}\boldsymbol{A}^{-1}\boldsymbol{b}} \qquad (\text{假设}\boldsymbol{A}\text{可逆，}\boldsymbol{b}: N\times 1)
$$

所以

$$
\boldsymbol{R}_X^{-1} = \boldsymbol{R}_n^{-1} - \frac{\sigma_s^2\boldsymbol{R}_n^{-1}\boldsymbol{a}(\theta_0)\boldsymbol{a}^{\text{H}}(\theta_0)\boldsymbol{R}_n^{-1}}{1 + \sigma_s^2\boldsymbol{a}^{\text{H}}(\theta_0)\boldsymbol{R}_n^{-1}\boldsymbol{a}(\theta_0)}
$$

因而有

$$W_{\text{opt LCMV}} = \mu R_X^{-1} a(\theta_0) = \mu R_n^{-1} a(\theta_0)\left[1 - \frac{\sigma_s^2 a^{\text{H}}(\theta_0) R_n^{-1}}{1+\sigma_s^2 a^{\text{H}}(\theta_0) R_n^{-1} a(\theta_0)}\right] \quad (7.39)$$
$$= \mu' R_n^{-1} a(\theta_0) \qquad \rightarrow W_{\text{opt MSNR}}$$

式（7.39）表明，在精确的方向矢量约束条件和相关矩阵精确已知的条件下，MSNR 准则与 LCMV 准则等价。

上述条件中若有一条不满足，则应该用 R_n 来计算。直接用 R_X 求逆计算最优权矢量会导致信号相消。

在最优波束形成方法中，降低旁瓣电平的方法是加窗处理，即 $a_{\Sigma}(\theta_0) = \Sigma \cdot a(\theta_0)$，$\Sigma$ 为加窗对角矩阵。

$$\begin{cases} \min\limits_{W} W^{\text{H}} R_X W \\ \text{s.t. } W^{\text{H}} a_{\Sigma}(\theta_0) = 1 \end{cases} \Rightarrow W_{\text{opt}} = \mu R_X^{-1}(\Sigma\, a(\theta_0)) \quad (7.40)$$

这种加窗处理同样破坏了目标方向矢量的约束条件，而如果直接采用 R_X 求逆计算最优权矢量，仍有可能导致信号相消。

可以用如图 7.7 所示的框图表示自适应 W 的计算。可以看到自适应波束形成的特点或主要问题如下：

（1）需要已知二阶统计量 R_n，在实际应用中 R_n 需要由阵列采集的数据估计得到。

（2）已知 $a(\theta_0)$，但在实际应用中目标导向矢量 $a(\theta_0)$ 往往不精确已知，需要研究稳健的波束形成方法[3,4]。

（3）矩阵求逆运算量大，需要寻找快速的运算方法。

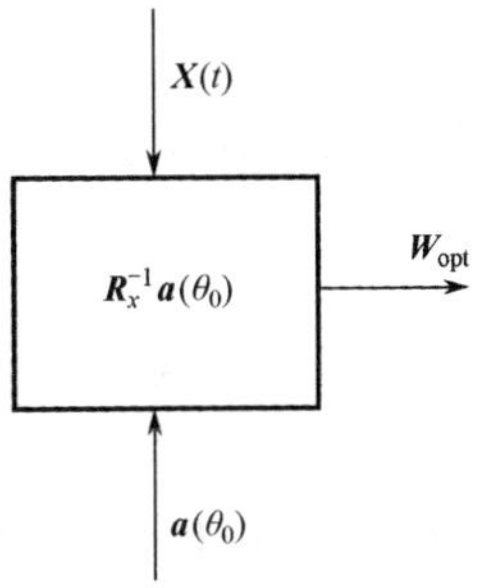

图 7.7　自适应波束形成框图

因此，自适应波束形成在实际应用中需要解决上述问题。

2. 最优波束形成算法

最优波束形成算法实际上就是一种空间采样信号的最优滤波器，可以直接应用时域信号最优滤波器自适应算法。有关时域最优滤波器的自适应算法研究已经比较成熟，可以在很多标准的教科书中找到[5]。

自适应算法可分为分块算法（批处理方式）和连续算法（每次快拍单独计算）。连续算法主要是基于梯度的算法，包括最小均方（LMS）算法、差分最陡下降（DSD）算法、加速梯度（AG）算法等。分块算法包括采样协方差矩阵求逆（SMI）算法和递归最小二乘（RLS）算法等。连续算法以 LMS 算法为代表，其实现简单，但是收敛较慢；分块算法以SMI算法为代表，其收敛比LMS算法快很多，但它涉及的计算量大，如高阶矩阵求逆，往往成为实际应用中的主要障碍。

在阵列信号处理应用中，更加注重收敛性，因此，采用SMI算法更为普遍。本节主要简单介绍SMI算法。

最优波束形成的权矢量计算公式为

$$\boldsymbol{W}_{\text{opt}} = \mu \boldsymbol{R}_N^{-1} \boldsymbol{a}(\theta_0) \tag{7.41}$$

式中，$\boldsymbol{R}_N$ 应不含信号分量，在实际应用中往往用阵列接收的一批数据 $\boldsymbol{X}(t_i)$（$i=1,2,\cdots,M$）来估计。由估计理论有 $\hat{\boldsymbol{R}}_N(M) = \dfrac{1}{M}\sum_{i=1}^{M}\boldsymbol{X}(t_i)\boldsymbol{X}^{\text{H}}(t_i)$。此估计是最大似然渐近无偏估计，$\hat{\boldsymbol{R}}_N(M) \to \boldsymbol{R}_N$，$M \to \infty$。

将 $\hat{\boldsymbol{R}}_N(M)$ 代入最优波束形成计算公式，得SMI算法为

$$\boldsymbol{W}_{\text{opt}}(M) = \mu \hat{\boldsymbol{R}}_N^{-1}(M) \boldsymbol{a}(\theta_0) \tag{7.42}$$

问题是 M 取多大合适？SMI算法性能如何？

假设 $X(t_i)$（$i=1,2,\cdots,M$）独立且服从高斯分布，用式（7.41）的最优权矢量计算波束形成的信号输出 $\text{SNR} = \dfrac{\left|\boldsymbol{W}^{\text{H}}\boldsymbol{a}(\theta_0)\right|^2}{\left|\boldsymbol{W}^{\text{H}}\boldsymbol{R}_N\boldsymbol{W}\right|}$，得

$$\text{SNR}(M) = \frac{\left|\boldsymbol{a}^{\text{H}}(\theta_0)\hat{\boldsymbol{R}}_N^{-1}(M)\boldsymbol{a}(\theta_0)\right|^2}{\left[\boldsymbol{a}^{\text{H}}(\theta_0)\hat{\boldsymbol{R}}_N^{-1}(M)\boldsymbol{R}_N\hat{\boldsymbol{R}}_N^{-1}(M)\boldsymbol{a}(\theta_0)\right]} \tag{7.43}$$

当 $M \to \infty$时，$\hat{\boldsymbol{R}}_N(M) \to \boldsymbol{R}_N$，$\text{SNR}(\infty) = \boldsymbol{a}^{\text{H}}(\theta_0)\boldsymbol{R}_N^{-1}\boldsymbol{a}(\theta_0)$，因此，归一化信噪比为

$$\begin{aligned}\text{SNR}_0(M) &= \frac{\text{SNR}(M)}{\text{SNR}(\infty)} \\ &= \frac{\left|\boldsymbol{a}^{\text{H}}(\theta_0)\hat{\boldsymbol{R}}_N^{-1}(M)\boldsymbol{a}(\theta_0)\right|^2}{\left[\boldsymbol{a}^{\text{H}}(\theta_0)\boldsymbol{R}_N^{-1}\boldsymbol{a}(\theta_0)\right]\left[\boldsymbol{a}^{\text{H}}(\theta_0)\hat{\boldsymbol{R}}_N^{-1}(M)\boldsymbol{R}_N\hat{\boldsymbol{R}}_N^{-1}(M)\boldsymbol{a}(\theta_0)\right]}\end{aligned} \tag{7.44}$$

令 $\rho = \dfrac{\text{SNR}(M)}{\text{SNR}(\infty)}$，$0 \leqslant \rho \leqslant 1$，$\rho$ 是一个随机变量，其概率密度函数在文献[6]中给出，由其概率密度函数可以计算得到 ρ 的均值和方差，即

$$\begin{aligned}E[\rho] &= \bar{\rho} = \frac{M+2-N}{M+1} \\ \text{Var}(\rho) &= \sigma_\rho^2 = \frac{(M+2-N)(N-1)}{(M+1)^2(M+2)}\end{aligned} \tag{7.45}$$

在工程应用中，一般要求$\bar{\rho} \geqslant \frac{1}{2}$，由此解得$M \geqslant 2N$，即当$M$大于2倍的自适应系统的自由度时，其性能损失不超过3dB。

为了加快SMI算法的收敛，可以采用"对角加载"技术，即选取一个较小的正数α，用$\hat{\boldsymbol{R}}_N(M)+\alpha\boldsymbol{I}$代替$\hat{\boldsymbol{R}}_N(M)$，再进行求逆，并由此计算最优权矢量[7,8]。这一思想的出发点是，在进行自适应波束形成的过程中，可通过人为注入噪声来消除信号对消现象，即通过给样本自相关矩阵加入一个对角加载因子，从而使阵列协方差矩阵噪声特征值离散程度变小，进而减小噪声特征矢量对权系数的影响，进一步加快算法收敛速度。另外，该方法具有波束保形作用，减小了幅相误差的影响，同时能改善快拍数较小时波束形成算法的性能。具体而言，对角加载后的协方差矩阵可以表示为

$$\boldsymbol{R}_N+\boldsymbol{DI},\quad \boldsymbol{D}>0 \tag{7.46}$$

$$\boldsymbol{R}_N+\boldsymbol{DI}=\sum_{i=1}^{N}(\lambda_i+\boldsymbol{D})\boldsymbol{V}_i\boldsymbol{V}_i^{\mathrm{H}} \tag{7.47}$$

$$\begin{aligned}\boldsymbol{W}_{\mathrm{opt}}&=\boldsymbol{R}_N^{-1}\boldsymbol{a}(\theta_0)=\left[\sum_{i=1}^{N}\lambda_i\boldsymbol{V}_i\boldsymbol{V}_i^{\mathrm{H}}\right]^{-1}\boldsymbol{a}(\theta_0)\\&=\left[\sum_{i=1}^{N}\lambda_i^{-1}\boldsymbol{V}_i\boldsymbol{V}_i^{\mathrm{H}}\right]\boldsymbol{a}(\theta_0)\end{aligned} \tag{7.48}$$

其中，$\boldsymbol{R}_N$的特征值一般具有如下特点：

$$\lambda_1 \geqslant \lambda_2 \geqslant \cdots \geqslant \lambda_p > \lambda_{p+1}=\lambda_{p+2}=\cdots=\lambda_N=\sigma_N^2$$

经过计算后，可以得到最优权矢量：

$$\begin{aligned}\boldsymbol{W}_{\mathrm{opt}}&=(\boldsymbol{R}_N+\boldsymbol{DI})^{-1}\boldsymbol{a}(\theta_0)\\&=\frac{1}{\sigma_N^2}\left[\boldsymbol{a}(\theta_0)-\sum_{i=1}^{p}\frac{(\lambda_i+\boldsymbol{D})-(\sigma_N^2+\boldsymbol{D})}{\lambda_i+\boldsymbol{D}}\boldsymbol{V}_i^{\mathrm{H}}\boldsymbol{a}(\theta_0)\boldsymbol{V}_i\right]\end{aligned} \tag{7.49}$$

值得说明的是，$\{\lambda_i|i=1,2,\cdots,N\}$的离散程度大于$\{\lambda_i+\boldsymbol{D}\,|\,i=1,2,\cdots,N\}$的离散程度，因此，经过对角加载，SMI算法的收敛速度会加快。实际上，对角加载技术的主要难点在于对角加载量的选取和计算。如果对角加载量选取过大，则会降低算法对干扰的抑制能力，对输出信干噪比（SINR）产生影响。

7.1.5　稳健数字波束形成[9-12]

1. 基于特征子空间投影的波束形成方法

在进行波束形成时，导向矢量不可避免地存在误差，可以借助特征子空间投影（EP）的方法提高数字波束形成的稳健性。该方法通过剔除估计方向矢量中的

噪声子空间分量，减轻其对波束权值的扰动，从而提高波束形成器的性能。EP方法的核心是将整个数据空间分成信号加干扰子空间及噪声子空间，然后将估计的目标方向矢量向信号加干扰子空间进行投影，进而消除误差分量对最终权矢量的影响。首先，对样本协方差矩阵进行特征分解：

$$\hat{\boldsymbol{R}}=\sum_{n=1}^{N}\lambda_n\boldsymbol{e}_n\boldsymbol{e}_n^{\mathrm{H}}=\boldsymbol{E}\boldsymbol{\varLambda}\boldsymbol{E}^{\mathrm{H}}+\boldsymbol{G}\boldsymbol{\varGamma}\boldsymbol{G}^{\mathrm{H}} \tag{7.50}$$

式中，λ_n 为 $\hat{\boldsymbol{R}}$ 的特征值，$\boldsymbol{e}_n$ 为 λ_n 对应的特征矢量。不失一般性，假设 $\lambda_1\geqslant\lambda_2\geqslant\cdots\geqslant\lambda_M\gg\lambda_{M+1}\geqslant\cdots\geqslant\lambda_N$，$\lambda_1,\cdots,\lambda_M$ 表示 M 个大特征值，$\lambda_{M+1},\cdots,\lambda_N$ 表示 N-M 个小特征值。$\boldsymbol{E}=\left[\boldsymbol{e}_1,\cdots,\boldsymbol{e}_M\right]$ 和 $\boldsymbol{G}=\left[\boldsymbol{e}_{M+1},\cdots,\boldsymbol{e}_N\right]$ 分别表示信号加干扰子空间和噪声子空间，$\boldsymbol{\varLambda}=\mathrm{diag}\left(\lambda_1,\cdots,\lambda_M\right)$ 和 $\boldsymbol{\varGamma}=\mathrm{diag}\left(\lambda_{M+1},\cdots,\lambda_N\right)$ 分别是由 M 个大特征值及余下的小特征值组成的对角矩阵。若估计的目标方向矢量为 $\boldsymbol{p}$，将 $\boldsymbol{p}$ 投影到信号加干扰子空间，可获得剔除噪声分量后的目标方向矢量 $\hat{\boldsymbol{a}}$，即 $\hat{\boldsymbol{a}}=\boldsymbol{E}\boldsymbol{E}^{\mathrm{H}}\boldsymbol{p}$。其中，$\boldsymbol{E}\boldsymbol{E}^{\mathrm{H}}$ 表示向信号加干扰子空间进行投影的投影矩阵。接着，用更精确的期望目标信号的方向矢量 $\hat{\boldsymbol{a}}$ 替换 SMI 算法中的方向矢量，从而得到基于特征子空间投影方法的权矢量：

$$\boldsymbol{w}_{\mathrm{EP}}=\frac{\hat{\boldsymbol{R}}^{-1}\hat{\boldsymbol{a}}}{\hat{\boldsymbol{a}}\hat{\boldsymbol{R}}^{-1}\hat{\boldsymbol{a}}} \tag{7.51}$$

基于特征子空间的波束形成方法的稳健性主要体现在，向信号加干扰子空间投影后的方向矢量 $\hat{\boldsymbol{a}}$ 已经剔除了对自适应权矢量有很大影响的噪声分量，从而减弱目标相消现象。该方法同时保留了信号及干扰分量，因而可以在有效抑制噪声的基础上保留对干扰的抑制能力。该方法的优点是对任意类型的误差具有很好的稳健性，并且算法的收敛速度快。图 7.8（a）给出了最小方差无失真响应（Minimum Variance Distortionless Response，MVDR）与基于特征子空间投影方法的自适应方向图对比。可知，不同于其他所有稳健方法，基于特征子空间投影方法的波束可以准确地指向真实的期望目标方向，并且其旁瓣水平比 MVDR 方法更低，可见基于特征子空间投影方法在 SNR 较大时的性能十分优良。但基于特征子空间投影方法有一个无法避免的重大缺陷，如图 7.8（b）所示，在低信噪比条件下，由于所有特征值相差不大，无法明显划分大特征值及小特征值，造成信号加干扰子空间和噪声子空间的混叠，子空间之间的正交性遭到破坏，最终导致波束形成器的性能受到严重影响。另外，当信号加干扰子空间不满足低秩条件、无法确知干扰数（如相干/非相干散射、移动干扰等）时，基于特征子空间投影方法的性能也会急剧下降。

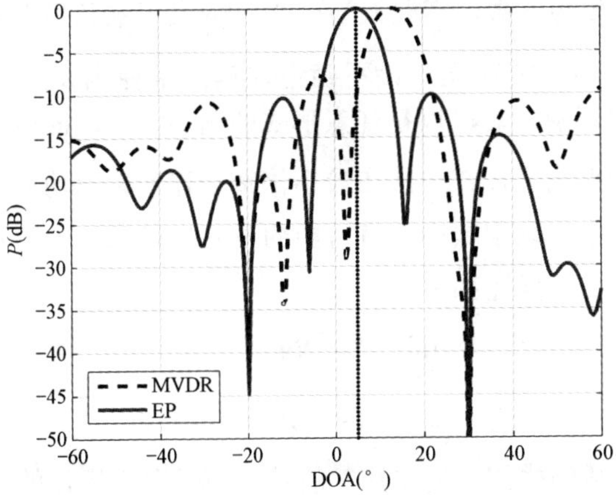

（a）自适应方向图对比

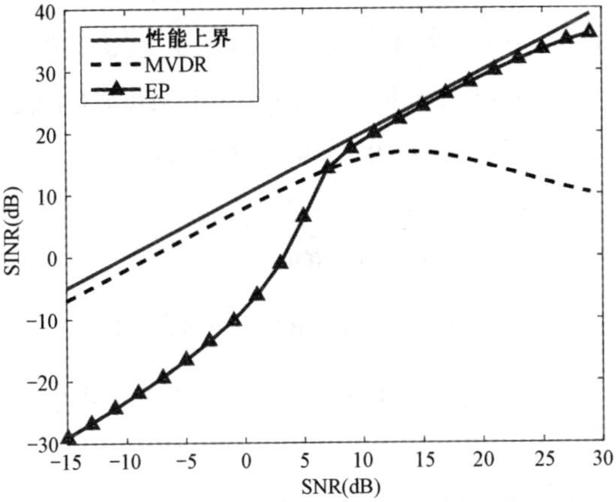

（b）输出SINR随输入SNR变化关系

图 7.8　MVDR 方法与基于特征子空间投影方法性能对比图

2. 基于最差性能优化的波束形成方法

随着凸优化理论在阵列信号处理中的应用，为进一步解决任意方向矢量误差问题，同时克服以往方法的局限性，2003 年，Vorobyov 等人提出了基于最差性能优化（WCPO）的稳健波束形成方法[10]，将真实的期望信号方向矢量建模为一个估计的方向矢量与一个未知误差方向矢量的和。其中，误差方向矢量用一个不确定集进行描述，更加具有一般性。

基于最差性能优化的波束形成方法的设计准则依据如下：将真实期望信号的方向矢量 $\boldsymbol{a}$ 表示为估计的方向矢量 $\boldsymbol{p}$ 加一个未知的误差方向矢量 $\boldsymbol{e}$，即 $\boldsymbol{a}=\boldsymbol{p}+\boldsymbol{e}$，其中误差方向矢量 $\boldsymbol{e}$ 属于一个不确定集，用此不确定集来描述各种可能存在的误差。其中，不确定区域建模为

$$\mathcal{E}=\left\{\boldsymbol{e}\,\middle|\,\|\boldsymbol{e}\|\leqslant\varepsilon\right\} \tag{7.52}$$

式中，ε 表示一个先验参数，需要人为设定；$\|\bullet\|$ 表示欧几里得模。因此，真实的方向矢量 $\boldsymbol{a}$ 属于一不确定球集，该不确定球集的半径为 ε，球心由预估的方向矢量 $\boldsymbol{p}$ 决定。上述不确定集可以是任意形式的凸集[11,12]。最后，为了确保真实的方向矢量具有无失真响应，该方法在最小化整个阵列输出功率的同时，通过一种保守的方式约束整个不确定集中所有可能的方向矢量都能无失真地通过波束形成器。该方法用数学语言描述如下：

$$\begin{cases}\min\limits_{\boldsymbol{w}} & \boldsymbol{w}^{\mathrm{H}}\hat{\boldsymbol{R}}\boldsymbol{w}\\ \text{s.t.} & \left|\boldsymbol{w}^{\mathrm{H}}(\boldsymbol{p}+\boldsymbol{e})\right|\geqslant 1,\ \boldsymbol{e}\in\mathcal{E}\end{cases} \tag{7.53}$$

式中，$|\,|$ 表示求复数的模值。需要注意的是，由于取模操作的存在，上述约束优化问题中的约束条件是非线性非凸的。另外，由于误差矢量 $\boldsymbol{e}$ 在上述不确定集中有无数种选择，因此，该问题实际上是一个包含了无限个非凸约束的二次优化问题，为一个 NP-Hard（Non-deterministic Polynomial-Hard）问题。为求解该问题，首先将半无限的约束转化为单一约束，可等价于最坏情况下方向矢量都能无失真地通过，因此，上述问题可转变为

$$\begin{cases}\min\limits_{\boldsymbol{w}} & \boldsymbol{w}^{\mathrm{H}}\hat{\boldsymbol{R}}\boldsymbol{w}\\ \text{s.t.} & \min\limits_{\boldsymbol{e}\in\mathcal{E}}\left|\boldsymbol{w}^{\mathrm{H}}(\boldsymbol{p}+\boldsymbol{e})\right|\geqslant 1\end{cases} \tag{7.54}$$

利用三角不等式及柯西-施瓦兹不等式，式（7.54）中的求模项有如下不等式关系：

$$\left|\boldsymbol{w}^{\mathrm{H}}(\boldsymbol{p}+\boldsymbol{e})\right|\geqslant\left|\boldsymbol{w}^{\mathrm{H}}\boldsymbol{p}\right|-\left|\boldsymbol{w}^{\mathrm{H}}\boldsymbol{e}\right|\geqslant\left|\boldsymbol{w}^{\mathrm{H}}\boldsymbol{p}\right|-\varepsilon\|\boldsymbol{w}\|$$

上述不等式在 $\boldsymbol{e}=-\dfrac{\boldsymbol{w}}{\|\boldsymbol{w}\|}\varepsilon\mathrm{e}^{\mathrm{j}\{\boldsymbol{w}^{\mathrm{H}}\boldsymbol{p}\}}$ 时取等号。从而，可转而求解下式的优化问题：

$$\begin{cases}\min\limits_{\boldsymbol{w}} & \boldsymbol{w}^{\mathrm{H}}\hat{\boldsymbol{R}}\boldsymbol{w}\\ \text{s.t.} & \left|\boldsymbol{w}^{\mathrm{H}}\boldsymbol{p}\right|-\varepsilon\|\boldsymbol{w}\|\geqslant 1\end{cases} \tag{7.55}$$

注意，由于 $\left|\boldsymbol{w}^{\mathrm{H}}\boldsymbol{p}\right|$ 的存在，该问题依旧是非线性非凸的约束优化问题。优化矢量 $\boldsymbol{w}$ 旋转任意的角度（整体乘以一个相位项），而目标函数值并不发生变化，同时，$\boldsymbol{w}$ 的二范数 $\|\boldsymbol{w}\|$ 也不变。利用此旋转不变性，考虑将优化矢量 $\boldsymbol{w}$ 旋转一个角度，使得 $\boldsymbol{w}^{\mathrm{H}}\boldsymbol{p}$ 为一个正实数，进而可将上述优化问题中的绝对值符号去掉，变成如下一个二阶锥规划问题：

$$\begin{cases}\min\limits_{\boldsymbol{w}} & \boldsymbol{w}^{\mathrm{H}}\hat{\boldsymbol{R}}\boldsymbol{w}\\ \text{s.t.} & \boldsymbol{w}^{\mathrm{H}}\boldsymbol{p}-\varepsilon\|\boldsymbol{w}\|\geqslant 1\end{cases} \tag{7.56}$$

至此，优化问题变为凸问题，可利用内点法高效求解。

如图 7.9 所示为 MVDR 方法与基于最差性能优化（WCPO）方法的性能对比图。可见，WCPO 方法不仅可以极大地缓解“目标相消”现象，而且其对噪声和干扰的抑制能力均强于 MVDR 方法。需要特别注意的是，虽然 WCPO 方法在期望目标信号的方向矢量误差较小且不确定集尺寸选择合适时具有不错的性能，但随着方向矢量误差的逐渐增大，该方法通常需要一个大尺寸的不确定图凸集去覆盖真实期望信号方向矢量可能存在的区域，因而其过于保守，影响其抑制干扰和噪声的性能。另外，该方法的不确定集合尺寸有一个上界，即 $\varepsilon < \|\boldsymbol{p}\|$，不能无限增大，如果方向矢量误差超过了预设的不确定集合，那么该方法的稳健性将得不到保障。进一步来讲，即使方向矢量误差在该不确定集合中，WCPO 方法的性能也可能有所折损，因为随着不确定集的逐渐增大，原约束优化问题可能会收敛至一个无效解。

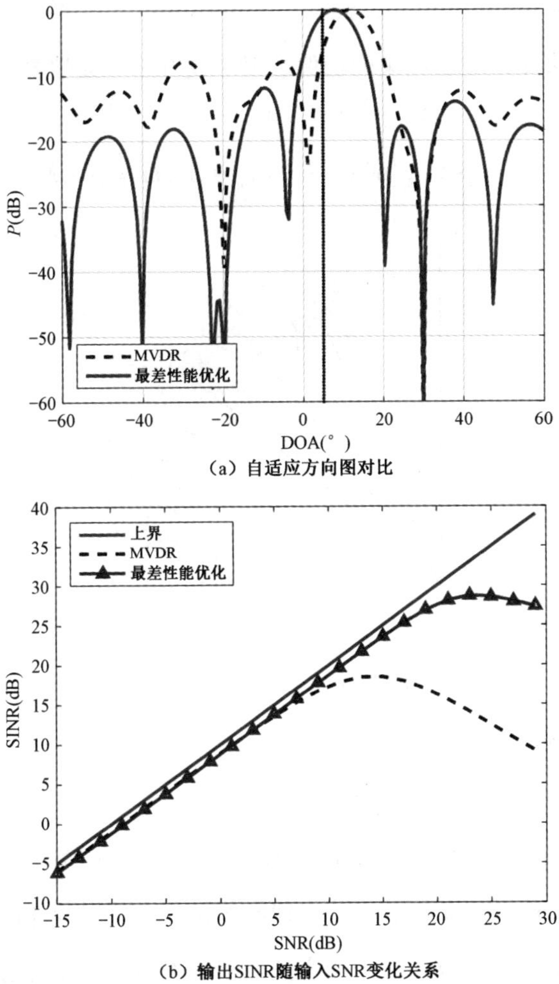

图 7.9　MVDR 方法与基于最差性能优化（WCPO）方法的性能对比图

3. 基于多不确定集约束的稳健波束形成方法[9]

将 LCMV 原则的概念加以拓展，可以在约束多个不确定集中方向矢量所对应的幅度响应均不小于 1 的同时，最小化阵列的输出功率。此时，约束区域用数学语言可描述为

$$A_m \triangleq \left\{ \boldsymbol{a}_m \middle| \boldsymbol{a}_m = \boldsymbol{p}_m + \boldsymbol{e}_m, \|\boldsymbol{e}_m\| \leqslant \varepsilon_m \right\},\ m = 1,\cdots,M \tag{7.57}$$

式中，$\boldsymbol{p}_m$ 表示估计的第 m 个方向矢量；$\boldsymbol{e}_m$ 和 ε_m 分别表示 $\boldsymbol{p}_m$ 所对应的不确定球集的误差矢量和半径；M 表示不确定集合的个数。如图 7.10 所示，假设所描述区域的并集为 $\mathcal{A}$。根据凸集的定义：如果位于集合 $\mathcal{A}$ 中的两点所确定的线段仍然属于集合 $\mathcal{A}$，则该集合称作凸集。由图 7.10 可知，点 a 和点 b 属于集合 $\mathcal{A}$，但是由点 a 和点 b 所确定的线段却不属于 $\mathcal{A}$，因此集合 $\mathcal{A}$ 不满足凸集的定义，是一非凸集。

综上，基于多不确定集约束的稳健波束形成方法可数学表示为

$$\begin{cases} \min\limits_{\boldsymbol{w}} & \boldsymbol{w}^{\mathrm{H}} \hat{\boldsymbol{R}} \boldsymbol{w} \\ \text{s.t.} & \left| \boldsymbol{w}^{\mathrm{H}} \boldsymbol{a}_m \right| \geqslant 1,\ \boldsymbol{a}_m \in A_m,\ m = 1,\cdots,M \end{cases} \tag{7.58}$$

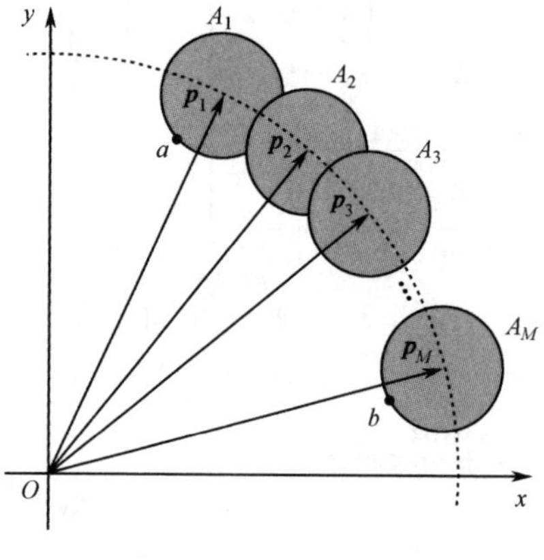

图 7.10 多不确定集区域

进一步，该问题等价于

$$\begin{cases} \min\limits_{\boldsymbol{w}} & \boldsymbol{w}^{\mathrm{H}} \hat{\boldsymbol{R}} \boldsymbol{w} \\ \text{s.t.} & \left| \boldsymbol{w}^{\mathrm{H}} \boldsymbol{p}_m \right| - \varepsilon_m \|\boldsymbol{w}\| \geqslant 1,\quad m = 1,\cdots,M \end{cases} \tag{7.59}$$

由于 $\left| \boldsymbol{w}^{\mathrm{H}} \boldsymbol{p}_m \right|$（$m = 1,\cdots,M$）的存在，上述问题是一个非线性非凸问题。当且仅当 $\mathrm{Im}\left\{ \boldsymbol{w}^{\mathrm{H}} \boldsymbol{p}_m \right\} = 0$（$m = 1,\cdots,M$）时，约束条件中的绝对值操作可舍弃，从而将问题转化为一个二阶锥规划问题求解。但上述约束优化问题难以找到一个 $\boldsymbol{w}$，使得 M

个等式 $\mathrm{Im}\left\{\boldsymbol{w}^{\mathrm{H}}\boldsymbol{p}_m\right\}=0$（$m=1,\cdots,M$）同时成立，其物理意义是，不存在一个确定的 $\boldsymbol{w}$ 使得其可与 M 个任意方向的估计方向矢量 $\boldsymbol{p}_m$ 同时共线（同向或者反向），因此，该问题的约束条件中的绝对值符号无法舍弃，从而也就无法将问题转化为二阶锥规划问题进行求解。另外，值得注意的是，增加额外的约束条件也将消耗原本可用于抑制干扰的系统自由度。为解决这些问题，可以考虑基于迭代半正定规划的稳健波束形成算法或基于迭代线性化的稳健波束形成算法[9]。另外，在实际应用中，不确定集个数及其尺寸的选择非常关键。与 LCMV 方法中约束矩阵的选择类似，不确定集个数由 DOA 的不确定性决定，不同的是，原先的约束点变成约束多不确定集，不确定集的大小由其他类型的误差程度决定，这些误差通常包括天线形变误差、信号波前失真等。

7.2　阵列雷达高分辨测向方法

测定电磁波传播方向即波达方向（DOA）估计是空间信息获取领域中的一个重要问题，也是雷达系统的一个基本问题。

如图 7.11 所示，平面波到达 C 点的时间与到达 B 点的时间相同，而超前于到达 A 点的时间。假设 A、B 两点相距 d，用距离 AC 除以电波速度 v，即 $\tau=\dfrac{d\sin\theta}{v}$ 就是平面波到达 A 点的延迟时间。如果 A 点的信号用 $s(t)\mathrm{e}^{\mathrm{j}\omega t}$ 表示，则 B 点的信号为 $s(t-\tau)\mathrm{e}^{\mathrm{j}\omega t}\mathrm{e}^{\mathrm{j}2\pi d\sin\theta/\lambda}$。

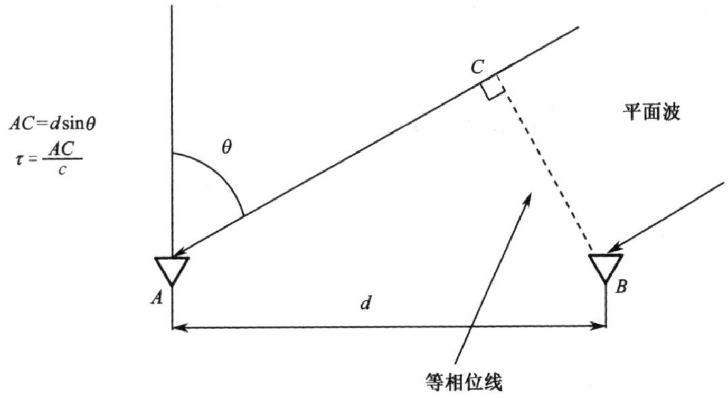

图 7.11　平面波传播与测向原理示意图

由 A、B 两点传感器采集的信号，对于单个窄带信号情况，有 $s(t-t')\approx s(t)$，则比较这两点信号的相位差，就可以估计 DOA。这就是传统雷达单脉冲比相测角原理。

也可以对各传感器信号进行移相补偿，使它们在某方向上同相位，然后相加，即进行波束形成，同时变化移相量实现一定角度范围内的波束扫描，再比较各个方向的波束形成输出功率大小，则最大功率方向就是 DOA 估计值。这就是传统雷达单脉冲比幅测角原理。单脉冲比幅测角还可以采用差波束对和波束归一处理来进一步提高测角精度。

上述传统的测向方法，无论是比相法还是比幅法，均基于单个信号源。当两个来自不同方向的电波到达传感器阵列时，各个传感器输出信号是两个来自不同方向信号的叠加，这时 A 点的信号可以用 $s_1(t)\mathrm{e}^{\mathrm{j}\omega_1 t}+s_2(t)\mathrm{e}^{\mathrm{j}\omega_2 t}$ 表示，而 B 点的信号为 $s_1(t-\tau)\mathrm{e}^{\mathrm{j}\omega_1 t}\mathrm{e}^{\mathrm{j}2\pi d\sin\theta_1/\lambda}+s_2(t-\tau)\mathrm{e}^{\mathrm{j}\omega_2 t}\mathrm{e}^{\mathrm{j}2\pi d\sin\theta_2/\lambda}$，即使在窄带信号且频率相同的情况下，$B$ 点的和信号相对于 A 点的和信号的相位差并不一定是这两个信号中任意一个信号方向引起的相位差，因此，比相测角法失效。

同样，对基于波束扫描的比幅测角法而言，当两个信号的 DOA 夹角小于阵列天线的波束宽度时，波束扫描无法将它们分开，从波束输出功率随角度变化曲线看，若只有一个峰值，则无法实现这两个角度的测角。

在多信源同时存在的场合，客观上要求有多个传感器进行空间采样。从前一节波束形成来看，如果对阵列信号先进行波束形成，再比幅测角，则无法分辨出位于同一个波束宽度内的两个信号。波束宽度是一个与阵列孔径成反比的固有物理量，天线孔径给定，则其波束宽度就固定了，因此，传统的测角方法无法分辨位于同一个波束宽度内的两个信源，这个限制称为瑞利限。

本节研究阵列信号参数估计方法，首先给出最大似然法的原理，然后分别针对独立信源和相干信源，研究其高分辨测向方法，并给出在非理想情况下的信源数估计方法。

7.2.1 最大似然估计测向算法[13]

已知一组服从某概率模型 $f(X|\theta)$ 的样本集 $X_1,X_2,\cdots,X_N$，其中 θ 为参数集合，使条件概率 $f\left(X_1,X_2,\cdots,X_N\left|\theta\right.\right)$ 最大的参数 θ 的估计称为最大似然估计。

由概率论的知识，可得

$$f\left(X,\theta\right)=f\left(\theta\left|X\right.\right)f\left(X\right)=f\left(X\left|\theta\right.\right)f\left(\theta\right) \tag{7.60}$$

式中，$f(\theta|X)$ 为后验概率；$f(X|\theta)$ 为条件概率；$f(\theta)$ 为先验概率。

窄带远场信号的阵列数据模型为

$$\boldsymbol{X}\left(t_i\right)=\boldsymbol{A}\left(\theta\right)\boldsymbol{S}\left(t_i\right)+\boldsymbol{N}\left(t_i\right),\quad i=1,2,\cdots,M \tag{7.61}$$

假定条件：

（1）$\boldsymbol{A}(\theta)$ 列满秩（空间角 θ 不模糊）。

（2）采样数据 $\boldsymbol{X}\left(t_i\right)$（$i=1,2,\cdots,M$）假设是独立的。

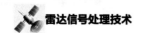

（3）将 $S(t)$ 视为未知的确定型函数。

（4）$N(t_i)$ 为零均值的高斯分布。

求：$\boldsymbol{X}(t_i)$ 的条件概率 $f\left(\boldsymbol{X}(t_1),\boldsymbol{X}(t_2),\cdots,\boldsymbol{X}(t_M)|\boldsymbol{\theta}\right)$。

基于上述假设条件，可以得到采样 $X_1,X_2,\cdots,X_N$ 的联合概率密度为

$$f\left(\boldsymbol{X}(t_1),\boldsymbol{X}(t_2),\cdots,\boldsymbol{X}(t_M)|\underline{\theta}\right)=\prod_{i=1}^{M}\frac{1}{\pi^N\sigma_{\mathrm{n}}^{2N}}\mathrm{e}^{\frac{-\left|\boldsymbol{X}(t_i)-\boldsymbol{A}(\theta)\boldsymbol{S}(t_i)\right|^2}{\sigma_{\mathrm{n}}^2}} \tag{7.62}$$

对式（7.62）取自然数为底的对数，得

$$\begin{aligned}L\left(\theta,\sigma_{\mathrm{n}},S(t_i)\right)&=\ln f\left(\boldsymbol{X}(t_1),\boldsymbol{X}(t_2),\cdots,\boldsymbol{X}(t_M)|\theta\right)\\&=-MN\ln\sigma_n^2-\frac{1}{\sigma_{\mathrm{n}}^2}\sum_{i=1}^{M}\left|\boldsymbol{X}(t_i)-\boldsymbol{A}(\theta)\boldsymbol{S}(t_i)\right|^2\end{aligned} \tag{7.63}$$

先估计 σ_{n}^2 使似然函数最大，得

$$\hat{\sigma}_{\mathrm{n}}^2=\frac{1}{MN}\sum_{i=1}^{M}\left|\boldsymbol{X}(t_i)-\boldsymbol{A}(\theta)\boldsymbol{S}(t_i)\right|^2 \tag{7.64}$$

再将式（7.64）代入原似然函数，得

$$\max_{\underline{\theta},\underline{S}}\left\{-MN\ln\frac{1}{MN}\sum_{i=1}^{M}\left|\boldsymbol{X}(t_i)-\boldsymbol{A}(\theta)\boldsymbol{S}(t_i)\right|^2\right\} \tag{7.65}$$

固定 θ 估计 $\boldsymbol{S}(t_i)$，得

$$\hat{\boldsymbol{S}}(t_i)=\left[\boldsymbol{A}^{\mathrm{H}}(\theta)\boldsymbol{A}(\theta)\right]^{-1}\boldsymbol{A}^{\mathrm{H}}(\theta)\boldsymbol{X}(t_i),\quad i=1,2,\cdots,M \tag{7.66}$$

其中，未知变量的个数为 $2PM$ 个。

再将 $\hat{\boldsymbol{S}}(t_i)$ 代回似然函数，求关于 θ 的估计：

$$\min_{\underline{\theta}}\frac{1}{MN}\sum_{i=1}^{M}\left|\boldsymbol{X}(t_i)-\boldsymbol{A}(\theta)\left[\boldsymbol{A}^{\mathrm{H}}(\theta)\boldsymbol{A}(\theta)\right]^{-1}\boldsymbol{A}^{\mathrm{H}}(\theta)\boldsymbol{X}(t_i)\right|^2 \tag{7.67}$$

最大似然估计适用于单次快拍或相干源情况，但是从 DOA 估计的精度看，多次快拍、非相干源优于单次快拍、相干源。

利用 $\underline{\boldsymbol{X}}^{\mathrm{H}}\underline{\boldsymbol{X}}=\mathrm{tr}\left(\underline{\boldsymbol{X}}\underline{\boldsymbol{X}}^{\mathrm{H}}\right)$，对式（7.67）进行化简可得

$$\begin{aligned}&\frac{1}{MN}\sum_{i=1}^{M}\left|(\boldsymbol{I}-\boldsymbol{P}_A)\boldsymbol{X}(t_i)\right|^2\\&=\frac{1}{MN}\sum_{i=1}^{M}\boldsymbol{X}^{\mathrm{H}}(t_i)\boldsymbol{P}_A^{\perp}\boldsymbol{X}(t_i)\\&=\frac{1}{MN}\sum_{i=1}^{M}\mathrm{tr}\left(\boldsymbol{P}_A^{\perp}\boldsymbol{X}(t_i)\boldsymbol{X}^{\mathrm{H}}(t_i)\right)\\&=\frac{1}{N}\mathrm{tr}\left(\boldsymbol{P}_A^{\perp}\left(\frac{1}{M}\sum_{i=1}^{M}\boldsymbol{X}(t_i)\boldsymbol{X}^{\mathrm{H}}(t_i)\right)\right)\\&=\frac{1}{N}\mathrm{tr}\left(\boldsymbol{P}_A^{\perp}\hat{\boldsymbol{R}}\right)\end{aligned} \tag{7.68}$$

所以，对θ进行最大似然估计最终转化成如下形式：

$$\max_{\theta_1\cdots\theta_P}\mathrm{tr}\left(\boldsymbol{P}_A\hat{\boldsymbol{R}}\right)\text{或}\min_{\theta_1\cdots\theta_P}\mathrm{tr}\left(\boldsymbol{P}_A^{\perp}\hat{\boldsymbol{R}}\right) \tag{7.69}$$

式中，$\hat{\boldsymbol{R}}=\dfrac{1}{M}\sum_{i=1}^{M}\boldsymbol{X}(t_i)\boldsymbol{X}^{\mathrm{H}}(t_i)$。

对于式（7.69），数学上，其实就是P维寻优；物理上，就是通过搜索P维信号子空间S_{N}^P去拟合阵列数据$\boldsymbol{X}(t_i)$（$i=1,2,\cdots,M$），使得投影误差最小。最大似然法的几何意义如图 7.12 所示。

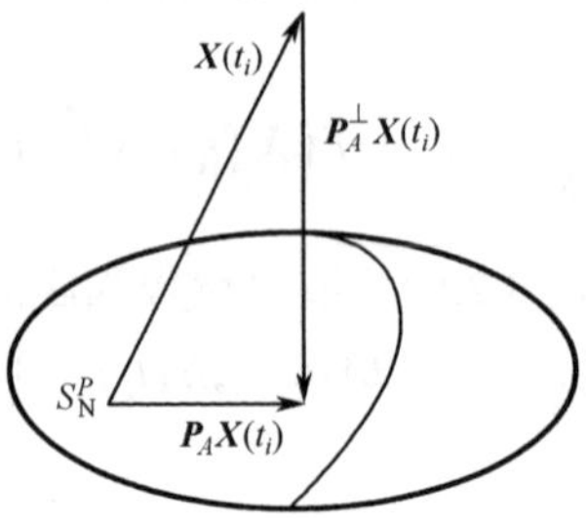

图 7.12　最大似然法的几何意义

一个特例：考虑单个信号源的情况，此时信号的数据模型为

$$\boldsymbol{X}(t_i)=\boldsymbol{a}(\theta)\boldsymbol{S}(t_i)+\boldsymbol{N}(t_i) \tag{7.70}$$

投影矩阵可以表示为

$$\begin{aligned}\boldsymbol{P}_A&=\boldsymbol{A}\left(\boldsymbol{A}^{\mathrm{H}}\boldsymbol{A}\right)^{-1}\boldsymbol{A}^{\mathrm{H}}=\boldsymbol{a}(\theta)\left[\boldsymbol{a}^{\mathrm{H}}(\theta)\boldsymbol{a}(\theta)\right]^{-1}\boldsymbol{a}^{\mathrm{H}}(\theta)\\&=\frac{\boldsymbol{a}(\theta)\boldsymbol{a}^{\mathrm{H}}(\theta)}{\boldsymbol{a}^{\mathrm{H}}(\theta)\boldsymbol{a}(\theta)}\end{aligned} \tag{7.71}$$

$$\mathrm{tr}\left(\boldsymbol{P}_A\hat{\boldsymbol{R}}\right)=\mathrm{tr}\left(\frac{\boldsymbol{a}(\theta)\boldsymbol{a}^{\mathrm{H}}(\theta)}{N}\hat{\boldsymbol{R}}\right)=\frac{\boldsymbol{a}^{\mathrm{H}}(\theta)\hat{\boldsymbol{R}}\boldsymbol{a}(\theta)}{N}$$

显然，此时最大似然估计法就是普通波束扫描，可见普通波束扫描在单个信源时是最优的。

最大似然估计是一种非线性多维最大值搜索问题，这类算法思想简单、估计性能优越，但其计算量相当大。为降低运算复杂度，常用的一种有效的方法是交替投影算法，感兴趣的读者可以参阅文献[14]。

7.2.2　独立信源的高分辨测向算法

1. 正交子空间投影与高分辨处理

假定：P个信号分别从角度$\theta_1,\theta_2,\cdots,\theta_P$到达$N$元阵列上，$N>P$。改写由式（7.9）表示的阵列接收信号为

$$\boldsymbol{X}(t)=\boldsymbol{A}(\theta)\boldsymbol{S}(t)+\boldsymbol{N}(t)=\sum_{p=1}^{P}s_p(t)\mathrm{e}^{\mathrm{j}\omega t}\boldsymbol{a}(\theta_p)+\boldsymbol{N}(t) \tag{7.72}$$

由上述信号模型容易看到，在不考虑接收机内部白噪声$\boldsymbol{N}(t)$的情况下，N个阵元任何t时刻接收的信号矢量$\boldsymbol{X}(t)$就是用这P个信号的瞬时幅度值$s_1(t)\mathrm{e}^{\mathrm{j}\omega t}$，

$s_2(t)\mathrm{e}^{\mathrm{j}\omega t},\cdots,s_P(t)\mathrm{e}^{\mathrm{j}\omega t}$ 对这 P 个信号的导向矢量 $\boldsymbol{a}(\theta_1),\boldsymbol{a}(\theta_2),\cdots,\boldsymbol{a}(\theta_P)$ 做线性组合。

在线性代数中，由 P 个矢量 $\boldsymbol{a}(\theta_1),\boldsymbol{a}(\theta_2),\cdots,\boldsymbol{a}(\theta_P)$ 的全体线性组合构成的 P 维子空间称为由这 P 个矢量生成或张成的子空间，表示如下：

$$\mathrm{Span}\,(\boldsymbol{a}(\theta_1),\boldsymbol{a}(\theta_2),\cdots,\boldsymbol{a}(\theta_P)) \triangleq \{\sum_{p=1}^{P} x_p \boldsymbol{a}(\theta_p) | x_1,x_2,\cdots,x_P\text{是任意的复数}\}) \quad (7.73)$$

在阵列信号处理中，由 P 个导向矢量张成的 P 维子空间 $\mathrm{Span}(\boldsymbol{a}(\theta_1),\boldsymbol{a}(\theta_2),\cdots,\boldsymbol{a}(\theta_P))$ 称为信号子空间，记为 $\mathbb{S}_N^P$，它是 N 维线性空间中的一个 P 维子空间，在 N 维线性空间中它的正交补空间称为噪声子空间，记为 $\mathbb{N}_N^{N-P}$，噪声子空间的维数是 $N-P$ 维。

在无噪声情况下，阵列信号 $\boldsymbol{X}(t)\in\mathrm{Span}(\boldsymbol{a}(\theta_1),\boldsymbol{a}(\theta_2),\cdots,\boldsymbol{a}(\theta_P))$。实际上，接收机电路中总是存在内部噪声信号。

无论有无噪声，只要求出了信号子空间或噪声子空间，用方向矢量 $\boldsymbol{a}(\theta)$ 向这两个子空间之一进行投影，并计算其投影矢量长度，并搜索变量 θ，就可以获得 P 个波达方向 $\theta_1,\theta_2,\cdots,\theta_P$。这是由于真实角度 θ 对应的方向矢量 $\boldsymbol{a}(\theta)$ 向信号子空间的投影矢量不变，而向噪声子空间的投影矢量为零，如图 7.13 所示。

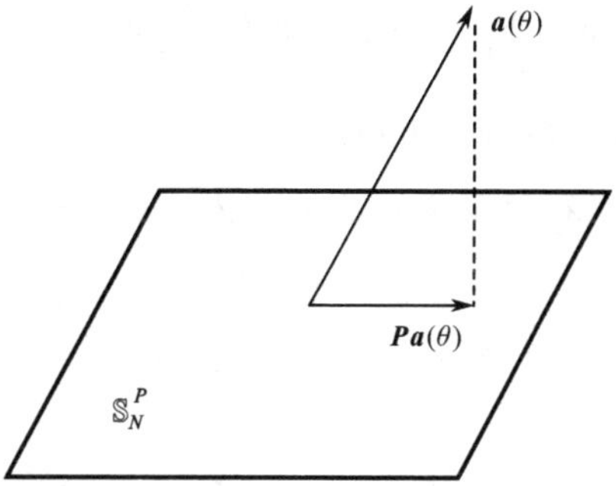

图 7.13　用方向矢量 $\boldsymbol{a}(\theta)$ 向信号子空间做投影

实际应用时，通常将角度 θ 作为未知变量所对应的方向矢量向噪声子空间做投影，然后计算投影矢量的长度，并且搜索 θ，P 个峰值对应的角度就是 $\theta_1,\theta_2,\cdots,\theta_P$ 的精确估计。

但是，阵列天线系统中只有采集的一批数据，P 个信号源的到达角 $\theta_1,\theta_2,\cdots,\theta_P$ 正是要估计的，因此，我们并不知道信号子空间或噪声子空间。现在的问题是可否由阵列采集的一批数据 $\{\boldsymbol{X}(t)\,|\,T_1\leqslant t\leqslant T_2\}$ 求出信号子空间或噪声子空间？一旦建立信号子空间或噪声子空间，即获得子空间的一组基矢量，就可以按照图 7.13 进行投影，计算得到 $\theta_1,\theta_2,\cdots,\theta_P$ 的精确估计。

在采集的数据集 $\{\boldsymbol{X}(t)\,|\,T_1\leqslant t\leqslant T_2\}$ 中，如果 P 个信号的幅度是各自相互独立

的随机变量，在所有数据集 $\boldsymbol{X}(t)$ 中，不同时刻的信号分量部分是由不同的组合系数（P 个信号的瞬时复振幅）对 P 个导向矢量 $\boldsymbol{a}(\theta_1),\boldsymbol{a}(\theta_2),\cdots,\boldsymbol{a}(\theta_P)$ 的线性组合，这些组合矢量将包含信号子空间的全部信息，即这些组合矢量中一定存在 P 个线性无关矢量构成信号子空间 $\mathbb{S}_N^P$ 的一组基。

由于接收机噪声不可避免，阵列信号 $\boldsymbol{X}(t)$ 总是含有噪声，因此，需要采取统计方法抑制噪声分量，才能将 N 维线性空间划分出信号子空间和噪声子空间。

利用统计方法，采集数据的自相关矩阵为

$$\boldsymbol{R}=E\left[\boldsymbol{X}(t)\boldsymbol{X}^{\mathrm{H}}(t)\right]\approx\frac{1}{T_2-T_1}\sum_{t=T_1}^{T_2}\boldsymbol{X}(t_1)\boldsymbol{X}^{\mathrm{H}}(t_2) \tag{7.74}$$

在不相关白噪声背景下，很容易推得

$$\boldsymbol{R}=\boldsymbol{A}(\theta)E[\boldsymbol{S}(t)\boldsymbol{S}^{\mathrm{H}}(t)]\boldsymbol{A}^{\mathrm{H}}(\theta)+\sigma^2\boldsymbol{I} \tag{7.75}$$

$\boldsymbol{S}(t)$ 充分任意变化，即 P 个分量统计不相关，则 $E[\boldsymbol{S}(t)\boldsymbol{S}^{\mathrm{H}}(t)]=\boldsymbol{\Lambda}$ 为对角线大于零的 P 阶对角矩阵，由此得到

$$\boldsymbol{R}=\boldsymbol{A}(\theta)\boldsymbol{\Lambda}\boldsymbol{A}^{\mathrm{H}}(\theta)+\sigma^2\boldsymbol{I} \tag{7.76}$$

式中，$\boldsymbol{R}$ 为 N 阶正定厄米特（Hermitain）矩阵，其特征分解结构为

$$\boldsymbol{R}=\sum_{p=1}^{P}u_p\boldsymbol{V}_p\boldsymbol{V}_p^{\mathrm{H}}+\sigma^2\boldsymbol{I}=\sum_{n=1}^{N}\lambda_n\boldsymbol{V}_n\boldsymbol{V}_n^{\mathrm{H}} \tag{7.77}$$

式中，λ_n、$\boldsymbol{V}_p$ 分别为 $\boldsymbol{R}$ 矩阵的特征值和特征矢量，且

$$\lambda_1\geqslant\lambda_2\geqslant\lambda_3\geqslant\cdots\geqslant\lambda_P>\lambda_{P+1}=\cdots=\lambda_N=\sigma^2 \tag{7.78}$$

容易证明：$\boldsymbol{R}$ 的前 P 个大特征值对应的特征矢量张成的线性子空间就是前面定义的信号子空间，后 $N-P$ 个小特征值对应的特征矢量张成的线性子空间就是噪声子空间。

$$\mathbb{S}_{\mathrm{N}}^{\mathrm{P}}=\mathrm{Span}(\boldsymbol{V}_1,\boldsymbol{V}_2,\cdots,\boldsymbol{V}_P) \tag{7.79}$$

$$\mathbb{N}_N^{N-P}=\mathrm{Span}(\boldsymbol{V}_{P+1},\boldsymbol{V}_{P+2},\cdots,\boldsymbol{V}_N) \tag{7.80}$$

将方向矢量 $\boldsymbol{a}(\theta)$ 向噪声子空间 $\mathrm{Span}(\boldsymbol{V}_{P+1},\boldsymbol{V}_{P+2},\cdots,\boldsymbol{V}_N)$ 做投影，可计算投影矢量的长度为 $\left|\sum\limits_{p=P+1}^{N}\boldsymbol{a}^{\mathrm{H}}(\theta)\boldsymbol{V}_p\boldsymbol{V}_p^{\mathrm{H}}\boldsymbol{a}(\theta_P)\right|^{1/2}$，搜索角度 θ 得到 DOA 的估计。因此，定义空间谱函数为[15]

$$S(\theta)=\frac{1}{\left|\sum\limits_{p=P+1}^{N}\boldsymbol{a}^{\mathrm{H}}(\theta)\boldsymbol{V}_p\boldsymbol{V}_p^{\mathrm{H}}\boldsymbol{a}(\theta_P)\right|} \tag{7.81}$$

则 P 个信号的 DOA 估计器如下：

$$\{\theta_1,\theta_2,\cdots,\theta_P\}=\underset{\theta}{\mathrm{argmax}}\,S(\theta) \tag{7.82}$$

值得一提的是，上述方位估计方法属于特征结构法，该方法于 1979 年提出

（以 MUSIC 方法为代表），至今在高分辨谱估计、高分辨测向、高分辨遥感成像、信号特征提取等很多工程技术领域获得了广泛应用。

2. MUSIC 算法

MUSIC（Multiple Signal Classification）算法是由 R. O. Schmidt 于 1986 年提出的，该算法利用信号的协方差矩阵，根据信号子空间与噪声子空间具有正交性来实现信号方位估计。

具体而言，对协方差矩阵 $\boldsymbol{R}$ 进行特征分解可得到

$$\boldsymbol{R}=\sum_{m=1}^{K}\lambda_m\boldsymbol{u}_m\boldsymbol{u}_m^{\mathrm{H}}+\sum_{m=K+1}^{M}\sigma_n^2\boldsymbol{u}_m\boldsymbol{u}_m^{\mathrm{H}} \tag{7.83}$$

式中，特征值按降序排列，$\lambda_m\left(\boldsymbol{u}_m\right)$（$m=1,\cdots,K$）为信号特征值（特征向量）；$\sigma_n^2\left(\boldsymbol{u}_m\right)$（$m=k+1,\cdots,M$）为噪声特征值（特征向量）。根据信号子空间理论可知，由信号特征向量张成的空间为信号子空间，由噪声特征向量张成的空间为噪声子空间，且两子空间正交，即

$$\mathrm{Span}\left\{\boldsymbol{a}\left(\phi_k\right),k=1,\cdots,K\right\}\perp\mathrm{Span}\left\{\boldsymbol{u}_m,m=K+1,\cdots,M\right\} \tag{7.84}$$

式中，$\boldsymbol{a}^{\mathrm{H}}(\theta_k)\boldsymbol{u}_k=0$（$k=k+1,\cdots,M$）。

定义 $\boldsymbol{U}_{\mathrm{n}}=[\boldsymbol{u}_{k+1},\boldsymbol{u}_{k+2},\cdots,\boldsymbol{u}_M]$，可构造空间谱为

$$P_{\mathrm{MUSIC}}=\frac{1}{\boldsymbol{a}^{\mathrm{H}}(\theta)\boldsymbol{U}_{\mathrm{n}}\boldsymbol{U}_{\mathrm{n}}^{\mathrm{H}}\boldsymbol{a}(\theta)} \tag{7.85}$$

由于 P_{MUSIC} 在信号角度 θ_k 处有谱峰值，因此，通过搜索 P_{MUSIC} 的谱峰值即可得到信号的角度估计 $\theta=\arg\max\limits_{\theta}P_{\mathrm{MUSIC}}$。具体地，实际应用中阵列协方差矩阵只能由有限次快拍数据来估计

$$\hat{\boldsymbol{R}}=\frac{1}{N_{\mathrm{s}}}\sum_{i=1}^{N_{\mathrm{s}}}\boldsymbol{x}(i)\boldsymbol{x}^{\mathrm{H}}(i) \tag{7.86}$$

式中，$\boldsymbol{x}(i)$ 表示第 i 次快拍数据，N_{s} 为快拍数。然而，由 $\hat{\boldsymbol{R}}$ 的特征分解得到的 $\hat{\boldsymbol{U}}_{\mathrm{n}}$ 与 $\boldsymbol{U}_{\mathrm{n}}$ 之间存在误差，导致信号导向矢量与噪声子空间并不完全正交，此时只能得到信号 DOA 的估计值，而非精确值。值得注意的是，MUSIC 算法要求预先知道信号源数目，而且 $N-P$ 个小特征值相等的要求也是很重要的。在色噪声情况下，信号源数目 P 的估计也是一个问题[16]。

3. 旋转不变技术估计信号参数算法

旋转不变技术估计信号参数（Estimating Signal Parameters via Rotational Invariance Techniques，ESPRIT）算法的原理如下：当空间阵列包含两个或两个以上完全相同的子阵时，通过子阵平滑，可以发现其数据协方差矩阵信号子空间的

旋转不变性，即相邻子阵的数据协方差矩阵只相差一个旋转因子，而旋转因子的对角元素和来波方向有关，因此可以利用这个旋转因子来获得各个信源的来波方向。

如图 7.14 所示为由两个完全相同的子阵组成的等距线阵，而且子阵 2 是由子阵 1 向右整体平移Δ得到的。

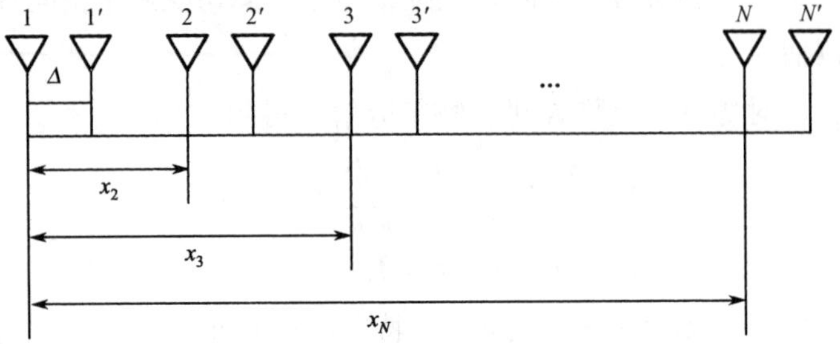

图 7.14　由两个完全相同的子阵组成的等距线阵

当有 P 个非相干信号源到达阵列时，子阵 1 的$1,2,3,\cdots,N$ 号阵元接收的数据为

$$\boldsymbol{X}(t)=\boldsymbol{A}(\theta)\boldsymbol{S}(t)+\boldsymbol{N}_1(t) \tag{7.87}$$

式中，导向矢量$\boldsymbol{a}(\theta_i)=\begin{bmatrix}1 & \mathrm{e}^{\mathrm{j}\frac{2\pi x_2}{\lambda}\sin\theta_i} & \cdots & \mathrm{e}^{\mathrm{j}\frac{2\pi x_N}{\lambda}\sin\theta_i}\end{bmatrix}^{\mathrm{T}}$，而子阵 2 的$1',2',3',\cdots,N'$号阵元接收的数据为

$$\boldsymbol{Y}(t)=\boldsymbol{B}(\theta)\boldsymbol{S}(t)+\boldsymbol{N}_2(t) \tag{7.88}$$

式中，$\boldsymbol{B}(\theta)=[\boldsymbol{b}(\theta_1),\boldsymbol{b}(\theta_2),\cdots,\boldsymbol{b}(\theta_P)]$。

$$\boldsymbol{b}(\theta_i)==\begin{bmatrix}\mathrm{e}^{\mathrm{j}\frac{2\pi\Delta}{\lambda}\sin\theta_i} & \mathrm{e}^{\mathrm{j}\frac{2\pi(x_2+\Delta)}{\lambda}\sin\theta_i} & \cdots & \mathrm{e}^{\mathrm{j}\frac{2\pi(x_N+\Delta)}{\lambda}\sin\theta_i}\end{bmatrix}^{\mathrm{T}}=\boldsymbol{a}(\theta_i)\mathrm{e}^{\mathrm{j}\frac{2\pi\Delta}{\lambda}\sin\theta_i} \tag{7.89}$$

则

$$\boldsymbol{Y}(t)=\boldsymbol{A}(\theta)\begin{bmatrix}\mathrm{e}^{\mathrm{j}\frac{2\pi\Delta}{\lambda}\sin\theta_1} & & & 0\\ & \mathrm{e}^{\mathrm{j}\frac{2\pi\Delta}{\lambda}\sin\theta_2} & & \\ & & \ddots & \\ 0 & & & \mathrm{e}^{\mathrm{j}\frac{2\pi\Delta}{\lambda}\sin\theta_P}\end{bmatrix}\boldsymbol{S}(t)+\boldsymbol{N}_2(t) \tag{7.90}$$

从子空间的角度看，当没有噪声存在时，$\boldsymbol{X}(t)\in\mathrm{Span}(\boldsymbol{a}(\theta_1),\boldsymbol{a}(\theta_2),\cdots,\boldsymbol{a}(\theta_P))$，$\boldsymbol{Y}(t)\in\mathrm{Span}(\boldsymbol{a}(\theta_1),\boldsymbol{a}(\theta_2),\cdots,\boldsymbol{a}(\theta_P))$，即 $\boldsymbol{X}(t)$ 和 $\boldsymbol{Y}(t)$ 都属于信号子空间。

当存在噪声，且为高斯白噪声时，由子阵 1 接收数据构成的协方差矩阵为

$$\boldsymbol{R}_{XX}=\boldsymbol{A}(\theta)\boldsymbol{R}_{\mathrm{S}}\boldsymbol{A}^{\mathrm{H}}(\theta)+\sigma_{\mathrm{N}}^{2}\boldsymbol{I} \tag{7.91}$$

子阵 1 和子阵 2 之间的互相关矩阵（假设子阵 1 和子阵 2 接收的噪声不相关）为

$$\boldsymbol{R}_{XY}=E\left[\boldsymbol{X}(t)\boldsymbol{Y}^{\mathrm{H}}(t)\right]=\boldsymbol{A}(\theta)\boldsymbol{R}_{\mathrm{S}}\boldsymbol{D}^{\mathrm{H}}\boldsymbol{A}^{\mathrm{H}}(\theta) \tag{7.92}$$

其中，$\boldsymbol{D}=\begin{bmatrix} \mathrm{e}^{\mathrm{j}\frac{2\pi\Delta}{\lambda}\sin\theta_1} & & & \\ & \mathrm{e}^{\mathrm{j}\frac{2\pi\Delta}{\lambda}\sin\theta_2} & & \\ & & \ddots & \\ & & & \mathrm{e}^{\mathrm{j}\frac{2\pi\Delta}{\lambda}\sin\theta_P} \end{bmatrix}$。同理可得

$$\boldsymbol{R}_{YX}=E\left[\boldsymbol{Y}(t)\boldsymbol{X}^{\mathrm{H}}(t)\right]=\boldsymbol{A}(\theta)\boldsymbol{D}\boldsymbol{R}_{\mathrm{S}}\boldsymbol{A}^{\mathrm{H}}(\theta) \tag{7.93}$$

其中，噪声的功率 σ_{N}^{2} 可以由 $\boldsymbol{R}_{XX}$ 特征分解后，得到的 $N-P$ 个小特征值的平均值来估计，则

$$\boldsymbol{C}_{XX}=\boldsymbol{R}_{XX}-\sigma_{\mathrm{N}}^{2}\boldsymbol{I}\approx\boldsymbol{A}(\theta)\boldsymbol{R}_{\mathrm{S}}\boldsymbol{A}^{\mathrm{H}}(\theta)\text{（秩为 }P\text{）} \tag{7.94}$$

考虑矩阵束

$$\boldsymbol{C}_{XX}-\zeta\boldsymbol{R}_{XY}=\boldsymbol{A}(\theta)\boldsymbol{R}_{\mathrm{S}}\left[\boldsymbol{I}-\zeta\boldsymbol{D}^{\mathrm{H}}\right]\boldsymbol{A}^{\mathrm{H}}(\theta) \tag{7.95}$$

当波达方向互不相同时，范德蒙矩阵 $\boldsymbol{A}$ 是非奇异的，由于 $\boldsymbol{R}_{\mathrm{S}}$ 也是非奇异的，因此，由矩阵秩的性质可知，$\left(\boldsymbol{I}-\zeta\boldsymbol{D}^{\mathrm{H}}\right)$ 的秩小于 P 的充分必要条件为

$$\zeta=\mathrm{e}^{\mathrm{j}\frac{2\pi\Delta}{\lambda}\sin\theta_i},\quad i=1,2,\cdots,P \tag{7.96}$$

由式（7.96）可知，只要搜索 ζ，就可得到 P 个旋转因子。

1）ζ 的求解方法一

求 $\boldsymbol{C}_{XX}$ 与 $\boldsymbol{R}_{XY}$ 的非零广义特征值 ζ，即

$$\begin{aligned} &\boldsymbol{C}_{XX}\boldsymbol{V}=\zeta\boldsymbol{R}_{XY}\boldsymbol{V} \\ &\Rightarrow\boldsymbol{A}\boldsymbol{R}_{S}\boldsymbol{A}^{\mathrm{H}}\boldsymbol{V}=\zeta\boldsymbol{A}\boldsymbol{R}_{S}\boldsymbol{D}^{\mathrm{H}}\boldsymbol{A}^{\mathrm{H}}\boldsymbol{V} \\ &\Rightarrow\boldsymbol{A}^{\mathrm{H}}\boldsymbol{V}=\zeta\boldsymbol{D}^{\mathrm{H}}\boldsymbol{A}^{\mathrm{H}}\boldsymbol{V} \end{aligned} \tag{7.97}$$

可以把 $\boldsymbol{A}^{\mathrm{H}}\boldsymbol{V}$ 看成 $\boldsymbol{D}^{\mathrm{H}}$ 的对应于 ζ^{-1} 的特征矢量，其中 ζ^{-1} 为 $\boldsymbol{D}^{\mathrm{H}}$ 的特征值。

2）ζ 的求解方法二

$$\boldsymbol{C}_{XX}\overset{\mathrm{EVD}}{=}\sum_{i=1}^{P}\lambda_i\boldsymbol{v}_i\boldsymbol{v}_i^{\mathrm{H}}\overset{\text{构造}}{\Rightarrow}\boldsymbol{C}_{XX}\text{的伪逆}\boldsymbol{C}_{XX}^{\#} \tag{7.98}$$

$$\boldsymbol{C}_{XX}^{\#}=\sum_{i=1}^{P}\lambda_i^{-1}\boldsymbol{v}_i\boldsymbol{v}_i^{\mathrm{H}},\quad \boldsymbol{v}_i\in R(\boldsymbol{A})\text{为信号子空间} \tag{7.99}$$

考虑 $\boldsymbol{R}_{YX}$、$\boldsymbol{C}_{XX}^{\#}$ 的特征分解，分析

$$\boldsymbol{R}_{YX}\boldsymbol{C}_{XX}^{\#}\boldsymbol{A}(\theta)=\boldsymbol{A}(\theta)\boldsymbol{D}\boldsymbol{R}_{S}\boldsymbol{A}^{\mathrm{H}}(\theta)\boldsymbol{C}_{XX}^{\#}\boldsymbol{A}(\theta) \tag{7.100}$$

$$C_{XX} = AR_S A^{\mathrm{H}} = \sum_{i=1}^{P} \lambda_i v_i v_i^{\mathrm{H}} \tag{7.101}$$

$$\therefore A^{\mathrm{H}} AR_S A^{\mathrm{H}} = A^{\mathrm{H}} \left(\sum_{i=1}^{P} \lambda_i v_i v_i^{\mathrm{H}} \right) \tag{7.102}$$

$$\because A^{\mathrm{H}} A\text{可逆，} \therefore R_S A^{\mathrm{H}} = \left(A^{\mathrm{H}} A\right)^{-1} A^{\mathrm{H}} \left(\sum_{i=1}^{P} \lambda_i v_i v_i^{\mathrm{H}} \right) \tag{7.103}$$

$$\begin{aligned} \therefore R_{YX} C_{XX}^{\#} A(\theta) &= AD\left(A^{\mathrm{H}} A\right)^{-1} A^{\mathrm{H}} \left(\sum_{i=1}^{P} \lambda_i v_i v_i^{\mathrm{H}} \right) C_{XX}^{\#} A(\theta) \\ &= AD\left(A^{\mathrm{H}} A\right)^{-1} A^{\mathrm{H}} \left(\sum_{i=1}^{P} v_i v_i^{\mathrm{H}} \right) A(\theta) \end{aligned} \tag{7.104}$$

$$R_{YX} C_{XX}^{\#} A = AD\left(A^{\mathrm{H}} A\right)^{-1} A^{\mathrm{H}} A = AD$$

$$\therefore R_{YX} C_{XX}^{\#} A = AD$$

说明：$a(\theta_1), a(\theta_2), \cdots, a(\theta_P)$ 是 $R_{YX} C_{XX}^{\#}$ 的 P 个特征矢量，对应的特征值是 D 的 P 个对角元素，即

$$R_{YX} C_{XX}^{\#} a(\theta_i) = \mathrm{e}^{\mathrm{j}\frac{2\pi\Delta}{\lambda}\sin\theta_i} a(\theta_i), \quad i = 1, 2, \cdots, P \tag{7.105}$$

此性质可用于阵列流形未知的情况（条件：子阵 2 是子阵 1 的整体平移）、阵列校正和盲波束形成。

3）ζ 的求解方法三

$$R_{XX} \overset{\mathrm{EVD}}{=} E_{\mathrm{S}} \Lambda E_{\mathrm{S}}^{\mathrm{H}} + \sigma_{\mathrm{n}}^2 E_{\mathrm{n}} \Lambda E_{\mathrm{n}}^{\mathrm{H}} \tag{7.106}$$

式中，$\Lambda = \begin{bmatrix} \lambda_1 & & & 0 \\ & \lambda_2 & & \\ & & \ddots & \\ 0 & & & \lambda_P \end{bmatrix}$ 是 p 个大特征值；$E_{\mathrm{S}} = [v_1, v_2, \cdots, v_P]$ 是 P 个大特征值对应的特征矢量。

构造：

$$Z(t) = \begin{bmatrix} X(t) \\ Y(t) \end{bmatrix} = \begin{bmatrix} A \\ AD \end{bmatrix} S(t) + \begin{bmatrix} N_1(t) \\ N_2(t) \end{bmatrix} \tag{7.107}$$

对 $R_{ZZ} = \tilde{A} R_{\mathrm{S}} \tilde{A}^H + \sigma_{\mathrm{n}}^2 I$ 进行特征值分解，可得 p 个大特征值及其对应的特征矢量，即

$$E = \begin{bmatrix} E_X \\ E_Y \end{bmatrix} = \begin{bmatrix} A \\ AD \end{bmatrix} T \tag{7.108}$$

式中，$T_{p\times p}$ 是可逆矩阵，而且 E_X 和 E_Y 的列空间相等，等于 A 的列空间，所以 $[E_X \vdots E_Y]$ 的秩为 P，存在唯一的 F_{2P*P} 使

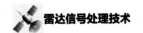

$$\left[\boldsymbol{E}_X \vdots \boldsymbol{E}_Y\right]\boldsymbol{F}=0$$
$$\left[\boldsymbol{E}_X \vdots \boldsymbol{E}_Y\right]\begin{bmatrix}\boldsymbol{F}_X\\ \boldsymbol{F}_Y\end{bmatrix}=0 \tag{7.109}$$

$$\therefore \boldsymbol{E}_X\boldsymbol{F}_X+\boldsymbol{E}_Y\boldsymbol{F}_Y=0 \Rightarrow \boldsymbol{F}_X\boldsymbol{F}_Y^{-1}=-\boldsymbol{E}_X^{-1}\boldsymbol{E}_Y \tag{7.110}$$

$$\boldsymbol{ATF}_X+\boldsymbol{ADTF}_Y=0$$
$$\boldsymbol{F}_X\boldsymbol{F}_Y^{-1}=-\boldsymbol{T}^{-1}\boldsymbol{DT} \tag{7.111}$$

因此，$\boldsymbol{F}_X\boldsymbol{F}_Y^{-1}$的特征值就是$\boldsymbol{D}$的特征值求负。

注意：

（1）与传统的 MUSIC 算法相比，ESPRIT 算法不需要阵列阵元响应特性的具体描述，无须进行阵列校准，而且不必进行谱峰搜索，具有更好的稳健性。

（2）ESPRIT 算法流程如图 7.15 所示，算法的关键在于对数据协方差矩阵进行特征分解或对数据矩阵进行奇异值分解，从中提取信号子空间的信息，所需的运算次数为$O(M^3)$，其中 M 为阵元数。

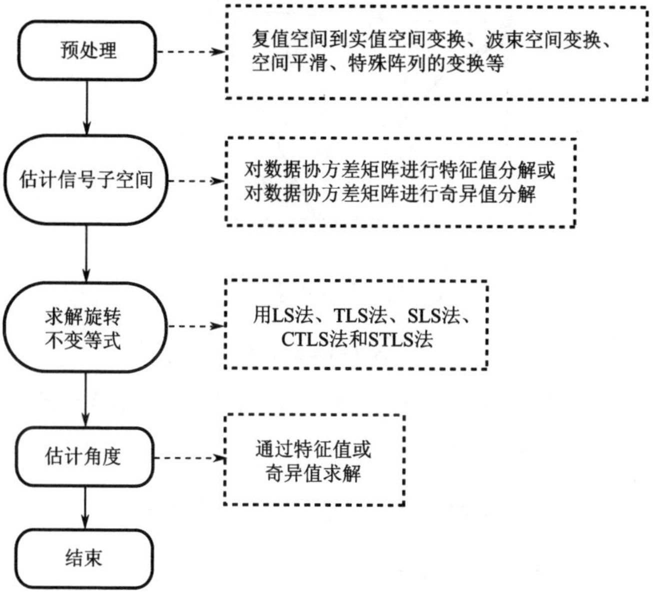

图 7.15　ESPRIT 算法流程

7.2.3　相参源高分辨处理技术

空间谱估计是基于对阵列协方差特性的分析，阵列的协方差矩阵为

$$\boldsymbol{R}=\boldsymbol{A}(\theta)\boldsymbol{R}_{\mathrm{S}}\boldsymbol{A}^{\mathrm{H}}(\theta)+\sigma_{\mathrm{n}}^2\boldsymbol{I} \tag{7.112}$$

对其进行特征分解，若 S 是由 K 个独立的信号源组成的，则可得到 K 个大特征值；但是当有某些信号源是相参的时，这些相参信号就合并成一个信号，从而使

到达阵列的独立源数目减少。此时造成的结果就是某些相参源的方向矢量将不正交于噪声子空间，在空间谱曲线上将不出现峰值，因此，会出现谱估计的漏报。

1. 相参源问题

1）相关性的定义

对于平稳随机变量 X 、Y，定义它们的相关系数为

$$\rho_{xy} = E\left[XY^*\right] \Big/ \sqrt{E\left[|X|^2\right]}\sqrt{E\left[|Y|^2\right]} \tag{7.113}$$

由 Schwartz 不等式可知$\left|\rho_{xy}\right| \leqslant 1$，因此，随机变量之间的相关性定义如下：

（1）若$\left|\rho_{XY}\right| = 1 \Leftrightarrow X = CY$，其中$C$为常数，则称$X$ 和Y 完全相关或相干。

（2）若 $\rho_{XY} = 0$，则称X 和Y 不相关。

（3）若$0 < \left|\rho_{XY}\right| < 1$，则称$X$ 和Y 相关。

信号传输中多径传播问题如图 7.16 所示，有

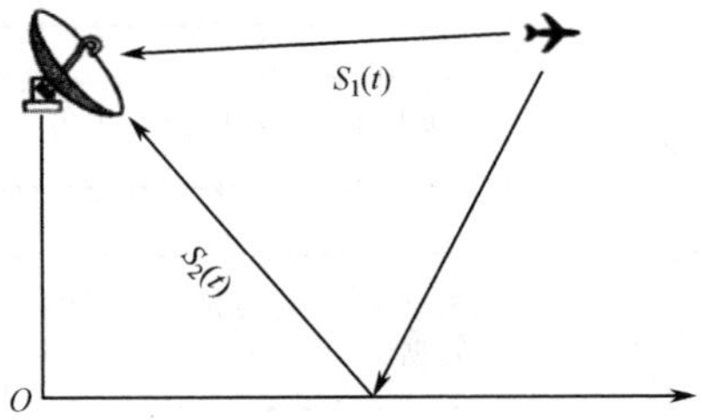

图 7.16　信号传输中多径传播问题

$$S_2(t) = kS_1(t-\tau) \tag{7.114}$$

如果满足窄带信号条件，即$S_1(t-\tau) = S_1(t)\mathrm{e}^{\mathrm{j}\phi}$，则$S_1(t)$和$S_2(t)$相参。

对于多径传播，各径分量之间是否相干主要取决于信号带宽，若延迟时间τ大于相干时间（$\tau_0 = \dfrac{1}{B}$，B为带宽），则各径分量不相干。

2）相干源的阵列相关矩阵分析

以$P = 2$为例，阵列信号的模型为

$$\boldsymbol{X}(t) = \boldsymbol{A}(\theta)\begin{bmatrix} S_1(t) \\ S_2(t) \end{bmatrix} + \boldsymbol{N}(t) \tag{7.115}$$

阵列的相关矩阵为

$$\begin{aligned} \boldsymbol{R} = E\left[\boldsymbol{X}\boldsymbol{X}^{\mathrm{H}}\right] &= \boldsymbol{A}(\theta)E\begin{bmatrix} S_1S_1^* & S_1S_2^* \\ S_2S_1^* & S_2S_2^* \end{bmatrix}\boldsymbol{A}^{\mathrm{H}}(\theta) + \sigma_{\mathrm{n}}^2\boldsymbol{I} \\ &= \boldsymbol{A}(\theta)\boldsymbol{R}_{\mathrm{S}}\boldsymbol{A}^{\mathrm{H}}(\theta) + \sigma_{\mathrm{n}}^2\boldsymbol{I} \end{aligned} \tag{7.116}$$

式中，$\boldsymbol{R}_{\mathrm{S}}=\begin{bmatrix}\sigma_1^2 & \rho_{12}\sigma_1\sigma_2\\ \rho_{12}^*\sigma_1\sigma_2 & \sigma_2^2\end{bmatrix}$；$\sigma_1^2$ 为 S_1 的信号功率；σ_2^2 为 S_2 的信号功率。

显然，当 $|\rho_{12}|=1$ 时，$\boldsymbol{R}_{\mathrm{S}}$ 的秩为 1，此时会出现秩亏损。

对任意的 p，如果 p 个信号源完全相关（相参），则 $\boldsymbol{R}_{\mathrm{S}}=E\left[\boldsymbol{S}(t)\boldsymbol{S}^{\mathrm{H}}(t)\right]$ 的秩为 1。

式（7.80）又可写成

$$\boldsymbol{X}=S_1(t)\boldsymbol{a}(\theta_1)+S_2(t)\boldsymbol{a}(\theta_2)+\boldsymbol{N}(t) \tag{7.117}$$

当 $|\rho_{12}|=1$（相干源）时，即 $S_1(t)=CS_2(t)$，有

$$\begin{aligned}\boldsymbol{X}&=S_2(t)\left(C\boldsymbol{a}(\theta_1)+\boldsymbol{a}(\theta_2)\right)+\boldsymbol{N}(t)\\&=S_2(t)\boldsymbol{b}+\boldsymbol{N}(t)\end{aligned} \tag{7.118}$$

式中，$\boldsymbol{b}$ 称为广义阵列流形或广义导向矢量，不对应某个 DOA，特别地，在没有噪声的情况下，$\boldsymbol{X}(t)\in\mathrm{Span}(\boldsymbol{b})$。

2. 空间平滑法

1）空间平滑的基本原理[17]

由前面的分析可知，当相参信号进入阵列时，将使阵列接收数据的协方差矩阵出现秩亏，从而使部分信号特征矢量“扩散”到噪声子空间中，造成信源数估计的偏差，进而导致谱估计出现“漏警”现象。

解决方法之一就是在进行谱估计前先进行预处理，将数据协方差矩阵恢复到满秩，这种处理称为去相关，再利用处理独立源的方法进行谱估计。由式（7.117）可知，相关性主要是由信号复包络引起的，因此，可以利用类似于 ESPRIT 算法的子阵平滑方法，并将平滑带来的旋转因子归并到信号的复包络中，就可以达到破坏信号相关性的目的[18]。

如图 7.17 所示为空间平滑示意图，将 N 元等距线阵 $d=\dfrac{\lambda}{2}$ 划分成 L 个 M 元子阵，其中 $L=N-M+1$。

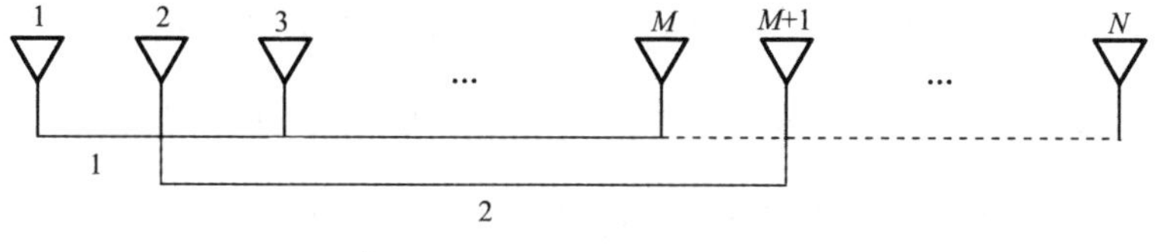

图 7.17　空间平滑示意图

全阵接收数据时，有

$$\boldsymbol{X}_N(t)=\boldsymbol{A}(\theta)\boldsymbol{S}(t)+\boldsymbol{N}(t) \tag{7.119}$$

式中，导向矢量 $\boldsymbol{A}(\theta)=\left[1,\quad \mathrm{e}^{\mathrm{j}\pi\sin\theta},\quad \cdots,\quad \mathrm{e}^{\mathrm{j}(N-1)\pi\sin\theta}\right]^{\mathrm{T}}$，在利用子阵划分方法时，第一个子阵接收的数据模型为

$$\boldsymbol{X}_1(t)=\boldsymbol{A}_M(\theta)\boldsymbol{S}(t)+\boldsymbol{N}_1(t) \tag{7.120}$$

式中，导向矢量 $\boldsymbol{A}_M(\theta)=\left[1,\quad \mathrm{e}^{\mathrm{j}\pi\sin\theta},\quad \cdots,\quad \mathrm{e}^{\mathrm{j}(M-1)\pi\sin\theta}\right]^{\mathrm{T}}$。

第二个子阵接收的数据模型为

$$\boldsymbol{X}_2(t)=\boldsymbol{A}_M(\theta)\boldsymbol{D}\boldsymbol{S}(t)+\boldsymbol{N}_2(t) \tag{7.121}$$

其中，$\boldsymbol{D}=\begin{bmatrix} \mathrm{e}^{\mathrm{j}\pi\sin\theta_1} & & & 0 \\ & \mathrm{e}^{\mathrm{j}\pi\sin\theta_2} & & \\ & & \ddots & \\ 0 & & & \mathrm{e}^{\mathrm{j}\pi\sin\theta_P} \end{bmatrix}_{P*P}$。

类似地，第 L 个子阵接收的数据模型为

$$\boldsymbol{X}_L(t)=\boldsymbol{A}_M(\theta)\boldsymbol{D}^{L-1}\boldsymbol{S}(t)+\boldsymbol{N}_L(t) \tag{7.122}$$

而 $\boldsymbol{D}^m\boldsymbol{S}(t)=\begin{bmatrix} S_1(t)\mathrm{e}^{\mathrm{j}\pi m\sin\theta_1} \\ S_2(t)\mathrm{e}^{\mathrm{j}\pi m\sin\theta_2} \\ \vdots \\ S_P(t)\mathrm{e}^{\mathrm{j}\pi m\sin\theta_P} \end{bmatrix}$，因此，即便是 $S_1(t)=CS_2(t)$ 的相参源问题，采用这种方法也能破坏它们之间的相关性。

利用多个子阵接收数据，每个子阵相当于空间平移，多出的旋转因子归并到信号包络 $S_i(t)$ 中，而不同的信号方向不同、旋转因子不同，因此可以去相关，然后将各个子阵数据在相关域求平均。

第一个子阵：

$$\boldsymbol{X}_1(t)\Rightarrow\boldsymbol{R}_1=E\left[\boldsymbol{X}_1(t)\boldsymbol{X}_1^{\mathrm{H}}(t)\right]=\boldsymbol{A}_M\boldsymbol{R}_S\boldsymbol{A}_M^{\mathrm{H}}+\sigma_n^2\boldsymbol{I} \tag{7.123}$$

第二个子阵：

$$\boldsymbol{X}_2(t)\Rightarrow\boldsymbol{R}_2=E\left[\boldsymbol{X}_2(t)\boldsymbol{X}_2^{\mathrm{H}}(t)\right]=\boldsymbol{A}_M\boldsymbol{D}\boldsymbol{R}_S\boldsymbol{D}^{\mathrm{H}}\boldsymbol{A}_M^{\mathrm{H}}+\sigma_n^2\boldsymbol{I} \tag{7.124}$$

第 L 个子阵：

$$\boldsymbol{X}_L(t)\Rightarrow\boldsymbol{R}_L=E\left[\boldsymbol{X}_L(t)\boldsymbol{X}_L^{\mathrm{H}}(t)\right]=\boldsymbol{A}_M\boldsymbol{D}^{(L-1)}\boldsymbol{R}_S\boldsymbol{D}^{-(L-1)}\boldsymbol{A}_M^{\mathrm{H}}+\sigma_n^2\boldsymbol{I} \tag{7.125}$$

通过空间平滑后，得到的相关矩阵为各个子阵相关矩阵的加权平均：

$$\begin{aligned}\tilde{\boldsymbol{R}}&=\frac{1}{L}\sum_{i=1}^{L}\boldsymbol{R}_i=\boldsymbol{A}_M\left[\frac{1}{L}\sum_{i=1}^{L}\boldsymbol{D}^{(i-1)}\boldsymbol{R}_S\boldsymbol{D}^{-(i-1)}\right]\boldsymbol{A}_M^{\mathrm{H}}+\sigma_n^2\boldsymbol{I}\\&=\boldsymbol{A}_M\tilde{\boldsymbol{R}}_S\boldsymbol{A}_M^{\mathrm{H}}+\sigma_n^2\boldsymbol{I}\end{aligned} \tag{7.126}$$

对式（7.125）进行 EVD，再采用 MUSIC 算法就可以实现 DOA 估计。

可以严格证明：如果 $\boldsymbol{R}_S$ 无全零行，对角矩阵 $\boldsymbol{D}$ 的对角元素两两不相等，则

$$\operatorname{rank}\left(\tilde{\boldsymbol{R}}_S\right) \geqslant \min\{r+L-1, P\} \tag{7.127}$$

式中，r 为 $\boldsymbol{R}_S$ 的秩，P 是 $\boldsymbol{R}_S$ 的维数。可见，最坏的情况是 $r=1$，而 $L \geqslant P$，所以 $\operatorname{rank}\left(\tilde{\boldsymbol{R}}_S\right)=P$。

直观上，平滑次数 L 越大，平滑去相关越好，但此时 M 减小，分辨的信源数减小，从而会造成孔径的损失。

空间平滑法的仿真结果如图 7.18 所示，利用空间平滑方法实现了 0°、20° 和 60° 的角度估计。

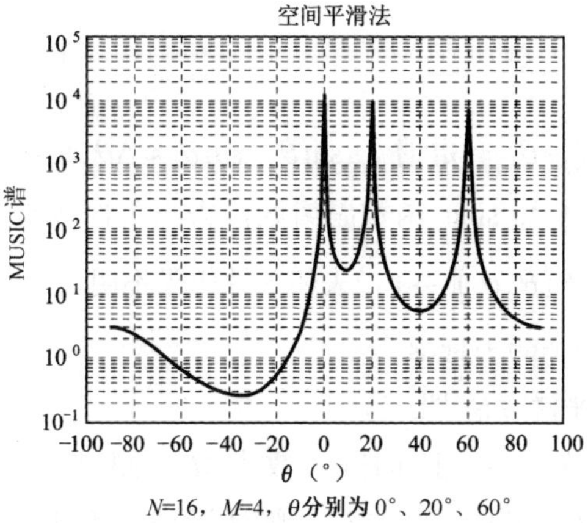

图 7.18　空间平滑法的仿真结果（$N=16$，$M=4$，θ 分别为 0°、20°、60°）

2）空间平滑去相关性性能分析

由前面的分析可知，在相干源情况下，$\boldsymbol{R}_S$ 是不满秩的，而空间平滑得到的 $\tilde{\boldsymbol{R}}_S$ 是满秩矩阵。极端地，若有 P 个不相关源，则 $\boldsymbol{R}_S$ 的非对角元素为零。那么，在相干源情况下，通过空间平滑后，$\tilde{\boldsymbol{R}}_S$ 的非对角元素的模的减小程度如何呢？

已知，空间平滑的相关矩阵为

$$\tilde{\boldsymbol{R}}_S = \frac{1}{L}\sum_{l=1}^{L}\boldsymbol{D}^{(l-1)}\boldsymbol{R}_S\boldsymbol{D}^{-(l-1)} \tag{7.128}$$

则相关矩阵第 i 行第 j 列的元素为

$$\begin{aligned}\tilde{r}_s(i,j) &= \frac{1}{L}\sum_{l=1}^{L} r_S(i,j)\mathrm{e}^{\mathrm{j}(l-1)\pi\sin\theta_i}\mathrm{e}^{-\mathrm{j}(l-1)\pi\sin\theta_j} \\ &= r_S(i,j)\left[\frac{1}{L}\sum_{l=1}^{L}\mathrm{e}^{\mathrm{j}\pi(l-1)\left[\sin\theta_i-\sin\theta_j\right]}\right] \\ &= r_S(i,j)F\left[\varPhi(\theta_i)-\varPhi(\theta_j)\right]\end{aligned} \tag{7.129}$$

式中，$F(x)=\frac{1}{L}\sum_{l=1}^{L}\mathrm{e}^{\mathrm{j}(l-1)x}$，$\left|\tilde{r}_s(i,j)\right|=\left|r_S(i,j)\right|F(\theta_i,\theta_j)$，则

$$\left|F\left(\theta_i,\theta_j\right)\right|=\left|\frac{\sin\pi L\dfrac{\sin\theta_i-\sin\theta_j}{2}}{L\sin\pi\dfrac{\sin\theta_i-\sin\theta_j}{2}}\right|\leqslant 1 \tag{7.130}$$

$$\therefore\left|\tilde{r}_s\left(i,j\right)\right|\leqslant\left|r_S\left(i,j\right)\right| \tag{7.131}$$

当$i=j$时，$\left|\tilde{r}_s\left(i,j\right)\right|=\left|r_S\left(i,j\right)\right|$表明对角元素的相关性不变。

当$i\neq j$时，$\left|\tilde{r}_s\left(i,j\right)\right|<\left|r_S\left(i,j\right)\right|$表明非对角元素的相关性减小。

由式（7.131）可知：去相关能力依赖平滑次数L和信号源波达角的正弦差$\left(\sin\theta_i-\sin\theta_j\right)$。

注意：

（1）当$\Delta\theta_{ij}=\theta_i-\theta_j$一定时，$\sin\theta_i-\sin\theta_j\approx\Delta\theta_{ij}\cos\theta_i$，且当$\theta_i\to 0$时，$\sin\theta_i-\sin\theta_j$很大，进入 sinc 函数副瓣区，去相关性效果好；当$\theta_i\to 90^\circ$时，$\sin\theta_i-\sin\theta_j$很小，$\left|F\left(\theta_i,\theta_j\right)\right|\to 1$，去相关性效果不明显。

（2）L越大去相关能力越强。

3）改进的空间平滑方法[19]

对N元等距线阵，若子阵的阵元数为M，则可以划分为L个子阵，且$L=N-M+1$。当N固定时，增大L，则M减小，此时子孔径减小，分辨信源数也减小；显然，在N和M都固定的情况下，设法提高平滑次数L，就可以提高分辨率。

原空间平滑方法沿一个方向（前向）滑动子阵，而改进的空间平滑方法，在原空间平滑方法的基础上，再沿相反方向（后向）滑动子阵，这样既能提高平滑次数，又能保证子阵阵元数不变。

N元阵的导向矢量为

$\boldsymbol{a}\left(\theta\right)=\begin{bmatrix}1 & \mathrm{e}^{\mathrm{j}\pi\sin\theta} & \cdots & \mathrm{e}^{\mathrm{j}(M-1)\pi\sin\theta} & \cdots & \mathrm{e}^{\mathrm{j}(N-1)\pi\sin\theta}\end{bmatrix}^{\mathrm{T}}$，令$\boldsymbol{J}=\begin{bmatrix}0 & & & 1\\ & & 1 & \\ & \iddots & & \\ 1 & & & 0\end{bmatrix}$，则

$$\boldsymbol{b}\left(\theta\right)=\boldsymbol{J}\boldsymbol{a}\left(\theta\right)=\begin{bmatrix}\mathrm{e}^{\mathrm{j}\pi\left(N-1\right)\sin\theta}\\ \vdots\\ \mathrm{e}^{\mathrm{j}\pi\sin\theta}\\ 1\end{bmatrix} \tag{7.132}$$

所以，$\boldsymbol{b}(\theta)$是$\boldsymbol{a}(\theta)$的倒置。

$$\Rightarrow \boldsymbol{b}(\theta)=\mathrm{e}^{\mathrm{j}\pi(N-1)\sin\theta}\begin{bmatrix}1\\ \mathrm{e}^{-\mathrm{j}\pi\sin\theta}\\ \vdots\\ \mathrm{e}^{-\mathrm{j}\pi(N-1)\sin\theta}\end{bmatrix} \tag{7.133}$$

$$\begin{aligned}\boldsymbol{c}(\theta)&=\boldsymbol{b}^*(\theta)=\mathrm{e}^{-\mathrm{j}\pi(N-1)\sin\theta}\boldsymbol{a}(\theta)\\ &=\boldsymbol{J}\boldsymbol{a}^*(\theta)=\mathrm{e}^{-\mathrm{j}\pi(N-1)\sin\theta}\boldsymbol{a}(\theta)\end{aligned} \tag{7.134}$$

显然，共轭倒置得到的信号子空间与原来的一样。

共轭倒置后向平滑得到 L 个子阵，在相干域平滑后得到

$$\tilde{\boldsymbol{R}}'=\frac{1}{2L}\left[\sum_{l=1}^{L}\boldsymbol{R}_l+\sum_{l=1}^{L}\boldsymbol{R}'_l\right] \tag{7.135}$$

式中，$\boldsymbol{R}_l$ 是前向平滑子阵的相关矩阵：

$$\boldsymbol{R}_l=\boldsymbol{A}_M(\theta)\boldsymbol{D}^{(l-1)}\boldsymbol{R}_S\boldsymbol{D}^{-(l-1)}\boldsymbol{A}_M^{\mathrm{H}}(\theta) \tag{7.136}$$

$\boldsymbol{R}'_l$ 是后向平滑子阵的相关矩阵：

$$\boldsymbol{R}'_l=\boldsymbol{A}_M(\theta)\boldsymbol{D}^{-(M+l-2)}\boldsymbol{R}_S^*\boldsymbol{D}^{(M+l-2)}\boldsymbol{A}_M^{\mathrm{H}}(\theta) \tag{7.137}$$

$$\therefore \tilde{\boldsymbol{R}}'=\boldsymbol{A}_M(\theta)\frac{1}{2L}\sum_{l=1}^{L}\left(\boldsymbol{D}^{(l-1)}\boldsymbol{R}_S\boldsymbol{D}^{-(l-1)}+\boldsymbol{D}^{-(M+l-2)}\boldsymbol{R}_S^*\boldsymbol{D}^{(M+l-2)}\right)\boldsymbol{A}_M^{\mathrm{H}}(\theta) \tag{7.138}$$

$$\tilde{\boldsymbol{R}}'=\boldsymbol{A}_M(\theta)\tilde{\boldsymbol{R}}'_S\boldsymbol{A}_M^{\mathrm{H}}(\theta)+\sigma_n^2\boldsymbol{I} \tag{7.139}$$

同理，分析改进平滑方法的去相关性能力，就是研究 $\tilde{\boldsymbol{R}}'_S$ 非对角线元素的模值。

$\tilde{\boldsymbol{R}}'_S$ 的第 (i,j) 个元素为

$$\begin{aligned}\tilde{r}'_S(i,j)&=\frac{1}{2}\left[r_S(i,j)F(\phi_i-\phi_j)+r_S^*(i,j)F^*(\phi_i-\phi_j)\mathrm{e}^{-\mathrm{j}(M-1)(\phi_i-\phi_j)}\right]\\ &=\mathrm{Re}\left[r_S(i,j)F(\phi_i-\phi_j)\mathrm{e}^{\mathrm{j}\frac{M-1}{2}\Delta\phi_{ij}}\right]\mathrm{e}^{-\mathrm{j}\frac{M-1}{2}\Delta\phi_{ij}}\end{aligned} \tag{7.140}$$

式中，$\Delta\phi_{ij}=\phi_i-\phi_j$，$\phi_i=\pi\sin\theta_i$。

$$\tilde{r}_S(i,j)=r_S(i,j)F(\phi_i-\phi_j) \tag{7.141}$$

$$\tilde{r}'_S(i,j)=\mathrm{Re}\left[\tilde{r}_S(i,j)\mathrm{e}^{\mathrm{j}\frac{M-1}{2}\Delta\phi_{ij}}\right]\mathrm{e}^{-\mathrm{j}\frac{M-1}{2}\Delta\phi_{ij}} \tag{7.142}$$

几何关系如图 7.19 所示，由图 7.19 可知，用空间前向、后向平滑方法增强了去相关性能力。如图 7.20 所示为改进平滑方法的性能。

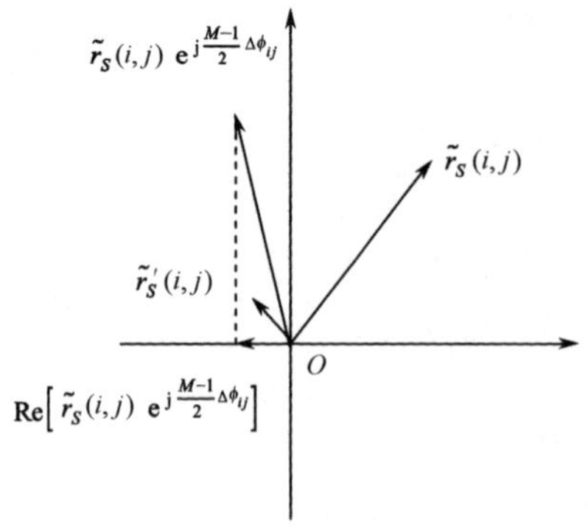

图 7.19 几何关系图

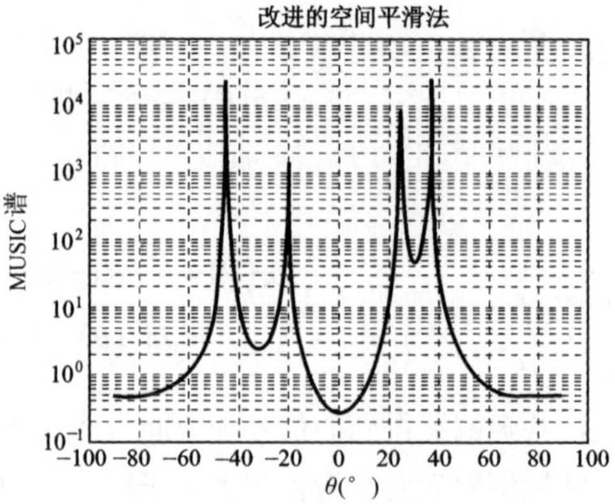

图 7.20 改进平滑方法的性能

由图 7.19 可知，用前向、后向平滑增强了去相关性能力。当然，空间平滑方法可以推广到二维均匀阵结构。

4）特征结构法性能与信号源的相关性

为简单起见，这里只讨论两个信号源，且不考虑噪声，则 N 元阵的相关矩阵可以表示成

$$\boldsymbol{R} = \boldsymbol{A}(\theta)\boldsymbol{R}_S\boldsymbol{A}^{\mathrm{H}}(\theta) \tag{7.143}$$

下面研究 $\boldsymbol{R}$ 的特征值的离散性与信号源相关性的关系。

$\boldsymbol{R}$ 的两个非零特征值可以表示为

$$\lambda_{1,2} = \frac{1}{2}N\left(\sigma_{S1}^2+\sigma_{S2}^2\right)\left\{1\pm\sqrt{1-\frac{4\sigma_{S1}^2\sigma_{S2}^2\left(1-|\mu|^2\right)\left(1-|\rho|^2\right)}{\left[\sigma_{S1}^2+\sigma_{S2}^2+2\sigma_{S1}\sigma_{S2}\,\mathrm{Re}\left(\rho\mu^*\right)\right]^2}}\right\} \tag{7.144}$$

式中，$\sigma_{si}^2 = E\left[\left|S_i(t)\right|^2\right]_{i=1,2}$；$\rho$ 为 S_1 与 S_2 的相关系数；$\mu=\dfrac{1}{N}\boldsymbol{a}^{\mathrm{H}}(\theta_1)\boldsymbol{a}(\theta_2)$ 称为空间相关系数，即夹角余弦。

显然 $0\leqslant|\mu|\leqslant 1$，当 $\mu=0$ 时，$\boldsymbol{a}(\theta_1)$ 和 $\boldsymbol{a}(\theta_2)$ 正交；当 $\mu=1$ 时，$\boldsymbol{a}(\theta_1)$ 和 $\boldsymbol{a}(\theta_2)$ 同向（或平行）。可见，μ 越小，空间的相关性能越差，系统的性能却越好。

$$\boldsymbol{R}_S = \begin{bmatrix} \sigma_{S1}^2 & \rho\sigma_{S1}\sigma_{S2} \\ \rho^*\sigma_{S1}\sigma_{S2} & \sigma_{S2}^2 \end{bmatrix} \tag{7.145}$$

$$\boldsymbol{A}\boldsymbol{R}_S\boldsymbol{A}^{\mathrm{H}}\boldsymbol{V}_i = \lambda_i\boldsymbol{V}_i\,,\quad 且\quad \boldsymbol{V}_i = \boldsymbol{A}\boldsymbol{C}_i \tag{7.146}$$

（1）当 $\rho=0$（独立源）时，特征值与空间相关系数 μ 的关系曲线如图 7.21 所示。

（2）当 $\mu=0$（两信号方向矢量相交）时，大特征值个数即信号源个数。

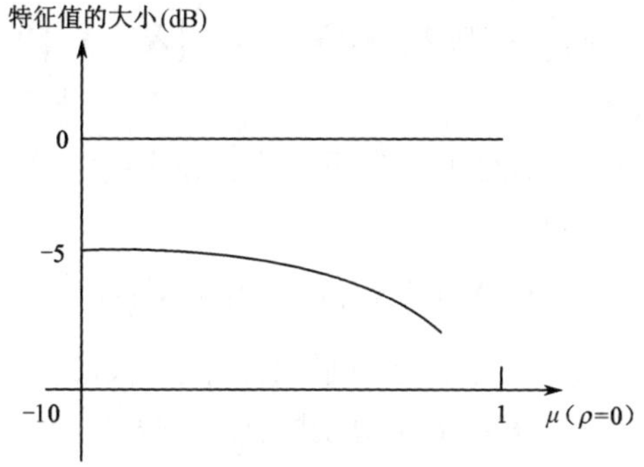

图 7.21　特征值与空间相关系数 μ 的关系曲线

3. 高分辨广义信号子空间方法[20]

1）没有噪声的情况

当接收的数据中不包含噪声时，$\boldsymbol{X}(t)=\boldsymbol{A}(\theta)\boldsymbol{S}(t)$，则任意快拍矢量 $\boldsymbol{X}_i(t)\in\mathrm{Span}\left(\boldsymbol{a}(\theta_1),\boldsymbol{a}(\theta_2),\cdots,\boldsymbol{a}(\theta_P)\right)\to S_N^P$。

（1）时间快拍取样。考虑两个不相参源，即$|\rho_{12}|\neq1$，有

$$\boldsymbol{X}(t_1)=S_1(t_1)\boldsymbol{a}(\theta_1)+S_2(t_1)\boldsymbol{a}(\theta_2) \tag{7.147}$$

$$\boldsymbol{X}(t_2)=S_1(t_2)\boldsymbol{a}(\theta_1)+S_2(t_2)\boldsymbol{a}(\theta_2) \tag{7.148}$$

且 $\det\begin{vmatrix}S_1(t_1) & S_2(t_1)\\ S_1(t_2) & S_2(t_2)\end{vmatrix}\neq0$，表明$\boldsymbol{a}(\theta_1)$和$\boldsymbol{a}(\theta_2)$是独立的。

$$\begin{aligned}\boldsymbol{X}(t_3)&=S_1(t_3)\boldsymbol{a}(\theta_1)+S_2(t_3)\boldsymbol{a}(\theta_2)\\&=b_1\boldsymbol{X}(t_1)+b_2\boldsymbol{X}(t_2)\end{aligned} \tag{7.149}$$

式中，b_1、b_2可通过解线性方程组得到。

在一般情况下，有P个信号源，分成q组（$q\leqslant P$），组内信号源相参，组间信号源不相参。若快拍数足够多，则最多能得到属于S_N^P（信号子空间）的线性独立矢量个数为q。

（2）空间平滑取样（适合于相参源）。

单次快拍：$\boldsymbol{X}(t)=\boldsymbol{A}(\theta)S(t)$

当为N元等距线阵，空间滑动取样时，有

$$\boldsymbol{X}_i(t)=\boldsymbol{A}_M(\theta)\boldsymbol{D}^{(i-1)}S(t),\quad i=1,2,\cdots,N-M+1 \tag{7.150}$$

可以证明：

① $\boldsymbol{X}_i(t)\in S_N^P$。

② $\boldsymbol{X}_1(t),\boldsymbol{X}_2(t),\cdots,\boldsymbol{X}_P(t)$线性独立。

（3）空间共轭倒置取样。

已知 $\boldsymbol{X}=\left[x_1,x_2,\cdots,x_M\right]^{\mathrm{T}}$，则 $\boldsymbol{X}_r=\boldsymbol{J}\boldsymbol{X}^*$ 且 $\boldsymbol{F}\stackrel{\Delta}{=}\left[\boldsymbol{X}\quad\boldsymbol{X}_r\right]$ 的秩为 2。

2）噪声存在的情况

在有噪声的情况下，应设法滤去噪声，滤去噪声的主要方法有如下 3 种：

（1）简单相关矢量，即

$$\boldsymbol{r}=E\left[\boldsymbol{X}_0^*(t)\boldsymbol{X}(t)\right]=\boldsymbol{A}(\theta)\boldsymbol{S}'(t) \tag{7.151}$$

（2）空间相关矩阵法（用小特征值平均估计 σ_n^2），即

$$\begin{aligned}\boldsymbol{R}&=\boldsymbol{A}(\theta)\boldsymbol{R}_S\boldsymbol{A}^{\mathrm{H}}(\theta)+\sigma_n^2\boldsymbol{I}\\&=\boldsymbol{A}(\theta)\boldsymbol{B}+\sigma_n^2\boldsymbol{I}\end{aligned} \tag{7.152}$$

（3）由相关矩阵的特征矢量形成独立矢量。

设 $\boldsymbol{R}\xrightarrow{\text{EVD}}$ 至少有一个大特征值对应的特征矢量，记为 $\boldsymbol{v}$，则 $\boldsymbol{v}\in S_N^P$，即 $\boldsymbol{v}=\boldsymbol{A}(\theta)\boldsymbol{C}$，得到 N 维矢量 $\boldsymbol{v}$，然后进行“空间平滑”，将 $\boldsymbol{v}$ 降维到 M 维。平滑得到 $N-M+1$ 个 M 维矢量，即 $\left[\boldsymbol{v}_1,\boldsymbol{v}_2,\cdots,\boldsymbol{v}_L\right]$ 的列空间为 S_M^P。

用奇异值分解（SVD）方法，从 $\boldsymbol{v}_1\sim\boldsymbol{v}_L$ 中找到 P 个独立矢量，由 $\left[\boldsymbol{v}_1,\boldsymbol{v}_2,\cdots,\boldsymbol{v}_L\right]$ 的 SVD 的 P 个非零奇异值对应的左奇异矢量 $\boldsymbol{U}_1,\boldsymbol{U}_2,\cdots,\boldsymbol{U}_P$ 就是 S_M^P 的一组独立矢量，此方法称为 EVD-SVD。

7.2.4 非理想情况下信源数目估计方法[21]

在已知信号源数目的情况下，大多数超分辨 DOA 估计算法（如 MUSIC 算法、ESPRIT 算法等）都具有很好的性能。然而，当信号源数目未知时，需要利用接收数据协方差矩阵进行估计，如果估计的信号源数目和真实的信号源数目不等，则 DOA 估计性能有较大的损失，因此，需要对信号源数目或信号子空间维数进行估计。本节将研究信源数目估计方法，包括基于信息论准则的信源数目估计方法和利用线性插值的信源数目估计方法。

1. 基于信息论准则的信源数目估计方法

早期，Wax 和 Kailath 基于 AIC（Akaike Information Theoretic Criteria）准则和 MDL（Minimum Description Length）准则提出了估计信号源数目的统计方法。基于 AIC 准则和 MDL 准则的方法，实际上是在最大化以协方差矩阵特征值为参量的具有特定形式的对数似然函数的基础上，加上了不同的惩罚函数。

接收信号 $\boldsymbol{x}(t)$ 的协方差矩阵为

$$\boldsymbol{R}=E\left[\boldsymbol{x}(t)\boldsymbol{x}^{\mathrm{H}}(t)\right]=\boldsymbol{A}(\Theta)\boldsymbol{R}_{ss}\boldsymbol{A}(\Theta)+\sigma^2\boldsymbol{I} \tag{7-153}$$

假设 P 个信号不相关或不完全相干，则 $\boldsymbol{R}$ 的特征分解表示为 $\boldsymbol{R}=\sum\limits_{p=0}^{M-1}\mu_p\boldsymbol{u}_p\boldsymbol{u}_p^{\mathrm{H}}=$

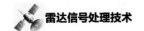

$\sum_{p=1}^{P} q_p \boldsymbol{u}_p \boldsymbol{u}_p^{\mathrm{H}} + \sigma^2 \boldsymbol{I}$，其中，$\mu_i$、$\boldsymbol{u}_i$ 为 $\boldsymbol{R}$ 的第 i 个特征值、特征矢量，将特征值由大到小排列，得到

$$\mu_0 \geqslant \mu_1 \geqslant \mu_2 \geqslant \cdots \geqslant \mu_p > \mu_{p+1} = \mu_{p+2} = \cdots = \mu_{M-1} = \sigma^2 \tag{7.154}$$

然而，在实际应用中，$\boldsymbol{R}$ 只能通过下式估计得到：

$$\hat{\boldsymbol{R}} = \frac{1}{N} \sum_{i=1}^{N} \boldsymbol{x}(t_i) \boldsymbol{x}^{\mathrm{H}}(t_i) \tag{7.155}$$

受快拍数 N 有限和噪声的影响，式（7.154）不再成立，而由下式代替：

$$\hat{\mu}_0 \geqslant \hat{\mu}_1 \geqslant \hat{\mu}_2 \geqslant \cdots \geqslant \hat{\mu}_p \geqslant \hat{\mu}_{p+1} \geqslant \hat{\mu}_{p+2} \geqslant \cdots \geqslant \hat{\mu}_{M-1} \tag{7.156}$$

在不引起混淆的情况下，数据协方差矩阵的第 p 个估计特征值仍用 μ_p 表示。

假设有 k 个信号源到达天线阵，基于 AIC 准则和 MDL 准则的信号源数目估计方法均需要最小化如下对数似然函数（Likelihood Function，LF）：[22]

$$\mathrm{LF}(k) = N(M-k)\lg\left(\frac{1}{M-k} \sum_{i=k+1}^{M} \mu_i \Bigg/ \left(\prod_{i=k+1}^{M} \mu_i \right)^{\frac{1}{M-k}} \right) \tag{7.157}$$

记

$$P_{\mathrm{AIC}}(N, M, k) = k(2M-k) \tag{7.158}$$

$$P_{\mathrm{MDL}}(N, M, k) = \frac{1}{2} k(2M-k) \lg N \tag{7.159}$$

组合对数似然函数式（7.157）和罚函数式（7.158）、式（7.159），可以分别得到基于 AIC 和 MDL 两个准则的信号数目判定方法：

$$k_{\mathrm{AIC}} = \arg\min_k \{\mathrm{AIC}(k)\} = \arg\min_k \{\mathrm{LLF}(k) + P_{\mathrm{AIC}}(N, M, k)\} \tag{7.160}$$

$$k_{\mathrm{MDL}} = \arg\min_k \{\mathrm{MDL}(k)\} = \arg\min_k \{\mathrm{LLF}(k) + P_{\mathrm{MDL}}(N, M, k)\} \tag{7.161}$$

AIC 准则不是一致估计，即在快拍数 N 趋于无穷时，它的错误估计概率非零；而 MDL 准则是一致估计，但是它在小信噪比和小快拍数时比 AIC 准则的错误概率大，反之亦然。

2. 利用线性插值的信源数目估计方法

实际上，上述基于信息论准则的有效性在于它们均使用了对数似然函数式（7.157）和白噪声假设，即要求阵列数据相关矩阵对应的小特征值相等，但实际上这些小特征值并不相等，因而导致估计器的性能下降甚至恶化。文献[70]为了抑制小特征值的扩散程度，提出了一种基于对角加载的信号源数目估计的改进方法，在适当信噪比、空间色噪声、小快拍数时，该方法可以抑制噪声特征值的扩散程度，从而避免了过估计。一般，相关噪声对噪声特征值的扩散程度影响较

大，而对信号特征值的影响并不明显。为解决这一问题，本节利用线性插值的方法，提出了一种对相关矩阵特征值分布曲线进行线性插值的色噪声环境下的信源数目估计新方法，该方法具有计算复杂度较低和对噪声特性的稳健性、适用于相关甚至相干源等优点。

假设噪声 $\boldsymbol{n}(t_i)$ 为高斯色噪声，$E[\boldsymbol{n}(t_i)\boldsymbol{n}^{\mathrm{H}}(t_i)]=\delta(i-k)\boldsymbol{Q}$，且 $\boldsymbol{Q}$ 的特征值分布可以用一条近似直线 $\hat{\lambda}_k=ak+c$ 拟合，对于任意的色噪声模型，假定存在 P 个信号到达阵列，可以利用直线分别拟合阵列数据的协方差矩阵的后 k 个（$k=M,M-1,\cdots,1$）特征值得到误差 $\varepsilon(0),\varepsilon(1),\cdots,\varepsilon(M-1)$。如果信噪比足够大，$\varepsilon(0),\cdots,\varepsilon(P)$ 两两之间的差别比 $\varepsilon(P+1),\cdots,\varepsilon(M)$ 两两之间的差别明显得多，且 $\varepsilon(k)$ 单调递减，但是它在区间 $[P+1,M]$ 上的变化较平缓。因此，如果可以得到 $\varepsilon(k)$ 变化从快到慢的转折点，即可得到 P 的估计。当到达阵列的 P 个信号中存在两个或两个以上的相关或相干源时，$\boldsymbol{A}(\boldsymbol{\Theta})\boldsymbol{R}_{ss}\boldsymbol{A}(\boldsymbol{\Theta})$ 的秩小于 P，可通过最大似然法或其他方法得到 $\boldsymbol{\Theta}_k$ 的粗略估计，构造相应的信号子空间的正交补，用正交投影矩阵 $\boldsymbol{P}_{\boldsymbol{A}(\hat{\boldsymbol{\Theta}}_k)}^{\perp}$ 滤除 $\hat{\boldsymbol{R}}$ 中的信号分量。

基于线性插值的信号源数目估计方法的步骤可总结如下。

步骤 1：通过采样快拍数据利用式（7-155）估计协方差矩阵 $\hat{\boldsymbol{R}}$，设定参数 δ，令 $k=0$。

步骤 2：判断是否存在相干信号，如果存在，则转到步骤 3；否则，转到步骤 4。

步骤 3：假设存在 k 个信号，利用交替投影[23]等算法估计这 k 个信号的 DOA，$\hat{\boldsymbol{\Theta}}_k=[\theta_1,\theta_2,\cdots,\theta_k]^{\mathrm{T}}$，构造投影矩阵 $\boldsymbol{P}_{\boldsymbol{A}(\hat{\boldsymbol{\Theta}}_k)}^{\perp}$，计算 $\boldsymbol{R}_n^{(k)}=\boldsymbol{P}_{\boldsymbol{A}(\hat{\boldsymbol{\Theta}}_k)}^{\perp}\hat{\boldsymbol{R}}\boldsymbol{P}_{\boldsymbol{A}(\hat{\boldsymbol{\Theta}}_k)}^{\perp}$。然后对 $\boldsymbol{R}_n^{(k)}$ 进行特征分解，得到 $M-k$ 个非零特征值 $\lambda_1^{(k)}\geqslant\lambda_2^{(k)}\geqslant\cdots\geqslant\lambda_{M-k}^{(k)}$。

步骤 4：对 $\hat{\boldsymbol{R}}$ 进行特征分解，$\hat{\boldsymbol{R}}=\boldsymbol{U\Sigma U}^{\mathrm{H}}$，其中 $\boldsymbol{\Sigma}=\mathrm{diag}[\lambda_1,\lambda_2,\cdots,\lambda_M]$，记 $\lambda_1^{(k)}=\lambda_{k+1},\lambda_2^{(k)}=\lambda_{k+2},\cdots,\lambda_{M-k}^{(k)}=\lambda_M$。

步骤 5：令 $\boldsymbol{\Psi}=[\lambda_1^{(k)},\lambda_2^{(k)},\cdots,\lambda_{M-k}^{(k)}]^{\mathrm{T}}$，$\boldsymbol{B}=[(1:M-k)^{\mathrm{T}},\boldsymbol{1}_{M-k}]$，计算 $\varepsilon(k)=\boldsymbol{\Psi}^{\mathrm{T}}(\boldsymbol{I}_M-\boldsymbol{B}(\boldsymbol{B}^{\mathrm{H}}\boldsymbol{B})^{-1}\boldsymbol{B}^{\mathrm{H}})\boldsymbol{\Psi}$ 及 $P(k)=\delta\cdot k\cdot(2M-k+1)$。令 $k=k+1$，重复步骤 3 和步骤 4，得到 $\varepsilon(0),\varepsilon(1),\cdots,\varepsilon(M-1)$ 和 $P(0),P(1),\cdots,P(M-1)$。

步骤 6：计算最终的估计结果 $\hat{P}=\arg\min\limits_{k}\{\varepsilon(k)+P(k)\}$。

7.3 空时二维自适应信号处理

7.3.1 机载雷达杂波空时谱

传统的地基雷达利用回波信号的多普勒信息，即对雷达回波脉冲序列（时域采样信号）进行一维多普勒滤波处理，便可将运动目标从静止的地物杂波背景中分离出来。但是，将雷达搬到高空运动平台上后，静止的地物杂波相对于雷达也是运动的，其多普勒频率（f_{d}）就是平台速度矢量（$\boldsymbol{V}$）在杂波回波所在方向上的分量引起的，具体由公式表示为

$$f_{\mathrm{d}} = \frac{2\boldsymbol{V}}{\lambda}\cos\psi \tag{7.162}$$

式中，角度ψ是杂波散射单元到雷达间连线与平台运动方向的夹角（简称锥角）。因此，来自不同方向的地物杂波其多普勒频率是不同的，雷达按其天线方向图接收全方位地物杂波的多普勒谱严重展宽，并覆盖运动目标的多普勒频率。从多普勒域看，运动目标与杂波混叠在一起，运用传统的时域一维多普勒滤波处理分离运动目标与静止地物杂波的方法将不再有效。从空域的波达方向来看，同样是运动目标与杂波混叠在一起，仅从空域滤波（波束形成）也无法将目标从背景杂波中分离出来。如何有效抑制因平台运动使多普勒谱展宽了的地物杂波，提高强杂波背景中微弱动目标信号的检测性能，成为运动平台雷达实现动目标检测的关键问题。

运动平台雷达杂波回波的这种多普勒谱，随杂波散射体所在空间方向变化而变化的时空耦合特性（空变特性）是运动雷达的一个基本特点。对空间不同位置的采集信号（空间采样信号）的处理就是利用波达方向（DOA）信息进行区分的方向滤波，而同时对时域和空域采样信号进行处理，以期同时利用多普勒谱和波达方向信息来区分运动目标和静止地杂波的方法，就是空时二维信号处理。由于环境和系统的不确定性，实际中通常采用自适应方式，这就是空时自适应处理（STAP）方法。虽然既存在与目标波达方向相同的杂波分量，也存在与目标多普勒谱相同的杂波分量，但是与目标相同多普勒谱的杂波分量，其波达方向与目标重合的概率并不大，因此，用 STAP 方法抑制杂波的性能明显高于传统的一维多普勒处理方法。可以通过如图 7.22 所示的正侧视阵空时杂波谱示意图来理解。

这里假定雷达平台沿直线匀速运动，实现空间采样的相控阵天线沿平台运动方向直线排列，这种天线阵配置称为正侧视阵。对雷达接收的地杂波回波脉冲序列进行谱分析，得到杂波的多普勒谱，而对某一时刻阵列天线在不同位置采集的空间信号进行的空间谱分析，就是上文介绍的 DOA 角度余弦谱。如果同时对阵列天线采集的空时信号进行两维谱分析，根据式(7.162)，得到杂波回波的空时谱在以多普勒和锥角余弦为坐标的二维平面（$f_{\mathrm{d}}\sim\cos\psi$）沿“脊背型”直线分布，如图 7.22 所示。在此平面中，目标与杂波重合的概率远远比将二维谱向时间（或空间）投影后的一维谱域中小。这就是采用 STAP 方法可以提高杂波抑制性能，从

而提高运动平台雷达动目标检测性能的根本所在。

实际上，空时二维杂波谱结构与天线布阵和雷达脉冲重复频率有关，为了便于理解 STAP 方法的原理，下面简要分析机载雷达的二维杂波谱。

如图 7.23 所示，设载机水平飞行，速度矢量为$\boldsymbol{V}$，天线轴与矢量$\boldsymbol{V}$的夹角为α。可以看出，若其地物杂波散射体相对于天线的轴向方位角和高低角分别为θ和φ，则该散射体回波的多普勒频率为

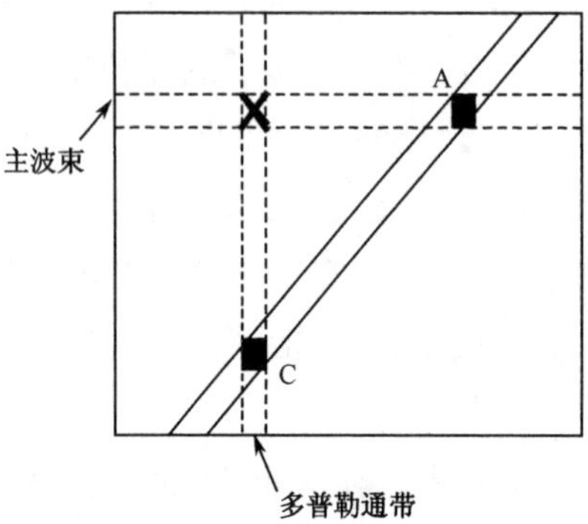

图 7.22 正侧视阵空时杂波谱示意图

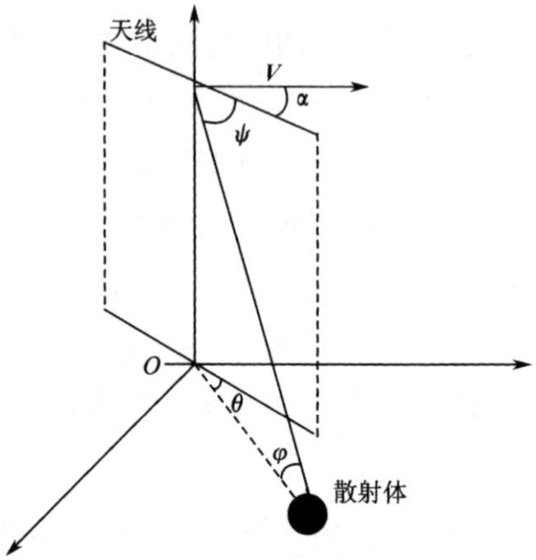

图 7.23 天线阵列与地物杂波散射体的几何关系

$$f_{\mathrm{d}}=\frac{2v}{\lambda}\cos(\theta+\alpha)\cos\varphi=f_{\mathrm{dM}}(\cos\psi\cos\alpha-\sqrt{\cos^2\varphi-\cos^2\psi}\sin\alpha) \quad (7.163)$$

式中，$f_{\mathrm{dM}}=\dfrac{2v}{\lambda}$；$\psi$为地物杂波单元相对于天线轴的锥角。

对于空时二维处理情况，控制时域滤波的权系数相当于改变其多普勒频率f_{d}响应特性，而控制空域等效线阵的权系数相当于改变其锥角余弦$\cos\psi$的波束响应。从空时二维滤波的角度研究二维杂波谱，取$2f_{\mathrm{d}}/f_{\mathrm{r}}$和$\cos\psi$作坐标是合适的，其中$f_{\mathrm{r}}$为脉冲重复频率。

对于一般情况，式(7.163)在（$2f_{\mathrm{d}}/f_{\mathrm{r}}\sim\cos\psi$}坐标中为一斜椭圆，如图 7.24（a）所示，若$\alpha=\pi$，相当于阵面与速度矢量$\boldsymbol{V}$垂直（前后阵），则为正椭圆，如图 7.24（b）所示。椭圆的大小与高低角φ有关，图 7.24（a）和图 7.24（b）中均画出了φ为几种不同值的情形。实际上，当斜距较大时，φ的值较小，$\cos\varphi$接近于1。例如，若载机高度H为8km，则当斜距R大于25km时，$\cos\varphi\geqslant0.947$，相应的杂波椭圆已与$\varphi=0$的杂波椭圆十分接近。

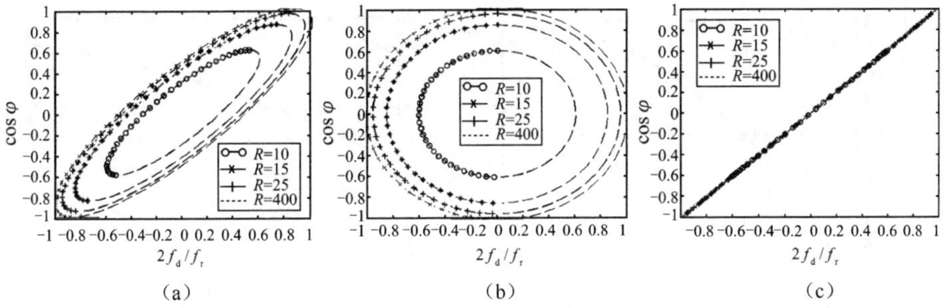

图 7.24 空时二维地杂波谱分布图

此外，如图 7.24（a）和图 7.24（b）所示的椭圆杂波谱对应某个 $\cos\varphi$ 有两个多普勒频率，这是天线正负两面多普勒频率不同造成的。如果阵面后板有良好的反射，且近场影响很小而使后向辐射可以忽略不计，则实际杂波谱只存在于椭圆中的一半，如图 7.24 中的虚线所示。

由式（7.163）可知，在 $\varphi = 0$（正侧面阵）的特殊情形，二维杂波谱是一条斜率为 $f_r / 2f_{dM}$ 的直线，如图 7.24（c）所示，且与高低角 φ 无关。这是最适宜作二维滤波的理想情形，只要沿如图 7.24（c）所示的杂波谱线形成深凹口的二维滤波，它将适用于所有不同斜距（不同高低角）的杂波。

上述假设地物杂波是理想静止的，且载机匀速飞行，杂波谱宽度为零，在二维平面中呈现为直线或曲线。若它们随时间而起伏变化，则谱应有一定宽度而呈现带状。

机载多普勒雷达的脉冲重复频率有高、中、低之分，如图 7.24 所示是高重复频率的情况，这时没有速度模糊。若为中、低脉冲重复频率，则将出现速度模糊，这时的 f_r 比 $2f_{dM}$ 小或小得多。

如图 7.25（a）所示为中脉冲重复频率而未考虑速度模糊的情况，速度模糊使实际多普勒频率以二为模，其二维杂波谱如图 7.25（b）所示。这时对应某个锥角值，只有一个多普勒频率；但对应一个多普勒频率有多个锥角值。图 7.25 还只是画了高低角很小的情况，前面提到过，对于 φ 值较大的近程杂波，$\cos\psi$ 和 f_d 的关系又有所不同。

STAP 方法是 20 世纪七八十年代针对机载雷达杂波抑制提出的[24-26]，20 世纪 90 年代至今，STAP 成为雷达信号处理的前沿研究热点。其基本原理还是自适应滤波，但涉及空域和时域二维采样数据，相比一维时域处理数据量成倍增加，且自适应权值的计算量巨大，为满足实时处理及杂波相关矩阵估计对空时采样数据的要求，人们提出了许多降维处理方法和快速自适应算法，并取得了很大的进展。

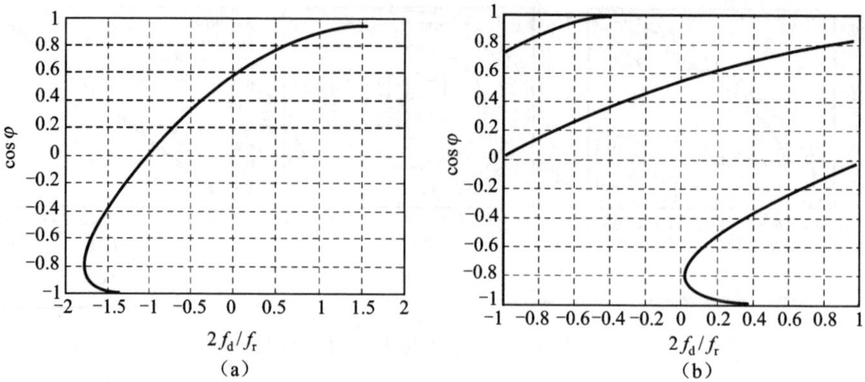

图 7.25　中脉冲重复频率时的二维杂波谱

STAP 技术的研究当前依然非常活跃，特别是结合合成孔径雷达（SAR）、分布式小卫星雷达及天基/空基 MIMO 雷达，又出现了一系列新的研究课题。下面将结合已有的研究成果介绍基本的 STAP 技术应用和当前研究的几个热点问题。

7.3.2　STAP 基本原理

机载/空载雷达随平台运动，使回波信号的空域和时域产生耦合。传统空时级联处理相当于在谱图的一维投影上分别滤波。很明显，在二维平面直接滤波会提高检测性能。本节从这一概念出发，将 7.1 节和 7.2 节研究的空域一维自适应波束形成概念推广至空时域二维自适应处理中，讨论空时域二维自适应信号处理的原理，并结合实际应用提出和汇总了一些实际的实现方案，这对机载相控搜索雷达的研究和设计具有参考价值。

假设雷达天线为均匀线阵结构（也可以是面阵经微波合成的等效线阵结构），阵元数目为 N，在一个相参处理间隔（CPI）内的脉冲数目为 K，接收到的空时数据 $\boldsymbol{X}$ 为 $N\times K$ 维的矩阵，其元素 $x_{n,k}$ 表示第 n 个（n=1,2,⋯,N）阵元在第 k 个（k=1,2,⋯,K）脉冲下的回波，矩阵 $\boldsymbol{X}$ 可以表示为

$$\boldsymbol{X}=\begin{bmatrix} x_{1,1} & x_{1,2} & \cdots & x_{1,K} \\ x_{2,1} & x_{2,2} & \cdots & x_{2,K} \\ \vdots & \vdots & \vdots & \vdots \\ x_{N,1} & x_{N,2} & \cdots & x_{N,K} \end{bmatrix} \tag{7.164}$$

同样按相同的矩阵结构，目标信号 $\boldsymbol{S}$ 也可以表示为一个 $N\times K$ 维的矩阵，它由空域导向矢量和时域导向矢量构成，两个矢量分别为

$$\boldsymbol{S}_S(\psi_{S_0})=[1,\exp(\mathrm{j}\phi_S(\psi_{S_0})),\cdots,\exp(\mathrm{j}(N-1)\phi_S(\psi_{S_0}))]^{\mathrm{T}} \tag{7.165}$$

式中，$\phi_S(\psi_{S_0})=2\pi d\cos\psi_{S_0}/\lambda$；$d$ 为阵元间距；λ 为波长；ψ_{s_0} 是目标的方向角。

$$\boldsymbol{S}_T(f_{d_0})=[1,\exp(j\phi_T(f_{d_0})),\cdots,\exp(j(K-1)\phi_T(f_{d_0}))]^T \tag{7.166}$$

式中，$\phi_T(f_{d_0})=2\pi f_{d_0}/f_r$，$f_{d_0}$ 是目标的多普勒频率，f_r 为脉冲重复频率。目标信号为

$$\boldsymbol{S}=\boldsymbol{S}_S(\psi_{S_0})\boldsymbol{S}_T^T(f_{d_0}) \tag{7.167}$$

如图 7.26 所示为空时自适应处理原理框图，就是对 $N\times K$ 维的矩阵 $\boldsymbol{X}$ 表示的空时采样信号进行加权求和，形成一标量数据输出。

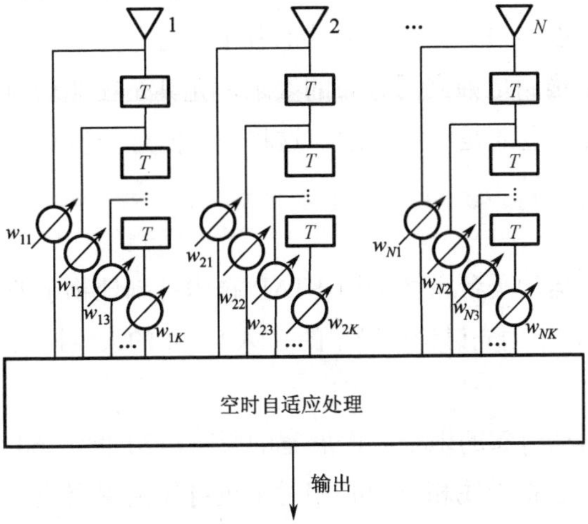

图 7.26　空时自适应处理原理框图

为了便于应用 7.1 节和 7.2 节介绍的最优自适应处理，将 $N\times K$ 维的数据矩阵 $\boldsymbol{X}$ 和目标导向矢量 $\boldsymbol{S}$ 都改写为 $NK\times1$ 维的列矢量，并仍用 $\boldsymbol{X}$ 或 $\boldsymbol{S}$ 表示：

$$\boldsymbol{X}=\mathrm{Vec}(\boldsymbol{X}) \tag{7.168}$$

$$\boldsymbol{S}=\mathrm{Vec}(\boldsymbol{S}) \tag{7.169}$$

式中，Vec(·)表示对一个矩阵作如下操作：将矩阵的第二列放在第一列的下面，将第三列放在第二列的下面，以此类推，将矩阵变换为一列矢量。

根据 7.2.1 节介绍的 LCMV 准则，空时自适应处理的最优准则为

$$\begin{cases}\min\limits_{\boldsymbol{W}}\boldsymbol{W}^H\boldsymbol{R}_x\boldsymbol{W}\\ \text{s.t.}\ \ \boldsymbol{W}^H\boldsymbol{S}=1\end{cases} \tag{7.170}$$

其解为

$$\boldsymbol{W}_{opt}=\mu\boldsymbol{R}_x^{-1}\boldsymbol{S} \tag{7.171}$$

式中，$\boldsymbol{R}_x$ 为空时采样数据 $\boldsymbol{X}$ 的协方差矩阵，像前面自适应阵列信号处理一样，$\boldsymbol{R}_x$ 表示为

$$\boldsymbol{R}_x=E[\boldsymbol{X}\boldsymbol{X}^H] \tag{7.172}$$

虽然从维纳滤波理论范畴来看，STAP 的基本原理与本章前面介绍的最优阵列信号处理本质上是一样的，但是，实际实现中仍存在很多不同的特点和难点，包括 STAP 涉及的运算量较巨大，需要降维处理，以及杂波协方差矩阵估计和目标二维导向矢量估计等问题，这些在空域一维阵列处理中远没有在 STAP 技术中突出。

本章前面已经讲过，协方差矩阵 $\boldsymbol{R}_x$ 实际上是未知的，在实际系统中，它是通过对雷达接收的不同距离门（称为参考单元）回波数据进行统计和平均估计得到的，理论上要求参与协方差矩阵估计的各个参考单元数据独立同分布，但是实际杂波环境往往很难满足独立同分布的要求，尤其是在非均匀杂波环境下，杂波协方差矩阵的估计问题还是一个难题，这将在下面进一步研究。

1. DPCA 技术

为了便于理解运动平台雷达采用 STAP 技术抑制地物杂波而提高运动目标检测性能的基本原理，下面先讨论最简单的 STAP 技术的天线相位中心偏置（DPCA）技术。

为补偿载机运动引起的地杂波谱展宽的影响，20 世纪 60 年代研究人员就提出了 DPCA 技术。它将天线相位中心相对于机身作偏置调整，而相对于大地则处于静止状态。显然，这种技术对沿机身侧面安置的天线是最适用的，如图 7.27 所示为正侧面天线 DPCA 系统。图中有两个平行放置的天线，载机向右运动，若延时 T（脉冲重复周期）等于间距 d 除以速度 v，则用于相减的两个信号的天线相位中心相对于大地是一致的。

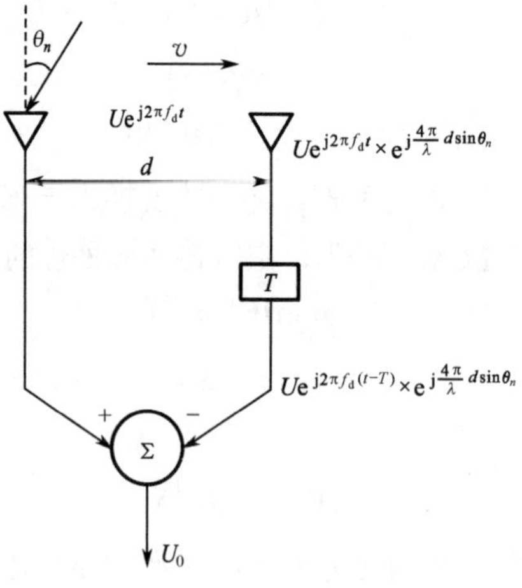

图 7.27　正侧面天线 DPCA 系统

最初是以解决因雷达平台运动而引起杂波谱展宽的观点提出 DPCA 技术的，这里也可以从空时域二维滤波的观点加以分析，以便加深对 STAP 技术的理解，并建立 DPCA 与 STAP 之间的联系。

为推导如图 7.27 所示的 DPCA 系统的二维滤波特性，设地杂波是静止的，没有起伏，且地杂波处于高低角为零的远区。这只是为了讨论方便，很容易推广到一般情形。

若图 7.27 中左天线接收到的来自 θ_n 方向的信号复包络为 $U\mathrm{e}^{\mathrm{j}2\pi f_{\mathrm{d}}t}$，由于小的空间位移对信号包络的影响可忽略，则系统其他各处的信号如图 7.27 所示，输出电压为

$$U_0 = U\mathrm{e}^{\mathrm{j}2\pi f_{\mathrm{d}}t} - U\mathrm{e}^{\mathrm{j}2\pi f_{\mathrm{d}}(t-T)}\mathrm{e}^{\mathrm{j}\frac{4\pi}{\lambda}d\sin\theta_n} \tag{7.173}$$

式中，$f_{\mathrm{d}} = \dfrac{2v}{\lambda}\sin\theta_n = f_{\mathrm{dM}}\sin\theta_n$，指数上为 4π 是因为考虑收发双程。

由式（7.173）可得 DPCA 的二维滤波响应特性为

$$H_{s,t}(f_{\mathrm{d}},\sin\theta_n) = 1 - \mathrm{e}^{\mathrm{j}2\pi\left(\frac{2d}{\lambda}\sin\theta_n - f_{\mathrm{d}}T\right)} \tag{7.174}$$

将式（7.174）DPCA 二维滤波幅度特性画出，如图 7.28 所示，它形成的凹口沿下列直线分布，而

$$\frac{2d}{\lambda}\sin\theta_n - f_{\mathrm{d}}T = 0 \tag{7.175}$$

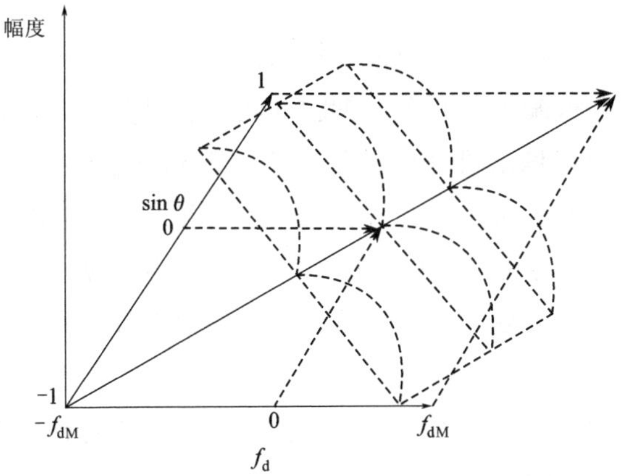

图 7.28　DPCA 二维滤波幅度特性

若取 $d = vT$，则该直线方程为 $f_{\mathrm{dM}}\sin\theta_n = f_{\mathrm{d}}$，它与如图 7.24（c）所示的杂波谱相同，即这样的滤波特性对地杂波有良好的抑制性能。

如果 $d \neq vT$，则滤波凹口直线的斜率与杂波谱的不一致，杂波抑制性能会大大下降。若两个天线的特性不一致，相消特性凹口也不会下降到零，这也会使杂

波抑制性能明显下降。

上面是两个天线沿机身侧面放置的情况，下面讨论更一般的情况。设两个天线连线与速度矢量$\boldsymbol{V}$成α角，其示意图如图 7.29 所示。

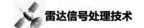

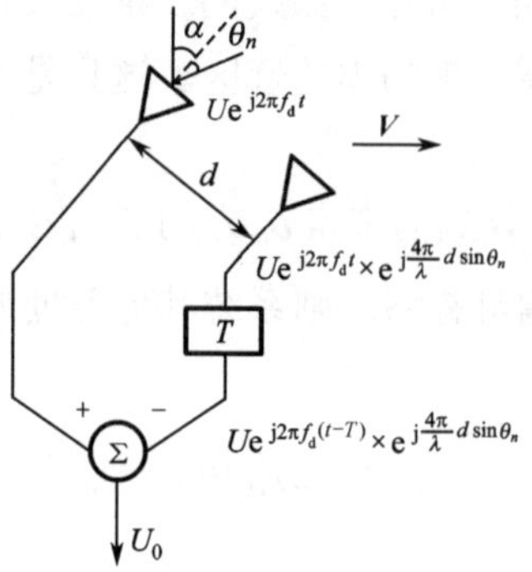

图 7.29　天线在斜侧面放置的 DPCA 系统

因为是以 $\sin\theta_n$ 和 f_d 作空时谱的坐标，图 7.29 所示的滤波响应的空间特性仍取决于两个天线之间的距离 d ，而时间特性取决于右天线的延迟单元 T ，所以，该系统的二维响应仍可用式（7.174）表示，不过位于 θ_n 方向的地杂波的多普勒频率为

$$f_\mathrm{d} = \frac{2v}{\lambda}\sin(\theta_n + \alpha)\cos\varphi \tag{7.176}$$

前面已经分析过，这时地杂波谱为斜椭圆，如图 7.30 所示，对于凹口为直线的滤波特性，两者是失配的，其杂波抑制性能显然很差。由此可见，对斜置天线的 DPCA 系统，不可能像沿机身正侧面安置的情况，使滤波特性与杂波谱完全匹配。但用它来抑制主瓣杂波还是有可能的，这时可将如图 7.30 所示的滤波凹口直线平移（可在右天线延迟单元后接相移器），并调整其斜率 （可调整间距 d ），使滤波凹口直线在主瓣杂波处与杂波谱基本一致，则主瓣杂波在二维平面用窄的线状凹口得以很好地滤除。

对于低重复频率的机载多普勒雷达，主波束杂波谱相对宽度很宽，将其作为主要对象加以抑制，而不影响邻近的目标信号，是有实际意义的。如上所述，DPCA 技术克服主瓣谱扩展的问题可从空时域二维滤波的角度更好地解释。由于空时耦合，对理想的固定地杂波，可在多普勒维上扩展，即在二维谱平面由地基雷达的垂直线谱变为如图 7.24 所示的线条状谱。若目标位于主波束，且多普勒频率与扩展了的主瓣杂波谱相重合，但并不在线状谱上，则通过二维滤波可将线条状谱的杂波滤除，而分离出目标信号。作为二维滤波，杂波谱是垂直线或其他形状的线谱，其滤波性能基本相同。若采用常规的空时级联滤波，空域滤波后的目标已淹没在杂波的频谱中，后续时域处理是无能为力的。如果地杂波还存在内部起伏，则杂波不是理想的线条状，而是有些展宽，上面的解释仍然适用。

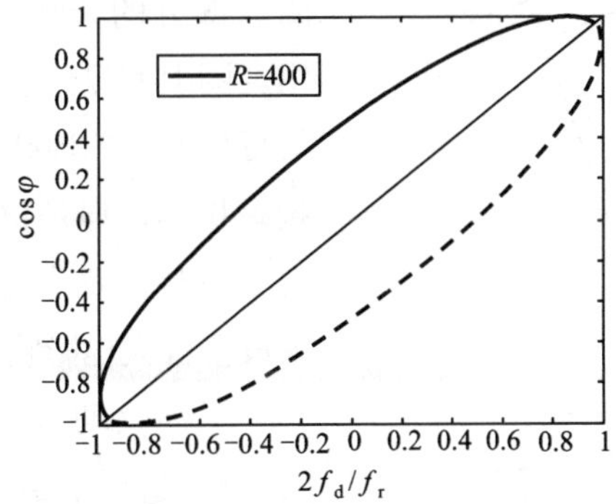

图 7.30　斜置 DPCA 的滤波特性和杂波谱

上面研究了 DPCA 技术的原理、作用及其限制。其实，如图 7.29 所示的 DPCA 系统就是一种最简单的二维信号处理系统，空域只有两个阵元（为满足测向要求有强的方向性），时域也只有两个脉冲（只用一个延迟单元），且只从两个节点取信号加以处理。可以想象，采用多阵元的阵列和多延迟单元，有可能构成复杂的滤波特性，使之与杂波谱更好地匹配，这就是 STAP 方法的本质。

2. 干涉仪动目标检测方法

作为 DPCA 的发展，人们又提出了干涉仪动目标检测方法，当然也是一种 STAP 的实现方式。

干涉仪动目标检测方法使用两个或更多的天线子孔径，要求这些子孔径的方向图完全相同。如图 7.31 所示为两个子孔径天线结构和几何关系图，天线水平方向一分为二，发射采用天线的整个孔径，接收采用天线的两个子孔径。两个子孔径的结构、加权相同。采用两个子孔径的结构只能完成主杂波相消，要进一步完成对目标角度的精确测量，系统至少应具备 3 个子孔径，这里以两个子孔径结构为例主要是为了说明主杂波相消的原理。

如图 7.31 所示，天线分为两个子孔径 1 和 2，相位中心相距 d，天线轴向和飞机轴向垂直。虚线表示天线方向图主瓣的示意，为便于说明干涉法的原理，图中的主瓣宽度以夸张的形式画出。主杂波就是指主瓣内的地物产生的回波，在通过多普勒滤波器组后，主杂波从多普勒频率上被区分为很多个频带，这些频带分别对应主瓣内不同的扇区。图中阴影表示其中一个扇区，其原理与多普勒波束锐

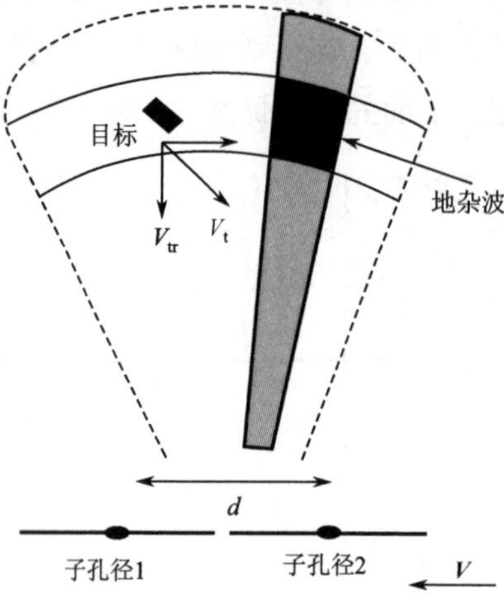

图 7.31　两个子孔径天线结构和几何关系图

化的原理相同。这时在一个距离环上有一个目标，速度为V_t，其径向的速度分量为V_{tr}，该目标的径向速度决定它将和阴影部分的杂波在同一个多普勒通道输出。图中的黑色扇环表示的地杂波A就是与目标竞争的地杂波（虽然它们的多普勒频率相等，但是位于不同的空间位置）。由于目标的面积很小，因此这一块主瓣杂波会极大地影响系统对目标的检测。

干涉仪动目标检测方法利用深加权的多普勒滤波器将杂波局域化，使不同滤波器输出的杂波对应主瓣内不同的锥角，再利用空域自由度分别在这些方向上形成零点以滤除主瓣杂波。

在图 7.31 中，目标和一块地杂波具有近似相同的多普勒频率，虽然它们的信号会在同一个多普勒滤波器中输出，但是它们的锥角并不相同。对于该多普勒滤波器，两个天线子孔径所接收到的处于同一距离门的地杂波存在确定的相位差。从理论上讲，根据雷达的工作参数、天线的波束指向和平台的运动参数，可以计算得到这个相位差，因此，在补偿了这个相位差之后，两个子孔径的输出杂波可以相互对消，而在该多普勒通道的动目标与该杂波的锥角不同，可以认为它不会被对消。图 7.32 以第二个多普勒通道为例给出了干涉仪方法的结构示意图。

在下一节，我们将看到，图 7.32 所示的干涉仪动目标检测方法若采用统计形式计算自适应权值，则与文献[7]中所提出的 1DT 法相同。

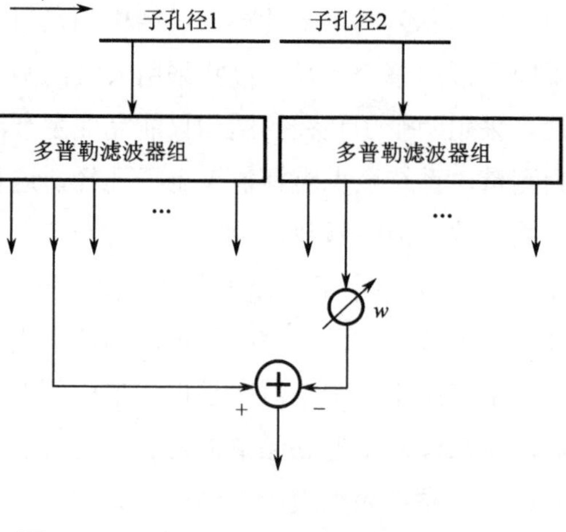

图 7.32　干涉仪动目标检测方法结构示意图

7.3.3　降维 STAP 处理方法

对于通常的机载相控阵雷达系统，N 和 K 一般各为几十甚至上百，$N\times K$ 为数百到数千。在上文对全空时采样信号进行自适应处理的描述中可以看到，全空时处理至少存在以下几个方面的问题：①将每列的回波信号直接转换成正交双路数字信号，需要 N 个硬件通道（包括接收机、正交检波器和 A/D 转换器），使接收部分（含天线）十分复杂，造价昂贵；②需要 $2NK$ 个独立同分布的距离门样本数据，对于通常的脉冲重复间隔，很难获得如此之多的距离门数据，在非均匀杂波环境条件下，独立同分布的距离门样本数据更难获得；③自适应处理器维数 $M=N\times K$，要计算如此高阶的协方差矩阵并求逆，其计算量和所需的硬件设备量及其带来的成本上升在目前条件下是难以接受的；④全空时处理的空时二维响应难以预料和控制，常常会出现很高的副瓣电平或无法在目标的二维指向处形成主瓣，因此，全空时的 STAP 目前只有理论意义，难以实现。STAP 的应用必须采用降维处理方案，这已经是研究人员的一个共识。在如何有效地进行降维处理方面，人们进行了广泛的研究，也发表了大量的文章。

降维 STAP 技术又称降秩 STAP 技术，属于部分自适应阵列处理技术范畴。相对使用了全部可利用的单元进行自适应控制［全维相当于利用了全部系统自由度（Degree of Freedom）］的全自适应阵列处理技术而言，部分自适应阵列处理技术只对系统提供的全部单元中的部分单元作自适应控制（只使用了部分可利用的系统自由度）。很容易理解，部分自适应阵列处理技术在系统实现的设备量、运算量、收敛性和对独立同分布训练样本的要求等方面出现的问题，比全自适应阵列处理技术更容易解决。但是，后者比前者具有更大的潜在处理性能。

降维 STAP 技术的前提是杂波具有空时耦合性，杂波自由度应小于 NK，文献[27]在数学上详细分析了杂波自由度变化，为降维处理提供了理论依据，降维 STAP 技术在结构上划分为自适应降维结构和固定降维结构两类。前者的处理结构是可变的，后者则是固定不变的。自适应降维结构的具体形式和参数要对接收空时信号数据经过一定的处理以后才能确定，它需要较多的空间通道数和较大的运算量，而且其性能对杂波数据特性比较敏感，当前其价值主要体现在理论研究方面。对于实际应用，人们对固定降维结构更感兴趣。本节主要研究固定降维结构，不涉及自适应降维结构，对后者感兴趣的读者可以参阅有关文献[28,29]。

固定降维结构无论如何进行，只要是线性处理，总可以写成降维矩阵变换的形式[30]。为便于掌握和设计降维处理器，可以把目前已有的固定降维结构划分为降维矩阵预变换和广义天线副瓣相消器结构两大类。降维矩阵预变换方法就是对高维空时信号经降维矩阵变换到较低维空时信号后再进行 STAP 处理，如二维波束空间降维的 JDL 方法[31]、1DT[7]、mDT[32,33]等方法可以归结为这类降维方法。Klemm 提出的辅助通道法（ACR）[26]及其改进方法[35,36]、Hong Wang 等提出的 ΣΔ-STAP 方法[31]及改进方法等属于广义天线旁瓣相消器结构类方法。各种不同的降维方法，性能上也会存在不同的差异[37]，下面分别进行介绍。

1. 降维矩阵预变换方法

设一个 $NK\times Q$ 的降维矩阵 $\boldsymbol{B}$，其中 NK 和 Q 分别为降维前后空时信号的维数。降维前后的数据矢量和信号导引矢量间存在如下关系：

$$\begin{cases}\boldsymbol{X}_{\mathrm{r}}=\boldsymbol{B}^{\mathrm{H}}\boldsymbol{X}\\ \boldsymbol{S}_{\mathrm{r}}=\boldsymbol{B}^{\mathrm{H}}\boldsymbol{S}\end{cases}\tag{7.177}$$

降维后的杂波协方差矩阵为

$$\boldsymbol{R}_{\boldsymbol{X}_{\mathrm{r}}}=E\left[\boldsymbol{X}_{\mathrm{r}}\boldsymbol{X}_{\mathrm{r}}^{\mathrm{H}}\right]=\boldsymbol{B}^{\mathrm{H}}\boldsymbol{R}_{\boldsymbol{X}}\boldsymbol{B}\tag{7.178}$$

降维 STAP 处理，即求解如下最优化问题：

$$\begin{cases}\min\limits_{\boldsymbol{W}_{\mathrm{r}}}\boldsymbol{W}_{\mathrm{r}}^{\mathrm{H}}\boldsymbol{R}_{\boldsymbol{X}_{\mathrm{r}}}\boldsymbol{W}_{\mathrm{r}}\\ \text{s.t. }\boldsymbol{W}_{\mathrm{r}}^{\mathrm{H}}\boldsymbol{S}_{\mathrm{r}}=1\end{cases}\tag{7.179}$$

最优权矢量为

$$\boldsymbol{W}_{\mathrm{r}}=\mu_{\mathrm{r}}\boldsymbol{R}_{\boldsymbol{X}_{\mathrm{r}}}^{-1}\boldsymbol{S}_{\mathrm{r}}\tag{7.180}$$

式中，$\mu_{\mathrm{r}}=1/\left(\boldsymbol{S}_{\mathrm{r}}^{\mathrm{H}}\boldsymbol{R}_{\boldsymbol{X}_{\mathrm{r}}}^{-1}\boldsymbol{S}_{\mathrm{r}}\right)$为归一化复常数。

输出信杂噪比为

$$\mathrm{SCNR}_{\mathrm{out}}=|b|^2\boldsymbol{S}_{\mathrm{r}}^{\mathrm{H}}\boldsymbol{R}_{\boldsymbol{X}_{\mathrm{r}}}^{-1}\boldsymbol{S}_{\mathrm{r}}=|b|^2\boldsymbol{S}^{\mathrm{H}}\boldsymbol{B}\left(\boldsymbol{B}^{\mathrm{H}}\boldsymbol{R}_{\boldsymbol{X}}\boldsymbol{B}\right)^{-1}\boldsymbol{B}^{\mathrm{H}}\boldsymbol{S}\tag{7.181}$$

改善因子为

$$I_{\mathrm{r}}=\frac{\mathrm{SCNR}_{\mathrm{out}}}{\mathrm{SCNR}_{\mathrm{in}}}=\left(\boldsymbol{S}_{\mathrm{r}}^{\mathrm{H}}\boldsymbol{R}_{\boldsymbol{X}_{\mathrm{r}}}^{-1}\boldsymbol{S}_{\mathrm{r}}\right)\left(\mathrm{CNR}_i+1\right)\sigma_{ni}^2\tag{7.182}$$

同样，在实际应用中降维处理也必须依靠协方差矩阵的估计来计算权系数矢量，也会因为估计误差而造成输出信杂噪比的下降，但是估计协方差矩阵所需的样本数变为 $2Q$。

降维变换矩阵 $\boldsymbol{B}$ 的设计是降维 STAP 方法的核心，可以分别从空域和时域降维变换来研究，进而得到空时二维联合域的降维变换方式。

1）空域降维问题

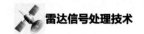

空域降维常用方法之一是将整个阵列划分为若干个子阵，在子阵级进行自适应处理来实现空域降维，子阵划分的关键是要克服子阵间相位中心距离大于半个波长可能会引起的栅瓣影响。下面简要介绍子阵划分的若干技巧，但本节不打算

深入介绍子阵划分问题，感兴趣的读者可以参阅有关文献[39]。

有效克服栅瓣问题的子阵划分有如下几种方法。

（1）子阵重叠法，即允许相邻子阵的部分单元重叠，即重复使用，可使子阵之间的距离不大于半个波长，因而不会出现栅瓣问题。这种划分方法不便于工程实现，因为相邻子阵共同复用的单元不易进行波束控制。

（2）非均匀子阵划分方法，即各子阵的阵元数不等。非均匀子阵划分方法有无穷多种，这取决于子阵几何结构和最终的子阵数目。各子阵的阵元数也可千变万化，通常采用计算机仿真搜索出一种较为理想的划分方法，以满足要求的方向图为依据。非均匀子阵划分方法尚无成熟的理论作指导，但有如下几条可以遵循的原则：

① 位于阵中间的单元权重大，起较重要的作用，应细分，使中间的子阵间距越小越好；

② 相反，边上单元权重小，起的作用相对小，应粗分，其子阵间距可以较大，不会导致整个阵的方向图栅瓣现象严重；

③ 设法控制单元方向图，使各子阵的方向图不一致，可以破坏子阵的周期性，以避免栅瓣现象。

（3）单元幅相加权法，即对子阵合成前的天线单元进行幅相控制，然后划分子阵进行合成。这种方法理论上可以有效克服栅瓣现象，但是，如果控制单元数太多，工程实现较困难。折中的方法是采用分级子阵合成，并控制子阵级单元天线的相位和幅度。

空域降维常用的另一个方法是先将阵列信号进行多波束变换，即将阵元空间（Elementspace）数据变换到波束空间（Beamspace），然后在波束空间选取若干波束输出数据参与自适应处理，这种方法又称为波束空间部分自适应处理技术。波束指向具有聚焦性质，波束空间部分自适应技术可以将阵列接收数据局域化，降低杂波协方差矩阵大特征值数目，多波束之间还具有正交性。如图 7.33 所示为阵元间距按半波长放置的 8 元等距线阵，用 FFT 变换矩阵得到的多个波束是正交的，还有一个重要特点是，这些波束在旁瓣区共零点。如果以这些波束曲线的自适应拟合来理解波束空间自适应处理对消杂波/干扰，不难看出，这些曲线拟合效果是以两个或多个共零点为固定零点而形成很宽的深凹口，因此，特别有利于密集型干扰或连片的地杂波抑制[40]。

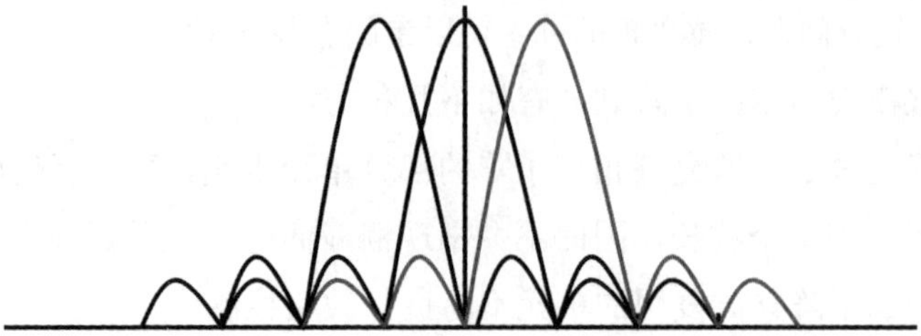

图 7.33　8 元等距线阵的多个正交波束图

2）时域降维问题

前面说过，脉冲多普勒（PD）雷达的脉冲序列可以实现时域信号采样，而现有的发射和接收技术能够将时域的采样精度做得很高，在接收系统的数字电路中很容易形成很低旁瓣的多普勒滤波器，因此，采用带外衰减很大的多普勒滤波器组实现时域降维是合理的、有效的。另外，如果不进行深加权以压低多普勒滤波器的副瓣，多普勒滤波器组也同样具有如图 7.33 所示的正交性和共零点性质。

理解了空域降维和时域降维方法后，下面介绍涉及空时二维域降维的 STAP 方法。

3）空时二维域降维问题

由于阵列几何布阵中阵元位置很难精确测量，因而存在阵元位置误差，各个阵元响应的不一致性和通道的不一致性又造成阵元间存在难以消除的幅相误差。文献[40]分析了阵元幅相误差对杂波二维空时谱的影响，如阵元误差导致列子阵方向图不一致，使得理想情况的“脊背型”杂波谱加宽并沿空域方向渗透，杂波自由度大大增加，因此，在时空二维采样中，现有的技术能够将时间采样实现很高的精确度，可以形成副瓣很低的多普勒滤波器；而空域采样的误差则难以消除，这也是相控阵天线难以获得超低副瓣电平的原因。基于这种考虑，首先将每个空域通道进行深加权的多普勒滤波器组预处理，将在整个空时域中分布的杂波局域化为类似于窄带空间干扰的窄谱杂波，接着对其中一个或邻近的若干个多普勒通道的输出数据进行自适应处理，从而将窄谱杂波抑制。如果只采用一个多普勒通道进行处理，即仅采用目标所在多普勒通道参与处理，则称这种方法为 1DT 方法[7]或 FA（Factored Approach）方法[41]；除目标所在通道（称为目标通道）外，可以增加与主杂波同侧的一个邻近的多普勒通道一起作为处理域[42]。当然，如果运算量允许的话，还可以用与它相邻的多个多普勒通道的输出一起做空时联合域的自适应滤波，称这种方法为 mDT 方法或 EFA（Extended Factored Approach）方法[41]。m 指的是时域多普勒通道数，通常取 3、5 等。考虑到工程实现问题，可以取 3 个多普勒通道一起参与空时自适应处理[40]，在主杂波区和副瓣杂波区均能获得较好的性能，称为 3DT 方法。3DT 方法在工程上实现复杂度不大，且各多普勒通道之间可以进行并行处理，参与处理的邻近多普勒通道无须重新计算，相互无影响，运算量不大，性能却接近最优，图 7.34 以 3DT 方法为例给出了这种降维方法的处理结构，图中的空域通道包括和波束、差波束和辅助的子阵。

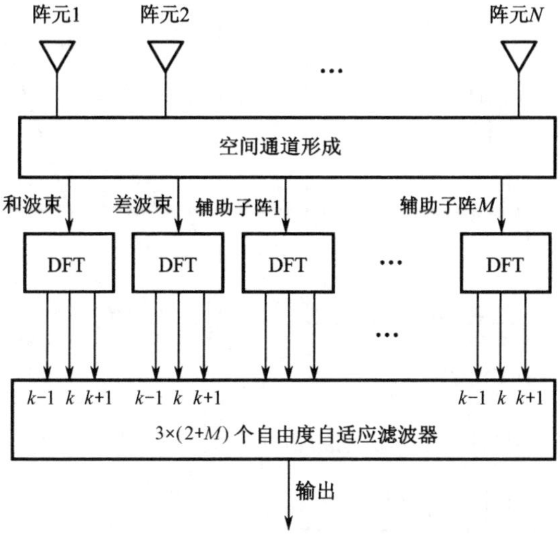

图 7.34　3DT 处理的结构框图

研究表明：1DT（FA）方法在副瓣杂波区性能接近最佳，但在主杂波区的改善不明显，这是因为各阵元的某一多普勒通道输出已经没有时域自由度，只能改变空域响应来避开杂波，它在副瓣区可以形成波束凹口，而在主瓣区不能形成有效凹口；3DT 等联合处理方法能够按照杂波的二维分布形成斜凹口的二维响应与斜的主杂波谱相适应，在主杂波区和副瓣杂波区均能获得相当好的性能。对于机载火控雷达地面运动目标检测，由于主瓣杂波谱的高度扩散，目标主要和主瓣区的杂波相竞争，因此，3DT 方法将会取得比 1DT 更好的性能。如图 7.35 所示为 1DT 方法和 3DT 方法形成凹口的比较，随着相参积累脉冲数的增加，多普勒分辨率会增高，1DT 方法和 3DT 方法形成的凹口会更接近。只有在相参积累脉冲数非常多的情况下，这两者的性能差别才可以忽略。

2. 基于广义副瓣相消器的部分自适应处理技术

为便于理解，在介绍基于广义副瓣相消器结构的部分自适应处理技术之前，先讨论空时自适应处理的最佳权值计算的另一种表现形式。将式（7.172）中的杂波协方差矩阵 $\boldsymbol{R}_x$ 进行特征分解，得

$$\boldsymbol{R}_x \overset{\text{EVD}}{=} \sum_{i=1}^{P} \lambda_i \boldsymbol{v}_i \boldsymbol{v}_i^{\mathrm{H}} + \sigma_{\mathrm{n}}^2 \sum_{i=P+1}^{N} \boldsymbol{v}_i \boldsymbol{v}_i^{\mathrm{H}}$$

式中，λ_i 是特征值；$\boldsymbol{v}_i$ 是特征矢量。

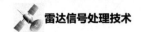

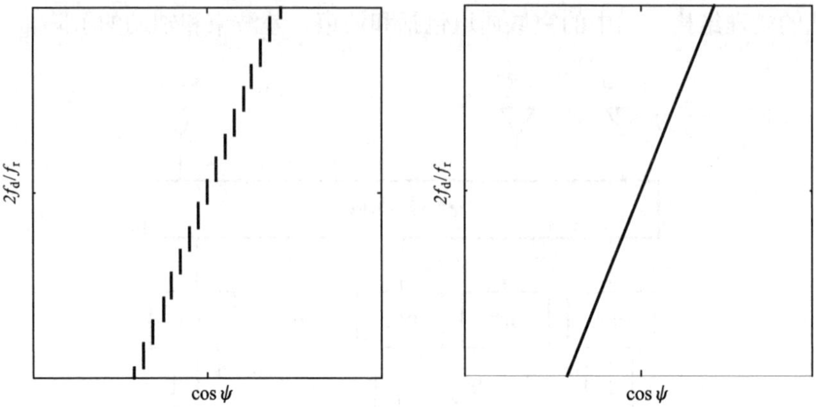

（a）1DT方法　（b）3DT方法

图 7.35　1DT 方法和 3DT 方法形成凹口的比较

对其求逆 $\boldsymbol{R}_x^{-1} = \dfrac{1}{\sigma_n^2}\left[\boldsymbol{I} - \sum_{i=1}^{P}\dfrac{\lambda_i - \sigma_n^2}{\lambda_i}\boldsymbol{v}_i\boldsymbol{v}_i^{\mathrm{H}}\right]$ 后代入式（7.170）得

$$\boldsymbol{W}_{\mathrm{opt}} = \mu'\left[\boldsymbol{S} - \sum_{i=1}^{P}\eta_i \boldsymbol{v}_i\right] \tag{7.183}$$

式中，$\boldsymbol{S}$ 是指向目标的空时导向矢量，是固定的，而 $\eta_i = \dfrac{\lambda_i - \sigma_n^2}{\lambda_i}\boldsymbol{v}_i^{\mathrm{H}}\boldsymbol{S}$ 是与杂波协方差矩阵有关的量，是随杂波环境变化的。将式（7.183）改写如下，并忽略 μ'：

$$\boldsymbol{W}_{\mathrm{opt}} = \boldsymbol{W}_0 - \boldsymbol{B}\boldsymbol{W}_A \tag{7.184}$$

式中，$\boldsymbol{W}_0 = \boldsymbol{S}$ 是固定权矢量；$\boldsymbol{B} = [\boldsymbol{v}_1, \boldsymbol{v}_2, \cdots, \boldsymbol{v}_P]_{N\times P}$；$\boldsymbol{W}_A = [\eta_1 \ \ \eta_2 \ \ \cdots \ \ \eta_P]^{\mathrm{T}}$ 为 P 维列矢量。式(7.184)表明，最优权矢量 $\boldsymbol{W}_{\mathrm{opt}}$ 可以分解为固定权矢量 $\boldsymbol{W}_0$ 和自适应权矢量 $\boldsymbol{B}\boldsymbol{W}_A$，当杂波协方差矩阵的特征矢量矩阵 $\boldsymbol{B}$ 已知时，只需要计算 P 维列矢量 $\boldsymbol{W}_A$。

类似于式（7.184）将最优权矢量分成固定权矢量和自适应权矢量两部分的思想，用另一种方法解式（7.170）表示的 STAP 的最优化问题。与式（7.184）的形式一样，令 $\boldsymbol{W} = \boldsymbol{W}_0 - \boldsymbol{B}\boldsymbol{W}_A$，其中设计固定权矢量满足 $\boldsymbol{W}_0$ 和变换矩阵 $\boldsymbol{B}$ 满足如下方程：

$$\begin{cases} \boldsymbol{W}_0^{\mathrm{H}}\boldsymbol{S} = 1 \\ \boldsymbol{B}^{\mathrm{H}}\boldsymbol{S} = 0 \end{cases} \tag{7.185}$$

由已知的目标空时导向矢量 $\boldsymbol{S}$（NK 维列矢量），很容易设计 $\boldsymbol{W}_0$ 和变换矩阵 $\boldsymbol{B}$，其

中变换矩阵 $\boldsymbol{B}$ 是 NK 行 $NK-P$ 列的矩阵。

如此设计后，$\boldsymbol{W}=\boldsymbol{W}_0-\boldsymbol{B}\boldsymbol{W}_A$ 总是满足式（7.170）的约束条件，$\boldsymbol{W}^{\mathrm{H}}\boldsymbol{S}=1$，这与自适应权矢量 $\boldsymbol{W}_A$ 取值无关，因此，带约束的优化问题式（7.170）的解自然可以转化为如下无约束的优化问题：

$$\min_{\boldsymbol{W}}(\boldsymbol{W}_0-\boldsymbol{B}\boldsymbol{W})^{\mathrm{H}}\boldsymbol{R}_x(\boldsymbol{W}_0-\boldsymbol{B}\boldsymbol{W}) \tag{7.186}$$

很容易求得其最优解为

$$\boldsymbol{W}_{\text{opt}}=(\boldsymbol{B}^{\mathrm{H}}\boldsymbol{R}\boldsymbol{B})^{-1}(\boldsymbol{B}^{\mathrm{H}}\boldsymbol{R}\boldsymbol{W}_0) \tag{7.187}$$

下面从物理上理解上述方法的概念。由于把 STAP 的权矢量分解为两部分，相应地，将接收的空时两维采样数据也分成上下两个支路进行，如图 7.36 所示。上支路的空时信号 $\boldsymbol{X}$ 通过固定权矢量 $\boldsymbol{W}_0$，即 $\boldsymbol{W}_0$ 与 $\boldsymbol{X}$ 的内积，形成一个标量输出 $m(t)$。式（7.185）要求 $\boldsymbol{W}_0^{\mathrm{H}}\boldsymbol{S}=1$ 表明，$\boldsymbol{W}_0$ 是对目标信号进行匹配滤波的权矢量，因此，上支路形成目标检测通道；同时，下支路 $\boldsymbol{X}$ 先通过变换矩阵 $\boldsymbol{B}$，其输出为 $\boldsymbol{Y}=\boldsymbol{B}^{\mathrm{H}}\boldsymbol{X}$ 是 $NK-P$ 维列矢量，再通过自适应权矢量 $\boldsymbol{W}_{\text{opt}}$，即 $\boldsymbol{W}_{\text{opt}}$ 与 $\boldsymbol{Y}$ 内积，形成一个标量输出 $z(t)$，最后上支路减下支路得到系统的最终输出 $e(t)$。下支路的作用是形成辅助通道，用其加权求和去预测检测通道中的杂波干扰信号进而对消掉，因此，要求下支路中不含目标信号，这一点由式（7.185）的约束条件 $\boldsymbol{B}^{\mathrm{H}}\boldsymbol{S}=0$ 保证。矩阵 $\boldsymbol{B}$ 称为信号阻塞矩阵（Block Matrix）。

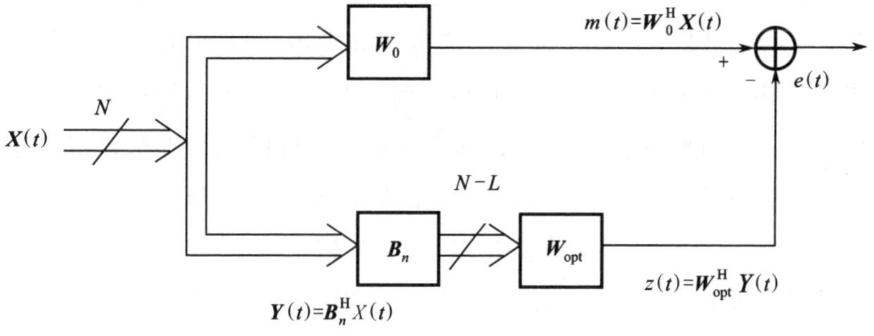

图 7.36　广义副瓣相消器（GSC）

基于如图 7.36 所示的广义副瓣相消器，很容易设计降维 STAP 处理，降维变换在下支路完成，即在信号阻塞矩阵 $\boldsymbol{B}$ 之后插入一个降维变换矩阵 $\boldsymbol{T}$，降维后再进行自适应处理，如图 7.37 所示。

通常把信号阻塞矩阵 $\boldsymbol{B}$ 和其后插入的降维变换矩阵 $\boldsymbol{T}$ 合二为一，仍用 $\boldsymbol{B}$ 矩阵表示，降维 STAP 结构仍然用图 7.36 表示，这时 $\boldsymbol{B}$ 同时具有降维变换和对信号阻塞的作用，简称为降维阻塞矩阵。

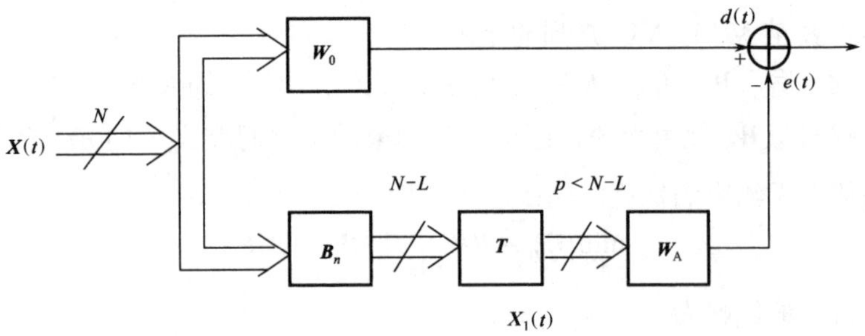

图 7.37　基于广义副瓣相消器（GSC）结构的降维 STAP 处理

关于在降维 STAP 处理中降维阻塞矩阵 $\boldsymbol{B}$ 的设计问题，经常用傅里叶变换基矢量来构造矩阵 $\boldsymbol{B}$ 。这与上面介绍的波束域空间降维自适应处理技术类似。Klemm 的 ACR 方法[26]与简化辅助通道法[35,36]和 JDL 方法[43]，以及 ΣΔ-STAP 方法就是这样构成的，即用指向目标的通道作为上支路，而将周围其他通道作为辅助通道（下支路），进行自适应对消处理。

基于广义副瓣相消器（GSC）结构的降维 STAP 处理技术与前面介绍过的降维矩阵预变换方法原则上是等效的，其主要差异在于对目标导向矢量的约束方面。广义副瓣相消器对目标导向矢量的约束是隐含实现的，就是前面提到的式（7.185），即上支路固定权矢量 $\boldsymbol{W}_0$ 实现对目标信号的匹配，下支路通过信号阻塞矩阵 $\boldsymbol{B}$ 确保下支路没有目标信号通过，因此，下支路的自适应权矢量无论如何取值，都能确保整个系统对目标信号导向约束。这里的矩阵 $\boldsymbol{B}$ 起到关键作用。如果下支路不对目标信号采取阻塞，则进入下支路的目标信号将会对消上支路的目标信号，引起目标信号失真和增益下降，这样的系统不符合 7.2 节研究的波束形成中线性约束最小方差（LCMV）准则，其性能与降维矩阵预处理方法将不再等效。因此，在对空时二维数据进行二维 FFT 处理时，如果不进行加权处理，由于傅里叶变换基矢量之间的正交性，ACR 方法和 JDL 方法采用这种对消处理器，与严格按降维矩阵预处理方式计算变换域的导向矢量约束方式，是完全等效的。但是，如果二维 FFT 中进行了加权处理，则加权后的傅里叶变换基矢量不再相互正交，原则上应该按降维矩阵预处理方法进行。

上面所讨论的降维方法实际上应用了杂波空时分布的先验信息，而降维本身与数据无关。由式（7.183）来看，也可以采用杂波协方差矩阵 $\boldsymbol{R}_x$ 的若干个大特征值对应的特征矢量来构成下支路的降维阻塞矩阵 $\boldsymbol{B}$，这样的方法称为特征波束形成器。这时 $\boldsymbol{B}$ 是否起到对信号的阻塞作用，要由杂波矩阵 $\boldsymbol{R}_x$ 中是否存在目标信号来定。这个问题比较复杂，涉及训练样本的选择，将在下一节进行讨论。

根据空时数据的特征结构来设计降维矩阵，与观测数据的统计特性有关，当特征值分布具有明显的截止特性时（当达到某个维数之后特征值几乎相等），这类基于统计特性的降维方法的性能是比较好的。已证明，对于确知协方差矩阵和未知协方差矩阵的情况，在特征空间内做降维处理，用 MMSE 准则和 LCMV 准则或 GSC 结构均能达到最佳性能，但这种最佳性能在其他降维空间内未必成立。一般来说，这类基于特征结构的降维方法的性能优于固定结构的方法。

在 1998 年前后，文献[44,45]提出了多级维纳滤波器（Multistage Wiener Filter，MWF）的结构，其降维的 STAP 处理正是基于广义副瓣相消器结构的应用，它能够直接用空时数据进行处理，在滤波时无须知道协方差矩阵的特征结构，当然不必对实际的协方差矩阵进行估计，而是通过分级不断地估计互相关系数，因此，也是一种基于统计的部分自适应处理器。这里不做介绍，对此感兴趣的读者可以参阅有关文献。

7.3.4 非均匀杂波环境下 STAP 处理方法

以上对 STAP 的讨论中假定杂波协方差矩阵 $\boldsymbol{R}$ 是确知的，而实际上 $\boldsymbol{R}$ 一般是未知的，如 7.2 节研究的最优波束形成的自适应算法一样，只能从接收的数据中选择合适的样本训练来计算最优权系数。由于要求快速收敛，STAP 技术基本上都采用 7.2.1 节介绍的采样协方差矩阵求逆（SMI）算法，在理论上要求用至少两倍以上的独立同分布数据估计杂波协方差矩阵 $\boldsymbol{R}_x$。在雷达系统中，在检测单元（距离或/和多普勒单元）的邻近单元获得 M 个二维数据矢量样本 $\mathrm{Vec}(\boldsymbol{X}_j)$（$j=1,2,\cdots,M$），再按下式计算 $\boldsymbol{R}$ 的估值 $\hat{\boldsymbol{R}}$：

$$\hat{\boldsymbol{R}}=\frac{1}{M}\sum_{l=1}^{M}\mathrm{Vec}(\boldsymbol{X}_l)\mathrm{Vec}(\boldsymbol{X}_l)^{\mathrm{H}} \tag{7.188}$$

邻近参考单元的选择必须满足独立同分布的条件。为了使因估计不准确而带来的信噪比损失不超过 3dB，参考单元数 M 应取矩阵阶数 2 倍以上（若对波束变形有要求，则 M 还要大），不过可用其他方法，如“对角加载技术”，进行补救[8]。由此也可看出，用高阶处理需要足够多的独立同分布的参考单元，这是有困难的，因此，采用降维 STAP 技术在实际中也是有必要的。

参考单元应围绕检测单元选取，在时间上可复用，但为满足独立同分布性质，只能以 K 个脉冲为一组，且各组的雷达工作条件要相同，因而限制了实际场合时间复用的数目。又由于地貌分布的不均匀性，所需参考单元的数量通常较大，完全满足独立同分布性质是有困难的。如果它们的谱结构相同，只是强度上有差别，则式（7.188）的估计就不属于最大似然估计[46]，收敛较慢，但仍能得到正确估计，因此，所选择的参考单元至少必须与检测单元具有相同的谱结构。

7.3.1 节讨论过杂波的二维谱结构。在一般情况下，如果高低角不同（斜距不同），则谱结构也是不相同的［表现为如图 7.24（a）所示的一组椭圆］，因此，对于高脉冲重复频率的场合，天线阵面任意放置时，进行自适应处理将非常困难，需要进行特殊处理。因为高脉冲重复频率存在较多重的距离模糊，且无模糊距离较短，任一个距离单元对应较多的距离点（对应多个高低角），而距离单元间的高低角有较大的变化，所以，难以得到足够的具有独立同分布的参考单元。正侧面阵是一个例外，因为它的二维杂波谱在理想条件下与高低角无关，如图 7.24（c）所示，可用全程的单元数据来估计协方差矩阵（为减少运算量，也可间隔地取一部分），由此计算得到权矢量，可用于对全程做滤波处理。

低脉冲重复频率不存在距离模糊，任意一个距离单元只对应一个高低角，当距离较远且高低角较小时，二维杂波谱近似与高低角无关。即使采用非正侧面的阵面放置，远区的杂波谱为近似与高低角无关（与距离无关）的椭圆，独立同分布参考单元一旦选定，自适应处理都是有可能的。详细情况将在后面讨论。

除了上面提到的非正侧面阵放置情况的杂波谱随距离变化而变化导致不同距离单元杂波数据不满足独立同分布的要求，还存在多种因素导致雷达接收的不同单元的数据不满足独立同分布的要求。例如，杂波在空间上的不同分布造成的距离、地面反射特性的空间变化（水陆交界、植被）、高大物体（如山峰）及其遮蔽（即由于雷达波束被高大物体遮挡形成的功率很低的区域）、人造物体的强点固定杂波(如桥梁、电线杆、市中心、铁塔、角反射器等)都会产生明显的功率变化，即功率非均匀性。地面分布起伏非均匀和杂波内部运动造成杂波的统计特性随距离变化，特别强的孤立杂波散射点（如铁塔、孤立山峰、角反射器等）及动目标信号（包括高速公路上的车辆等）本身混入的参考单元将不满足独立同分布数据要求。混入到参考单元中的动目标信号称为干扰目标。在国外的文献中将这些不满足独立同分布的情况统称为 Non-Homogeneity，我们将地面变化引起的非独立同分布称为非均匀性，将强的孤立杂波散射点和目标污染的一类孤立样本称为奇异样本。

已经有大量的文献研究采用样本训练策略来避免或减弱非均匀性杂波环境对 STAP 性能的影响。一类方法是训练样本和权矢量随距离变化的样本选取方法，如滑窗法、分段处理法、递推算法、滑洞（Sliding Hole）法。这些方法都假设杂波数据在小的距离范围内是独立同分布的，因此，检测单元附近距离单元的杂波数据具有较高的参考价值。另一类方法是过度零陷（Over Nulling）法。简单来说，就是选用杂波功率比较大的样本构建协方差矩阵并估计权矢量，这样可以沿二维杂波谱形成更深的零陷，使系统加大对杂波的适应能力。对于奇异样本问题，虽然它们通常只出现在个别距离单元，但对权矢量计算的扰动却是很明显的，可以采取奇异样本检测与剔除的方法消除其对 STAP 性能的影响。

下面简要介绍现有针对非均匀杂波环境的 STAP 处理算法，感兴趣的读者请参阅文献[31,35]。

1. 非均匀检测器

非均匀检测器（Non-Homogeneity Detector，NHD）主要用来解决由强孤立杂波散射点和动目标污染引入的非均匀问题，即从备选训练样本中检测出奇异样本并剔除。基于杂波是局部均匀的假设，在常规 STAP 算法中，训练样本沿距离从待检测样本两侧相邻单元对称选取，称这种方法为对称窗选取法。然而，即使杂波满足局部均匀的假定条件，训练样本中强孤立杂波散射点和动目标污染的存在也会破坏这种均匀性，此时，训练样本不能准确反映待检测距离单元中干扰的特性，导致对称窗选取法的性能严重下降。在常规 STAP 算法中，动目标污染的影响主要表现为目标信号相消。为减小由干扰目标引起的性能损失，Melvin 等提出用 NHD 来检测和剔除那些包含动目标污染的备选训练样本，以改善对杂波协方差矩阵的估计性能[47]。Adve[48]等用 NHD 处理了美国著名的 MCARM（Multi-Channel Airborne Radar Measurements）实测数据[49,50]，结果表明，在剔除奇异性非均匀样本后，输出信杂噪比改善了 7dB 以上，因此，在实际应用中 NHD 是提高 STAP 性能的一种有效工具，这个过程也使人们认识到了选择训练样本对 STAP 算法的重要性。目前已提出的 NHD 主要包括广义内积[50-52]、对称窗与广义内积相结合的两步 NHD[53]和关联维数[54]等。

广义内积的定义如下：

$$\mathrm{GIP}_i = \boldsymbol{X}_i^{\mathrm{H}} \boldsymbol{R}_{\boldsymbol{X}}^{-1} \boldsymbol{X}_i \tag{7.189}$$

式中，$\boldsymbol{R}_{\boldsymbol{X}}$ 是数据协方差矩阵，其物理上的解释是数据白化矢量的内积。定义白化滤波器的输出为一个与原数据矢量长度相等的矢量：

$$\tilde{\boldsymbol{X}}_i = \boldsymbol{R}_{\boldsymbol{X}}^{-1/2} \boldsymbol{X}_i \tag{7.190}$$

由于数据协方差矩阵 $\boldsymbol{R}_{\boldsymbol{X}}$ 是厄米特（Hermitain）矩阵，且是正定的，所以，$\boldsymbol{R}_{\boldsymbol{X}}^{-1/2}$ 也是厄米特矩阵。对于独立同分布数据，数据协方差矩阵 $\boldsymbol{R}_{\boldsymbol{X}}$ 体现了 $\boldsymbol{X}_i$ 的统计特性 $\boldsymbol{R}_{\boldsymbol{X}} = E\left[\boldsymbol{X}_i \boldsymbol{X}_i^{\mathrm{H}}\right]$，$\tilde{\boldsymbol{X}}_i$ 的协方差矩阵可以写成如下形式：

$$\begin{aligned}\tilde{\boldsymbol{R}}_i &= E\left[\tilde{\boldsymbol{X}}_i \tilde{\boldsymbol{X}}_i^{\mathrm{H}}\right] = E\left[\boldsymbol{R}_{\boldsymbol{X}}^{-1/2} \boldsymbol{X}_i \boldsymbol{X}_i^{\mathrm{H}} \boldsymbol{R}_{\boldsymbol{X}}^{-1/2}\right] \\ &= \boldsymbol{R}_{\boldsymbol{X}}^{-1/2} E\left[\boldsymbol{X}_i \boldsymbol{X}_i^{\mathrm{H}}\right] \boldsymbol{R}_{\boldsymbol{X}}^{-1/2} \\ &= \boldsymbol{R}_{\boldsymbol{X}}^{-1/2} \boldsymbol{R}_{\boldsymbol{X}} \boldsymbol{R}_{\boldsymbol{X}}^{-1/2} = \boldsymbol{I}\end{aligned} \tag{7.191}$$

由于数据矢量 $\tilde{\boldsymbol{X}}_i$ 的协方差矩阵是一个单位阵，因此，$\boldsymbol{R}_{\boldsymbol{X}}^{-1/2}$ 具有使数据白化

的能力。

式（7.189）可以写成内积形式：

$$\mathrm{GIP}_i = \tilde{\boldsymbol{X}}_i^{\mathrm{H}} \tilde{\boldsymbol{X}}_i \tag{7.192}$$

可见广义内积实际上是白化矢量各分量的平方和，即信号能量。独立同分布数据的广义内积的均值为

$$E\left[\mathrm{GIP}_i\right] = \mathrm{trace}(\tilde{\boldsymbol{R}}_{\boldsymbol{X}}) = l \tag{7.193}$$

式中，l 是数据矢量的维数。有文献提出用广义内积作为奇异样本检测器，并认为对于奇异的数据，$\boldsymbol{R}_{\boldsymbol{X}}^{-1/2}$ 不能将数据有效白化，且 $\tilde{\boldsymbol{X}}_i$ 的协方差矩阵将明显偏离单位阵，同时其广义内积也将明显大于均值 l。

另一种奇异检测器是修正的采样协方差矩阵求逆（MSMI）方法。它从样本中剔除待检测的样本 $\boldsymbol{X}_n$ 及其保护单元 $\boldsymbol{X}_{n-1}$、$\boldsymbol{X}_{n+1}$（此处以两个保护单元为例），计算新的协方差矩阵 $\hat{\boldsymbol{R}}_{\boldsymbol{X},n} = \dfrac{1}{P-3}\sum\limits_{\substack{i=1 \\ i\neq n-1,n,n+1}}^{P} \boldsymbol{X}_i \boldsymbol{X}_i^{\mathrm{H}}$（修正的协方差矩阵），修正的协方差矩阵逆乘以导向矢量 $\boldsymbol{S}$，得到权矢量 $\boldsymbol{W}_n = \hat{\boldsymbol{R}}_{\boldsymbol{X},n}^{-1}\boldsymbol{S}$，用该权矢量对待测样本滤波的结果 $y_n = \left|\boldsymbol{S}^{\mathrm{H}}\hat{\boldsymbol{R}}_{\boldsymbol{X},n}^{-1}\boldsymbol{X}_n\right|$ 作为检验统计量判断样本的奇异性。容易看出，这种方法实际上就是用前面提到的去掉检测单元及其保护单元的辅助数据构成权矢量的滤波输出作为奇异检验量。

容易看到，广义内积有 3 个主要的缺点：①广义内积假设数据是多维正态分布，并且协方差矩阵基本准确，在样本数量有限的情况下该假设很难满足；②广义内积显然与数据矢量 $\boldsymbol{X}_i$ 的范数有关，若数据矢量增大到原来的 2 倍，则广义内积会增大到原来的 4 倍，能量大的杂波数据很容易被误认为是奇异样本，去掉这些能量大的杂波数据，会使自适应凹口变浅，减弱系统的杂波抑制能力；③广义内积的计算中没有用到导向矢量，如果采用阵元域或脉冲域的数据，广义内积与系统的空间角度指向和多普勒指向无关。采样协方差矩阵求逆（MSMI）方法采用了不包含目标信号和保护单元的辅助数据，虽然目标信号对其所在单元的输出不会产生影响，但是目标信号作为辅助数据会参与其他距离单元的权矢量计算，会使其他距离单元的权矢量偏离期望值而使杂波剩余抬高。

为突破上述两种奇异检测方法的局限性，下面提出一种改进的样本奇异判定准则和空时级联奇异样本检测方法。

（1）杂波剩余功率下降的奇异样本判定准则：从样本集合中去掉某一样本 $\boldsymbol{X}_n$，重新计算得到权矢量 $\boldsymbol{W}_n$，如果该权矢量 $\boldsymbol{W}_n$ 对样本集合中的其他样本进行滤波，使得这些样本的平均杂波剩余明显减小，则认为该样本 $\boldsymbol{X}_n$ 是奇异的。

（2）空时级联奇异检测方法：由分析可知，第一，奇异性检测器应该能够发

现较大的目标信号，而不一定能够检测那些对协方差矩阵或相关矢量影响可以忽略的能量较小的目标信号；第二，尽量不依赖由样本数据计算得到的相关统计量，如协方差矩阵、相关矢量，因为这些量容易受到奇异样本的扰动；第三，应该结构简单、运算量小、便于实现。空时级联常规处理具有一定的杂波抑制能力，同时具备上述 3 个特性，可以用它作为奇异检测器对样本数据进行筛选，称为空时级联奇异检测方法。

为了获得好的检测效果，希望空域波束形成和时域多普勒滤波具有较低的副瓣电平。空时级联常规处理的输出就是这样的检验统计量。由于检测的计算量很小，这种方法几乎不需要添加任何硬件设备就可以完成奇异检测，因此，其具有很好的应用前景。在仿真试验中会看到其性能是比较令人满意的。

图 7.38～图 7.41 给出了各种不同的非均匀检测器的检测结果。可以看到我们提出的空时级联奇异检验方法运算量小，可以有效检测出对自适应有较大影响的孤立样本，有较好的应用价值。

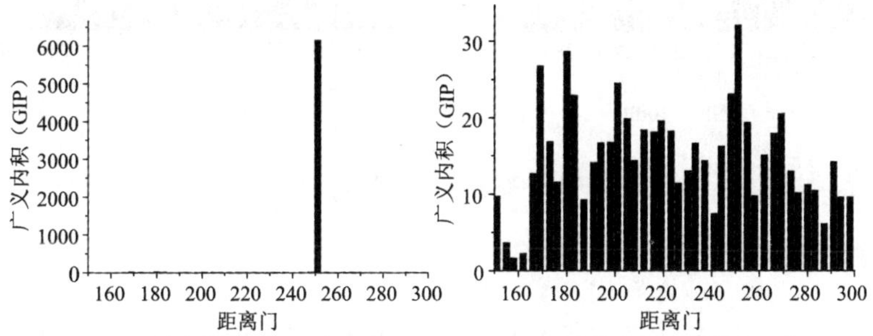

（a）协方差矩阵未受目标污染　（b）协方差矩阵受目标污染

图 7.38　样本的广义内积

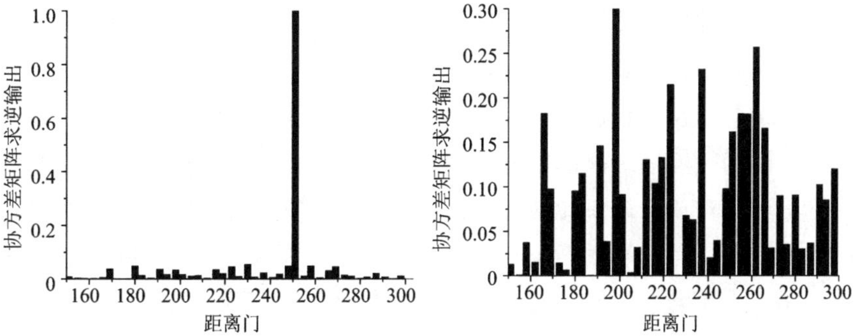

（a）SNR=−10dB　（b）SNR=−5dB

图 7.39　修正的协方差矩阵方法

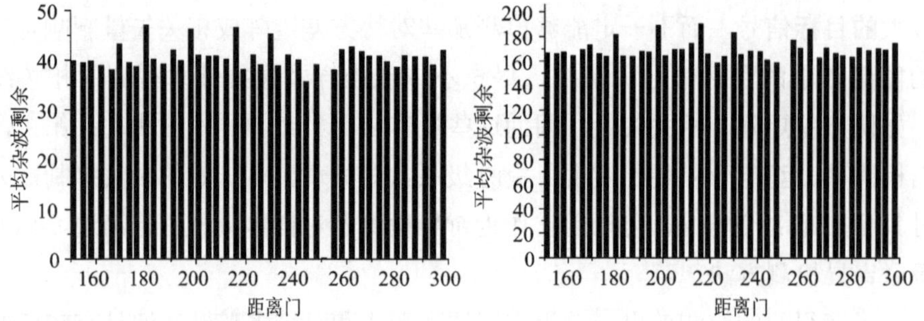

（a）SNR=-10dB　　（b）SNR=-5dB

图 7.40　最小杂波剩余准则

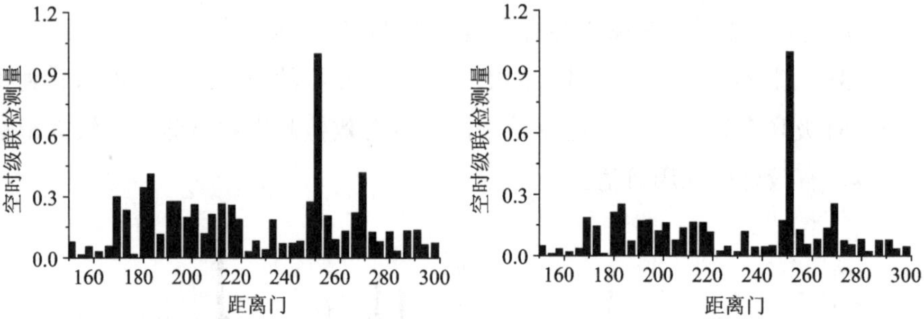

（a）SNR=-10dB　　（b）SNR=-5dB

图 7.41　空时级联检测量

2. 直接数据域算法

最早由 Sarker 等人提出的直接数据域算法（Direct Data Domain，DDD）是一种基于空时数据逐距离单元单独处理的方法，它直接从待检测样本数据本身获得杂波的全部统计信息，而不要求其他距离门样本中的杂波与待检测样本满足独立同分布条件。这种算法特别适合严重非均匀杂波的环境，理论上 DDD 算法能够解决常规 STAP 算法无法解决的非均匀问题。

当 DDD 算法从待检测距离门样本获取训练样本时，会出现一种特殊的干扰目标现象，即当待检测距离门数据中包含真实目标信号时，所有训练样本中都会包含目标信号，对估计该单元的杂波来说，这些训练样本中的目标信号构成了干扰目标。这种干扰目标现象不能由 NHD 来解决，因为所有训练样本中均含有干扰目标，不存在不包含干扰目标的样本。为解决这个问题，DDD 算法在获得训练样本之前，应先进行信号滤除预处理，即由前面提到的空域两阵元或时域两脉冲相消来滤除信号。由于信号滤除后的数据仅包含干扰分量而不包含真实目标分量，因此，可由预处理后的数据进行前后向空时平滑来获得训练样本。

当杂波的非均匀性不是特别严重时，或者说待检测距离门中的绝大多数杂波的统计信息都可以从其他距离门获得时，Adve 等将 DDD 算法思想和统计 STAP 综合，提出了一种先直接数据域处理后统计处理的级联算法。级联算法中前面的 DDD 算法处理只用来滤除待检测距离门中存在的孤立干扰，后面级联的统计方法则用来滤除均匀杂波。这种级联方法是利用一种特殊的降维变换来实现的，在将接收到的数据投影到一个较低维的空间中去处理时，它借助 Sarkar 的 DDD 算法思想得到一组抑制孤立干扰的自适应权矢量作为降维变换矩阵，从而最大限度地减少了孤立干扰对后面降维统计 STAP 处理的影响。这种级联算法虽然能够提高对孤立干扰的抑制性能，但后面仍需要级联统计 STAP 方法，因此，它仍然需要利用其他距离门样本。

3. 距离相关性补偿方法

距离相关性补偿方法主要用来解决非正侧视雷达杂波，特别是近程杂波由距离相关性引起的非均匀性问题，主要以 Borsari 等的多普勒频移（Doppler Warping，DW）法[23,55,56]、Lapierre 等的尺度变换法[49,57]、Zatman 等的导数更新（Derivative Based Updating，DBU）法[58,59]等为代表。距离相关性被看作一种特殊的剧烈非均匀性现象。

7.3.5　STAP 应用研究

提出 STAP 技术的初衷是提高机载预警雷达的副瓣杂波抑制能力，经过近 20 余年的发展，STAP 技术已经成为高空运动平台雷达提高杂波抑制能力和动目标检测性能的关键技术。目前，STAP 技术的研究依然如火如荼，特别是结合合成孔径雷达（SAR）研究基于复图像域的杂波抑制，结合分布式小卫星雷达及天基/空基 MIMO 雷达研究稀疏孔径 STAP 技术等，又出现了一系列新的研究课题。

1. SAR 地面动目标检测技术

在单个运动平台雷达上实现 SAR 对地成像的技术目前已经比较成熟，人们现在追求 SAR 能够同时具有地面动目标指示（GMTI）能力，甚至要求具备检测地面慢速运动弱目标的能力，这就要求 SAR 能够抑制地杂波而从杂波背景中检测出动目标。然而，单个天线可以获得地面，包括目标高分辨率图像，却不能进一步抑制杂波而检测出被地杂波掩盖的动目标。因此，需要有多个天线接收信号参与杂波抑制和动目标检测。SAR 系统的相参脉冲数比一般的机载/星载搜索警戒雷达多得多，对多个天线接收的空时信号进行处理，抑制地杂波而检测地面动目标的方法分为两种，一种是不要求获得 SAR 二维高分辨复图像，将全部相参脉冲串分成若干子段，各子段做常规的 STAP 处理，然后对各个子段进行积累；另一种是用多通道的 SAR 同时得到几幅相同地面场景的图像，并在进行必要的校正、补偿和对准后，在复图像域完成杂波相消及动目标检测和定位，然后用干涉法对场景中对应像素的相位进行比较，从而实现对动目标的检测。这两种方法各有优缺点，据报道，美国的“发现者-2 号”（Discoverer Ⅱ）原计划采用第一种技术（STAP 技术），而加拿大国防局（DND）的 RadarSat-2 动目标显示（SAR-GMTI）采用了 SAR 成像后两个通道的干涉技术。

无论采用何种空时信号处理方法，多个天线沿平台运动方向上的孔径（称为沿迹基线）是地面动目标速度分辨率的物理限制。动目标的速度是雷达能够将运动的目标和静止的地杂波加以区分的主要依据。因此，地面动目标检测（GMTI）主要受最小可检测速度（MDV）的限制。由于在单颗卫星或单架飞机上安装长基线有困难，为改善 GMTI 雷达的 MDV 性能，要求系统具有沿迹长基线，因此，近年来人们对多卫星或飞机编队飞行构成分布式 SAR 系统实现 GMTI 的新途径有了广泛的兴趣。虽然用长基线，其最小可检测速度（MDV）可以减小，但是，这样的长基线并不是也不可能采用很多天线按半波长连续布满整个孔径，实际上天线单元之间是稀疏的（远大于半波长），这样会导致多普勒或方位的模糊问题。

在 SAR 复图像域实现地面动目标检测与定位，关键是地杂波的抑制，通常采用双/多天线的 SAR 图像进行干涉，在差图像上检测动目标，多幅图像可以采用多通道、多像素联合处理[60]；也可以采用空间通道和差技术，在性能损失不大甚至不损失性能的情况下实现空域降维处理[61]，其情形类似于 DPCA 技术。其中，高分辨 SAR 复图像生成是基础，尤其是双基地/多基地高精度 SAR 复成像、多通道间复图像高的相关性和图像高精度配准，是获得高的杂波对消性能的关键，将构成重要的预处理研究内容。

2. 稀疏孔径 STAP 技术

分布式雷达可以搭载在信息编队卫星上，尽管这种二维不规则稀疏阵列有许多优点，如长基线，它可以提高 GMTI 的性能，但同时给信号处理带来了很多困难。本节详细论述椭圆希尔构型的基于先验知识的 GMTI 信号处理方法，着重分析数据的重新排列和基于先验知识的预处理，这些对二维稀疏阵列非常重要。空时采样的重新排列消除了方位维地面杂波的去相关、近场和宽带问题。数据的预处理消除了仰角维的这些问题，然后用后多普勒 STAP 来抑制杂波检测运动目标。天线加权具有非对称性，不能使用干涉测角，可以使用新的最大似然估计不规则阵列的方位角方法，分析和仿真说明了重新排列和预处理有效地减少了杂波秩，使得 GMTI 成为可能。目标角度的 MLE 方法可以达到满意的结果。

没有地形的先验知识，这些处理需要很大的计算量且性能不理想。为了得到更好的 GMTI 性能，必须使用先验知识。这对于预滤波消除去相关、补偿干涉相位，以及避免导向矢量和模板矢量在高度域的搜索很有帮助。使用 DEM，可以获得更好的检测和估计性能，计算量也大大减少。

分布式或双基地/多基地雷达间距至少在几百米量级（防止碰撞），相当于数千个至数万个波长，构成超大稀疏孔径雷达，其天线阵列实际上是一个工作在近场条件下的宽带立体阵。这样的稀疏孔径阵列对较宽的场景进行观测时，由于空间/时间欠采样，存在严重的模糊问题。为了使系统能够最大限度地发挥作用，必须解决空间/时间欠采样造成的多普勒/距离模糊、速度响应盲速、速度估计模糊及立体阵造成的高程和速度耦合的问题。

低速目标检测需要长基线，但是单平台上难以实现长基线，因而需要多平台。为了防止高速平台之间发生碰撞，平台之间的距离至少在几百米甚至上千米，相当于上万个波长的量级，从而导致阵列出现超稀疏问题。

超稀疏带来了宽带问题、近场问题、高程和速度耦合等一系列问题。分布式天基雷达具有多个孔径，可以具有多个发射机和接收机，使其对地面回波信号和运动目标信号具有空间、时间和频率的分辨能力。需要研究如何合理利用信号的空间、时间、频率资源，降低杂波秩，降低杂波抑制处理运算量，提高动目标检测性能。

3. 各种非理想因素条件下稳健的 STAP 技术

7.2.1 节最后对自适应阵列处理所做的小结中曾经提到，高性能的阵列信号处理在实际实现时主要面临三大难题，除了计算设备量问题，另两个问题（杂波干扰协方差矩阵和阵列流形）其实就是实现中存在的非理想因素造成的。

空间多通道间的一致性（包括天线方向图一致性、通道响应一致性、多通道阵列流形和基线的精确测量等）是多通道雷达（如相控阵雷达）获得优良性能的前提条件。STAP 技术涉及的空间多通道采样即使是由安置在单个运动平台上的雷达实施的，多通道间一致性也很难满足高性能的阵列信号处理要求，如果是由编队飞行的卫星或飞机构成，其多通道间的一致性就更难实现。在有些应用条件下，可以放置校正源进行校正。但是，对于高速高空平台的雷达阵列，放置校正源进行校正非常困难。

在杂波抑制过程中，要求保持匹配滤波器的信号增益，需要知道目标信号的空时导向矢量，在目标检测后对其进行精确定位也需要知道目标信号的空时导向矢量。在理想的多通道雷达阵列情况下，通过搜索目标的方向和多普勒频率，可以在理论上计算得到目标信号的空时导向矢量。但是，实际搭载在运动平台上的雷达由于阵列流形误差、通道不一致性等一系列问题，其理论计算的目标导向矢量值与实际值存在一定的差异，即使很小的差异也会导致阵列处理的性能不尽如人意。在实际应用中需要得到很高精度的空时导向矢量估计值，因此，研究直接利用雷达阵列接收的回波数据及导航系统提供的辅助数据进行自校正与均衡的方法是非常重要的，这是目前的一个研究热点。

此外，自适应信号处理涉及的协方差矩阵需要由接收数据（称为训练样本）估计得到，在雷达中实现 STAP 时，采用相邻的距离门样本数据估计杂波噪声协方差矩阵，这就要求相邻的距离门样本数据满足独立同分布条件。然而，足够多独立同分布数据的要求在实际中很难达到，尤其是在空时二维自适应处理要求独立同分布训练样本数目较多的前提下更难实现。

雷达回波数据中的非均匀性现象可划分为如下 3 类：①地形地貌起伏会引起杂波的非均匀性；②阵列天线面向与平台运动方向不一致及多站结构会产生与距离相关的杂波谱结构；③目标信号及脉冲式干扰会导致回波数据非均匀。当前需要重点研究对训练样本数要求很低或几乎不需要训练样本情况下的 STAP 处理方法。

总之，为了将理论上高性能的 STAP 付诸实现，需要研究阵列误差自校正和杂波协方差矩阵与自适应训练方法。但是，通过阵列自校正后，校正误差不可避免，依然可能导致降维 STAP 处理的性能恶化，因此，虽然 STAP 方法在理论上的研究相对成熟，但在实际应用中还需要对杂波协方差矩阵和目标导向矢量估计误差具有强稳健的降维 STAP 方法进行研究。这些问题是当前和今后一段时间内的研究热点。

7.4 波形分集阵雷达信号处理

前两节主要介绍了相控阵雷达的特点及相关信号处理方法。相比机械扫描体制雷达，相控阵雷达具有灵活波束扫描能力。然而，其远场方向图仅是角度的函数，因而无法区分来自相同角度的目标，制约了其对目标和环境信息的获取。近年来，波形分集的概念被提出，波形分集阵在相控阵基础上通过发射天线阵元间波形/频率/时延调制，使得方向图不仅是角度的函数，同时依赖距离和时间，扩展了发射端的空间、频率、时间等资源，为区分来自相同角度、不同距离的回波信号提供了新途径[62]。

本节将介绍波形分集阵。从广义上来说，多输入多输出（Multiple-Input and

Multiple-Output，MIMO）雷达是波形分集阵中使用最广泛的一种。2006 年，Antonik 等提出频率分集阵（Frequency Diverse Array，FDA）[63]，其在发射天线阵元间引入一个很小的频率步进量，得到距离-角度依赖的时变发射方向图，是在相控阵基础上的一次雷达体制革新。本节首先对 MIMO 模型行研究，并重点介绍其正交波形设计方法，随后对 FDA 的方向图及应用进行详细介绍。

受到综合脉冲孔径雷达体制成功的启发[64]，以及随着 MIMO 通信的蓬勃发展[65]，MIMO 雷达的概念应运而生。相比相控阵雷达所发射的单一信号，MIMO 雷达采用多个发射天线辐射不同的波形信号，并利用多个接收天线对回波进行处理后分离发射信号，等效形成同时发射多波束，实现空间全覆盖。美国麻省理工学院的林肯实验室针对 MIMO 数字阵雷达技术进行了早期的探索研究[66]，设计了 L 波段和 X 波段的数字阵雷达试验系统，用来检测岸基和水面舰载相控阵雷达强杂波中的弱目标。利用发射信号的多样性，MIMO 雷达能够更好地获取信息，优化雷达在检测、跟踪和抗干扰等方面的性能。

根据雷达天线在空间的分布，MIMO 雷达可分为共置天线 MIMO 雷达（MIMO Radar with Colocated Antennas）[67]和分置天线 MIMO 雷达（MIMO Radar with Widely Separated Antennas）[68]。共置天线 MIMO 雷达的思想是由美国麻省理工学院林肯实验室的 Bliss 和 Forsythe 等在第 37 届 Asilomar 会议上提出的；分置天线 MIMO 雷达的概念是由新泽西理工学院的 Fisher、Haimovich 及理海大学的 Blum 等于 2004 年的 IEEE 雷达会议上提出的[69]。下面对这两种主要模型进行介绍。

1. 共置天线 MIMO 雷达[67]

典型的共置天线 MIMO 雷达系统如图 7.42 所示。该 MIMO 雷达发射/接收阵列总的天线以较小的间距集中放置，发射阵元位于同一雷达站，接收阵元同样如此。发射器和接收器既可以共用同一雷达站（单基地），也可以置于相距很远的两个不同雷达站（双基地）。在共置天线 MIMO 雷达场景下，发射阵元同时辐射相互正交、独立或针对特定应用所形成的信号。通过接收端的匹配滤波器组后，这些信号可以在接收端完成等效的发射波束形成，从而实现多波束、照射特定区域、能量空间分配等任务。这些性能的提高，本质上来源于共置天线 MIMO 雷达场景下波形分集所激发的数目远大于实际阵元的虚拟阵元（或称为等效相位中心），如图 7.43 所示。共置天线 MIMO 雷达场景下，由波形分集形成的虚拟阵元可以显著增加系统自由度，因而，可以给雷达系统带来许多传统相控阵雷达不可比拟的优势：可以产生更窄的波束方向图，从而提高雷达的角度分辨率；可以同时形成多波束，也可以增加目标的最大可辨识数目，更可以加权的方式降低方向图副瓣，并能抑制强杂波。

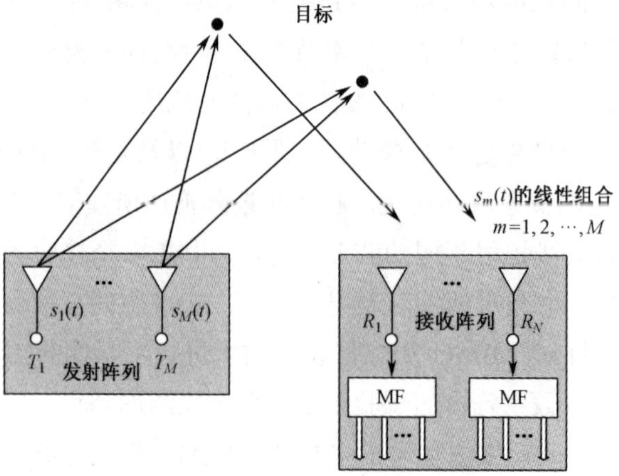

图 7.42　共置天线 MIMO 雷达系统

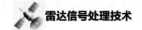

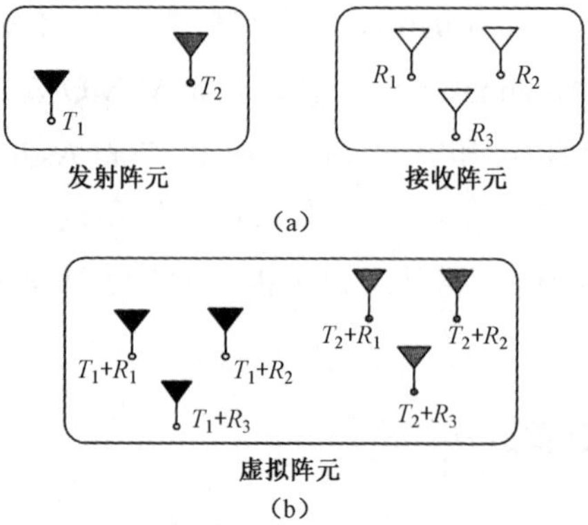

图 7.43　共置天线 MIMO 雷达由波形分集形成的虚拟阵元

2. 分置天线 MIMO 雷达[68]

分置天线 MIMO 雷达系统的发射阵元间距较大，每个阵元可从不同角度照射目标，使得目标对系统呈现为由多个独立散射点组成的扩展目标特性，从而在空间形成多个独立的发射—目标—接收通道，如图 7.44 所示。基于这样的配置，系统可以克服类似于通信系统中的衰落信道的目标闪烁，利用由波形分集形成的空间分集来改善雷达系统的检测性能。与传统的相控阵雷达相比，基于空间分集思想的分置天线 MIMO 雷达系统具有更好的抗干扰能力，以及能更好地在强杂波条件下对弱目标和低速目标进行检测等优点。

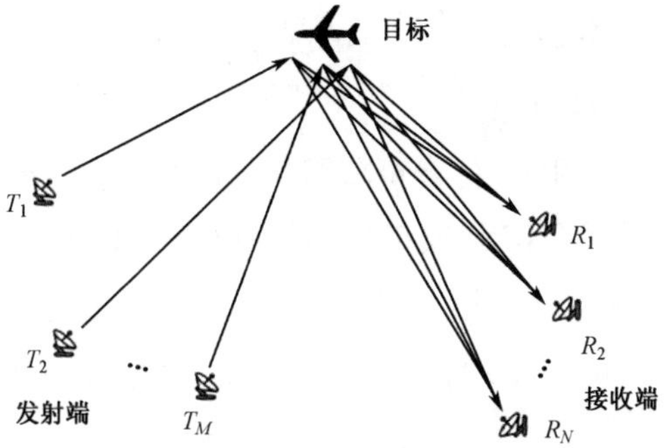

图 7.44　分置天线 MIMO 雷达系统

关于目标满足空间分集所需条件，Levanon 等人进行了深入研究，并给出如下表达式[70]：

$$d_{\mathrm{T}} \geqslant \frac{\lambda r_{\mathrm{T}}}{D} \tag{7.194}$$

式中，D 为发射孔径；d_{T} 是任意两个发射天线之间的距离；λ 为载波波长；r_{T} 表示雷达发射天线和目标之间的距离。

7.4.1　MIMO 雷达信号模型

由于共置天线 MIMO 雷达在体制上可以看作相控阵的扩展，可采用传统的相参信号处理方法，所以，共置天线 MIMO 雷达比分置天线 MIMO 雷达更容易实现。本节的信号模型主要围绕共置天线 MIMO 雷达进行介绍。首先，考虑 MIMO 雷达系统由 M_{t} 个发射天线、M_{r} 个接收天线组成。设第 m 个（$m=1,2,\cdots,M_{\mathrm{t}}$）发射阵元发射的波形可表示为 $\boldsymbol{s}_m \in \mathbb{C}^{M\_t\times 1}$，若 K 为波形的时间采样点数（快拍数），则全部发射波形可表示为 $\boldsymbol{S}=[s_1,s_2,\cdots,s_K]^{\mathrm{T}} \in \mathbb{C}^{M\times K}$。

假设发射的是窄带信号，并且传输过程没有色散，考虑 P 个目标，那么 MIMO 雷达的接收信号可以表示为

$$\boldsymbol{X}=\sum_{p=1}^{P}\sigma_p \boldsymbol{b}(\theta_p)\boldsymbol{a}^{\mathrm{T}}(\theta_p)\boldsymbol{S}+\boldsymbol{N} \tag{7.195}$$

式中，$\boldsymbol{X}\in\mathbb{C}^{M_{\mathrm{r}}\times M_{\mathrm{t}}}$ 为接收的数据矩阵；K 为感兴趣的距离环（Range Bin）内的目标个数；$\left\{\sigma_p\right\}_{p=1}^{P}$ 为与这些目标的雷达横截面积（Radar Cross Section，RCS）成比例的复幅度；$\left\{\theta_p\right\}_{p=1}^{P}$ 代表这些目标的方位参数；$\boldsymbol{N}\in\mathbb{C}^{M_{\mathrm{r}}\times M_{\mathrm{t}}}$ 表示干扰加噪声项。需要说明的是，$\left\{\theta_p\right\}_{p=1}^{P}$ 和 $\left\{\sigma_p\right\}_{p=1}^{P}$ 需要利用接收数据 $\boldsymbol{X}$ 进行估计。此外，$\boldsymbol{a}(\theta_p)$ 和 $\boldsymbol{b}(\theta_p)$ 分别表示第 p 个目标的发射导向矢量及接收导向矢量，可分别写为

$$\boldsymbol{a}(\theta_p)=[\mathrm{e}^{\mathrm{j}2\pi f_0\tau_1(\theta_p)},\mathrm{e}^{\mathrm{j}2\pi f_0\tau_2(\theta_p)},\cdots,\mathrm{e}^{\mathrm{j}2\pi f_0\tau_{M_\mathrm{t}}(\theta_p)}]^\mathrm{T} \tag{7.196}$$

$$\boldsymbol{b}(\theta_p)=[\mathrm{e}^{\mathrm{j}2\pi f_0\tilde{\tau}_1(\theta_p)},\mathrm{e}^{\mathrm{j}2\pi f_0\tilde{\tau}_2(\theta_p)},\cdots,\mathrm{e}^{\mathrm{j}2\pi f_0\tilde{\tau}_{M_\mathrm{r}}(\theta_p)}]^\mathrm{T} \tag{7.197}$$

式（7.196）和式（7.197）中，f_0 为雷达的载频；$\tau_m(\theta_p)$（$m=1,2,\cdots,M_\mathrm{t}$）表示第 m 个发射阵元的信号传播至位于 θ_p 的目标所需的时间；$\tilde{\tau}_n(\theta_p)$（$n=1,2,\cdots,M_\mathrm{r}$）表示信号从位于 θ_p 的目标传播至第 n 个接收阵元所需的时间。

令 $\boldsymbol{A}(\theta_p)=\boldsymbol{I}_K\otimes[\boldsymbol{b}(\theta_p)\boldsymbol{a}^\mathrm{T}(\theta_p)]$，利用性质 $\mathrm{Vec}(\boldsymbol{AXB})=(\boldsymbol{B}^\mathrm{T}\otimes\boldsymbol{A})\mathrm{Vec}(\boldsymbol{X})$（其中 $\boldsymbol{B}$ 为单位阵，$\boldsymbol{A}(\theta_p)$ 为 $\boldsymbol{b}(\theta_p)\boldsymbol{a}^\mathrm{T}(\theta_p)$，$\boldsymbol{X}$ 为 $\boldsymbol{S}$，即 $\boldsymbol{A}(\theta_p)=\mathrm{Vec}(\boldsymbol{S})=\mathrm{Vec}[\boldsymbol{b}(\theta_p)\boldsymbol{a}^\mathrm{T}(\theta_p)\boldsymbol{S}\boldsymbol{I}_K]$，则接收的基带信号矢量可以表示为

$$\boldsymbol{x}=\sum_{p=1}^{p}\alpha_p\boldsymbol{A}(\theta_p)\boldsymbol{s}+\boldsymbol{n} \tag{7.198}$$

式中，$\boldsymbol{s}=\mathrm{Vec}(\boldsymbol{S})$，$\boldsymbol{n}=\mathrm{Vec}(\boldsymbol{N})$。

接下来需要对接收的回波信号进行匹配滤波，如图 7.45 所示。接收波形满足正交条件，将匹配滤波后的信号写成矢量形式为

$$\boldsymbol{x}=\sum_{p=1}^{p}\alpha_p\boldsymbol{A}(\theta_p)+\boldsymbol{n} \tag{7.199}$$

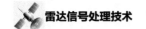

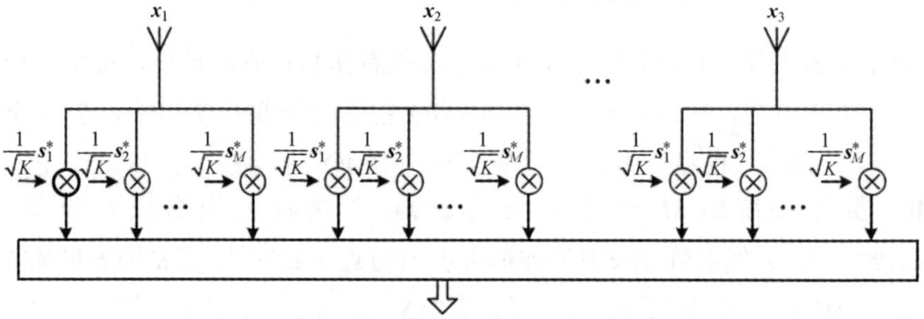

图 7.45 MIMO 雷达接收端匹配滤波

7.4.2 MIMO 雷达正交波形设计方法

对 MIMO 雷达而言，正交波形是一种理想的波形。实际上，完全正交且所有可能延时的信号旁瓣为零的信号是不存在的，因此，在正交波形设计中，主要任务是使发射波形具有好的自相关和互相关性质，这也是一些实际应用中必须的，例如，在距离压缩的应用中，波形具有好的相关性，不仅强调两两信号之间的互相关性要很弱，还隐含了信号本身具有很低的自相关旁瓣，即信号自身是高主副瓣比的脉冲压缩信号。目前，已经有大量关于 MIMO 雷达波形设计的文献。当设计方法考虑波形所有的自相关旁瓣和互相关时，其旁瓣峰值经常出现在自相关

主瓣附近，因此，发射波形仅需要在 0 延迟单元附近具有较低的自相关旁瓣和互相关，而对远离主瓣区域的旁瓣峰值可以不做限制。

假设一个 MIMO 雷达系统具有 M 个发射天线，每个天线发射一个由 L 个子脉冲组成的相位编码脉冲，这个脉冲信号可以表示为[70]

$$u_m(t)=\frac{1}{\sqrt{T}}\sum_{l=1}^{L}x_m(l)p\left[\frac{t-(l-1)t_b}{t_b}\right],\quad m=1,\cdots,M \tag{7.200}$$

式中，

$$x_m(l)=\mathrm{e}^{\mathrm{j}\phi_m(l)},\quad m=1,\cdots,M;\quad l=1,\cdots,L \tag{7.201}$$

是所要设计的相位编码；$p(t)$ 定义为

$$p(t)=\begin{cases}1, 0\leqslant t\leqslant 1\\ 0, t<0或t>0\end{cases} \tag{7.202}$$

在式（7.200）中，t_b 是子脉冲脉宽，$T=Lt_b$ 是整个脉冲的脉宽。波形设计的主要目的是使离散波形集合 $\{x_m(l)\}_{m=1,l=1}^{ML}$ 满足期望的相关性质。这里首先要指出的是，当设计连续相位编码时，$\phi_m(l)\in[0,2\pi]$；当设计离散相位编码时，假设多相码的相位数是 J，也就是说发射信号的相位不能是任意的，而必须是在 J 个离散相位中选取，则 $\phi_m(l)$ 应满足如下约束：

$$\phi_m(l)\in\boldsymbol{\Phi}=\left\{0,\frac{2\pi}{J},2\cdot\frac{2\pi}{J},\cdots,(J-1)\cdot\frac{2\pi}{J}\right\} \tag{7.203}$$

$\{x_{m_1}(k)\}_{k=1}^{L}$ 和 $\{x_{m_2}(k)\}_{k=1}^{L}$ 延迟为 l 的非周期互相关函数定义为

$$r_{m_1m_2}(l)=\sum_{k=l+1}^{L}x_{m_1}(k)x_{m_2}^{*}(k-l)=r_{m_2m_1}^{*}(-l) \tag{7.204}$$

式中，$m_1,m_2=1,\cdots,M$，$l=0,\cdots,L-1$。当 $m_1=m_2$ 时，式（7.204）表示 $\{x_{m_1}(k)\}_{k=1}^{L}$ 的非周期自相关函数。当多相码信号的相位是离散的时，式（7.204）可以改写为

$$r_{m_1m_2}(l)=\begin{cases}\dfrac{1}{L}\displaystyle\sum_{k=1}^{L-l}\mathrm{e}^{\mathrm{j}\left[\phi_{m_2}(k)-\phi_{m_1}(k+l)\right]}, & 0\leqslant k<L\\ \dfrac{1}{L}\displaystyle\sum_{k=-l+1}^{L}\mathrm{e}^{\mathrm{j}\left[\phi_{m_2}(k)-\phi_{m_1}(k+l)\right]}, & -L<k<0\end{cases} \tag{7.205}$$

非周期自相关函数可以表示为

$$r_{m_1m_1}(l)=\begin{cases}\dfrac{1}{L}\displaystyle\sum_{k=1}^{L-l}\mathrm{e}^{\mathrm{j}\left[\phi_{m_1}(k)-\phi_{m_1}(k+l)\right]}, & 0\leqslant k<L\\ \dfrac{1}{L}\displaystyle\sum_{k=-l+1}^{L}\mathrm{e}^{\mathrm{j}\left[\phi_{m_1}(k)-\phi_{m_1}(k+l)\right]}, & -L<k<0\end{cases} \tag{7.206}$$

在理想情况下，正交信号自相关函数应该满足狄拉克（Dirac）函数的形式，而互相关则应为零，即

$$r_{m_1m_1}(l)=\delta(l),\quad l=0,\cdots,L-1 \tag{7.207}$$

和

$$r_{m_1m_2}(l)=0,\quad l=0,\cdots,L-1 \tag{7.208}$$

事实上，上述条件［见式（7.207）和式（7.208）］是无法满足的。因此，已有的设计方法均以某种准则来设计正交波形，以达到降低自相关旁瓣和互相关的目的。为了使得所设计的 MIMO 雷达波形具有理想的相关性质，可以定义如下目标函数：

$$E=\sum_{m=1}^{M}\sum_{l=-L+1,l\neq0}^{L-1}\left|r_{mm}(l)\right|^2+\sum_{m_1=1}^{M}\sum_{m_2=1,\,m_2\neq m_1}^{M}\sum_{l=-L+1}^{L-1}\left|r_{m_1m_2}(l)\right|^2 \tag{7.209}$$

式（7.209）定义的目标函数考虑整体降低所有的自相关旁瓣和互相关。若尽可能地降低主瓣附近若干单元的自相关旁瓣和互相关，而不考虑远离主瓣的自相关旁瓣和互相关峰值，则目标函数可以表示为

$$\tilde{E}=\max\left\{\left|r_{mm}(l)\right|_{m=1,\cdots,M;\ l=1,\cdots,P-1},\left|r_{m_1m_2}(l)\right|_{m_1,m_2=1,\cdots,M;\ l=1,\cdots,P-1}\right\} \tag{7.210}$$

或

$$\tilde{E}=\left\|\boldsymbol{R}_0-L\boldsymbol{I}_M\right\|^2+2\sum_{l=1}^{P-1}\left\|\boldsymbol{R}_l\right\|^2 \tag{7.211}$$

式中，$P-1$ 是我们感兴趣的最大延迟，有

$$\boldsymbol{R}_l=\begin{bmatrix} r_{11}(l) & r_{12}(l) & \cdots & r_{1M}(l)\\ r_{21}(l) & r_{22}(l) & \cdots & r_{2M}(l)\\ \vdots & \vdots & \vdots & \vdots\\ r_{M1}(l) & r_{M2}(l) & \cdots & r_{MM}(l)\end{bmatrix},\quad l=-L+1,\cdots,0,\cdots,L-1 \tag{7.212}$$

具体而言，$(P-1)t_b$ 应该不小于临近距离单元和远距离单元后向散射信号的最大往返延迟。目标函数式（7.210）和式（7.211）都是非凸问题，没有优化工具箱能直接给出最优解，因此对于式（7.210），学者提出利用模拟退火算法或遗传算法来求解。

Multi-CAN[71]算法是目前比较常见的一种方法。对于给定一组初始的非最优正交波形，在恒模约束条件下，最小化该波形的 ISLR。对于该目标函数的求解，文献[71]利用 Parseval 定理将代表能量概念的目标函数 ISLR 转换到频域。算法通过 FFT、IFFT 在时域和频率交替进行循环迭代从而逼近目标函数，优化正交波形的 ISLR 性能。该方法具有良好的计算效率，尤其对于长序列、多组数的正交波形设计，较传统遗传、退火算法大大降低了运算复杂度。如图 7.46 所示为正

交波形组数为 16 时的 Multi-CAN 序列，可见，该算法具有较为理想的互相关和自相关特性。图 7.47 所示为随机产生的序列经过 Multi-CAN 算法优化前后的波形自相关和互相关对比图。可以看到，经过 Multi-CAN 算法优化后，波形自相关和互相关的积分旁瓣比和峰值旁瓣比都有所降低，且随着码元长度的增加，优化效果更好。

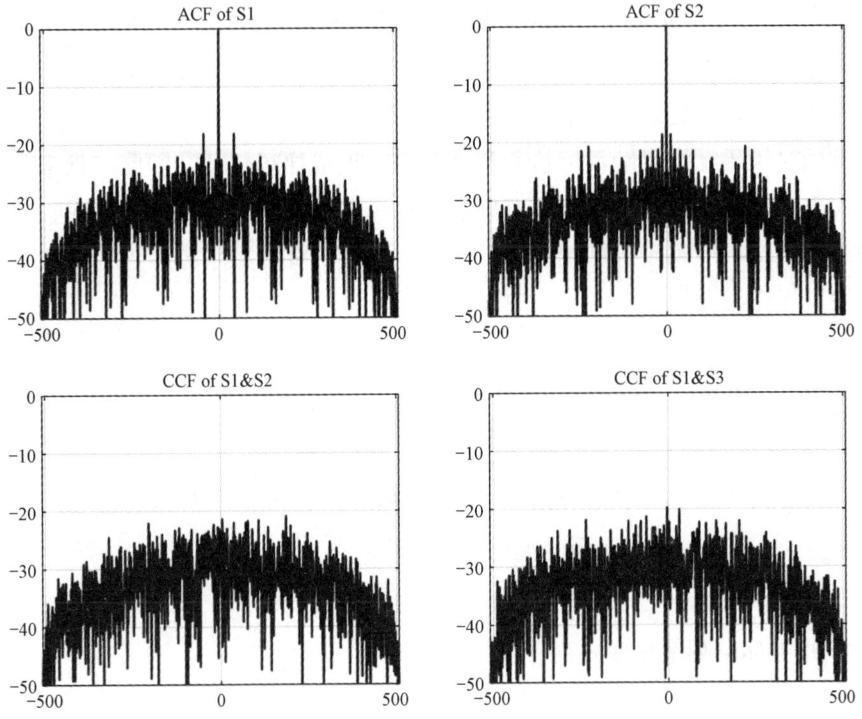

图 7.46　正交波形组数为 16 时的 Multi-CAN 序列

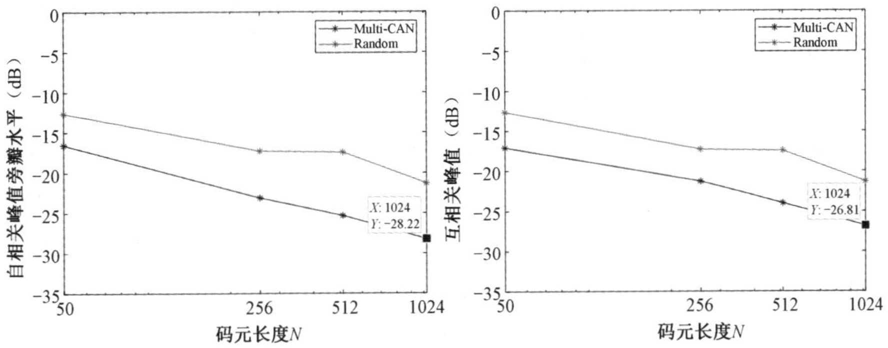

图 7.47　随机产生的序列经过 Multi-CAN 算法优化前后的波形自相关峰值旁瓣水平和互相关峰值对比图

7.4.3 频率分集阵新体制雷达模型及方向图[72]

频率分集阵列天线是由 Antonik 和 Wicks 于 2006 年提出的。如图 7.48 所示为频率分集阵列天线示意图，其发射信号采用窄带连续波信号，发射信号载频存在微小的频率步进。其发射天线为 3 行 5 列的天线阵列，并进行列子阵合成，等效为沿水平方向的频率分集阵列天线。在试验场地安装两个接收天线，以验证频率分集阵列天线的发射方向图特性[73]。经过试验验证，频率分集阵列天线的发射方向图具有角度-时间-距离三维依赖性。频率分集阵列天线的距离维可控自由度增加了雷达信号处理的灵活性，综合频率分集阵列天线的空间、时间、频率资源，可同时满足雷达运动目标检测和高分辨雷达成像等任务，因此，频率分集阵列引入更多的系统可控自由度，有望解决高速平台雷达运动目标检测面临的距离模糊杂波抑制、欺骗干扰抑制等关键问题，本节主要对频率分集阵列概念及方向图特性进行详细介绍。

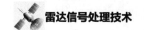

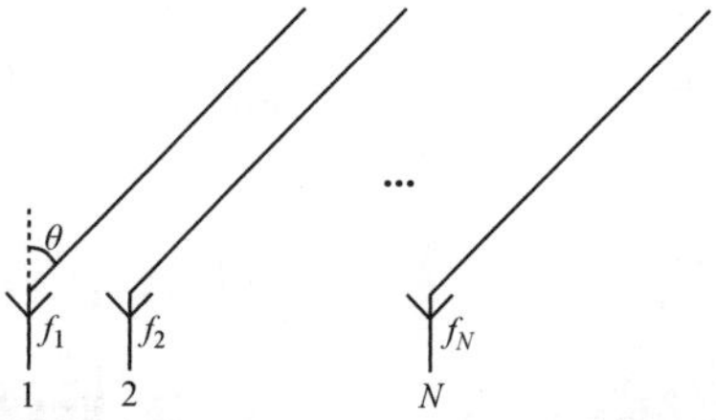

图 7.48 频率分集阵列天线示意图

1. 相参体制频率分集阵列

频率分集阵列雷达不同于传统阵列雷达，其发射信号的载频存在微小差异。本节给出频率分集阵列雷达的基本模型。如图 7.48 所示，考虑一个由 N 个全向天线单元组成的一维等距线阵（Uniform Linear Array，ULA），其发射信号载频具有线性步进，则第 n 个阵元发射信号的载频可表示为

$$f_n = f_0 + (n-1)\Delta f, \quad n = 1, 2, \cdots, N \tag{7.213}$$

式中，f_0 为参考频率；Δf 为频率步进。需要说明的是，通常该频率步进远小于参考频率和发射信号带宽。天线各个单元发射的电磁波在空间某点相干叠加形成波束主瓣，而在其他区域去相关从而形成旁瓣。对于空间任意位置点（距离为 r，角度为 θ），第一个天线单元对应的相位可表示为

$$\varphi_1 = -2\pi f_1 \frac{r}{c} \tag{7.214}$$

式中，c 为光速。第二个天线单元对应的相位可表示为

$$\varphi_2 = -2\pi f_2 \frac{r - d\sin\theta}{c} \tag{7.215}$$

式中，d 为阵元间距，则天线单元间的相位差可表示为

$$\Delta\varphi_{1,2}=\varphi_2-\varphi_1=-2\pi f_2\frac{r-d\sin\theta}{c}+2\pi f_1\frac{r}{c}=-2\pi\Delta f\frac{r}{c}+2\pi f_2\frac{d\sin\theta}{c} \tag{7.216}$$

第 n 个天线单元对应的相位可表示为

$$\varphi_n=-2\pi f_n\frac{r-d(n-1)\sin\theta}{c} \tag{7.217}$$

则天线单元间的相位差可表示为

$$\begin{aligned}\Delta\varphi_{1,n}&=\varphi_n-\varphi_1=-2\pi f_n\frac{r-d(n-1)\sin\theta}{c}+2\pi f_1\frac{r}{c}\\&=-2\pi\Delta f\frac{r}{c}(n-1)+2\pi f_n\frac{d(n-1)\sin\theta}{c}\\&=-2\pi\Delta f\frac{r}{c}(n-1)+2\pi f_0\frac{d(n-1)\sin\theta}{c}+2\pi\Delta f\frac{d(n-1)^2\sin\theta}{c}\end{aligned} \tag{7.218}$$

由式（7.218）可知，频率分集阵列电磁波传播的相位差不仅与空间角度有关，还与传播距离有关，因此，频率分集阵列天线的发射方向图具有距离-角度二维依赖性。注意，式（7.218）中第三项为阵元数的二次函数，当频率步进相对于载频可以忽略时，该项可近似不计。考虑发射端不加窗处理且发射权矢量为全 1 矢量，则频率分集阵列的发射方向图可近似表示为

$$\begin{aligned}P(r,\theta,t)&\approx\sum_{n=1}^{N}\exp\left\{\mathrm{j}2\pi(n-1)\left[\Delta ft-\frac{\Delta f}{c}r+\frac{d}{\lambda_0}\sin\theta\right]\right\}\\&=\frac{\sin\left[N\pi\left(\Delta ft-\frac{\Delta f}{c}r+\frac{d}{\lambda_0}\sin\theta\right)\right]}{\sin\left[\pi\left(\Delta ft-\frac{\Delta f}{c}r+\frac{d}{\lambda_0}\sin\theta\right)\right]}\exp\left\{\mathrm{j}(N-1)\pi\left(\Delta ft-\frac{\Delta f}{c}r+\frac{d}{\lambda_0}\sin\theta\right)\right\}\end{aligned} \tag{7.219}$$

式中，$\lambda_0=c/f_0$。注意，当频率步进为零时，该发射方向图将退化为传统相控阵天线的发射方向图形式。需要说明的是，频率分集阵列的发射方向图的时变特性将增加雷达信号处理的复杂度。学者对准静态的发射方向图设计开展了初步的研究。如图 7.49 所示为传统相控阵与频率分集阵列的发射方向图比较，其中，$N=10$，$f_0=2\text{GHz}$，$d=\lambda_0/2$，$\Delta f=10\text{kHz}$。如图 7.49 所示，传统相控阵的发射方向图仅与角度有关，与距离无关；而频率分集阵列的发射方向图具有距离-角度二维依赖性。

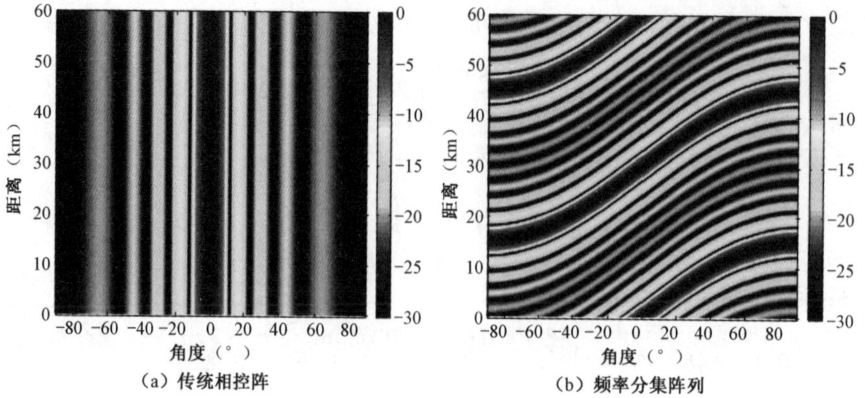

图 7.49　发射方向图比较

如图 7.50 所示，当频率分集阵列天线发射相参波形时，对于同一远场点，由第 n 个天线单元发射、第 m 个天线接收对应的相位可表示为

$$\varphi_{mn}=2\pi f_n\left(\frac{r-(n-1)d\sin\theta}{c}+\frac{r-(m-1)d\sin\theta}{c}\right) \tag{7.220}$$

则第 m 个天线单元接收的信号可表示为

$$\begin{aligned}r_m(t,\theta,r)&=\sum_{n=1}^{N}\operatorname{rect}(t-\tau_{mn})\exp\left\{\mathrm{j}2\pi f_n(t-\tau_{mn})\right\}\\&=\sum_{n=1}^{N}\operatorname{rect}(t-\tau_{mn})\exp\left\{\mathrm{j}2\pi f_n\left(t-\frac{r-(n-1)d\sin\theta}{c}-\frac{r-(m-1)d\sin\theta}{c}\right)\right\}\\&=\sum_{n=1}^{N}\operatorname{rect}(t-\tau_{mn})\exp\left\{\mathrm{j}2\pi f_n t\right\}\exp\left\{-\mathrm{j}\phi_{mn}\right\}\end{aligned} \tag{7.221}$$

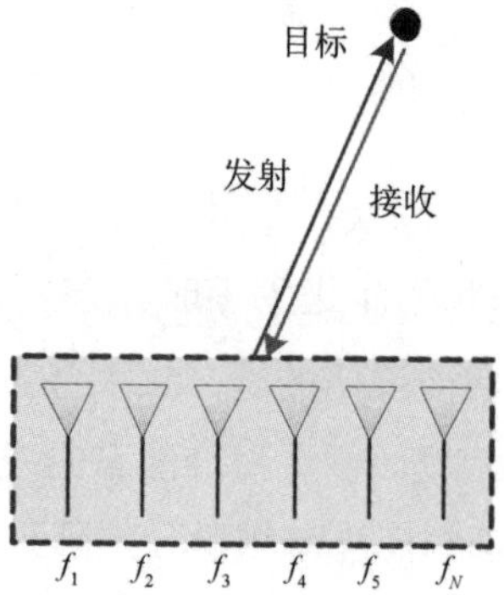

图 7.50　频率分集阵列天线发射与接收

这里考虑脉冲体制信号波形，有

$$\mathrm{rect}\left(t-\tau_{mn}\right)=\begin{cases}1, & -\dfrac{T}{2}\leqslant t-\tau_{mn}\leqslant\dfrac{T}{2}\\ 0, & -\dfrac{T}{2}\leqslant t-\tau_{mn}\leqslant\dfrac{T}{2}\end{cases} \tag{7.222}$$

式中，T 为脉冲持续时间。当考虑脉冲时间较短时，$\exp\left\{\mathrm{j}2\pi f_n t\right\}$ 近似被认为与阵元无关，即 $\exp\left\{\mathrm{j}2\pi f_n t\right\}\approx\exp\left\{\mathrm{j}2\pi f_0 t\right\}$，由此可得

$$\begin{aligned}r_m\left(\theta,r\right)&\approx\exp\left\{\mathrm{j}2\pi f_0\frac{\left(m-1\right)d\sin\theta}{c}\right\}\sum_{n=1}^{N}\exp\left\{-\mathrm{j}2\pi\frac{2\left(n-1\right)\Delta fr}{c}\right\}\exp\left\{\mathrm{j}2\pi f_0\frac{\left(n-1\right)d\sin\theta}{c}\right\}\\&\approx\exp\left\{\mathrm{j}2\pi f_n\frac{\left(m-1\right)d\sin\theta}{c}\right\}\frac{\sin\left(N\pi\left(-\dfrac{2\Delta fr}{c}+\dfrac{d\sin\theta}{\lambda_0}\right)\right)}{\sin\left(\pi\left(-\dfrac{2\Delta fr}{c}+\dfrac{d\sin\theta}{\lambda_0}\right)\right)}\exp\left\{\mathrm{j}\psi\right\}\end{aligned} \tag{7.223}$$

式中，$\psi=\left(\left(N-1\right)\pi\left(-\dfrac{2\Delta fr}{c}+\dfrac{d\sin\theta}{\lambda_0}\right)\right)$。因此，接收信号可表示为

$$\boldsymbol{x}_s\left(\theta,r\right)=\left[r_1\left(\theta,r\right),r_2\left(\theta,r\right),\cdots,r_N\left(\theta,r\right)\right]^{\mathrm{T}}=g\left(\theta,r\right)\boldsymbol{a}\left(\theta\right) \tag{7.224}$$

式中，$\boldsymbol{a}\left(\theta\right)$ 为接收导向矢量，$g\left(\theta,r\right)$ 为对应的发射方向图，

$$\boldsymbol{a}\left(\theta\right)=\left(1,\mathrm{e}^{\mathrm{j}2\pi\frac{d}{\lambda_0}\sin\theta},\cdots,\mathrm{e}^{\mathrm{j}2\pi\frac{d}{\lambda_0}(N-1)\sin\theta}\right)^{\mathrm{T}} \tag{7.225}$$

$$g\left(\theta,r\right)=\frac{\sin\left(N\pi\left(-\dfrac{2\Delta fr}{c}+\dfrac{d\sin\theta}{\lambda_0}\right)\right)}{\sin\left(\pi\left(-\dfrac{2\Delta fr}{c}+\dfrac{d\sin\theta}{\lambda_0}\right)\right)}\exp\left\{\mathrm{j}\psi\right\} \tag{7.226}$$

则接收阵列波束形成可表示为

$$\begin{aligned}P\left(\theta,r\right)&=\frac{\sin\left(N\pi\left(-\dfrac{2\Delta fr}{c}+\dfrac{d\sin\theta}{\lambda_0}\right)\right)}{\sin\left(\pi\left(-\dfrac{2\Delta fr}{c}+\dfrac{d\sin\theta}{\lambda_0}\right)\right)}\exp\left\{\mathrm{j}\psi\right\}\sum_{i=1}^{N}w_i^{*}a_i\\&=\boldsymbol{w}^{\mathrm{H}}\boldsymbol{a}\left(\theta\right)\frac{\sin\left(N\pi\left(-\dfrac{2\Delta fr}{c}+\dfrac{d\sin\theta}{\lambda_0}\right)\right)}{\sin\left(\pi\left(-\dfrac{2\Delta fr}{c}+\dfrac{d\sin\theta}{\lambda_0}\right)\right)}\exp\left\{\mathrm{j}\psi\right\}\end{aligned} \tag{7.227}$$

式中，$\boldsymbol{w}=\left[w_1,w_2,\cdots,w_N\right]^{\mathrm{T}}$ 为接收权矢量。频率分集阵列天线方向图具有距离周期性，频率分集阵列对应的距离周期和对应的时间为

$$R_v=\frac{c}{2\Delta f},\quad T_v=\frac{R_v}{c}=\frac{1}{2\Delta f} \tag{7.228}$$

式中的因子 2 表示双程传播。

值得注意的是，频率分集阵列（Frequency Diverse Array，FDA）的距离信息仅包含在发射导向矢量中，若要获取距离信息，必须获得分离的发射波形，并非直接设计发射方向图就可以实现的。FDA 的发射方向图是时变的（非稳态的），现有的部分文献中存在不合理的忽略时间因素的问题，违背了基本的物理常识。实际上，电磁波在空间中传播遵循麦克斯韦方程，在真空或均匀介质中，相对于天线相位中心（辐射源）的任意空间射线方向上，不同距离的远场位置处的电磁波相位历程是完全相同的，只是存在时间上的先后关系，电场强度随距离平方衰减[74]。

如表 7.3 所示为在相控阵、MIMO 和 FDA 三种体制下，与天线发射方向图相关特性的比较[83]。由比较结果可见，FDA 作为一种新的阵列体制，其与 MIMO 有更多的相似性。

表 7.3　在三种体制下，与天线发射方向图相关特性的比较

阵列体制	不同方向的时域响应	方向图的距离依赖性	发射方向图主瓣	天线发射增益
相控阵	各向同性	距离无关	稳定	M^2
MIMO	各向异性	随距离变化，无规律	无	M
FDA	各向异性	随距离变化，有规律	自动扫描	M

如图 7.51 所示为脉冲体制下在不同瞬间的相控阵和 FDA 在距离-角度上的辐射电场分布情况。图 7.51（a）～图 7.51（d）为相控阵的辐射电场分布图；图 7.51（e）～图 7.51（h）为 FDA 在满足 $T_p=1/\Delta f$ 条件下的辐射电场分布图；图 7.51（i）～图 7.51（l）为 FDA 在满足 $T_p=1/(2\Delta f)$ 条件下的辐射电场分布图。可以看到，电磁波随时间在空间中传播，有效电场部分所对应的距离维宽度由脉冲持续时间所决定。在距离-角度上辐射电场分布受发射方向图调制，在不同瞬时时刻，辐射的电磁波向前传播，并到达不同的位置。此外，FDA 发射方向图主瓣覆盖空间角度的范围与系统参数有关，当 $T_p<1/\Delta f$ 时，发射方向图主瓣只能覆盖有限的空间角度。因此，通过控制雷达参数可以控制 FDA 发射方向图覆盖的空间区域。需要说明的是，对于相同角度不同距离的空间位置，尽管电磁波穿越的时间有先后之分，但电磁波激励产生的相位响应是完全一致的，与阵列的体制无关。

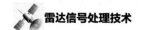

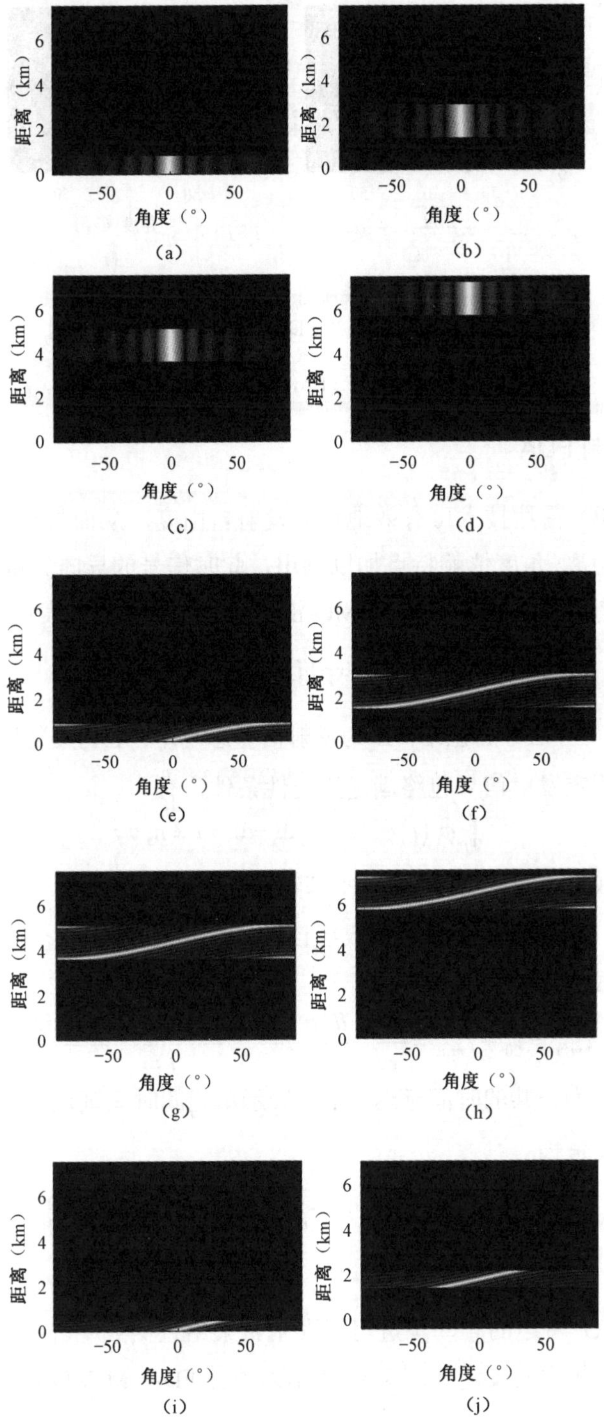

图 7.51　脉冲体制下在不同瞬间的相控阵和 FDA 在距离-角度上的辐射电场分布情况

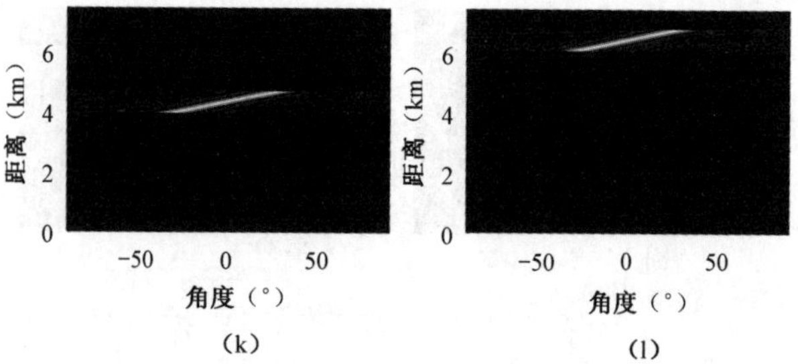

图 7.51　脉冲体制下在不同瞬间的相控阵和 FDA 在距离-角度上的辐射电场分布情况（续）

（a）～（d）：相控阵；（e）～（h）：FDA，$T_p=1/\Delta f$；（i）～（l）：FDA，$T_p=1/(2\Delta f)$

2. 正交体制 FDA

采用 MIMO 雷达技术可有效地扩展发射自由度，从而将频率分集阵列的发射导向矢量的距离-角度依赖特点加以利用，此时信号的导向矢量具有距离-角度二维依赖性。考虑共址频率分集 MIMO 雷达，第 n 个阵元的发射信号可表示为

$$s_n(t)=\sqrt{\frac{E}{N}}\varphi_n(t)\exp\{\mathrm{j}2\pi f_n t\},\quad 0\leqslant t\leqslant T \tag{7.229}$$

式中，$\varphi_n(t)$ 为发射信号的包络；E 为发射信号总功率；T 为发射脉冲持续时间；t 为时间变量。假定发射信号包络满足正交性条件，有

$$\int_T \varphi_l(t)\varphi_n^*(t-\tau)\mathrm{d}t=0,\quad l\neq n,\forall\tau \tag{7.230}$$

式中，τ 为任意的时间延迟；$(\ )^*$ 表示共轭运算。

考虑远场点源，第 m 个单元接收经该远场点源反射第 n 个单元发射的信号时间延迟可表示为

$$\tau'_{m,n}=\tau_0+\tau_{m,n}=\frac{2r}{c}-\frac{d(n-1)\sin(\theta)+d(m-1)\sin(\theta)}{c} \tag{7.231}$$

式中，$\tau_0=2r/c$ 为公共的时间延迟；$\tau_{m,n}$ 表示单元间时间延迟差。第 m 个单元接收到的信号可表示为

$$y_m(t)=\rho\sum_{n=1}^{N}\varphi_n\left(t-\tau'_{m,n}\right)\exp\left\{\mathrm{j}2\pi f_n\left(t-\tau'_{m,n}\right)\right\} \tag{7.232}$$

式中，ρ 为点源的复散射系数。

FDA-MIMO 雷达的频率步进可以在基带采用直接数字合成（DDS）技术实现，具有很高的频率精度。如图 7.52 所示为一种 FDA-MIMO 雷达发射波形设计与实现结构。

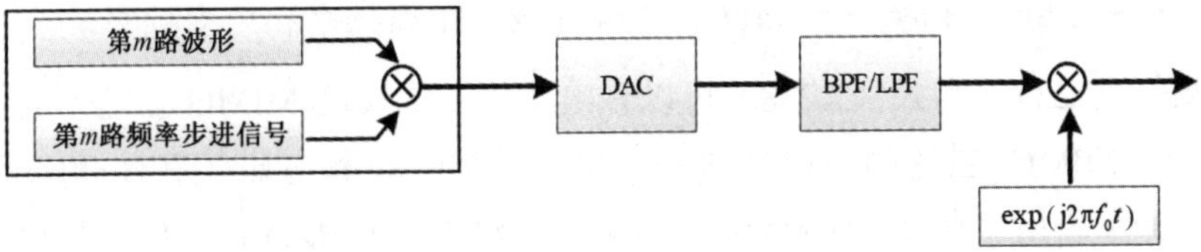

图 7.52　一种 FDA-MIMO 雷达发射信号实现结构

考虑窄带假设，即 $\varphi_n(t-\tau)\approx\varphi_n(t-\tau_0)$，接收到的目标回波信号经过对参考载频的混频处理、对步进频率的数字混频处理、正交波形的匹配滤波处理之后可以表达为

$$\begin{aligned} y_{m,n} &= \rho\exp\left\{-\mathrm{j}4\pi\frac{f_n}{c}r\right\}\exp\left\{\mathrm{j}2\pi\frac{f_n d}{c}(n-1)\sin(\theta)\right\}\exp\left\{\mathrm{j}2\pi\frac{f_n d}{c}(m-1)\sin(\theta)\right\} \\ &\approx \xi\exp\left\{-\mathrm{j}4\pi\frac{\Delta f}{c}(n-1)r\right\}\exp\left\{\mathrm{j}2\pi\frac{d}{\lambda_0}(n-1)\sin(\theta)\right\}\exp\left\{\mathrm{j}2\pi\frac{d}{\lambda_0}(m-1)\sin(\theta)\right\} \end{aligned} \tag{7.233}$$

式中，$\xi=\rho\exp\{\mathrm{j}2\pi f_0 r/c\}$。因此频率分集阵列 MIMO 中接收快拍以矢量的形式可表示为

$$\boldsymbol{x}_s=\left[y_{11},y_{12},\cdots,y_{1N},y_{21},\cdots,y_{NN}\right]^{\mathrm{T}}=\xi\boldsymbol{b}(\theta)\otimes\boldsymbol{a}(\theta,r) \tag{7.234}$$

式中，$\boldsymbol{x}_s\in\mathbb{C}^{N^2\times1}$，上标 T 为转置运算符，$\otimes$为 Kronecker 积，$\boldsymbol{a}(r,\theta)\in\mathbb{C}^{N\times1}$和$\boldsymbol{b}(\theta)\in\mathbb{C}^{N\times1}$分别为发射导向矢量和接收导向矢量，其表达形式如下：

$$\begin{aligned} \boldsymbol{a}(r,\theta) &= \boldsymbol{a}_r(r)\odot\boldsymbol{a}_\theta(\theta) \\ &= \left[1,\exp\left\{-\mathrm{j}4\pi\frac{\Delta f}{c}r\right\},\cdots,\exp\left\{-\mathrm{j}4\pi\frac{\Delta f}{c}(N-1)r\right\}\right]^{\mathrm{T}}\odot \\ &\quad \left[1,\exp\left\{\mathrm{j}2\pi\frac{d}{\lambda_0}\sin(\theta)\right\},\cdots,\exp\left\{\mathrm{j}2\pi\frac{d}{\lambda_0}(N-1)\sin(\theta)\right\}\right]^{\mathrm{T}} \end{aligned} \tag{7.235}$$

$$\boldsymbol{b}(\theta)=\left[1,\exp\left\{\mathrm{j}2\pi\frac{d}{\lambda_0}\sin(\theta)\right\},\cdots,\exp\left\{\mathrm{j}2\pi\frac{d}{\lambda_0}(N-1)\sin(\theta)\right\}\right]^{\mathrm{T}} \tag{7.236}$$

式中，$\boldsymbol{a}_r(r)\in\mathbb{C}^{N\times1}$和$\boldsymbol{a}_\theta(\theta)\in\mathbb{C}^{N\times1}$分别表示距离导向矢量和角度导向矢量，$\odot$为 Hadamard 积。相应的发射空间频率 f_{Tx} 和接收空间频率 f_{Rx} 可表示为

$$f_{\mathrm{Tx}}=f_r+f_\theta=-2\frac{\Delta f}{c}r+\frac{d}{\lambda_0}\sin(\theta) \tag{7.237}$$

$$f_{\mathrm{Rx}}=f_\theta=\frac{d}{\lambda_0}\sin(\theta) \tag{7.238}$$

式中，$f_r=-2\Delta fr/c$ 和 $f_\theta=d\sin(\theta)/\lambda_0$ 分别表示距离频率和角度频率。

从式（7.237）和式（7.238）可以看出，与传统共址 MIMO 雷达不同，频率分集阵列 MIMO 雷达的发射导向矢量和发射空间频率均具有距离-角度依赖特性。图 7.53 给出了传统 MIMO 雷达和频率分集阵列 MIMO 雷达中目标信号在发射-接收二维域的功率谱分布。在传统 MIMO 雷达中，目标信号的发射与接收空间频率是相同的，因此，目标信号在发射-接收二维域的分布呈现对角形式。在频率分集阵列 MIMO 雷达中，目标信号在发射-接收平面内的分布具有任意性，这是由于频率分集阵列 MIMO 雷达的发射空间频率不仅是角度的函数，而且是距离的函数。

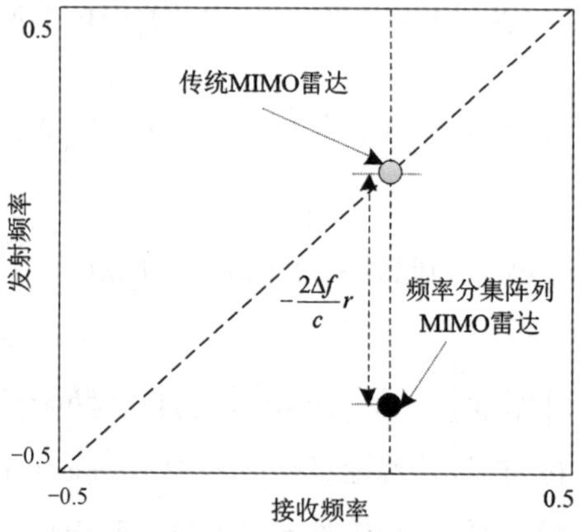

图 7.53　传统 MIMO 雷达和频率分集阵列 MIMO 雷达目标在发射-接收频率域的分布

7.4.4　频率分集阵雷达应用

与传统 MIMO 雷达最大的区别在于，FDA-MIMO 雷达中发射导向矢量中包含目标信号的距离信息，这一距离信息与传统意义上由回波的时延确定的距离信息是不同的。该距离信息提供了雷达在发射空间域区分不同目标的能力，即使这些目标可能位于相同的距离门。

基于上述分析可知，FDA-MIMO 雷达能够区分距离模糊的目标信号，这为解决高脉冲重复频率体制下的目标距离模糊问题提供了一条新的途径。尽管不同的目标信号在时域上重叠在一起，仅能测量目标信号的无模糊距离，然而由于 FDA-MIMO 雷达发射导向矢量中包含目标的真实距离，可以有效解决目标的距离模糊重数的估计问题，文献[84]提出了基于 FDA-MIMO 雷达的距离角度联合估计方法。例如，假设场景中有一个压制式白噪声干扰源和 4 个位于天线法线方向、距离不同的点目标，且这些目标依次间隔刚好一个模糊距离，故出现在同一个雷达距离门内。如图 7.54 所示为传统 MIMO 雷达和 FDA-MIMO 雷达体制下的干扰和目标的功率谱分布图。可以看到，压制干扰能量的分布仅与其空间角度有关，在发射频率域分布为白色谱，在接收频率域的分布与其方向对应，并且在两种体制下的分布没有区别。但是目标信号的分布不同：来自空间同一方向的目标信号，在传统 MIMO 雷达体制下，其出现的位置是重合的；但在 FDA-MIMO 雷达体制下，4 个目标位于不同的位置，这是由于 FDA-MIMO 雷达发射导向矢量中包含了目标的距离信息。在传统雷达中，通常采用参差重频技术解决目标距离模糊问题；而在 FDA-MIMO 雷达中，采用单一重频就可以实现目标真实距离参数的估计。

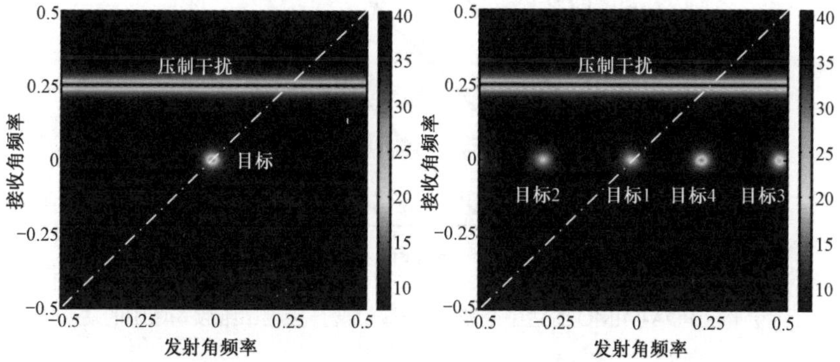

（a）传统 MIMO 雷达　　（b）FDA-MIMO 雷达

图 7.54　干扰和目标的功率谱分布图

当联合考虑脉冲维自由度时，则 FDA-MIMO 雷达可构成发射阵元-接收阵元-脉冲三维自由度，进而可以充分利用目标、杂波、干扰等在三维空间中的分布特性，解决传统 MIMO 雷达和相控阵雷达难以解决的问题。这里给出运动平台（机载、星载等）FDA-MIMO 雷达在地海面杂波抑制和广域运动目标检测中的应用案例，感兴趣的读者可以详细阅读文献[76,77]。研究表明，FDA-MIMO 雷达提供了距离维的自由度，可以分辨不同距离模糊区的回波信号，因此，可以并行处理不同距离模糊区的杂波抑制和动目标检测问题，理论上不受其他距离模糊区回波信号的影响。这意味着，传统运动平台不再需要采用低脉冲重复频率来避免杂波模糊问题，中脉冲重复频率和高脉冲重复频率导致的杂波模糊问题可以得到有效的解决。如图 7.55 所示为运动平台 FDA-MIMO 雷达中杂波或目标在发射-接收二维频率域中的功率谱分布示意。由图 7.55 可见，不同的距离模糊区所对应的杂波在发射-接收二维空间是彼此分离的，这与传统 MIMO 雷达是不同的。此外，由于采用正交波形，雷达具有覆盖整个观测空间的能力，并可以在接收端等效形成发射方向图实现不同方向的目标检测。综上所述，FDA-MIMO 雷达通过接收端处理实现空间不同角度、不同距离模糊区的目标检测，该处理过程可以并行高效地进行。如图 7.56 所示为 FDA-MIMO 雷达局域化处理的原理图，图中给出了针对第一距离模糊区、天线法线方向的运动目标检测的局域化多波束示意图。

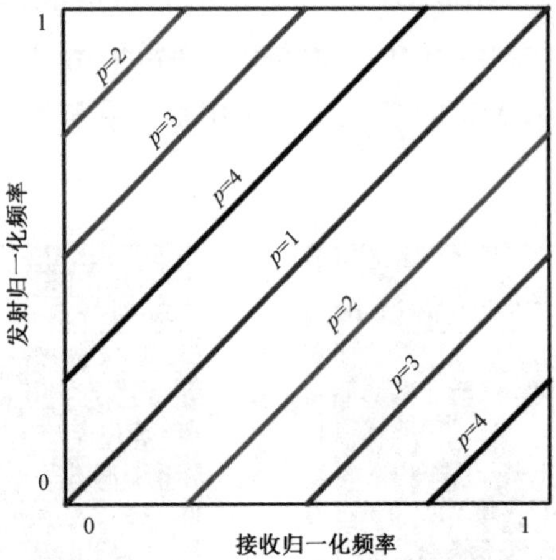

图 7.55　运动平台 FDA-MIMO 雷达中杂波或目标在发射-接收二维频率域中的功率谱分布示意

FDA-MIMO 雷达的另一个重要应用是干扰对抗[75-77]，由于其具有距离维自由度，因此，理论上可以对抗传统角度维自适应处理难以对抗的主瓣干扰。主瓣干扰的空间方向与期望的目标方向相同，导致传统空域自适应处理技术性能损失严重，而 FDA-MIMO 雷达可以利用目标和干扰在距离维度上的差异，实现主瓣方向的干扰抑制。根据 FDA-MIMO 雷达中真实目标的发射导向矢量和接收导向矢量的表达式，真实目标和第 q 个假目标发射空间频率表示为[76]

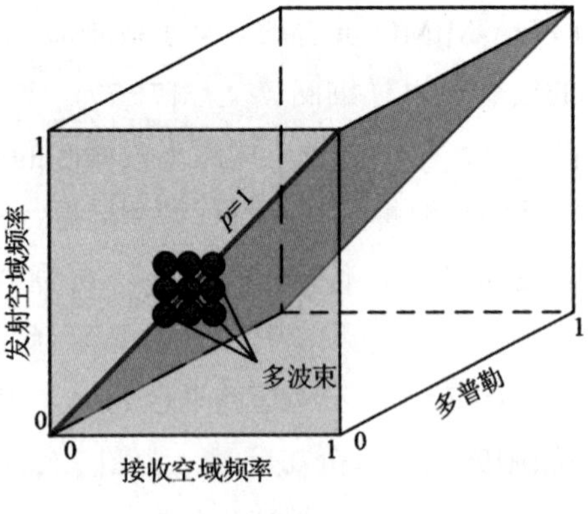

图 7.56　FDA-MIMO 雷达局域化处理的原理图

$$f_{\mathrm{T}} = -\Delta f \frac{2R_0}{c} + \frac{d}{\lambda_0}\sin(\theta_0) \tag{7.239}$$

$$f_{\mathrm{T}q} = -\Delta f \frac{2R_q}{c} + \frac{d}{\lambda_0}\sin(\theta_0) \tag{7.240}$$

据此，真、假目标发射空间频率中包含不同的距离信息，因此，可在发射-接收二维空间频率域内区分。在实际中，需要对接收数据进行逐个距离门的距离补偿以消除距离依赖性，补偿后有

$$\tilde{f}_{\mathrm{T}} = \frac{d}{\lambda_0}\sin(\theta_0) \tag{7.241}$$

$$\tilde{f}_{\mathrm{T}q} = -\frac{2\Delta f p R_u}{c} + \frac{d}{\lambda_0}\sin(\theta_0) \tag{7.242}$$

式中，$R_u = \dfrac{c}{2f_{\mathrm{r}}}$ 表示最大无模糊距离；f_{r} 为 PRF；p 为第 q 个假目标相对于真实目标的延迟脉冲数。可见，补偿后处于同一个发射脉冲内的任意距离门的目标具有相同的发射空间频率。如图 7.57 所示为真实目标和假目标在发射-接收二维空间频率域的分布。由于补偿后的真实目标发射、接收空间频率相等，因此位于发射-接收二维空间频率域平面的对角线上，而假目标在发射-接收二维空间频率域可任意分布，据此，可对真、假目标进行鉴别。可见，当给定频率步进时，发射空间频率仅与脉冲延迟数有关，因此，在发射空间频率上可区分对应于不同的距离模糊区间目标和欺骗式干扰。在 FDA-MIMO 雷达中，尽管假目标信号的距离模糊重数不同于真实目标，但是模糊重数是一个常量，因此，不同脉冲对应的目标空间谱保持不变[86,87]。

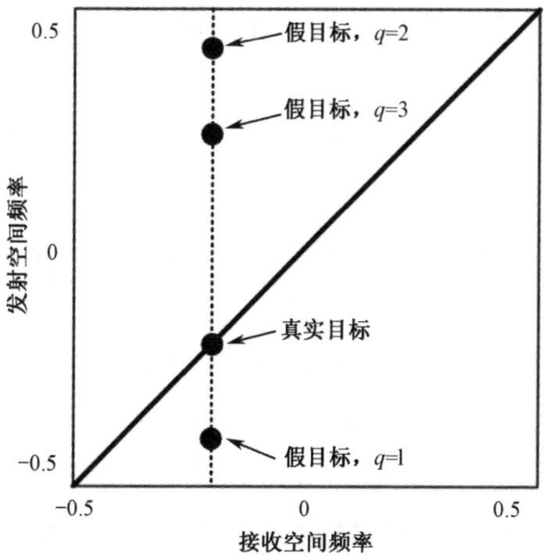

图 7.57　真实目标和假目标在发射-接收二维空间频率域的分布

另外，FDA-MIMO 雷达还可用于 SAR 成像解模糊应用中。受多普勒和距离模糊的制约，星载 SAR 成像方位高分辨率和宽测绘带相互矛盾。针对该问题，文献[78,79]提出了基于 MIMO 频率分集阵列（MIMO-FDA）SAR 系统的高分辨率宽测绘带成像距离解模糊方法。如图 7.58 所示为 FDA-SAR 系统几何构型，MIMO-FDA 在不同阵元（或子阵）间引入发射载频的微小偏置，同时采用相互正交的基带波形，利用 FDA 发射导向矢量的距离-角度二维依赖性，将不同区域的距离模糊回波信号在发射角度维推开，该方法基于 FDA 的距离维可控自由度，通过 MIMO 发射波束形成在空间频率域进行滤波，从而实现了距离模糊回波的分离及不同距离区域的分别成像，解决了星载 SAR 成像测绘带宽对方位高分辨率的制约问题，感兴趣的读者可以进一步阅读文献[78,79]。

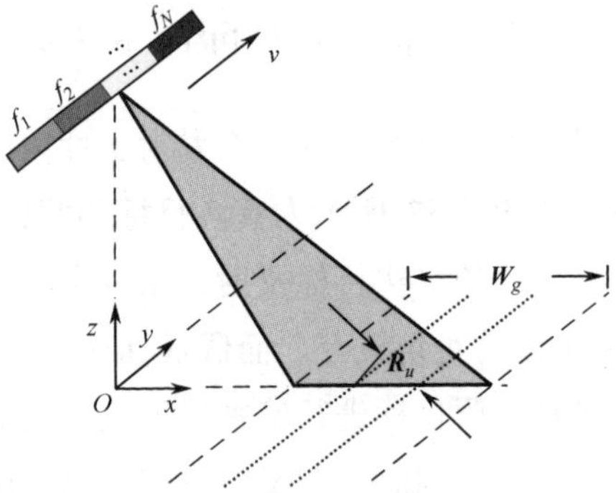

图 7.58　FDA-SAR 系统几何构型

7.5　本章小结

本章从基础概念着手，较为深入、详细地诠释了雷达阵列信号处理基本原理，并全面讨论了关键问题。首先，从阵列信号模型出发，给出了波束形成原理及算法；其次，从空间谱估计角度介绍了独立信源、相干信源等情况下高分辨测向方法；再次，重点讨论了空时二维自适应处理原理及其在机载雷达杂波抑制方面的应用；接下来针对波形分集新体制阵列雷达（包括 MIMO 与 FDA），介绍了其信号处理方法及其应用。

结合深度学习算法与合成孔径雷达研究基于复图像域的杂波抑制方法，结合分布式小卫星雷达及天基/空基 MIMO 雷达进行稀疏孔径空时自适应处理，考虑在非理想因素条件下稳健空时自适应处理等都是雷达阵列信号处理领域的重要研究方向。此外，对运动平台 FDA-MIMO 雷达信号处理方法的研究也将受到更多的关注。

本章参考文献

[1] APPLEBAUM S P, CHAPMAN D J. Adaptive array with main beam constraints[J]. IEEE Transactions on Antennas and Propagation, 1976, 24(5):650-662.

[2] HOWELLS P W. Intermediate frequency sidelobe canceller[P]. U.S. Patent, 3202990, August 24, 1965.

[3] LIU H, LIAO G S, ZHANG J. A Robust adaptive Capon Beamforming[C]. European Signal Processing, 2005.

[4] LIU H, LIAO G S, XIE Y M, et al. Unified framework for two robust beamforming methods[J]. Electronics Letters, 2006, 42(7).

[5] HAYKIN S. Adaptive Filter Theory[M]. Third Edition. Prentice Hall, Inc., 1996.

[6] REED I S, MALLETT J D, BRENNAN L E. Rapid Convergence Rate in Adaptive Arrays[J]. IEEE Transactionson., AES, 1974, 10: 853-863.

[7] ZHENG B, LIAO G S, WU R B, et al. Adaptive Spatial-temporal Processing for Airborne Radars[J]. Chinese Journal of Electronics, 1993, 2(1).

[8] CARLSON B D. Convariance matrix estimation errors and diagonal loaking in adptive arrays[J]. IEEE Transactions on Aerospace and Electronic Systems, 1988, 24(4): 397-401.

[9] 冯阳. 非理想条件下的稳健波束形成方法研究[D]. 西安：西安电子科技大学，2019.

[10] VOROBYOV S A, GERSHMAN A B, LUO Z Q. Robust adaptive beamforming using worst-case performance optimization: A solution to the signal mismatch problem[J]. IEEE transactions on signal processing, 2003, 51(2): 313-324.

[11] LORENZ R G, BOYD S P. Robust minimum variance beamforming[J]. IEEE transactions on signal processing, 2005, 53(5): 1684-1696.

[12] KIM S J, MAGNANI A, MUTAPCIC A, et al. Robust beamforming via worst-case SINR maximization[J]. IEEE Transactions on Signal Processing, 2008, 56(4): 1539-1547.

[13] BOHME J F. Estimation of source paramrters by maximum likelihood and nonlinear regression. IEEE International Conference on Acoustics, Speech, and Signal Processing, 1984, 7.3.1-7.3.4.

[14] ZISKIND, WAX M. Maximum Likelihood localization of multiple sources by alternating projection[J]. IEEE/ACM Transactions on Audio, Speech, and Language

Processing, 1988, 36(10): 1553-1560.

[15] SCHMIDT R. Multiple emitter location and signal parameter estimation[J]. IEEE Transactions on Antennas and Propagation, 1986, 34(3): 276-280.

[16] 张杰，廖桂生，王珏. 空间相关色噪声下基于酉变换的信号源数目估计[J]. 电子学报，2005（09）：1581-1585.

[17] SHAN T J, WAX M, KAILATH T. Adaptive beamforming for coherent signals and interference[J]. IEEE Transactions on ASSP, 1985, 33(3): 527-536.

[18] ROY R, KAILATH T. ESPRIT-estimation of signal parameters via rotational invariance techniques[J]. IEEE Transactions on ASSP, 1989, 37(7): 984-995.

[19] WILLIAMS R T, PRASAD S, MAHALANBIS S K, et al. An improved spatial smoothing technique for bearing estimation in a multipath environment[J]. IEEE Transactions on ASSP, 1988, 36(4): 425-432.

[20] 高世伟，保铮. 利用数据矩阵分解实现对空间相干源的超分辨处理[J]. 通信学报，1988，9（1）：4-13.

[21] 张杰. 稳健的阵列参数估计及应用研究[D]. 西安：西安电子科技大学，2005.

[22] WAX M, KAILATH T. Detection of Signals by Information Theoretic Criteria[J]. IEEE Transactions on Acoustic, Speech, and Signal Processing, 1985, 33(2): 387-392.

[23] BORSARI G K. Mitigating effects on STAP processing caused by an inclined array[C]. Proceedings. of the IEEE National Radar Conference., Dallas, Tx, May 1998: 135-140.

[24] BRENNAN L E, REED I S. Theory of adaptive radar[J]. IEEE Transactions on 1973, AES-9(2): 237-252.

[25] BRENNAN L E, MALLETT J D, REED I S. Adaptive arrays in airborne MTI[J]. IEEE Transactions on Antennas and Propagation, 1976, AP-24(5): 607-615.

[26] KLEMM R. Adaptive airborne MTI: An auxiliary channel approach[J]. IEE Proceedings F (Communications, Radar and Signal Processing), 1987, 134(3): 269-276.

[27] 廖桂生，保铮，张玉洪. 相控阵 AEW 雷达杂波自由度分析[J]. 电子科学学刊，1993.

[28] 董瑞军. 机载雷达非均匀 STAP 方法及其应用[D]. 西安：西安电子科技大学，2002.

[29] 王万林. 非均匀环境下的相控阵机载雷达 STAP 研究[D]. 西安：西安电子科

技大学，2004.

[30] 廖桂生，保铮，许志勇. 机载雷达空时二维自适应处理框架及其应用[J]. 中国科学，1997，27（4）：336-341.

[31] H. Wang and Lujing Cai, "On adaptive spatial-temporal processing for airborne surveillance radar systems," in IEEE Transactions on Aerospace and Electronic Systems, vol. 30, no. 3, pp. 660-670, July 1994.

[32] 廖桂生. 相控阵机载预警雷达时一空二维自适应处理[D]. 西安：西安电子科技大学，1992.

[33] WARD J. Space-Time Adaptive Processing for Airborne Radar[R]. MIT Technical Report 1015MIT Lincoln Laborator, December 1994.

[34] 廖桂生，保铮，许志勇，等. 对付密集型干扰的波束空间部分自适应处理[J]. 电子学报，1998（06）：47-52.

[35] 廖桂生，保铮，张玉洪. 相控阵 AEM 雷达杂波抑制的简化辅助通道法[J]. 电子科学学刊，1993，5（5）：465-471.

[36] 廖桂生，保铮，张玉洪. 一种用于相控阵 AEW 雷达杂波抑制的新方法[J]. 西安电子科技大学学报，1993.

[37] 廖桂生，保铮，张玉洪. 机载雷达二维自适应处理的空时结构和方法比较[J]. 系统工程与电子技术，1994.

[38] 保铮，廖桂生，吴仁彪，等. 相控阵机载雷达杂波抑制的时-空二维自适应滤波[J]. 电子学报，1993（09）：1-7.

[39] Van Trees H L. Optimum Array Processing, Part IV of Detection, Estimation, and Modulation Theory[M]. New York: John Wiley & Sons., Inc., 2002.

[40] 廖桂生，保铮，张玉洪，等. 阵元幅相误差对 AEW 雷达二维杂波谱的影响[J]. 电子学报，1994.

[41] RC Di Pietro. Extended factored space-time processing for airborne radar systems[C]. 1992 Conference Record of The Twenty-Sixth Asilomar Conference on Signals, Systems and Computers, 1992,Vol(1)：425-430.

[42] 廖桂生，保铮，张玉洪. 机载雷达时——空二维自适应处理新方法[J]. 电子科学学刊，1993.

[43] LIAO G S, BAO Z, ZHANG Y H. Doppler-pre-filtering based on adaptive array processing[C]// airborne radars international conference of radar Paris, 1994, 5.

[44] GOLDSTEIN J S, REED I S, SCHARF L L. A multistage representation of the Wiener filter based on orthogonal projections[J]. IEEE Transactions on

Information Theory, 1998, 44, 7.

[45] GOLDSTEIN J S, REED I S, ZULCH P A, et al. A multistage STAP CFAR detection technique[J]. Proceedings of the IEEE 1998 National Radar Conference, 1998, 5: 111-116.

[46] WANG Y L, BAO Z, LIAO G S. Three Untied configuration on adaptive spatial-temporal processing for airborne surveillance radar systems proceedings[C]. Beijing: ICSP, 1993.

[47] MELVIN W L, WICKS M C. Improving practical space-time adaptive radar[C]. Proceedings of the IEEE National Radar Conference, Syracuse, NY, May 1997: 48-53.

[48] ADVE R S, HALE T B, WICKS M C. Transform domain localized processing using measured steering vectors and non-homogeneity detection[C]. Proceedings of the IEEE National Radar Conference, Boston, 1999: 285-290.

[49] FENNER D K, HOOVER W F. Test results of a space-time adaptive processing system for airborne early warning radar[C]. Proceedings of the IEEE National Radar Conference, Ann Arbor, Michigan, 1996: 88-93.

[50] LITTLE M O, BERRY W P. Real-time multichannel airborne radar measurements[C]. Proceedings. of the IEEE National Radar Conference, Syracuse, NY, May 1997: 138-142.

[51] CHEN P. Partitioning procedure in radar signal processing problems[R]. Final Report for AFOSR Summer Faculty Research Program, Rome Laboratory, Rome, NY, August 1995.

[52] MELVIN W L, WICKS M C, BROWN R D. Assessment of multichannel airborne radar measurements for analysis and design of space-time processing architecture and algorithms[C]. Proceedings. IEEE National Radar Conference, Ano Arbor, MI, 1996: 130-135.

[53] HIMED B, SALAMA Y, MICHELS J H. Improved detection of close proximity targets using two-step NHD[C]. Proceedings of the IEEE International. Radar Conference, Alexandria, VA, 2000: 781-786.

[54] WANG Y L, CHEN J W, BAO Z, et al. Robust space-time adaptive processing for airborne radar on non-homogeneous clutter environment[J]. IEEE Transactions on Aerospace and Electronic Systems, 2003, 39(1): 70-81.

[55] KREYENKAMP O, KLEMM R. Doppler compensation in forward-looking

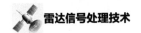

STAP radar[J]. IEE Proceedings of Radar, Sonar, Navig., 2001, 148(5): 253-258.

[56] 王彤. 机载雷达简易 STAP 方法及其应用[D]. 西安：西安电子科技大学，2001.

[57] LAPIERRE F D, VERLY J G, DROOGENBROECK M V. New solutions to the problem of range dependence in bistatic STAP radars[C]. Proceedings of the 2003 IEEE Radar Conference, the Huntsville Marriott, Huntsville, Alabama, May 2003: 452-259.

[58] KOGON S M, ZATMAN M A. Bistatic STAP for airborne radar systems[C]. ASAP Workshop, MIT Lincoln Laboratory, Lexington, 2001.

[59] ZATMAN M. Circular array STAP[C]. Proceedings of the IEEE National Radar Conference, Boston, MA, April 1999: 108-113.

[60] 刘颖，廖桂生. 基于图像域的多通道、多像素二维联合自适应处理的分布式 SAR 地面运动目标检测及测速定位方法[J]. 电子学报，2007.

[61] YANG Z W, LIAO G S, ZENG C. Reduced-Dimensional processing for Ground Moving Targets Detection in Distributed Space-Based Radar[J]. IEEE Geoscience and Remote Sensing Letters, 2007, 4(2).

[62] BLUNT S D, MOKOLE E L. Overview of radar waveform diversity[J]. IEEE Aerospace & Electronic Systems Magazine, 2016, 31(11): 2-42.

[63] ANTONIK P, WICKS M, GRIFFITHS H D, et al. Frequency diverse array radars[C]. In Proceedings of the IEEE Radar Conference, Verona, 2006.

[64] DOREY J, GARNIER G, AUVRAY G. RIAS, radar a impulsion et antenne synthetique[C]//Colloque International sur le Radar. 1989: 556-562.

[65] 杨维. 移动通信中的阵列天线技术[M]. 北京：清华大学出版社，2005.

[66] FLETCHER A S, ROBEY F C. Performance bounds for adaptive coherence of sparse array radar[C]// Proceedings of the 12th Annual Workshop on Adaptive Sensor Array Processing, 2003.

[67] BLISS D W, FORSYTHE K W. Multiple-input multiple-output (MIMO) radar and imaging: Degrees of freedom and resolution[C]. Proceedings of the 37th Asilomar Conference on Signals, Systems and Computers, Pacific Grove, CA, 2003: 54-59.

[68] LEHMANN N, HAIMOVICH A M, BLUM R S, et al. High resolution capabilities of MIMO radar[C]. in Proceedings of 40th Asilomar Conference on Signal, Systems. Computer., Nov 2006: 25-30.

[69] 王洪雁. MIMO 雷达波形优化[D]. 西安：西安电子科技大学，2012.

[70] LEVANON N, MOZESON E. Radar Signals[M]. New York: Wiley, 2004.

[71] HE H. Designing unimodular sequence sets with good correlations—including an application to MIMO radar[J]. IEEE TSP, 2009, 57(11): 4391-4405.

[72] 许京伟. 频率分集阵列雷达运动目标检测方法研究[D]. 西安：西安电子科技大学，2015.

[73] ANTONIK P, WICKS M C, GRIFFITHS H D, et al. Range-dependent beamforming using element level waveform diversity[C]. in Proceedings of the International Waveform Diversity and Design Conference, 2006: 140-144.

[74] 许京伟，廖桂生，张玉洪，等. 波形分集阵雷达抗欺骗式干扰技术[J]. 电子学报，2019，47（03）：545-551.

[75] XU J W, LIAO G S, ZHU S, et al. Deceptive jamming suppression with frequency diverse MIMO radar[J]. Signal Processing, 2015, 113: 9-17.

[76] LAN L, LIAO G S, XU J W, et al. Suppression of mainbeam deceptive jammer with FDA-MIMO radar[J]. IEEE Transaction on Vehicular Technology, 2020, 69(10): 11584-11598.

[77] 兰岚，廖桂生，许京伟，等. FDA-MIMO 雷达主瓣距离欺骗式干扰抑制方法[J]. 系统工程与电子技术，2018，40（5）：997-1003.

[78] 王成浩. 阵列雷达高分宽幅成像与动目标检测方法研究[D]. 西安：西安电子科技大学，2019.

[79] WANG C, XU J, LIAO G S, et al. A range ambiguity resolution approach for high-resolution and wide-swath SAR imaging using frequency diverse array[J]. IEEE J. of Sel. Topics in Signal Process., 2017, 11(2): 336-346.

[80] LIN C, HUANG P, WANG W, et al. Unambiguous signal reconstruction approach for SAR imaging using frequency diverse array[J]. IEEE Geosci. Remote Senssystevns Letters., 2017, 14(9): 1628-1632.

第 8 章

雷达抗干扰信号处理

在现代战争中，雷达必须面对复杂的电子战环境。电子战包括电子侦察与反侦察、电子干扰与反干扰、电子摧毁与反摧毁、电子隐身与反隐身等。

电子侦察是利用电子侦察设备对敌方电子装备的电磁信号进行截获、检测、分析、识别和定位的过程。通过电子侦察可以了解敌方电子装备的性能、部署乃至作战意图等。

电子干扰是主动发射电磁干扰信号或转换发射、反射特定的电磁信号，以破坏敌方对电磁信息的获取、传输和利用的措施。

电子摧毁是利用反辐射导弹摧毁敌方电子设备，或者利用高功率微波武器使敌方电子装备损坏或不能正常工作的手段。

电子隐身是利用外形设计、表面涂上复合材料等方法降低飞机、导弹、军舰等装备的雷达散射截面积，迫使雷达等传感器的作用距离降低的技术。

雷达必须采取各种可能的方法，防止敌方的电子侦察，提高雷达的抗干扰能力，避免反辐射武器和高功率微波武器的攻击，提升雷达探测隐身目标的能力。为了达到这些目标，必须从雷达部署方法、雷达体制和工作方式、雷达信号处理等各个层面去精心设计。本章主要从信号处理的角度讨论雷达抗干扰的方法。

8.1 雷达干扰

雷达干扰泛指一切破坏或扰乱雷达探测目标能力的战术或技术措施。

8.1.1 雷达干扰分类

雷达干扰的种类很多，大致可以分为有源干扰和无源干扰。有源干扰是指敌方故意发射的或自然界天然辐射的电磁信号；无源干扰是指雷达所需探测的目标以外的其他物体对雷达发射信号产生散射后到达雷达的信号。雷达干扰分类如图 8.1 所示[1]。

无源干扰是天然物体（如地物、海浪、气象、鸟群等）或人为物体（如箔条、诱饵、反雷达伪装）散射产生的。从地物、海浪、气象和鸟群等产生的无源干扰，统称为杂波，可以通过第 5 章介绍的各种动目标显示技术来消除无源干扰的影响。

有源干扰包括无意干扰和故意干扰。无意干扰包括自然界的宇宙干扰、雷电干扰和人为的工业干扰、友邻雷达干扰等。故意干扰指对方故意施放的干扰，包括噪声干扰、欺骗干扰和复合干扰。从电子对抗（ECM）或电子战（EW）的角度来说，雷达抗干扰的主要对象是对方故意施放的有源干扰。

- 雷达干扰
  - 有源干扰
    - 故意干扰
      - 噪声干扰
        - 窄带瞄准式干扰
        - 宽带阻塞式干扰
      - 欺骗干扰
        - 距离欺骗
        - 速度欺骗
        - 角度欺骗
      - 复合干扰
        - 假目标、诱饵等
    - 无意干扰
      - 自然界的
        - 宇宙干扰
        - 雷电干扰
      - 人为的
        - 工业干扰
        - 友邻雷达干扰等
  - 无源干扰
    - 人为无源干扰（人为物体）
      - 箔条
      - 诱饵
      - 反雷达伪装
    - 杂波
      - 地物
      - 海浪
      - 气象
      - 鸟群等

图 8.1　雷达干扰分类

雷达有源干扰从实施方式上还可以分为支援干扰和自卫干扰两种。支援干扰包括远距离支援干扰、随队干扰、地面支援干扰、投掷式支援干扰、无人机支援干扰等。支援干扰的特点是干扰机与被掩护的目标（飞机、舰队、重要军事目标等）是分离的。自卫干扰是指干扰机置于飞机、军舰或车辆等平台上，以保护平台不被雷达发现或准确跟踪。

随着电子对抗技术的发展，雷达有源干扰的特点也发生了变化：①工作频带宽，一部干扰机带宽可达一个到几个倍频程，可以同时干扰多部雷达；②反应速度快，反应时间为 1～2s，系统延迟时间为 0.1～1μs；③干扰机自带电子侦察接收机，能对周围电磁环境进行监视，并进行实时分析处理；④干扰机具有对环境的自适应干扰能力，且各种新型干扰技术不断出现。雷达必须采取先进的抗干扰措施才能有效地工作。

8.1.2　有源干扰

从信号形式上来看，有源干扰可以分为噪声干扰、欺骗干扰和复合干扰 3 种。

1. 噪声干扰

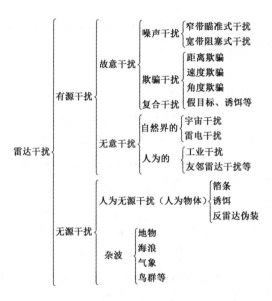

噪声干扰是一种类似于接收机内部噪声的干扰信号，包括用噪声信号对微波信号进行调幅、调频和调相后发射的干扰信号。当噪声干扰的信号频谱较窄时，可以形成窄带瞄准式干扰；当噪声干扰的频谱很宽时，又会形成宽带阻塞式干扰，可以用来干扰频率捷变雷达或同一频带内的多部雷达。噪声干扰从信号形式

上又可分为射频噪声干扰、噪声调幅干扰、噪声调频干扰、噪声调相干扰、噪声脉冲干扰和组合噪声干扰。

1）射频噪声干扰

射频噪声干扰信号可以表示为

$$J(t)=U_{\mathrm{n}}(t)\cos\left[\omega_0 t+\varphi(t)\right] \tag{8.1}$$

式中，$U_{\mathrm{n}}(t)$ 表示瑞利分布噪声；$\varphi(t)$ 为相位函数，服从 $[0,2\pi]$ 均匀分布且与 $U_{\mathrm{n}}(t)$ 独立；ω_0 为载频，远大于 $J(t)$ 的谱宽。因此，$J(t)$ 是一个窄带高斯随机过程，$J(t)$ 通常是通过低功率噪声直接滤波和放大产生的。

2）噪声调幅干扰

噪声调幅干扰是用噪声对射频信号调幅产生的，可表示为

$$J(t)=\left[U_0+U_{\mathrm{n}}(t)\right]\cos\left[\omega_0 t+\varphi\right] \tag{8.2}$$

式中，U_0、ω_0 和 φ 分别为射频信号的幅度、中心频率和初始相位。调幅噪声信号 $U_{\mathrm{n}}(t)$ 是一个均值为零、方差为 σ_{n}^2、分布区间为 $[-U_0,\infty]$ 的广义平稳随机过程。φ 服从 $[0,2\pi]$ 均匀分布。

3）噪声调频干扰

噪声调频信号是用噪声对射频信号进行频率调制产生的，可表示为

$$J(t)=U_0\cos\left[\omega_0 t+2\pi K_{\mathrm{FM}}\int_0^t u(t')\mathrm{d}t'+\varphi\right] \tag{8.3}$$

式中，U_0、ω_0 和 φ 分别为射频信号的幅度、中心频率和初始相位；调频噪声信号 $u(t')$ 为一个零均值的广义平稳随机过程，K_{FM} 为调频系数；φ 服从 $[0,2\pi]$ 均匀分布。

4）噪声调相干扰

噪声调相干扰是用噪声对射频信号进行相位调制产生的，可表示为

$$J(t)=U_0\cos\left[\omega_0 t+K_{\mathrm{PM}}u(t)+\varphi\right] \tag{8.4}$$

式中，U_0、ω_0 和 φ 分别为射频信号的幅度、中心频率和初始相位；噪声调相干扰 $u(t)$ 为零均值广义平稳随机过程，K_{PM} 为调相系数；φ 服从 $[0,2\pi]$ 均匀分布。

5）噪声脉冲干扰

噪声脉冲干扰是指时域离散的随机脉冲信号，其幅度、宽度和时间间隙等参数都是随机变化的。噪声脉冲干扰可以采用限幅噪声或伪随机序列对射频信号调幅的方法来产生。

6）组合噪声干扰

噪声脉冲干扰和连续噪声调制干扰的统计特性是不同的，如果在连续噪声调频干扰的基础上随机或周期性地附加随机脉冲干扰，或者交替使用噪声脉冲干扰和连续噪声调制干扰，将形成组合噪声干扰。组合噪声干扰是非平稳的，会明显

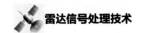

增加抗干扰的难度。

2. 欺骗干扰

欺骗干扰是指干扰机发射假目标信息迷惑或扰乱雷达正常工作，使雷达不能正确检测真实的目标和测量目标的参数。欺骗干扰可分为距离欺骗干扰、速度欺骗干扰、角度欺骗干扰，以及电子假目标和诱饵等。

1）距离欺骗干扰

距离欺骗干扰是通过对所接收雷达信号进行延迟调制和放大来实现的，它会在雷达接收到的真实目标回波信号附近出现一个假目标信号，诱使雷达距离跟踪波门跟踪假目标信号，并随着假目标信号与真实目标信号间延迟的加大，拖引雷达距离跟踪波门离开真实目标信号，造成雷达距离跟踪系统的失效，因此，距离欺骗干扰有时也称为距离波门拖引干扰。

2）速度欺骗干扰

速度欺骗干扰主要是针对雷达速度（多普勒频率）跟踪系统的一种欺骗干扰。干扰机侦收到雷达信号后发射一个与雷达信号频率类似的信号，使雷达对干扰信号建立起稳定的速度跟踪，然后逐渐增大（或减小）干扰信号频率，拖引雷达速度跟踪波门远离目标速度位置，使雷达速度跟踪系统发生错误。

3）角度欺骗干扰

角度欺骗是针对雷达角度跟踪系统的一种欺骗干扰。

圆锥扫描雷达主要使用倒相干扰和同步挖空干扰方式。倒相干扰是指干扰机侦收到圆锥扫描雷达的信号幅度包络后，将幅度包络倒相并对干扰发射信号进行幅度调制后发射出去，使圆锥扫描雷达跟踪偏离目标。同步挖空干扰是指干扰机在侦收到的雷达信号幅度包络的峰值部分后，停发干扰一段时间，同样能使圆锥扫描雷达或线性扫描雷达偏离跟踪和产生错误。

对于隐蔽圆锥扫描体制雷达（只有接收天线为圆锥扫描），干扰机侦收到的隐蔽圆锥扫描体制雷达信号无幅度调制，这时干扰机发射与隐蔽圆锥扫描周期相近的干扰脉冲组，使隐蔽圆锥扫描雷达跟踪天线不停地摇摆，无法准确跟踪目标，这种干扰就称为角度跟踪扰乱干扰或随机挖空干扰。

对于单脉冲跟踪雷达，由于单脉冲跟踪雷达跟踪的是目标回波相位波前的等相面，前面几种欺骗干扰方法无效，于是产生了一种交叉眼干扰。这种干扰是指当干扰机在侦收到雷达信号后，分别从分离一定距离的两个发射机发射干扰信号，而且两者相位相差 180°，使得在雷达天线处形成一个扫描一定角度的相位波前，由此破坏单脉冲雷达的角度跟踪。这种干扰方法要求干扰机的两个发射天线分开一定距离，因此，只能用在较大的载机或平台上。

4）电子假目标和诱饵

电子假目标是指干扰机在不同角度和距离上产生大量假回波信号，使其与真实雷达目标回波混在一起，让雷达系统分不清真、假目标。由于雷达发射信号越来越复杂，假目标信号必须具有与雷达发射信号相同的信号形式，因此，干扰机不仅需要侦收到雷达信号，还必须得到雷达信号的详细特征（有时也称信号指纹），才能仿制出以假乱真的干扰信号。

有源雷达诱饵是一种投放式的一次性使用的雷达干扰机，它可从飞机或军舰上发射出去，接收雷达信号后，将其放大后转发出来，诱使雷达或未制导雷达跟踪诱饵，保护诱饵载体（如飞机、军舰）免遭导弹杀伤。

3. 复合干扰

复合干扰是将噪声干扰和多种欺骗干扰组合后形成的干扰，它可增强有源干扰的效果。

8.2 雷达抗有源干扰

雷达抗干扰是一个系统问题，应该从雷达系统的设计、雷达的部署和使用等层面来考虑。抗干扰信号处理是雷达抗干扰的技术之一。

8.2.1 自适应频率捷变

自适应频率捷变是一种频域抗有源干扰的措施。雷达在工作频段上一般有十个到几十个工作频率点，当雷达受到有源干扰时，可以跳频工作，以避免或减弱有源干扰的影响。对于瞄准式窄带干扰，自适应频率捷变的特点是将干扰能量集中在雷达工作的频率点上，使雷达无法工作。雷达跳频工作，可避免这些瞄准式窄带干扰的影响。

对于跳频工作的雷达，干扰机也可以发射宽带阻塞干扰，以阻塞雷达的工作频段，使雷达跳频不能跳出干扰信号的频率范围，这时雷达可以通过对干扰信号的频谱进行分析，选择干扰功率较弱的频率点工作，以减少宽带阻塞干扰的影响。

雷达跳频可以分为脉间随机频率捷变、脉间自适应频率捷变和脉组频率捷变等方式。脉间随机频率捷变是雷达受干扰时，雷达发射机以随机的方式工作在所选择的一组频率点上发射信号，使瞄准式干扰机的测频系统跟不上雷达工作频率的变化。脉间自适应频率捷变则是针对宽带阻塞干扰的抗干扰方法，如图 8.2 所示。

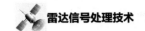

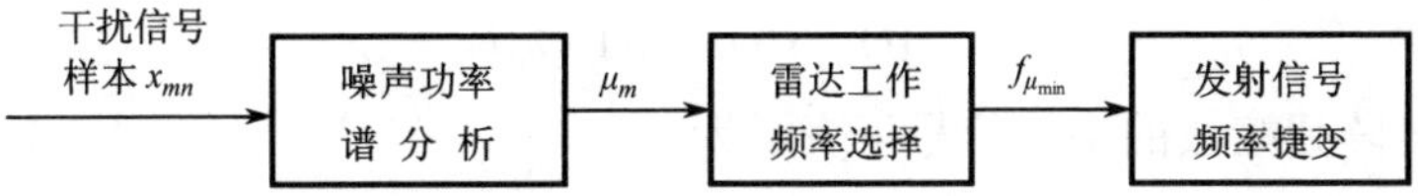

图 8.2　脉间自适应频率捷变

干扰信号的样本应取自雷达的休止期，以避免近距离杂波等的影响。然后将休止期分为若干时间段，对应雷达的 M 个工作频率点，可分为 M 段。雷达接收机在这些时间段上轮流工作于不同的频率点上接收干扰信号，让雷达信号处理系统对这 M 个时间段上所接收的干扰信号进行采样，并计算每个时间段内所有干扰采样信号的均值 μ_m（正比于干扰平均功率）。设每个时间段上各有 N 个采样点，则

$$\mu_m = \frac{1}{N}\sum_{n=0}^{N-1} X_{mn}, \quad m = 0,1,\cdots,M-1 \tag{8.5}$$

$$\mu_{\min} = \min\left[\mu_m\right], \quad m = 0,1,\cdots,M-1 \tag{8.6}$$

由式（8.6）可见，$f_{\mu_{\min}}$ 就是所要寻找的干扰功率最弱的频率点，因而雷达下个发射脉冲的中心频率应捷变到这个频率上，以减小干扰对雷达工作的影响。这就实现了脉间自适应频率捷变，雷达动目标显示、动目标检测和脉冲多普勒处理等工作方式与脉间频率捷变是不兼容的，因此，在受到有源干扰时，只能采用脉组频率捷变方式，即雷达在不同的频率点上轮流发射一组脉冲信号，每组脉冲的个数等于多普勒滤波所需的脉冲个数。

8.2.2　自适应空域滤波

空域滤波与频域滤波的概念一致，即将主波束照射的空间看作通带，而副瓣电平极低，将副瓣照射的空间看作阻带。当干扰从雷达的副瓣进入时，因副瓣电平很低，从而抑制副瓣干扰，提高对目标的检测性能。干扰源空间位置变化时，滤波器零点位置也应该进行相应的变化，实现自适应空域滤波。

自适应空域滤波的核心是对空间干扰环境做出反应，实现有用信号的有效接收，其主要包括自适应阵列波束形成、自适应天线阵列等技术。自适应阵列波束形成已在第 7 章介绍。自适应天线阵列就是根据干扰出现的方向自动修正天线波束，使天线波束零值始终指向干扰源的方向。天线主波束和零点由天线阵各馈电的权系数所决定，因此，想要获得所要求的方向性函数，关键是如何选择权系数，如图 8.3 所示。

自适应天线阵列的 M 个阵元同时接收目标信号和干扰信号，每个阵元的接收信号包含目标信号 $s(t)$ 、干扰 $c(t)$ 和噪声 $n(t)$ ，即

$$x(t) = s(t) + c(t) + n(t) \tag{8.7}$$

所以，天线阵列接收的快拍信号可表示为

$$\boldsymbol{X}(n) = \left[x_1(n), x_2(n), \cdots, x_M(n)\right]^{\mathrm{T}} \tag{8.8}$$

接收信号的自相关矩阵为

$$\boldsymbol{R} = E\left[\boldsymbol{X}^*(n)\boldsymbol{X}^{\mathrm{T}}(n)\right] \tag{8.9}$$

自适应天线阵列的权系数矢量 $\boldsymbol{W} = \left[w_1, w_2, \cdots, w_M\right]$ 可用特征矢量法求解，$\boldsymbol{W}$ 应等于自相关矩阵 $\boldsymbol{R}$ 最小特征值所对应的特征矢量。$\boldsymbol{R}$ 的特征方程为

$$\boldsymbol{RW} = \lambda \boldsymbol{W} \tag{8.10}$$

式中，$\boldsymbol{W}$ 为特征值 λ 对应的特征矢量，对于 $M \times M$ 维的自相关矩阵，通过特征分解，可得到 M 个特征值，$\lambda_1 < \lambda_2 < \cdots < \lambda_M$，因此，$\lambda_1$ 所对应的特征矢量就是我们需要的自适应天线阵列的权系数。

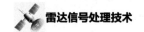

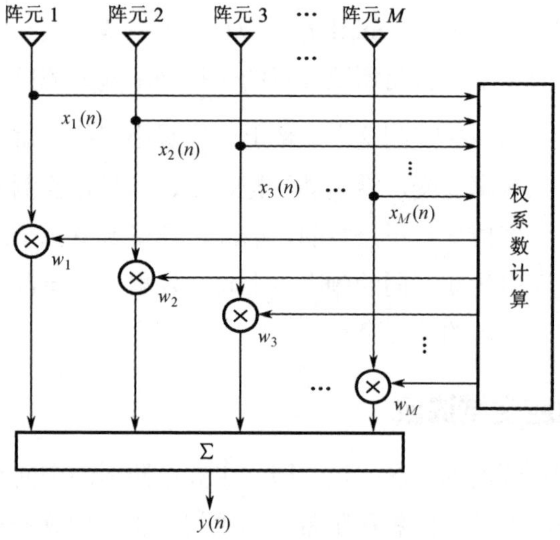

图 8.3　自适应天线阵列

衡量自适应天线阵列的干扰抑制性能与动目标显示的杂波抑制性能类似，也可以用改善因子来表示。自适应天线阵列对有源干扰的改善因子定义为输出信干比 $\mathrm{SIR}_{\mathrm{out}}$ 与输入信干比 $\mathrm{SIR}_{\mathrm{in}}$ 之比

$$\begin{aligned} I_S &= \frac{\mathrm{SIR}_{\mathrm{out}}}{\mathrm{SIR}_{\mathrm{in}}} = \frac{P_{S_{\mathrm{out}}} / P_{I_{\mathrm{out}}}}{P_{S_{\mathrm{in}}} / P_{I_{\mathrm{in}}}} \\ &= \frac{P_{S_{\mathrm{out}}}}{P_{S_{\mathrm{in}}}} \frac{P_{I_{\mathrm{in}}}}{P_{I_{\mathrm{out}}}} = G_S \cdot \mathrm{CR} \end{aligned} \tag{8.11}$$

式中，$P_{S_{\mathrm{in}}}$、$P_{S_{\mathrm{out}}}$ 分别为输入信号和输出信号的功率，$P_{I_{\mathrm{in}}}$、$P_{I_{\mathrm{out}}}$ 分别为输入干扰和输出干扰的功率，$G_S = P_{S_{\mathrm{out}}} / P_{S_{\mathrm{in}}}$ 为信号增益。

干扰对消比 CR 表示自适应天线副瓣相消对干扰的抑制大小，而 I_S 表示自适应天线阵列对信干比的改善程度。文献[2]定义了自适应天线阵列效率 η ：

$$\eta = \frac{\text{SINR}}{\text{SNR}} \tag{8.12}$$

式中，SINR 是自适应天线阵列输出端的信干噪比；SNR 表示没有干扰时天线阵元上的信噪比：

$$\text{SINR} = S/(I_0 + N) \tag{8.13}$$

$$\text{SNR} = S/N \tag{8.14}$$

将式（8.13）和式（8.14）代入式（8.12）可得

$$\eta = \frac{N}{I_0 + N} = \frac{1}{1 + I_0/N} \tag{8.15}$$

所以，阵列效率是自适应天线阵列在受干扰情况下的性能相对于无干扰情况性能的一种度量。如果输入干扰的干噪比 INR 不同，则效率 η 可能不同，为了使 η 与 INR 无关，可定义 INR 趋向 ∞ 时的效率为渐近效率 η_∞，即

$$\eta_\infty = \lim_{\text{INR}\to\infty} \eta \tag{8.16}$$

干扰的输入角 θ 不同，效率 η 也不同，可对所有角度 θ 上的效率取平均，得到平均效率 $\bar{\eta}$ 为

$$\bar{\eta} = E_\theta[\eta] \tag{8.17}$$

如果对渐近效率 η_∞ 作角度平均，则得到平均渐近效率 $\bar{\eta}_\infty$ 为

$$\bar{\eta}_\infty = E_\theta[\eta_\infty] \tag{8.18}$$

平均渐近效率 $\bar{\eta}_\infty$ 是与阵元数和干扰的时间带宽积无关的一个数字，它表示自适应天线阵列相对于无干扰情况的性能。

8.2.3　自适应天线副瓣相消

自适应波束形成通过对每个天线单元进行自适应控制，最大限度地改变了阵列响应，从而获得最佳的性能。一个大的阵列系统，往往拥有成千上万个天线，因此自适应波束形成算法的计算复杂度增加，同时对存储和训练样本的要求也更加严格。自适应天线副瓣相消作为一种部分自适应处理技术，能够克服上述不足，是一种经济有效的抗干扰方法。

自适应天线副瓣相消技术利用一个或多个辅助天线与主天线同时接收的干扰信号，通过对辅助天线做加权求和处理，得到与主天线接收到的干扰信号特性相一致的干扰信号副本，并将其与主天线接收到的干扰信号对消，从而抑制从副瓣进入雷达的干扰信号，如图 8.4 所示。

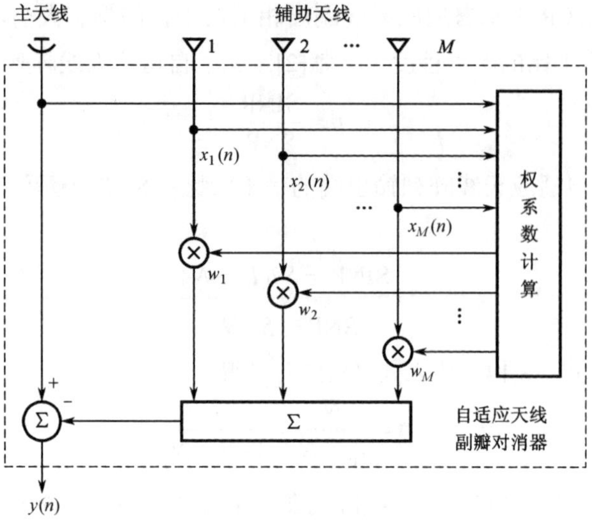

图 8.4　自适应天线副瓣对消处理

在图 8.4 中，假设主天线主瓣对准目标，接收目标信号，而干扰从主天线副瓣进入。辅助天线阵元具有很宽的主瓣，其增益较低，略大于主天线副瓣增益，因此，辅助天线阵元接收到的目标信号很小，可以近似认为辅助天线只接收到干扰信号。M 个辅助天线阵元接收到的干扰信号矢量可表示为

$$\boldsymbol{X}(n)=\left[x_1(n),x_2(n),\cdots,x_M(n)\right]^{\mathrm{T}} \tag{8.19}$$

干扰信号的自相关矩阵为

$$\boldsymbol{R}=E\left[\boldsymbol{X}^*(n)\boldsymbol{X}^{\mathrm{T}}(n)\right] \tag{8.20}$$

为了抑制从主天线副瓣进入的有源干扰信号，自适应副瓣对消器的权系数矢量 $\boldsymbol{W}=[w_1,w_2,\cdots,w_M]^{\mathrm{T}}$ 可用输出均方误差最小准则来确定。

$$\boldsymbol{W}=C\boldsymbol{R}^{-1}\boldsymbol{P}^* \tag{8.21}$$

式中，C 为一个常数；$\boldsymbol{P}$ 为主天线接收信号 $\boldsymbol{x}_0(n)$ 与干扰信号矢量 $\boldsymbol{X}(n)$ 的互相关矢量。

$$\boldsymbol{P}=E[\boldsymbol{x}_0^*(n)\boldsymbol{X}(n)] \tag{8.22}$$

这时，自适应副瓣对消的输出 $\boldsymbol{y}(n)$ 为

$$\boldsymbol{y}(n)=\boldsymbol{x}_0(n)-\boldsymbol{W}^{\mathrm{T}}\boldsymbol{X}(n) \tag{8.23}$$

自适应副瓣对消的性能常用干扰对消比来衡量。干扰对消比定义为输入干扰功率 $P_{I_{\mathrm{in}}}$ 与输出干扰功率 $P_{I_{\mathrm{out}}}$ 之比。

$$\mathrm{CR}=\frac{P_{I_{\mathrm{in}}}}{P_{I_{\mathrm{out}}}}=\frac{E\left[\left|\boldsymbol{x}_0(n)\right|^2\right]}{E\left[\left|\boldsymbol{x}_0(n)-\boldsymbol{W}^{\mathrm{T}}\boldsymbol{X}(n)\right|^2\right]} \tag{8.24}$$

对于自适应天线副瓣对消，许多实际因素会影响其对干扰的抑制性能，包括①信号带宽的影响；②通道不一致性的影响；③辅助天线的数目、位置和增益；④干扰样本的选取。

1. 信号带宽的影响

对于信号带宽较窄的雷达，宽带干扰通过雷达接收机后就成为窄带干扰，这时如图 8.4 所示的自适应天线副瓣对消可以有良好的抑制性能。如果雷达信号带宽较宽，宽带干扰进入接收机后也是宽带的，这时必须考虑宽带干扰在主通道和辅助通道中的群延迟对于对消性能的影响，即不仅需要考虑对中心频率的相移进行补偿，还要考虑随机慢变包络的时间对齐问题。解决的办法是在辅助通道中增加延迟节，增大自适应处理的自由度，如图 8.5 所示。

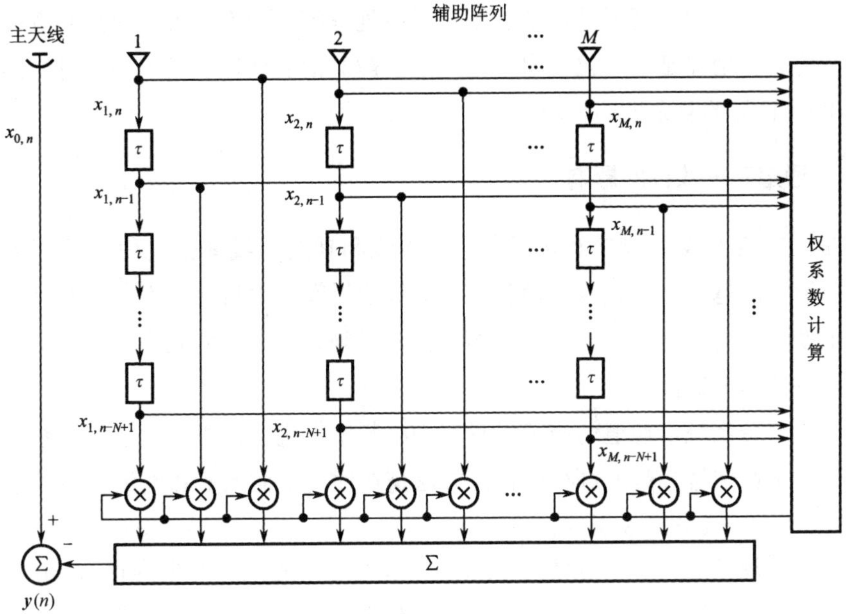

图 8.5　宽带自适应天线副瓣对消处理

在图 8.5 中，每个辅助通道各加了 N 个延迟节。M 根辅助天线的各 N 个数据构成一个 $M\times N$ 维的空时数据矩阵 $\boldsymbol{X}_n$：

$$\boldsymbol{X}_n=\begin{bmatrix} x_{1,n} & x_{1,n-1} & \cdots & x_{1,n-N+1} \\ x_{2,n} & x_{2,n-1} & \cdots & x_{2,n-N+1} \\ \vdots & \vdots & & \vdots \\ x_{M,n} & x_{M,n-1} & \cdots & x_{M,n-N+1} \end{bmatrix} \tag{8.25}$$

由空时数据 $\boldsymbol{X}_n$ 构成的协方差矩阵 $\boldsymbol{R}$ 为

$$\boldsymbol{R}=E\left[\boldsymbol{X}_n\boldsymbol{X}_n^{\mathrm{H}}\right] \tag{8.26}$$

此时辅助阵列所需要的权系数也是一个矩阵：

$$\boldsymbol{W}=\begin{bmatrix} w_{1,1} & w_{1,2} & \cdots & w_{1,N-1} \\ w_{2,1} & w_{2,1} & \cdots & w_{2,N-1} \\ \vdots & \vdots & & \vdots \\ w_{M,1} & w_{M,1} & \cdots & w_{M,N-1} \end{bmatrix} \tag{8.27}$$

权系数$\boldsymbol{W}$也可以通过输出均方误差最小的准则来确定：

$$\boldsymbol{W}=C\boldsymbol{R}^{-1}\boldsymbol{P}^{*} \tag{8.28}$$

式中，C为常数；$\boldsymbol{P}$为主天线接收信号$x_{0,n}$与空时数据矩阵$\boldsymbol{X}$的互相关矩阵。此时输出信号$\boldsymbol{Y}_n$为

$$\boldsymbol{Y}_n=x_{0,n}-\boldsymbol{W}^{\mathrm{T}}\boldsymbol{X}_n \tag{8.29}$$

在辅助通道中增加了延迟节，增加了自适应处理的自由度，可以提高对宽带干扰的抑制能力。增加延迟节也使自适应天线副瓣对消的处理变成一种空时二维处理（STAP），计算的复杂度明显增加。

2. 通道不一致性的影响

在自适应天线副瓣对消处理中，主天线和辅助天线间干扰信号的相关性越强，对消性能越好。主天线通道和辅助天线通道间频率特性的不一致会减弱主天线和辅助天线通道之间干扰信号的相关性，必须采取自适应通道均衡来提高通道间频率特性的一致性。

对于窄带系统，通道均衡可以只在中心频率上进行校正。对于宽带系统，通道均衡必须在信号频带上进行校正，方法是在通道中插入 FIR 滤波器来补偿通道间的不一致[3]，如图 8.6 所示。

假设通道CH_i的频率特性为$C(\mathrm{j}\omega)$，参考通道的频率特性为$C_{\mathrm{ref}}(\mathrm{j}\omega)$，为了使通道$\mathrm{CH}_i$的频率响应与参考通道$\mathrm{CH}_{\mathrm{ref}}$的频率响应一致，在通道$\mathrm{CH}_i$中插入频率响应为$H(\mathrm{j}\omega)$的均衡滤波器。

$$H(\mathrm{j}\omega)=\frac{C_{\mathrm{ref}}(\mathrm{j}\omega)}{C(\mathrm{j}\omega)}H_{\mathrm{ref}}(\mathrm{j}\omega) \tag{8.30}$$

$H_{\mathrm{ref}}(\mathrm{j}\omega)$为全通线性相移网络，用来保证通道输出有相同的延迟；$C_{\mathrm{ref}}(\mathrm{j}\omega)$和$C(\mathrm{j}\omega)$是通过对两个通道注入相同的测试信号（信号带宽与通道带宽一致）取得的，然后计算得到所需的$H(\mathrm{j}\omega)$和$H_{\mathrm{ref}}(\mathrm{j}\omega)$，以备通道工作时使用。如果有多个通道，则每个通道都要加相应的均衡滤波器。

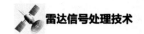

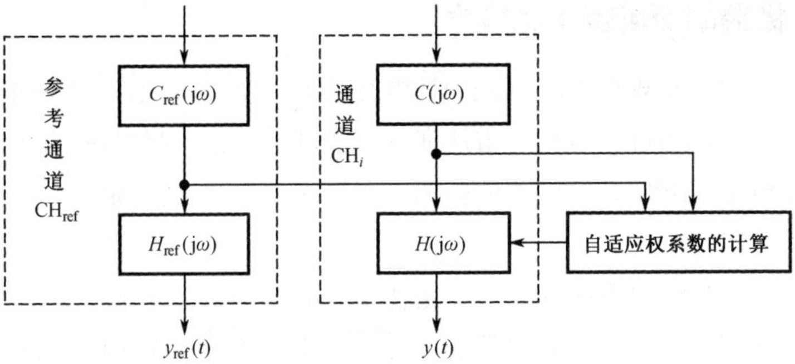

图 8.6　自适应通道均衡

3. 辅助天线的数目、位置和增益

辅助天线的数目主要取决于所需抑制的不同方向干扰源的个数。一个辅助天线可以使自适应天线副瓣对消系统合成的天线方向图在副瓣区产生一个“空间凹口”。理论上，M 个辅助天线可以产生 M 个“空间凹口”。对于有两个辅助天线的自适应旁瓣对消系统，如果只有一个方向有干扰，那么可用双重零点来抑制干扰，抑制性能会优于单个零点（只有一个辅助天线）的抑制性能。

辅助天线位置的选择也很重要，因为辅助天线相对于主天线的距离会引起电波传播的波程差，即信号和干扰的延迟，一般来说辅助天线应尽可能靠近主天线，如果辅助天线数目是偶数，还应尽可能对称分布，以减小延迟，提高对干扰的抑制性能。

辅助天线中的干噪比越大，自适应副瓣对消处理的性能越好，因此，增大辅助天线的增益，能提高对消性能。必须注意，增大辅助天线的增益必然会增大辅助天线的面积和复杂度。另外，辅助天线的增益大了，可能提高杂波从辅助天线的进入能力，影响对消性能。理想的辅助天线应在干扰方向有高增益，而在其他方向保持低增益。

4. 干扰样本的选取

自适应天线副瓣对消处理中自适应权系数的计算，需要首先计算干扰的协方差矩阵。协方差矩阵的计算需要大量的干扰样本才能使估计值接近统计平均值，因此，干扰样本数应尽可能多一些。但样本数越多，计算时间会相应延长。

另外，在选取样本时应特别注意样本中不应包含杂波，如果样本中包含杂波，杂波又比较强，将影响自适应副瓣对消处理对干扰的抑制能力，对杂波的抑制应留在多普勒处理中进行。为避免杂波进入干扰样本，可以考虑在雷达休止期选取干扰样本。

8.2.4 稳健的空域抗干扰技术

在实际工作中，常规抗干扰算法的性能往往受非平稳干扰、方向失配及通道误差等因素的影响，为进一步提高雷达在非理想环境下的干扰抑制能力，需要研究相应的稳健自适应处理方法。本节介绍一种针对非平稳干扰的稳健空域抗干扰技术——零陷展宽。

天线转动、干扰源位置扰动及非平稳传播介质等的存在使干扰呈现出非平稳的特性，这时常规自适应算法的权系数不能与非平稳干扰实时匹配，导致其干扰抑制性能下降。对抗空间非平稳干扰可以通过加快权系数的更新速率，提升权系数与应用数据的匹配度，同时增强数据处理的实时性。受硬件条件与运算量等因素的限制，权系数矢量的更新不能过于频繁，因此，研究人员提出了零陷展宽技术。所谓零陷展宽，就是根据干扰在空间中的扩展范围，使自适应方向图在干扰角度形成具有一定宽度的零陷，从而保证干扰的角度始终处于零陷以内，实现非平稳干扰的有效抑制。

文献[4,5]分别提出了两种零陷展宽的方法，考虑到这两种方法对协方差矩阵处理的相似性，文献[6]将其统一总结为协方差矩阵锥化方法（Covariance Matrix Taper，CMT），如式（8.31）所示，通过对原始协方差矩阵点乘一个锥化矩阵得到锥化后的协方差矩阵，然后利用锥化后的协方差矩阵进行自适应波束形成，可以同时解决采样快拍个数不足导致的方向图畸变，以及非平稳干扰引起的权系数失配问题。

$$\tilde{\boldsymbol{R}} = \boldsymbol{R} \cdot \boldsymbol{T} \tag{8.31}$$

式中，· 表示 Hadmard 积（元素相乘）；$\boldsymbol{R}$ 表示原始协方差矩阵；$\boldsymbol{T}$ 为锥化矩阵。

CMT 方法的锥化对象为接收数据的二阶统计量，在全维自适应处理中，可以通过计算样本协方差矩阵与锥化矩阵的 Hadmard 积进行使用，但其不能直接应用于部分自适应处理结构，如 SLC、MSLC 等。文献[7]使用具有均匀分布的相位扰动的随机矢量与每个原始快拍数据逐元素相乘，形成扰动后的快拍，其效果是赋予干扰源更大的角度范围，再利用扰动后的快拍进行自适应处理。快拍扰动方法适用于所有的全维自适应处理及部分自适应处理结构。

理论分析表明，两个互不相关随机过程的 Hadmard 积形成新的随机矢量的协方差矩阵等于它们各自的协方差矩阵的 Hadmard 积，因此，将一个随机矢量（其相关矩阵为所需的锥化矩阵）与训练样本按元素相乘，即对阵元级数据增加随机扰动，可以达到与 CMT 方法相同的效果。

在快拍扰动方法中，可以将随机扰动矢量 $\tilde{\boldsymbol{e}}$ 表示为

$$\tilde{\boldsymbol{e}} = \left[1,\cdots,\mathrm{e}^{\mathrm{j}n\tilde{\omega}},\cdots,\mathrm{e}^{\mathrm{j}(N-1)\tilde{\omega}}\right] \tag{8.32}$$

式中，N 为阵元数；$\tilde{\omega}$ 是零均值且均匀分布的随机变量，满足关系式 $-\Delta \leqslant \tilde{\omega} \leqslant \Delta$，$\Delta$ 为角度扩展宽度。

X_k 是阵列接收的第 k 个快拍数据，$\boldsymbol{e}_k$ 是对应第 k 个快拍数据的随机扰动矢量，k 的取值范围为 $k=1,2,\cdots,K$，因此，第 k 个快拍扰动后的数据可以表示为

$$\tilde{\boldsymbol{X}}_k = \boldsymbol{e}_k \cdot X_k, \quad k=1,2,\cdots,K \tag{8.33}$$

快拍扰动后所得矢量的协方差矩阵为

$$\tilde{\boldsymbol{R}} = \boldsymbol{E}\left[\tilde{\boldsymbol{X}}\tilde{\boldsymbol{X}}^{\mathrm{H}}\right] = \boldsymbol{R} \cdot \boldsymbol{T}_e \tag{8.34}$$

式中，$\boldsymbol{T}_e = \boldsymbol{E}\left[\tilde{\boldsymbol{e}}\tilde{\boldsymbol{e}}^{\mathrm{H}}\right]$ 是扰动矢量 $\tilde{\boldsymbol{e}}$ 的协方差矩阵。

如图 8.7 所示为常规 SLC 与基于快拍扰动方法的零陷展宽 SLC 的自适应方向图，通过对比可以看出，对原始数据增加随机扰动后，自适应方向图在干扰位置的零陷宽度增加，可以有效抑制非平稳干扰。

事实上，CMT 方法相当于将点源转化为空间分布源，对快拍数据或协方差矩阵的调制增加了协方差矩阵中超过噪声基底的大特征值的个数，即式(8.33)所表示的对阵列接收回波的随机扰动导致的子空间泄露现象（干扰子空间的有效秩增加），会使自适应方向图在干扰方向的零陷展宽，但零陷展宽方法相比传统的自适应处理需要更高的自由度。接下来给出干扰角度扩展与所需自适应自由度的关系。

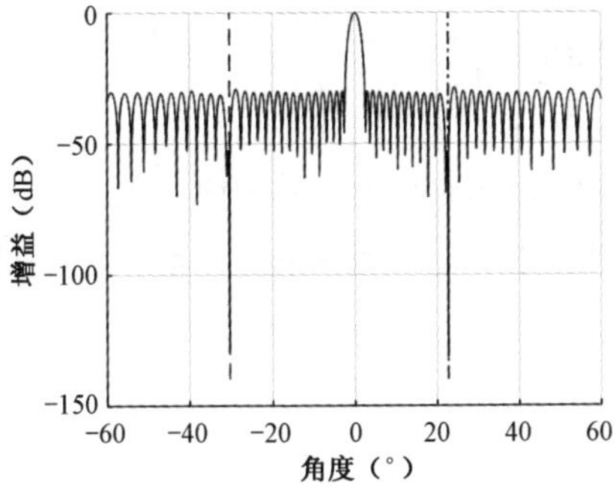

(a) 常规SLC

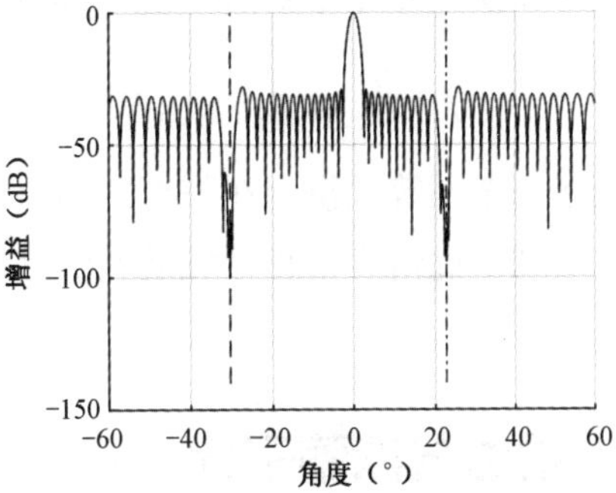

(b) 零陷展宽SLC

图 8.7　常规 SLC 与基于快拍扰动方法的零陷展宽 SLC 的自适应方向图

以均匀等距线阵为例推导零陷展宽所需自由度的公式[7]，将角度扩展宽度表示为

$$\Delta \approx \frac{\pi d}{\lambda} W \tag{8.35}$$

式中，W 代表自适应方向图中零陷期望展宽的宽度，用角度的正弦表示，即 $W = \mu_2 - \mu_1$，其中 $\mu = \sin\theta$，μ_2 和 μ_1 分别代表零陷两侧的边缘角度。对于一个宽

带信号，假设其频谱形状为矩形，频谱宽度为b_ω，则角度扩展宽度可以表示为

$$\varDelta = \pi b_\omega \frac{d\sin\theta}{c} \tag{8.36}$$

式中，c代表电磁波的传播速度。对一个随机过程而言，其可被观测到的大部分能量主要集中在前D个大特征值中，D与孔径渡越时间及带宽的关系可以表示为

$$D \geqslant \left\lceil \frac{B_\theta T(\theta)}{\pi} + 1 \right\rceil \tag{8.37}$$

式中，B_θ代表信号源的角度带宽；$T(\theta)$代表从θ角度入射的信号源对应的孔径渡越时间；符号$\lceil \bullet \rceil$表示向上取整操作，可以知道

$$B_\theta = \pi b_\omega \tag{8.38}$$

对于均匀等距线阵，空间入射的信号穿越整个阵列所消耗的时间为孔径渡越时间，表示为

$$T(\theta) = \frac{Nd\sin\theta}{c} \tag{8.39}$$

将式（8.36）、式（8.38）及式（8.39）代入式（8.37）中，得到

$$D \geqslant \left\lceil \frac{N\varDelta}{\pi} + 1 \right\rceil \tag{8.40}$$

再将式（8.35）代入式（8.40）中，得到

$$D \geqslant \left\lceil \frac{NdW}{\lambda} + 1 \right\rceil \tag{8.41}$$

上述两个不等式说明在阵列结构保持不变的前提下，系统所需要的自适应自由度只受到干扰角度在正弦域展宽宽度的影响，且与之成正比，而不随其他参数变化。

8.3 雷达抗欺骗干扰

8.3.1 雷达欺骗干扰

欺骗干扰是指发射虚假的目标信号来迷惑和扰乱雷达目标检测和跟踪系统的干扰方式，包括距离欺骗、角度欺骗、速度欺骗、AGC 欺骗，以及它们的组合。在距离、方位、仰角、速度和功率等多维空间具有检测能力的雷达，其检测空间V可表示为[1]

$$V = \{[R_{\min}, R_{\max}][\alpha_{\min}, \alpha_{\max}][\varepsilon_{\min}, \varepsilon_{\max}][f_{d\min}, f_{d\max}][S_{\min}, S_{\max}]\} \tag{8.42}$$

式中，$R_{\min}$、$R_{\max}$、$\alpha_{\min}$、$\alpha_{\max}$、$\varepsilon_{\min}$、$\varepsilon_{\max}$、$f_{d\min}$、$f_{d\max}$、$S_{\min}$、$S_{\max}$分别表

示最小和最大作用距离、最小和最大方位角、最小和最大仰角、最小和最大多普勒频率、最小可检测信号功率（灵敏度）和饱和信号功率。理想的点目标应是位于检测空间 V 中的一个点 T：

$$T=\{R,\alpha,\varepsilon,f_{\mathrm{d}},S\}\in V \tag{8.43}$$

式中，R、V、ε、f_{d} 和 S 分别表示目标的距离、方位、仰角、多普勒频率和回波信号功率。如果假目标的空间参数 T_{f} 与真目标的空间参数 T 之间的差别小于雷达的空间分辨力 ΔV，则将形成质心干扰，可表示为

$$\|T_{\mathrm{f}}-T\|<\Delta V \tag{8.44}$$

这时雷达检测和跟踪结果位于真假目标参数的能量加权质心（重心）T_{f}' 处，即

$$T_{\mathrm{f}}'=\frac{S_{\mathrm{f}}T_{\mathrm{f}}}{S_{\mathrm{f}}+S} \tag{8.45}$$

式中，S 是真目标的回波功率，S_{f} 和 T_{f} 分别是假目标的回波功率和在空间 V 中的位置。

产生质心干扰的方法可以分为无源和有源两种。无源方法是在目标周围放置强的反射体，如军舰打出的箔条弹形成的箔条云，其反射面积很大，又散布在军舰附近，反舰导弹制导雷达波束无法在空间或距离上区分军舰与箔条云，从而在方位、俯仰和距离维形成质心干扰，这时反质心干扰的方法主要利用频率维信息，即箔条云的移动（f_{d}）和频谱展宽来区分军舰和箔条。产生质心干扰的另一种方法是在目标周围放置有源诱饵，产生与目标散射类似的回波信号，形成质心干扰，如军舰周围的拖拽式诱饵，通过转发接收到的反舰导弹制导雷达回波信号，形成质心干扰。一旦发现此类质心干扰，雷达角跟踪系统应立即转入记忆跟踪工作方式，以免引偏。

当真假目标参数大于雷达空间分辨率 ΔV 时，它们在空间 V 中是独立的点，但雷达不一定能够区分它们，这样就形成了假目标干扰。这时雷达可能出现虚警增大（假目标被认成真目标）、漏警及大量假目标造成系统过载等情况。

如果欺骗干扰周期性地从质心干扰变为假目标干扰，则称这种干扰过程为拖引干扰，可表示为

$$\|T_{\mathrm{f}}-T\|=\begin{cases}0, & 0\leqslant t<t_1,\quad \text{停拖}\\ 0\to\delta V_{\max}, & t_1\leqslant t<t_2,\quad \text{拖引}\\ T_{\mathrm{f}}\text{消失}, & t_2\leqslant t<t_3,\quad \text{关闭}\end{cases} \tag{8.46}$$

在停拖时段，假目标和真目标在空间和时间上近似重合。在拖引时段，假目标与真目标逐渐分离，直到真假目标在 V 空间的距离 $\|T_{\mathrm{f}}-T\|$ 大于雷达空间分辨

率 $\delta V_{\max}$，然后假目标 T_{f} 突然消失，造成雷达丢失目标。这种拖引过程在雷达重新搜索和捕获目标后再重复进行。

拖引干扰可以针对雷达测距、测角或测速等系统施放，从而破坏雷达距离跟踪系统、角度跟踪系统或速度跟踪系统的正常工作。

8.3.2 多维联合抗有源欺骗干扰

有源欺骗干扰对抗主要分为干扰感知和干扰抑制两个部分。干扰感知包括有源干扰的检测与识别。有源欺骗干扰抑制在大多数情况下都需要干扰感知来提供先验信息，二者相辅相成。

一方面，现代雷达通常兼具多种功能，雷达检报从最初仅具有距离和方位信息到现代雷达可以提供距离、方位、速度和目标识别等信息，雷达功能的丰富使得假目标行为失配、雷达反射面积调制失常及微多普勒特征失常等特征明显暴露。另一方面，现代有源欺骗干扰通常由数字射频存储器（Digital Radio Frequency Memory，DRFM）辅助产生，通过分析 DFRM 干扰机的工作流程可知，干扰机对截获的雷达发射信号进行距离、多普勒调制，产生欺骗干扰。文献[9]对每个环节干扰机引入的失真给出了详细的分析。干扰机的频率变换环节、射频功率放大器等器件存在非线性，引入的非线性失真对调制产生的信号进行二次调制，所产生的假目标带有干扰机的指纹特征，这种特征为信号处理层面有源欺骗干扰感知提供了依据。

在有源干扰感知的基础上，有源欺骗干扰抑制的一种研究策略是通过分析目标回波信号和干扰的时域、频域、联合域及其变换域的可分离性，利用该性质完成干扰抑制。当欺骗干扰与目标回波相关性较低时，可以根据拖引干扰和转发式假目标的频谱特性，利用匹配跟踪算法抑制有源欺骗干扰[10]。在单目标情况下，可以通过分析目标回波信号霍夫分离度、匹配傅里叶分离度和谱分离度来抑制有源欺骗干扰[11]。当干扰机 ADC 采用较低的量化位数时，可以采用狭义与广义盲分离技术实现欺骗干扰的抑制[12]。

随着信息融合技术的发展，可以利用多部雷达站的观测数据，在数据关联、目标跟踪等关键处理步骤中剔除虚假目标和航迹[13]。除此之外，还可以通过分析目标回波和有源欺骗干扰在统计特性方面存在的差异，利用随机理论设计有源欺骗干扰背景下的自适应检测器[14]，实现对目标的有效检测。

8.3.3 自适应副瓣匿影

副瓣匿影的工作原理如图 8.8 所示。雷达系统的主通道包括主天线、接收机和恒虚警检测电路。为了实现副瓣匿影，需要增加一个辅助通道（包括辅助天线、接收机、比较器）和一个门电路。辅助天线的主瓣较宽，且覆盖主天线主瓣和副瓣，其增益略大于雷达主天线副瓣的增益，但远远小于主天线主瓣的增益，如图 8.9 所示。

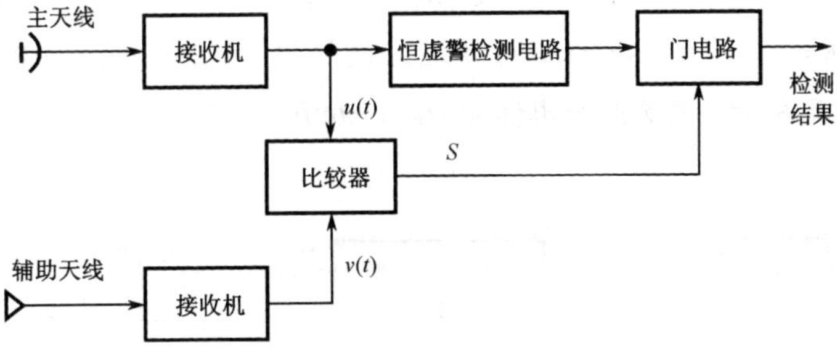

图 8.8　副瓣匿影的工作原理

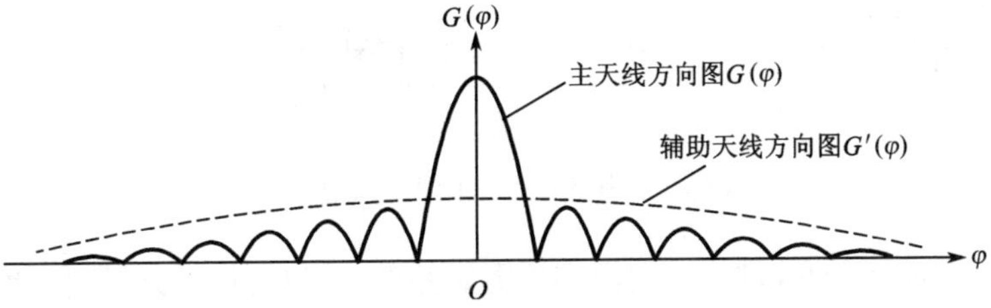

图 8.9　主天线和辅助天线方向图

在正常工作时，目标反射信号从雷达天线主瓣进入，主通道输出信号 $u(t)$ 应大于辅助通道的信号 $v(t)$，比较器输出 $s=$ “1”，门电路打开，使恒虚警检测电路输出结果。如果有欺骗干扰从主天线旁瓣进入，由于欺骗干扰相对较强，$v(t)$ 可以在恒虚警检测电路输出形成虚警，但这时辅助通道输出 $v(t)$ 大于 $u(t)$（因辅助天线增益大于主天线旁瓣增益），因此，比较器输出 $s=$ “0”，门电路关闭，虚警被抑止，对从主天线旁瓣进入的假目标起到了匿影作用。

对于图 8.8，因为实际的接收信号中是有噪声的，所以，主通道中可能有如下 4 种情况发生：①主瓣无目标信号，副瓣无欺骗干扰进入；②主瓣无目标信号，副瓣有欺骗干扰进入；③主瓣有目标信号，副瓣无欺骗干扰进入；④主瓣有目标信号，副瓣有欺骗干扰进入。为了实现有效的副瓣匿影功能，对于情况①，系统应该无输出，否则也会形成虚警；对于情况②，系统应该进行匿影，抑制欺骗干扰，且匿影概率高；对于情况③和情况④，系统主天线主瓣有目标信号，无论副瓣有无欺骗干扰进入，系统都应该有输出，如果没有输出，则插入副瓣匿影电路后系统有检测概率损失。

对于一个副瓣匿影系统，我们希望匿影概率高，而且检测概率损失应该低。因此，文献[8]提出了一些改进的副瓣匿影系统。

如图 8.10 所示为一个改进的三门限副瓣匿影系统。其中，T_m、T_g 和 T_r 分别称为主门限、辅助门限和比值门限。M = “1” 表示主通道中 $u(t)$ 超过主门限 T_m，否则 M 为 “0”。G = “1” 表示辅助通道中 $V(t)$ 超辅助门限 T_s，否则 G 为 “0”，R = “1” 表示 $v(t)/u(t)$ 超过比值门限 T_r，否则 R = “0”。所以在图 8.10 中，系统输出 D 为联合事件（$M\bar{G}+MG\bar{R}$），即

$$D = M\bar{G} + MG\bar{R} \tag{8.47}$$

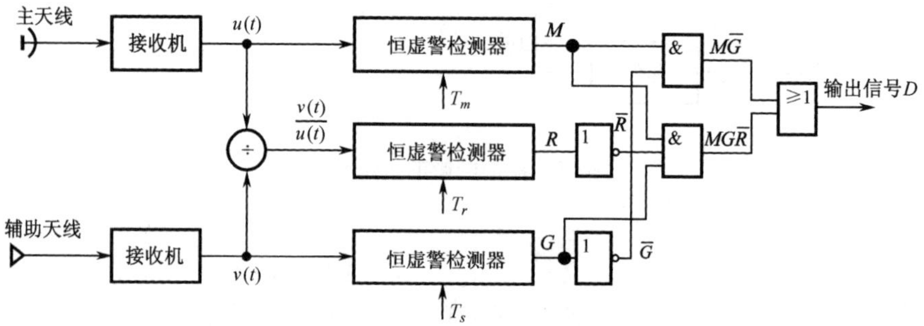

图 8.10　一种改进的三门限副瓣匿影系统

如图 8.10 所示的改进的三门限副瓣匿影系统有良好的副瓣匿影性能。对于情况①和情况②，主通道无目标信号，则 M = “0”，这时不管无欺骗干扰（G= “0”）或有欺骗干扰（G= “1”），式（8.47）中的 D = “0”，都不会形成虚警，所以实现了副瓣匿影。对于情况③，主瓣有目标（M = “1”），而副瓣无欺骗干扰（G= “0”），这时，$M\bar{G}$ = “1”，所以 D = “1”，判为有目标，说明增加匿影电路后，不影响系统的正常工作。对于情况④，主通道有目标（M = “1”），副瓣也有欺骗干扰进入（G= “1”），如果比值门限未发生超越（R = “0”），即辅助通道输出 $v(t)$ 小于主通道输出 $u(t)$，则 $MG\bar{R}$ = “1”，仍有 D = “1”，这样就减少了增加副瓣匿影系统后的检测概率损失。

副瓣匿影系统除了可以抑制从雷达天线副瓣进入的欺骗干扰（假目标信号），还可以用来抑制从雷达天线副瓣进入的强而离散的点杂波。

8.3.4　发射波形设计抗有源欺骗干扰

干扰方要想成功产生有效的有源欺骗干扰，首先要在复杂的射频环境中截获识别出现的雷达发射信号，并得到雷达的有用信息；然后利用数字射频存储器（DRFM）对截获的雷达发射信号进行精确复制，选择合适的干扰样式，进行虚假信息调制，最终向雷达发射，形成欺骗干扰。发射端对抗有源欺骗干扰应从截获

和相干复制两个方面下手，通过发射波形设计，降低干扰接收机的侦察截获概率，同时降低复制后干扰信号的相干处理增益。

假设干扰接收机成功截获了雷达发射信号，DRFM 能够精确复制雷达发射信号并产生相干性良好的欺骗干扰转发回雷达，此时雷达接收机只能被动地接收包含干扰信号和目标信号的回波。目标回波信号依靠相干处理，在接收端获得信号处理增益，从而得知目标的距离、速度等信息，而用于相干处理的发射信号是雷达事先已知的，由于干扰信号很可能在时间上滞后目标回波脉冲一个甚至多个 PRI，因此，可以借助波形分集的思想，在慢时间域改变每个发射脉冲信号的形式或参数，使其相互之间的相干程度降低。

频率步进信号是通过发射多脉冲进行相干合成获得高距离分辨率的信号，在接收时首先对每个脉冲的回波信号用与其载频相对应的本振信号进行混频，对混频后的基带信号进行采样得到一组回波信号的复采样值，然后对这组复采样值进行相应的处理，即能得到所需的目标信息。频率步进信号在设计上具有很强的灵活性，接收时采取相干合成的方法，是符合上述对抗欺骗干扰策略的一种信号形式，尤其是随机频率步进信号，有着不错的雷达抗干扰能力。

随机频率步进信号是频率在脉冲间随机改变的频率步进信号。当脉冲间的跳频间隔随机改变时，不模糊距离被推至无穷远处，模糊函数更接近理想的图钉形，有着良好的距离速度分辨率。随机频率步进信号的表达式可以写为

$$
\begin{aligned}
s(t) &= \frac{1}{\sqrt{N}}\sum_{n=1}^{N} u_c\left[t-(n-1)T_r\right]\mathrm{e}^{\mathrm{j}2\pi \boldsymbol{f}_n t} \\
&= \frac{1}{\sqrt{N}}\sum_{n=1}^{N} u_c\left[t-(n-1)T_r\right]\mathrm{e}^{\mathrm{j}2\pi \boldsymbol{f}_n t}\mathrm{e}^{\mathrm{j}2\pi f_c t}
\end{aligned}
\tag{8.48}
$$

式中，f_c 为中心频率；$\boldsymbol{f}_n=\left[f_1,f_2,\cdots f_N\right]^{\mathrm{T}}$ 为 N 个脉冲的随机频率所构成的列向量；$u_c(t)$ 为单频矩形脉冲信号。如图 8.11 所示为随机频率信号的时频关系图。

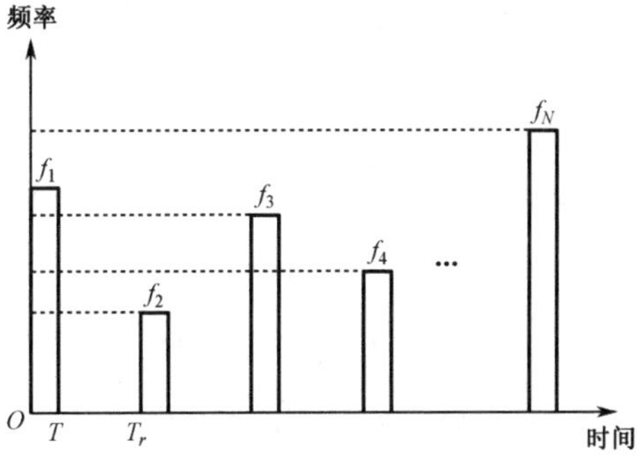

图 8.11　随机频率步进信号的时频关系示意图

本节通过分析随机步进频率信号如何降低干扰信号的处理增益来说明其抗干扰性能。假设干扰机可以成功截获每个发射脉冲并完成精确复制，则干扰脉冲的频率序列为

$$\boldsymbol{f}_J = \left[f_{J1}, f_{J2}, \cdots, f_{JN}\right]^{\mathrm{T}} \tag{8.49}$$

假设干扰方产生距离为 R_J、速度为 v_J 的距离速度假目标干扰，则雷达在第 i 个脉冲重复周期接收到的干扰回波为

$$y_{Ji} = Y_J \exp\left\{\mathrm{j}2\pi f_{Ji}\left[t - \tau_J(t)\right]\right\} \tag{8.50}$$

式中，$(i-1)T_r + \tau_J(t) \leqslant t \leqslant (i-1)T_r + T + \tau_J(t)$，$\tau_J(t) = (2R_J - 2v_J t)/c$ 为假目标回波的延时函数，Y_J 为假目标回波的幅度。对式（8.50）进行混频，用于混频的参考信号为雷达第 i 个脉冲重复周期的发射信号，即 $x_i(t) = \exp(\mathrm{j}2\pi f_i t)$，混频后取基带信号为

$$y'_{Ji} = Y_J \exp\left[\mathrm{j}2\pi(f_{Ji} - f_i)t\right]\exp\left(-\mathrm{j}2\pi f_{Ji}\frac{2R_J}{c}\right)\exp\left(\mathrm{j}2\pi f_{Ji}\frac{2v_J t}{c}\right) \tag{8.51}$$

对式（8.51）进行采样，得到假目标干扰的一组复采样值为

$$Z_J(i) = A_J \exp\left[\mathrm{j}2\pi(f_{Ji} - f_i)(i-1)T_r\right]\exp\left(-\mathrm{j}2\pi f_{Ji}\frac{2R_J}{c}\right)\exp\left(\mathrm{j}2\pi f_{Ji}\frac{2v_J}{c}(i-1)T_r\right) \tag{8.52}$$

式中，A_J 为混频采样后的幅度。将这一组采样值写为向量形式

$$\boldsymbol{V}_{\mathrm{rec}J} = A_J \boldsymbol{V}_{J1} \circ \boldsymbol{V}_{J2} \tag{8.53}$$

$\boldsymbol{V}_{J1}$ 与 $\boldsymbol{V}_{J2}$ 的表达式如下：

$$\boldsymbol{V}_{J1} = \begin{bmatrix} \exp\left(-\mathrm{j}2\pi f_{J1}\dfrac{2R_J}{c}\right) \\ \exp\left(-\mathrm{j}2\pi f_{J2}\dfrac{2R_J}{c}\right)\exp\left(\mathrm{j}2\pi f_{J2}T_r\dfrac{2v_J}{c}\right) \\ \exp\left(-\mathrm{j}2\pi f_{J3}\dfrac{2R_J}{c}\right)\exp\left(\mathrm{j}2\pi f_{J3}2T_r\dfrac{2v_J}{c}\right) \\ \vdots \\ \exp\left(-\mathrm{j}2\pi f_{JN}\dfrac{2R_J}{c}\right)\exp\left(\mathrm{j}2\pi f_{JN}(N-1)T_r\dfrac{2v_J}{c}\right) \end{bmatrix} \tag{8.54}$$

$$\boldsymbol{V}_{J2} = \begin{bmatrix} 1 \\ \exp\left[\mathrm{j}2\pi(f_{J2} - f_2)T_r\right] \\ \exp\left[\mathrm{j}2\pi(f_{J3} - f_3)2T_r\right] \\ \vdots \\ \exp\left[\mathrm{j}2\pi(f_{JN} - f_N)(N-1)T_r\right] \end{bmatrix} \tag{8.55}$$

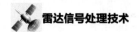

由式（8.53）可知，假目标干扰信号混频采样后的结果由两部分组成，其中，$\boldsymbol{V}_{J1}$ 为与真实目标回波类似的带有假目标距离速度信息的回波向量，$\boldsymbol{V}_{J2}$ 是失配混频产生的一组相位值。对假目标干扰进行相关处理，得到相关输出为

$$\begin{aligned}\mathrm{Corr}_J = A_J\sum_{i=1}^{N}\exp\left(\mathrm{j}4\pi\frac{f_{Ji}R_J - f_iR_c}{c}\right)\exp\left[-\mathrm{j}4\pi\frac{f_{Ji}v_J - f_iv_c}{c}(i-1)T_r\right]\cdot \\ \exp\left[\mathrm{j}2\pi\left(f_{Ji}-f_i\right)(i-1)T_r\right]\end{aligned} \tag{8.56}$$

对式（8.56）进行定性分析，由于假目标干扰的频率序列 f_J 与雷达发射信号的频率序列 f 不匹配，当 $R_c = R_J$，$v_c = v_J$ 时，式（8.56）的前两项中 $f_{Ji}R_J - f_iR_c$ 和 $f_{Ji}v_J - f_iv_c$ 对每个 i 的取值不可能均为零，因此，在时频平面上 (R_J, v_J) 处不会存在峰值。同时，可以看到式（8.56）的第三项 $\exp\left[\mathrm{j}2\pi\left(f_{Ji}-f_i\right)(i-1)T_r\right]$ 与距离速度均无关，进而可以看作对前两项乘积的随机加权，因此，即使由于随机性可能存在 $f_{Ji}R_J - f_iR_c$ 和 $f_{Ji}v_J - f_iv_c$ 均等于 0 的情况，也会因为第三项的随机加权使得回波能量进一步发散。总之，假目标干扰的频率序列 $\boldsymbol{f}_J$ 与雷达发射信号的频率序列 $\boldsymbol{f}$ 在没有大部分匹配的情况下，假目标干扰的相关处理结果应为分布在时频平面上无明显峰值的噪声基底，即频率的失配导致干扰的能量被分散到整个时频平面上。

虽然干扰方利用 DRFM 可以完成对雷达发射信号的精确相参复制，但其存在一定的转发时延，若雷达以“一发一收”的方式发射随机频率步进信号，则根据干扰方的假目标时延 t_J（t_J 包括干扰机与雷达之间的双程时延和 DRFM 内复制转发所需时间之和）与雷达方的脉冲重复周期 T_r 的大小关系，有两种情况，即 $t_J > T_r$ 和 $t_J < T_r$。

$t_J > T_r$ 多适用于干扰机与雷达和需要掩护的目标均距离较远的情况，即远距离干扰系统。此时，雷达在当前周期接收到的干扰信号复制的是之前某一周期的雷达发射信号，假设干扰方产生导前假目标干扰，且干扰信号滞后雷达发射脉冲一个脉冲重复周期，雷达接收到的回波示意图如图 8.12 所示。

由图 8.12 得到在此种情况下干扰信号的频率序列为

$$\boldsymbol{f}_J = \left[f_{J1}, f_{J2}, \cdots, f_{JN}\right]^{\mathrm{T}} = \left[0, f_1, \cdots, f_{N-1}\right]^{\mathrm{T}} \tag{8.57}$$

显然，两种频率序列刚好错开，不会重合，因此，式（8.57）与分析的一致，假目标能量将以基底的形式分布在时频平面上。

与第一种情况相反，$t_J < T_r$ 多适用于随队干扰或近距离干扰，干扰机往往位于需要保护的目标附近。此时，干扰机能够在当前周期内将雷达发射信号复制转发回雷达，即假目标干扰的频率序列 $\boldsymbol{f}_J$ 与雷达发射信号的频率序列 $\boldsymbol{f}$ 完全相同，随机频率步进信号无法应对此种情况的假目标干扰。

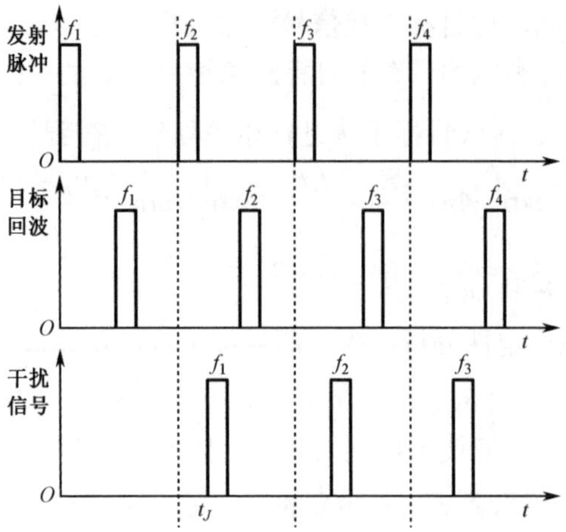

图 8.12　雷达接收到的回波示意图

因此，可以选择使用变重频的随机频率步进信号，令多个脉冲重复周期在 t_J 左右分布，如 $T_{r2} < t_J < T_{r1}$，通过使用一长一短的脉冲重复周期，干扰回波的频率序列与雷达发射信号的频率序列将产生部分失配，与前面的分析类似，这种失配将使干扰回波无法获得足够的信号处理增益。假设使用两个脉冲重复周期，且满足 $T_{r2} < t_J < T_{r1}$，同时 t_J 相对每个发射脉冲的发射时刻固定不变，此时的雷达发射脉冲、目标回波、干扰信号示意图如图 8.13 所示。

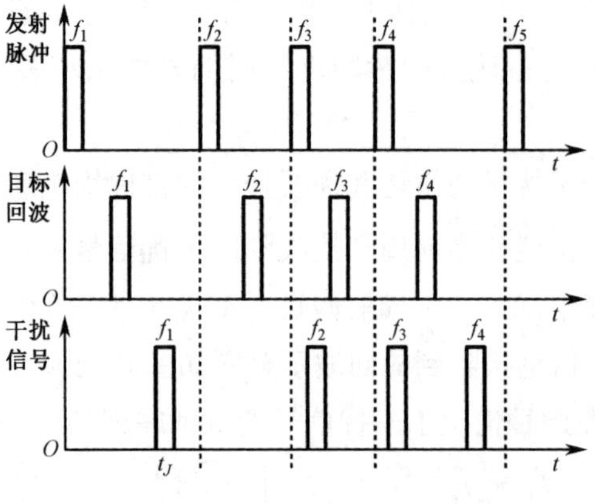

图 8.13　变重频雷达接收回波示意图

由图 8.13 可知，雷达使用的脉冲重复周期顺序为 $(T_{r1}, T_{r2}, T_{r2}, T_{r1}, \cdots)$，在第一个周期内，$t_J < T_{r1}$，干扰机将复制本周期的雷达发射信号转发回雷达；而在第二个周期和第三个周期内，$t_J > T_{r2}$，干扰回波的频率序列与雷达发射信号的频率序列出现失配，可以得到干扰回波的频率序列为

$$\boldsymbol{f}_J = \left[f_{J1}, f_{J2}, \cdots, f_{JN}\right]^{\mathrm{T}} = \left[f_1, 0, f_2, f_3, f_4, f_5, \cdots\right]^{\mathrm{T}} \tag{8.58}$$

显然，式（8.58）与雷达发射信号频率序列 $\boldsymbol{f}$ 处于部分失配的状态，因此，干扰信号的相关处理增益将会降低，使用的小于 t_J 的脉冲重复周期越多，则两个频率序列失配越严重，最终变成式（8.57）完全失配的情况，相应抗干扰效果也越好。

8.4　雷达低截获设计

雷达是一个发射功率很大的电子设备，它在发现目标的同时，发射信号也很容易被对方的电子侦察设备发现和截获，从而招致对方电子干扰及反辐射导弹的攻击。提高雷达的隐蔽性，即降低被对方电子侦察设备截获的概率，是雷达在电子对抗过程中争取主动、免受电子干扰和摧毁的重要措施。

雷达的低截获性能常用截获因子 α 来衡量。α 定义为侦察接收机的最大截获距离 R_i 和雷达对侦察接收机所在平台的最大作用距离 R_r 之比[4]：

$$\alpha=\frac{R_\mathrm{i}}{R_\mathrm{r}} \tag{8.59}$$

由式（8.59）可知

$$\text{如果}\,\alpha<1,\quad \text{则}\,R_\mathrm{r}>R_\mathrm{i} \tag{8.60}$$

式（8.60）表示雷达对侦察接收机所在平台的探测距离大于侦察接收机发现雷达的距离（截获距离），这时可称此雷达具有低截获性能，或称其为低截获概率雷达。

$$\text{如果}\,\alpha<\frac{1}{2},\quad \text{则}\,R_\mathrm{r}>2R_\mathrm{i} \tag{8.61}$$

式（8.61）表示雷达对侦察接收机平台的探测距离大于 2 倍的侦察接收机截获距离，称此雷达具有超低截获性能，或称其为超低截获概率雷达。

下面通过 R_r 和 R_i 的计算公式分析雷达低截获性能与哪些因素有关。雷达最大作用距离可表示为

$$R_\mathrm{r}=\left[\frac{P_\mathrm{t}G_\mathrm{t}G_\mathrm{r}\lambda^2\sigma}{(4\pi)^3S_\mathrm{r}L_\mathrm{r}}\right]^{1/4} \tag{8.62}$$

式中，P_t 为雷达峰值发射功率；G_t 为雷达发射天线增益；G_r 为雷达接收天线增益；λ 为雷达信号波长；σ 为侦察接收机平台的雷达截面积；S_r 为雷达接收机灵敏度；L_r 为雷达信号双程传输损耗，

$$L_\mathrm{r}=L_\mathrm{rt}L_\mathrm{rr} \tag{8.63}$$

侦察接收机的最大截获距离 R_i 可表示为

$$R_\mathrm{i}=\frac{P_\mathrm{tL}G_\mathrm{t}G_\mathrm{i}\lambda^2}{(4\pi)^2S_\mathrm{i}L_\mathrm{i}} \tag{8.64}$$

式中，P_{tL} 表示有损耗的雷达发射功率，$P_{tL}=P_t/L_{rt}$；G_t 为雷达发射天线增益；G_i 为侦察接收天线增益；λ 为雷达信号波长；S_i 为侦察接收机灵敏度；L_i 为侦察接收机系统损耗。将式（8.62）和式（8.64）代入式（8.59）可得

$$\begin{aligned}\alpha &= \left[\frac{P_t G_t \lambda^2 S_r L_r G_i^2}{4\pi S_i^2 L_i^2 G_r \sigma L_{rt}}\right]^{1/4} \\ &= \left\{\left[\frac{1}{4\pi\sigma}\right]\left[\frac{P_t G_t S_r L_r \lambda^2}{G_r L_{rt}}\right]\left[\frac{G_i}{S_i L_i}\right]^2\right\}^{1/4}\end{aligned} \tag{8.65}$$

式（8.65）说明，截获概率 α 与侦察接收机平台的雷达截面积 σ、雷达技术参数（P_t、G_t、S_r、L_r、λ、G_r、L_{rt}）和侦察接收机参数（G_i、S_i、L_i）有关。

1. α 与侦察接收机平台雷达截面积的关系

由式（8.65）可知，α 与 σ 成反比关系，即

$$\alpha \propto \frac{1}{\sigma^{1/4}} \tag{8.66}$$

即侦察接收机平台的雷达截面积 σ 越大，截获概率 α 就越小。这说明对于同样的雷达和侦察接收机，如果侦察接收机放置的平台不同，截获概率是不一样的。如果侦察接收机改用隐身飞机或隐身军舰，则因其雷达截面积大幅度降低，雷达的低截获设计就困难得多。

2. α 与雷达技术参数的关系

由式（8.65）可知

$$\alpha \propto \left[\frac{P_t G_t S_r L_r \lambda^2}{G_r L_{rt}}\right]^{1/4} \tag{8.67}$$

（1）式（8.67）表示 α 与 $[G_t/G_r]^{1/4}$ 成正比，即

$$\alpha \propto \left[\frac{G_t}{G_r}\right]^{1/4} \tag{8.68}$$

所以，为了减小 α，必须减小雷达发射天线增益 G_t，增大雷达接收天线增益 G_r，即尽可能采用低增益的宽波束发射天线和高增益的窄波束接收天线，如图 8.14 所示。

在图 8.14 中，发射天线波束宽度应覆盖所需探测的角度范围，在发射波束的宽度内采用多个高增益的窄波束接收天线同时接收，就可以使雷达的截获概率 α 大大降低。由式（8.62）可知，如果在增大 G_r、减小 G_t 时，保持 G_tG_r 不变，雷达

的作用距离是不会降低的。在高增益的同时多波束接收，可采用阵列接收天线和数字波束形成（DBF）技术来实现。

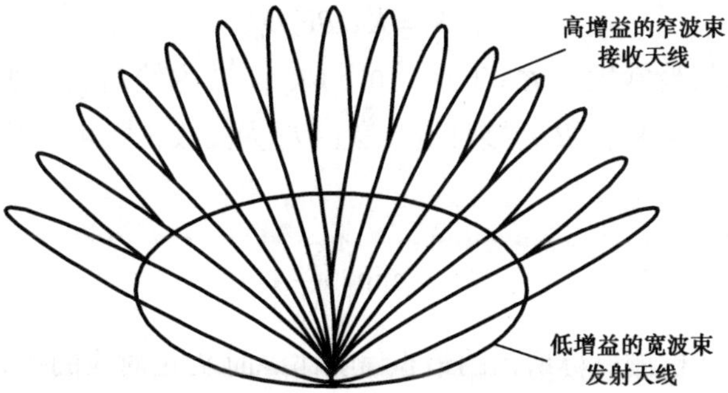

图 8.14　宽发窄收天线

（2）式（8.65）表明，α 与雷达发射功率 P_t 成正比，即

$$\alpha \propto [P_t]^{1/4} \tag{8.69}$$

降低 P_t 将使 α 减小，可提高雷达低截获性能。但在降低 P_t 的同时，必须增加发射信号的时宽，即采用宽脉冲信号或连续波信号，以保证雷达的发射能量不变，从而保证雷达的最大作用距离不降低。这是因为单纯地增加脉冲宽度，会降低测距精度。单载频的脉冲，随着脉冲宽度 τ 的增加，带宽 $B=1/\tau$ 将迅速减小。所以，对宽脉冲或连续波信号必须采用扩谱技术，增加信号带宽。例如，某雷达信号脉冲宽度从 τ 增加到 $K\tau$，而带宽 B 不变，则雷达时宽带宽积从 $D=B\tau$ 变为 $D_1=KB\tau$，经脉冲压缩后，输出时信号脉冲宽度 $\tau=1/B$，宽脉冲被压窄了 D_1 倍，而幅度增加 $\sqrt{D_1}$ 倍，即脉冲压缩后信噪比与 $D=B\tau$ 时相比增加了 K 倍，所以，折算到雷达发射信号上，在时宽从 τ 增加到 $K\tau$ 后，P_t 降低为原来的 $1/K$，仍可保持原来的雷达作用距离。

雷达可以采用的宽带信号形式很多，如线性调频、非线性调频、二相码、多相码、随机编码等，侦察接收机很难预知雷达信号的调制规律，无法进行匹配处理，随着 P_t 的降低，侦察接收机的截获距离将降低。随着宽带信号源和脉冲压缩技术的成熟，采用大时宽带宽积信号或连续波信号，并降低发射信号的峰值功率已成为雷达低截获性能设计的重要内容。

（3）α 与雷达信号波长 λ 成正比。这说明采用较小的 λ 有利于降低 α，但是雷达工作波长 λ 的选取涉及多种因素，必须综合考虑，不能只考虑低截获性能的问题。

（4）α 与雷达接收机灵敏度 S_r 成正比。雷达接收机灵敏度越高，S_r 越小，则 α 也小。

$$\alpha \propto [S_r]^{1/4} \tag{8.70}$$

接收机灵敏度 S_r 与接收机噪声系数 F_n、识别系数 D_0 等有关[5]：

$$S_r = KT_0BF_nD_0 \tag{8.71}$$

式中，K 为玻尔兹曼常数，$K = 1.38 \times 10^{-23}\,\text{J/K}$；$T_0$ 为绝对温度表示的接收机温度，在室温下 $T_0 = 290\text{K}$；B 为接收机带宽；F_n 为接收机噪声系数，识别系数 D_0 可表示为

$$D_0 = \min\left(\frac{S_0}{N_0}\right) \tag{8.72}$$

识别系数 D_0 是雷达检测目标所需的最小信噪比，而 S_r 是对应的接收机输入端的信噪比，因此 (KT_0BF_n) 是因接收机噪声引起的可检测信噪比增大的倍数。

降低接收机噪声系数 F_n 可提高接收机灵敏度而减小 α，因此，通过相干和非相干（视频）积累可以减小 D_0，也可以提高雷达低截获性能。

（5）α 也与雷达传播损耗 $L_r = L_{rt}L_{rr}$ 有关，但这些因素与电波传播条件有关，一般不是重点考虑因素。

3. α 与侦察接收机的技术参数有关

由式（8.65）可知，

$$\alpha \propto \left[\frac{G_i}{S_iL_i}\right]^{1/2} \tag{8.73}$$

侦察接收机天线增益 G_i 越大，侦察接收机灵敏度 S_i 和侦察接收机系统损耗 L_i 值越小，α 就越大，这些参数都不是雷达可控的因素。

4. 其他因素的影响

设计低截获性能雷达还必须注意其他一些因素的影响。

1）高线性大动态接收机

随着发射信号时宽的增加，远距离目标与近距离目标、大目标和小目标的回波常常会发生重叠，因此，接收机中灵敏度时间增益控制电路（STC）的功能受限，接收机的线性动态范围要求从 50～60dB 提高到 100dB 以上，否则，回波信号的非线性失真将减小雷达最大作用距离，雷达低截获性能也将下降。

2）高精度信号源和时钟

随着雷达信号的宽带工作，以及相干积累和长时间积累等信号处理的实施，必然要求高精度的频综和信号源，数字处理所需时钟的精度也必须提高。

3）雷达发射天线的低副瓣

雷达发射天线的低副瓣设计可降低雷达被侦察机从副瓣截获发射信号发现的

概率，但雷达信号的宽带工作将增加天线低副瓣设计的难度和成本。

8.5 雷达抗干扰性能评估

雷达抗干扰性能是全面衡量雷达在复杂电磁环境下的工作能力和生存能力的重要指标。该问题涉及电子对抗的双方，影响因素很多，因此，建立一个完善的评估准则是一个十分困难的问题。性能评估既可以针对单项抗干扰措施来评估抗干扰性能，又可以针对雷达系统的性能进行综合评估，下面讨论几种主要的性能评估准则。

8.5.1 抗干扰改善因子

抗干扰改善因子（EIF）是 S. L. Johston 于 1974 年提出的[7]。抗干扰改善因子定义为雷达采用抗干扰措施后系统输出的信干比(S/J)与不采用抗干扰措施时系统输出的信干比$(S/J)_0$的比值，即

$$\mathrm{EIF}=\frac{(S/J)}{(S/J)_0} \tag{8.74}$$

EIF 表示系统采用抗干扰措施后信干比提高的倍数。它不是基本雷达设计中电子对抗性能的度量，而是对雷达抗干扰性能改善程度的度量。EIF 具有一定的通用性，适用于评估雷达中采用一个或多个抗干扰措施后的性能改善，便于在电子战数学模型中，以定量参数来描述抗干扰措施的效能，比较抗干扰措施的性能和费效比。EIF 是 IEEE 目前唯一承认的抗干扰效能评估准则。

考虑到采用抗干扰措施后可能给雷达系统性能带来的损失，文献[8]对抗干扰改善因子进行了修正，定义了有效抗干扰改善因子（EEIF）：

$$\mathrm{EEIF}=L\cdot F=L\cdot\frac{(S/J)}{(S/J)_0} \tag{8.75}$$

式中，$L\leqslant 1$为损失系数，代表采用抗干扰措施后引起的系统性能损失。

8.5.2 雷达抗干扰能力

EIF 不能完整表达整个雷达的抗干扰能力，例如，雷达的发射功率、天线增益等也是影响雷达抗干扰能力的重要因素，但不能将它们看成抗干扰技术，文献[9]提出了雷达抗干扰能力的评估准则，雷达抗干扰能力被定义为

$$\mathrm{AJC}=(P\tau BG)\prod_i S_i \tag{8.76}$$

式中，$(P\tau BG)$表示雷达本身抗干扰的固有能力，P为雷达发射功率，τ为发射信号时宽，B为发射信号带宽，G为天线增益，S_i为各种反干扰技术的辅助因

子，如频率跳变、天线副瓣、动目标显示、天线变极化、恒虚警检测、重频抖动等各种因素。AJC 适用于雷达抗干扰能力的整体评估。

8.5.3 抗欺骗干扰概率

雷达抗欺骗干扰与抗噪声干扰不一样，每次假目标的检测和识别，可以看成独立的试验，抗欺骗干扰的成功与否可以用抗欺骗干扰概率 p 来表达[8]。

$$p = 1 - p_{j1} p_{j2} p_{j3} (1 - p_{r1})(1 - p_{r2})(1 - p_{r3}) \tag{8.77}$$

式中，p_{j1}、p_{j2}、p_{j3} 分别表示干扰机侦察系统截获雷达信号的概率、分选识别雷达信号的概率、模拟雷达信号的概率；p_{r1}、p_{r2}、p_{r3} 分别表示雷达在空域识别假目标信号的概率、在时域识别假目标信号的概率、采用其他方法识别假目标的有效概率。

由式（8.77）可知，如果干扰侦察机在截获、分选识别或模拟雷达信号的任一环节上失败，p_{j1}、p_{j2} 和 p_{j3} 中将有一个为 0，，则 $p_{j1} p_{j2} p_{j3} = 0$，$p = 1$，雷达抗欺骗干扰成功。因此，抗欺骗干扰概率不仅与雷达有关，而且与干扰侦察机的性能有关。

事实上，欺骗干扰也可以扰乱或降低雷达系统测距、测角或测速的性能，造成测距、测角或测速误差的增大。雷达受到欺骗干扰，并采取抗欺骗干扰措施后，测距误差方差、测角误差方差、测速误差方差的变化也可以用来评估抗欺骗干扰的性能。

8.6 雷达通信兼容技术

雷达波形和通信波形本质上都是电磁波，尽管两者之间存在许多差异，但是在原理和结构上仍具有许多相似性，因此，可在雷达波形基础上，将通信功能加载到雷达波形上。为将通信信息加载到雷达信号中，并使其随雷达信号向空中传播，进而使雷达具有通信功能，需要将通信信号调制到雷达信号中，形成一体化信号。此外，从提高时间、频率、功率等资源利用效率与多功能模式综合效能出发，设计统一信号波形还应考虑目标、环境等特性对信息分离与处理的影响，有必要引入目标、环境信息反馈控制机制。

8.6.1 Chirp 信号相位调制通信一体化波形

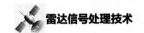

常规脉冲雷达典型波形为 Chirp 信号，可采用相乘法构造一体化波形，即利用 Chirp 信号的参数来承载通信数据[15]。时域相乘之后得到的一体化波形可以看

作一个新的 Chirp 信号。因为调频率在一定周期内的变化会影响带宽的变化，继而影响雷达探测精度，所以，只将初始频率和相位用作通信调制。先采用 QPSK 调制方式将通信数据调制在 Chirp 信号的相位中。设置信号时宽为 10μs、带宽为 10MHz 的仿真结果如图 8.15～图 8.17 所示。

模糊函数是进行雷达波形设计和分析信号处理系统性能的重要工具，根据雷达信号的模糊函数，可以确定雷达发射波形的分辨能力、测量精度、模糊情况和抑制干扰的能力。

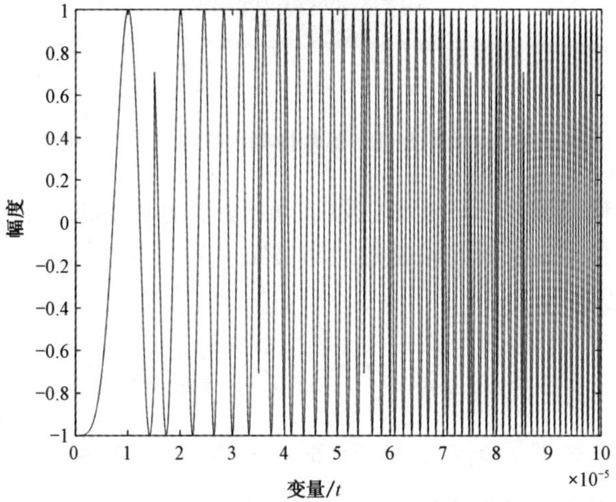

图 8.15　Chirp 信号相位调制通信一体化信号时域波形

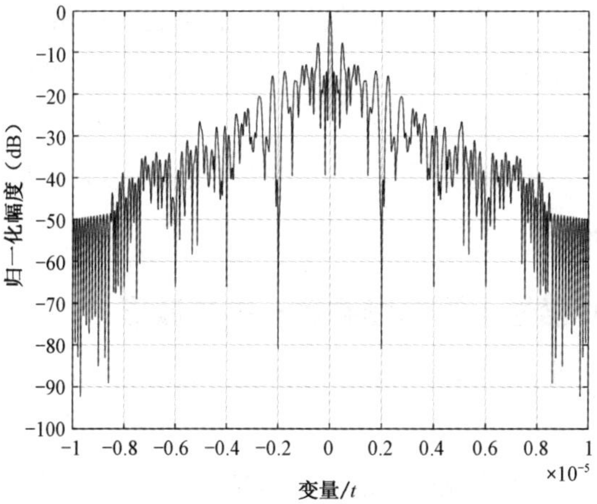

图 8.16　信号匹配滤波时域结果图

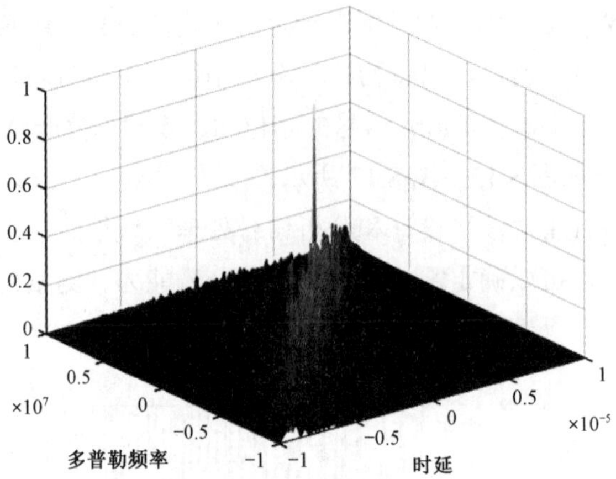

图 8.17　信号模糊函数图

雷达信号模糊函数表示匹配滤波器的输出，描述目标距离和多普勒频率对回波信号的影响。信号 $s(t)$ 的模糊函数通常被定义为二维互相关函数的模的平方，即 $\left|\chi(\tau,\xi)\right|^2$，具体表达式为

$$\left|\chi(\tau,\xi)\right|^2 = \left|\int_{-\infty}^{+\infty} s(t)s^*(t+\tau)\mathrm{e}^{\mathrm{j}2\pi\xi t}\mathrm{d}t\right|^2 \tag{8.78}$$

模糊函数关于多普勒频率 ξ 和延迟时间 τ 的三维图形称为雷达信号模糊图。对于一种给定的波形，其模糊图可以确定该波形的一些特征，同时可以用某个时间或频率门限来切割三维模糊图得到模糊等高图。模糊图的原点处模糊函数值等于与感兴趣目标反射的信号理想匹配时的匹配滤波器的输出；非零时的模糊函数值表示与感兴趣目标有一定距离和多普勒频率的目标回波。

在二维坐标平面内，若模糊函数的绝对值逼近于冲击函数，呈理想图钉形时，就可以得到理想的二维分辨率，相当于把所有能量都集中在了坐标原点附近。

如图 8.17 所示，因为通信采用相位调制方式，所以，模糊函数中心尖锐，对多普勒频率很敏感。

8.6.2　Chirp 信号上下调频混合一体化波形

Chirp 信号分为两种，频率随时间线性增大的称为 Up-Chirp 信号，反之称为 Down-Chirp 信号。

理论上，两个频域不重叠的 Chirp 信号是正交的[16]，利用此性质可将两个频域上不交叠且扫频极性相反的 Chirp 信号分别表示雷达信号和通信信号，并把两者相加作为一体化波形。在发射端用 MPSK 调制通信信号，而后经过 Chirp 滤波，将 MPSK 符号用频率递增且不同相位的 Chirp 信号表示通信信号，用频率递减的 Chirp 信号表示雷达信号，发射信号为两者之和。

其中，通信信号为

$$x_{\mathrm{c}}(t)=\cos(2\pi f_0 t+\pi\mu t^2+\theta_i),\quad -\frac{T}{2}<t<\frac{T}{2} \tag{8.79}$$

式中，$\mu>0$；θ_i 为 QPSK 相位。

雷达信号为

$$x_{\mathrm{r}}(t)=\cos(2\pi f_0 t-\pi\mu t^2),\quad -\frac{T}{2}<t<\frac{T}{2} \tag{8.80}$$

发射信号为

$$\begin{aligned}x(t)&=k_1\cdot x_{\mathrm{c}}(t)+k_2\cdot x_{\mathrm{r}}(t)\\&=k_1\cdot\cos(2\pi f_0 t+\pi\mu t^2+\theta_i)+k_2\cdot\cos(2\pi f_0 t-\pi\mu t^2)\end{aligned} \tag{8.81}$$

式中，k_1、k_2 分别表示通信信号和雷达信号的系数。

在接收机中，雷达信号与通信信号具有不同的接收端，设置信号时宽为 10μs、带宽为 10MHz、载频为 1MHz、雷达系数为 2、通信系数为 1，波形仿真如图 8.18～图 8.20 所示。

如图 8.20 所示，因为通信采用相位调制方式，且上下调频具有正交性，所以，模糊函数中心十分尖锐，相较于 Chirp 信号相位调制通信一体化波形对多普勒频率更加敏感。

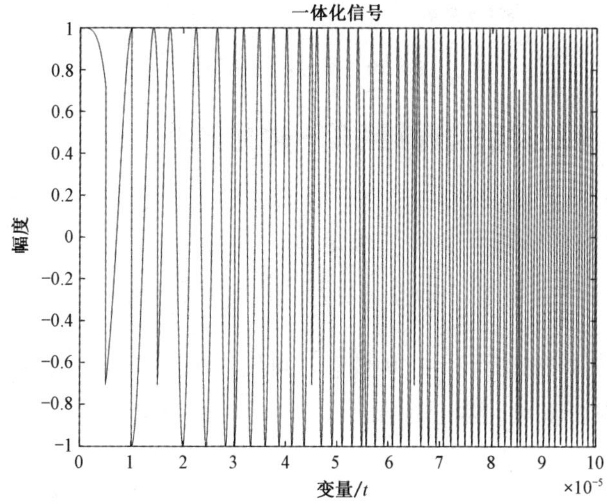

图 8.18　Chirp 信号上下调频混合一体化波形时域图

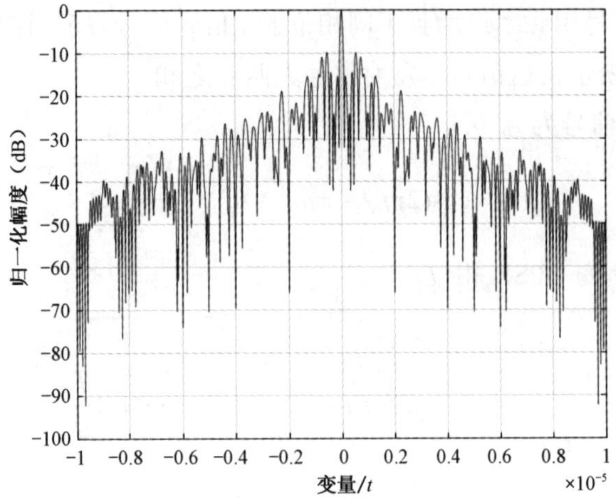

图 8.19　信号脉冲压缩结果图

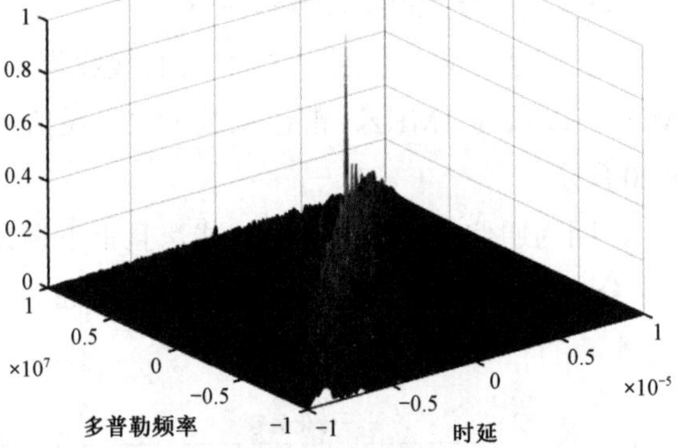

图 8.20　信号模糊函数图

8.6.3　频率正交相位调制通信一体化波形

Chirp 信号不仅具有时移正交性，还具有频移正交性[17]。假设两个调频率相同的 Chirp 信号的初始频率 f_1 和 f_2 满足

$$\Delta f = f_1 - f_2 = \frac{k}{T}，\ k\text{ 为整数} \tag{8.82}$$

即可保证两个信号正交，利用这种性质，可用这两个信号分别表示通信信号和雷达信号，两者相加作为一体化信号。

通信信号为

$$x_{\mathrm{c}}(t) = \cos(2\pi f_1 t + \pi \mu t^2 + \theta_i)，\quad -\frac{T}{2} < t < \frac{T}{2} \tag{8.83}$$

雷达信号为

$$x_r(t)=\cos(2\pi f_2 t+\pi\mu t^2),\quad -\frac{T}{2}<t<\frac{T}{2} \tag{8.84}$$

发射信号为

$$\begin{aligned}x(t)&=k_1\cdot x_c(t)+k_2\cdot x_r(t)\\&=k_1\cdot\cos(2\pi f_1 t+\pi\mu t^2+\theta_i)+k_2\cdot\cos(2\pi f_2 t+\pi\mu t^2),\quad -\frac{T}{2}<t<\frac{T}{2}\end{aligned} \tag{8.85}$$

式中，k_1、k_2分别表示通信信号和雷达信号的系数；$f_2-f_1=\Delta f$。

设置信号时宽为 10μs、带宽为 10MHz、载波为 1MHz、雷达系数为 2、通信系数为 1、正交系数为 2，仿真结果如图 8.21～图 8.23 所示。

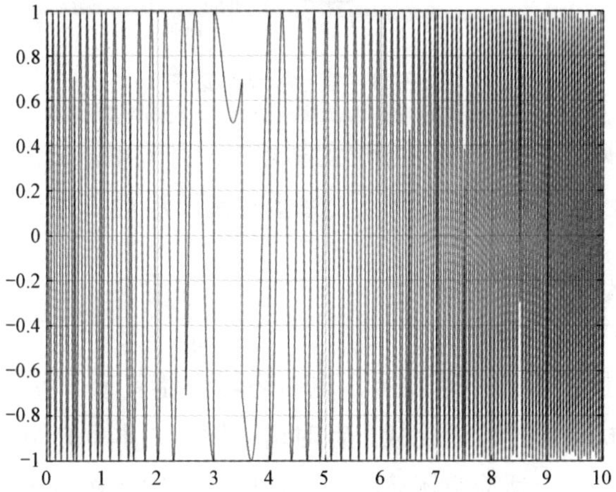

图 8.21　频率正交相位调制通信一体化波形时域

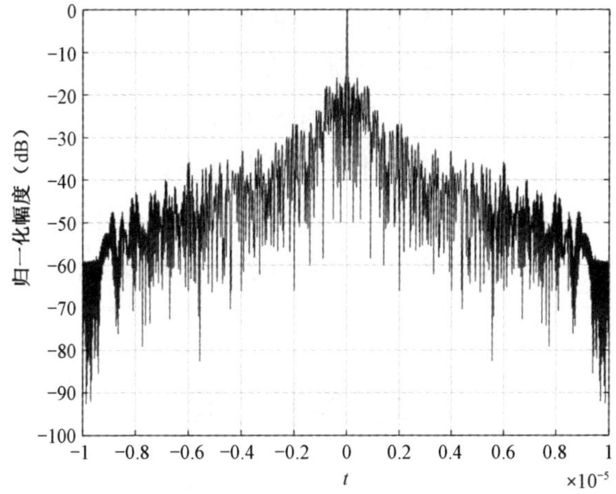

图 8.22　信号脉冲压缩结果图

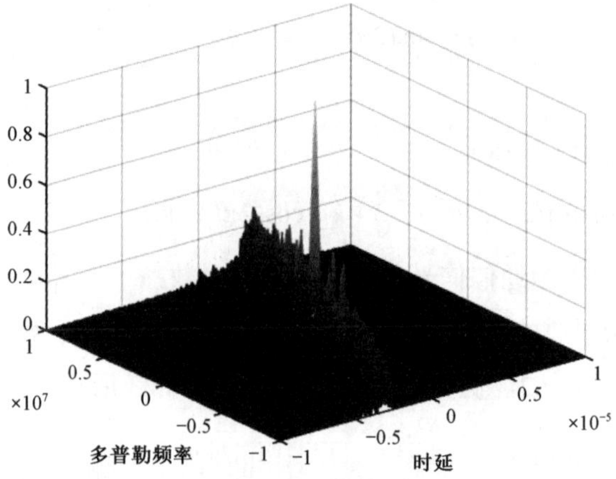

图 8.23　信号模糊函数图

如图 8.23 所示，因通信采用相位调制方式，且采用正交信号，所以，模糊函数中心比较尖锐，但可以通过控制正交系数控制波形对多普勒频率敏感程度。

8.7　本章小结

随着电子干扰技术的不断发展，电磁环境日益复杂，各种新型干扰层出不穷，给雷达抗干扰带来严峻的挑战。针对这一挑战，本章介绍了雷达抗有源干扰的自适应频率捷变、自适应空域滤波、自适应天线副瓣相消和稳健的空域抗干扰技术等传统方法；深入讨论了多维联合抗有源欺骗干扰、自适应副瓣匿影和发射波形设计等抗有源欺骗干扰方法；最后介绍了抗干扰改善因子、雷达抗干扰能力和抗欺骗干扰概率等雷达抗干扰性能评估准则。

在现代电子作战系统中，随着高新技术的发展和各种新型智能化武器系统的广泛使用，将雷达、电子战、通信系统有效融合，实现以信号、信道、处理、系统、应用一体为特征的侦干探通一体化是军事电子系统，尤其是在复杂电磁环境下有限载荷情况下电子系统的重要发展趋势。研究一体化信号是一体化系统存在的前提，它决定了一体化系统各种功能实现的方式和能力，对雷达抗干扰能力将会有很大的提升。

本章参考文献

[1]　赵国庆. 雷达对抗原理[M]. 西安：西安电子科技大学出版社，1999.

[2]　HAINOVCH A M, BERIN M O, TETI J G. A Sampling-Based Approach to Wideband Interference Cancellation[J]. IEEE Transactions On AES, 1998, 34(1).

[3] 吴洹，张玉洪，吴顺君. 用于阵列处理的自适应均衡器的研究[J]. 现代雷达，1992，16（1）.

[4] MAILLOUX R J. Covariance matrix augmentation to produce adaptive array pattern troughs[J]. Electronics Letters, 1995, 31(10): 771-772.

[5] ZATMAN M. Production of adaptive array troughs by dispersion synthesis[J]. Electronics Letters, 1995, 31(25): 2141-2142.

[6] GUERCI J R. Theoty and application of covariance matrix tapers for robust adaptive beamforming[J]. IEEE Transaction on Signal Processing, 2002, 47(4): 977-985.

[7] SU H, LIU H, SHUI P, et al. Adaptive Beamforming for Nonstationary HF Interference Cancellation in Skywave Over-the-Horizon Radar[J]. IEEE Transactions on Aerospace and Electronic Systems, 2013, 49(1): 312-324.

[8] O'SULLIUM M R. A Comparison of Sidelobe Blanking System[C]// International Radar Conference, 1987.

[9] 田晓. 雷达有源欺骗干扰综合感知方法研究[D]. 成都：电子科技大学，2013.

[10] 孙闽红. 雷达抗有源欺骗式干扰算法研究[D]. 成都：电子科技大学，2008.

[11] 顾海燕，罗双才. 波门拖引干扰类型识别方法研究[J]. 电子信息对抗技术，2010，6：45-50.

[12] 罗双才，唐斌. 一种基于盲分离的欺骗干扰抑制算法[J]. 电子与信息学报，2011，12：2801-2806.

[13] 李伟，张辉，张群. 基于数据融合的 MIMO 雷达抗欺骗干扰算法[J]. 信号处理，2011，27（02）：314-319.

[14] COLUCCIA A, RICCI G. A Tunable W-ABORT-Like Detector with Improved Detection vs Rejection Capabilities Trade-Off[J]. IEEE Signal Processing Letters, 22(6): 713-717.

[15] SMITH S W. The scientist and engineer's guide to digital signal peocessing[M]. California: California Technical Publishing, 1997.

[16] ROBERTON M, BROWN E R. Integrated radar and communications based on chirped spread-spectrum techniques[J]. IEEE MTT-S International Microwave Symposium Digest, 2003: 611-614.

[17] 张鹏. 基于 Chirp 的宽带超宽带通信技术研究[D]. 成都：电子科技大学，2007.

第 9 章
雷达信号处理系统技术

雷达信号处理系统是雷达系统的重要组成部分，它通过各种算法处理雷达接收的回波信号，在各种噪声、杂波和干扰背景中检测目标，提取目标的距离、方位、仰角、速度及图像、类别等特征信息。早期的雷达信号处理采用模拟电路，20 世纪 70 年代以后，随着计算机技术的发展，雷达信号处理逐步进入数字处理阶段，由于数字处理具有运算灵活、精度高、能执行比较复杂的运算等优点，雷达信号处理得到了飞速发展。随着雷达信号处理系统功能、性能的不断提升，信号处理系统的设计方法也得到了快速发展。

9.1　雷达信号处理系统仿真设计方法

随着新体制雷达的出现和雷达功能的提高，雷达信号处理系统设计方法也出现了大的变革，以适应这种发展。现代雷达信号处理系统的主要特点如下。

（1）相控阵雷达、超宽带雷达、成像雷达、分布式雷达等新体制雷达的出现，促进了自适应信号处理、阵列信号处理、多维信号处理、非平稳信号处理理论的发展。为了得到良好的信号处理性能，信号处理算法日趋复杂，在雷达信号处理系统设计中必须注意优选合适的信号处理算法。

（2）为了适应多种用途和复杂的电磁环境，雷达的工作模式增多，信号形式（时宽、带宽、重复频率、编码等）复杂多变，分辨率和测量精度也不断提高。雷达信号处理系统必须多模式工作，才能处理各种形式的信号，以达到良好的抗干扰能力和测量精度。设计工作模式可变的通用信号处理机成为雷达信号处理系统设计的重要问题。

（3）雷达信号处理的实时运算要求对信号处理系统的运算能力提出了非常高的要求。例如，20 世纪 70 年代的数字动目标显示（DMTI）运算量约为百万次浮点运算/秒；2000 年后，随着雷达信号处理要求的提高和数字信号处理器（DSP）芯片的普遍应用，信号处理的运算量迅速增加到千亿次浮点运算/秒，甚至达到万亿次浮点运算/秒。设计由大量的数字信号处理器（DSP）和可编程逻辑器件（FPGA）构成，并通过先进的互联方式构成并行处理结构，是雷达信号处理系统设计的重要内容。

（4）在 DSP 中运行的程序和在可编程逻辑器件中运行的 IP 核（具有知识产权的软模块）都必须通过软件编程来实现，因此，雷达信号处理系统的设计中软件编程的工作量是很大的。特别是当工作模式多、技术要求又高时，软件编程的工作量很大，软硬件综合设计的工作量更大。

（5）充分利用计算机仿真技术的可控制性、可重复性、无破坏性、安全性和经济性等特点与优势，通过信号建模和系统仿真来高效设计先进的雷达信号处理系统，是雷达信号处理系统设计的重要手段。

雷达信号处理系统的设计一般分两个阶段，第一阶段是系统仿真设计阶段，第二阶段是系统软硬件设计阶段。如图 9.1 所示为雷达信号处理系统仿真设计流程。雷达信号处理系统的仿真设计从雷达系统对信号处理系统的功能与技术要求出发，根据信号处理功能选择信号处理系统的组成和结构，然后分步骤仿真设计每项信号处理功能，最后按信号处理系统结构在计算机仿真系统中进行系统功能和技术指标的仿真测试和校验。如果不能满足要求就修改系统组成和结构或改进单项处理算法，并重新进行仿真分析；如果满足雷达系统提出的功能和技术指标，就进入雷达信号处理系统软硬件设计阶段。

雷达信号处理系统软硬件设计流程如图 9.2 所示。首先在仿真设计的基础上设计系统硬件、软件和接口；然后进入软硬件联合调试，检验信号处理系统功能和技术指标，如果不满足要求，则修改硬件和软件，重复上述步骤，直到满足系统功能的技术指标，完成雷达信号处理系统的设计。

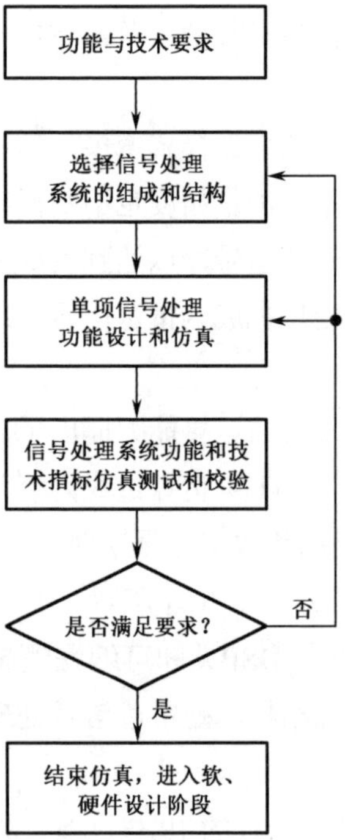

图 9.1　雷达信号处理系统仿真设计流程

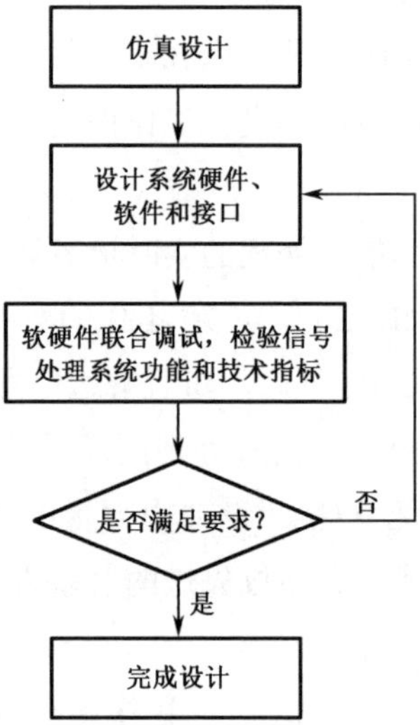

图 9.2　雷达信号处理系统软硬件设计流程

9.1.1　雷达信号处理系统的功能和结构

雷达信号处理系统的设计是依据雷达系统对信号处理的要求进行的。雷达信号处理系统对信号处理的要求和设计条件如下。

（1）雷达的体制、工作频段、威力覆盖（包括距离、方位、俯仰和速度）指标。

（2）雷达天线形式和扫描方式。

（3）雷达发射信号形式，包括时宽、带宽、脉冲重复频率、信号调制方式和编码方式。

（4）测距、测角和测速的分辨率和精度要求。

（5）杂波条件和改善因子要求。

（6）抗干扰技术要求。

（7）接口要求。

对于阵列天线雷达，设计条件还应包括对数字波束形成或自适应数字波束形成的要求。对于运动平台（飞机、导弹、卫星等）上的雷达，设计条件还应包括提供运动平台信息和相应的处理要求。对于具有成像（SAR/ISAR）和目标识别功能的雷达，设计条件应该附加成像和识别的技术要求。

雷达信号处理系统与雷达其他分系统的接口关系如图 9.3 所示。

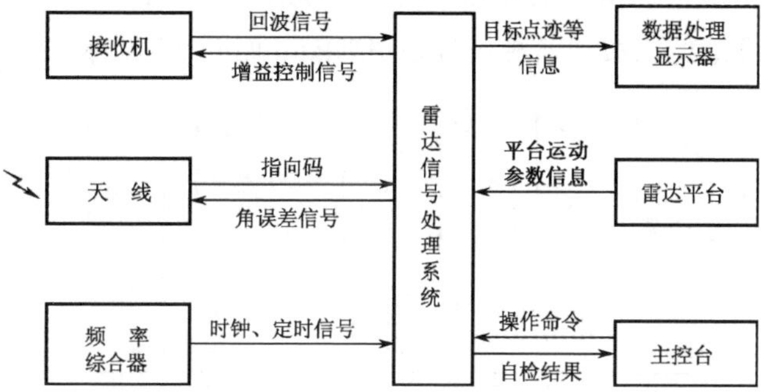

图 9.3　雷达信号处理系统与雷达其他分系统的接口关系

接收机将回波信号以中频信号或正交双通道信号的形式送到雷达信号处理系统进行处理。为了与雷达系统同步，雷达信号处理系统必须接收来自雷达主控台的操作命令和频率综合器送来的时钟和定时信号（保证相参信号处理），信号处理的结果是目标点迹（包括强度、距离、角度和速度）及其他有用信息，因此，天线指向码也需要送到雷达信号处理系统。有些地面雷达需要从雷达信号处理系统的杂波图送出增益控制信号到接收机。对于精密跟踪雷达，雷达信号处理系统需要送出角误差信号到天线角度跟踪系统。处于运动平台上的雷达，为了实现速度补偿和成像功能，需要接收平台运动参数信息。

一个基本的雷达信号处理系统应该由 A/D 转换器、数字处理器、输入/输出

（I/O）接口电路和定时控制器组成，如图 9.4 所示。

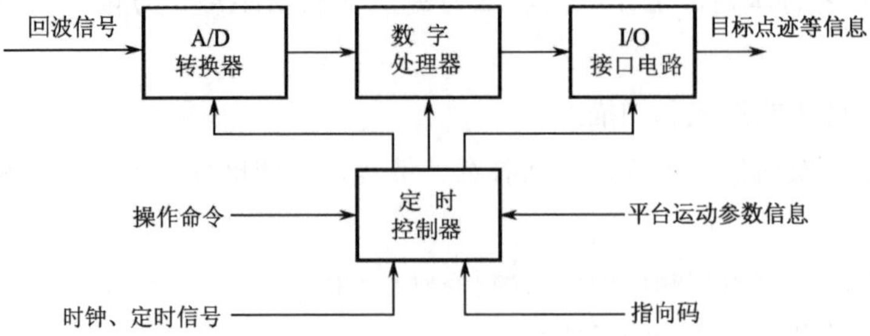

图 9.4　雷达信号处理系统基本组成

接收机送来的回波信号通过 A/D 转换器，在时间上采样，幅度上量化转换成数字信号，在数字处理器中完成各种信号处理功能，通过 I/O 接口电路将目标点迹等信息送往雷达数据处理系统和显示器。定时控制器根据主控台送来的操作命令和频率综合器送来的时钟、定时信号等产生信号处理内部所需的各种时钟和控制信号，以保证信号处理系统与雷达的同步协调工作关系。

在如图 9.4 所示的雷达信号处理系统基本组成基础上，雷达信号处理系统一般采用并行处理结构来实现各种信号处理功能，如图 9.5 所示。

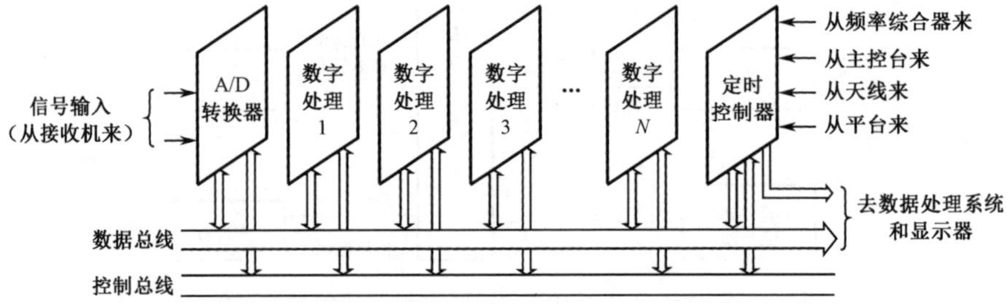

图 9.5　雷达信号处理系统的并行处理结构

如图 9.5 所示的并行处理结构由 3 种处理板和两条总线构成。3 种处理板是 A/D 转换板、数字处理板和定时控制板，其中，数字处理板有 N 块，N 由数字信号处理的运算量决定。每块板都与数据总线和控制总线相连。控制总线主要传输定时控制板送出的时钟和控制指令。数据总线用于处理板之间的数据通信。

9.1.2　雷达信号处理系统仿真环境

系统仿真是以控制论、相似原理和计算机技术为基础，借助系统模型，对真实的或设想的系统进行试验研究的一门综合技术。系统仿真可分为全实物仿真、半实物仿真和全数字系统仿真。全实物仿真利用已有的系统完成仿真；半实物仿真是指部分实物或全部实物置于仿真环路中，对部分模型用计算机仿真；全数字仿真是指仿真模型全部由软件建立并在计算机中完成全部仿真。

系统仿真可以应用于系统设计、研制、运行的各个阶段。对尚未有的系统设计时，通过仿真技术，构造欲设计系统的仿真模型，通过仿真考察其性能，并修改参数使系统性能达到最优；对已有的系统，可以通过仿真分析提出改进意见；在系统运行前，可以通过仿真模型为用户提供预测，以便用户修订计划和决策；在系统运行时，可通过仿真进行故障分析及故障处理。

雷达信号处理系统仿真设计是用于系统设计阶段为优化信号处理系统性能所进行的全数字仿真。全数字仿真有以下优点。

（1）经济性。系统仿真建立在数学模型的基础上，不涉及实物。通过反复仿真和修改模型及参数，可以在设计实物前对系统性能有充分了解，加快设计进度。

（2）灵活性。所有参数在仿真时都可以根据需要在允许的范围内做出变化，有利于确定系统的最优工作状态。

（3）可重复性。实际环境往往是随机因素众多和复杂的，系统性能难以严格按照设计要求在现场全面鉴定和评估。数字仿真可以考虑各种因素，并能精确重复。

（4）继承性。采用模块化、图形化的系统仿真方法建立的子模型或单元模型可以被其他系统重复使用。

R.L. 米切尔[1]于 20 世纪 80 年代初期系统论述了雷达系统仿真的一般方法，他根据仿真是否利用信号的相位，将雷达仿真方法分为功能仿真和相参视频信号仿真。因为功能仿真是简单的雷达系统仿真，就是根据雷达距离方程、系统损耗和干扰来计算雷达检测概率和虚警概率，不涉及信号波形和信号处理方法，不能仿真雷达系统中各检测点上的信号，所以应用范围受限。相参视频信号仿真利用高速的数字仿真手段，逼真地复现雷达系统中信号的动态过程。通过相参视频信号仿真，可以得到雷达系统各个处理点上的具体信号形式，包括幅度和相位。目前，雷达信号处理系统大都是相参信号处理系统，因此，在雷达信号处理系统的仿真设计中应该采用相干视频信号仿真。

如图 9.6 所示为仿真试验的一般过程。建立模型是仿真设计的第一步，模型是对系统或子系统的一种客观描述，包括其结构、形态及信息传递规律。全数字仿真设计，需要在计算机上建立系统数学模型，然后将系统数字模型改写成适用于计算机处理的仿真数学模型。仿真试验是利用仿真数学模型来实现的。

雷达信号处理系统的仿真是建模—试验—分析—修改模型—再试验—再分析……不断反复的过程，涉及建模软件、试验设计软件、仿真执行软件、结果分析软件等，各功能软件之间存在信息联系，为了提高效率，必须集成起来，形成一体化的仿真环境。一体化仿真环境的基本结构如图 9.7 所示。

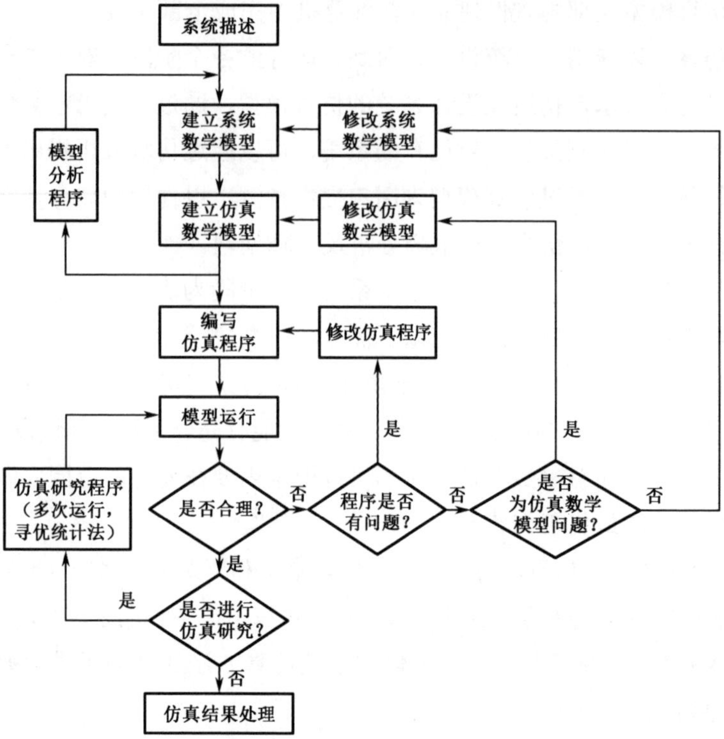

图 9.6　仿真试验的一般过程

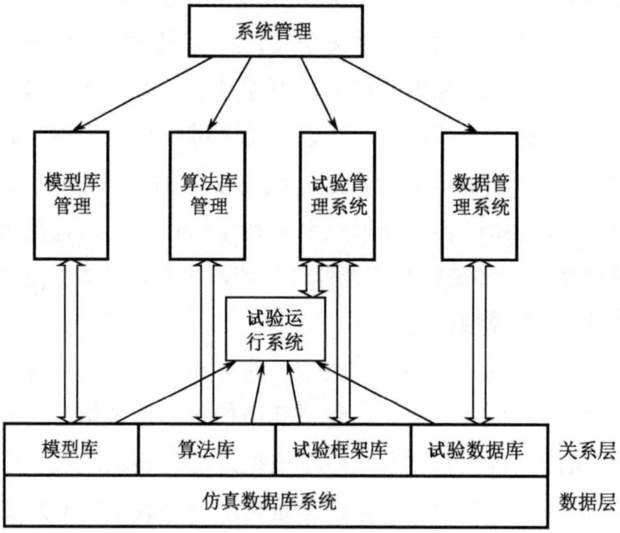

图 9.7　一体化仿真环境的基本结构

如图 9.7 所示的仿真环境可以向用户提供类似实际系统的试验框架；可对仿真中涉及的模型、算法、试验及数据进行统一管理；具有多功能并行管理能力，即能多窗口同时进行建模试验和结果分析等工作。仿真环境主要包括建模仿真软件平台和系统仿真模型库。

建模仿真软件平台可以独立开发，优点是软件独立、具有自主知识产权、易于推广，建模仿真软件的开发需要一大批既精通软件技术，又精通雷达技术的专业人员，且要花大力气才能完成。市场上已有许多商业化的软件平台可供应用，如 Simulink[2]、SPW[3]、COSSAP[4]等。它们都具有开放的结构，允许用户在平台上增加新的功能、添加新的模块、建立专业软件库等。如果选择了合适的仿真软件平台来进行雷达信号处理的仿真设计，接下来的重点就转为如何建立一个功能齐全，以及使用可靠、方便的雷达信号处理系统仿真模型库。

9.1.3　雷达信号处理系统仿真模型库

进行雷达信号处理系统仿真设计的一个重要工作是将与雷达信号处理有关的子系统、处理单元、信号源等建成软件模块，形成可用的雷达信号处理系统仿真模型库。雷达信号处理系统仿真模型库中的软件模块是完成雷达信号处理系统仿真所必需的。仿真时，在仿真软件平台上调用这些模块就可以方便地构成所需的雷达信号处理仿真系统，并进行仿真。

为便于雷达信号处理系统仿真模型库的开发、修改、维护和使用，也便于研究人员之间的协作，雷达信号处理系统仿真模型库的建设需要一个统一的软件规范，包括组织规范、模块设计规范和文档编写规范。

1. 组织规范

组织规范是雷达信号处理系统仿真模型库的整体框架结构，将雷达信号处理系统仿真模型库中所有软件模块按库/子库/模块/子模块等的树形目录结构进行组织管理，以在使用时方便检索和调用。如图 9.8 所示为雷达信号处理系统仿真模型库的结构图，它包括 4 个子库：环境子库、信号处理子库、雷达子系统子库和系统性能评估子库。每个子库分为若干模块，模块又可分为子模块，根据需要，子模块还可以分为更多小的模块。模块和子模块的数目可以根据需要不断补充和丰富。

2. 模块设计规范

模块设计规范包括符号模型、详细模型和在线帮助。

（1）符号模型能清晰地表示模块的功能、输入/输出端口的定义。

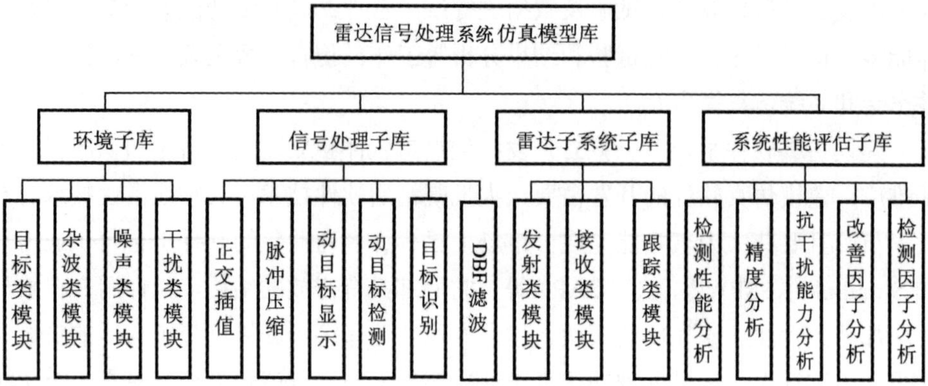

图 9.8　雷达信号处理仿真模型库结构图

（2）详细模型是实现模块功能的模块流程图，它还包括修改模块参数的对话框。

（3）在线帮助是对模块功能的说明，如模块的意义、原理、算法、公式等，以方便用户使用该模块。

3. 文档编写规范

文档可提高软件设计在各个阶段的可见性，方便设计人员和管理人员的工作，也有助于用户理解模块的功能和使用方法，它包含以下内容：

（1）模块的名称、在雷达信号处理系统仿真模型库中的路径。

（2）模块完成功能的说明。

（3）模块输入/输出端口的类型和意义的说明。

（4）模块参数的名称、类型、意义的说明。

雷达信号处理系统仿真模型库模块的开发有两种方法。一种方法是利用 C、C++、Fortran、MATLAB 等语言编写原型模块，即实现模块行为的代码。原型模块既可以直接在仿真设计中调用，也可以用来构建多层次模块。另一种方法是利用模块来构建新的多层次模块，首先用已有模块连接成实现特定处理功能的模块流程图；定义模块输入/输出数据端口及数据类型；在模块方框图顶层加入参数列表，用以控制模块方框图中各模块的参数，最后测试新模块，验证新模块的功能。由于多层次模块是利用已有的模块构建的，因此，在开发时不用关心底层模块的算法实现，可以把重点放在新功能的实现上，以此缩短新模块的开发周期。

如图 9.9 所示为一个用多层次模块法构建的基于低通滤波法的数字正交变换

模块 QSC-LPF。多层次模块 QSC-LPF 由 1 个采样模块、2 个正弦信号产生模块、2 个乘法模块、2 个低通滤波模块和 2 个抽取（变速率）模块共 9 个底层模块构成。其输入端口（In1）是输入接收机中频信号的端口，2 个输出端口（Out1 和 Out2）分别输出正交双通道的信号 $I(n)$ 和 $Q(n)$。

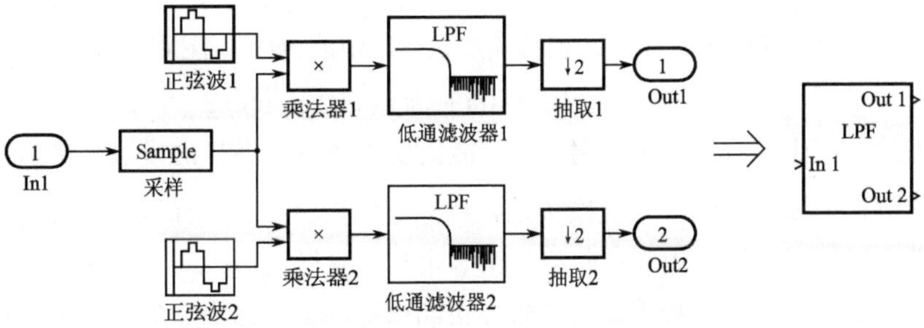

图 9.9　基于低通滤波法的数字正交变换模块 QSC-LPF

9.1.4　雷达信号处理系统仿真设计

雷达信号处理系统的仿真设计就是在适当的仿真软件平台上根据所要求的设计内容，调用雷达信号处理系统仿真模型库中的软件模块，构建所需要的系统，通过仿真，优化信号处理系统结构和参数，完成雷达信号处理系统的设计和性能评估的过程。

1）仿真软件平台

目前，仿真软件平台已有多种可供选择，各有优缺点，下面以 MATLAB 软件的 Simulink 工具包为仿真软件平台来进行说明。

（1）Simulink 是用来对动态系统进行仿真分析的软件包，由于它支持线性和非线性系统、连续和离散时间模型，以及两者的混合，因此，其用于雷达相参信号处理系统的仿真是合适的。

（2）虽然 Simulink 没有单独的语言，但它提供了 S 函数。S 函数程序可以是一个 MATLAB 程序、Fortran 程序、C/C++程序。通过专门的语法它们能被 Simulink 模块调用。

（3）Simulink 的实时工作环境（Real-Time Workshop）自动从 Simulink 模型图生成 C 语言代码，这将允许连续、离散或混合系统模型在各种计算机仿真平台上运行。

2）系统功能的划分

雷达信号处理系统仿真设计按功能可以划分为 3 个子系统，如图 9.10 所示。

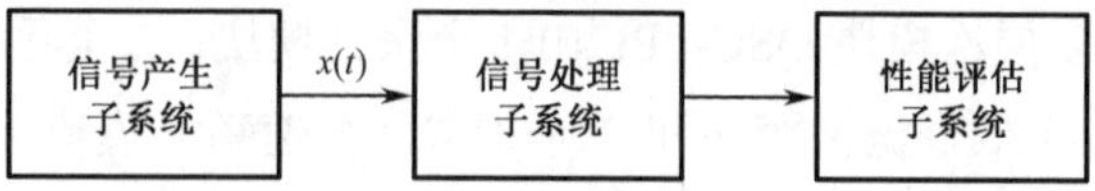

图 9.10　雷达信号处理系统仿真设计按功能的子系统划分

图 9.10 中的信号产生子系统是指产生雷达接收的回波信号 $x(t)$ 的子系统。$x(t)$ 可表示为目标回波 $s(t)$ 、接收机噪声 $n(t)$ 、杂波 $c(t)$ 、干扰 $j(t)$ 的和，即

$$x(t)=s(t)+n(t)+c(t)+j(t) \tag{9.1}$$

因此，产生这样的回波信号 $x(t)$ 可能需要用到各种各样的模块，包括发射信号模块组、杂波模块组、干扰模块组、目标起伏模块组、目标运动模块组、系统损耗模块组、天线模块组和接收模块组等中的大量模块。

信号处理子系统是根据雷达系统要求的信号处理功能建立的子系统，它可能包括 A/D 和正交采样模块组、脉冲压缩模块组、MTI/MTD/AMTI 模块组、恒虚警检测模块组、解模糊模块组和抗干扰模块组等中的模块。

性能评估子系统是根据雷达信号处理系统的性能指标建立的子系统，它可能包括改善因子、检测性能（如检测概率、虚警概率）、测量精度（如测距、测角、测束）和抗干扰能力等性能评估模块。

3）子系统的建模

各个子系统的建模需要分步骤进行，如图 9.11 所示为信号产生子系统组成图。该子系统包括目标信号引入支路、接收机噪声信号产生支路、杂波信号产生支路和干扰信号产生支路，4 个支路引入/产生的目标、噪声、杂波和干扰信号合成后再通过接收机，需要加上接收机影响因素，最后形成回波信号 $x(t)$ 作为信号处理子系统的输入。

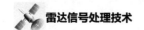

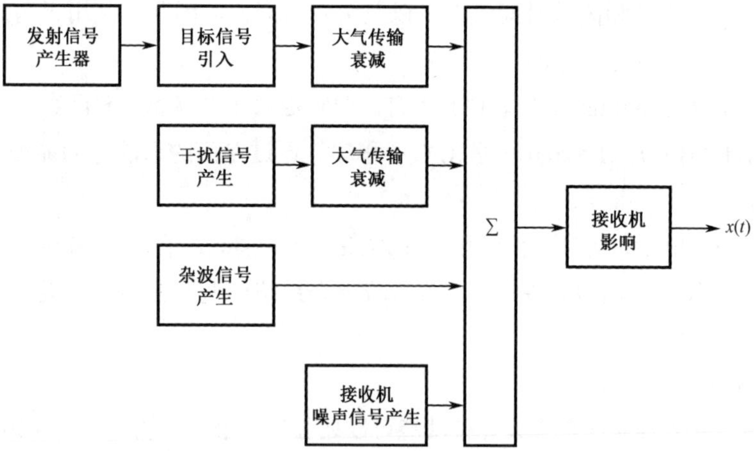

图 9.11　信号产生子系统组成图

子系统的建模是从 Simulink 的图形用户界面（GUI）开始的，图形用户界面的主程序流程图如图 9.12 所示。首先，系统初始化，完成系统的自检、系统数据载入和参数赋初值等工作；然后进行仿真系统的搭建，进行模块选择及模块参数的设置。如果搭建完毕，系统保存以上设置和进行仿真参数设置，开始仿真，最后输出仿真结果；如果搭建未完成，需要重新进行模块选择和模块参数设置，再进行仿真。

信号产生子系统的搭建流程图如图 9.13 所示。首先，系统初始化以完成对所有模块赋初值；然后从雷达信号处理系统仿真模型库中调用所需的模块，在仿真参数设置界面中进行发射信号、干扰信号、杂波信号、天线、目标类型和个数等参数的选择和相应参数输入。如果搭建完成，则将各模块的使能控制端与选通模块连接，程序将自动完成子系统搭建，并保存搭建的系统；如果搭建未完成，也可以重新进行发射信号、干扰信号、杂波信号、天线、目标类型和个数参数的设置。

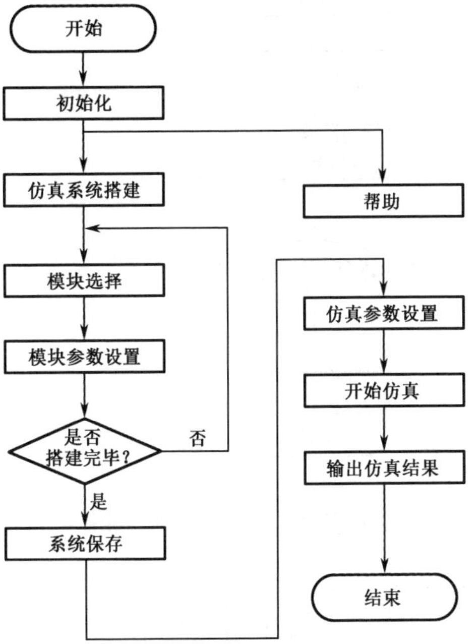

图 9.12　图形用户界面的主程序流程图

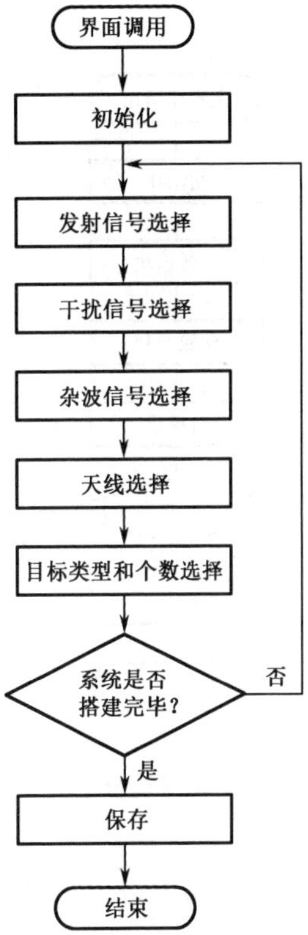

图 9.13　信号产生子系统的搭建流程图

图 9.13 中的发射信号选择子程序流程图、目标类型和个数选择子程序流程图分别如图 9.14 和图 9.15 所示。

信号产生子系统产生的雷达回波信号可以与信号处理子系统的输入端口直接相连，作为信号处理子系统的输入信号；也可以利用 Simulink 工具包中的图形显示模块（示波器）直接观察信号波形，还可以将数据存储到 MATLAB 工作区，经过一定格式的转换，成为 ASCII 码形式的数据文件，再通过网络接口送到任意波形发生器来输出模拟的雷达回波信号。

图 9.16 所示为一个典型的地面雷达信号处理系统的功能框图。它将目标回波信号经中频正交采样后，使中频信号转换为正交双通道信号；然后进行脉冲压缩，将宽脉冲压缩为窄脉冲；由动目标检测（MTD）处理抑制杂波，求模后再进行恒虚警检测和测距测速，最后形成目标点迹。

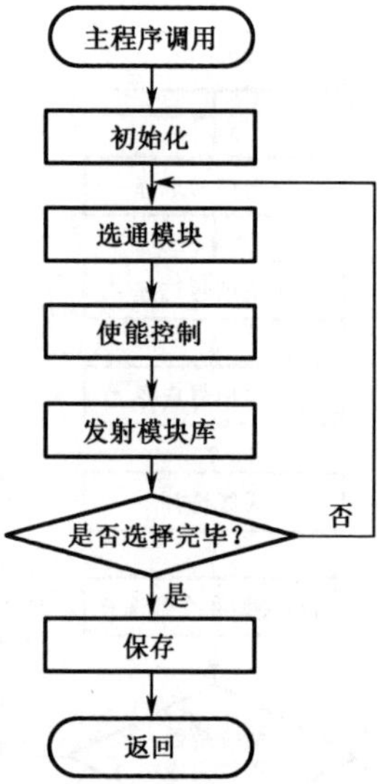

图 9.14　发射信号选择子程序流程图

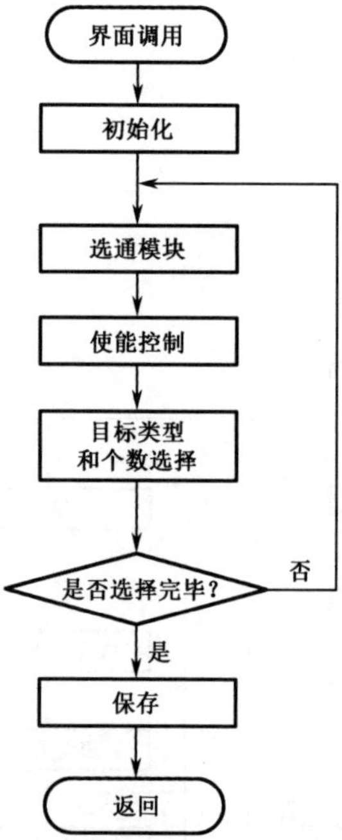

图 9.15　目标类型和个数选择子程序流程图

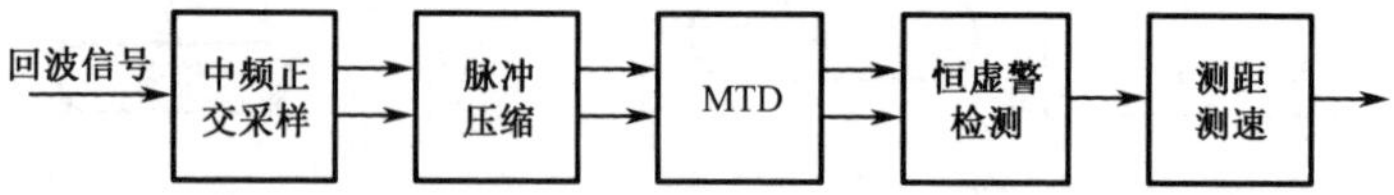

图 9.16　典型的地面雷达信号处理系统的功能框图

在 Simulink 工具包的软件平台上调用雷达信号处理系统仿真模型库中已建立的模块，可构成如图 9.17 所示的信号处理子系统。

图 9.17 中各个模块的功能和输入/输出端口表示如图 9.18 所示。

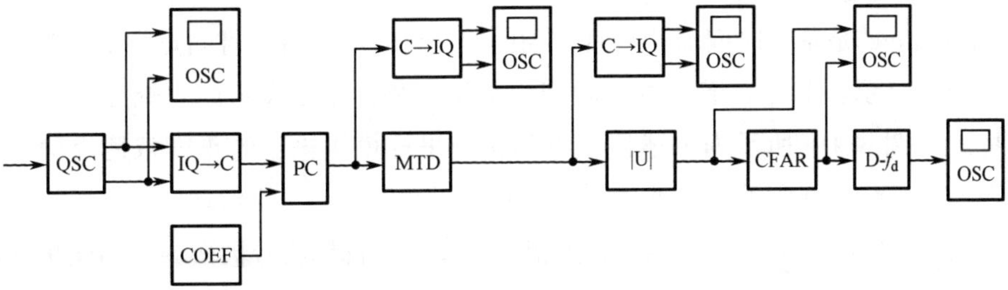

图 9.17　信号处理子系统

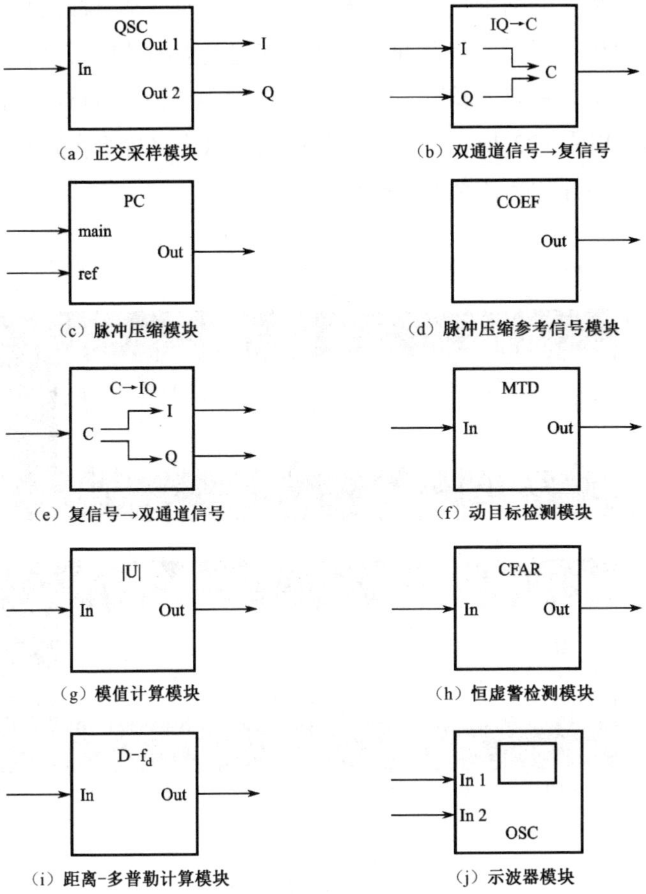

图 9.18　模块功能和端口表示

假设发射功率为 20kW，天线增益为 32dB，发射线性调频信号的带宽为 10MHz，时宽为 8μs，中频为 5MHz，采样频率为 20MHz，发射信号采用脉组参差的 3 种重复频率的信号，3 种重复频率分别为 8kHz、11kHz、13kHz，使用 2/3 检测原则，每种重复频率的信号发射 64 个脉冲。

Simulink 是基于时间流的仿真，因此，在仿真中，每个时间点的信号都可在示波器中显示。其中，横轴表示时间，单位为秒；纵轴表示信号幅度，单位为伏特。如图 9.19 所示为上述假设下的正交采样模块输出的正交双通道信号。如图9.20所示为匹配滤波后的信号，即脉冲压缩以后的正交双通道信号。可以看出，虽然经脉冲压缩后，信噪比有大幅度提高，但目标信号仍很弱。如图9.21所示为经过 MTD、CFAR 后再进行模值计算的结果。实际上，虽然 MTD 以后的结果基本可以看出目标信号，但要经过 CFAR 后才能确定是虚警还是真实的目标信号。目标的距离和多普勒频率的计算需要先聚心，即得到目标的距离和多普勒频率的中心，如图9.22所示。最后通过解距离和速度模糊才能得到目标的真实距离和多普勒频率。解模糊以后检测到的目标不模糊距离为 70km，不模糊多普勒频率为 4000Hz，如图 9.23 所示，它与目标回波仿真中目标真实距离和多普勒频率一致。由此可以验证数字仿真的正确性。

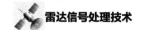

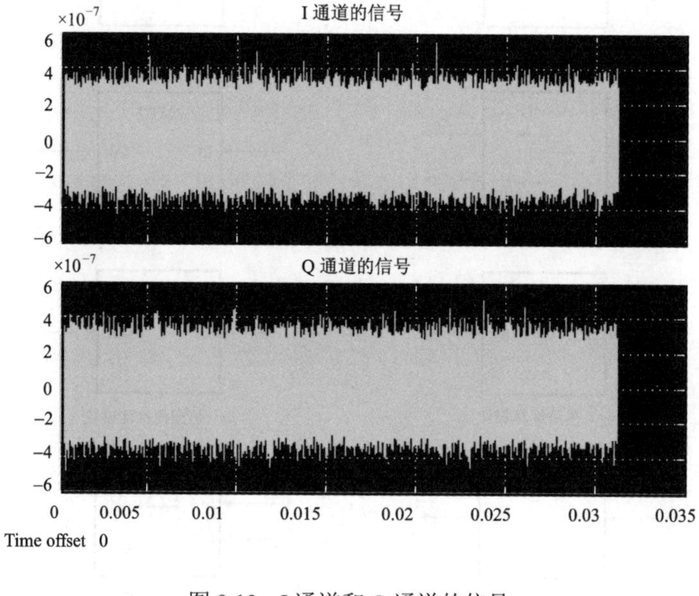

图 9.19　I 通道和 Q 通道的信号

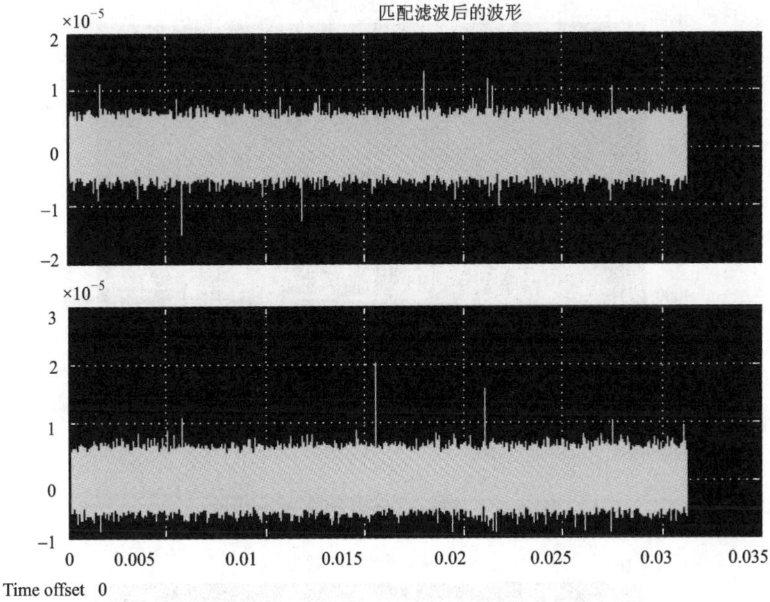

图 9.20　匹配滤波后的信号

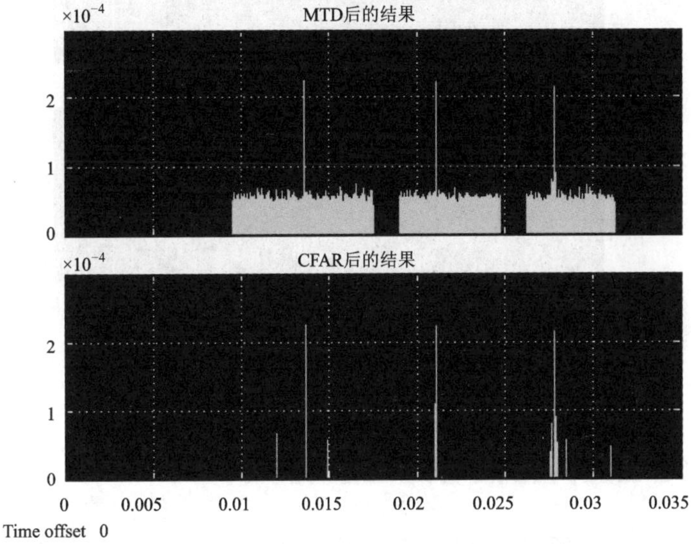

图 9.21　MTD、CFAR 后再进行模值计算的结果

如果从如图 9.17 所示的输入端口输入实际的雷达回波数据，只要将信号处理子系统的仿真参数调整到与雷达系统参数一致，就可以用这种仿真对雷达实测数据进行仿真验证。

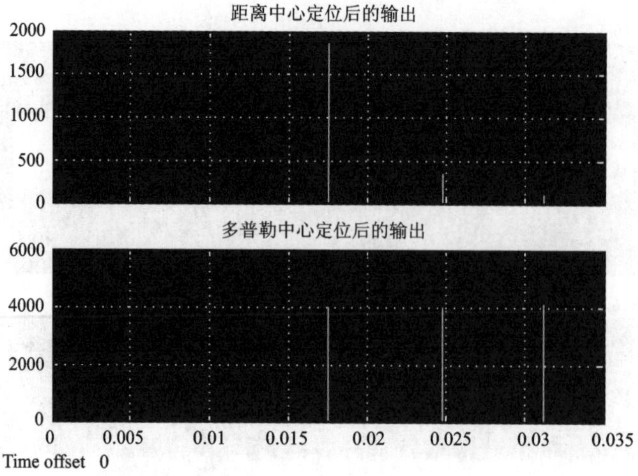

图 9.22 聚心后的模糊距离和速度

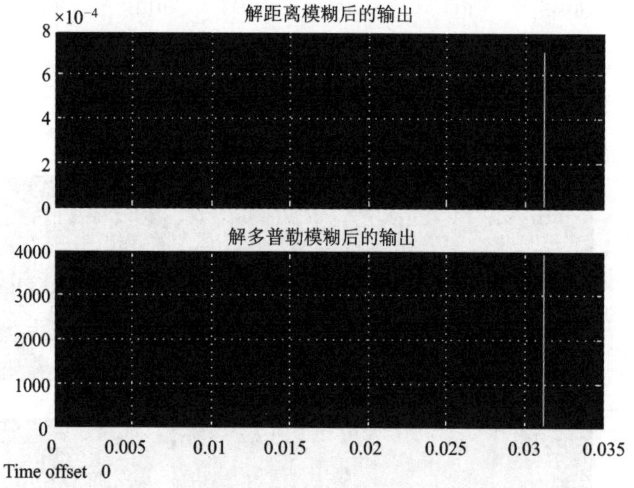

图 9.23 解模糊后的真实距离和速度

9.2 多处理器并行信号处理系统设计

在实时信号处理领域，算法对信号处理设备提出了越来越高的要求。算法复杂性的增长速度比芯片密度和功能的增长速度更快[5]。这表现在对运算速度的要求上，随着人们对信号处理质量的提高，运算速度的需求也在提高。实时信号处理设备的运算量与信号带宽成正比，与通道个数成线性甚至三次方关系。此外，采样位数和数据字长的增加，使得每次运算的复杂度增加。以上因素还造成数据吞吐量、存储量的增加。在多通道雷达和宽带雷达信号处理中，运算速度超过千亿次/秒直至上万亿次/秒，而将来运算要求会增长到千万亿次/秒以上。

9.2.1　雷达信号处理系统

如图 9.24 所示为一种常用的雷达信号处理系统，可用于中程作用距离的地基或舰载雷达。该系统包括高速 A/D、使用 FPGA（现场可编程逻辑门阵列）的前级信号处理器、使用 DSP（数字信号处理器）的后级信号处理器、用于数据处理和显示的计算机。

为了以较小的体积功耗完成信号处理，采用了 FPGA、DSP、通用 CPU 来组合实现。在实时信号处理的不同环节，汲取 3 种处理器的优点，实现所需的处理。

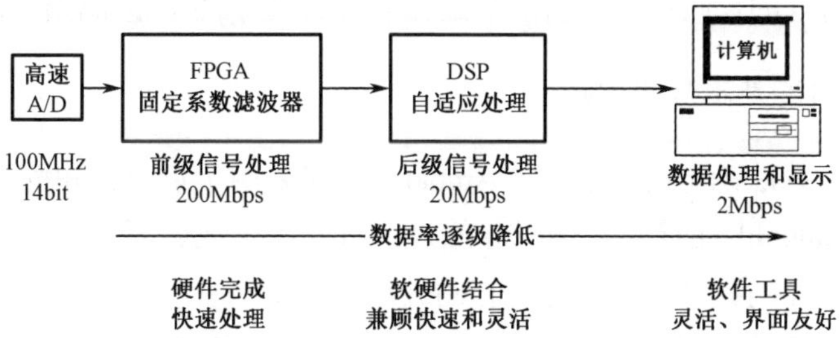

图 9.24　一种常用的雷达信号处理系统

在雷达实时信号处理系统中，处理器是最核心的要素，目前常用的处理器有 FPGA、DSP 和通用 CPU，而 GPU 可作为加速器或协处理器。表 9.1 列出了多种处理器的指标（MAC=乘加）。

表 9.1　各类处理器的主要指标

型号类型	FPGA	FPGA	DSP	PC 的 CPU	服务器 CPU	GPU
典型代表	XC7V690	XCZ7100	C6678	600	至强	GPU 显卡
核数	3600 个 MAC	2020 个 MAC+双 ARM	8	8	16	3000
主频/MHz	500	600	1000	3000	3000	1000
I/O/（GB/s）	2500	500	600	10	10	10
峰值运算速度（GFLOPS 或 GMACS）	3600	1200	160	100	500	5000
功耗/W	20	10	15	40	100	>100
单位能耗算力	最强	强	强	一般	一般	强
软件支持	弱	弱	一般	很强	很强	一般
应用领域	低功耗　高 I/O	低功耗　高 I/O	低功耗　高 I/O	广泛	计算机群	大规模规则处理

尽管处理器速度大大提高了，但单靠一个处理器仍不能满足复杂信号的实时处理需要，必须通过并行处理技术将大量的处理器通过有效的硬件互连结构、管理软件和处理软件组织起来，达到高速实时信号处理所需要的运算、通信、存储能力。

9.2.2 并行信号处理系统的性能

处理器并行处理的目的是采用多个处理单元同时对任务进行处理，从而缩短任务的执行时间[5]。如何能以最短的时间完成任务是并行处理机设计者最关心的问题，这一问题的反映在处理机的加速比和并行效率两个基本性能指标上。

1. 处理机的基本性能指标

在任务和算法确定的情况下，Amdahl 定律表明了加速比和处理单元个数之间的关系。Amdahl 定律将一个任务的执行时间等分成必须串行执行的部分 T_{S} 和可以由 P 个同样的处理单元等分执行的并行部分 T_{P}。在单个处理单元上，两者的执行时间为串行执行时间 $T_{\mathrm{seri}}=T_{\mathrm{S}}+T_{\mathrm{P}}$，而在 P 个处理单元上执行的时间为并行执行时间 $T_{\mathrm{par}}=T_{\mathrm{S}}+T_{\mathrm{P}}/P$，定义串行执行部分所占任务量的比例为 β_{A}，$\beta_{\mathrm{A}}=T_{\mathrm{S}}/(T_{\mathrm{S}}+T_{\mathrm{P}})$，则 $1-\beta_{\mathrm{A}}$ 反映了任务并行度。于是加速比 S_{P} 定义为串行执行时间 T_{seri} 与并行执行时间 T_{par} 之比，即

$$S_{\mathrm{P}}=\frac{T_{\mathrm{seri}}}{T_{\mathrm{par}}}=\frac{T_{\mathrm{S}}+T_{\mathrm{P}}}{T_{\mathrm{S}}+\dfrac{T_{\mathrm{P}}}{P}}=\frac{1}{\beta_{\mathrm{A}}+\dfrac{T_{\mathrm{P}}}{T_{\mathrm{S}}+T_{\mathrm{P}}}}=\frac{1}{\beta_{\mathrm{A}}+\dfrac{1-\beta_{\mathrm{A}}}{P}}<\frac{1}{\beta_{\mathrm{A}}} \tag{9.2}$$

显然

$$1<S_{\mathrm{P}}<P$$

将并行处理效率 Eff 定义为加速比 S_{P} 与并行处理单元数 P 之比，即

$$\mathrm{Eff}=\frac{S_{\mathrm{P}}}{P},\quad 0<\mathrm{Eff}<1 \tag{9.3}$$

可见，加速比与任务并行度和处理单元个数密切相关。在任务并行度一定的情况下，增加处理单元所获得的加速比有一极限值。这一结论反映出任务的并行度制约着并行处理机的性能，并行处理机的性能不能单纯依赖增加处理单元个数来提高，研究并行度更高的算法和采用更好的处理单元对提高执行速度更加有效。

Amdahl 定律仅从任务并行度的角度来评价并行系统的性能。它的局限性在于没有包含各种并行处理机的结构特点及任务的均匀可分性，即没有考虑并行处理机的数据通信、处理单元间的同步，以及因任务分配不均所造成的部分处理单元空闲（虚等待）等因素对性能的影响，而这些实际因素对并行处理的影响往往

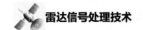

是至关重要的。

由于并行处理机是由多个处理单元组成的，因此，可以通过一定的方法将一个任务分解成若干个子任务，然后分别由各处理单元完成。由于子任务之间存在内在联系，各处理单元之间一定有或多或少的数据交换及同步，因此，任务执行时间是反映并行处理性能的直接指标。实时处理对时间的要求更为严格，当任务执行时间不确定时，最坏情况下的任务执行时间是最重要的。为了分析影响并行处理机性能的因素，这里建立了一个基于任务完成时间的模型，其中包括影响并行处理机的各种主要因素。

设一个任务可以划分成许多个子任务，并分配到一个由 P 个处理单元组成的并行处理机执行，子任务数大于 P ，则第 k 个处理单元完成分配给它的子任务的时间为

$$T_k = T_{k\text{comp}} + T_{k\text{comn}} + T_{k\text{sync}} + T_{k\text{idle}},\quad 1 \leqslant k \leqslant P \tag{9.4}$$

式中，$T_{k\text{comp}}$ 为第 k 个处理单元完成分配给它的子任务而执行程序指令的时间；$T_{k\text{comn}}$ 是第 k 个处理单元和其他处理单元之间数据通信的时间；$T_{k\text{sync}}$ 是因为交换数据而必须等待的时间，反映了处理单元之间的同步开销；$T_{k\text{idle}}$ 则是最后一个子任务被某个处理单元执行完之前，第 k 个处理单元无任务执行的时间，反映了负载不平衡对性能的直接影响。定义完成所有子任务的时间即并行处理的时间

$$T_{\text{par}} = \max(T_k),\quad 1 \leqslant k \leqslant P \tag{9.5}$$

2. 影响性能的因素

影响并行处理及性能的因素很多，并行处理机性能与任务属性、任务划分有关，也与子任务的运算和它们之间的通信有关。

1）任务划分

任务划分应该考虑粒度、负载平衡度、数据通信间的影响及其对并行处理效率的综合影响。任务划分的粒度应足够细，使得任务数 N 不小于处理器个数。在此前提下，考虑粒度和通信的平衡。粒度大的子任务间数据通信少，负载平衡度差，子任务间数据通信少，可提高并行处理速度，负载平衡度差又会降低处理速度；粒度小的处理系统并行度高，通信频繁，需要的硬件连线多，任务之间的控制比较复杂。因此，任务的粒度应折中选择。任务的划分和分配/调度还需要与具体的处理器硬件性能、多处理器结构结合起来，这是一个 NP 完全的问题，也是并行处理设计中最复杂、目前尚未充分解决的问题。结合实时信号处理的特点，将此问题具体化和简化，有可能达到最优或局部最优的设计目标。

任务分配，即将划分的任务分配到不同的处理器上进行处理。任务分配和任

务划分具有相同的规则，目的都是达到并行系统中各处理单元负载平衡，减小任务之间的相关性，使各个子任务之间尽量独立。

任务分配包括静态分配方法和动态调度方法。静态分配方法指在系统硬件设计、程序设计时已经把各个子任务分配到指定的处理单元上，或者在编译时根据程序中包含的相关性信息把子任务指定到处理单元上。动态调度方法指根据各处理单元执行子任务过程中产生的执行信息来决定哪个子任务分配到哪个处理单元上，以达到任务从重任务负载的处理单元向轻任务负载的处理单元的转移或重分配。

实时信号处理的任务分配通常采用静态分配方法。其原因有两点：首先，因为实时信号处理中任务的处理时间大都是可确定的，即使少数任务处理时间不确定，为了满足实时性要求，必须加上时限约束，使其处理时间转为确定的，所以，实时信号处理适用于采用静态分配方法；其次，并行任务向实时多处理器结构映射时，数据通信成为主要矛盾，而动态调度方法及其伴随的负载迁移会增大多处理器网络的通信负荷，甚至会出现这种情况，某等待处理的负载从当前处理器向轻负载处理器迁移的时间反而会超过等候当前处理器释放的时间，使负载迁移得不偿失。

为了减少处理器之间的通信量，可以将数据存储分摊到多处理器上，这样可以提高处理器工作的并行性。

2）I/O 瓶颈

I/O 瓶颈问题目前已经成为影响并行性能的主要问题，随着处理器内频与外频差距越来越大，它在并行实时处理中越来越突出，解决 I/O 瓶颈可采取的措施包括并行处理算法研究、任务划分与任务分配、多处理器结构设计，以达到较高的并行处理效率。应采用适合并行处理的算法，便于把多个子任务分解到多处理器上。好的并行处理算法使得子任务或处理器间的数据通信量少、数据通信是局部而非全局的，因为全局通信会增加处理器之间的通信开销。为了增加算法的并行度，有时采用增加运算冗余度的方法。在数据通信成为瓶颈的情况下，也可以采用以运算量增加换取数据通信量减少的方法。例如，任务复制，就是将原来在一个处理器上完成的任务，复制到依赖此任务结果的多个处理器上运行，以减少数据通信量。

9.2.3 并行信号处理系统的设计

并行信号处理系统的设计涉及 3 个方面：处理器选择、并行处理机结构设计、并行处理软件设计。

1. 处理器选择

在处理器的选择上，首先考虑处理器的性能是否满足要求，性能包括处理速度、精度和动态范围；其次考虑设计成本，包括硬件设计成本、软件设计成本及研制周期。与单处理器系统相比，多处理器系统的设计复杂度大大增加，I/O 瓶颈问题更加突出，选择合适的多处理器系统结构、可并行的快速算法并进行合理的任务分配是并行处理的关键。

2. 并行处理机结构设计

并行处理机的结构是多样化的，除了考虑处理任务的特点，对多处理器互联结构的选择从如下 3 个方面考虑：高数据吞吐能力、可重构能力和系统容错能力。①高数据吞吐能力是处理速度的需要，因为在实时信号处理中，运算速度和 I/O 速度应是匹配的。②可重构能力是为了适应多种实时信号处理的需要而使处理机的拓扑结构可变，在处理单元的连接通路上加入交叉开关矩阵，以静态或动态改变处理机的拓扑结构。当开关矩阵的输入/输出通路增加、数据的通信速度提高时，开关矩阵实现的难度将很大，而且只适合局部连接。③系统容错能力是多处理器系统，尤其是分布式系统设计过程中追求的重要目标之一。当系统中某一个部件发生故障后，系统能动态重新组合、降级使用，一般来说，系统容错性是以提高成本和降低系统效率为代价的，因此，必须根据实际需要来确定容错的范围和程度。容错能力要求网络能自动检测到出错单元，从而将出错单元执行的子任务转移到其他单元。分配在各个并行处理机的子任务数据通信速度和同步时间等不仅取决于处理单元本身的通信速度，还取决于处理器的互联形式。

1）共享总线系统和分布式并行系统

并行处理机按硬件互联方式可分为共享总线系统（紧耦合式并行系统）和分布式并行系统（松耦合式系统）。共享总线系统是多个处理单元共同使用一套数据总线，如图 9.25 所示，其中，全局（共享）存储器所占用的地址段在各处理器中通常是相同的，称为地址统一映射。这种结构的优点是结构比较规则、数据传输效率高、软件编写容易。目前常用的 VME、PCI 总线可以实现较高的数据通信能力，当处理单元数目较少时，可以达到较高的并行加速比；当处理单元数目较多时，共享总线将造成频繁的总线冲突和等待，导致各处理单元等待总线令牌的时间大大增加，引起系统并行效率下降，因此，共享总线系统不适合大规模并行处理系统。

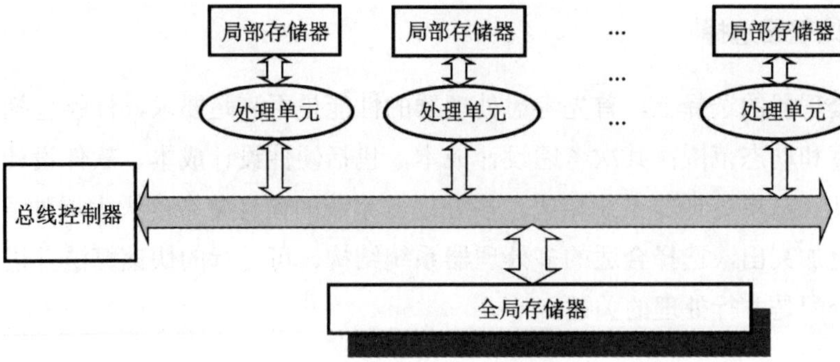

图 9.25　共享总线系统

分布式并行系统中处理单元的连接方式很多，有线形、星形、树状、网孔、超立方体、二维网环等多种方式，如图 9.26 所示。采用分布式并行系统时，处理器单元之间不能共享数据，通常需要专门的存取指令先将数据从其他单元取来，所以，分布式并行系统结构比较复杂，有传输延迟情况，并且存储器的数量较共享总线系统多。分布式并行系统的可扩充性和灵活性比共享总线系统强，可支持多级扩展，并且其可重构能力和容错能力都远强于共享总线系统。在共享总线系统中，一个处理单元的故障或其与共享总线接口的出错会导致整个系统的崩溃，因此，在设计较大规模（多于 10 个处理单元或模块）的并行处理机时，可以结合共享总线系统和分布式并行系统两种网络形式，如图 9.27 所示，设计出高效率的并行处理机。同时，要考虑如何保证其对不同类型的处理单元网络结构都是通用的。

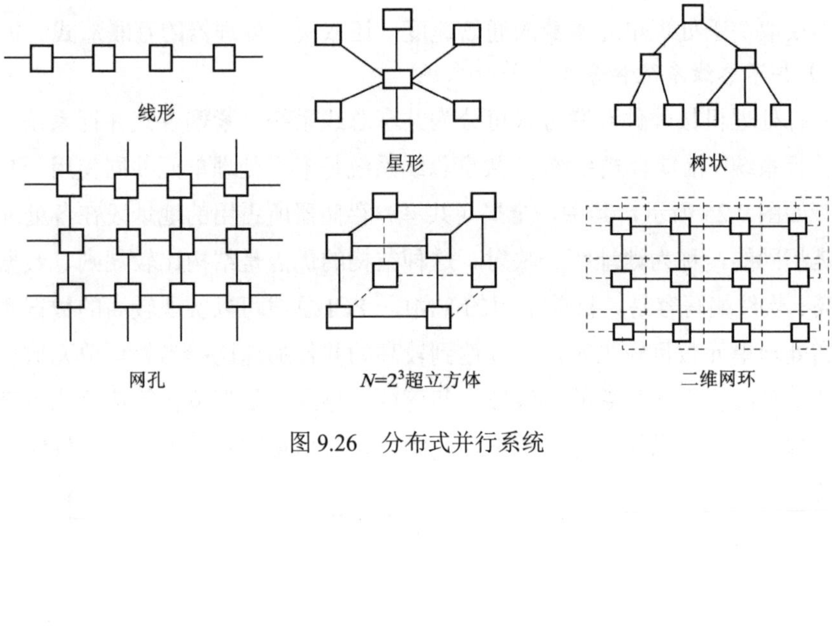

图 9.26　分布式并行系统

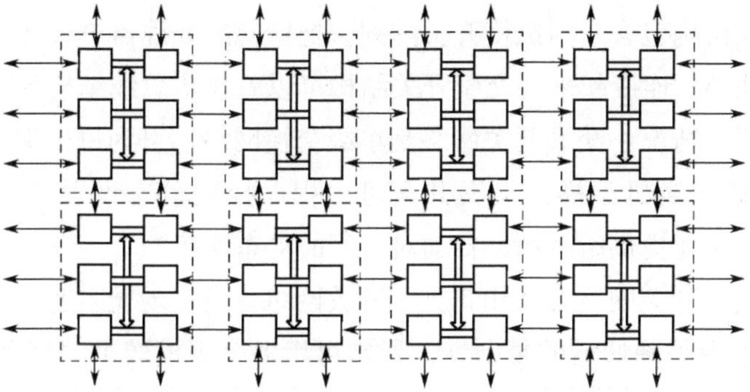

图 9.27　共享总线系统与分布式并行系统结合

（1）总线形式。总线实际上是用于处理器、存储器模块和外围设备之间的数据传输的一组信号线。总线形式是多处理器系统中实现互联的最简单的一种结构形式，多个处理器、存储器模块和 I/O 部件可通过各自的接口部件与一条公用总线相连接。目前，已有许多总线标准，如 PCI、VME、CPCI 等。

值得一提的是，为适应系统内高速数据传输的需求，PCI 总线与 VME 总线正在向点对点的高速串行总线转变，分别形成了 PCI-e 和 VPX 标准，它用高达 3～10Gbps 的 LVDS 传输取代了 10～33MHz 的传统并行总线传输。虽然从硬件连接上看，它们属于分布式连接，但从软件应用方式上看，它们又与传统总线兼容。

（2）交叉开关。总线连接的多处理器系统受总线带宽的限制，大量处理器存取共享存储器数据时，总线常常成为数据处理和存取的瓶颈。要使一个主存储器能为更多的处理器所共享，就应将主存储器分为多个模块，并在处理器和主存储器模块间提供更多通路，这样不仅可以增加带宽，还可以允许多个并行处理请求。一种较好的方法是用交叉开关代替处理器和存储器间的连接总线，如图 9.28 所示，这就提供了多个处理器并行存取多个存储器的可能性。交叉开关与网络技术相结合，进一步完善成为交换网络。

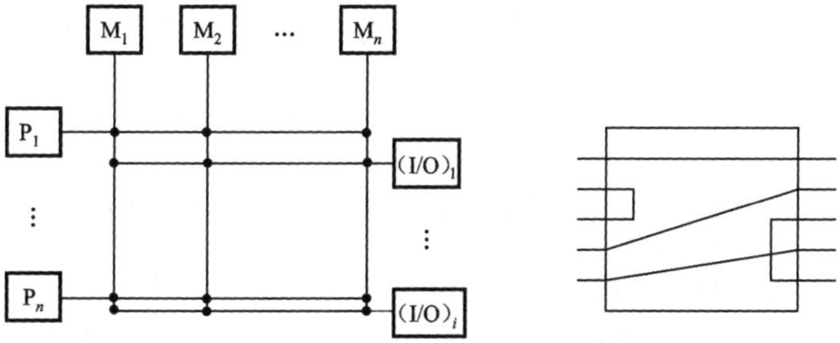

（a）交叉开关结构　　（b）交叉开关元件

图 9.28　交叉开关结构和交叉开关元件

交叉开关结构包含一组纵横开关阵列，把横向的处理器 P 及 I/O 通道与纵向的存储器模块 M 连接起来，交叉开关结构可以看作多总线结构朝总线数量增加方向发展的极端情况。交叉开关网络是单级交换网络，可为每个端口提供更高的带宽。像电话交换机一样，交叉开关可由程序控制动态设置其处于“开”或“关”状态，而能提供所有源、目的对之间的动态连接。

虽然用交叉开关网络方式构筑大型开关网络，可实现无阻塞连接，但结构复杂且成本高，为了降低它的复杂性，通常可用多个规模较小的交叉开关串/并连接成较大规模网络，组成具有相同互联能力的交叉开关，以低成本的多级交叉开关取代单级高成本的交叉开关。这种开关结构已被用在多指令流多数据流（Multiple Instruction Multiple Data，MIMD）和单指令流多数据流（Single Instruction Multiple Data，SIMD）计算机设计中。其中，每级都使用多个开关模块，相邻级间的开关使用固定的级间连接。为了在输入和输出之间建立需要的连接模式，交换开关可动态设置为“关”或“开”状态。

2）流水线型处理系统与并发型处理系统

并行处理机还有许多其他的分类方式。按照并行方式，其可分为传统的流水线型处理系统与并发型处理系统。虽然流水线型处理系统结构简单、容易设计、效率高，并被广泛采用，但是它只利用了任务时间上的并行性，而忽视了空间上的并行性，因此，并行度并不高，加速比受到限制。当流水线型处理系统中某段任务负载量大于其他段时，就会形成处理瓶颈问题而降低系统效率。因此，流水线型处理系统往往和并发型处理系统结合起来，即在流水线型处理系统的基础上，部分利用空间的并行性。于是，产生了局部并发全局流水、局部流水全局并发两种处理形式，其形式如图 9.29 所示。

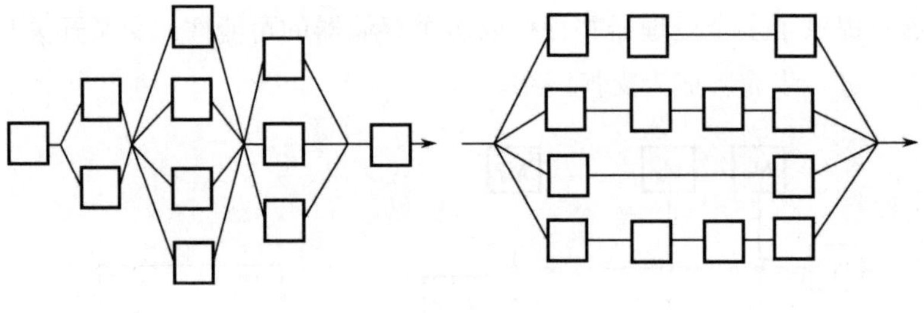

图 9.29　局部并发全局流水和局部流水全局并发形式

3）同构型多处理器系统和异构型多处理器系统

并行处理机按照处理器结构的关系可以分为同构型多处理器系统和异构型多处理器系统。同构型多处理器系统由多个相同类型或同等功能的处理器组成，同时处理同一作业中能并行执行的多个任务，同构型多处理器系统的任务能在处理器之间随机地进行调度。由于同构型多处理器系统设计成本低，因此其利于通用化。随着处理器系统规模日益庞大，人们不得不把部分辅助性功能分散给一些较小的专用处理器去完成，进行功能的专用化，这样就产生了异构型多处理器系统。

异构型多处理器系统由多个不同类型、担负不同功能的处理器组成，按照作业要求的顺序，利用时间重迭原理，依次对它们的多个任务进行加工，各自完成规定的功能动作。

采用异构型多处理器系统便于优化配置，从而提高整个系统的工作效率，减小体积功耗。

4）数据流处理器系统和指令流处理器系统

并行处理机也可以按数据流和指令流的方法来表征。

指令流是指机器执行的指令序列；数据流则是指由指令流调用的数据序列，包括输入数据和中间结果。据此，计算机系统可以分成4类。①单指令流单数据流（Single Instruction Single Data，SISD）系统。SISD系统是传统的顺序处理计算机，它们的指令部件一次只对一条指令译码，并对一个操作部件分配数据。②单指令流多数据流系统。该系统是比较常见的系统，它指的是多个数据流在 n 个处理单元同时执行一条指令。③多指令流单数据流（Multiple Instruction Single Data，MISD）系统。它有 n 个处理单元，按 n 条不同指令的要求对同一数据流及其中间结果进行不同的处理，一个处理单元的输出数据被作为另一个处理单元的输入数据。④多指令流多数据流（MIMD）系统。MIMD系统是能实现作业、任务、指令、数组各级全面并行的多处理机系统。

3. 并行处理软件设计

并行数字处理系统的设计除处理器的选择和并行信号处理机结构设计外，第三个方面就是并行处理软件设计了。下文弱化DSP，用处理器代替。

1）并行处理软件设计流程

处理器的优势主要是具有很好的通用性和灵活性，具有适用于各种算法实现的通用、固定的硬件结构。典型的并行处理系统，与普通的单片机应用系统十分相似，只要将调试好的代码放在程序ROM中，系统就能正常工作。因此，这种固定的硬件结构加上灵活的软件，能有效实现各种处理。由此可知，这种软件上的灵活性几乎是没有限制的，只要能用合适的指令程序表达出算法，并行处理系统的硬件结构就能执行算法。

并行处理软件设计实际上是从算法仿真开始的。软件开发者首先使用诸如

MATLAB 这样的数学开发工具对处理器算法进行优化设计和仿真测试，或用 Simulink 进行系统建模，以获得满足功能要求并适应硬件特点的算法模型。

当使用 MATLAB 等工具的仿真算法计算出的仿真结果符合要求时，对于选定的算法，软件设计人员编写具体的程序并利用软仿真器（Simulator）进行调试。软仿真器，又称软件模拟器，可以验证程序功能是否正确，如对于预设好的数据，检验处理结果是否与 MATLAB 得到的结果相符。这时，不必考虑系统中数据传输、运算处理的实时性。在这一阶段，可以发现并排除软件程序中几乎所有的功能性错误，余下的工作就是在实际的硬件平台上测试软件的实时性。

实时数字信号处理系统以数学运算为主，系统中处理器的功能主要是运算，而不是流程的控制和时序调整。因而，实时数字信号处理系统相对于控制系统来说，用于非实时调试阶段的软仿真器可以发挥较大的作用，从而留给将来软硬件联调的工作就相对较少。

在软硬件联调阶段，可以将程序通过软仿真器下载到处理器板上，并结合其他仪器进行在线仿真和测试。最后一步，将程序代码固化到处理器板上的非易失存储器中。

2）并行处理软件设计语言

并行处理的基本设计语言是用处理器专用的汇编语言设计，它不仅可以充分发挥处理器硬件的功能，而且运行效率高，但程序编写难度大、易读性差，不能移植到其他型号的处理器上。因此，需要采用一种通用的高级语言。

在实时数字信号处理系统中，C 语言是最适合的一种高级语言，一方面是因为它可以按位操作，这样就可以直接操作硬件；另一方面是C语言也是使用最广泛的汇编语言，可供利用的软件资源丰富。因此，用 C 语言设计的程序只要重新编译，就可以运行在不同类型的处理器上，具有兼容性好、通用易读的优点，缺点是代码长，由此会引起运行速度慢、存储器空间占用多的问题。尽管对应各种处理器的C编译器在不断改进，但其运行效率通常只有优化汇编代码的不足 20%。

目前，在并行处理软件设计中比较常用的编程方式就是采用汇编语言与高级语言（C 语言）相结合的混合编程模式。利用高级语言来编写整个程序的框架，而对其中执行效率要求较高的部分采用汇编语言编写，这样既考虑到程序的可读性又兼顾了程序的执行效率。

多数处理器开发工具都提供了性能评估工具，通过开发工具中的性能评估工具，就能很容易找出最花费时间的程序段，从而对耗时较多的程序段进行优化—再评估—再优化，逐次逼近允许的时间，直到满足要求。在一个以C语言为主体的程序中，优化程度最高的方法就是把这部分核心代码用汇编语言来编写。

3）并行处理软件设计范畴

软件设计已成为实时数字信号处理系统设计中的重要组成部分。在算法仿真阶段，软件是主要手段。处理器的程序设计、调试过程，也离不开软件，即使采用以 FPGA 为核心的硬件实现方式，也可以通过 VHDL 语言、C 语言进行设计，并在计算机上的 FPGA 开发环境下完成大部分设计和调试工作。在软硬件联调阶段，软件往往占有主导地位。随着系统的复杂化，软件设计所占的比重在不断上升。因此，重视软件，在开发进度中为软件设计留出足够的时间是很重要的。

目前，系统设计中软件化的趋势越来越明显。信号处理新算法的复杂性和不断更新也要求硬件平台是可编程的，设备的软件化是许多信号处理新算法得以实现的前提，也有利于 MATLAB 等信号处理工具充分发挥作用。软件化后，硬件电路中传统的元件由可编程的处理器和 FPGA 取代，如滤波、正交解调等。就实现途径来讲，因为处理器在灵活性上比 FPGA 更有优势，所以处理器更适合软件化处理。

软件的可编程性具有很大的灵活性，使得同一硬件平台可以适用于多种实际应用场合，促使硬件平台更为规范统一，具有更强的通用性。这样，通过购买现成的硬件平台，数字信号处理系统就可以全部或部分省略硬件设计，使全部或绝大部分设计成为纯软件化设计。

综上所述，数字信号处理系统软件化的含义如下。

（1）在算法仿真阶段，利用完备的系统仿真工具（如 Simulink）和针对硬件的仿真工具（如 Fixed-Point Blockset），保证算法方案的合理性和可行性。

（2）信号处理算法软件化，即硬件电路由软件程序代替。

（3）数据流驱动和控制信息软件化。数据的传送不是靠严格的同步和时钟，而是由软件启动和协调，软件将大量定时/控制信息包含在数据流中，某批数据的处理由相应的控制字来规定，这样就大大减少了硬件连线，提高了灵活性和通用性。为了保证软件化设计方案的成功，除了必须借助于功能强大的硬件平台，还必须注重算法仿真在信号处理解决方案中所起的举足轻重的作用。

软件设计的每个步骤，都可以借助强大、有效的软件工具来辅助甚至主导设计。如果不采用这些有效的工具，复杂系统的软件设计的难度和花费的时间，以及软件的正确性保证都是难以想象的，无论对处理器还是对 FPGA 均是如此。此外，为了充分发挥软件的设计效率和运行效率，需要有基础软件和第三方软件的支持，如实时操作系统（RTOS）和完善的算法库都可以帮助提高设计效率。

处理器实时操作系统[8]的功能主要包括任务管理、任务间的同步和通信、存储器管理、实时时钟服务、中断服务器管理 5 个方面。当前常见的处理器的实时操作系统包括 SYS/BIOS、VxWorks 和 OSE 实时操作系统。

（1）SYS/BIOS。SYS/BIOS 是 TI 公司推出的一个用户可剪裁的实时操作系统，主要由 3 部分组成：多线程实时内核、芯片支持库、实时分析工具。利用实时操作系统开发程序，可以方便、快速地开发复杂的处理器程序。操作系统维护调度多线程的运行，只需要将定制的数字信号处理算法作为一个线程嵌入系统即可；芯片支持库可以帮助管理外设资源，对复杂的外部设备寄存器初始化则能利用直接图形工具配置；而实时分析工具可以帮助分析定制算法的实时运行情况。

SYS/BIOS 以模块化方式让用户对线程、中断、定时器、内存资源、所有外设资源的管理能力根据需要进行剪裁。在实际应用中，定制算法作为一个线程插入 SYS/BIOS 的调度队列，由 SYS/BIOS 进行调度。

（2）VxWorks。风河系统有限公司（Wind River System Inc.）的 VxWorks 平台用于开发数字信号处理器所支持的应用系统。这种平台提供实时操作系统（RTOS）和图形用户接口（API）驱动开发工具。该操作系统和开发工具经过优化后，利用单个或多个处理器，或者处理器和 CPU 芯片的组合，满足各种应用需求。

VxWorks 的关键技术部件包括针对处理器的可剪裁的专用优化内核，能使用户对大处理量的应用进行快速设计、调试和部署。开发者能够方便地将任务映射到一个或多个处理器中。VxWorks 能够管理所有处理器内部的通信，在处理器个数变更后，无须更改源代码就可以对应用程序重新配置。

（3）OSE 实时操作系统。OSE 实时操作系统由 ENEA Data AB 下属的 ENEA OSE Systems AB 负责开发和提供技术服务，面向实时操作系统，以及分布式和容错性应用。该公司开发的 OSE™ 支持容错性，其独特的消息传输方式使它能方便地支持多处理器之间的通信。

4. 并行处理软件编程

在实时数字信号处理系统中，并行处理软件编程的任务是完成数据传输、算法实现、系统状态控制和监控等功能。在保证处理结果正确的前提下，还需要对程序进行优化，利用软件的方法提高程序乃至系统的可靠性。

目前，常用的系统开发手段是采用 C/C++，并与汇编语言混合编程。复杂的任务调度，则可以依靠嵌入式操作系统来实现多任务、多进程和实时并行处理。每个方面的优化设计，仍需要依靠设计人员积累的丰富经验。下面介绍系统并行处理软件编程在 4 个重要方面的优化。

1）提高算法效率

并行处理软件的核心是实现算法的代码化。算法处理的效率是数字信号处理系统中一个至关重要的问题。对数值准确性要求较严格的场合需要重点保证数值计算的准确度；对于数值精度要求可以放宽的场合，则可以适当地牺牲精度来换取算法代码的精简。

在实时性要求很高的环境下，算法的精练程度是设计考虑的重点，特别是要在保证正确性的基础上尽可能地精简代码，充分发挥处理器运算方面的优势，这通常需要大量的基于处理器结构特点的编程实践经验，这对软件设计人员的设计水平是一个挑战。

虽然 C/C++代码可读性较强、模块化特点明显，但是其代码效率和并行汇编指令效率相对较低，因此，通常采用的设计方式是用 C/C++代码定义系统和算法模块的变量和输入/输出参数，构建系统及算法模块的功能框架；算法的具体实现则采用高效的并行汇编代码编写。这样既保证了算法的精练，又实现了功能上的结构化、模块化，提高了算法模块的运行效率。

2）保证数据传输的高速性

通常，数字信号处理系统的运行效率主要是由该系统的数据吞吐率和算法的运行效率决定的，如果算法的运行效率与数据传输速率达到最佳匹配状态，则系统的运行效率将达到最优。尽管数据传输速率由硬件设计决定，如传输上限由处理器总线的最高工作速率、电路板上 I/O 端口的个数等决定，但程序设计对保证系统数据传输速率的作用依然很大，它是提高系统性能的一个重要方面。例如，使运算和 I/O 并行就是最常用的手段，而采用 DMA 就可以使运算和 I/O 并行。

3）系统可靠性的维护

系统可靠性的维护是指通过软件设计上的一些措施来实现对系统故障的检测、隔离，以及实时监控系统遇到的异常信息，并尽可能保证在异常状态或带故障状态下系统能完成正常的任务，避免系统死机。提高系统的可靠性是软件设计优化的一个重要方面。

4）降低功耗

通过软件的方法也可以控制系统的功耗。虽然通常系统的功耗问题主要在硬件设计时考虑，但由于处理器内部执行不同指令时所消耗的电流不同，因此在软件设计时也需要考虑该问题，通过指令优化降低功耗。

5. 程序优化的方法

处理器的程序优化有两个准则：一个是对代码长度的优化，即在存储器资源紧张的情况下，对整个代码的长短有严格要求，这时可对程序代码的长短做优化；另一个是对处理器代码执行效率的优化。在处理器程序优化中比较常用方法包括基于算法的优化措施、基于高级语言的优化措施、基于硬件特点的优化措施和基于代码的优化措施等，但优化也有代价，还要设法减小程序优化的代价。

1）基于算法的优化措施

基于算法的优化措施如下。

（1）快速算法的运用。通常所说的算法是一种输入到输出的关系，例如，滤波、傅里叶变换、内插、抽取等，它们一般可以用严格的数学公式来表示，而在算法实现时可以按照数学公式来进行；快速算法侧重计算的高效性，通过形式上的变换来减少计算量。快速算法对处理器程序运行速度的提高是显著的，而快速算法的研究一直是数字信号处理一个极其活跃的领域。

（2）用查表代替实时运算。先将可能的函数值按照一定的刻度间隔存放好，在程序中根据自变量的值来查找与之相对应的函数值即可。

2）基于高级语言的优化措施

在采用高级语言（如 C 语言）设计的程序中，除了利用汇编子程序来提高运行效率，C 语言编写的程序本身也需要优化。

（1）变量定义及使用优化。C 语言把局部变量放在堆栈（stack）中，这种访问是间接的，因此访问速度较慢。更为有效的方法是将变量放在堆（heap）中，这有两种方法：一种是将变量声明为全局变量；另一种是将变量声明为 static 变量。

（2）函数调用。函数调用往往产生大量代码。当 C 程序调用一个函数时，它会把参数传递到寄存器或堆栈。如果函数参数很多，则调用开销将会很大。

（3）程序流程控制。在 C 语言中，程序流程控制有 if…else、switch… case、do…while、for、while 等，它们使用不当也会影响程序生成代码的数目和程序效率。

3）基于硬件特点的优化措施

基于硬件特点的优化措施如下。

（1）合理配置存储器。要尽可能地将使用最频繁的数据和代码分配到速度快的存储器中，从而提高整个数字信号处理系统的性能。另外，高性能的处理器内部均采用哈佛结构，通过存储器配置文件对代码和数据段进行合理配置可使得总线的利用率达到最高。例如，在做 FFT 运算时，把输入数据和旋转因子表合理配置到片内存储器和相应总线，使得在一个时钟周期内输入数据和旋转因子同时读入内核，从而提高程序的执行速度。

（2）直接存储访问（DMA）。数字信号处理系统的数据吞吐率对其运行效率有直接的影响。尽管数据传输速率由硬件设计决定，如处理器端口的最高工作速率、系统板上 I/O 端口的个数等，但软件设计对保证系统数据传输速率的作用依然很大，它是提高系统性能的一个重要因素。采用 DMA 方式传输数据除了可以免去内核的负担，还有一个优势就是在传输成批数据时，单位数据所耗时间可以比内核直接读/写数据的时间短。这对于提高大量数据的传输速率是非常有效的。

（3）高速缓存（cache）的使用。有些高性能处理器本身带有缓存，有些处理器可以将片内存储器配置为高速缓存，或者作为指令缓存，或者作为数据缓存。有效利用缓存可以大大提高处理器系统的整体性能。

4）基于代码的优化措施

基于代码的优化措施如下。

（1）并行指令。基于处理器的特点，即一般处理器的内部集成了累加器、乘法器和移位器，在一个时钟周期内支持多条指令并行执行，同时，有些高性能的处理器内部还集成了多个运算核，支持 SIMD 或超长指令字（VLIW）操作，从而进一步提高处理性能。

（2）数据访问的合并。一般处理器内总线的位宽都比较宽，在进行数据访问时可以采用双字访问或四字访问，或者在多套总线上并发读/写，以提高数据的吞吐率。

（3）循环展开。频繁的循环跳转会影响处理器指令的执行效率，可以对循环展开处理，尤其是在嵌套的循环中，这样会使代码增加，影响代码的书写形式和可读性。

（4）指令流水线的考虑。处理器的程序都是流水执行的，如图 9.30 所示，图中的处理器程序是一个 6 级流水的例子。从图 9.30 中可以看出，若指令流水没有

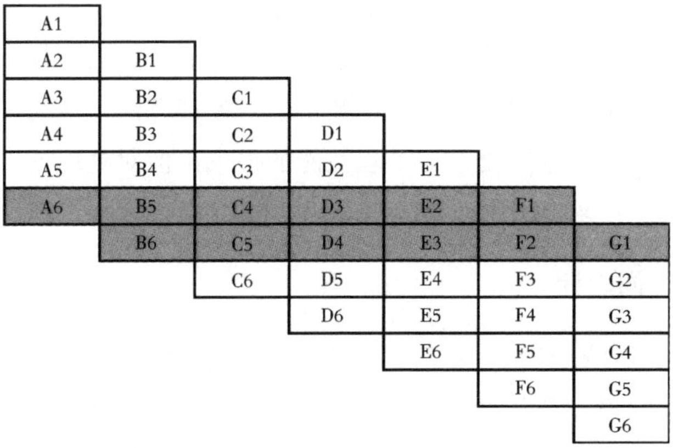

图 9.30　处理器程序流水示意图

冲突，在同一时刻可以有 6 条指令处于流水线处理中，可以提高处理器的处理性能，因此，在程序指令的编排上应充分考虑这个问题，尽量避免指令流水线被分支、返回等非顺序操作所打断。

5）减少程序优化的代价

在实时性要求较高的应用中，程序的优化占整个系统开发时间的很大一部分，使得开发时间延长，同时使得程序的可读性变差、移植性减弱。

对处理器程序进行优化的目的就是使代码执行得更快，从而满足系统实时性的要求，在对处理器程序优化时并不需要对整个程序全面优化，只需要对其中的核心代码进行优化。这可以通过处理器开发工具中的性能评估工具，找出最花费时间的程序段，通过对耗时较多的程序段进行优化—评估—再优化，逐次缩短运行的时间，直到满足要求。

6. 并行处理的软件与硬件的独立设计

多处理器系统的软件难度远大于单处理器系统，在设计时，首先需要选择合适的并行算法并进行合理的任务划分，或者注重减少子任务之间的通信。这样每个处理器都能规则、独立地执行程序，或者每个任务都能独立地完成。然后以数据共享代替消息传递，便于多处理器或多个任务交换信息，它们之间的同步问题需用互锁机制协调。必要时也可以用高级语言来编程，以牺牲效率来换取通用性和易用性。

随着处理器处理性能的不断提高，在一些对处理速度要求不是非常苛刻的情况下，软件设计与硬件的独立是可以实现的，而且代价不高。例如，在自行设计的硬件上，底层软件开发人员可以先自行设计一个微内核来实现简单的任务调度、中断管理等常用的功能，以提供给上层软件设计人员使用，这个微内核由几组标准的函数组成，充当了简单操作系统的功能。而上层的软件开发人员在微内核的基础上，全部采用高级语言来实现数字信号处理算法，从而做到软件开发与硬件的独立。虽然这带来了处理器处理性能的损失，但对处理速度要求不高的应用来说，仍可满足需求。

7. 软硬件协同设计

软硬件协同设计有两个含义。一个是从设计流程和进度上描述软件和硬件的关系。虽然典型的设计是从算法仿真开始的，其后软件设计和硬件设计可以同时进行，但两者的设计并不是独立的。虽然通用化的设计趋势力图使两者的设计完全独立、分工明确，但在实际中还达不到。为提供较高效率的处理设备，软件和硬件各自的设计都考虑到了对方的特点。例如，硬件设计应符合算法的特点，程序设计应发挥硬件的特长。当软件、硬件各自设计好以后，再进行软硬件联调。严格按照设计流程，合理地进行软硬件分工，可以保证设计的成功率和正常进度，避免设计的反复甚至失败。软硬件协同设计的另一个含义是在系统目标要求的指导下，通过综合分析系统软硬件功能及现有资源，最大限度地挖掘系统软硬件之间的并发性，协同设计软硬件体系结构，以使系统工作状态最佳。简单地说，就是让软件和硬件体系作为一个整体并行设计，找到软硬件的最佳结合点，使它们能够以最有效的方式相互作用、相互结合，从而使系统工作状态最佳，避免由于独立设计软硬件体系结构带来的资源利用效率下降。这样的不足是把软件和硬件紧密绑定在一起。

9.3　软件化雷达信号处理技术

雷达信号处理从 20 世纪 80 年代末期的模块化，经历了通用化、数字化，逐步进化到了软件化阶段。其核心硬件从模拟电子元件发展到数字元件、可编程逻辑器件、可编程处理器，再发展到大规模并行处理系统，特别是近十年，随着高速模数转换、高速计算、大容量存储、宽带通信、计算机软件等一系列技术的突飞猛进，雷达信号处理的软件化条件基本成熟。

软件化不是简单地以软件完成处理功能，而是要让软件和硬件解耦合[6,7]，应用软件与底层软件隔离，使得应用软件能移植运行于不断更新的多种硬件平台上。软件化必须具备 3 个支撑条件：

（1）强大的硬件平台，起支撑作用。

（2）软硬件之间起隔离作用的操作系统和软件中间件。

（3）符合调用规范的应用程序和组件模块。

类似于其他领域，在强大的硬件基础之上，以软件挤占硬件甚至取代硬件成为行业趋势和必由之路。同时，软件投入和软件人力的比重越来越高，软件的复杂度越来越高，分工越来越细，技术发展也越来越快。

9.3.1　软件化雷达信号处理

传统雷达信号处理设备研制采用“硬件和功能相互绑定”的开发模式，它是针对特定的任务研制的专用系统。其软件开发依赖硬件平台，各环节相互耦合、相互绑定，底层软硬件互不通用，导致人力资源消耗大、研制周期长、研制总体费用高、技术迭代速度慢，已经不能适应新形势下的使用要求。

传统雷达信号处理系统的研制采用“硬件和功能相互绑定”的开发模式，针对特定任务雷达系统的使用需求和指标要求，结合当时的器件水平，研制专用的硬件和软件，这样的硬件和软件耦合度较高，其优点是设备硬件量小、功耗低，缺点是研发周期长，当硬件更换或升级时，要同步升级软件；另外，为不同型号雷达开发的相同信号处理功能的软件也不能互换。这样的雷达信号处理系统体系结构兼容性和通用性较差，其维修保障很耗费人力、物力，后期设备改造和升级换代困难、成本高，不能适应新形势下的使用要求。

1. 软件化雷达信号处理的优点

（1）基于开放式的硬件平台和软件环境。随着硬件性能大幅提升及软件技术的飞速发展，研制的开放式雷达信号处理软/硬件平台，可植入各种先进算法软件技术，因而能快速、便捷地研发需要的合格设备，提升雷达信号处理性能，扩展雷达功能，实现雷达装备的升级换代。

（2）不同雷达信号处理功能只需要运行不同的应用软件就可实现，从而实现软硬件解绑，并且软件具备完全的可移植性，软件组件完全可以重用于不同种类的雷达设备中。实现这一目的最方便的途径就是采用兼容性最好、软件环境最完善的通用处理器。

（3）软件化技术使用标准开放式结构，通过将雷达信号处理的硬件、软件分解成相互独立的功能模块，也可分解成组件，组件间的交互以可预见的方式进行，这样系统将变得更易于管理。只要各个模块或组件互操作行为和接口规范，就可达到模块或组件的互换而不会影响系统其余的部分。

（4）这样的模块或组件更易于测试，同时多级测试（如单元、组件、集成、验证）也容易实现，可有效调动全行业在资源、信息、智慧等方面的技术及成果，确保性能竞争、成本竞争。

（5）雷达信号处理初期的软件化目标局限于在不同平台上以软件定制方式实现、替代先前硬件所完成的功能，而软件化雷达信号处理则使软件程序运行在各种适合的硬件平台上，而且硬件的更换、更新不影响软件的适用性，不需要（或基本不需要）重新设计应用软件程序，从而保证了用户软件的可移植性和可集成性。

2. 软件化雷达系统的结构设计

在软件化的雷达信号处理体系中，雷达信号处理的仿真、实现、调试、验证可以合为一体；雷达信号处理和数据处理也可以合为一体。这一理念进一步扩展，就可以实现整个雷达系统的软件化。

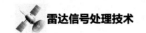

借助于强大的计算机软件工具（如图形化、可视化设计）和软件设计框架，

采用开放通用的分层结构，将雷达系统的不同设计层次利用标准化设计进行隔离，使不同领域的研究人员只需要重点关注与自己相关的部分。

（1）应用层的雷达系统层设计人员，是雷达领域的专业人士，着重关注雷达的需求、相关算法性能的提高等核心问题，而不需要考虑底层的实现和硬件设计。

（2）中间层的设计人员，不需要考虑顶层运行的具体程序和底层的具体硬件结构，只需要专注于设计一套通用开放的系统结构，完成应用程序在底层的映射、资源的分配、代码的生成与下载、实时性的控制、状态的监测等。

（3）底层的硬件层开发人员，不需要考虑硬件最终具体运行的内容，只需要按照标准化的结构设计，提供相应的标准化的软硬件接口和软件组件供顶层设计使用。

软件化雷达系统结构上的这种设计，完成了软件与硬件的解耦，改变了雷达传统的设计方法，从而克服了以往封闭式设计带来的兼容性差、品种多、研发周期长、开发成本高、重复设计频繁等弊端。

当然，软件化是一个快速、渐进的过程。从目前的应用条件看，可以这样具体定义。

（1）在工业标准结构的通用信号处理平台上，以 CPU 等通用处理器为主，FPGA、GPU 作为辅助的加速器，将 MATLAB 仿真和主要算法的设计、调试、测试工具集成一体，采用可视化设计和通用语言编程。软件化雷达可以近似做到程序设计和具体硬件平台相隔离，易于离线或实时评估处理系统的运行状态（主要是时序和任务负荷）；采用通用处理器和高级汇编语言，可以把目前运行于普通计算机平台上的数据处理和显示、监控等模块，与雷达信号处理一起集成到软件化平台内。

（2）在硬件结构上，按照模块化、标准化的设计思想，提高通用性和互换性。CPU 等通用处理器天然具有通用的优点，最适合软件化理念的实施。DSP、FPGA 具有输入输出能力强、功耗低、体积小的优点，对采用 DSP、FPGA 等硬件搭建异构处理器平台的设计来说，由于不能便利搭载实时操作系统，因此软件化的实施相对困难。解决的方法仍然是设法为其搭载裁剪的实时操作系统，或者在 FPGA 和通用处理器之间介入一个能运行操作系统的微型处理器。对于 DSP，各厂家都提供了开源、高效、便捷的底层函数库，使开发更容易，代码执行效率也更高。同时，为了便于开发，有的芯片厂商推出了 SYS/BIOS 等轻量级操作系统，而第三方厂商或设备制造商也在开发不同类型的处理器操作系统。在 FPGA 领域，不同型号的器件都有基本的运算、通信、控制等 IP 核，其种类多，基本覆盖了雷达领域需求，且运行稳定，可以大大降低开发难度，提高设计效率。多种型号的 FPGA 内嵌 ARM、单片机等通用处理器，其内部运行操作系统已成为可能。未来，可以进一步减小 DSP、FPGA 与通用处理器的差异，降低异构处理器设计的复杂度，使设计进一步简化。

（3）由于应用程序与硬件是分离设计的，因此，随着集成芯片性能的不断提高，新的高性能设备的更换变得更加容易，即新模块的接入，不需要对其他部分进行修改或只需要做极少的修改，使整个系统的更新升级变得更加快速和简易。

（4）在软件结构上，基于层次性、模块化和标准化。不同层次的设计需要按照一定的标准进行构件化、模块化的设计，减少了上层软件与底层硬件具体结构的依赖，增强了系统设计的灵活性、功能的易扩展性等。

如图 9.31 所示为软件化结构分层图，提供的就是具备实时性、容错性、解耦性、组件化的软件支撑环境。雷达支撑环境主要包括底层硬件资源层、中间件层、核心框架层、雷达应用层等。其中，实时性主要解决软件化雷达信号处理对计算与通信时延的敏感需求[9]；容错性主要实现信号处理系统的高可用；解耦性主要解决软硬件底层的过度耦合，以及因此而带来的升级改造的困难；库或组件化便于系统功能的维护与升级，以及为第三方软件开发提供支持[10]。要实现一套完备的雷达操作环境，需要以下具体技术的支撑：

① 开放式实时操作系统优化技术；

② 中间件实现技术；

③ 组件封装模板设计技术；

④ 系统资源调度。

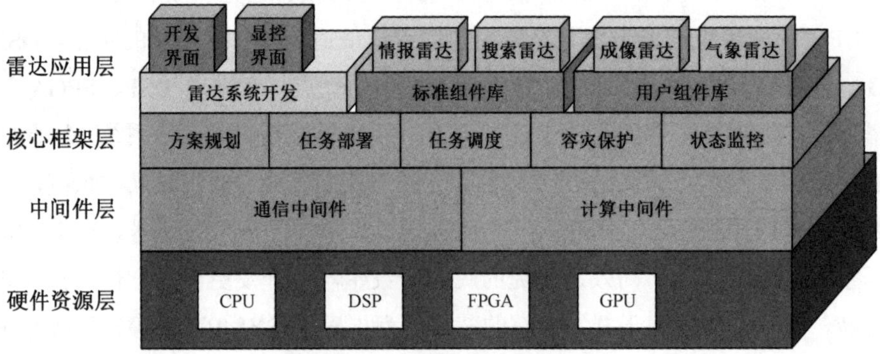

图 9.31 软件化结构分层图

在开发模式上，由不同专业领域人员分工参与，利用各自的技术优势。同时，商业产品的引入，可增强竞争、降低成本，通过快速迭代提高系统的稳定性。

组件开发、封装和维护遵循指定的规范。开发人员完成组件的源代码开发后，提取源代码的头文件，随后根据头文件生成该源代码的接口描述文件，接口描述文件包含了对源代码的接口声明、参数声明、数据类型声明、宏定义等，接口描述文件就像一个“用户手册”，为函数（源代码）使用人员提供了快捷的使用方法说明。同时，为方便用户在众多函数中快速找到要使用函数的接口描述文件。如图 9.32 所示为接口描述文件示意图，图中有一个组件目录表，组件目录表又分为信号处理目录表、数据处理目录表和资源管理目录表 3 个子表，这些子表中包含了组件名称、组件接口、版本等各种参数信息。

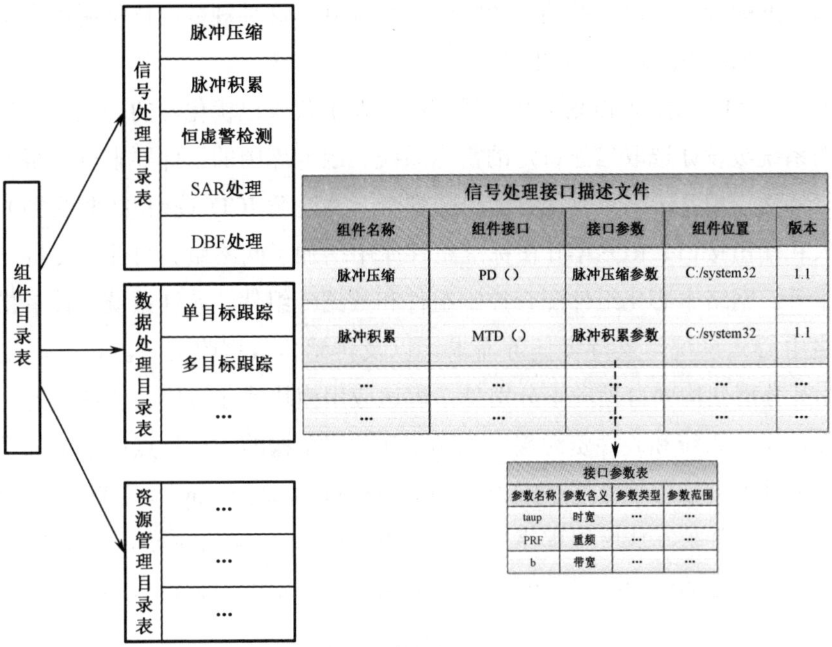

图 9.32　接口描述文件示意图

随着组件库内组件的增加及内容的扩展，需要一套软件平台对功能及任务进行管理和编辑，以满足不同用户针对不同需求的使用和操作。

软件化实现技术这一重大跨越可以参考美军 MOSA（模块化开放式体系架构）发展历程[11,12]。MOSA 是一种系统工程设计理念，是基于模块化的开放式系统设计的物化结构，这种开放式系统设计理念最早由美国军方提出。20 世纪 90 年代初，美国军方武器装备中存在严重的技术落后现象，原因是装备研发周期与电子技术发展的不匹配。通常，重大武器电子系统的开发周期是 8～15 年，而工业电子系统的开发周期只有 1.5～2 年，装备尚在开发时，其设计阶段所采用的“先进”技术早已广泛应用于商业领域；当“先进”的重大武器电子系统装备研制完成时，其技术已经落伍，而对应的商业系统已经以 4～8 倍的速度集成了新技术。这就导致武器系统跟不上技术更新换代的节奏，维护和功能升级更是很难开展。于是这种开发模式发生了改变，以前的技术开发主导者兼用户逐步转变成为技术的集成和使用者。

林肯实验室提出开放式雷达系统的设计方法，强调通用性、标准化和模块化，选用市场上已经成熟的商用产品（COTS），充分利用商用技术发展的成果来开发雷达系统。林肯实验室的雷达设计工作者们运用 ROSA 设计方法，要求组成雷达系统的各个分系统高度自治，且尽量使用模块化、通用化的组件。系统之间要遵循标准的接口规范，并通过该规范进行互联。这种规范应该是明确定义的、公开的，就如同 Ethernet、TCP/IP 规范一样。

如图 9.33 所示为 ROSA-Ⅱ分层架构。左侧代表已优化好的一些组件库，可以根据系统级设计选取搭建特定的雷达系统。组件库中的组件要求具有很好的工程优化特性，相互之间具有尽可能松的耦合，并遵循 ICD（接口控制文档）定义的输入和输出接口。ROSA-Ⅱ在标准组件库中增加了网络服务组件以支持网络中心化服务。网络中心化组件配合控制组件和数据流组件，允许系统设计者搭建完全网络中心式系统，支持多任务需求，以及传感器数据收集、流数据产生等。ROSA-Ⅱ分层架构中自顶向下分别是：雷达应用模块或应用层、瘦通信层、通信中间件、操作系统和硬件资源层。ROSA-Ⅱ分层架构的一个特点在于增加了雷达开放式体系架构应用独立层（Radar Thin Communication Layer，RTCL），即瘦通信层。上层组件被写成应用程序接口（Application Program Interface，API）形式，包括连接 RTCL 的通用接口。RTCL 将应用层和通信中间件隔离，实现了 RTCL

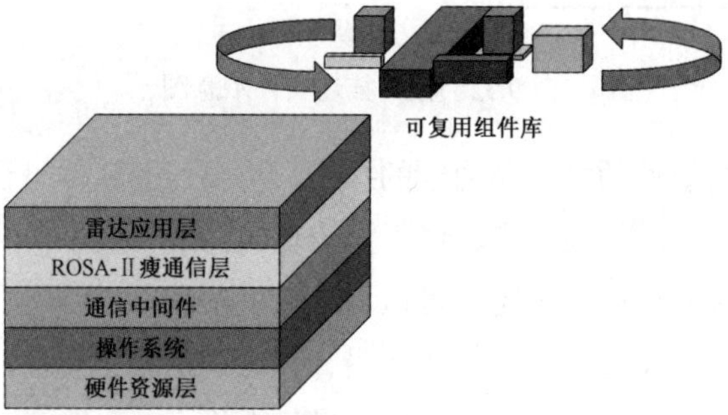

图 9.33　ROSA-Ⅱ分层架构

支持下的基于任意中间件的功能组件，并实现了多个中间件的同时使用。例如，在一个系统中可以存在两种中间件，一种用来在一个对称多核计算平台上进行组件之间的数据传输，另一种用来支持网间的数据传输。前者是共享存储式传输，避免了重复的数据复制，有利于提高系统的吞吐量，减少延迟；后者是一个典型的 DDS（数据分布服务）组件，用于客户机-服务器模式下的发布-订阅式数据传输。

9.3.2　雷达信号处理仿真和实现的一体化

仿真在各种复杂设备的研制过程中逐步占据了主导地位，复杂度越高的系统，仿真的作用越突出。雷达信号处理系统乃至整个雷达系统的研发都越来越依赖仿真。以充分完备的仿真来降低研发风险和提高研发效率成为研发团队的必选方法。

仿真分为两种类型：软件仿真、硬件仿真（或者称之为实物仿真），也可以把两种结合为半实物仿真。

硬件仿真或实物仿真依赖具体硬件搭建后才能实施，成本高、见效慢、风险大。

虽然软件仿真以其灵活、低成本、便于预先实施的优点而得到广泛应用，但也有失真、实时性不够的缺陷。一些大型系统的纯软件仿真十分耗时，也不能完全准确反映系统的运行状态，因此，研究人员开发了半实物仿真系统。

随着数字化、软件化技术的发展，既然仿真和实现都是用软件实现的，都可以跨平台运用，而软件又无所不能，那么把雷达信号处理仿真和实现进行一体化就是可行的而且是有益的。软件化雷达技术为信号处理的仿真和实现这两个重要阶段的打通奠定了基础、创造了便利。当信号处理所运行的平台为通用处理器时，仿真和实现自然就可以合为一体运行了。

1. 仿真工具

在各种仿真工具中，比较典型的有 MATLAB 中的 Simulink 工具、美国 Gedae 公司的 Gedae 多处理器软件、美国 GE Fanuc 公司的 Axis 多处理器软件、美国 NI 公司的 Labview real time 及开源 GNU Radio 等，这些仿真工具既有纯软件仿真类的，也有运行于实际硬件平台类的。

MATLAB 中包括 Simulink 在内的多种仿真工具十分流行，也有实时代码生成工具，其仿真和实际运行代码的差别，一是运算精度的差别，二是运行速度的差别。由于完整的系统仿真特别耗时，因此设计者会将程序直接运行在实际平台上，以期得到准确、及时的效果。

1）MATLAB 中的 Simulink 工具

Simulink 是 MATLAB 最重要的组件之一，它提供一个动态系统建模、仿真和综合分析的集成环境。在该环境中，无须书写大量程序，而只需要通过简单直观的鼠标拖拽操作，就可构造出复杂的系统。为建立各种各样的系统模型，Simulink 提供了一些基本库和针对特定领域的扩展库，用户可以使用这些库中的模块搭建自己的模型，也可以自己编写 S-函数对库进行扩展。针对实时信号处理领域，Simulink 工具中的 DSP Blockset 库提供了丰富的模块，可以方便地创建和维护一个完整的模型，并对其进行仿真。图 9.34 所示为在 Simulink 中搭建的模型及其仿真截图。

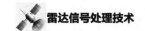

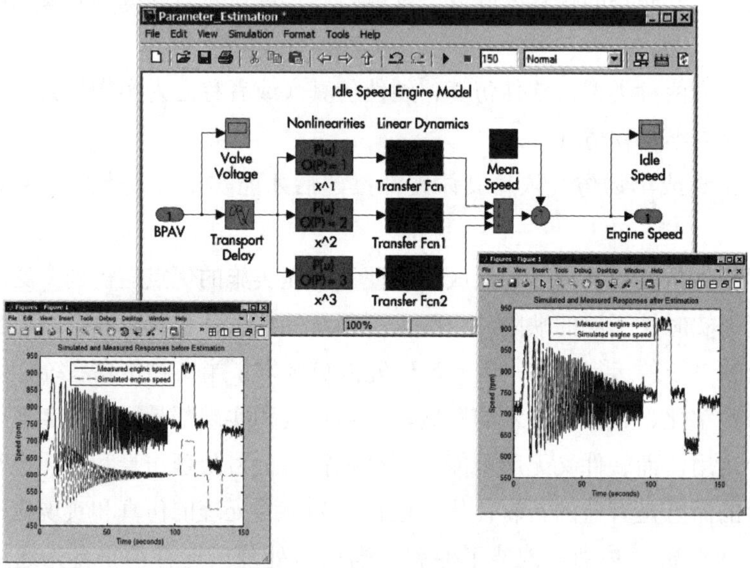

图 9.34　Simulink 工作界面

Real-Time Workshop（RTW）是 MathWorks 公司提供的代码自动生成工具，它可以使 Simulink 模型自动生成面向不同目标的代码。结合 RTW 的强大功能，从 Simulink 模型可以生成优化的、可移植的和可定制的 ANSI C 代码。利用 RTW 可以针对某目标机来创建整个系统或部分子系统可下载执行的 C 代码，以展开硬件仿真。建立在 Simulink 和 RTW 基础之上的基于模型的设计流程，支持工程开发过程从算法设计到最终实现的所有开发阶段。但 RTW 生成的 C 代码有一些不足之处：由于利用了大量的链接库，因此代码过于冗余，使用价值不高；当用户使用自己编写的 S 函数建立模型时，就不能使用 RTW 生成代码，这限制了该工具的使用范围。目前，使用 RTW 生成的代码运行效率较低，很难满足实时信号处理的要求。因此，在仿真和实现之间，还不能无缝衔接，需要对代码重新组织和设计。

2）美国 Gedae 公司的 Gedae 软件

美国 Gedae 公司的 Gedae 软件是一款面对多核和多处理器的全新编译及编程工具，该工具为多处理器而设计，是真正的多处理器编译工具，采用图形化编程方式，能够自动生成可执行的代码，如图 9.35 所示为 Gedae 软件的工作界面，是使用 Gedae 实现的 SAR 图像处理。设计人员能够在与硬件独立的图形化环境中开发算法程序，然后分割和映射算法程序到不同的嵌入式多处理器硬件系统中，并可利用各个嵌入式系统提供商提供的相关算法库生成相应的代码。Gedae 可视化工具能够显示在目标机系统中的所有硬件和软件活动，包括进程、处理期间的通信和缓冲等，其性能等同或超过手写编程所获得的性能。利用 Gedae BSP（板级支持包）开发工具还可以把 Gedae 软件开发的程序移植到用户自定义的嵌入式多处理器系统中。Gedae 软件采用了类似于 MATLAB 中 Simulink 的设计环境，其仿真核心主要是利用运行时（runtime）内核并根据模型中的数据流顺序来一一调度模块去执行，得到仿真结果。Gedae 软件还提供了嵌入式多处理器系统之间的数据分配和通信的仿真功能，前提是需要由用户自己通过自带的 Gedae BSP Development Kit 工具包去开发相应的 BSP，开发难度较大。Gedae 软件甚至能在数据流级进行单步仿真，但它仅仅完成了算法在多处理器情况下的仿真，并不能产生实际有效的应用程序代码。Gedae 软件目前支持飞思卡尔 PowerPC、Intel 处理器、IBM CELLBE 处理器、TI DSP 及 GPU 等处理器。

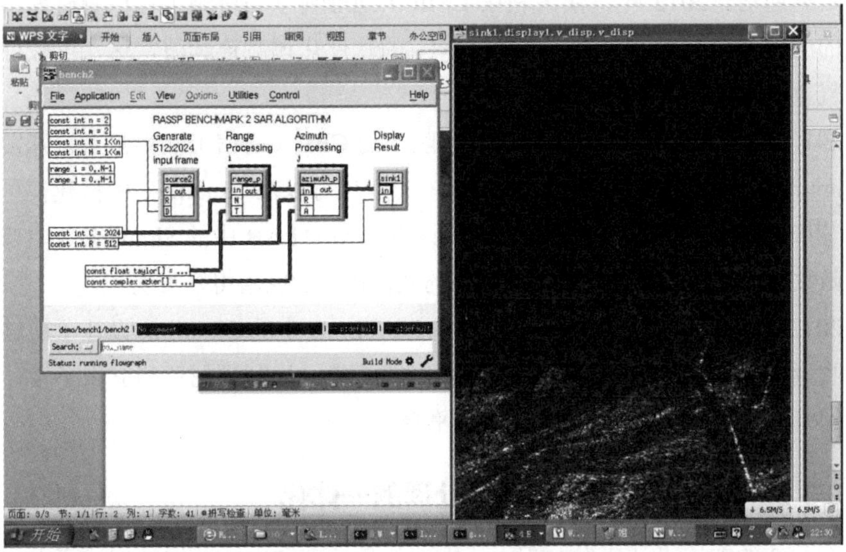

图 9.35　Gedae 软件的工作界面

3）NI公司的Labview Real Time软件

美国NI和AWR公司为雷达设计与验证提供从系统级到模块级，再到算法级的解决方案，兼具仿真功能，且有良好的可视化界面。其射频前端设计采用VSS，模块算法原型验证采用Labview，并且推出了Labview Real Time，采用图形化软件设计开发，且支持FPGA等处理器的代码生成。

4）开源软件GNU Radio

开源软件GNU Radio是一个开源的软件无线电平台，它有一个世界范围内的开发者和用户社区，为其提供了坚实的基础代码，并提供了一个完整的开发环境。GNU最初用于软件无线电开发，目前，已有多个应用于雷达的成功案例，包括探地雷达（Ground Penetration Radar，GPR）、无源雷达等。

2. 二代雷达开放式体系架构的开发和实现

随着软件无线电[13]思想在雷达领域的渗透，以及软件化雷达开放式体系架构的深入发展，基于USRP板和一些软件化设计平台的小型软件化雷达系统已经设计和实现。这也是二代雷达开放式体系架构得以应用的一种体现。

许多基于USRP板和GNU的试验平台和应用已经成功实现。2010年，意大利RaSS中心将USRP技术用于近海船只检测，设计了一个低成本DVB-T软件化小型雷达系统。2011年，迈阿密大学电子与计算工程学院基于软件化雷达思想，实现了一个适用于雷达传感器网络的多功能软件化试验系统，可以用来测距、成像和数据通信。2012年，澳大利亚CSIRO地球科学与资源工程探测研究小组以较低的成本和复杂度，实现了基于GNU的软件化调频连续波雷达，可较好地应用于气象监测。

2012年，KIT（卡尔斯鲁厄理工学院）的CEL（通信工程实验室）开发了一个Simulink-USRP的软件包，使USRP的用户可以在Simulink中搭建模型。与GNU相比，它支持更多的功能，同时允许借助MATLAB中的Simulink工具实现最优的函数设计，从而使更多更具挑战性的软件化雷达应用得以实现。

2012年，加利福尼亚州立大学通过MATLAB中的Simulink设计了能够发射并接收调频信号的软件化雷达逻辑模块；2012年，加利福尼亚州立大学设计了一个以USRP为前端的OFDM雷达测试平台。

9.3.3 雷达信号处理和数据处理的一体化

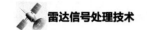

在传统的雷达设计研发过程中，雷达信号处理和雷达数据处理这两大功能块是依序被执行的，信号处理以相干处理时间为区间进行目标检测，得到的检测目标结果送给数据处理功能块；数据处理机则以雷达扫描的很多周期为区间，根据

雷达的工作状态，并结合其他传感器送来的环境信息，对检测的目标点迹信息进行凝聚、关联，形成目标的航迹，记录、报送并显示于雷达显示画面上。雷达数据处理往往和雷达监控共用一套设备，把数据处理的结果反馈给雷达操控台。在这一过程中，信号处理和数据处理间的数据传输是单向的、无反馈的。

信号处理功能块完成对数字回波信号的检测和信息提取功能。采用数字波束形成、脉冲压缩、相干积累、恒虚警检测等处理手段，对数字回波信号进行噪声抑制、杂波抑制，最终完成信号检测并送出点迹信息：信号位置、速度、波位信息。其输入输出信号关系如图 9.36 所示。

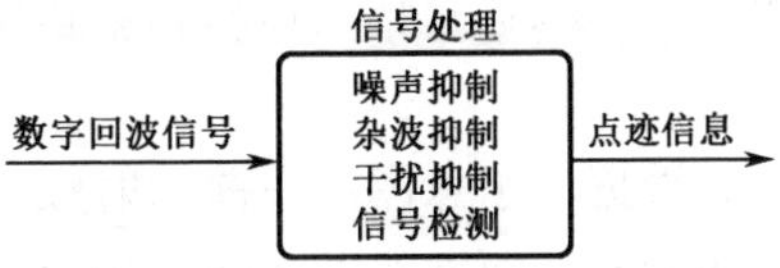

图 9.36　信号处理功能块输入输出信号关系

数据处理功能块完成对目标的点迹处理、航迹处理、图像处理，采用多种算法完成对目标的点迹凝聚、TWS 建航与跟踪、TAS 跟踪，输出目标点迹、航迹信息。数据处理功能块输入输出信号关系如图 9.37 所示。

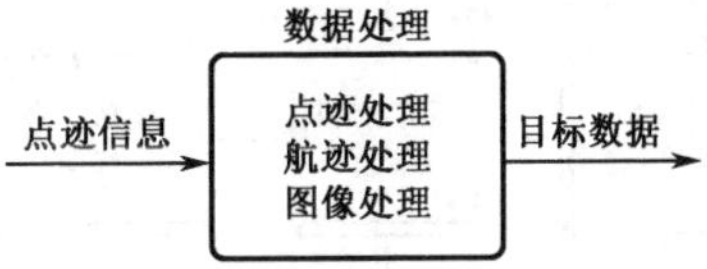

图 9.37　数据处理功能块信号输入输出关系

雷达信号处理和雷达数据处理分属于两个研究领域，分别由不同专业的团队进行开发，硬件上分别采用专用的硬件平台、改进的计算机平台，数据处理也以操作系统下的 C 语言程序完成。

随着雷达功能的进化，雷达的信号处理和数据处理这两个过程需要紧密结合在一起，例如，检测前跟踪（TBD）方法开始采用；利用前序的目标跟踪信息实现信号中目标的检测，能得到更好的检测效果。

雷达信号处理所实现的目标检测，如果能与数据处理同时、结合完成，不仅可以提升目标检测能力，还能减少整个处理的延迟，提高系统工作的实时性。将数据处理功能块的结果及时反馈给信号处理功能块或将信号处理功能块所能得到的信息更快地反馈给雷达控制台，对提高整个雷达系统的工作模式、工作参数的调整时效也是有益的。

同时，随着雷达信号处理的软件化，信号处理的硬件平台也趋向于采用通用的计算机结构，软件采用操作系统和软件中间件[14]环境下的组件开发方式，应用软件与硬件、底层软件隔离，这样，雷达信号处理和雷达数据处理的应用程序就可以在一种平台、一种环境下共存和组合，实现雷达信号处理和雷达数据处理的一体化。

9.3.4 雷达系统的软件化

数字化雷达是软件化雷达系统的基础。数字化技术的成熟，使得雷达系统的构成和组织方式发生了革新。数字化的特点是通过采样，使得算法和模拟频率/带宽没有直接关系，只和归一化的数字频率相关联。软件化雷达的定时器设计理念也有了变化[15]。

如图9.38所示为采样和数据流示意图，在前端射频、频综之外，软件化雷达的处理采用了数据流驱动的方式，和各个设备的具体定时关系没有严格的同步关系，也就是说，只是保证信号产生和发射、信号接收和采样具有同源时钟，采样使得数据和相参雷达的相位解耦合。

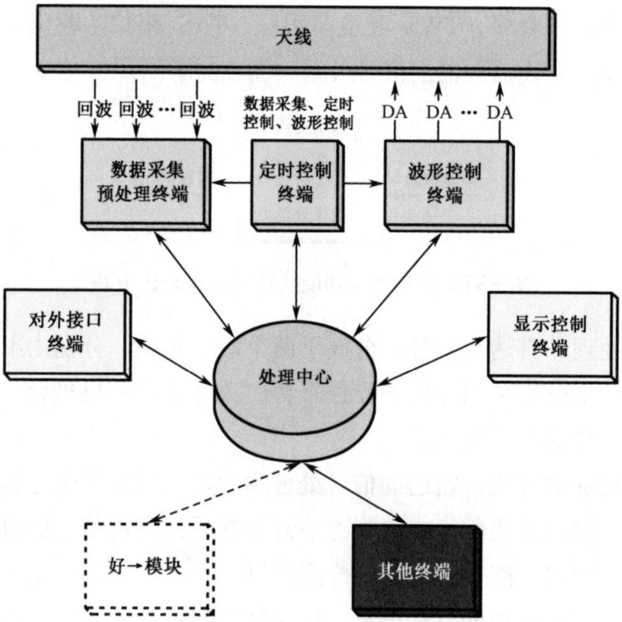

图9.38 采样和数据流示意图

带宽决定采样率，阵元个数影响通道数，数据量和运算量的增加可以用软件雷达可扩展的特性解决，数据通信带宽的增加可以用高速互联网络来实现。

随着中频数字化、射频数字化技术的成熟，数字化雷达要求数字化尽可能靠近射频前端，使系统中更多的工作由数字方式来实现，从而为软件化创造条件。从雷达的组成看，软件化雷达水平取决于雷达系统的数字化程度。

如果抛开天线类型、TR 组件来考虑，把软件化的概念限制在信号处理和数据处理、显示、控制等范围内，软件化雷达平台可以应用于各种体制、各种波段的设备。软件化本身就可以适应不同体制下算法的多样化。因此，除了弹载、星载环境下，软件化雷达对设备体积、功耗、可靠性有更苛刻的要求，不能采用标准结构的处理机，其他都是适用软件化的。弹载、星载设备，虽然结构不同，但同样可以采用软件化的开发手段。

按照习惯的划分方法，软件化雷达中也需要信号处理、数据处理、显控终端、资源管理调度控制模块、宽带微波源、射频前端等功能块，这些功能块都由通用或标准的硬件来承载，这些功能块之间就是标准化、可重构[16]、大带宽、基于交换的互联网络。

软件化雷达包含两方面的内容。

（1）雷达系统平台方面，需要以通用化、标准化和开放性的平台为依托，雷达系统的各种功能和工作流程由软件完成。区别于传统雷达严格的定时关系，软件化雷达采用数据流驱动的信号传输和处理方式，灵活性和可扩展性大大提高，也具备了采用或部分采用商用计算机体系的软件系统和硬件系统的可能。

（2）软件开发方面，逐步淘汰过去硬件设计、底层代码开发调试的手段，通过操作系统和中间件实现软硬件隔离，以通用的高级语言开发为手段，形成成熟的组件库，进行雷达系统的可视化设计，把系统仿真、算法仿真、可视化建模、组件设计和管理、任务分配和调度、代码生成和下载、时序评估，以及在线调试等功能集成到一体化的核心框架服务平台下。如图 9.39 所示为软件体系架构。

在信号处理、数据处理功能块之外，雷达系统的显控终端模块和资源管理调度控制模块本身就是软件完成的，通过层次化、接口规范不难纳入软件化雷达体系架构中。

1. 显控终端模块

显控终端模块完成雷达搜索跟踪目标态势显示、雷达状态信息显示、人机控制（本地/遥控操作）及跟踪/搜索数据输出功能。采用各种人机交互软硬件完成雷达功能转换、状态设定、操作员命令下达、参数配置等人机操作和雷达各模块状态的显示及功能重构可视化显示。显控终端模块信号输入/输出关系如图 9.40 所示。

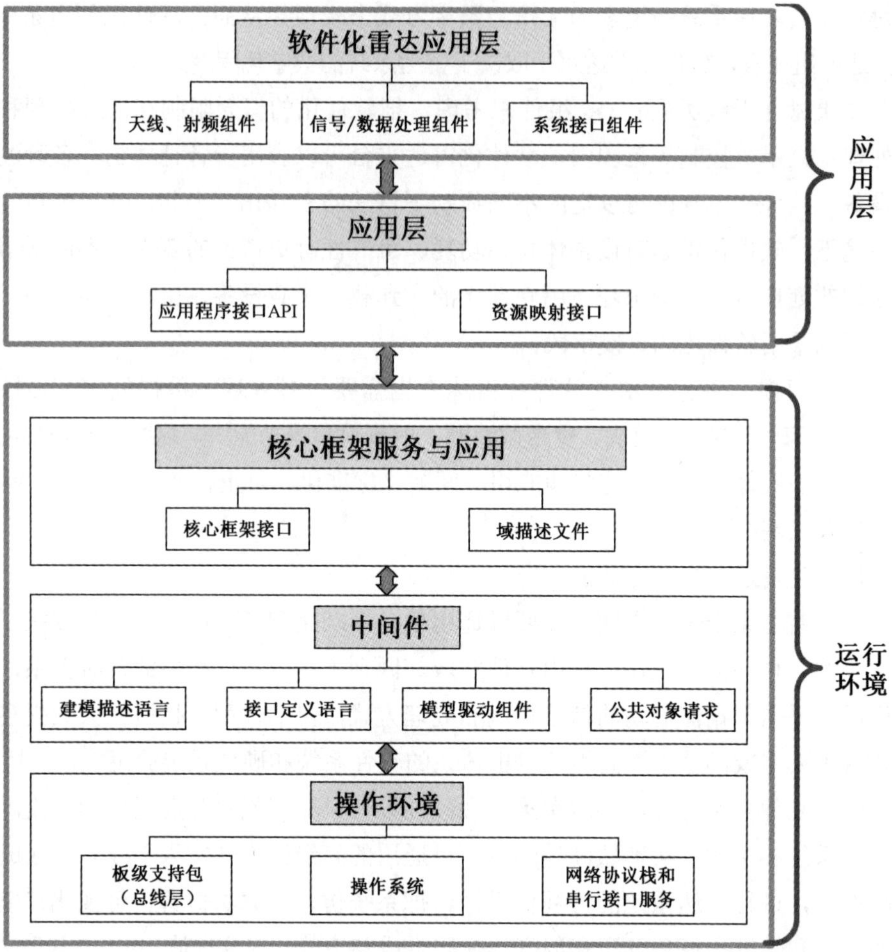

图 9.39　软件体系架构

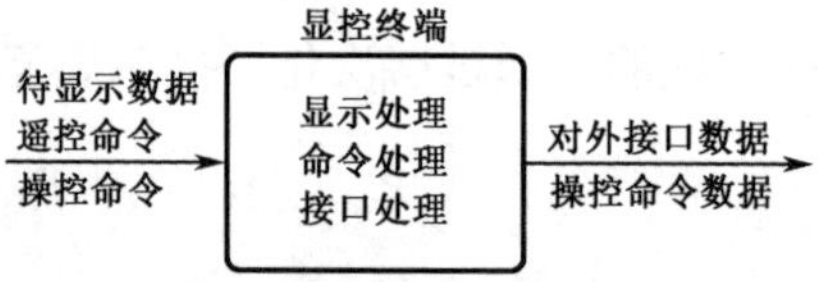

图 9.40　显控终端模块信号输入/输出关系

2. 资源管理调度控制模块

资源管理调度控制模块完成对雷达系统空、时、频、极化资源的综合调度、管理和监视功能。对数据处理的目标数据、各分系统状态信息、人机接口的操控命令/遥控命令进行综合判断处理，产生状态控制、波束控制、波形控制、频率控制、时序控制等各种控制指令和控制数据，完成对雷达各分系统的综合控制。

资源管理调度控制模块信号输入/输出关系如图 9.41 所示。

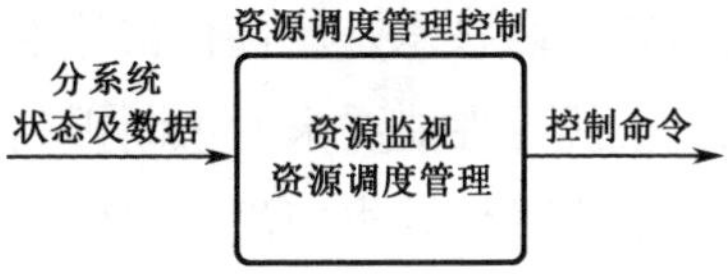

图 9.41　资源管理调度控制模块信号输入/输出关系

3. 宽带微波源

宽带微波源主要由基准信号模块、接口控制模块、开关滤波模块、本振变频模块构成。配合雷达工作产生精准稳定的时钟、时序信号。

4. 雷达系统前端

雷达系统前端是雷达系统软件化较难完成的部分。雷达系统的射频前端包含天馈线、收/发等模块，雷达资源管理调度控制模块完成信号产生、发射、接收等功能。

（1）灵活可控数字化射频前端是构成全数字有源相控阵面的基础，也是实现多功能、多任务、可重构的基础，涉及电路设计、结构设计、工艺实现等诸多技术难题，在天线之外，可分为 TR 模块、变频模块、信号产生模块 3 个功能模块。

① TR 模块完成收发状态下的功率放大和低噪声放大功能，具备收发状态可控能力。

② 变频模块完成发射激励信号上变频和回波信号下变频及中频放大功能，采用可控开关滤波组对变频过程中产生的谐波和杂散进行抑制，具备收发状态、滤波器带宽和放大增益可控能力。

③ 信号产生模块完成发射激励产生，具备发射波形可控能力。

（2）要实现雷达系统多功能、多任务可重构，射频前端必须具有天线的极化方式、方向图、激励信号的波形、系统的工作带宽、工作中心频率、辐射功率、接收增益、动态范围、灵敏度等多种可控和可配置的参数，为系统提供灵活的布阵方式选择和支撑。

（3）采用可控滤波器技术可实现系统工作带宽、工作中心频率的重构；通过选择特殊的辐射形式，在天线单元后端形成水平、垂直、左旋和右旋等任意极化形式，实现天线极化方式、方向图的重构。

（4）采用任意波形产生技术实现激励信号波形的重构。

5. 标准化、可重构、大带宽互联技术

标准化、可重构、大带宽互联技术是软件化雷达的必要支撑[17,18]。随着对雷达的精细化、智能化、强抗干扰等性能要求的不断提高，雷达的每一个处理环节的数据量都在增加，而对应的实时性要求却没有降低，甚至要求更高。增大数据量的同时提高实时性，这一看似矛盾的问题对系统之间的高速互联提出了更高的要求。为满足系统的可扩展性和可灵活配置的要求，接口的标准又必须满足通用化、标准化、可定义化等特点。

在整个雷达系统中，任意一环的带宽瓶颈都会降低整体的处理速度。不同部分之间的互联可以粗略地划分为板间互联和芯片间互联。

板间互联主要依附的是背板、电缆和光纤等。以往的应用中，采用较多的高速互联有自定义的 RocketIO、以太网 UDP 模式和标准 SRIO。虽然自定义协议传输效率高，但兼容性极差，而采用 IB/IP、FC 等标准协议可以实现各板卡之间的互相通用，而板内的高速互联可采用主流的 PCIe、QPI 等高速方式。如图 9.42 所示为互联网络的一个例图。

综上所述，软件化雷达以一种全新的架构定义了新一代雷达的研发、生产、维护形态，推动雷达技术的进步和应用。

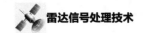

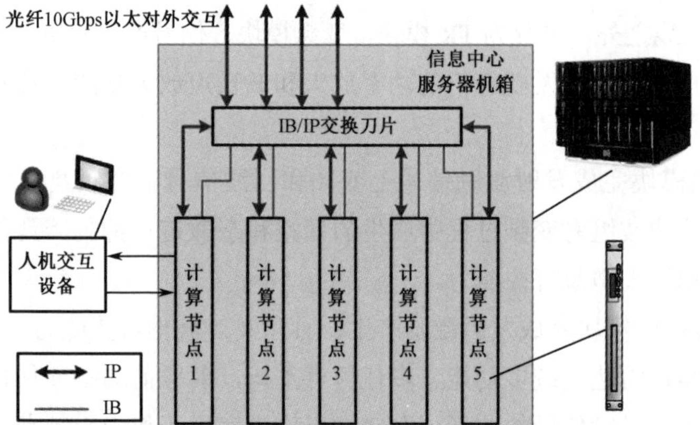

图 9.42　互联网络的一个例图

9.4　本章小结

在高速发展的电子信息技术的推动下，雷达信号处理系统技术迈入了一个新的阶段。雷达系统从早先的分立电子管技术开始，历经硬件的模块化，软件和硬件的标准化、通用化、全数字化的发展阶段，到现今体系架构的软件化，在设计理念、设计方法、使用和维护手段上发生了巨大的变化，从信号产生到信号接

收，从信号处理到数据处理和信息融合，都逐步以软件的方式实现。软件化时代的到来也伴随着机遇和挑战，雷达系统的设计、研发、使用的特点，使得雷达系统软件化将以循序渐进、迭代更新的方式向前发展。其中，软硬件技术自主可控的必要性和迫切性，驱动着国内高性能处理器、基础软件和中间件等技术的发展和进步，包括实时操作系统等基础软件及计算中间件、通信中间件，它们作为软件化雷达体系中的关键技术，需要大量、持续的研发投入和应用迭代。

参考文献

[1] R.L.米切尔. 雷达系统模拟[M]. 陈训达，译. 北京：科学出版社，1982.

[2] 姚俊，马松辉. Simulink 建模与仿真[M]. 西安：西安电子科技大学出版社，2002.

[3] 周祖成. Cadence 公司 Alta Group 产品 SPW 培训手册[R]. 北京：清华大学，1994.

[4] Synopsys 公司. COSSAP 培训手册[R]. Synopsys 公司，1996.

[5] 苏涛，吴顺君，李真芳，等. 高性能DSP与高速实时信号处理[M]. 2 版. 西安：西安电子科技大学出版社，2002.

[6] 汤俊，吴洪，魏鲲鹏. “软件化雷达”技术研究[J]. 雷达学报，2015，4（4）：481-489.

[7] 刘凤，黎贺. 基于集群平台的软件化雷达研究[J]. 现代雷达，2017，39（5）：21-24.

[8] 卢琨，余陈钢，吴振雄，等. 雷达操作系统架构设计[J]. 现代雷达，2018，40（5）：13-16.

[9] 李佳伟. 软件化雷达系统实时性研究[D]. 西安：西安电子科技大学，2018.

[10] 李路野，程知敬. 模型驱动的雷达信号处理系统软件开发[J]. 电子技术与软件工程，2018，20：55-57.

[11] HARVEN J M. 新一代监视和气象雷达能力—多功能相控阵雷达 MPAR Backend Analysis - Final Report[R]. June 24, 2013.

[12] STEPHEN B. Rejto, Radar Open Systems Architecture and Applications[R]. MIT Lincoln Laboratory. 2010.

[13] 宋春磊，高博，李婉婉，等. 软件无线电平台可视化应用管理系统设计与实现[J]. 信息工程大学学报，2018，1（2）：62-65.

[14] 孟承，王建. 基于 RabbitMQ 的软件化雷达通用中间件的设计与仿真[J]. 科学技术创新，2021，01：121-123.

[15] 柯小路，杨东华，王继生，等. 一种软件化雷达定时器方法[J]. 现代雷达，2020，42（3）：45-48.
[16] 余壮. 软件化雷达在线可重构技术研究[D]. 成都：电子科技大学，2018.
[17] 曾乐天，赵龙飞，杨春晖，等. 软件化雷达系统的软件质量评估指标体系[J]. 软件，2019，4.
[18] 刘美云，王敬东. 软件化雷达信息处理中心体系架构设计[J]. 现代导航，2017，6（12）：441-445.

第 10 章

雷达目标点迹数据形成与处理

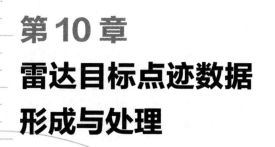

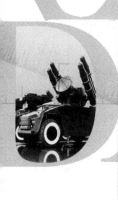

运动目标被雷达照射，其散射信号经接收、放大和信号处理后，数据处理系统可获取包含目标位置信息的若干原始点迹数据。一般情况下，一个空中目标往往产生多个原始点迹数据，而从精确估计目标运动航迹的角度来说，希望一个空中目标只产生一个代表其物理位置的点迹数据。

10.1 概述

雷达回波经信号处理和恒虚警检测后，需要测量通过检测门限的信号出现的空间位置、幅度、相对时间等参数，并进行录取，形成原始点迹数据。一般对原始点迹数据的处理，要求适应雷达扫描方式和符合雷达信息处理的总体设计。

10.1.1 两种常见的雷达扫描方式

边跟踪边扫描（Track While Scan，TWS）方式与跟踪加搜索（Track And Search，TAS）方式是监视雷达常见的扫描方式。

1. 边跟踪边扫描方式

一般监视雷达担负着搜索目标、跟踪目标运动轨迹的任务，通常以边跟踪边扫描方式工作。对这种雷达来说，搜索占主导地位，跟踪不额外占用雷达资源，它主要利用搜索得到的雷达目标信息来完成运动目标的跟踪[1]。

当雷达波束扫过目标时，就能获得此刻目标位置的坐标等信息，并在雷达显示器上显示目标回波，只要对运动目标周期性连续扫描，就能跟踪并表示出目标的运动轨迹，而得到的目标回波是一个间隔均匀的脉冲序列。在边跟踪边扫描方式的综合信息显示中，光栅显示器显示了边跟踪边扫描方式下雷达回波、二次信息、地图背景、三维显示、操作控制及系统状态等信息。

在雷达数据录取设备产生前，操纵员承担着目标发现和跟踪等任务，每次扫描的目标位置由人工标绘在坐标纸上，这种方法不仅工作量大，操纵员容易疲劳，而且每帧只能同时处理几批目标。现在借助计算机与微电子技术研制出的雷达数据录取设备可以自动完成目标检测、数据录取、跟踪和显示等处理，不仅大大降低了雷达操纵员的劳动强度，在有些场合实现了无人值守，更为重要的是使每帧同时处理的目标可达到 500～1000 批，并自动上报目标的点迹或航迹数据，极大地满足了用户的需求。

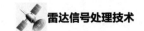

2. 跟踪加搜索方式

相控阵雷达天线波束的扫描由计算机控制，具有很大的灵活性。它的天线波束在空中扫描几乎是无惯性的，可以指向哪里扫向哪里，这给相控阵雷达带来了许多新的功能。例如，相控阵雷达一般都设计了搜索波束、验证波束、跟踪波束功能，可灵活地工作于边扫描边跟踪、跟踪加搜索和全跟踪等方式。

在跟踪加搜索方式下，跟踪与搜索的波束完全独立，从而可对搜索和跟踪独立地进行最优设计。跟踪不必等到搜索一帧结束后再进行，而是按照一定的数据更新周期安排跟踪照射波束。它的跟踪过程中主要利用跟踪波束的数据进行处理，但跟踪加搜索方式是一种耗费时间资源的工作方式，随着跟踪目标数量的增加，搜索波束占有的时间份额越来越少，而搜索波束搜索全部空域所需时间越来越长，当跟踪的目标达到一定数量时，相控阵雷达没有时间安排搜索波束，而把全部能量用于跟踪波束[2,3]，直至有跟踪目标脱离跟踪为止。因此，当相控阵雷达面对密集多目标环境时，可以利用边跟踪边扫描方式来弥补跟踪加搜索方式的弱点。如图 10.1 所示为跟踪加搜索方式多目标跟踪示意图。

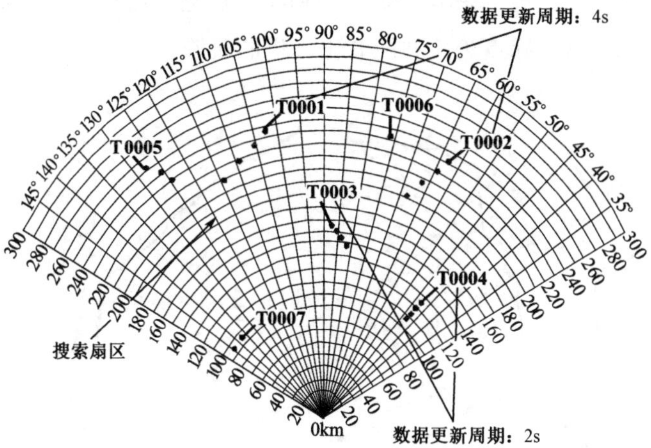

图 10.1　跟踪加搜索方式多目标跟踪示意图

在图 10.1 中，编号为 T0001～T0004 的 4 批目标的数据更新周期是根据需要指定的，其中，T0001、T0002 批目标的数据更新周期为 4s，T0003、T0004 批目标的数据更新周期为 2s，其他目标的数据更新周期和系统搜索的数据更新周期相同。

10.1.2　点迹与点迹处理

点迹泛指满足检测准则后，由信号处理设备输出包含回波点位置坐标等参数的一组数据，点迹一般是真目标点迹，但也可能是噪声或杂波剩余等产生的虚假点迹，也称为原始点迹数据。

点迹处理是指对录取的原始点迹数据进行野值剔除、滤波和凝聚处理。对不同雷达来说，原始点迹数据在距离上、方位上的分裂程度是不一样的，因此，凝聚处理的准则和门限也不一样。为了设计出适合某雷达点迹处理的算法，需要认真研究该雷达提供的点迹序列性质。对点迹的预期特性规定得越详细，航迹处理区分不同目标和假点迹的能力就越强。由于假点迹是由杂波剩余、人为干扰或噪声形成的，因此，一般通过扫描与扫描间相关滤除[4,5]，即帧间滤波。相继的目标点迹的间隔取决于目标速度，当目标作各种机动时，其速度是不断变化的。如果目标是飞机，那么其速度有一个上限和下限，而且飞机加速度的上限大大限制了飞机所能机动运动的航迹。此外，目标的视在位置还受点迹噪声的影响，点迹噪声由系统的量化误差及估计值误差所产生。如图 10.2 所示为录入计算机的点迹示意图，其中包括目标点迹、杂波剩余点迹和噪声点迹，可对照边跟踪边扫描综合信息显示内容区分出目标点迹，并能看出飞机的航迹。

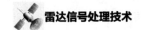

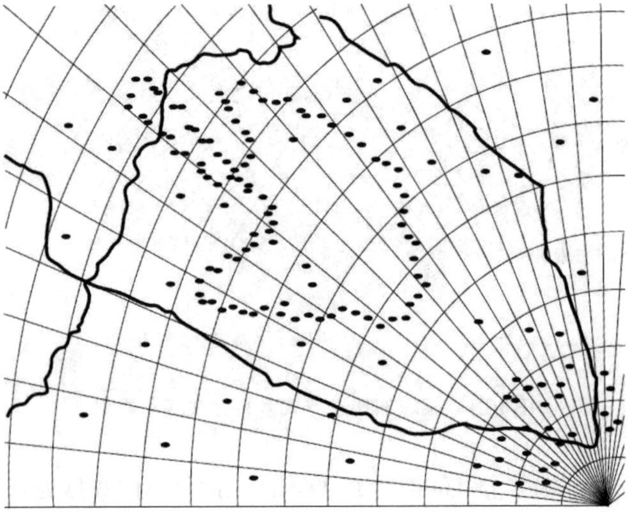

图 10.2　录入计算机的点迹示意图

在实际应用中，原始点迹数据有 3 种处理方式，分别介绍如下。

1. 原始点迹数据由通用计算机处理

雷达信号经过正常处理、相参处理，由杂波图选择输出，由录取方式控制指定区域进行参数测量并录入 FIFO（First Input First Output，先进先出）存储器，由计算机实时读取原始点迹数据和完成点迹数据处理。在老式雷达自动录取改造中，数据处理系统几乎都采用这种设计思路。按模块化、通用化、标准化、系列化的要求，针对不同种类的雷达和用途，设计与之相适应的接口硬件和数据处理软件，能较好地满足需求。这种设计方法，在现代雷达系统中仍经常采用，其处理示意图如图 10.3 所示。

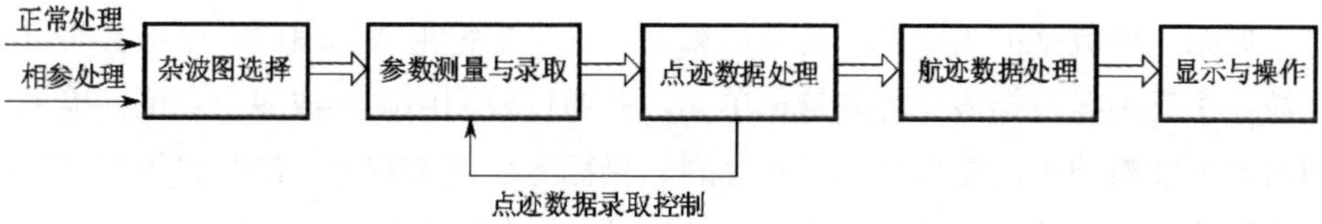

图 10.3　原始点迹数据由通用计算机处理示意图

2. 原始点迹数据由 DSP（Digital Signal Processing，数字信号处理）芯片处理

雷达回波经信号处理形成原始点迹数据，这些点迹数据由点迹预处理模块实现点迹参数的凝聚和估值，输出凝聚后的点迹数据缓存于 FIFO 存储器，再由计算机读取。这种设计方法的不足之处是 DSP 芯片开发环境、软件支持比不上通用计算机，给雷达系统的设计、调试、维护和修改带来不便，其不足在第三种方式中得到弥补，其处理示意图如图 10.4 所示。

图 10.4　原始点迹数据由 DSP 芯片处理示意图

3. 原始点迹数据由 DSP 芯片和通用计算机分别处理

雷达回波经信号处理形成原始点迹数据并进行预处理后，缓存于 FIFO 存储器，由计算机读取。原始点迹数据由可编程 DSP 芯片根据有关算法完成数据控制和野值剔除等预处理，数据量被有效压缩，进一步处理工作由通用计算机完成，这样可发挥通用计算机的灵活性。在现代雷达中，特别是 PD 体制雷达，需要解

距离或速度模糊、综合考虑处理的实时性和大量数据的传输等问题，一般采用这种方式，其处理示意图如图 10.5 所示。无论采取哪种处理方式，所采用的方法与思路是一致的。

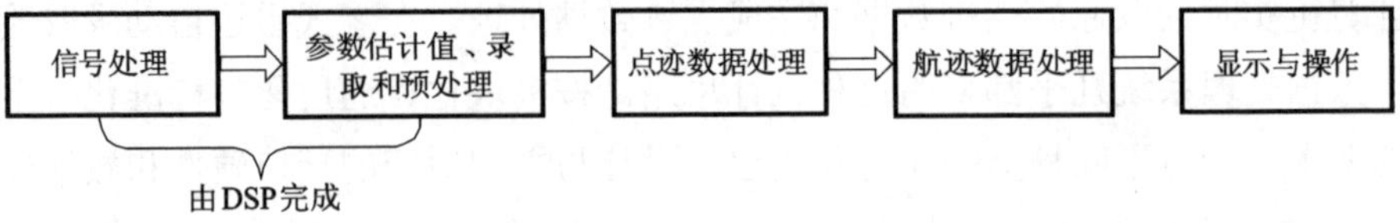

图 10.5　原始点迹数据由 DSP 芯片和通用计算机分别处理示意图

原始点迹数据的主要来源为杂波剩余、噪声虚警形成的虚假点迹；真实目标回波及距离副瓣占据多个距离量化单元，并通过检测门限形成多个点迹；检测准则与水平波瓣的不匹配引起的目标分裂、目标方位副瓣超过检测门限等也可形成多个点迹。点迹处理一般分三步：第一步，剔除原始点迹中的野值部分；第二步，按一定规则和先验知识从原始点迹数据中分离出属于同一批目标的一组点迹；第三步，对同一组的点迹进行距离、方位上的凝聚处理，求出目标的物理位置估计，得到一个精确的点迹数据。

监视雷达一般工作在边扫描边跟踪方式下，它们观测的主要对象是空中或海面上的运动目标，如飞机、导弹、舰船等，对这类目标的雷达回波进行检测并形成原始点迹，得到的不是一个而是一组点迹数据，点迹处理就是要对原始点迹数据进行滤除、归并和凝聚，获取表征目标物理位置参数的点迹凝聚估计值，要求一个目标只产生一个精确点迹。监视雷达点迹数据处理进一步要求如下：抑制虚假点迹，提高目标距离、方位等参数的估值精度，并能有效地把目标点迹与杂波点迹区分开，为后续的航迹跟踪创造一个好的环境。

点迹数据处理的难点在于原始点迹数据的不确定性。原始点迹数据受雷达工作参数的影响，如工作频段、脉冲重复频率、转速、波瓣宽度等，表现为相同目标在不同雷达上的点迹数据有很大的不同；目标回波起伏、目标机动、姿态及航向的改变都是随机的，需要用统计的方法描述，原始点迹数据也表现为随机性。对某一具体雷达来说，工作参数是已知的，可相应改变对原始点迹数据处理的准则和门限。因此，雷达数据点迹处理的针对性较强，与雷达的工作参数及信号处理方式密切相关[6]，在工程上需要根据不同雷达的工作参数特征，设计雷达点迹数据处理算法，并设置相应的准则和门限。

10.2　目标原始点迹数据的形成

本节主要讲述雷达对目标的测量、点迹数据格式、计算机对点迹数据的录取和点迹数据分析等内容，介绍距离、方位、仰角等测量值录入计算机形成目标原始点迹数据的过程，分析点迹数据的主要来源和产生多值性的原因，以及为目标点迹处理做的必要准备。

10.2.1　雷达对目标的测量

现代雷达在发现目标的同时，也就开始自动测量目标的各种参数，主要包括目标到雷达的斜距、方位和仰角（或高度），有些雷达还可以获得目标的径向速度等信息。

1．目标斜距的测量

雷达发射信号照射目标，遇到目标发生电磁波散射效应，后向散射的电磁波又被雷达天线接收。假设雷达至目标的距离为 R，电磁波所走的路程为 $2R$，从发射信号到收到目标回波的时间为 t_0，电磁波的传播速度为 c，则有

$$R = \frac{1}{2}ct_0 \tag{10.1}$$

这样，测量雷达到目标的斜距转变为测量从发射信号至接收目标回波的时间。工程上，雷达发射是受发射触发脉冲控制的，是系统测距的零点，也是系统定时的基准。雷达作用距离按脉冲压缩后的脉冲宽度（一般称 τ 脉冲）进行量化。自动测距时，测距计数器由发射触发脉冲控制计数起始点，对周期性 τ 脉冲进行计数。自动录取目标时，仅需要记录收到目标回波那一时刻的距离计数器值就可以换算出目标到雷达的斜距。从式（10.1）来看，测距误差由电磁波传播速度 c 的变化及测时误差两部分引起。实际测距误差还包括大气折射引起的误差，不过对搜索雷达来说，这类误差可以忽略。这里说的测距误差不包括系统误差。系统误差是指在系统各部分处理回波信号产生的固定延时而引起的误差，系统误差相对固定，在系统校准时可以补偿掉。

2．目标方位的测量

1）方位平面机械扫描雷达的目标方位测量

对方位平面机械旋转的边扫描边跟踪雷达来说，扫描一周为 360°，量化为 4096 个、8192 个或 16384 个扇区单元。扇区单元一般不是等分的，其精度由相应的同步机或码盘决定。在数据处理设备中，一般用 12 位、13 位或 14 位二进制

数表示，方位的量化精度也可以根据需要进一步提高。以下叙述假设方位量化为8192 个单元，即 13 位二进制数。

当雷达天线按顺时针方向连续扫描时，由于波束水平波瓣有一定宽度，因此每次扫描雷达威力范围内的目标都会受到一串脉冲的照射。下面介绍水平方位形成和录入的一般原理。

与天线连动的同步机信号经 S/D 变换形成正北、方位增量脉冲信号，将正北脉冲信号作为计数起始控制信号，将增量脉冲信号作为计数信号，构成二进制方位计数器，其输出就是二进制方位码。现在集成化 S/D 变换器也可以直接输出二进制方位码。天线转动产生的方位增量脉冲与触发脉冲是异步的，触发脉冲作为信号处理和数据处理系统时序的基准信号，检测模块把每次触发脉冲对应的方位码存储起来，作为本触发周期内估计目标参数时的当前方位参数录入。录入目标方位参数分如下 3 种情况。

（1）录入目标回波脉冲串的起始、终止方位。

雷达发现目标是对扫描脉冲串处理的结果，脉冲串的长度由下式计算：

$$N = f_{\mathrm{r}} \cdot \Delta\theta / \omega \tag{10.2}$$

式中，ω 为雷达转速（°/s）；$\Delta\theta$ 为 3dB 水平波束宽度（°）；f_{r} 为脉冲重复频率（Hz）。

例如，当 ω 为 6rad/min 时，换算得 36°/s，$\Delta\theta$ 为 1.40°/s，f_{r} 为 300Hz，则按式（10.2）计算得到脉冲串的长度 N 为 11.7。对 Swerling I 型目标来说，至少有 11 个脉冲连续扫描到目标，每个脉冲都对应一个方位码，共有 11 个方位码。那么哪个方位码能比较准确地表示目标的实际位置呢？一般取起始脉冲和终止脉冲的中心方位估算目标角位置。当使用滑窗检测器检测目标时，根据输出超过门限的起始方位和终止方位进行录取，由软件按检测的起始准则和终止准则适当修正后取其平均作为目标角位置估计值。

（2）录入目标回波的当前方位。

对米波雷达来说，当目标的尺寸与入射波长处于同一个数量级时，目标的电磁散射特性在频域中落入谐振区，目标回波表现为忽强忽弱，给估算目标的角位置带来不确定性。为较好地解决这一问题，工程上从检测到目标存在开始，把每个存在信号对应的方位、距离及幅度都录入 FIFO，由计算机读入后在方位上拟合成幅度包络曲线，结合波瓣特性估计目标方位。当目标回波较强时，信号在方位、距离同时展宽，数据量较大。

（3）按组录取目标方位。

录取目标方位与信号处理的方式有关，特别是杂波区的目标方位录取。雷达信号处理需要从杂波中检测目标，为提高检测信噪比和满足实时性要求，常把扫描脉冲分组处理，像 8 点 MTD 就是一次取方位上连续的 8 个脉冲进行积累、滤波和恒虚警检测。当检测到目标时，录取的方位估值为所处理 8 个脉冲所组成扇区的中心方位。当 8 点 MTD 输出再进行滑窗检测时，根据超过门限的起始方位和终止方位参数进行录取，只是起始、终止方位值分别是 8 个脉冲为一组的扇区中心方位。这种处理方式对方位精度有影响。

采用上述方法测量目标方位角，把雷达天线扫描一周 360° 量化为 8192 个单元，量化精度约为 0.044° ，但实际上是达不到的，除了与上述 3 种测量方位的方法有关，还与雷达转速ω、脉冲重复频率 f_r 有关。当雷达转速为 6rad/min、脉冲重复频率为 300Hz 时，假如采取仅在触发脉冲到来时锁存方位码，对 6rad/min 的转速来说，等同于 10s 扫描一周，10s 内有 3000 个触发脉冲，相当于 360° 范围内均匀地分布 3000 个取样脉冲，分别按顺序抽取和锁存 8192 个方位码中的 3000 个，其精度受锁存脉冲的影响。因此，在低重复频率雷达中，一般不按照脉冲重复频率作为方位取样脉冲。当需要获取更精确的方位值时，雷达系统设计应采用单脉冲或和差测角方法等。

2）相控阵雷达的目标方位测量

相控阵雷达的波束指向是受系统计算机灵活控制的，雷达系统搜索到目标后，它的大致方位由波位给出，更精确的目标方位测量方法主要有比幅内插法、相位和差单脉冲法、幅度比较和差单脉冲法等。

3. 目标仰角测量

在军用警戒引导或民用空中交通管制方面，飞机速度日益提高、机动性能越来越好，都要求雷达探测空域加大，快速、精确地测出多批次目标的 3 个空间物理位置的坐标值。随着需求与技术的推动，业界逐步出现了多种体制的三坐标雷达，它们能同时迅速、精确地测量雷达探测空域内大量目标的位置。

下面以多波束三坐标雷达为例，说明目标仰角测量方法。多波束三坐标雷达能快速提供大空域、多批次目标的三坐标测量数据，同时有较高的测量精度、分辨率和数据率，在警戒、引导和空中交通管制中起着重要作用。这种雷达在垂直平面内同时存在多个相互重叠的针状波束，发射功率分配器将发射机的输出功率按一定比例分配给多个馈源通道，并同相激励，在仰角平面上形成一个覆盖多个波束范围的合成发射波束；接收时，处在不同仰角上的目标所反射的信号，分别进入相应接收通道，其输出回波信号代表目标在该仰角波束中的响应。将相邻通道的输出信号进行比较，就可以测量目标的仰角；将各通道的输出合成，即得到所监视全仰角空域的目标回波。如图 10.6 所示为多波束比幅测角原理图。

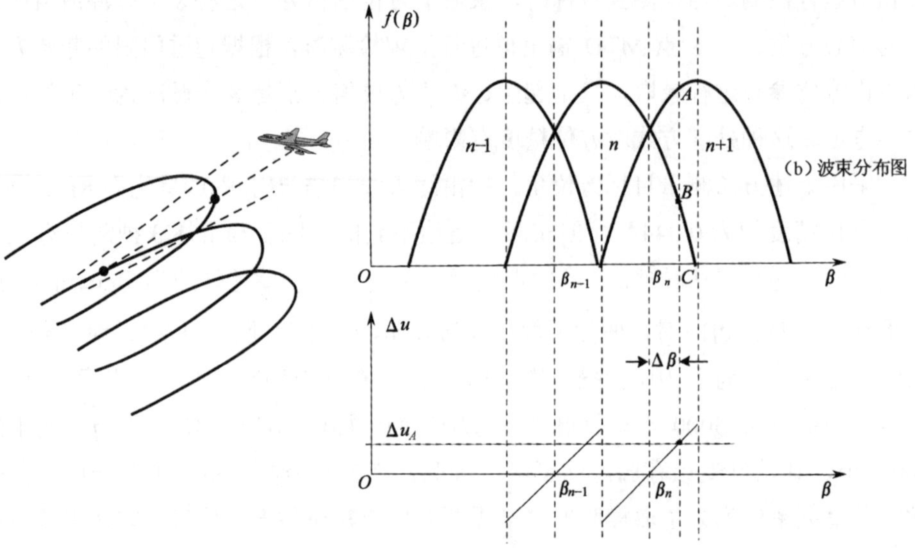

（a）原理示意图 （c）相邻波束信号幅度比较值与仰角关系图

图 10.6　多波束比幅测角原理图

图 10.6 中目标位于 CA 方向，与 n、n+1 仰角波束相交的等信号轴方向偏离 $\Delta\beta$，幅度差值为 Δu，则在相邻波束等信号方向两侧有

$$\Delta\beta \propto \Delta u \tag{10.3}$$

可见 Δu 与 $\Delta\beta$ 成正比，近似为线性关系，因此，测出 Δu 便知 $\Delta\beta$，最后得目标仰角 $\beta_0 = \beta_n + \Delta\beta$，其中，$\beta_n$ 为第 n 个波束与第 n+1 个波束的等信号方向。工程上，把实际测得 Δu 与 $\Delta\beta$ 的对应关系制成表，计算出相邻波束的电压差 Δu 后直接查表即可求得 $\Delta\beta$。采用这种方法测量仰角对信噪比和各通道的增益平衡有较高的要求[7]，若信噪比为 20dB，则精度约为半功率波束宽度 $Q_{0.5\beta}$ 的 1/10 左右。

4．目标高度测量

测得目标的斜距和仰角后，还需要考虑地球曲率和大气折射的影响，之后才能得到目标的实际高度值。受大气折射的目标误差如图 10.7 所示，它反映出受大气折射影响电波传播路径发生弯曲，其目标视在位置与真实位置有一定误差的情况。

在计算时，考虑大气折射的经典方法是用等效地球半径 ka 代替实际地球半径 a（$a=6370$km），并且用均匀大气层来代替实际大气层。采用等效地球半径后，可以认为电波仍按直线传播。换算为等效地球半径的系数 k 为

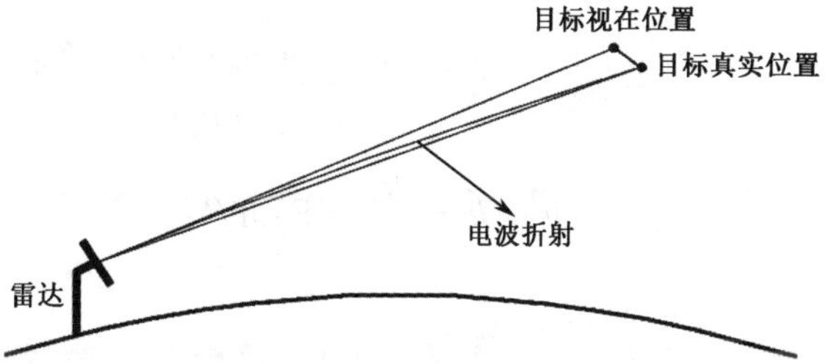

图 10.7　受大气折射的目标误差

$$k = \frac{1}{1 + a(\mathrm{d}n + \mathrm{d}h)} \tag{10.4}$$

式中，$\mathrm{d}n/\mathrm{d}h$ 是折射率 n 随高度的变化率。折射率的垂直梯度 $\mathrm{d}n/\mathrm{d}h$ 一般为负值。工程上假设在某高度层梯度不随高度变化，如 5000m 以下的高度层，一般选用 $\mathrm{d}n/\mathrm{d}h = -3.9\times10^{-8}$/m，则 $k=4/3$，等效地球半径为 8480km。

假设雷达到地球的斜距为 R，仰角为β，高度为 h_t，雷达天线高度为 h_a，考虑大气折射后的地球等效半径为 a_e，且 $a_e = 4a/3$，a 为实际地球半径（取值为 6370km），则目标高度各参数之间的关系如图 10.8 所示。

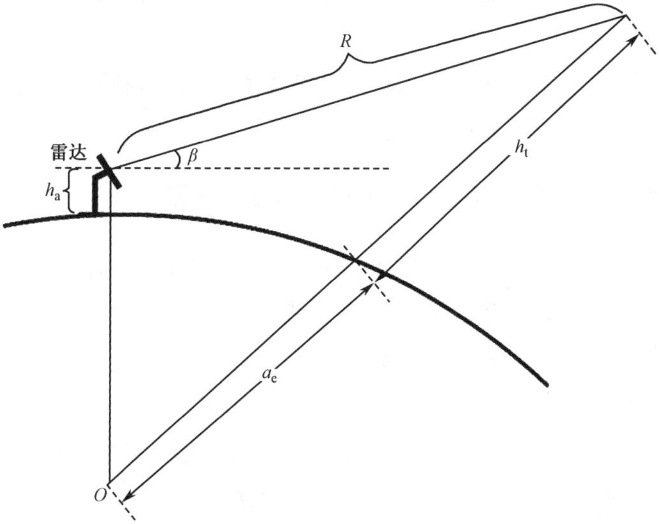

图 10.8　目标高度各参数之间的关系

由余弦定理有

$$(a_e+h_x)^2=R^2+(a_e+h_a)^2-2R(a_e+h_a)\cos\left(\frac{\pi}{2}+\beta\right) \tag{10.5}$$

用二项式展开后，忽略二次方以上各项，并利用 $h_a \ll a_e$ 的条件，最后可得

$$a_e+h_x=(a_e+h_a)\left[1+\frac{R^2+2R(a_e+h_a)\sin\beta}{(a_e+h_a)^2}\right]^{1/2} \tag{10.6}$$

$$h_x=h_a+\frac{R^2}{2a_e}+R\sin\beta \tag{10.7}$$

若目标距离较近，式（10.7）可简化为

$$h_x=h_a+\frac{R^2}{2a_e} \tag{10.8}$$

10.2.2 点迹数据格式

点迹数据格式主要是指雷达目标的距离、方位、信号幅度及时间等参数按约定的数据格式有序录入。对某雷达来说，获取信息的要求不同，点迹数据格式也不同，如三坐标雷达需要各波束回波幅度以查表计算目标的仰角，并由仰角推算目标高度。设计点迹数据格式应考虑以下因素：

（1）数据格式应包含该雷达的任务特征和满足后续数据处理所需要的全部信息；

（2）数据格式要尽可能简化，减少数据录入、传输及处理的压力，降低系统复杂性。

（3）数据格式一般选择为定长格式，减少硬件设计调试和系统维护的不便。

下面介绍常用的两种数据格式。

1．按回波脉冲串的起始、终止方位录入目标参数

按目标回波脉冲串的起始、终止方位录入目标参数，其点迹数据格式的设计难点如下：在定长的数据格式里，需要考虑各种不同长度回波脉冲串的各回波幅度录入，并满足各种可能出现的情况。

在这种情况下，点迹数据的组织服从以下约定：

（1）方位上连续的一串回波脉冲按距离量化单元来组织点迹数据，回波脉冲串在方位上的宽度由起始、终止方位的差值计算。

（2）对多波束雷达来说，各波束回波分通道检测，以最早检测到脉冲串起始作为目标起始方位，以最迟检测到脉冲串终止作为目标终止方位。

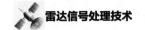

（3）对通过检测门限的各波束脉冲串的回波信号进行累加并记录累加次数，把过门限脉冲串的回波累加值及累加脉冲数进行录入，由累加值和累加次数可计算出各波束脉冲串过门限的平均幅度值，可用于比幅测高和求目标的质心，并解决了定长数据格式中回波幅度值的录入问题。

（4）每组点迹数据的长度为 $5+n$ 个字，其中 n 为具体雷达的波束数。当波束数为 3 时，点迹数据的长度为 8 个字。

按这种方式对目标点迹数据进行组织，可解决多波束点迹数据的合并问题，压缩了点迹数据的总量。如表 10.1 所示为按回波脉冲串的起始、终止方位组织数据的基本格式，实际雷达可根据需求的不同进行适当的调整。

表 10.1　按回波脉冲串的起始、终止方位组织数据的基本格式

序号	数据位	
	D_{15} D_{14} D_{13} D_{12} D_{11} D_{10} D_9 D_8 D_7 D_6 D_5 D_4 D_3 D_2 D_1 D_0	
1	目标序号或标识码	
2	工作模式	目标距离
3	其他信息	目标起始方位
4	其他信息	目标终止方位
4+1	波束 1：幅度累加值及累加脉冲数	
⋮	⋮	
$4+n$	波束 n：幅度累加值及累加脉冲数	
$5+n$	目标点迹数据形成时间	

表 10.1 中目标距离、目标起始方位、目标终止方位、幅度累加值及累加脉冲数在前面章节已介绍过；工作模式、其他信息为数据处理系统需要的雷达工作参数；目标点迹数据形成时间为测量点迹数据时的相对时间，用于区分同一雷达不同点迹之间的时间关系，也可以是统一要求的时间。

2. 对通过检测门限的回波信号按量化单元依次录入点迹数据

对通过检测门限的回波信号按量化单元依次录入点迹数据，点迹数据包括过门限回波脉冲串每个量化单元的距离、方位、幅度值和时间等信息，其特点如下：

（1）点迹数据量大，信息完整、全面。

（2）对信号处理要求较高，具有自动控制虚警概率及处理杂波剩余的能力。

（3）对数据的录入、传输及后续的点迹处理能力要求较高，要求数据处理设备具有较强的数据传输和实时处理能力。

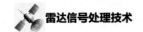

这种数据格式相对简单，如表 10.2 所示。

表 10.2　按回波信息依次录入点迹数据的格式

<table>
<tr><th rowspan="2">序号</th><th colspan="2">数据位</th></tr>
<tr><th colspan="2">D_{15}　D_{14}　D_{13}　D_{12}　D_{11}　D_{10}　D_{9}　D_{8}　D_{7}　D_{6}　D_{5}　D_{4}　D_{3}　D_{2}　D_{1}　D_{0}</th></tr>
<tr><td>1</td><td colspan="2">目标序号或标识码</td></tr>
<tr><td>2</td><td>工作模式</td><td>目标距离</td></tr>
<tr><td>3</td><td>其他信息</td><td>目标当前方位</td></tr>
<tr><td>3+（1+…+n）</td><td colspan="2">各波束回波幅度值（依次排列）</td></tr>
<tr><td>4+n</td><td colspan="2">点迹数据形成相对时间</td></tr>
</table>

表 10.2 中与表 10.1 相同的数据项的解释同表 10.1，各波束回波幅度值是按照所需要的数据位数依次排序的，n 的大小受雷达波束数的影响。

10.2.3　计算机对点迹数据的录入

雷达回波经检测以后，是否形成点迹数据并录入计算机是受录取方式控制的。录入方式分别为手动、半自动、区域自动和全自动 4 种，这些方式都由操作员通过键盘和鼠标结合显示界面实现。除手动录入外，半自动、区域自动及全自动录入都自动控制点迹数据的形成和录入范围。录入方式的控制示意如图 10.9 所示。

图 10.9　录入方式的控制示意图

图 10.9 中录入方式命令由键盘或鼠标发出后，经显示计算机上报至主控计算机，主控计算机把录入方式变换成控制命令和控制码，通知点迹计算机执行相应的操作程序，再通过接口电路控制点迹数据的形成和录入范围。下面解释各种录入方式完成的主要功能。

1. 手动录入

手动录入最初的含义如下：操作员通过观察显示器画面来发现目标，并利用显示器上的距离和方位刻度读取目标位置，估算目标的速度和航向。后来研制的手动录入设备可以手动控制内光点（相当于鼠标点）与键盘配合录入光点位置，并编制目标批号，称为人工起始。以后每帧对所有人工起始的目标进行重新排队，按方位从小到大（若方位相同，则按距离从小到大）的顺序决定下一帧人工录入的顺序，对人工起始的目标，人工跟踪两帧以后，从第三帧开始，光标将根据前两帧的位置跳到第三点等待录入。值得一提的是，现在生产的自动录入设备仍然具有相应的功能及控制按键。

2. 半自动录入

从显示画面上观察到目标后，需要人工干预录入首点，继而自动跟踪。操作过程如下：录入设备工作于半自动录入状态，在雷达显示器上用光标对准目标，按下相应录入键，或者在使用光栅显示器、鼠标操作的场合，在半自动录入状态下，使光标对准目标单击，即完成了该目标的首点录入；接下来由录入设备完成目标的自动编批、自动跟踪。半自动录入的指令控制示意如图 10.9 所示，主控计算机根据显示计算机送入的目标首点坐标位置值，形成以此点为中心、距离为 $\pm\Delta R$ 、方位为 $\pm\Delta\alpha$ 的点迹控制区域，简称为波门。点迹计算机通过接口电路控制波门区域，仅限于波门区域内形成点迹参数并录入数据缓存。在半自动录入状态下，可以同时录入多批目标，跟踪的目标数仅受设备处理能力限制，波门与波门之间可以交叉、重叠。半自动录入的特点如下：

（1）波门起到限制进数的作用，在复杂背景的情况下，具有较大的灵活性。

（2）这种录入方式操作简单，具有较高的实用价值，在实际的雷达领域应用较广泛。

（3）由于人工干预的作用，虚假的目标起始跟踪概率可以控制得很小。

3. 区域自动及全自动录入

在雷达最小作用距离至最大作用距离的区域内，会全方位自动形成点迹参数并全部录入计算机，之后由数据处理设备自动进行目标起始、跟踪和编批，对目标的录入和跟踪，不需要人工干预而自动完成，这就是全自动录入方式。区域自动录入是指仅在指定区域内具有自动录入的功能。全自动录入方式的优点是不言而喻的，不足之处包括：

（1）在杂波剩余较多的复杂背景情况下，目标自动起始跟踪的虚警概率增大。

（2）需要折中考虑目标自动起始的响应时间与虚警概率，也就是说目标自动起始跟踪的响应时间与虚假目标自动起始概率很难被人们同时接受。

4. 多种录入方式同时工作

在半自动录入方式下，通过控制命令划定目标自动起始跟踪区域、禁止跟踪区域，实现区域自动、半自动、手动 3 种录入方式组合工作。这种工作方式的优点是结合了自动、半自动、手工 3 种录入方式的长处，克服了不足。实际雷达数据处理设备常在这种方式下工作[8]。

10.2.4 点迹数据分析

从雷达数据处理要求来说，人们希望一个点目标仅存在一组点迹数据，但实际上雷达录取的单个目标点迹数据为多组，在距离、方位上都不是单值，影响了对目标实际位置的估计。下面对目标点迹数据在距离、方位上的多值性进行分析，以便在设计雷达数据处理系统和算法时考虑，并引出后续要介绍的点迹数据凝聚处理问题。

1. 目标点迹数据在距离上多值性分析

雷达发射信号波形和处理方式分为脉冲压缩和非脉冲压缩体制。在不同体制情况下，同一目标所形成的点迹数据在距离上多值性机理不同。非脉冲压缩体制雷达发射矩形包络的固定载频脉冲信号，遇目标后返回的回波信号同发射信号十分相似。如图 10.10 所示分别为窄带雷达和宽带雷达目标回波的形状曲线。

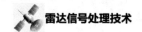

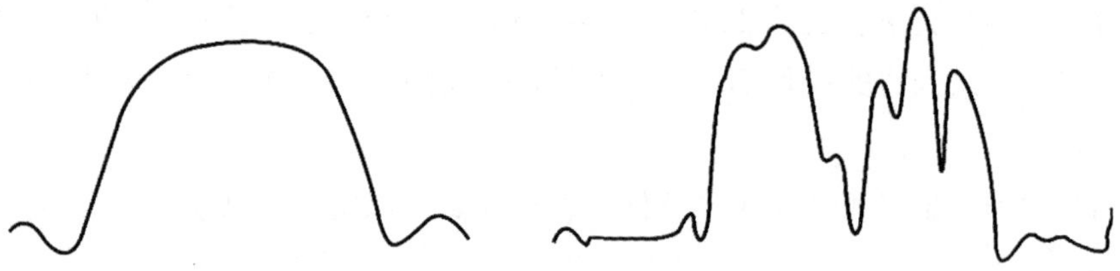

(a) 窄带雷达目标回波　　(b) 宽带雷达目标回波

图 10.10　雷达目标回波形状

对窄带雷达来说，其目标点迹数据在距离上存在多值性，这是由发射脉冲信号的宽度大于距离量化宽度而引起的。假如发射脉冲信号宽度为 2.7μs，距离量化为 1μs，此时点目标的回波被量化为不少于 3 个距离单元，一般可以得到 3 组点迹数据，也就是说目标在距离上存在 3 个值，如图 10.11 所示。

宽带雷达主要用于目标细节特征的分辨和识别，需要对目标回波进行高速采样，此时在雷达视线方向可获取目标多个不同部位的值，通过分析脉冲信号内部的起伏变化分辨其特征。它的典型应用为构建目标特征库、进行目标识别等。

脉冲压缩体制雷达发射矩形包络的线性调频脉冲或其他编码脉冲信号，需要对收到的回波信号进行脉冲压缩处理，然后得到满足距离分辨率要求的窄脉冲信号。现代雷达多采用脉冲压缩体制，它发射宽的调制（或编码）脉冲信号，使用的脉冲压缩技术主要有线性调频脉冲压缩和相位编码脉冲压缩。当目标回波较强时，经脉冲压缩处理的目标回波副瓣的影响不容忽略，可以采用快门限恒虚警电路进行自适应抑制，但有时会影响邻近小目标的发现。若不对这些副瓣进行处理，它们会通过检测门限，形成点迹数据，从而影响对目标参数的估计。

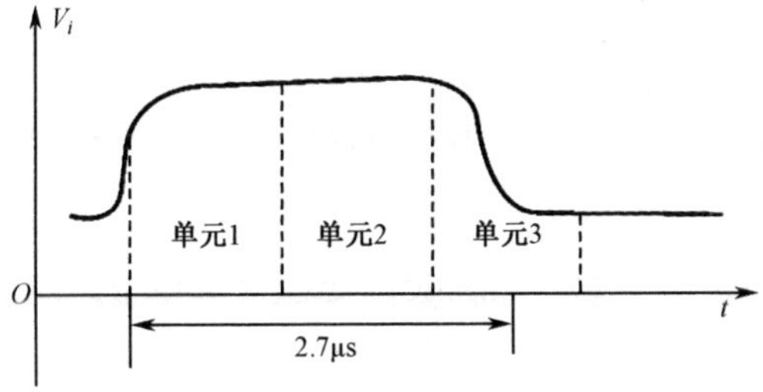

图 10.11　回波被量化的过程示意图

当雷达发射信号为线性调频信号时，其接收信号经匹配滤波器输出为脉冲压缩信号，信号的包络近似为辛格函数，其输出功率脉冲的包络如图10.12 所示。

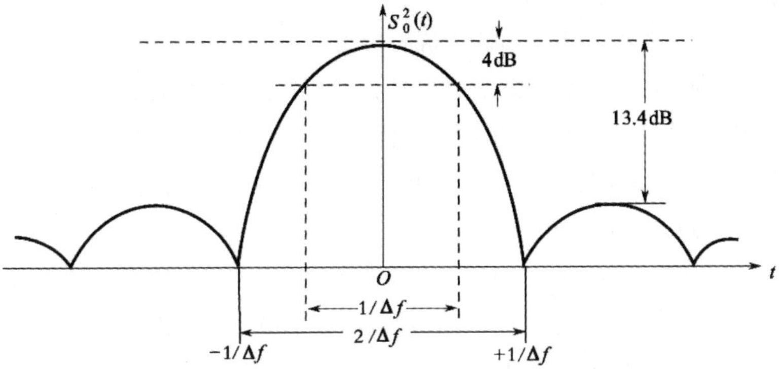

图 10.12　线性调频信号经匹配滤波器输出脉冲的包络

由图 10.12 可得出：输出脉冲包络 $S_0^2(t)$ 4dB 点之间的宽度为压缩后脉冲宽度 τ'，$\tau'=1/\Delta f$，称为信号调频宽度。$S_0^2(t)$ 主瓣的零点到零点宽度为 $2\tau'$，$S_0^2(t)$ 其他副瓣的宽度为 τ'。

线性调频信号匹配滤波器输出的脉冲，是经过脉冲压缩后的窄脉冲，输出波形具有辛格函数的性质。除主瓣外，还有在时间轴上延伸的一串副瓣，靠近主瓣的第一副瓣最大，其值较主峰值只低 13.4dB，第二副辨再低 4dB，以后依次下降。副瓣零点间的间隔为 τ'，一般雷达均要观察反射面差别很大的多个目标，这时强信号压缩脉冲的副瓣将会干扰和掩盖弱信号的反射回波，这种情况在实际工作中是不允许的，因此，能否成功地使用线性调频脉冲信号，依赖能否很好地抑制距离副瓣。

采用失配于匹配滤波器的准匹配滤波器来改善副瓣性能，即在副瓣输出达到要求的条件下，使主瓣的展宽及其强度变化值最小。例如，泰勒加权可以得到-40dB 的副瓣，但主瓣加宽至同样带宽矩形函数的压缩脉宽的 1.41 倍；汉明加权可以得到-42.8dB 的副瓣，但 3dB 的主辨展宽 1.47 倍。

当用压缩脉冲宽度 τ' 对雷达作用距离进行量化时，经准匹配滤波器输出的实际雷达回波被量化为两个及以上的距离单元，一批目标被分裂为两个以上点迹数据，存在两个以上的距离单元。点迹凝聚处理要从多个距离值中估计出接近实际目标的距离值。

2. 目标点迹数据在方位上的多值性分析

天线波束扫过目标时收到 N 个回波的脉冲串，N 的大小由式（10.2）确定，而目标信号幅度形状取决天线方向图。对 N 个脉冲的处理检测方法及天线水平副瓣都会影响对目标的方位估值。

1）二进制滑窗检测器对方位估值的影响

二进制滑窗检测器包含两道门限，第一门限为一个下限幅器，仅当雷达视频信号幅度超过预置门限时，才有过门限信号输出，过门限与未过门限分别记为 1 和 0，这样目标回波脉冲串被量化为 0、1 序列；第二门限为 N 次扫描中至少有 M 次过门限，则判定目标存在。

小滑窗检测器是窗内同时可积累的脉冲数 L 小于天线波束扫过目标收到的回波脉冲串 N 的检测器。由于小滑窗检测器积累的脉冲数有限，长的脉冲串未被有效积累，因此，其积累器输出升高到 L 后，不再继续增长，出现平顶，不能使用正常从滑窗检测器输出最大值的角度来估计目标所在角度，只能使用检测器输出超过第二门限的回波起始角度及回到第二门限之下的回波终止角度，取其平均值并适当修正来估计目标所在的角度。使用小滑窗检测器在下列情况发生时会出现目标分裂现象：一是天线方位图因各种原因存在较深的凹口，所收到的回波脉冲串分为两段及以上，并满足小滑窗检测器的起始、终止门限，这样形成一批目标存在多个方位；二是天线水平波束的副瓣起作用，由副瓣回波通过第一门限并满足第二门限形成了目标起始、终止方位，加上主瓣获取的方位而存在多个方位估值。

2）动目标检测（MTD）各脉组形成的目标方位的多值性

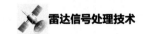

具有动目标检测功能的雷达按相参处理间隔（CPI）分组处理回波脉冲串。一般天线扫描 3dB 波瓣宽度内有两个以上脉冲组，因组内发射的脉冲重复频率相同

而进行相参积累（窄带滤波器组），组间脉冲重复频率变化可以消除盲速的影响，检测气象杂波内的运动目标及消除二次回波的影响。窄带滤波器组的输出经恒虚警处理后再合并，保持输出的虚警概率不超过给定值，这样可以把杂波的输出压低到接近噪声水平。MTD 处理器的输出表明目标被检测到，输出中包括目标的距离、方位、目标回波的幅度及滤波器号。在实际扫描中，一架飞机目标的输出可以在多个多普勒滤波器、几个相参处理间隔及相邻距离单元中重复出现，从而同一目标存在多个方位估值。

3. 原始点迹数据量的概念

在现代雷达中，作用距离按脉冲压缩后的脉冲宽度进行量化，形成若干量化距离单元，如果作用距离范围为 4～400km，脉冲宽度为 0.4μs，折算成作用距离为 60m，则作用距离范围内的量化距离单元数为 6600 个。假设雷达转速为 6rad/min（雷达扫描为 1 帧/10s），脉冲重复频率为 300Hz，则 1 帧的量化距离单元数为 198 万个，这可作为计算虚警概率的基数。当点迹处理能力为 10000 点/10s 时，要求每个触发脉冲作用距离范围内平均形成原始点迹数据的距离单元数不超过 34 个。

10.3 常规监视雷达点迹处理

这里的常规监视雷达是指一般的警戒引导雷达，多为两坐标或三坐标体制雷达，它们同时完成搜索与跟踪，担负着国土防空和空中交通管制的重任。这类雷达一般具有下列功能：

（1）对方位 0°～360°、一定的距离和仰角范围内的目标连续监视。

（2）同时测量目标的距离、方位或高度等参数。

（3）同时检测、跟踪并自动输出多批次目标的信息。

常规监视雷达工作在 VHF、UHF、L、S、C 等频段。不同频段雷达目标回波的大小、形状不同，其目标点迹数据的处理方法也不同，特别是米波雷达的目标回波起伏大，并伴有振荡产生，给目标的稳定跟踪带来了困难。

10.3.1 目标原始点迹数据的分辨与归并

目标原始点迹数据通常在距离、方位上存在多个，不同目标的点迹数据与虚警混在一起，点迹配对处理就是把原始点迹数据分别归类，把同一目标产生的点迹数据归类在一起，剔除脉冲压缩副瓣引起的点迹，便于后续的凝聚处理，并区别同方位距离邻近或同距离方位邻近的目标点迹数据。点迹配对处理步骤包括剔除异常的目标原始点迹、点迹数据在距离上的归并与分辨、点迹数据在方位上的归并与分辨等。

1. 剔除异常的目标原始点迹

按点迹数据所包含的参数项逐项制定数据界限和判断准则，剔除所有超出数据界限的异常目标点迹数据。可结合不同雷达的回波特征制定准则，剔除起始、终止方位间隔过窄或过宽的点迹数据。如图 10.13 所示为通过检测门限的回波信号按量化距离单元依次录入的目标原始点迹数据，其中，左上图为单个目标点迹数据在方位上的包络形状，右上图为单个目标点迹数据在距离上的分布情况，左下图为点迹数据在方位、距离、幅度上的三维视图。

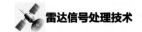

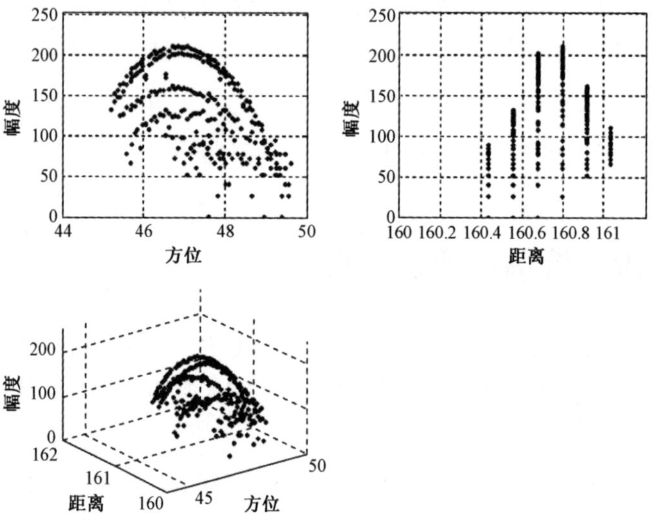

图 10.13　雷达目标的点迹数据示意图

2. 点迹数据在距离上的归并与分辨

对雷达信号正常处理，当按各距离分辨单元过门限信号录入目标原始点迹数据时，如 L 波段或 S 波段雷达，一架民航飞机的点迹数据可能会延续若干个量化距离单元，若不对每批目标的点迹数据进行归并与分辨，不同目标的点迹数据就会交叠在一起。对点迹数据在距离上的归并与分辨，主要从相应雷达的信号特性和相关先验知识着手，确定单个目标点迹数据在距离上可能延续的距离单元数与主瓣两侧各距离单元的信号幅度门限，按距离单元以滑窗方式依次向前滑动。

目标原始点迹数据在距离上归并的步骤如下：

（1）对连续的目标原始点迹数据，按单个目标在距离上延续的距离单元数滑窗式向前找出幅度最大峰值点。

（2）对距离上连续的某范围内的点迹数据确定是否符合脉冲压缩的主副瓣比关系（常出现 2 个或 3 个相近的峰值点）。

（3）若符合脉冲压缩主副瓣比关系，则需要按相应门限值滤除幅度等于或低于门限值的目标原始点迹数据（若目标原始点迹数据没有带入回波幅度数据，或幅度数据仅供参考不能参加运算，则需要保留）。

（4）若目标原始点迹数据超过脉冲压缩主副瓣比门限，则需要保留相应目标原始点迹数据，待后续进一步分辨是否为邻近小目标点迹。

（5）目标分辨分两种情况：当目标出现在与主峰相邻单元时，需要利用幅度、回波宽度和相应航迹信息进行分辨，以确认是否为两批目标；当目标出现在与主峰相隔 1 个或 1 个以上单元时，认为是邻近小目标[1,9]。

如图 10.14 所示为小目标落入脉冲压缩副瓣区的示意图。

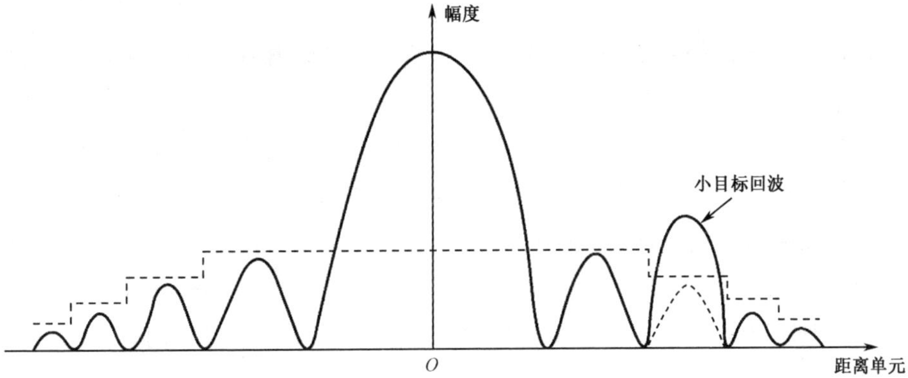

图 10.14　小目标落入脉冲压缩副瓣区的示意图

如图 10.15（a）所示为距离归并处理前的目标原始点迹数据；如图 10.15（b）所示为距离归并处理后剩下的目标原始点迹数据。

上述目标原始点迹数据在距离上归并处理主要利用了雷达信号特征和脉冲压缩主副瓣比关系，具体到某一部雷达，可进一步利用其他信号特征进行归并处理。例如，在上述第（4）、（5）步可利用目标点迹质量标志进行辅助判断。当雷达信号经 MTD 相参处理后，输出的目标原始点迹数据除目标距离、方位、幅度、时间外，还带有目标点迹质量标志等。此时，目标点迹质量一般分为可信、欠可信、不可信 3 个层次。可信是指窄带滤波器输出的最大值、次大值位于相邻通道，且总的过门限通道数不大于 3 个（以 8 个窄带滤波器为例）；欠可信是指窄带滤波器输出最大值、次大值不相邻，总的过门限通道数不大于 4 个；不可信是指窄带滤波器输出的通道数大于 4 个。

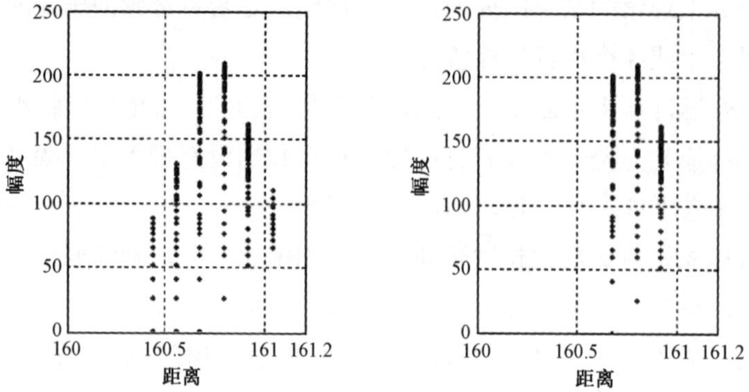

（a）距离归并处理前的目标原始点迹数据　（b）距离归并处理后剩下的目标原始点迹数据

图 10.15　目标原始点迹数据在距离归并处理前后对比的示意图

3. 点迹数据在方位上的归并与分辨

目标点迹数据经距离归并与分辨处理后，已滤除脉冲压缩主副瓣产生的点迹，留下的多半是相邻距离不同方位的点迹。在方位上的归并与分辨的主要任务如下：归并在方位上可能出现的由一个目标产生的多个点迹，分辨同一距离且方位相近的两批目标产生的点迹数据。这需要从相应雷达的转速、水平波束宽度、脉冲重复频率和相关先验知识着手，按方位顺序滑窗式向前滑动，但要先确定滑窗处理窗长和方位旁瓣的信号幅度门限。目标点迹数据归并与分辨的步骤如下：

（1）对距离上已归并的目标点迹数据按方位扇区管理，确保同一目标的点迹数据能一次集中处理，避免目标分裂。

（2）对同距离的目标点迹数据进行拟合，按天线方向图的形状找出包络的峰值点。

（3）由包络峰值点向下进行门限切割，保留 3dB 波束宽度内的点迹数据，滤除 3dB 以下及旁瓣产生的点迹数据。

（4）对超过门限的目标点迹数据，若在相邻波束或方位上出现两个或两个以上峰值点，则可能为同距离两批或多批目标，需要采用下面介绍的波形匹配法进行分辨。

（5）在分辨两批或多批目标时，也可以使用多普勒滤波器的通道号来辅助完成。

波形匹配法的分辨方式如下：把该雷达天线水平波束扫过某目标所产生的波

形包络进行归一化并存储作为标准波形。当收到的目标点迹数据由多个方位相邻的目标产生时，采用标准波形进行匹配运算，以找出两个以上峰值点。点迹的分辨按对峰值贡献的大小进行划分，一般情况下，当两批目标在方位上很邻近时，会出现介于两批目标之间的点迹，可作为公共点迹处理。由于目标点迹在距离上常占 2～3 个距离单元，在匹配运算时，首先选择同一距离的目标点迹进行运算，仅当同一距离的目标点迹未发现时，才选择相邻距离单元的点迹。如图 10.16 所示为两批同距离目标的方位包络示意图。

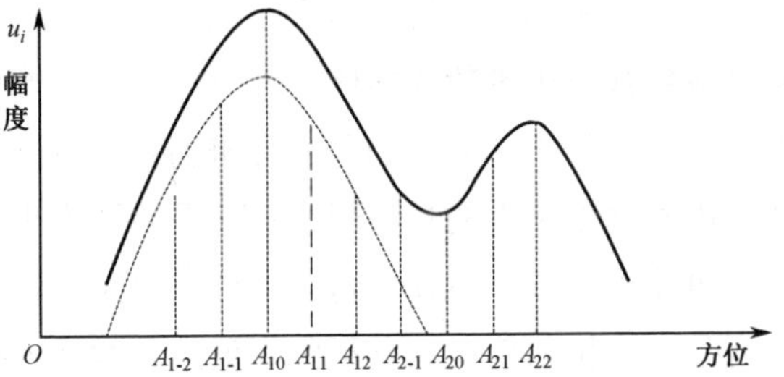

图 10.16　两批同距离目标的方位包络示意图

图 10.16 中实线部分为两批同距离目标的方位包络图，虚线部分为天线扫过目标的标准波形。使用波形匹配法对两批方位邻近目标进行分辨时，当两批目标的质心到质心的方位宽度小于天线水平波束宽度时，波形匹配法的应用也受到分辨率的限制。一般情况选用适当门限可以判断目标是否为多于一批的邻近目标[9]，若为两批以上的目标，可以通过运算分辨出每批目标的点迹数据。

如图 10.17（a）所示为方位归并处理前的目标原始点迹数据，如图 10.17（b）所示为方位归并处理后剩下的目标原始点迹数据。

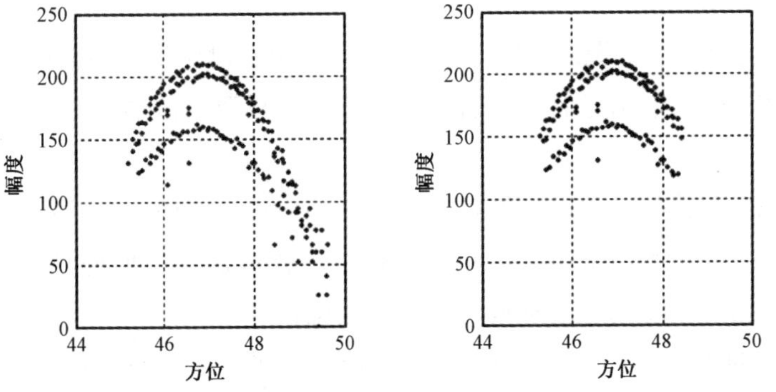

（a）方位归并处理前的目标原始点迹数据　（b）方位归并处理后剩下的目标原始点迹数据

图 10.17　原始点迹数据在方位上归并处理前后的对比示意图

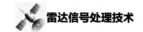

10.3.2 目标点迹凝聚处理

经过目标原始点迹数据的归并与分辨后，由副瓣所产生的目标点迹已被滤除，每批目标的所属点迹已经确定，接着需要按每批目标的点迹数据求质心，即目标点迹凝聚处理。对具体雷达来说，其工作方式、波束形状、天线转速、脉冲重复频率、相参处理脉冲数（或 CPI）、检测器的选择、录取参数和数据格式等不尽相同，因而目标原始点迹数据有所区别，归并与分辨的方法与准则也不相同，但总的处理思路是相同的，即按目标回波在距离上、方位上的特性，保留有用的点迹，滤除对求取目标质心不利的点迹，对有用的点迹进行归并和分辨，然后完成目标质心求取，形成目标点迹参数的估值。

目标点迹凝聚处理过程如下：对经归并和分辨的目标点迹数据，先在距离上凝聚，得到水平波瓣内不同方位上的目标距离值，受回波大小及量化误差等因素影响，这时的距离值可能不在同一单元；再在方位上凝聚，计算时不要求距离位于同一单元，可获得唯一方位估值；接着把距离值进行线性内插获得唯一的距离估值。该过程可直观地用图形描述，如图 10.18 所示。

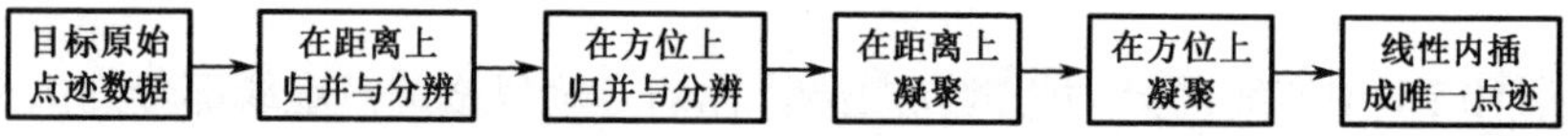

图 10.18　目标点迹凝聚处理过程示意图

在进行目标点迹凝聚处理时，需要区别考虑下列情况。

（1）弱小信号点迹的凝聚。在弱小信号情况下，信号幅度中噪声所占比例相对较大，这时若采用幅度加权方法计算方位中心值，方位中心容易受到噪声的干扰，难以保证方位的准确度，而此时录取的目标方位宽度较窄，采用求中心方法较为合适。

（2）强信号点迹的凝聚。在强信号情况下，信号幅度中噪声的影响相对较小，因而可以采用幅度加权方法计算目标方位中心值，以避免波形不完全对称时方位中心的偏移。

（3）距离凝聚准则。对采用脉冲压缩体制的雷达，一般单个目标在距离上的宽度为 2τ～3τ，对已归并和分辨了单批目标点迹的情况，曲面顶点则真实反映目标的质心，此时可以采用幅度加权方法计算其位置。

上面提到的强弱信号在实际应用中是这样界定的：依据目标点迹数据计算的方位宽度，一般方位宽度为方位精度的 5 倍以下时，认为该信号为弱小信号；方位宽度为方位精度的 5 倍以上时，认为该信号为强信号。

1．目标点迹数据在距离上的凝聚处理

对于同一目标产生的、在距离上连续或间隔一个量化距离单元的点迹，按式（10.9）求取质心，然后将质心的数值作为相应目标点迹的距离估计值。

$$R_0 = \frac{\sum_{i=1}^{n} R_i V_i}{\sum_{i=1}^{n} V_i} \tag{10.9}$$

式中，n 为目标点迹个数；R_i 和 V_i 分别为第 i 个目标点迹的距离和回波幅度。

采用求质心方法对目标距离进行估值的准确度，主要取决于信噪比和回波幅度测量的准确度。

2．目标点迹数据在方位上的凝聚处理

对由同一目标产生的、在方位上相邻的点迹按式（10.9）求取质心，将质心数值作为相应目标点迹的方位估计值。

$$A_0 = \frac{\sum_{i=1}^{n} A_i V_i}{\sum_{i=1}^{n} V_i} \tag{10.10}$$

式中，n 为目标点迹个数；A_i 和 V_i 分别为第 i 个目标点迹的方位、回波幅度。

此时已求得目标点迹的唯一方位估值。

3．目标点迹的距离唯一估值

虽然应用前面的步骤已经求得目标在各方位上的距离值，但仍没有获得目标点迹的距离唯一估值。这时可以根据目标方位估值落入的位置，求得距离唯一估值。假设方位估值落在距离估计值的第 i 点迹、第 i+1 点迹之间，则求距离唯一估值的内插公式为

$$R_0' = R_i + (R_{i+1} - R_i)(A_0 - A_i)/(A_{i+1} - A_i) \tag{10.11}$$

式中，R_0' 为目标点迹距离唯一估值；A_0 为目标点迹方位唯一估值[5]；R_{i+1}、R_i、A_{i+1}、A_i 分别为第 i+1 点迹和第 i 点迹的距离及方位值。

至此，目标的原始点迹数据经凝聚处理后，已获得唯一的距离、方位估值。

10.4　雷达组网系统中点迹数据处理

在雷达组网系统中，各雷达分别提供的探测数据有以下 3 种形式：

（1）经过点迹处理和点迹-航迹相关的目标航迹数据，数据总量得到大大压缩，对数据传输的带宽要求不高，数据传输容易实现，但只能进行航迹融合。

（2）经过各雷达点迹处理后的点迹数据，数据总量得到有效压缩，数据传输可以实现，也可实现点迹数据融合，是工程上可以实现的折中方案。

（3）直接提供各雷达通过检测门限的目标原始点迹数据，此时需要传输的数据总量很大，对数据传输的带宽要求较高，对数据处理中心的处理能力要求也很高，但数据融合的灵活性较大，便于开展各种处理。

本节针对第（2）种点迹数据，即经过各雷达目标点迹数据处理后的点迹数据进行叙述。在雷达组网系统中，目标点迹数据处理一般分为两种方式：目标点迹数据压缩合并和目标点迹数据串行处理。目标点迹数据压缩合并是指将多部雷达在同一时间对同一目标的点迹合并起来，将可能收到的多个点迹数据压缩成一个点迹。这种方法很适合天线一体同步扫描雷达，如一、二次雷达的点迹处理；对于非同步扫描的多雷达系统，则需要在时间统一、雷达位置校准、探测数据的距离和方位校准之后，对目标点迹数据进行内插或外推，将异步数据变换成同步数据后再进行点迹压缩合并求精处理[10]。目标点迹数据串行处理是将多雷达目标点迹数据组合成类似于单雷达的目标点迹数据用于点迹-航迹的关联。天线一体同步扫描雷达的目标点迹数据一般容易处理，这里不多叙述。本节重点说明非同步且不在同一位置的多雷达组网系统的目标点迹数据处理问题，主要包括多雷达点迹数据的时间统一、空间统一、系统融合处理周期预测、点迹合并求精和点迹-航迹关联等内容。

10.4.1 时间统一

运动目标在空中的位置是时间的函数。在单雷达跟踪系统中，系统时间与雷达扫描时间存在内在关系，一般可从扫描位置推测发现目标的时间。在多雷达跟踪系统中，当多部雷达共同探测空中目标时，需要按统一的时间系统对空中目标位置进行测量，在数据融合中心基于统一时间对各雷达探测的目标位置进行融合，没有时间或时间不准确的目标位置信息是无法直接使用的，因此，各雷达及数据融合中心的时间统一是不可缺少的。

1. 各雷达及数据融合中心的时间统一

各雷达及数据融合中心可以将国家授时中心给出的准确时间作为基准，由高精度的频率源按系统设计的需要产生各种精度要求的时间，并实时利用准确时间进行校准，以避免时间积累误差。实现这种功能的时间统一模块原理如图 10.19 所示。

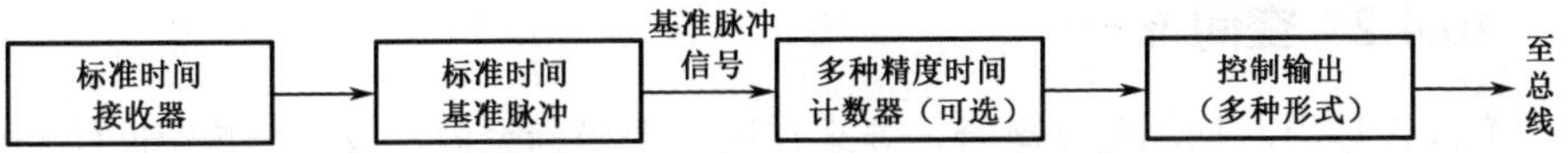

图 10.19　时间统一模块原理

标准时间是指各雷达及数据融合中心都认可的时间源，它既可以是国家规定的标准时间，也可以是多雷达及数据融合中心统一规定的标准对时信号。多种精度时间计数器是指按系统要求确定的时间精度，并不是精度越高越好，因为精度越高，占用数据位数越多，对资源要求也会越高，对空监视雷达数据融合的时间精度一般为 10ms 量级。

2. 各雷达点迹数据时戳

各雷达的目标点迹数据包含探测目标的位置信息，若给目标点迹数据加上统一时间戳，则表示的信息能更充分、更完整，也便于进一步融合和使用。给各雷达的目标点迹数据加时戳有两种方法：一种方法是给目标原始点迹数据加上时戳，即在检测到过门限信号时，录取目标位置参数，同时录取时间统一模块输出的标准时间；另一种方法是根据目标原始点迹数据经凝聚处理后的时间，考虑处理延时，经计算得到探测目标的标准时间。这两种方法适合不同的雷达系统，前一种方法适合新研制的雷达，因为得到的时间更准确；后一种方法适合雷达的入网改造，以尽可能减少对原系统的改动。

3. 数据传输延迟的影响

数据传输延迟对组网融合系统的处理影响很大，当这种延迟大于一定数值时，该数据就完全失去了意义。不同的系统，对延迟的要求不同，它与参加点迹融合的雷达数量密切相关，参加点迹融合的雷达数量越多，对延迟的要求越严格。一般情况下，要求前一部雷达的数据最迟不能迟于紧接其后的雷达数据。假如有 n 部雷达天线转速相同，其平均允许延迟分别如表 10.3 所示。

表 10.3　点迹融合雷达数量、雷达天线转速与允许延迟的关系

参加点迹融合的雷达数量	天线转速（每转）	允许延迟
2 部	10s	<5s
3 部	10s	<3.3s
4 部	10s	<2.5s

10.4.2 空间统一

多部雷达组网探测数据融合，要求在同一个坐标系内完成，影响空间统一的主要因素包括参加组网雷达的站址误差、距离和方位等位置测量误差、坐标变换误差，这些误差的影响应控制在允许范围内，以确保融合后目标航迹的精度。

1. 多雷达数据融合系统中的站址误差

雷达站址误差主要来源于以下两方面：

（1）雷达站址测量仪器带来的误差，如不同精度、不同型号的测量仪器带来的误差。

（2）雷达天线与数据处理单元位置差异带来的误差。在通常情况下，雷达站址测量仪器等设备放在数据处理单元中，而数据处理单元与雷达天线不在同一位置。

第一种误差一般难以消除，在工程实践中，尽可能减小该误差，一般通过选用较高精度的测量仪器和多次测量来改善测量精度；第二种误差可以消除，如直接测量雷达天线位置的经纬度，对机动站来说，也可以这样做。

2. 各雷达间距离和方位的校准

各雷达间距离和方位的校准主要消除各雷达系统误差、对北设备误差及其他原因引起的误差。从原理上来说，可以任选一部组网雷达作为基准进行自适应校准，但一般仍要求选用一部精度高并满足指标要求的骨干雷达作为基准，以进行自适应校准。

在雷达间分别进行校准时，应尽可能选择与校准和被校准雷达距离近似相等的固定目标或运动目标，以减小坐标变换带来的影响，也可以选择在交叉覆盖范围内的所有目标上进行平均误差加权，其权系数应综合考虑误差来源及其相互影响。

3. 坐标变换对多雷达目标点迹数据处理的影响

坐标变换对多雷达目标点迹数据处理的影响表现在以下 3 个方面：

（1）两坐标雷达与三坐标雷达在球极平面坐标转换中因高度值近似带来的误差。

（2）不同雷达站地理北之间的夹角带来的误差。

（3）选用不同坐标系带来的转换误差。

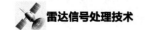

10.4.3　系统处理周期

在雷达组网系统中，组网雷达的天线转速不尽相同，其开机时间、雷达天线初始指向也各不相同，因而数据处理中心收到的同一目标点迹数据间隔不等，每次都变化，且可能出现在不同的方位扇区中。在数据融合处理时，以时间为序进行点迹数据处理，系统航迹的更新涉及相邻的方位扇区，为了准确地完成点迹-航迹关联任务，就必须计算下次可能与航迹关联的点迹出现的时刻，即系统处理周期。有了相对准确的系统处理周期，就能预测航迹的状态和可能出现的方位扇区，为点迹-航迹关联做准备。

1．系统平均处理周期预测

设一个雷达组网系统中共有 N 部雷达，第 i 部雷达的探测周期为 T_i，则系统平均探测周期为

$$T=\left(\sum_{i=1}^{N}\frac{1}{T_i}\right)^{-1} \tag{10.12}$$

通过式（10.12）的简单推理可以知道：在雷达组网系统中，为提高雷达组网系统的数据率，应尽量避免数据率高的雷达与数据率低的雷达组网，下面的仿真结果也说明了这一点。如表 10.4 所示为 3 部相同数据率雷达组网仿真试验结果，它说明了 3 部天线转速相等的雷达共同探测交叠区域目标的仿真试验情况，通过控制 3 部雷达的天线初始位置，使交叠区域获得近似均匀的照射，点迹数近似等于航迹更新数，资源得到较为合理的应用。航迹更新周期近似等于系统平均处理周期。如表 10.5 所示为 3 部不同数据率雷达组网仿真试验结果，它说明了 3 部天线转速不相等的雷达共同探测交叠区域目标的仿真情况。此时探测点迹数与航迹更新数差距较大，点迹数据用作航迹更新的概率在下降。系统平均处理周期反映了雷达组网系统航迹状态平均更新周期，与雷达具体布站、雷达天线的扫描周期及初始位置和融合系统设计等都有密切关系。

表 10.4　3 部相同数据率雷达组网仿真试验结果

	雷达 1	雷达 2	雷达 3	点迹融合系统
雷达位置（经纬度）	（116.336°, 31.902°）	（117.736°, 32.684°）	（117.717°, 31.103°）	（118.387°, 31.308°）
天线转速	6 转/分	6 转/分	6 转/分	
首点发现时间	00:00:00（点迹）	00:00:06（点迹）	00:00:09（点迹）	00:00:06（点迹）
最后一次状态更新时间	00:11:52（点迹）	00:11:44（点迹）	00:11:50（点迹）	00:11:53（航迹）
探测次数	72（点迹）	71（点迹）	71（点迹）	209（航迹）
平均更新时间	10s（点迹）	10s（点迹）	10s（点迹）	3.33s（航迹）

表 10.5　3 部不同数据率雷达组网仿真试验结果

	雷达 1	雷达 2	雷达 3	点迹融合系统
雷达位置（经纬度）	（116.274°, 31.737°）	（117.307°, 32.402°）	（117.340°, 31.625°）	（118.387°, 31.308°）
天线转速	6 转/分	4 转/分	3 转/分	
首点发现时间	00:00:00（点迹）	00:00:11（点迹）	00:00:17（点迹）	00:00:11（点迹）
最后一次状态更新时间	00:12:22（点迹）	00:12:21（点迹）	00:12:25（点迹）	00:12:26（航迹）
状态更新（探测）次数	74（点迹）	50（点迹）	37（点迹）	138（航迹）
平均更新时间	10s（点迹）	15s（点迹）	20s（点迹）	5.26s（航迹）

2. 融合系统航迹处理周期

在边跟踪边扫描体制雷达数据处理中，一般采用方位符合的方法来控制航迹相关过程，进而使系统数据处理流程有序进行，航迹处理周期基本上是等时的。对数据融合系统来说，如何发挥雷达组网系统情报数据率高的优势，即如何在数据融合系统中及时处理各雷达传送来的点迹数据，组织协调系统处理流程，是数据融合系统设计的关键。数据融合系统一般采用时间流来组织数据处理流程，其中最重要的就是航迹处理周期的确定，根据前面的介绍可知，航迹处理周期是动态变化的。对于周期性扫描的雷达组网系统，令 T_i 为第 i 部雷达的扫描周期，t_i 为第 i 部雷达对目标航迹的当前探测时间，则数据融合系统得到目标航迹下一次更新状态的时间为

$$t = \min\{t_i + T_i\}, \quad i = 1,2,\cdots,N \tag{10.13}$$

式中，求最小值的过程是在可能检测到该目标的一组不同的雷达上进行的，式中的 t 就是目标航迹下一次处理的时刻，可见该航迹处理时间间隔在航迹生存周期内被不断调整，因此，系统航迹处理时间间隔是非周期性的。从整体上来讲，数据融合系统的航迹处理时间间隔（周期）不会比任何一部单雷达航迹处理周期长，且数据的采样率明显提高（与实际连接的雷达数量有关），因而航迹的跟踪质量也将有很大的提高。对于单雷达传送来的点迹数据，根据其对同一目标两次观测的时间间隔，通过统计方法确定其扫描“周期”，再通过周期性扫描方式确定系统航迹的处理周期[11]。在工程应用上，通常考虑一定的融合时间间隔、单雷达点迹数据处理延迟、通信传输延迟和对重点雷达点迹数据的等待时间等因素，根据实际情况动态增加Δt 的修正时间，即把 $t+\Delta t$ 作为目标航迹下一次处理的时刻。

10.4.4　多雷达点迹数据处理与点迹-航迹关联处理

多雷达点迹数据处理主要包括点迹数据串行合并和点迹数据求精合并，在工程应用中常常根据实际情况进行灵活的选择。多雷达点迹-航迹关联处理是指灵活应用关联滤波算法，合理地预测融合航迹处理周期和航迹位置，实现正确关联。

1．多雷达点迹数据串行合并与目标点迹数据求精合并

目标点迹数据串行合并处理方法在实际中有广泛的应用，也比较符合一般雷达组网系统的实际工作情况。目标点迹数据串行合并处理方法是指，将多雷达目标点迹数据组合成类似于单雷达目标点迹数据，用于点迹-航迹的关联。假设两部雷达天线转速相等，周期为 T，且天线初始位置又正好错开 180°，则探测交叠区域目标的点迹和点迹数据流的串行合并原理（以单目标为例）如图 10.20 所示。其中，横轴代表时间，圆圈和方框表示不同雷达探测的目标点迹。

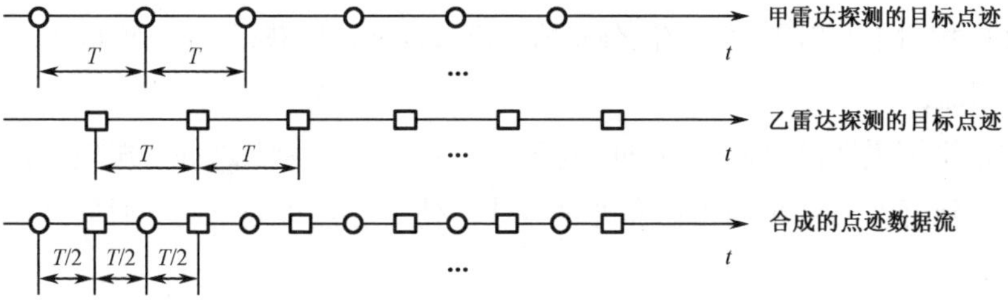

图 10.20　点迹串行合并方法

从图 10.20 中不难看出，目标点迹串行合并处理方法的一个显著特点是合成后的数据率加大，这意味着跟踪精度得以提高、连续性更好，尤其是在目标发生机动的情况下。另外，数据率提高，使航迹起始速度加快，并易于跟踪。

目标点迹数据求精合并可以用下例说明。

假设甲、乙两部雷达对交叠区域内的某一批目标进行共同探测，恰好能够同时照射，形成的点迹数据如图 10.21 所示。其中，横轴代表时间，圆圈表示雷达探测点迹，方框表示求精合并后的点迹数据流。

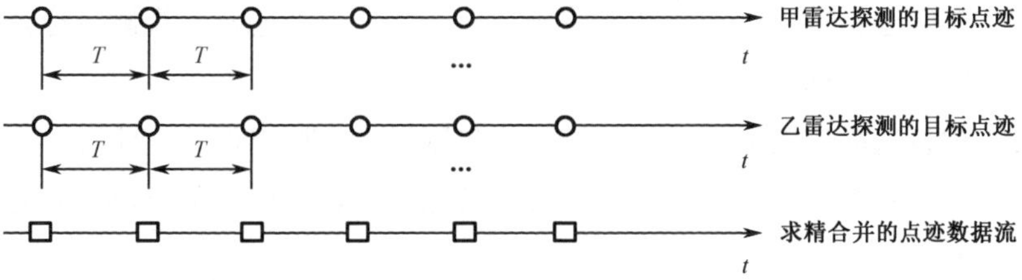

图 10.21　目标点迹数据求精合并示意图

在图 10.21 中，假设甲、乙两雷达同时观测到目标，若测量值分别为(r_1, θ_1)和(r_2, θ_2)，则求精合并后的点迹数据流可按下式计算：

$$\begin{cases} \hat{r} = \dfrac{1}{\sigma_{r_1}^2 + \sigma_{r_2}^2}(\sigma_{r_2}^2 \cdot r_1 + \sigma_{r_1}^2 \cdot r_2) \\ \sigma_r^2 = \left(\dfrac{1}{\sigma_{r_1}^2} + \dfrac{1}{\sigma_{r_2}^2}\right) \end{cases} \tag{10.14}$$

$$\begin{cases} \hat{\theta} = \dfrac{1}{\sigma_{\theta_1}^2 + \sigma_{\theta_2}^2}(\sigma_{\theta_2}^2 \cdot \theta_1 + \sigma_{\theta_1}^2 \cdot \theta_2) \\ \sigma_\theta^2 = \left(\dfrac{1}{\sigma_{\theta_1}^2} + \dfrac{1}{\sigma_{\theta_2}^2}\right) \end{cases} \tag{10.15}$$

式中，$\sigma_{r_i}^2$ 和 $\sigma_{\theta_i}^2$ 分别为两雷达的测距方差和测角方差；σ_r^2 和 σ_θ^2 分别为求精合并后的点迹距离方差和角度方差[12]。在工程实际应用中，点迹求精合并的方法可根据目标相对于照射雷达的空间分布情况进行选取，以获得更准确的求精合并后的点迹数据流。

这里举例说明的是两雷达同时观测到目标，但实际上这种情况较少，一般时间上都会错开，需要采用内插和外推方法，使目标点迹处于同一时间之后再进行求精合并。

在雷达组网情报处理系统中，对点迹融合处理的方法通常综合应用目标点迹数据求精合并和目标点迹数据串行合并等方法，首先将多雷达的目标点迹数据串行合并为点迹数据流，进行点迹-航迹关联；然后对在同一个周期内有多部雷达的目标点迹进行求精合并；最后用高精度的点迹数据进行滤波和预测，完成对航迹状态的更新。

2. 多雷达点迹-航迹关联处理

多雷达点迹-航迹关联处理主要确定目标点迹与已知目标航迹之间的相关性。其一般处理步骤如下：

（1）在航迹文件库中查找备选航迹文件，一般只考虑与新观测目标点迹在方位上比较接近的目标航迹文件。

（2）把备选航迹的运动状态外推到新观测目标点迹出现的 t_i 时刻。

（3）计算新观测目标点迹与每个备选目标航迹在 t_i 时刻的预测位置之间的关联矩阵。

（4）根据关联矩阵的信息，将新观测目标点迹分配给某个目标航迹（如果有的话），再利用状态估计技术，更新目标航迹的运动状态。

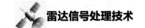

在实际多雷达数据点迹-航迹关联处理中，可使用多级相关体制，综合使用最近邻域关联滤波、概率数据关联滤波、多因子综合关联滤波等方法，以解除模糊相关，提高相关成功率。

10.5　运动平台雷达的目标点迹数据处理

运动平台雷达是指雷达放在运动载体上，如飞机、气球、舰艇等，从平台的运动特性来说，飞机平台的位置、姿态变化最剧烈，对雷达数据处理影响最大，因此，以下均以飞机平台来叙述。运动平台雷达的目标点迹数据处理主要考虑选择合适的坐标参照系并进行正确变换，实时应用运动平台的俯仰、横滚或偏航等姿态信息进行校正，把运动平台的影响降到最低，使后续数据处理的凝聚、相关、跟踪及滤波在误差受控的条件下展开。下面以机载相控阵雷达数据处理为例进行介绍，其中所涉及的坐标系和平台稳定方法同样适合其他运动平台。

在机载相控阵雷达环境下，雷达波束的形成、指向、雷达数据处理及点迹/航迹显示都需要频繁进行坐标转换，它涉及的坐标参照系有两类：一类是不稳定的，即非惯性的坐标参照系，也称为动参照系，主要特征是参照系的坐标轴随着运动平台的俯仰、横滚或偏航等姿态的改变而转换[13]；另一类为稳定的，即惯性坐标参照系，也称为固定参照系。

10.5.1　主要的坐标系及定义

坐标系选取在雷达数据处理中十分重要，本节仅对地心固联坐标系、地面惯性直角坐标系、载机平台惯性直角坐标系、载机机体直角坐标系、天线阵面直角坐标系进行介绍，在实际应用时，需要根据具体情况进行选取，特别是当涉及坐标系之间的变换时，需要注意消除可能引入的误差。

1. 地心固联坐标系

地心固联坐标系是将坐标系的原点与地球质心固联的坐标系，包括地心固联直角坐标系和地心固联测地坐标系。地心固联直角坐标系的原点位于地球质心，Z 轴指向北极，X 轴为零子午线平面与赤道平面的交线，Y 轴在赤道平面内，并相对于 X 轴向东旋转 90°，从而构成一个右手直角坐标系，如图 10.22 所示。

2. 地面惯性直角坐标系

地面惯性直角坐标系以地面某点为原点 O，以原点正东方向为 X 轴，正北方向为 Y 轴，指向天空为 Z 轴，X 与 Y、Z 构成右手惯性直角坐标系，如图 10.23 所示。

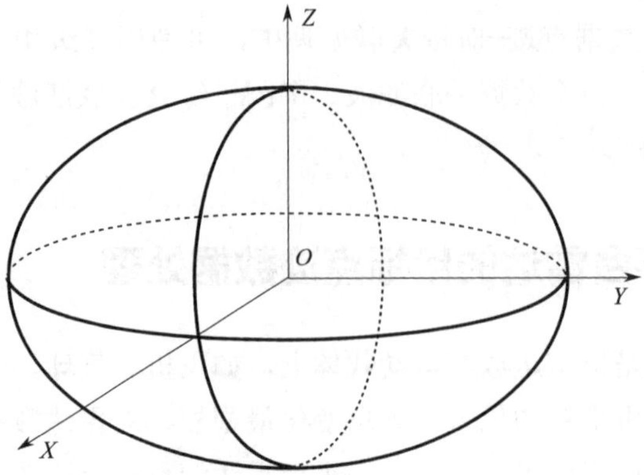

图 10.22　地心固联直角坐标系

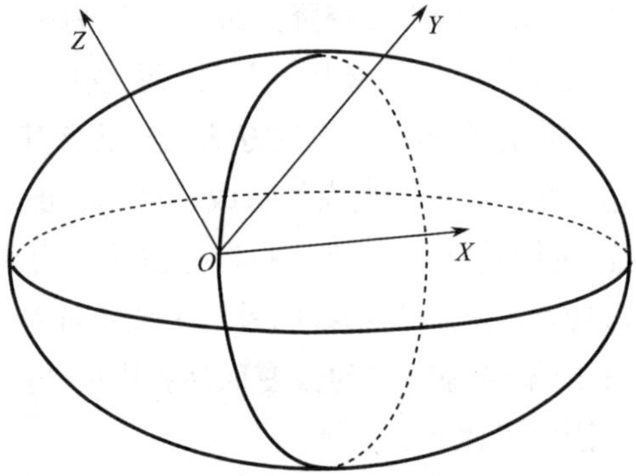

图 10.23　地面惯性直角坐标系

在工程应用中，把雷达获得的观测值表示在 OXY 切平面上，一般采用球极平面投影法，如图 10.24 所示。

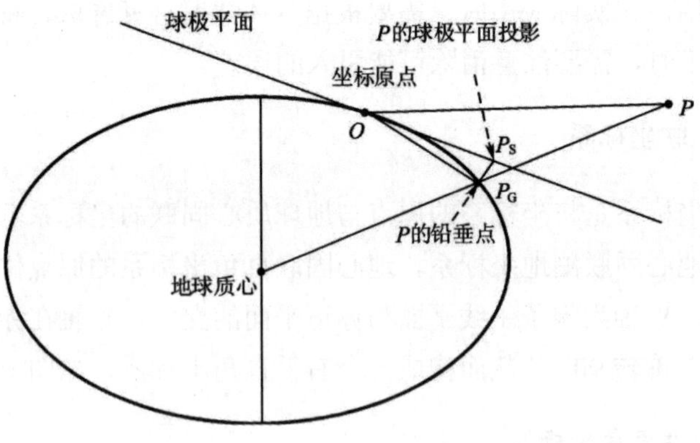

图 10.24　球极平面投影法示意图

在图 10.24 中，P 为目标点，P_G 为目标点在地球表面上的投影，P_S 为目标 P

在坐标原点切平面上的球极平面投影。在数百千米的雷达覆盖范围内，目标斜距 $\overline{OP}$、目标高度 $\overline{PP_G}$ 与球极平面投影距离 $\overline{OP_S}$ 之间有如下近似关系：

$$OP_S = \sqrt{\left|\overline{OP}\right|^2 - \left|\overline{PP_G}\right|^2} \tag{10.16}$$

式（10.16）的物理意义是用坐标原点到目标的地球表面铅垂点之间的距离代替球极平面投影距离 $\overline{OP_S}$。

在三坐标雷达中，有了目标观测值，就可以求出目标高度 $\overline{PP_G}$，再由式（10.16）求出球极平面投影距离 $\overline{OP_S}$，由方位角 θ 按坐标变换公式求出相应点的直角坐标。在两坐标雷达中，不能按目标高度为零进行处理，否则精度会受到影响。

在雷达组网等场合，在以 A、B 两点为原点的惯性直角坐标系中，其 Y 轴均指向地理正北，由图 10.25 可以看出，从两个不同地点指向地理正北，自然相差一个角偏移 β，其大小取决于两雷达站所处的经、纬度之差。当把直角坐标系 BX_BY_B 变换为直角坐标系 AX_AY_A 时，需要对角偏移进行补偿。

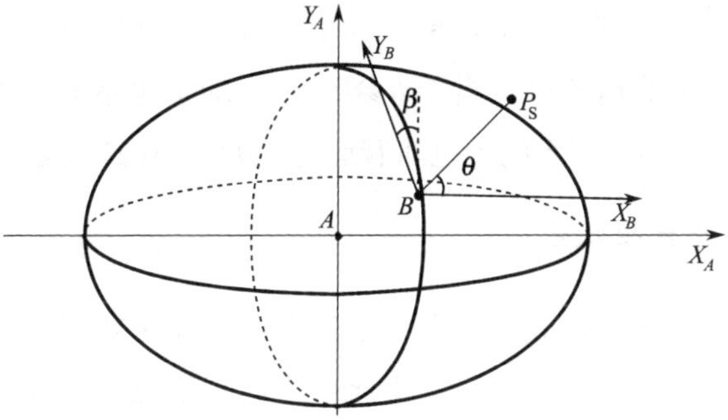

图 10.25　两个雷达站地理正北之间的角偏移

完成上述变换的方程式为

$$\begin{cases} x_A = B_x + K\overline{BP_S}\sin(\theta-\beta) \\ y_A = B_y + K\overline{BP_S}\cos(\theta-\beta) \end{cases} \tag{10.17}$$

式中，(B_x,B_y) 为雷达站 B 的坐标；$\overline{BP_S}$ 为以 B 为原点的惯性直角坐标系的目标球极平面投影距离；K 为球极平面投影变换因子，即

$$K = 1 + \frac{B_x^2 + B_y^2}{4a^2} \tag{10.18}$$

式中，a 为地球半径。

在不同坐标系中进行目标坐标变换时，应考虑对角偏移的补偿。

3. 载机平台惯性直角坐标系

载机平台惯性直角坐标系以载机质心为原点，以载机当前位置地理正东方向为 X 轴、正北方向为 Y 轴、向上指向天空为 Z 轴，由此构成的右手惯性直角坐标系如图 10.26 所示。此坐标系可以用来确定载机的姿态、描述目标的运动和预测目标的位置，其点迹数据处理、航迹跟踪可在该坐标系中完成。

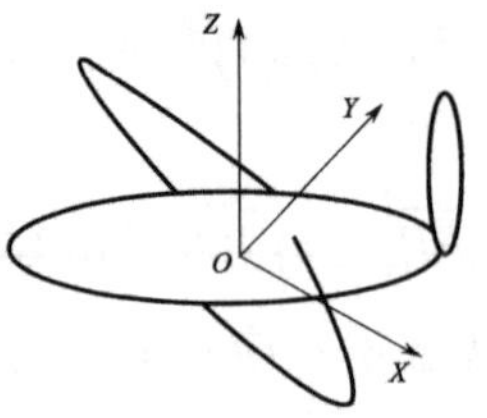

图 10.26 载机平台惯性直角坐标系

需要指出的是，载机平台惯性直角坐标系的原点随平台运动，其坐标轴与地理位置有关，故在不考虑大地的曲率与旋转且仅关心坐标系的方位而不关心原点位置的意义下为惯性坐标参照系。

4. 载机机体直角坐标系

载机机体直角坐标系以载机质心为原点，X 轴的定义为机尾到机首的连线方向，Y 轴与 X 轴垂直位于飞机质心所在的平面内，Z 轴指向天空，由此构成的右手直角坐标系是一个非惯性坐标系（动参照系）。动参照系的主要特征是当机身偏航、俯仰和横摇时，动参照系的轴也随着运动，如图 10.27 所示。

5. 天线阵面直角坐标系

天线阵面直角坐标系以天线阵面中心为原点，其 X 轴指向机首方向，Y 轴垂直于天线阵面，Z 轴向上指向空中，由此构成的右手直角坐标系是一个非惯性坐标系（动参照系），如图 10.28 所示。

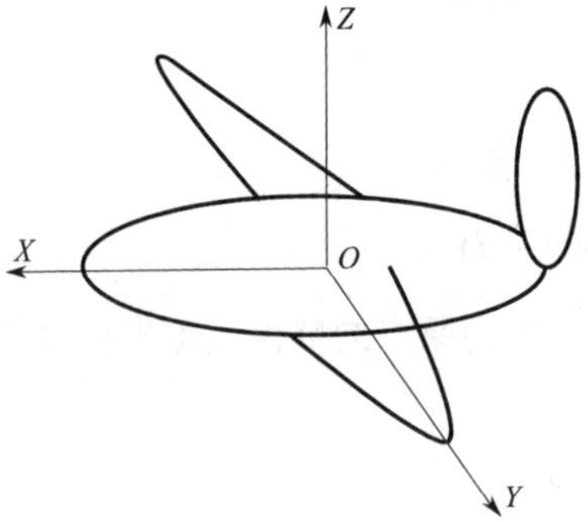

图 10.27 载机机体直角坐标系

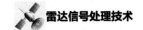

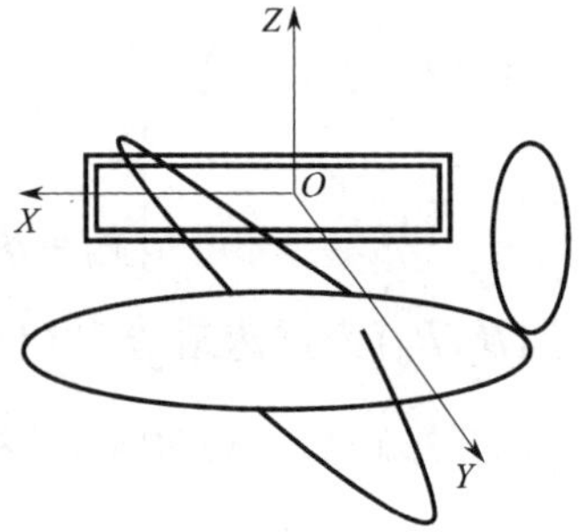

图 10.28 天线阵面直角坐标系

10.5.2 坐标系之间的关系

设有任意矢量 $\boldsymbol{V}$ 位于同一原点的两个坐标系中，在坐标系 $OX_AY_AZ_A$ 中有分量

$$\boldsymbol{V}_{\mathrm{a}} = \begin{bmatrix} x_{\mathrm{a}} \\ y_{\mathrm{a}} \\ z_{\mathrm{a}} \end{bmatrix} \tag{10.19}$$

在坐标系 $OX_{\mathrm{B}}Y_{\mathrm{B}}Z_{\mathrm{B}}$ 中有分量

$$\boldsymbol{V}_{\mathrm{b}} = \begin{bmatrix} x_{\mathrm{b}} \\ y_{\mathrm{b}} \\ z_{\mathrm{b}} \end{bmatrix} \tag{10.20}$$

由两坐标轴间的几何关系可知

$$\boldsymbol{V}_{\mathrm{b}} = \boldsymbol{L}_{\mathrm{ab}}\boldsymbol{V}_{\mathrm{a}} \tag{10.21}$$

式中，$\boldsymbol{L}_{\mathrm{ab}}$ 为 $OX_{\mathrm{A}}Y_{\mathrm{A}}Z_{\mathrm{A}}$ 坐标系到 $OX_{\mathrm{B}}Y_{\mathrm{B}}Z_{\mathrm{B}}$ 坐标系的变换矩阵，且满足下列关系：

$$\boldsymbol{L}_{\mathrm{ab}}^{\mathrm{T}} = \boldsymbol{L}_{\mathrm{ba}}^{-1} = \boldsymbol{L}_{\mathrm{ab}} \tag{10.22}$$

坐标变换矩阵的取值可由基本旋转矩阵合成得到。若坐标系 $OX_{\mathrm{A}}Y_{\mathrm{A}}Z_{\mathrm{A}}$ 绕 X_{A}、Y_{A}、Z_{A} 轴逆时针方向旋转角度分别 φ_1、φ_2、φ_3，则旋转矩阵分别为

$$\boldsymbol{L}_1(\varphi_1) = \begin{bmatrix} 1 & 0 & 0 \\ 0 & \cos\varphi_1 & \sin\varphi_1 \\ 0 & -\sin\varphi_1 & \cos\varphi_1 \end{bmatrix} \tag{10.23}$$

$$\boldsymbol{L}_2(\varphi_2) = \begin{bmatrix} \cos\varphi_2 & 0 & -\sin\varphi_2 \\ 0 & 1 & 0 \\ \sin\varphi_2 & 0 & \cos\varphi_2 \end{bmatrix} \tag{10.24}$$

$$\boldsymbol{L}_3(\varphi_3) = \begin{bmatrix} \cos\varphi_3 & \sin\varphi_3 & 0 \\ -\sin\varphi_3 & \cos\varphi_3 & 0 \\ 0 & 0 & 1 \end{bmatrix} \tag{10.25}$$

式中，$\boldsymbol{L}_1(\varphi_1)$、$\boldsymbol{L}_1(\varphi_2)$、$\boldsymbol{L}_1(\varphi_3)$ 称为基本旋转矩阵，由此可得到一般坐标系之间的变换矩阵为

$$\boldsymbol{L}_{ab} = \boldsymbol{L}_1(\varphi_1)\boldsymbol{L}_2(\varphi_2)\boldsymbol{L}_3(\varphi_3) \tag{10.26}$$

$\boldsymbol{L}_{\mathrm{ab}}$ 坐标变换矩阵可确定两坐标系之间的旋转变换关系，并满足可逆和正交条件，便于使用。

10.5.3　扫描空域稳定措施

对机载相控阵雷达来说，扫描空域稳定是指在载机运动环境下，多种因素会使载机出现姿态不稳定的情况，这时要采取措施以确保所扫描空域的稳定和对指定空域的回访，并获取稳定的空情和目标点迹数据，这种措施对系统功能的实现和数据处理都十分重要。采取扫描空域稳定措施需要从如下两个方面考虑：

（1）当载机受气流影响而扰动或机动时，要求扫描波束覆盖指定的搜索空域；

（2）一定的时间间隔之后，扫描波束需要回访指定空域并进行搜索验证。

扫描空域稳定措施指针对 t_0 时刻算出的天线扫描指向和位置，经过系统允许的时间间隔后到了 t_1 时刻，载机的偏航、俯仰、横滚等姿态参数的变化超过了指标要求，需要进行补偿的方法。根据载机坐标系（动坐标）与地面惯性坐标系（静坐标系）之间的变换关系，当载机的偏航、俯仰、横滚等姿态参数的变化在一定范围内时，可按经计算并存储在表格中的数据确定补偿值；当姿态参数的变化超过一定范围时，需要重新计算天线扫描指向和位置，其处理步骤如下。

（1）给出地面惯性直角坐标系中待搜索空域的坐标范围，假如待搜索空域内某点坐标为 (x_s, y_s, z_s)，经地心固联直角坐标系变换为载机平台惯性直角坐标系内的点 (x_p, y_p, z_p)，即

$$\begin{bmatrix} x_p \\ y_p \\ z_p \end{bmatrix} = \boldsymbol{T} \cdot \begin{bmatrix} x_s \\ y_s \\ z_s \end{bmatrix} \tag{10.27}$$

（2）载机平台惯性直角坐标系 (x_p, y_p, z_p) 表示的搜索空域需要转换成载机机体直角坐标系 (x_c, y_c, z_c) 表示的搜索空域，其变换关系为

$$\begin{bmatrix} x_c \\ y_c \\ z_c \end{bmatrix} = \boldsymbol{W} \cdot \begin{bmatrix} x_p \\ y_p \\ z_p \end{bmatrix} = \boldsymbol{W} \cdot \boldsymbol{T} \cdot \begin{bmatrix} x_s \\ y_s \\ z_s \end{bmatrix} \tag{10.28}$$

式中，矩阵 $\boldsymbol{T}$ 为地面惯性直角坐标系至载机平台惯性直角坐标系的变换矩阵，该矩阵不同于一般坐标轴旋转矩阵，它经过了地心固联直角坐标系的变换；$\boldsymbol{W}$ 为载机平台惯性直角坐标系至载机机体直角坐标系的变换矩阵。

（3）载机姿态的变化，会引起 $\boldsymbol{T}$、$\boldsymbol{W}$ 的变化。飞机姿态数据通过航空电子设备传送至数据总线，被控制计算机读取后，再实时计算 $\boldsymbol{T}$、$\boldsymbol{W}$，并修正波束指向、点迹和航迹数据[14]。

10.5.4　机载相控阵雷达的目标点迹处理

气流和机动等因素使飞机产生偏航、俯仰、横滚等姿态变化，以载机和雷达天线为基准的坐标系也随之摇摆，系统探测获取的目标原始点迹数据需要进行补偿和修正。天线接收的雷达探测信号按相参处理间隔（CPI）依次进行积累、滤波、恒虚警检测和解模糊运算，获得目标原始点迹数据后缓存于 FIFO 存储器，由点迹处理计算机实时读取。目标原始点迹数据包含方位、距离、仰角、相对时间和雷达工作参数等信息，其位置测量是由基于天线阵面直角坐标系，转换到载

机机体直角坐标系，再转换到载机平台惯性直角坐标系完成的。载机位置与姿态信息由定位设备和惯导导航设备按一定的数据率输出，系统可以按定位设备输出的载机位置数据拟合成曲线，在统一时间基准后，经内插和外推获取任意位置上的载机位置与姿态信息。机载相控阵雷达把扫描覆盖的扇区细分为若干个小扇区，交叠覆盖，每个小扇区对应一个扫描位置，在每个扫描位置发射若干组相参脉冲串。空间某目标可以被一个或多个交叠小扇区覆盖，从而使雷达获取多个目标原始点迹数据，因此，需要把多个目标原始点迹数据进行凝聚，其处理过程如下：

（1）按定位设备和惯性导航设备输出的数据，拟合载机位置变化曲线和各姿态角的变化曲线。

（2）对同一扫描位置属于相同目标的多个点迹数据在距离、方位和仰角上进行归并。对相同或相邻距离单元的原始点迹数据按时间关系进行排序，检查载机与各目标的相对速度，并判断是否引起目标信号跨越距离单元，做出标记；按时间关系对相同或相邻距离单元的原始点迹数据，检查载机各姿态角的变化是否引起目标在方位、仰角上的不同；根据上述计算，综合判断各原始点迹数据是否属于同一目标，若属于同一目标，则取中心值或以幅度为权系数求各参数值；否则，向下继续进行。

（3）对相邻扫描位置属于同一目标的多个点迹数据在距离、方位和仰角上进行归并[15]。具体处理方法与步骤（2）类似，但准则和门限不同，相邻扫描位置的时间间隔长短，需要根据实际情况具体考虑。

10.6　SAR 目标的回波特性分析及数据处理

单通道、多通道的 SAR 系统都能用于运动目标检测和成像。单通道 SAR 系统用于地面动目标显示（GMTI）时，可直接使用 SAR 通道或 SAR 数据，无须增加硬件接收通道，其信号处理和数据处理的计算量也比多通道 SAR 系统小得多；而多通道 SAR 系统在运动目标的检测性能、定位精度等方面均比单通道 SAR 系统好。

在单通道 GMTI 工作模式下，影响系统处理功能与效果的主要是平台的运动和稳定特性。载机平台的运动引起固定目标与杂波的频谱展宽，影响目标的检测与分辨；平台的位置与姿态的正确性，会使系统对高精度的惯性导航/定位设备存在依赖性，并要求系统有统一的时间基准。

单通道 SAR 系统可以同时在 GMTI 扫描和 SAR/GMTI 两种方式下检测地面运动目标，这里主要讨论单通道 SAR 系统工作在 GMTI 扫描方式下的目标数据处理问题。在这种方式下，由飞机平台运动而产生的地杂波多普勒频谱宽、信号强，若采用主杂波跟踪技术，可将平台运动形成不同波束指向下的主杂波多普勒频率中心移到零频，进行多普勒滤波器组滤波和恒虚警处理，并在零频附近形成凹口，以形成对地杂波较强的抑制。落在其余频道的动目标信号，通过窄带滤波器并获得相参积累而提高信噪比。当动目标谱与地杂波谱重叠时，可通过超杂波检测发现目标，但需要有一定的信噪比。通常实际情况是地杂波占有一定带宽，从而形成大量的杂波剩余，使运动目标与杂波剩余混在一起，因此，如何分辨运动目标与杂波剩余是问题的关键，下面进行分析。

10.6.1 地面固定点目标的回波特性分析

当机载 SAR 系统波束扫过地面固定点目标时，平台运动会引起多普勒频率参数的变化，这些变化参数主要包括由波束主瓣中心指向决定的多普勒频率质心 $f_{\rm dc}$，扫描波束宽度引起的多普勒谱宽 $\Delta B_{\rm dc}$ 和 $\Delta B_{\rm dd}$，平台运动速度引起多普勒调频斜率 $K_{\rm a}$，这些参数由飞机平台的速度 V、波束指向的方位角θ、俯角 a、雷达工作波长λ等决定。为便于分析，下面分别导出其关系式。

在如图 10.29 所示的直角坐标系内，目标 P 为地面固定点目标，飞机位于 A 点以速度 V 沿 x 轴反方向飞行，扫描波束扫过地面固定点目标 P 时，主瓣中心指向的方位角为θ、俯角为 a，则多普勒频率质心为

$$f_{\rm dc}=\frac{2V\cos\theta\cos a}{\lambda} \tag{10.29}$$

假设式（10.29）中的俯角 a 不变，波束 3dB 水平宽度为$\Delta\theta$，则波束前后沿扫过目标引起的多普勒变化为（当$\Delta\theta$较小时）

$$\begin{aligned}\Delta B_{\rm dc}&=\frac{2V\cos a}{\lambda}\left[\cos(\theta-\Delta\theta/2)-\cos(\theta+\Delta\theta/2)\right]\\&\approx 2V\cos a\Delta\theta\sin\theta/\lambda=K_{\rm dc}\Delta\theta\end{aligned} \tag{10.30}$$

式中，$K_{\rm dc}=2V\cos a\sin\theta/\lambda$，对点目标的扫描波束来说，$V$、$a$、$\theta$ 和λ近似不变；$\Delta B_{\rm dc}$ 与$\Delta\theta$ 呈线性关系。

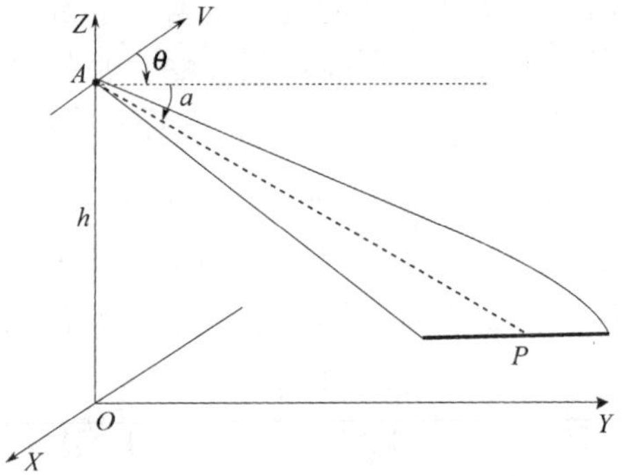

图 10.29　波束扫过地面固定点目标示意图

同理，假设式（10.30）中的方位角θ不变，波束垂直宽度为Δa，则垂直波束引起的多普勒谱宽为

$$\Delta B_{\mathrm{dd}} = 2V\cos\theta\,\Delta a\sin a/\lambda \text{（当}\Delta a\text{较小时）} \tag{10.31}$$

式（10.31）表明：在同一方位、不同距离上，多普勒谱宽随俯角而变化。

下面求多普勒调频斜率 K_{a}。如图 10.30 所示为雷达载机平台运动引起的波程差示意图。

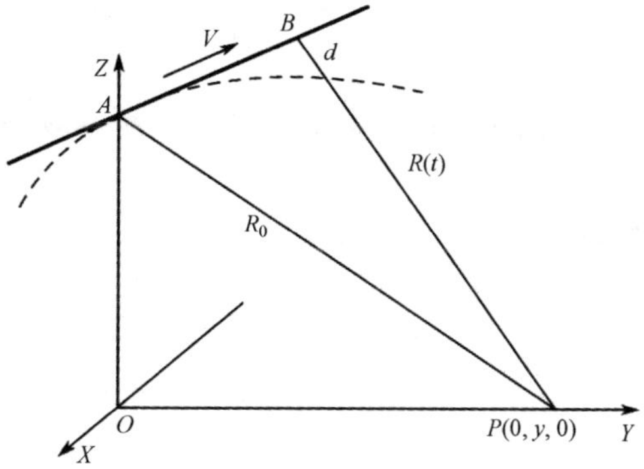

图 10.30　雷达载机平台运动引起的波程差示意图

假设$t=0$时刻，平台位于 A 点，与固定目标的斜距为R_0；平台由 A 点以匀速 V 飞行，t 时刻位于 B 点，移动距离$x=-Vt$，B 点与目标 P 的斜距为 $R(t)$。d 为 B 点与 A 点的球面波引起的波程差。忽略d^2项，可求得由 d 引起的多普勒频移为

$$f_{\mathrm{a}} = \frac{2V^2}{\lambda R_0}t = K_{\mathrm{a}}t \tag{10.32}$$

多普勒调频斜率为

$$K_{\mathrm{a}} = \frac{2V^2}{\lambda R_0} \tag{10.33}$$

式（10.32）中的时间 t 的范围为$\left[-\frac{T_{\mathrm{a}}}{2},\frac{T_{\mathrm{a}}}{2}\right]$，$T_{\mathrm{a}}$为天线波束扫过点目标的时间。

在 GMTI 扫描方式下，波束内多普勒频率的变化主要是由扫描波束宽度引起的，而式（10.32）的影响可以忽略。结合式（10.29）、式（10.30）可得出扫描扇区内地面固定点目标回波的时间频率的变化关系，如图 10.31 所示。

图 10.31 中，$\pm f_{\mathrm{dmax}}$为扫描扇区两侧的最大多普勒频率质心，直线的斜率为K_{dc}；右图表示经主杂波跟踪处理后的地面固定点目标回波的时间频率特性，可利用这些特性对 MTD 输出的目标点迹数据进行处理。

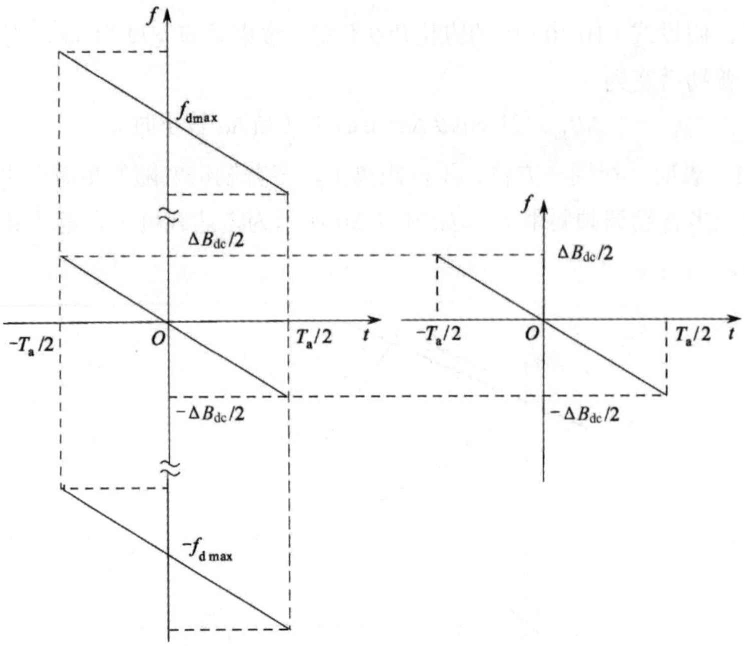

图 10.31　地面固定点目标回波的时间频率的变化关系

10.6.2　运动目标的回波特性分析

如图 10.32 所示为飞行平台与运动目标的斜距时间关系，假设 SAR 系统处于正侧视工作状态。$t=0$ 时刻，飞机位于点 $A(0, 0, h)$，以速度 V 沿 X 轴反方向飞行，地面运动目标位于点 $C(0, y_0, 0)$，两点斜距为 R_0 。目标的运动分解为相对飞机的径向分量和切向分量，v_y 、a_y 为径向速度和加速度，v_x 、a_x 为切向速度和加速度。t 时刻飞机位于点 $B(-Vt, 0, h)$，运动目标位于点 $D(-v_x t - a_x t^2/2, y_0 + v_y t + a_y t^2/2, 0)$，雷达与目标斜距为

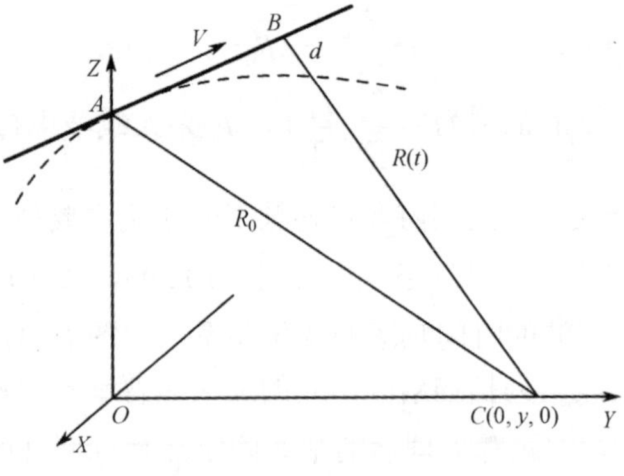

图 10.32　飞行平台与运动目标的斜距时间关系

$$R(t)=\sqrt{[(V-v_x)t-a_xt^2/2]^2+(y_0+v_yt+a_yt^2/2)+h^2} \tag{10.34}$$

将式（10.34）在 $t=0$ 时刻展开为泰勒级数，取前 3 项并进行合理近似，即

$$R(t)=R_0+v_yt+[(V-v_x)^2+R_0a_y]\frac{t^2}{2R_0} \tag{10.35}$$

按雷达与动目标距离 $R(t)$ 的变化引起波程差及接收回波信号的相位关系，可求得动目标回波信号的多普勒频率质心与多普勒调频斜率近似值分别为

$$f_{\mathrm{d}_0}=\frac{2v_y}{\lambda} \tag{10.36}$$

$$K_{r_0}=\frac{2}{\lambda R_0}[(V-v_x)^2+R_0a_y] \tag{10.37}$$

在扫描波束内，运动目标的多普勒频率谱宽仍由式（10.30）决定，而运动目标的位移影响可以忽略。多普勒频率质心由式（10.36）决定，而式（10.37）对谱宽的影响较小。可以依据这些特性进行数据处理并估算目标的运动参数。

10.6.3　GMTI 扫描方式下多普勒参数的计算与分析

为说明各种因素对系统的影响，结合 10.6.2 节对固定目标、运动目标的回波特性的分析，下面计算有关多普勒参数。

假定在 GMTI 扫描方式下，其系统与平台的参数如下：

（1）平台运动速度为 110m/s，高度为 4500m。

（2）水平波束宽度为 3.5°。

（3）波长为 0.019m。

（4）正侧视扫描范围为±18°，扫描速度为 18°/s。

（5）俯角为 15°。

在理想情况下，正侧视固定目标的多普勒频率质心为零频；飞机平台相对于固定目标运动在 3.5° 水平波束内扫描引起的多普勒频率变化可通过式（10.30）计算得出 $\Delta B_{\mathrm{dc}}=683\mathrm{Hz}$。

多普勒调频斜率通过式（10.33）（按 $R_0=25\mathrm{km}$）计算得出 $k_{\mathrm{a}}=50.9\mathrm{Hz/s}$。而波束扫过 3.5° 所需时间为 0.19s，该时间内平台运动引起的多普勒变化为 9.9Hz，相对于扫描波束宽度引起的多普勒频率变化可忽略。

假定目标径向速度为 10～80km/h，目标回波的多普勒频率质心由式（10.36）求得为 293～2341Hz；目标径向移动距离为 0.53～4.2m。

对运动目标来说，水平波束内扫描波束宽度引起的多普勒频率变化与固定目标的多普勒频率变化一样。

假设运动目标切向速度为 30km/h，径向加速度为 $2m/s^2$，则其多普勒调频斜率由式（10.37）按 $R_0 = 25km$ 计算，为 237Hz/s。在波束扫描时间内引起的多普勒频率变化为 45Hz，相对于 683Hz 来说仍可忽略。

在 GMTI 扫描方式下，运动目标的多普勒频率质心随径向速度而变化，低速或速度超出一定范围会发生频谱与固定目标谱重叠的现象，其谱宽与固定目标谱宽相比变化不大。

10.6.4 平台位置及姿态对系统的影响

运动目标的位置变化对目标回波多普勒参数的影响可通过式（10.34）进行计算和分析。在理想情况下，载机平台按航向等高飞行，受气流等因素影响，实际飞行航线会有波动，因而引起 $R(t)$的异常变化。$R(t)$对时间 t 的一次求导、二次求导决定回波信号的多普勒频率和多普勒调频斜率，这里不进行具体分析，有兴趣的读者可参看相关资料。平台位置可以由定位设备实时记录，以适应系统补偿的需要。

载机平台姿态的变化表现为偏航角、俯仰角、横滚角的改变。偏航角的影响可通过式（10.30）计算得出。假设偏航 1°，按以上假设的系统参数，其多普勒频率的变化为 195Hz；横滚角的影响可通过式（10.31）计算得出，表现为对扫描覆盖区域的改变，特别是区域的边沿部分。俯仰角的变化则影响波束的扫描视角，可通过式（10.30）和式（10.31）进行分析。实际系统可由惯性导航设备（INS）实时记录平台的姿态数据，并根据需要进行内插和平滑。

对平台位置及姿态给系统带来的影响可以进行动态补偿，实际应用还取决于 INS/定时设备的测量精度、系统各部分时间的对准情况和数据更新周期。

10.6.5 运动目标的数据处理

在 GMTI 扫描方式下，回波脉冲串经 MTD 处理后按相参处理间隔（CPI）输出点迹数据，其点迹数据包括过门限脉冲串的方位、距离、幅度、频道号等[16]。这些目标点迹可能是地面固定目标、运动目标、背景地物或随机扰动等产生的，要求对其数据处理后仅留下运动目标点迹并进行凝聚，然后通过帧相关，起始跟踪目标和估计目标运动参数。根据上面的分析得出数据处理的步骤如下：

（1）按平台位置与姿态数据，进行坐标系变换和补偿。

（2）选择方位上相邻的 6 个 CPI、距离上相邻 3 个量化距离单元形成参数矩阵，然后对扫描空间的点迹数据进行滑窗式处理和运算。

（3）对固定目标、背景地物产生的点迹数据，按位于同一距离单元、零频两侧、谱宽为一个扫描波束宽进行滤除。

（4）将运动目标按径向速度分为 3 种情况：①慢速目标，其频谱与固定目标的频谱部分相重叠，不易分辨；②中速目标，其频谱与固定目标的频谱不重叠，易于区分；③快速目标，可能会出现频谱与固定目标的频谱重叠现象，因其径向速度快，在距离上跨单元，仍有可能区分。对符合上述要求的运动目标点迹数据进行标识、求质心。

（5）滤除不符合点迹数据形成规则的奇异点迹，并重复第（2）、（3）步，直至本帧的虚警点符合指标的要求。

（6）通过对帧间点迹相关的处理，滤除虚警点，完成对目标的起始跟踪。

（7）通过目标的多普勒频率、距离位移、运动趋势等数据估计目标的运动参数。

10.7　双基地雷达的点迹数据处理

单基地雷达是指接收与发射共用一个天线，这里介绍的双基地雷达是指在单基地雷达（T/R 站）的基础上增加一个相隔一定距离的接收站（R 站），在一般双基地雷达中，仅发射天线与接收天线之间有一定距离。T/R 站与 R 站收/发信号示意图如图 10.33 所示。

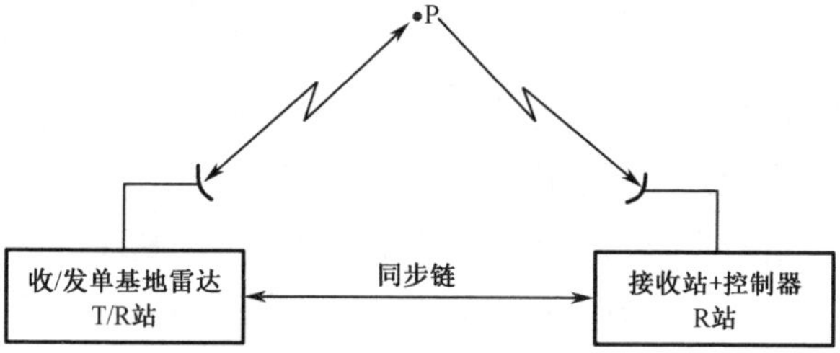

图 10.33　T/R 站与 R 站收/发信号示意图

由图 10.33 可见，当系统工作时，T/R 站发射的信号经目标 P 散射后分别被 T/R 站、R 站接收，之后由同步链传送发射频率、时间和相位参考信息，并协调发射波束和接收波束的控制，使发射波束和接收波束在某一确定时刻被引导到空域的同一分辨单元。

双基地雷达数据处理主要包括收/发站的点迹时间和空间对齐、T/R 站与 R 站的点迹凝聚和点迹融合及航迹处理等内容，下面主要介绍点迹数据处理部分内容。

10.7.1 T/R 站和 R 站的点迹时间和空间对齐

T/R 站和 R 站的点迹时间对齐采用授时法，即当 T/R 站请求授时后，R 站向 T/R 站发送准确时间；T/R 站收到信息后，同步自身时钟，并立即返回应答信息；由 R 站接收到应答信息的时间减去发送同步时间，此值的一半即为授时延迟。接收站的数据处理系统实时统计平均授时迟延。

T/R 站、R 站的时间和空间对齐是指，将 T/R 站和其他 R 站的雷达数据通过不同的时-空坐标参考系统进行转换，对准到中心情报站或任意指定点为原点的统一的时-空坐标参考系统，采用地心固联坐标系转换或球极坐标投影技术，将异地 T/R 站和 R 站送来的目标点迹、航迹数据，由各自的坐标系变换成中心情报处理站或任意指定点原点的统一坐标系下表示的直角坐标系中的 X 值和 Y 值。

由于 T/R 站和其他 R 站的信号处理、数据录取及单雷达航迹跟踪均有一定的处理延迟，因此，点迹、航迹输出的时间相对于雷达天线波束照射到目标的时刻而言，具有不同的延迟，需要进行校正。此类延迟可视为 T/R 站和 R 站的单雷达数据处理的系统常数，进行一次校正；处理延迟的随机时间漂移可视为随机误差，留在融合处理时解决。

T/R 站和其他 R 站到本 R 站的远距离数据传输过程中，有可能存在不确定的通信延迟，有必要在每个雷达源输出的数据上增加统一的时间戳，这可用软件方法补偿时基误差。

T/R 站和 R 站的标称正北和地理正北之差的常数误差为系统常数，可一次校正，而不进行实时补偿；正北误差的漂移和快速颤动部分被视为雷达测角误差的一部分[17]，仍留在融合处理时解决。

解算双基地雷达的投影三角形需要两个角度：一是基线与正北的夹角；二是目标相对发站的方位角。一般，基线与正北的夹角是通过测量经纬度后，计算得到的夹角，而目标相对发站的方位角则依赖发站雷达的定北设备。如果这两个角度不统一，则会造成接收站解算出的点迹位置与发站点迹位置相差较大。这两个角度应校正统一，其校正方法包括直达波检测校正或远场检测校正等。实际上收站天线的方位也要用类似的方法校正，否则，会影响波束追赶及探测点迹的稳定。

10.7.2 收站的点迹凝聚

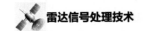

收站的点迹凝聚有如下两个特点。一是收站点迹的方位值取自发站的方位数据，距离值为电磁波从发站到目标再到收站的距离和。点迹的方位不采用最大点的方位，而采用点迹方位后沿和前沿的均值加上一个修正值，这样做的目的是减

少点迹抖动。点迹信息经过解算投影三角形才能得到目标直角坐标位置，但会将目标方位上的模糊带到距离上，因此，一般收站点迹凝聚以距离和的值进行。二是在靠近基线的方向上形成的目标回波方位较宽，在这个方向上凝聚的方位门限可以设置得宽些。

10.7.3　收/发站的点迹融合

双基地雷达收/发站的点迹是同步的，即收/发站的点迹是同一电磁波照射到目标后，在接收和发送两地形成的点迹。收/发站的点迹融合采用最近邻域匹配法。一般发站探测精度高于收站探测精度，因此，发站量化距离单元比收站要小。当进行点迹融合时，发站点迹距离值在融合后的点迹距离中占较大的权重。融合后点迹的时间参数取自较准确的收站点迹时间。

10.7.4　收/发站的目标定位

双基地雷达收/发站的目标定位主要由 DSP 软件完成。由于双基地雷达目标定位远比单基地雷达复杂，因而影响定位精度的因素也较多，这里先比较简单地介绍对目标的定位，在实际应用中还要对其进行修改和校正。对双基地雷达的目标定位是求解双基地三角形，通过已知发射站的发射角（φ_t）、距离和 $S(R_t+R_r)$，以及基线长 R_b 求出以发射站为中心的坐标点(R_t,ϕ_t)，如图 10.34 所示；同样，以接收站接收角（φ_r）、距离和 $S(R_t+R_r)$，以及基线长 R_b 求出目标以接收站为中心的坐标点(R_r,ϕ_r)。

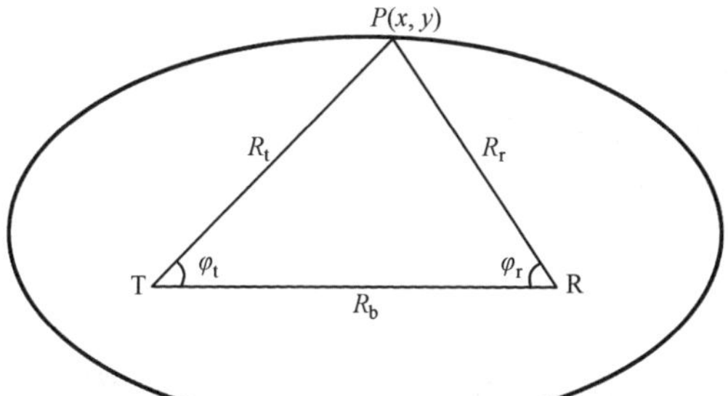

图 10.34　双基地的几何结构图

由余弦定理可得下面的公式：

以发射角为变量时的公式为

$$R_t=\frac{1}{2}\times\frac{S^2-R_b^2}{S-R_b\cos\varphi_t} \tag{10.38}$$

以接收角为变量时的公式为[18]

$$R_{\mathrm{r}} = \frac{1}{2} \times \frac{S^2 - R_{\mathrm{b}}^2}{S - R_{\mathrm{b}} \cos\varphi_{\mathrm{r}}} \tag{10.39}$$

至此，目标在发射站的坐标($R_{\mathrm{t}},\phi_{\mathrm{t}}$)和接收站的坐标($R_{\mathrm{r}},\phi_{\mathrm{r}}$)都已确定。

10.8 测量误差的分析

在雷达数据处理的工程设计中，常需要对测量数据的精度和误差来源进行分析，本节介绍影响目标位置参数测量结果的主要因素。

10.8.1 测距精度

引起测距误差的因素主要有信噪比、采样频率、距离量化、晶振稳定度、系统定时和大气折射等产生的误差。

1. 信噪比引起的误差σ_{R1}

信噪比起伏所带来的测距误差可用下式计算：

$$\sigma_{R1} = \frac{c\tau}{2\sqrt{2(S/N)n}} \tag{10.40}$$

式中，c 为自由空间光速（后面式中的含义均相同）；τ 为脉冲压缩后的脉冲宽度；S/N 为所测距离的平均信噪比；n 为 3dB 水平波束宽度内的脉冲数。

2. 采样频率和距离量化引起的误差

雷达接收信号后，需要进行数字化转换，并按一定的采样频率抽取信号幅度，这个过程称为采样。采样频率带来的误差按下式计算：

$$\sigma_{R2} = \frac{c}{2\sqrt{12} f_{\mathrm{T}}} \tag{10.41}$$

式中，f_{T} 为采样频率。

距离量化是指把雷达最大作用距离用若干位二进制数来表示，二进制数 1 所表示的距离就是一个量化距离单元，一般等同于 τ 脉冲所表示的距离宽度。距离量化引起的误差按下式计算：

$$\sigma_{R3} = \frac{cR_{\max}}{2\sqrt{12} \times 2^n} \tag{10.42}$$

$$\sigma_{R3} = \frac{c\tau}{2\sqrt{12}} \tag{10.43}$$

式中，$R_{\max}$ 为最大作用距离；m 为二进制位数。

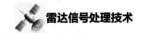

在工程应用情况中，通常按式（10.43）直接计算。此外，量化距离单元一般大于或等于采样间隔，在分析计算距离误差时仅考虑距离量化误差即可，否则，就重复计算了。

3. 其他误差

当晶振频率稳定度为 10^{-6} 时，对监视雷达来说，其引起的误差可以忽略。随着系统数字化程度的提高，模拟系统存在的系统定时误差已不存在。而大气折射产生的误差可按距离远近进行修正。

10.8.2 测高精度

影响测高精度的因素主要包括测角误差和测距误差引起的高度计算误差。

由雷达目标高度计算公式有

$$h_{\mathrm{t}} = h_{\mathrm{a}} + \frac{R_2}{2a_{\mathrm{e}}} + R\sin\beta \tag{10.44}$$

式中，h_{a} 为雷达天线高度；R 为雷达站至目标的斜距；β 为仰角；a_{e} 为地球等效半径。由此可导出高度误差为

$$\begin{aligned}\sigma_{h_{\mathrm{t}}}^2 &= \left(\frac{\partial h_{\mathrm{t}}}{\partial h_{\mathrm{a}}}\right)^2 \sigma_{h_{\mathrm{a}}}^2 + \left(\frac{\partial h_{\mathrm{t}}}{\partial R}\right)^2 \sigma_R^2 + \left(\frac{\partial h_{\mathrm{t}}}{\partial \beta}\right)^2 \sigma_\beta^2 \\ &= \sigma_{h_{\mathrm{a}}}^2 + \left(\frac{R}{a_{\mathrm{e}}} + \sin\beta\right)^2 \sigma_R^2 + R^2\cos^2\beta\,\sigma_\beta^2\end{aligned} \tag{10.45}$$

式中，$\sigma_{h_{\mathrm{a}}}^2$ 可以忽略，σ_R^2 在前面已经分析过，σ_β^2 受信噪比、天线波束指向、多路径、量化误差和大气折射等因素的影响[19]，与选择的测角方法密切相关，这里不再叙述，有兴趣的读者请阅读相关测角方面的参考书。

10.8.3 方位误差

自动检测与录取系统引起方位误差的主要因素包括噪声误差、正北基准误差、方位量化和主脉冲锁存误差。

1. 噪声误差 σ_{a1}

方位估值按录取目标的起始方位、终止方位的中心并适当修正计算，即

$$\alpha = \frac{\alpha_{\mathrm{S}} + \alpha_{\mathrm{Z}}}{2} + K \tag{10.46}$$

方位估计的误差为

$$\sigma_{a1}=\frac{1}{2}\sqrt{\alpha_S^2+\alpha_Z^2}=\frac{1}{\sqrt{2}}\sigma_S \tag{10.47}$$

式中，α_S 和 α_Z 分别为目标的起始方位、终止方位，由雷达数据处理设备进行录取，且有 $\sigma_S^2=\sigma_Z^2$。可按 $\alpha_S=\dfrac{\Delta\alpha_{0.5}}{q}$ 进行计算，$\Delta\alpha_{0.5}$ 为 3dB 水平波束宽度，一般取 $q=4$。

2. 正北基准误差 σ_{a2}

正北基准误差 σ_{a2} 取决于自动定正北误差，一般误差为 0.1°。码盘或同步机的方位精度，一般按设计要求选取，其误差较小。

3. 方位量化和主脉冲锁存误差 σ_{a3}

方位量化误差为对雷达扫描的方位进行数字化带来的误差，而主脉冲锁存误差为同一主脉冲内取相同方位角进行参数录取的误差，这两种误差是叠加关系，即

$$\sigma_{a3}=\frac{\Delta\alpha_3+\Delta\alpha_4}{\sqrt{12}} \tag{10.48}$$

式中，$\Delta\alpha_3$ 为一个方位量化单元的方位角；$\Delta\alpha_4$ 为一个锁存脉冲内的方位角。

10.9 本章小结

本章从雷达扫描方式、目标数据处理方式和要求方面，阐述单个目标多个原始点迹数据的形成机理，以及从多个原始点迹数据凝聚为唯一目标点迹数据的一般性原理和方法。讨论了雷达组网系统点迹数据处理的时间统一、空间统一、主要误差校正、多雷达点迹合并与凝聚等工程中遇到的问题及其解决方法，以及运动平台雷达、合成孔径雷达和双基地雷达等点迹数据处理方面的个性特点和要求。

雷达目标点迹数据处理方式与雷达体制、波束形状、信号处理方式、信杂比环境、目标特征等因素关联紧密，针对性强，需要结合上述因素、具体情况和要求进行个性化分析设计。

智能处理技术的发展和应用，也不断为雷达目标点迹数据处理开辟了新的研究方向和技术途径，各种新技术和新算法都从整体视角考虑利用各种综合信息、目标运动模型及运动特征、电磁环境和地理环境特征等，深度挖掘雷达探测数据可能包含的目标点迹数据信息。

本章参考文献

[1] SKOLIK M. 雷达手册[M]. 2 版. 王军等译. 北京：电子工业出版社，2003.
[2] 张光义. 相控阵雷达系统[M]. 3 版. 北京：国防工业出版社，1997.
[3] 杨晨阳，毛士艺. 相控阵雷达中 TWS 和 TAS 跟踪技术[J]. 电子学报，1999（4）.
[4] FARINA A，STUDER F A. 雷达数据处理（第一卷）[M]. 匡永胜，张祖稷，等，译. 北京：国防工业出版社，1988.
[5] 丁鹭飞，耿富录. 雷达原理[M]. 3 版. 西安：西安电子科技大学出版社，2002.
[6] 丁鹭飞，张平. 雷达系统[M]. 西安：西安电讯工程学院出版社，1984.
[7] EAVES J L，REEDY E K. 现代雷达原理[M]. 卓荣邦，杨士毅，张金全，等，译. 北京：电子工业出版社，1991.
[8] 孙仲康. 雷达数据数字处理[M]. 北京：国防工业出版社，1983.
[9] DAVID K, BARTON S A L. Radar Technology Encyclopedia[M]. London: Artech House, 1997.
[10] 何友，修建娟，等. 雷达数据处理及应用[M]. 北京：电子工业出版社，2006.
[11] BAR-SHALOM Y, CAMPO L. The Effect of the Common Process Noise on the Two-sensor Fused-track covariance[J]. IEEE Transactions on Aerospace and Electronic Systems, 1986, 22(6): 803-805.
[12] EBERT H. Problems of Data Processing in Multi-radar and Multi-sensor Defense systems[C]//IEEE International Conference on Radar, 1982.
[13] 郦能敬. 预警机系统导论[M]. 北京：国防工业出版社，1998.
[14] 郑祖良. 大地坐标系的建立与统一[M]. 北京：解放军出版社，1993.
[15] 蔡庆宇，薛毅，张伯彦. 相控阵雷达数据处理及其仿真技术[M]. 北京：国防工业出版社，1997.
[16] 蒋德高. 相控阵雷达系统设计的研究[J]. 现代雷达，1998（3）.
[17] 何友，关键，彭应宁，等. 雷达自动检测与恒虚警处理[M]. 北京：清华大学出版社，1999.
[18] 王杰贵，罗景青. 雷达视频积累量的概率分布及积累效果分析[J]. 中国人民解放军电子工程学院学报，1999（4）.
[19] FARINA A, STUDER F A. Radar Data Processing[M]. Vol. I. II. Research Studies Press LTD, 1985.

第 11 章

雷达目标的航迹综合处理

雷达目标航迹处理的两个基本问题如下：①不同环境下的点迹与点迹相关、点迹与航迹相关；②运动目标航迹的滤波、预测。前者涉及点迹相关范围的控制和相关算法的选取，后者注重运动目标的模型和滤波算法的选用。

11.1　概述

雷达目标航迹处理涉及航迹正确起始、新的点迹和航迹的相继关联、航迹滤波预测等，需要选择合适的系统模型描述目标动态特性，并利用好传感器测量数据，选择合适的跟踪滤波器，并确保跟踪处理、实时测量在时间和空间的一致性，从而更好地实现高质量的跟踪、滤波和预测。本节主要阐述目标航迹处理所需要考虑的系统模型、测量与跟踪坐标系、滤波与预测、时间和空间一致性等基本要求。

11.1.1　航迹与航迹处理

航迹是对多个目标的若干点迹进行处理后将同一目标点迹连成的曲线，在不同使用场合，它们可分别称为航迹、轨迹、弹道等。航迹处理是将同一目标的点迹连成航迹的处理过程。航迹处理一般包括航迹起始、点迹/航迹相关、航迹滤波和预测等。

航迹起始是指建立第一点航迹。通常可以从两个相继目标点迹数据求得目标初始运动状态的估计值，包括目标的位置和速度。目标速度可由目标位移对雷达扫描时间的比值算出。如果出现虚警或杂波剩余较多的情况，这种简单方法就不再可靠，因此，需要处理较长的点迹串，并把那些与预期目标特性相一致的序列作为航迹进行起始。如图 11.1 所示为经航迹处理后的航迹示意图。

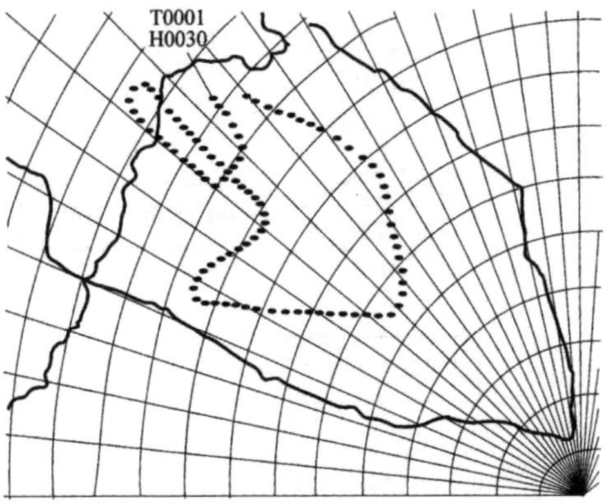

图 11.1　经航迹处理后的航迹示意图

点迹/航迹相关是指建立第一点航迹后，在下一次扫描时，获得同一目标的点迹数据，将其点迹数据与航迹关联起来。

航迹滤波和预测是指假定目标以一定的速度运动，在下次扫描时，目标的位置可以利用其当前位置和速度的估计值来预测。这种估计也许不准确，而且由于下次扫描时预期有点迹出现的位置可能存在虚假点迹，因此，在搜索下一个目标回波时需要考虑到这些因素。可以预测位置为中心形成一个搜索区域，在该区域内找到的点迹即认为与已经建立的航迹相关。这个搜索区域的大小由系统对目标的测量误差、预测误差和目标机动引起的误差来确定。搜索区域必须足够大，以保证下一次目标回波落入该区域的可能性很大；而其尺寸又必须足够小，因为如果存在虚假点迹，搜索区域过大就会平均捕获更多的虚假点迹[1]。实际上，只要搜索区域内的点迹多于一个，相关问题就会变得复杂，需要有更多信息判断哪一个是目标点迹。

对机动目标来说，需要考虑目标可能进行的机动，并用一个围绕预测位置的“机动波门”来表示机动范围。若不考虑测量误差和预测误差的影响，在下次扫描时，目标应出现于该波门的某一点。这样，在目标的预测位置和真实位置之间就存在两种偏差源。计算总搜索区域应该考虑到这两种偏差源可能出现的结果，即把误差波门（非机动目标的搜索区域）和机动波门“相加”，以得到总搜索区域。如图 11.2 所示为航迹处理基本功能之间的相互连接示意图。

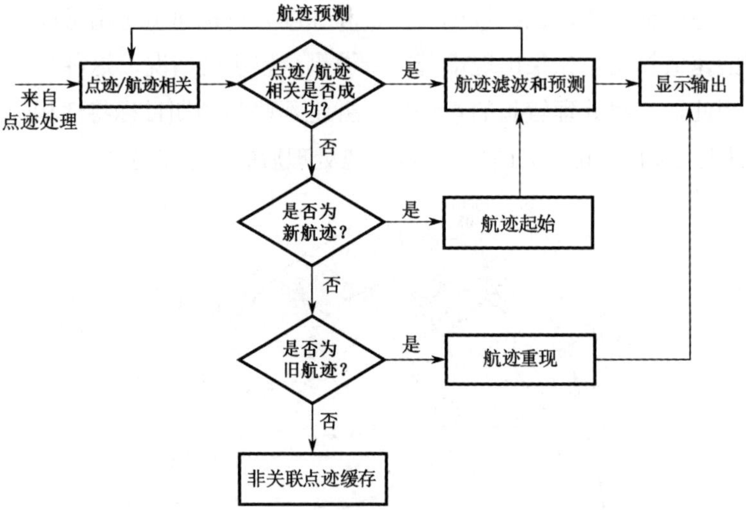

图 11.2　航迹处理基本功能之间的相互连接示意图

11.1.2　系统模型

估计理论是雷达目标跟踪的基础理论，它要求建立系统模型来描述目标动态特性和测量传感器。这种系统模型把某一时刻的状态变量表示为前一时刻状态变量的函数，其所定义的状态变量应是能够全面反映系统动态特性的一组维数最小的变量。采用这种方法的系统输入/输出关系是用状态转移模型和观测模型在时域内加以描述的。状态表示系统的“内部条件”，对旧的输入具有记忆能力；输入可以由确定的时间函数和代表不可预测的变量或噪声的随机过程组成；输出不仅是状态的函数，还受到随机观测误差的扰动。采用矩阵和向量符号为复杂性和特征不尽相同的各种问题提供了统一的解法。

雷达目标跟踪的基本系统主要是线性离散时间系统，目标动态特性和测量传感器可用下列方程描述：

$$\boldsymbol{s}_{k+1}=\boldsymbol{\Phi}_k\boldsymbol{s}_k+\boldsymbol{B}_k\boldsymbol{u}_k+\boldsymbol{G}_k\boldsymbol{v}_k \tag{11.1}$$

$$\boldsymbol{z}_{k+1}=\boldsymbol{H}_{k+1}\boldsymbol{s}_{k+1}+\boldsymbol{L}_{k+1}\boldsymbol{w}_{k+1} \tag{11.2}$$

式（11.1）和式（11.2）中，下标整数 k 和 k+1 表示离散时间的瞬间；$\boldsymbol{s}_k$ 表示 k 时刻系统状态的 n 维向量；$\boldsymbol{u}_k$ 表示确定输入的 p 维向量；$\boldsymbol{v}_k$ 为随机输入扰动的 q 维向量；$\boldsymbol{w}_k$ 为观测噪声的 r 维向量；$\boldsymbol{z}_k$ 为观测值的 m 维向量。$\boldsymbol{\Phi}_k$、$\boldsymbol{B}_k$、$\boldsymbol{G}_k$、$\boldsymbol{H}_{k+1}$、$\boldsymbol{L}_{k+1}$ 分别为 $n\times n$、$n\times p$、$n\times q$、$m\times n$、$m\times r$ 维实值矩阵。由式（11.1）和式（11.2）描述的离散时间线性系统如图 11.3 所示。

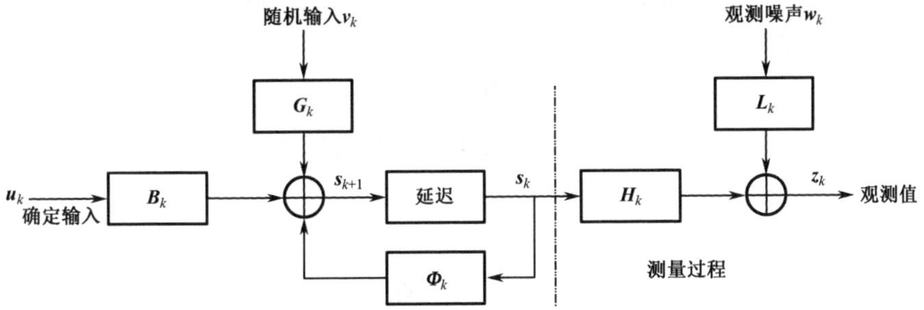

图 11.3　离散时间线性系统

式（11.1）表明，目标动态特性可用线性系统描述，即由包含位置、速度和加速度的状态 $\boldsymbol{s}_k$ 表示，系统下一时刻的状态 $\boldsymbol{s}_{k+1}$ 可以用实际状态 $\boldsymbol{s}_k$ 和输入取样 $\boldsymbol{u}_k$、$\boldsymbol{v}_k$ 两个响应相叠加来求出。状态转移矩阵中 $\boldsymbol{\Phi}_k$ 表示 k+1 时刻之前的历史数据（存储在 $\boldsymbol{s}_k$ 中）对 $\boldsymbol{s}_{k+1}$ 的作用。当 $\boldsymbol{u}_k=0$、$\boldsymbol{v}_k=0$ 时，根据式（11.1)，状态只取决于初始条件 $\boldsymbol{s}_0$，即

$$s_{k+1} = \boldsymbol{\Phi}_k \boldsymbol{\Phi}_{k-1} \cdots \boldsymbol{\Phi}_1 \boldsymbol{\Phi}_0 s_0 \tag{11.3}$$

在此情况下，系统的稳定性取决于矩阵 $\boldsymbol{\Phi}_j$（$j = 0,1,\cdots,k$）。矩阵 $\boldsymbol{B}_k$ 和 $\boldsymbol{G}_k$ 表示系统因受输入变量激励而转入新状态的可能性。

式（11.2）表明，观测值 $\boldsymbol{z}_{k+1}$ 是状态分量与附加噪声扰动的线性组合。矩阵 $\boldsymbol{H}_{k+1}$ 表示 $\boldsymbol{s}_k$ 的分量是如何进行组合而形成观测值 $\boldsymbol{z}_{k+1}$ 的，从而说明了能够根据观测值来确定系统的状态。

在描述目标动态特性或建立目标模型时，建立通用准确的描述目标加速度特性的模型是困难的。在式（11.1）中，随机向量 $\boldsymbol{v}_k$ 表征目标的加速度特性。加速度有纵向加速度和横向加速度两种类型，纵向加速度引起速度改变，横向加速度引起方向改变。转弯、躲避式机动运动及由于周围环境变化引起的加速度均可看作对匀速轨迹的扰动[2]。

为便于理解，下面介绍目标运动的一维数学模型，并用差分方程表示为

$$\begin{aligned} x_{k+1} &= x_k + \dot{x}_k T + 0.5 a_{x,k} T^2 \\ \dot{x}_{k+1} &= \dot{x}_k + a_{x,k} T \end{aligned} \tag{11.4}$$

式中，x_k 和 $\dot{x}_k$ 分别为第 k 次雷达扫描时的目标位置和速度；$a_{x,k}$ 是目标加速度；T 是雷达扫描间隔（假定为常数）。为对目标的运动特性进行预测，目标航迹的位置用时域上的二次多项式进行模拟，对速度用时域上的一次多项式进行模拟；对目标的加速特性用随机变量 $a_{x,k}$ 来描述，并假定 $a_{x,k}$ 是零均值，且方差为 σ_a^2 的高斯分布平稳随机变量，还假设某一瞬间的加速度与其他瞬间的加速度无关。这些假设在数学上表示为

$$\begin{aligned} &E\{a_{x,k}\} = 0 \\ &E\{a_{x,k}^2\} = \sigma_a^2 = \text{常数（对所有的}\ k\text{）} \\ &E\{a_{x,k} \cdot a_{x,n}\} = 0,\quad n \neq k \end{aligned} \tag{11.5}$$

将式（11.4）按式（11.1）写成矩阵方程为

$$\boldsymbol{s}_{k+1} = \boldsymbol{\Phi} \boldsymbol{s}_k + \boldsymbol{G} a_{x,k} \tag{11.6}$$

式中，$\boldsymbol{s}_k$ 是状态向量，即

$$\boldsymbol{s}_k = \begin{bmatrix} x_k \\ \dot{x}_k \end{bmatrix} \tag{11.7}$$

$\boldsymbol{\Phi}$ 是转移矩阵，即

$$\boldsymbol{\Phi} = \begin{bmatrix} 1 & T \\ 0 & 1 \end{bmatrix} \tag{11.8}$$

$\boldsymbol{G}$ 是噪声增益矩阵，即

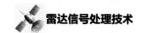

$$G=\begin{bmatrix}\frac{1}{2}T^2\\ T\end{bmatrix} \tag{11.9}$$

量测方程为

$$z_k = \boldsymbol{H}s_k + w_k \tag{11.10}$$

式中，$\boldsymbol{H}=[1\ \ 0]$；w_k 是均值为零、方差为 σ_w^2 的高斯测量噪声。

这一系统的初始条件 s_0 也是均值为 $\hat{s}_0$、协方差矩阵为 $\hat{\boldsymbol{P}}_0$ 的高斯分布随机变量。

雷达数据航迹处理的关注焦点表现在以下 3 个方面。

1. 系统模型应能正确描述运动目标的状态

设计运动目标状态的系统模型一般应考虑系统噪声、量测噪声的概率密度分布，目标运动过程中随机扰动、常速、常加速及加速度模型的描述，以及系统的线性和非线性描述等。通常，实际目标的运动全过程很难用一种模型来精确描述，它需要通过修改系统模型的参数来满足系统精度指标的要求。

2. 跟踪滤波器应能满足系统的指标要求

若要满足系统的指标要求，跟踪滤波器需要与系统模型相适应，而不同的跟踪滤波器对其系统状态估计的精确性不同，通常高精度的滤波器会耗费系统更多的计算资源和存储空间[3]，因此，在系统设计时需要综合考虑。一般应考虑在满足精度指标要求的前提下，选用尽可能简单的滤波器，以使系统留有一定的处理余量，从而适应更复杂的虚警环境和多目标情况，这对防空监视雷达显得尤为重要。

3. 系统设计应能满足各类运动目标全过程跟踪滤波的需求

对于边扫描边跟踪体系的监视雷达，空中目标环境异常复杂，即使是一般的空中目标，也包括起飞、降落、直线飞行、转弯、避闪等阶段，而军用目标因机动灵活，对其状态的估计就更困难。特别是在虚警概率大、数据率受限、检测概率不高的情况下，航迹处理的系统性设计面临更严峻的挑战，因此，系统设计要求如下：在满足一定的检测概率和数据率的条件下，能稳定跟踪机动目标；目标在消失一定时间内又重现后，跟踪滤波器能够恢复输出航迹[4]。

11.1.3　测量与跟踪坐标系

雷达对目标的测量值一般在极坐标系下取得，包括目标的距离、方位、仰角等。若在极坐标系下完成跟踪，可以避免坐标变换，而且由于观测误差的独立性和稳定性，状态向量可以被分解，相应跟踪滤波器可分解为 3 个简单滤波器，每个滤波器分别对距离、方位和仰角进行运算。然而，由于目标的动态特性不能用线性差分方程来描述，而且目标做匀速直线运动时也会有距离和角度的视在加速度产生，这些加速度与距离和角度的关系是非线性的，因此，用这种参考系在处理上会存在一些困难。

直角坐标系特别适合表示由若干直线段组成的目标航线。匀速直线运动的目标在直角坐标系下产生均匀的运动，它可以由线性差分方程精确模拟，因此，极坐标系下的雷达观测值必须变换成直角坐标系下的值。

式（11.2）表明，测量值是系统状态与观测噪声的组合。雷达测得的距离ρ、方位θ，均受附加观测噪声的干扰，若系统状态变量为直角坐标系下的 x、y 坐标，则式（11.2）变为

$$\boldsymbol{z}=\begin{bmatrix}\rho\\ \theta\end{bmatrix}=\begin{bmatrix}\sqrt{x^2+y^2}\\ \arctan(y/x)\end{bmatrix}+\begin{bmatrix}w_\rho\\ w_\theta\end{bmatrix} \tag{11.11}$$

式中，w_ρ 和 w_θ 是相应观测值的噪声分量。假定影响 ρ 、θ 观测噪声的是不相关的零均值高斯分布随机过程，它们的方差分别为σ_ρ^2 和 σ_θ^2，为便于计算分析，通常假定观测误差有固定的标准偏差

$$\begin{aligned}\sigma_\rho&=0.3c\tau/2\\ \sigma_\theta&=0.2B_\theta\end{aligned} \tag{11.12}$$

式中，c 为电磁波的传播速度，τ 为发射脉冲的宽度，B_θ 为天线水平波束 3dB 宽度。

在直角坐标系中进行跟踪，首先需要把目标位置从极坐标变换为直角坐标。这里考虑二维情况，三维问题可以由此推广。设θ为根据 x 轴测得的方位角，则二维极坐标到直角坐标的变换为

$$\begin{aligned}x&=\rho\cdot\cos\theta\\ y&=\rho\cdot\sin\theta\end{aligned} \tag{11.13}$$

下面来估计由于ρ和θ的观测误差引起 x、y 的误差。考虑到式（11.13）的非线性，直角坐标系中的观测误差为非高斯分布，而且相应的最佳跟踪滤波器也是非线性的，为避免这一困难，现作以下合理假设：在极坐标系中的观测误差$(\Delta\rho, \Delta\theta)$小于目标的真实坐标$(\rho, \theta)$。在这个假设条件下，直角坐标系中的误差为

$$\begin{aligned}\Delta x&=\Delta\rho\cdot\cos\theta-\rho\cdot\sin\Delta\theta\\ \Delta y&=\Delta\rho\cdot\sin\theta-\rho\cos\Delta\theta\end{aligned} \tag{11.14}$$

式（11.14）是由式（11.13）两边取微分得到的。这样$(\Delta\rho, \Delta\theta)$与$(\Delta x, \Delta y)$的关系是

近似线性的，且高斯概率分布仍有效，因此，Δx 和Δy 是双变量高斯随机变量，它们的均值为零，方差为

$$
\begin{aligned}
\sigma_x^2 &= \sigma_\rho^2 \cdot \cos^2\theta + \rho^2\sigma_\theta^2 \cdot \sin^2\theta \\
\sigma_y^2 &= \sigma_\rho^2 \cdot \sin^2\theta + \rho^2\sigma_\theta^2 \cdot \cos^2\theta \\
\sigma_{x,y}^2 &= \left(\sigma_\rho^2 - \rho^2\sigma_\theta^2\right)\sin\theta \cdot \cos\theta
\end{aligned}
\tag{11.15}
$$

因此，在直角坐标系中的目标误差是高斯分布的，且互相相关，与目标位置有关。上述各个协方差可以排列成雷达观测值的协方差矩阵 $\boldsymbol{R}$，即

$$
\boldsymbol{R} = \begin{bmatrix} \sigma_x^2 & \sigma_{xy}^2 \\ \sigma_{yx}^2 & \sigma_y^2 \end{bmatrix} \tag{11.16}
$$

虽然上述方法是近似的，但是避免非线性跟踪滤波器的唯一实用方法。

在简单的边扫描边跟踪雷达系统中，误差间的耦合和不稳定忽略不计，且假定σ_x、σ_y、σ_z 是相等的，故跟踪滤波器可分解为单独的 x、y、z 滤波器[5]。

在现代雷达跟踪系统中，一般同时采用直角坐标系和雷达测量极坐标系。其好处如下：①直角坐标系的参数变化率最小，除在北极附近外，地球转动的影响可以忽略不计，即实际上是惯性坐标系，而且在该坐标系中的目标状态方程是线性的；在雷达测量极坐标系中，目标斜距、方位和俯仰角等均可独立得到，而且测量方程也是线性的。②利用坐标变换关系，目标状态的滤波和预测过程可在直角坐标系中方便地完成。在实际过程中，上述这种混合坐标系的选择应用较为成功。

11.1.4　滤波与预测

滤波与预测是指运用估计理论和有效的方法，估计当前和未来时刻目标的运动参数，如位置、速度和加速度等。

当目标作非机动运动时，采用基本的滤波与预测方法即可很好地跟踪目标，这些方法主要有α-β滤波和卡尔曼滤波等。

假设目标的运动特性满足下列理想条件：

（1）目标作等速直线运动，即目标模型中无加速度，式（11.5）中$\sigma_a = 0$。

（2）平稳的测量噪声，即$\sigma_w(k)$在任意第 k 次雷达扫描中恒定不变。

（3）雷达采样周期 T 不变。

（4）$\boldsymbol{s}_k$ 是描述目标运动状态的两维向量，即 $\boldsymbol{s}_k = [x_k \;\; \dot{x}_k]^{\mathrm{T}}$，这里 x_k、$\dot{x}_k$ 分别是位置和速度分量。

在这些假设条件下，采用最小均方估值准则推导出拟合匀速直线航迹的α-β滤波和预测方程为

$$\boldsymbol{s}_{k/k}=\boldsymbol{s}_{k/k-1}+\boldsymbol{K}[\boldsymbol{z}_k-\boldsymbol{H}\boldsymbol{s}_{k/k-1}] \tag{11.17}$$

$$\boldsymbol{s}_{k/k-1}=\boldsymbol{\Phi}\boldsymbol{s}_{k-1/k-1} \tag{11.18}$$

式中，

$$\boldsymbol{K}=\begin{bmatrix}\alpha\\ \beta/T\end{bmatrix} \tag{11.19}$$

$$\boldsymbol{\Phi}=\begin{bmatrix}1 & T\\ 0 & 1\end{bmatrix} \tag{11.20}$$

式（11.17）中，$\boldsymbol{H}$ 为系统状态至测量值的运算矩阵；式（11.19）中，α、β 为滤波器参数，其值的选择应做到有效地滤除测量噪声，在工程应用中需要考虑对突然机动产生快速响应。

对式（11.1）和式（11.2）描述的系统模型，可采用线性均方估计，推导卡尔曼滤波预测方程，这里只给出先验知识及结果，以便于后面应用，详细推导请参见有关文献[6]。

对所描述的系统模型，要研究的问题是利用有限观测时间间隔内收集到的测量值即 $\boldsymbol{z}^k=\{z_0,z_1,\cdots,z_k\}$，来估计线性离散时间动态系统的状态 $\boldsymbol{s}$。这一系统的先验知识由如下信息组成：

（1）初始状态 $\boldsymbol{s}_0$ 是随机向量，其均值为 μ_0，协方差矩阵 $\boldsymbol{P}_0\geqslant 0$。

（2）确定输入 $\boldsymbol{u}_k$，如果有的话，则它是已知的。

（3）随机扰动输入 $\boldsymbol{v}_k$ 是白噪声过程，其均值为零，已知协方差矩阵 $\boldsymbol{Q}_k\geqslant 0$。

（4）观测误差过程 $\boldsymbol{w}_k$ 是零均值白噪声过程，其协方差矩阵 $\boldsymbol{R}_k\geqslant 0$。

（5）假定初始状态 $\boldsymbol{s}_0$ 与扰动 $\boldsymbol{w}_k$、$\boldsymbol{v}_k$ 不相关。

（6）噪声过程 $\boldsymbol{v}_k$ 与 $\boldsymbol{w}_k$ 互不相关，即 $E\left\{\boldsymbol{v}_k \quad \boldsymbol{w}_k^{\mathrm{T}}\right\}=0$。

推导滤波器方程，利用了估计的下列基本性质：

（1）估计误差与观测值间正交。

（2）当获得新观测值时，能够推导出对于估计的修正递推公式。

利用系统的先验知识和估计的基本性质可推导出卡尔曼滤波预测方程。基本卡尔曼滤波预测方程由式（11.21）～式（11.25）表示，其中大部分矩阵符号已在式（11.1）和式（11.2）中出现，其他矩阵由式（11.26）～式（11.28）进行说明。

滤波方程为

$$\hat{\boldsymbol{s}}_{k/k}=\hat{\boldsymbol{s}}_{k/k-1}+\boldsymbol{K}_k\left(\boldsymbol{z}_k-\boldsymbol{H}_k\hat{\boldsymbol{s}}_{k/k-1}\right) \tag{11.21}$$

预测方程为

$$\hat{\boldsymbol{s}}_{k+1/k}=\boldsymbol{\Phi}_k\hat{\boldsymbol{s}}_{k/k}+\boldsymbol{B}_k\boldsymbol{u}_k \tag{11.22}$$

卡尔曼增益方程为

$$\boldsymbol{K}_k = \hat{\boldsymbol{P}}_{k/k-1}\boldsymbol{H}_k^{\mathrm{T}}(\boldsymbol{H}_k\hat{\boldsymbol{P}}_{k/k-1}\boldsymbol{H}_k^{\mathrm{T}}\boldsymbol{R}_k)^{-1} \tag{11.23}$$

滤波估计 $\hat{\boldsymbol{s}}_{k/k}$ 的协方差矩阵为

$$\hat{\boldsymbol{P}}_{k/k} = \left(\boldsymbol{I} - \boldsymbol{K}_k\boldsymbol{H}_k\right)\hat{\boldsymbol{P}}_{k/k-1} \tag{11.24}$$

预测估计 $\hat{\boldsymbol{s}}_{k+1/k}$ 的协方差矩阵为

$$\hat{\boldsymbol{P}}_{k+1/k} = \boldsymbol{\varPhi}_k\hat{\boldsymbol{P}}_{k/k}\boldsymbol{\varPhi}_k^{\mathrm{T}} + \boldsymbol{Q}_k \tag{11.25}$$

随机扰动协方差为

$$E\left\{\boldsymbol{G}_k\boldsymbol{v}_k\boldsymbol{v}_j^{\mathrm{T}}\boldsymbol{G}_j^{\mathrm{T}}\right\} = \boldsymbol{Q}_k\boldsymbol{\delta}_{kj} \tag{11.26}$$

观测误差协方差为

$$E\left\{\boldsymbol{L}_k\boldsymbol{w}_k\boldsymbol{w}_j^{\mathrm{T}}\boldsymbol{L}_j^{\mathrm{T}}\right\} = \boldsymbol{R}_k\boldsymbol{\delta}_{kj} \tag{11.27}$$

观测与预测的差称为残差或偏差，残差协方差为

$$\boldsymbol{\theta}_k = \boldsymbol{H}_k\hat{\boldsymbol{P}}_{k/k-1}\boldsymbol{H}_k^{\mathrm{T}} + \boldsymbol{R}_k \tag{11.28}$$

在实际工程应用中，目标机动运动的情况较为复杂，上述基本滤波预测方程和目标模型已不能完全满足问题的求解。有效的解决办法是应用基于卡尔曼滤波的各种自适应滤波与预测方法，主要包括如下几种：

（1）重新启动滤波增益序列。

（2）增大输入噪声方差。

（3）增大目标状态估计的协方差矩阵。

（4）增加目标状态维数。

（5）在不同的跟踪滤波器之间切换。

这些方法在雷达目标航迹处理的工程应用中都会涉及[7]。

11.1.5　时间和空间一致性要求

在雷达装备实际工作中，对雷达装备观测数据的时间和空间的一致性有较高要求，尤其对空间监视中高速目标的融合处理，时空一致性要求更加苛刻。装备间时间误差如果大于毫秒量级，会带来空间处理上数十米甚至上百米的误差。本节主要对时间统一、授时、守时、坐标系选用及一致性处理等方面提出一般性要求，以便后续模型选择和算法设计能够参考。

1．时间统一与授时要求

一般雷达系统的时间选用国家标准时间。独立使用的雷达系统可以选用绝对时间，保持内部各部分时间同步。标准的授时设备具有时间输出、自动时间校对等符合设计要求的各种功能，雷达自身也设计具有高稳定度时钟源进行授时。按

照需求和场合不同，可以选择不同的授时精度和方式，一般要求如下：

（1）选用卫星授时，要求误差不大于 100ns。

（2）选用 B 码授时，要求误差不大于 200ns。

（3）选用精确时间同步协议（Precision Time Protocol，PTP）授时，要求误差不大于 100μs。

（4）选用秒脉冲加日时间授时，要求误差不大于 1μs。

2. 守时要求

在实际中，当授时设备无法提供准确的时间信息时，要求各雷达具备守时功能。一般情况下，固定式雷达守时误差不大于 1ms/30 天，机动式雷达无供电、全环境温度条件下守时误差一般不大于 5ms/周。

3. 坐标系选用要求

为便于进行时空统一，一般空间坐标系选用要求如下：

（1）目标位置、速度、加速度等空间标记采用 2000 国家大地坐标系（China Geodetic Coordinate System 2000，CGCS 2000）表示。

（2）各装备部署的定位点采用 CGCS 2000 参考椭球基准下的大地经度、大地纬度和大地高程表示。

（3）天文星体或标校用卫星的位置、速度标准数据（星历数据），采用国际天球参考系（International Celestial Reference System，ICRS）数据。

4. 时空一致性处理

雷达装备需要具有时空一致处理功能，以将外部目标的时间、空间信息转换至本地同一时刻、同一参考坐标系下。时空一致性处理包括时间配准和空间配准。

（1）时间配准：利用目标运动模型或滤波处理等将目标位置、速度、加速度、姿态等信息，按选择的配准方法变换到系统统一的时间基准内。时间配准处理的主要方法为目标二阶运动法、弹道一步外推法和拉格朗日内插法等。

（2）空间配准：将目标的位置、速度、加速度、姿态等坐标，按公式变换到相应的处理坐标系。

11.2 雷达目标航迹处理框架

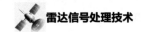

现代雷达对目标航迹处理的功能要求越来越复杂，这对雷达目标航迹处理软

件设计的业务架构、技术架构和软件处理框架都提出了较高的要求，同时要求设计时考虑业务并行、任务并行和数据并行处理，且处理过程参数、算法和模型参数可配置，以适应不断增长的复杂度和越来越强的实时性要求。

11.2.1　雷达目标航迹处理主要功能

雷达目标航迹处理围绕点迹与点迹相关、点迹与航迹相关，以及目标航迹的滤波、预测等基本要求开展功能设计，具有航迹起始、航迹跟踪、航迹维持、航迹质量实时评估并进行控制等功能，同时还要按照雷达整机和雷达数据处理的整体设计要求，具有业务自动化、处理智能化、多传感器情报融合处理、任务协同等功能。

1. 航迹起始

根据不同体制雷达要求，航迹起始方式可分为新批起始、波门起始、全自动起始和扫描波束搜索目标首点起始。新批起始，对应手动录取方式，人工录取航迹首点，并由人工完成航迹录取跟踪和维持。波门起始，对应半自动录取方式，航迹首点需要人工确认，由系统完成航迹自动跟踪和维持。全自动起始，对应区域自动与全自动录取方式，按照目标起始逻辑进行航迹全自动生成和跟踪处理。扫描波束搜索目标首点起始，对应相控阵雷达 TAS 方式，搜索波束发现目标首点，经处理形成目标点迹数据，按规则申请确认波束对发现的目标进行回扫探测和相继处理[8]，由起始逻辑形成新航迹，系统自动完成目标的航迹跟踪和航迹维持。

2. 航迹跟踪

航迹跟踪包括点迹与航迹关联处理、航迹相关处理和航迹跟踪滤波 3 个主要处理过程。点迹与航迹关联处理包括候选观测点迹的遴选处理、贝叶斯和极大似然数据关联算法处理。航迹相关处理包括两个或两个以上点迹与一条航迹关联、一个点迹与两条或两条以上航迹关联等多种情况处理，主要算法有航迹分支和综合多因子相关法；航迹跟踪滤波负责目标状态估计和预测，主要算法有卡尔曼滤波、非线性卡尔曼滤波等。

3. 航迹维持

航迹维持包括航迹无点迹数据更新和航迹消亡等处理过程。在雷达实际工作中，受目标检测概率下降的影响，航迹处理时对于已跟踪的目标，若本次扫描没有发现可用于航迹更新的点迹数据，通常采用预测数据作为本次扫描的航迹更新数据，但不输出，以待下次扫描有了点迹数据后，继续进行航迹更新。有些雷达已具备当目标探测信号衰落引起目标检测概率下降时，可及时降低检查门限[9]，以提升目标检测概率。当连续几次扫描都没有发现目标点迹数据时，将进入航迹消亡处理。

4. 航迹质量实时评估并进行控制

航迹质量实时评估主要包括航迹跟踪质量评估、目标检测概率和虚警概率在线调整等处理。一般采用对目标航迹距离、方位、仰角、速度、航向等参数进行均方根估计，按参数变动情况对目标航迹质量实时评估。根据目标航迹质量变化情况，控制前段的检测门限或启动对目标的回扫探测，同时航迹质量实时评估结果也应用于雷达的健康管理。

5. 业务自动化

业务自动化要求雷达目标航迹处理适应雷达数据处理和相关控制的全程自动化，包括雷达目标自适应起始和跟踪滤波、目标自动分类识别、雷达资源高效调度和利用、雷达系统健康状况自动评估和管理等。

6. 处理智能化

处理智能化要求雷达目标航迹处理采用大数据、人工智能技术，对雷达观测环境智能感知、对观测噪声动态评估、对目标检测门限动态控制、对目标运动模型自适应切换，采用智能化方法提升目标检测能力和航迹跟踪质量。

7. 多传感器情报融合处理

多传感器情报融合处理要求雷达目标航迹处理具有接收周边其他雷达探测目标点迹数据和航迹数据、雷达系统误差自动配准、时空统一等能力[10]，进行一体化融合处理和提供区域统一态势信息。

8. 任务协同

任务协同要求雷达目标航迹处理具有提供目标预测状态信息、协助闭环跟踪和检测门限自适应调整控制、协助完成目标全跟踪处理、协助完成重点目标测高控制和参数配对、协同抗干扰、协助目标引导跟踪、协助应答询问系统参数控制和数据处理等。

11.2.2　雷达目标航迹处理软件架构

雷达目标航迹处理软件架构包括业务架构、技术架构和嵌入式软件框架。业务架构主要负责目标航迹数据处理需要实现的业务功能及各业务功能之间的关系，确保数据处理系统功能完整；技术架构负责业务功能实现的技术体系及数据处理性能；嵌入式软件框架提供目标航迹数据处理软件基础框架，为数据处理强实时、大容量处理要求提供软件体系架构支持。

1．业务架构

雷达目标航迹数据处理业务架构设计基本要求为业务与数据分离、业务与模型分离、业务与平台分离，以适应业务自动化、处理智能化、任务协调化的系统特征。目标航迹数据处理主要业务有目标点迹处理、目标航迹起始、目标跟踪滤波、航迹维持与管理、资源调度、自适应杂波控制、模拟目标管理、输入输出管理、操作管理、数据记录与重演等。

2．技术架构

雷达目标航迹数据处理技术架构设计基本要求有模型与数据分离、技术与业务分离、算法与平台分离，以适应技术架构自适应、自闭环、自管理的体系特征。数据处理主要技术有最小二乘、卡尔曼滤波、EKF、UKF 估计滤波算法；最近邻域、概率数据关联、综合多因子模型等关联算法；点迹凝聚、点迹合并求精、目标起始与跟踪、仙波估计、目标综合识别等模型。

3．嵌入式软件框架

雷达目标航迹数据处理嵌入式软件框架设计基本要求有框架与数据分离、框架与业务分离、框架与平台分离，以适应软件框架模块化、组件化、并行化体系特征。嵌入式软件框架主要组成有数据管理、框架管理、并行处理、时间管理、数据分发服务、操作系统扩展、通用功能模块管理等。

11.2.3　雷达目标航迹处理并行架构

雷达目标航迹处理要求流水式实时处理大容量数据，并适应数据突发性增加现象，采用并行架构设计是有效提升数据处理强实时、大容量等性能的有效途径。目标航迹数据并行处理主要为业务并行、任务并行和数据并行。

1. 业务并行

雷达目标航迹数据处理业务功能一般采用软件组件方式实现，主要的业务组件有目标点迹处理、目标航迹起始、目标跟踪滤波、跟踪维持与管理、资源调度、自适应杂波控制、模拟目标管理、输入/输出管理、操作管理、数据记录与重演等。根据雷达体制要求与总体设计需求，按并行化方式选择数据处理业务组件并进行搭建，适应性配置其输入/输出关系，选择相应状态、模型和参数等。

2. 任务并行

雷达目标航迹数据处理的每个业务组件都设计成能够同时处理若干相关的不同类型的任务，如目标跟踪滤波组件的主要任务类型为点迹-航迹关联任务、点迹-航迹相关定时控制任务、目标跟踪滤波任务、航迹维持与管理任务等。不同的任务在空间和时间上可以实现并行同步处理。

3. 数据并行

雷达目标航迹数据处理各业务组件中的数据处理任务一般都采用并行化设计，即将数据处理任务部署到若干个 CPU 核上，通过负载均衡功能进行配置，实现数据级的并行处理，满足不同场合的实时处理要求。

11.2.4 阵地和环境适应性考虑

为提高雷达目标航迹数据处理软件对阵地和环境的适应能力，要求处理过程精细化、算法模型化、模型参数化，这样就形成了一套雷达目标航迹数据处理阵地优化参数。通过对数据处理阵地参数的优化配置，形成雷达数据处理工作参数文件，结合数据处理软件，就可以为雷达定制一套合格的数据处理软件产品。工程中一般会专门设计一套阵地优化参数管理软件，对雷达系统工作参数及各个分系统工作参数进行统一管理[11]。这里简单介绍雷达目标航迹数据处理软件通过参数配置以适应阵地和环境的变化，主要考虑的配置参数如下。

（1）区域类参数包括：航迹不起批区，禁止目标航迹起始的区域；航迹屏蔽区，禁止航迹输出的区域；机场区，保障机场起飞降落目标航迹的处理。

（2）自适应杂波控制区包括杂波基本密度、起始的密度等级、跟踪的密度等级。

（3）系统校正包括距离、方位、仰角等系统参数修正值。

（4）运动模型参数包括速度区间、加速度区间，以及横向加速度区间、纵向加速度区间。

（5）观测模型包括距离、方位、仰角观测噪声估计值。

（6）起始跟踪模型包括起始模型的相关参数、关联模型的相关参数。

（7）跟踪滤波模型包括滤波模型的相关参数、航迹维持模型的相关参数。

（8）航迹过滤模型包括慢速目标判别模型参数、仙波类目标判别模型参数。

（9）航迹确认包括目标航迹确认模型参数。

11.3　不同精度数据的最佳拟合

用不同精度的两部雷达（收发站+单部接收站的双基地雷达也属于这种情况）测量某目标的距离存在下列情况：未知目标距离为 x，由两部雷达分别得到观测值为 z_1、z_2，且存在互相独立的随机附加观测误差 v_1 和 v_2，则

$$\begin{aligned} z_1 &= x + v_1 \\ z_2 &= x + v_2 \end{aligned} \tag{11.29}$$

式中，v_1 和 v_2 的均值为零、方差分别为 σ_1^2 和 σ_2^2。若没有任何其他信息，则可求得 x 的估计为

$$\hat{x} = k_1 z_1 + k_2 z_2 \tag{11.30}$$

式中，$\hat{x}$ 是观测值的线性函数；k_1 和 k_2 均待定。现进一步定义估计误差为

$$x_{\mathrm{e}} = \hat{x} - x \tag{11.31}$$

在无偏估计 $E[x_{\mathrm{e}}]=0$ 和均方估计误差 $E[x_{\mathrm{e}}^2]$ 最小的条件下，可求得相应估计 $\hat{x}$ 和均方估计误差为

$$\hat{x} = \frac{1}{\sigma_1^2 + \sigma_2^2}\left(\sigma_2^2 z_1 + \sigma_1^2 z_2\right) \tag{11.32}$$

$$E[x_{\mathrm{e}}^2] = \left(\frac{1}{\sigma_1^2} + \frac{1}{\sigma_2^2}\right)^{-1} = \sigma_{x_{\mathrm{e}}}^2 \tag{11.33}$$

式（11.32）对每个观测值按其精度精确地加权，即从精度较高的雷达得到的观测值比从精度较差雷达得到的观测值受到更多的重视（若 $\sigma_1 = 0$，则 $\hat{x} = z_1$）。若 $\sigma_1 = \sigma_2$，则观测值被平均，即估计 $\hat{x}$ 由观测值 z_1 和 z_2 平均求得。式（11.33）表明这个估计的精确程度，可见，估计的方差 $\sigma_{x_{\mathrm{e}}}^2$ 小于任何一个观测误差的方差。

假设现在又得到新的观测值 z_3，z_3 受观测噪声 v_3 的干扰，v_3 的均值为零、方差为 σ_3^2。应用上面同样的方法，可求得新的估计 $\hat{x}_3$ 的递归形式为

$$\hat{x}_3 = \hat{x}_2 + \frac{\sigma_{\hat{x}_2}^2}{\sigma_{\hat{x}_2}^2 + \sigma_3^2}\left(z_3 - \hat{x}_2\right) \tag{11.34}$$

由此可以得到很有意义的关系式：新的估计 $\hat{x}_3$ 是根据前一次估计 $\hat{x}_2$，并对本

次观测值与前次估计的偏差$(z_3-\hat{x}_2)$进行适当加权求得的。这个过程可以无限重复，不断进行观测，所得观测值按某个时间顺序不断被使用，估计从而不断得到更新。估计$\hat{x}_{\mathrm{e}}$方差的相应递归关系为

$$\sigma_{\hat{x}_3}^2=\left(\frac{1}{\sigma_1^2}+\frac{1}{\sigma_2^2}+\frac{1}{\sigma_3^2}\right)^{-1}=\left(\frac{1}{\sigma_{\hat{x}_2}^2}+\frac{1}{\sigma_3^2}\right)^{-1} \tag{11.35}$$

递归方法降低了对实现估计滤波所需要的存储能力的要求[1]。事实上，它只需要保留前次估计及其方差，而不需要存储所有的观测值z，从而易于实现。

11.4 雷达数据处理系统常用的估计方法

估计方法是根据一组与未知参数有关的观测数据给出的信息去推算出一组未知参数值的理论工具，它为雷达数据处理领域内的许多实际工程问题提供了有效的解决方法。根据解决问题的要求和可以接受的系统复杂性，雷达数据处理问题所涉及的估计方法主要包括最小平方估计、加权最小平方估计、最小均方误差估计和线性均方估计。

11.4.1 多维向量的估计与估计误差

为分析雷达数据处理系统和设计该系统的滤波算法，一般用多维向量$\boldsymbol{x}$表示待估计的未知参数或状态

$$\boldsymbol{x}=[x_1,x_2,\cdots,x_n]^{\mathrm{T}} \tag{11.36}$$

用m维向量$\boldsymbol{z}$表示观测数据

$$\boldsymbol{z}=[z_1,z_2,\cdots,z_m]^{\mathrm{T}} \tag{11.37}$$

$\boldsymbol{z}$与$\boldsymbol{x}$的关系如下：$\boldsymbol{z}$取决于$\boldsymbol{x}$。实际系统对$\boldsymbol{x}$进行预测后，需要根据观测值$\boldsymbol{z}$修改$\boldsymbol{x}$的预测值，以减小不确定性。一般假设观测值$\boldsymbol{z}$与待估计量$\boldsymbol{x}$满足关系式

$$\boldsymbol{z}(k)=h\left[\boldsymbol{x}(k),\boldsymbol{w}(k)\right] \tag{11.38}$$

式中，k表示k时刻；$\boldsymbol{w}(k)$是m维观测噪声向量，通常为高斯白噪声。经过k个时刻的观测，观测值的集合为

$$\boldsymbol{z}^k=\left\{\boldsymbol{z}(j):j=1,2,\cdots,k\right\} \tag{11.39}$$

根据$\boldsymbol{z}$的定义和先验知识，对观测数据进行适当处理就可得到$\boldsymbol{x}$的估计$\hat{\boldsymbol{x}}$。对离散系统，一般认为$\boldsymbol{x}$满足某一动态方程，即

$$\hat{\boldsymbol{x}}(k+1)=f\left[\hat{\boldsymbol{x}}(k),\boldsymbol{u}(k),\boldsymbol{v}(k)\right] \tag{11.40}$$

通常情况下，估计$\hat{\boldsymbol{x}}$与实际值$\boldsymbol{x}$并不一致，因此，估计误差定义为

$$\hat{\boldsymbol{e}} = \boldsymbol{x} - \hat{\boldsymbol{x}} \tag{11.41}$$

估计误差的模表示估计值接近其真值的程度，即估计的质量。

一般用误差损失函数来描述估计器的质量。在大部分情况下，当 $\boldsymbol{x}$ 为随机向量或当观测数据 $\boldsymbol{z}$ 受到噪声扰动时，估计 $\hat{\boldsymbol{x}}$ 和估计误差 $\hat{\boldsymbol{e}}$ 也就是随机向量，因此，要构造 $\hat{\boldsymbol{e}}$ 的适当函数作为损失函数并使之最小来设计估计器[2]。下面介绍雷达数据处理设备中常用的几种损失函数及估计器。

11.4.2　最小平方估计

数据处理应用存在如下问题：确定向量 $\boldsymbol{x}$ 为未知，观测向量 $\boldsymbol{z}$ 的概率分布无法准确描述，而 $\boldsymbol{z}$ 为 $\boldsymbol{x}$ 的已知线性函数，即

$$\boldsymbol{z} = \boldsymbol{A}\boldsymbol{x} \tag{11.42}$$

式中，$\boldsymbol{A}$ 表示 $m \times n$ 维实矩阵，数据个数 m 超过未知向量的个数 n。若 $\boldsymbol{x}$ 的估计表示为 $\hat{\boldsymbol{x}}$，则相应的估计误差为

$$\hat{\boldsymbol{e}}_z = \boldsymbol{z} - \boldsymbol{A}\hat{\boldsymbol{x}} \tag{11.43}$$

式（11.43）中误差的大小用实标量表示为

$$\boldsymbol{e}^2 = (\boldsymbol{z} - \boldsymbol{A}\hat{\boldsymbol{x}})^{\mathrm{T}}(\boldsymbol{z} - \boldsymbol{A}\hat{\boldsymbol{x}}) \tag{11.44}$$

最小平方估计是使 $\boldsymbol{e}^2$ 最小，求得相应最优解为

$$\hat{\boldsymbol{x}} = (\boldsymbol{A}^{\mathrm{T}}\boldsymbol{A})^{-1}\boldsymbol{A}^{\mathrm{T}}\boldsymbol{z} \tag{11.45}$$

在雷达组网应用中，对式（11.44）各个误差分量给予不同的加权，以适合观测值 $\boldsymbol{z}$ 具有不同精度的情况，因此，在设计估计器时要对 $\boldsymbol{z}$ 中受不确定影响较大的那些分量给予较小权重，则相应的加权平方误差为

$$\boldsymbol{e}^2 = (\boldsymbol{z} - \boldsymbol{A}\hat{\boldsymbol{x}})^{\mathrm{T}}\boldsymbol{R}^{-1}(\boldsymbol{z} - \boldsymbol{A}\hat{\boldsymbol{x}}) \tag{11.46}$$

式中，$\boldsymbol{R}^{-1}$ 表示加权系数的正定矩阵。加权最小平方估计使得 $\boldsymbol{e}^2$ 最小，求得相应最优解为

$$\hat{\boldsymbol{x}} = (\boldsymbol{A}^{\mathrm{T}}\boldsymbol{R}^{-1}\boldsymbol{A})^{-1}\boldsymbol{A}^{\mathrm{T}}\boldsymbol{R}^{-1}\boldsymbol{z} \tag{11.47}$$

11.4.3　最小均方误差估计

最小均方误差估计准则应用于 $\boldsymbol{x}$ 和 $\boldsymbol{z}$ 是联合概率分布随机向量，且下列误差损失函数应最小的场合

$$J = E_{x/z}\{(\boldsymbol{x} - \hat{\boldsymbol{x}})^{\mathrm{T}}\boldsymbol{W}(\boldsymbol{x} - \hat{\boldsymbol{x}}) / \boldsymbol{z}\} \tag{11.48}$$

式（11.48）表示估计 $\hat{\boldsymbol{x}}$ 应使 J 最小，$E_{x/z}\{\cdot / \boldsymbol{z}\}$ 表示在给定 $\boldsymbol{z}$ 的情况下，对 $\boldsymbol{x}$ 的条件分布的数学期望。$\boldsymbol{W}$ 是权系数的非负实矩阵。该损失函数的显式表示式为

$$J(\hat{\boldsymbol{x}},\boldsymbol{z})=\int(\boldsymbol{x}-\hat{\boldsymbol{x}})^{\mathrm{T}}\boldsymbol{W}(\boldsymbol{x}-\hat{\boldsymbol{x}})p(\boldsymbol{x}/\boldsymbol{z})\mathrm{d}\boldsymbol{x} \tag{11.49}$$

在$\dfrac{\partial J}{\partial x}=O^{\mathrm{T}}$的条件下，可求得使式（11.49）最小的$\boldsymbol{x}$估值，即最佳估计为

$$\hat{\boldsymbol{x}}=E_{x/z}\{\boldsymbol{x}/\boldsymbol{z}\}=\int \boldsymbol{x}p(\boldsymbol{x}/\boldsymbol{z})\mathrm{d}\boldsymbol{x} \tag{11.50}$$

该最佳估计能得到最小协方差矩阵为

$$\hat{\boldsymbol{P}}=E\left\{(\boldsymbol{x}-\hat{\boldsymbol{x}})\left((\boldsymbol{x}-\hat{\boldsymbol{x}})^{\mathrm{T}}/\boldsymbol{z}\right)\right\} \tag{11.51}$$

假设$\boldsymbol{x}$和$\boldsymbol{z}$均值分别为$\overline{\boldsymbol{x}}$和$\overline{\boldsymbol{z}}$，则协方差矩阵分别为

$$\begin{gathered}\operatorname{cov}\left\{(\boldsymbol{x}-\overline{\boldsymbol{x}})\right\}=\boldsymbol{P}_{xx}\\ \operatorname{cov}\left\{(\boldsymbol{z}-\overline{\boldsymbol{z}})\right\}=\boldsymbol{P}_{zz}>0\\ E\{(\boldsymbol{x}-\overline{\boldsymbol{x}})(\boldsymbol{z}-\overline{\boldsymbol{z}})^{\mathrm{T}}\}=\boldsymbol{P}_{xz}\end{gathered} \tag{11.52}$$

在这种情况下，条件概率密度分布$p(\boldsymbol{x}/\boldsymbol{z})$为正态分布，其均值和协方差为

$$E\{\boldsymbol{x}/\boldsymbol{z}\}=\overline{\boldsymbol{x}}+\boldsymbol{P}_{xz}\boldsymbol{P}_{zz}^{-1}(\boldsymbol{z}-\overline{\boldsymbol{z}}) \tag{11.53}$$

$$\operatorname{cov}\{\boldsymbol{x}/\boldsymbol{z}\}=\boldsymbol{P}_{xx}-\boldsymbol{P}_{xz}\boldsymbol{P}_{zz}^{-1}\boldsymbol{P}_{xz}^{\mathrm{T}} \tag{11.54}$$

式（11.53）和式（11.54）十分重要，它说明给出最小均方误差估计的条件均值仍是观测值$\boldsymbol{z}$的线性函数。这个结论是设计最佳均方估计器的基础，也是解决动态问题（滤波和预测）的理论基础。

11.4.4 线性均方估计

在许多应用中，可以把估计器限定为线性，而不规定具体是何种概率分布。在非正态分布条件下，这一点是以牺牲估计精度为代价的，因此，有必要解决下述线性均方估计问题，以便求得给定$\boldsymbol{z}$时的$\boldsymbol{x}$的最佳线性估计，即使下式中J最小

$$J=E\{(\boldsymbol{x}-\hat{\boldsymbol{x}})^{\mathrm{T}}(\boldsymbol{x}-\hat{\boldsymbol{x}})\} \tag{11.55}$$

式中，

$$\hat{\boldsymbol{x}}=\boldsymbol{A}\boldsymbol{z}+\boldsymbol{b} \tag{11.56}$$

假定可从式（11.56）求出$(\boldsymbol{x},\boldsymbol{z})$的一阶和二阶统计特性。将$\boldsymbol{x}$代入$J$，令$J$对$\boldsymbol{A}$和$\boldsymbol{b}$的微商为零而求得最佳$\boldsymbol{A}^0$和$\boldsymbol{b}^0$，则可解决这一问题。结果有

$$\boldsymbol{A}^0=\boldsymbol{P}_{xz}\boldsymbol{P}_{zz}^{-1} \tag{11.57}$$

$$\boldsymbol{b}^0=\overline{\boldsymbol{x}}-\boldsymbol{A}^0\overline{\boldsymbol{z}} \tag{11.58}$$

$$\hat{\boldsymbol{x}}=\boldsymbol{A}^0\boldsymbol{z}+\boldsymbol{b}^0=\overline{\boldsymbol{x}}+\boldsymbol{P}_{xz}\boldsymbol{P}_{zz}^{-1}(\boldsymbol{z}-\overline{\boldsymbol{z}}) \tag{11.59}$$

值得指出的是，具有约束条件的最佳解——式（11.59）等于式（11.53）。

上式说明：不管$(\boldsymbol{x},\boldsymbol{z})$具有何种概率分布，只要其均值和协方差相同，则所得估计也相同。然而，若$(\boldsymbol{x},\boldsymbol{z})$是联合正态分布随机向量，则线性均方估计应是无约

束条件的最佳估计，因此，由线性约束条件得出的结论完全等效于用正态分布随机向量代替原有随机向量。需要强调的是，线性约束条件引起的估计协方差与正态分布随机向量所得相同。对正态随机向量 $\boldsymbol{x}$，这可能是最佳值，但对实际的非正态分布随机向量 $\boldsymbol{x}$，则可能是准最佳值。

11.4.5 非线性估计

在前文提到的最小平方估计、最小均方误差估计和线性均方估计中，随机向量 $\boldsymbol{x}$ 的估计 $\hat{\boldsymbol{x}}$ 最终是观测向量 $\boldsymbol{z}$ 的线性函数，即 $\hat{\boldsymbol{x}}$ 均具有式（11.56）的形式。对于估计 $\hat{\boldsymbol{x}}$ 直接为 $\boldsymbol{z}$ 的非线性函数情形，目前尚无系统的理论描述。本节不讨论 $\hat{\boldsymbol{x}}$ 是否为 $\boldsymbol{z}$ 的线性函数，而考虑另一种形式的“非线性估计”问题，即状态转移方程（或运动方程）非线性，且观测方程非线性的情况，此时应考虑贝叶斯滤波方法。

从概率分布的角度来考虑状态估计问题：雷达设备对目标的观测信息和利用目标状态方程得到的预测信息都不是完全准确的（分别带有观测噪声和过程噪声），但可认为这些值都分布在目标运动状态真实值附近一定范围内，假设系统的状态向量和观测向量都服从一定的概率分布，则可以利用贝叶斯法则求解状态的最优估计。

在给出贝叶斯滤波的具体公式之前，需要先明确可利用的信息和需要求解的问题：利用已知的 k−1 时刻目标状态给定观测值条件下的分布 $p(\boldsymbol{x}_{k-1}\,|\,\boldsymbol{z}_{1:k-1})$，和当前 k 时刻观测值的条件分布 $p(\boldsymbol{z}_{k-1}\,|\,\boldsymbol{x}_k)$，求解当前时刻目标状态的条件分布 $p(\boldsymbol{x}_k\,|\,\boldsymbol{z}_{1:k})$。

贝叶斯滤波估计可以分为 3 步[12,13]，第一步是利用前面 k−1 时刻的观测值对目标状态的分布进行预测，即计算

$$
\begin{aligned}
p(\boldsymbol{x}_k\,|\,\boldsymbol{z}_{1:k-1}) &= \int p(\boldsymbol{x}_k,\boldsymbol{x}_{k-1}\,|\,\boldsymbol{z}_{1:k-1})\mathrm{d}\boldsymbol{x}_{k-1} \\
&= \int \frac{p(\boldsymbol{x}_k,\boldsymbol{x}_{k-1},\boldsymbol{z}_{1:k-1})}{p(\boldsymbol{z}_{1:k-1})}\mathrm{d}\boldsymbol{x}_{k-1} \\
&= \int \frac{p(\boldsymbol{x}_k\,|\,\boldsymbol{x}_{k-1},\boldsymbol{z}_{1:k-1})p(\boldsymbol{x}_{k-1},\boldsymbol{z}_{1:k-1})}{p(\boldsymbol{z}_{1:k-1})}\mathrm{d}\boldsymbol{x}_{k-1} \\
&= \int p(\boldsymbol{x}_k\,|\,\boldsymbol{x}_{k-1},\boldsymbol{z}_{1:k-1})p(\boldsymbol{x}_{k-1}\,|\,\boldsymbol{z}_{1:k-1})\mathrm{d}\boldsymbol{x}_{k-1} \\
&= \int p(\boldsymbol{x}_k\,|\,\boldsymbol{x}_{k-1})p(\boldsymbol{x}_{k-1}\,|\,\boldsymbol{z}_{1:k-1})\mathrm{d}\boldsymbol{x}_{k-1}
\end{aligned} \tag{11.60}
$$

式（11.60）中最后一个等号的化简用到了 k 时刻目标状态 $\boldsymbol{x}_k$ 与前面 k−1 时刻的观测值无关这一假设。

贝叶斯滤波的第二步是利用 k 时刻获得新的观测值 $\boldsymbol{z}_k$ 对预测的目标状态分布进行更新，即计算

$$
\begin{aligned}
p(\boldsymbol{x}_k|\boldsymbol{z}_{1:k}) &= \frac{p(\boldsymbol{x}_k,\boldsymbol{z}_{1:k})}{p(\boldsymbol{z}_{1:k})} \\
&= \frac{p(\boldsymbol{z}_k|\boldsymbol{x}_k,\boldsymbol{z}_{1:k-1})p(\boldsymbol{x}_k,\boldsymbol{z}_{1:k-1})}{\int p(\boldsymbol{x}_k,\boldsymbol{z}_{1:k})\mathrm{d}\boldsymbol{x}_k} \\
&= \frac{p(\boldsymbol{z}_k|\boldsymbol{x}_k,\boldsymbol{z}_{1:k-1})p(\boldsymbol{x}_k|\boldsymbol{z}_{1:k-1})p(\boldsymbol{z}_{1:k-1})}{\int p(\boldsymbol{z}_k|\boldsymbol{x}_k,\boldsymbol{z}_{1:k-1})p(\boldsymbol{x}_k,\boldsymbol{z}_{1:k-1})\mathrm{d}\boldsymbol{x}_k} \\
&= \frac{p(\boldsymbol{z}_k|\boldsymbol{x}_k,\boldsymbol{z}_{1:k-1})p(\boldsymbol{x}_k|\boldsymbol{z}_{1:k-1})p(\boldsymbol{z}_{1:k-1})}{\int p(\boldsymbol{z}_k|\boldsymbol{x}_k,\boldsymbol{z}_{1:k-1})p(\boldsymbol{x}_k,\boldsymbol{z}_{1:k-1})p(\boldsymbol{z}_{1:k-1})\mathrm{d}\boldsymbol{x}_k} \\
&= \frac{p(\boldsymbol{z}_k|\boldsymbol{x}_k)p(\boldsymbol{x}_k|\boldsymbol{z}_{1:k-1})}{\int p(\boldsymbol{z}_k|\boldsymbol{x}_k)p(\boldsymbol{x}_k|\boldsymbol{z}_{1:k-1})\mathrm{d}\boldsymbol{x}_k}
\end{aligned} \tag{11.61}
$$

式（11.61）中最后一个等号右边用到了 k 时刻目标观测值 $\boldsymbol{z}_k$ 与前面 $k-1$ 时刻的观测值无关这一假设。

第三步是根据得到的 k 时刻目标状态的条件分布求其期望和方差，即得到对目标状态和观测误差协方差的估计为

$$
\begin{aligned}
\hat{\boldsymbol{x}}_k &= \int \boldsymbol{x}_k p(\boldsymbol{x}_k|\boldsymbol{z}_{1:k})\mathrm{d}\boldsymbol{x}_k \\
\hat{\boldsymbol{P}}_k &= \int (\boldsymbol{x}_k-\hat{\boldsymbol{x}}_k)(\boldsymbol{x}_k-\hat{\boldsymbol{x}}_k)^{\mathrm{T}} p(\boldsymbol{x}_k|\boldsymbol{z}_{1:k})\mathrm{d}\boldsymbol{x}_k
\end{aligned} \tag{11.62}
$$

尽管贝叶斯滤波的无穷积分在大多数情况下都没有解析解，但是通过引入不同的假设和近似，研究人员发明了各种滤波方法。例如，通过假设状态转移方程和观测方程为线性，以及过程噪声和观测噪声为零均值高斯白噪声，可以推导出基本卡尔曼滤波器算法；通过对状态转移方程进行线性化近似，可推导出扩展卡尔曼滤波器算法等。此处限于篇幅，略去具体推导步骤，感兴趣的读者可参考相关资料。值得一提的是，尽管贝叶斯滤波的基本思想并未包含对估计值 $\hat{\boldsymbol{x}}$ 的任何线性化假设，但雷达中常用的跟踪滤波框架仍然具有 $\hat{\boldsymbol{x}}$ 是观测向量 $\boldsymbol{z}$ 的线性函数这一特性，因此，从这个角度讲，线性估计在实际应用中是跟踪理论中最重要的估计方法。

11.4.6 系统与目标模型

系统与目标模型是指描述物理实体的输入/输出特性，并把某一时刻的状态变量表示为前一时刻状态变量函数的数字表达式。对雷达探测系统的目标跟踪问题来说，其模型的数学表示式一般为一阶差分方程组，以便于用矢量和矩阵运算处理。这组方程的相关变量就是“系统状态变量”，它包含了被测实体的全部有用变量，这些变量应是能够全面反映系统特性的数目最小的一组变量。

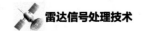

决定时间演变的扰动变量代表了动态系统的能控输入或扰动情况。观测得到的数据代表系统的输出。

系统模型的特征表现如下：

（1）系统状态变量是动态演变的。

（2）能在规定的扰动和输入情况下实施最佳控制。

（3）能用随机过程来模拟受噪声干扰的数据和系统参数的不确定性。

系统模型是针对雷达数据处理、自动检测和通信等领域提出的，就所要解决的雷达数据处理问题而言，系统模型与目标模型在本质上是一致的。但在一个具体的复杂系统中，可能包含多种目标，其模型不完全一致，因此，要求系统设计时充分考虑不同目标情况，以保证系统模型符合多类目标的需求。

在目标运动模型中，状态变量就是目标位置、速度和加速度等物理量。为考虑工程和算法上的可实现性，通常尽量使模型方程简化，而同时使模型精度和跟踪性能符合指标要求[14]。就一般情况来说，可以用低阶多项式来拟合目标的运动轨迹和进行预测，而不必像预测再入飞行器溅落点那样，考虑目标的各种作用力。

监视雷达常见的目标主要是空中的各种飞机和海面的各种舰船等。这类目标的位置和速度易于描述，但加速度特性难以描述。加速度有纵向加速度和横向加速度两种类型，纵向加速度引起速度改变，横向加速度引起方向改变，军用飞机作机动飞行时，后者更为常见。有关目标的速度、加速度及转弯速度典型值如表 11.1 所示。

表 11.1　目标的速度、加速度及转弯速度典型值

目标	速度	加速度或转弯速度
船	0～20m/s	2°/s
军用飞机	50～1000m/s	50～80m/s^2
导弹	200～1200m/s	100m/s^2
直升飞机	0～80m/s	10m/s^2
民用飞机	50～300m/s	1.5°/s～3°/s

11.5　运动目标的数学模型

要描述目标的运动状态就必须建立其数学模型，建立模型的主要困难在于很难找到一种模型能够描述目标运动的全过程，通常只能按目标运动的各阶段分别建立模型。

11.5.1 常速度模型

在常速度模型中，目标运动的一维数学模型可描述如下：目标以恒定的速度运动，目标的状态向量包括位置 x 和速度 $\dot{x}$ 两个分量。若位置 x 对时间 t 的二阶导数为0，即

$$\frac{\mathrm{d}^2 x}{\mathrm{d}t^2}=0 \tag{11.63}$$

式（11.63）通常称为常速度模型，即CV模型。

在实际过程中，目标的加速度 v_k 特性假设如下：具有零均值和适宜方差的高斯分布平稳随机变量，而某一时刻的加速度与其他时刻的加速度无关。T 为采样间隔。

常速度模型的离散时间系统表达式为

$$\begin{bmatrix} x_{k/k} \\ \dot{x}_{k/k} \end{bmatrix}=\begin{bmatrix} 1 & T \\ 0 & 1 \end{bmatrix}\begin{bmatrix} x_{k-1/k-1} \\ \dot{x}_{k-1/k-1} \end{bmatrix}+\begin{bmatrix} \frac{1}{2}T^2 \\ T \end{bmatrix}v_k \tag{11.64}$$

式（11.64）中

$$E\left\{v_k\right\}=0 \tag{11.65}$$

$$E\left\{v_k \cdot v_j^{\mathrm{T}}\right\}=\sigma_a^2\delta_{kj} \tag{11.66}$$

协方差矩阵为

$$\boldsymbol{Q}_k=\begin{bmatrix} \frac{1}{4}T^4 & \frac{1}{2}T^3 \\ \frac{1}{2}T^3 & T^2 \end{bmatrix}\sigma_a^2 \tag{11.67}$$

11.5.2 常加速度模型

在常加速度模型中，目标运动的一维数学模型可描述如下：目标以恒定的加速度运动，目标的状态向量包括位置 x、速度 $\dot{x}$、加速度 $\ddot{x}$ 共3个分量。位置 x 对时间 t 的3阶导数为0，满足下列方程：

$$\frac{\mathrm{d}^3 x}{\mathrm{d}t^3}=0 \tag{11.68}$$

式（11.68）通常被称为常加速度模型，即CA模型。在实际过程中，仍把目标运动加速度对时间的导数特性描述如下：具有零均值和适宜方差的高斯分布平稳随机向量，并满足正交特性。

常加速度模型的离散时间系统表达式为

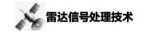

$$\begin{bmatrix} x_{k/k} \\ \dot{x}_{k/k} \\ \ddot{x}_{k/k} \end{bmatrix} = \begin{bmatrix} 1 & T & \frac{1}{2}T^2 \\ 0 & 1 & T \\ 0 & 0 & 1 \end{bmatrix} \begin{bmatrix} x_{k-1/k-1} \\ \dot{x}_{k-1/k-1} \\ \ddot{x}_{k-1/k-1} \end{bmatrix} + \begin{bmatrix} \frac{1}{2}T^2 \\ T \\ 1 \end{bmatrix} v_k \tag{11.69}$$

式（11.69）中，v_k 满足式（11.65）和式（11.66），其协方差矩阵为

$$\boldsymbol{Q}_k = \begin{bmatrix} \frac{1}{4}T^4 & \frac{1}{2}T^3 & \frac{1}{2}T2 \\ \frac{1}{2}T^3 & T^2 & T \\ \frac{1}{2}T^2 & T & 1 \end{bmatrix} \sigma_w^2 \tag{11.70}$$

CV 模型和 CA 模型是目标运动模型中最基本的两种模型，也是目标跟踪常用的两种模型，是导出其他模型的基础。这两种模型存在的缺陷是对目标的加速度特性的描述与目标的实际运动特性有差距，或者说目标的运动特性仅在某一时段满足 CV 模型或 CA 模型，CV 模型或 CA 模型不可能描述目标运动的全过程。

11.5.3　目标运动的相关噪声模型——Singer 模型

Singer 模型是 R. A. Singer 在 1970 年提出来的。该模型认为：运动目标的加速度模型不是通常假定的白噪声模型，而是相关噪声模型。可以用两个量——加速度的方差和时间相关函数描述一维机动。前者表示目标机动幅度，后者表示目标机动的持续时间。

设 $a(t)$ 为目标的加速度，它是零均值指数相关的随机过程，相关函数 $\varGamma(\tau)$ 的典型值为

$$\varGamma(\tau) = E[a(t)a(t+\tau)] = \sigma_a^2 \mathrm{e}^{-a|\tau|} \tag{11.71}$$

式中，σ_a^2 是目标加速度的方差；a 是机动持续时间的倒数，即机动频率，通常的经验取值范围如下：目标缓慢转弯往往引起长达 1 分钟的相关加速，$a = 1/60$；目标作躲避式机动时的相关加速时间 10～30s，$a = 1/10$～$1/30$；大气湍流引起的相关加速时间为 1～2s，$a = 1/2$～1。

目标加速度的相关函数如式（11.71）所示，目标加速度的概率密度函数模型如下：若零加速度的概率为 P_0，最大加速度 $\pm a_{\max}$ 的概率为 $P_{\max}$，则除零外在 $-a_{\max}$ ～ $+a_{\max}$ 按均匀分布加速，如图 11.4 所示。

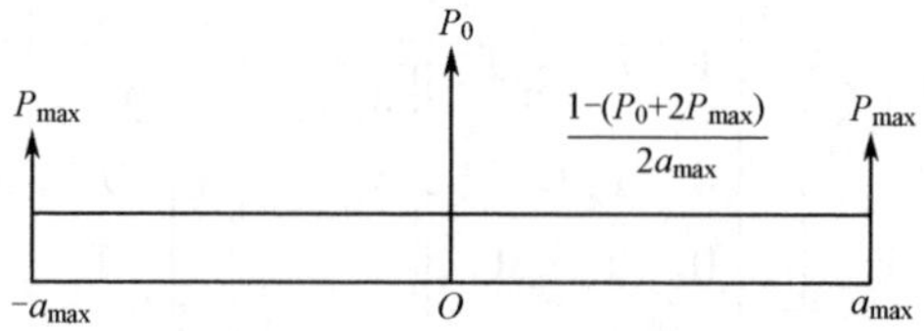

图 11.4　目标加速度概率密度模型

由此，加速度密度模型给出的方差如下：

$$\sigma_a^2 = \frac{a_{\max}^2}{3}[1+4P_{\max}-P_0] \tag{11.72}$$

对单一目标轨迹而言，加速度是一种非平稳过程，而轨迹是由截然不同的加速和恒速两部分组成的。然而，对所有可能的轨迹集，加速度仍可以被认为是一种平稳过程。这就要求研究自适应滤波器对单轨迹的最佳化跟踪。

利用相关函数 $\Gamma(\tau)$，加速度 $a(t)$ 可以表示为滤波器受白噪声 $n(t)$ 扰动后的输出，即可按下式推出：

$$a(t) = -a \cdot a(t) + n(t) \tag{11.73}$$

式中，$n(t)$ 是白噪声，它满足

$$E[n(t)\cdot n(\tau)] = 2a\cdot\sigma_a^2\delta(t-\tau) \tag{11.74}$$

设 $\boldsymbol{x} = [x,\dot{x},\ddot{x}]^{\mathrm{T}}$，其中 $\ddot{x} = a(t)$，连续时间系统的状态方程为

$$\dot{x} = \boldsymbol{A}x(t) + \boldsymbol{G}n(t) \tag{11.75}$$

$$\boldsymbol{A} = \begin{bmatrix} 0 & 1 & 0 \\ 0 & 0 & 1 \\ 0 & 0 & -a \end{bmatrix},\quad \boldsymbol{G} = \begin{bmatrix} 0 \\ 0 \\ 1 \end{bmatrix} \tag{11.76}$$

由离散时间系统与连续时间的关系，可得到离散时间系统的状态方程为

$$\boldsymbol{x}(k+1) = \boldsymbol{\Phi}(k)\boldsymbol{x}(k) + v_k \tag{11.77}$$

式中

$$\boldsymbol{\Phi}(k) = \begin{bmatrix} 1 & T & \frac{1}{a^2}\left[-1+aT+\mathrm{e}^{-aT}\right] \\ 0 & 1 & \frac{1}{a}\left[1-\mathrm{e}^{-aT}\right] \\ 0 & 0 & \mathrm{e}^{-aT} \end{bmatrix} \tag{11.78}$$

式中，v_k 是一个离散时间白噪声序列，其均值为零。当机动持续时间 a 足够小时，协方差矩阵趋于常数矩阵；当 a 趋于无穷大（加速度是白噪声过程）时，目标加速度的方差趋于 σ_a^2。

在 Singer 模型中，随机加速度被认为是一个零均值，且平稳与时间相关，服从均匀分布的随机过程。由于平稳过程这一假设实际上并不成立，因而该模型在解决机动目标跟踪时存在局限性。为改进机动目标跟踪模型，更好地解决实际问

题，许多学者和工程应用专家做了大量的研究，提出并研究了新的模型，如机动目标“当前”统计模型、机动目标加速度突变模型、机动目标加速度半马尔可夫模型等。学者和专家希望这些模型能够真实地模拟目标的实际机动过程，而在实际的雷达数据处理中，考虑到可实现性，人们总是在跟踪精度与模型算法的复杂度方面进行折中[15,16]。

11.5.4　常速转弯模型

常速转弯（Constant Turn，CT）模型是目标进行转弯机动时合适的数学模型。在CT 模型中，假设目标以固定角速度 ω 转弯，目标状态向量 $\boldsymbol{x}(k)=[x_k,\dot{x}_k,y_k,\dot{y}_k,\omega]^{\mathrm{T}}$ 。

二维 CT 模型的离散时间系统表达式为

$$\boldsymbol{x}(k+1)=\begin{bmatrix}1 & \dfrac{\sin(\omega T)}{\omega} & 0 & \dfrac{\cos(\omega T)-1}{\omega} & 0\\ 0 & \cos(\omega T) & 0 & -\sin(\omega T) & 0\\ 0 & \dfrac{1-\cos(\omega T)}{\omega} & 1 & \dfrac{\sin(\omega T)}{\omega} & 0\\ 0 & \sin(\omega T) & 0 & \cos(\omega T) & 0\\ 0 & 0 & 0 & 0 & 1\end{bmatrix}\boldsymbol{x}(k)+\begin{bmatrix}T^2/2 & 0 & 0\\ T & 0 & 0\\ 0 & T^2/2 & 0\\ 0 & T & 0\\ 0 & 0 & 1\end{bmatrix}\begin{bmatrix}v_x\\ v_y\\ \omega\end{bmatrix} \tag{11.79}$$

式中，v_x、v_y 表示目标在直角坐标系中 x、y 方向的速度分量。一般来说，目标大部分时间进行的是近似直线运动，在某些时刻进行程序转弯、机动转弯等机动，因此，CT 模型需要结合常速度模型、常加速度模型、Singer 模型等进行目标运动的全过程建模。

11.5.5　弹道目标动力学模型

弹道目标指具有典型弹道特性、符合弹道动力学约束的目标。弹道目标飞行通常分为 3 个阶段：主动段、自由段和被动段。表 11.2 给出了弹道飞行模型各飞行阶段及其受力情况，其中在轨空间目标仅需要分析自由段。

表 11.2　弹道飞行模型分段的飞行阶段及其在惯性系中的受力情况

	主动段	自由段	被动段
飞行阶段	从发射点到关机点	在地球大气层之外，弹道目标飞行符合开普勒方程	从再入大气层到落地点
受力	地心引力、推进力、空气阻力	地心引力	地心引力、空气阻力

为了获取弹道目标运动的数学模型，采用地心地固坐标系（Earth-Centered Earth-Fixed，ECEF）(采用不同的参考坐标系具有不同的数学表达形式，其跟踪结果也不相同)。该参考坐标系显然是非惯性的，它随地球自转，旋转角速度 $\omega=7.2921159\times10^{-5}\,\mathrm{rad/s}$ 。此外，还需要考虑作用在目标上的外在力，其中离心

力和科氏力是不可忽略的。

1. 主动段运动模型

主动段以导弹离开发射架作为起点，以助推器最后一级火箭熄火，有效载荷与推举它的装置分离作为终点。根据导弹类型的不同，这个阶段能够持续 2～6min。

弹道目标主动段上的加速度主要分为 4 项：a_{T} 为推进力产生的加速度，a_{D} 为空气阻力产生的加速度，a_{G} 为地心引力产生的加速度，a_{C} 为外在力（科氏力和离心力）产生的加速度。在 ECEF 坐标系下，目标的位置 $\boldsymbol{p}=[p_x,p_y,p_z]^{\mathrm{T}}$，速度 $\boldsymbol{v}=[v_x,v_y,v_z]^{\mathrm{T}}$。通过上述分析，可以建立弹道目标主动段的方程

$$\begin{aligned}\dot{\boldsymbol{p}}&=\boldsymbol{v}\\ \dot{\boldsymbol{v}}&=a_{\mathrm{T}}+a_{\mathrm{D}}+a_{\mathrm{G}}+a_{\mathrm{C}}\end{aligned} \tag{11.80}$$

推进力产生的加速度 a_{T} 作用沿着弹道发射系的纵轴，其大小为

$$a_{\mathrm{T}}(t)=\frac{gI_{\mathrm{sp}}\dot{m}(t)}{m(t)} \tag{11.81}$$

式中，$m(t)$ 是目标的质量；$g=9.81\mathrm{m/s^2}$ 是重力加速度；I_{sp} 是特殊的推进力；$\dot{m}(t)$ 是质量燃烧速率。假定特殊的推进力 I_{sp} 为一常量，则目标质量 $m(t)$ 线性化下降，即在任意时间 t，$\dot{m}(t)$ 为常量。假设发射点时，目标质量为 $m(0)$，当 $t>0$ 时，目标质量 $m(t)=m(0)-\dot{m}(t)t$。此时推进力加速度可以表示为

$$a_{\mathrm{T}}(t)=\frac{ng}{1-qt} \tag{11.82}$$

式中，$n=I_{\mathrm{sp}}q$ 为弹道目标发射点时起始的推进力和质量比；$q=\dfrac{\dot{m}(t)}{m(0)}$ 为标准化的质量燃烧率。

空气阻力产生的加速度 a_{D} 作用于目标速度的相反方向，其大小表示为

$$a_{\mathrm{D}}=\frac{c_{\mathrm{D}}(v(t))S\rho(h(t))v^2(t)}{2m(t)} \tag{11.83}$$

式中，$v(t)=\sqrt{v_x^2+v_y^2+v_z^2}$ 表示为 t 时刻目标的速度；$h(t)$ 表示 t 时刻目标的高度；S 是目标参考截面积，定义为目标体与其速度方向的截面积；$c_{\mathrm{D}}(v)$ 是阻力系数，表示为速度 v 的函数；$\rho(h)$ 是空气密度函数，粗略有如下关系：

$$\rho(h)=\rho_0\mathrm{e}^{-kh} \tag{11.84}$$

式中，$\rho_0=1.22\mathrm{kg/m^3}$；$k=0.14141\times10^{-3}/\mathrm{m}$。

引入弹道系数

$$\beta=\frac{m(t)}{c_{\mathrm{D}}\left(v(t)\right)S} \tag{11.85}$$

通常可以认为弹道系数近似为一常量（实际过程中弹道系数是时变的），则可以近似为

$$a_{\mathrm{D}}(t) \approx \frac{\rho(h(t))v^2(t)}{2\beta} \tag{11.86}$$

地心引力产生的加速度 a_{G} 通常用 3 种模型来表示：平面地球模型、球体地球模型、椭球地球模型。大多数弹道目标的跟踪模型均采用球体地球模型，它是一种经典的方式，相对简单且误差较平面地球模型要精确得多。地心引力从弹道目标指向地球的球体中心，月球和其他星球的引力可以忽略不计。同时忽略弹道目标的质量（远远小于地球的质量），则依据牛顿的宇宙的万有引力定律得到

$$a_{\mathrm{G}}(p) = -\frac{\mu_{\mathrm{G}}}{p^2}u_p = -\frac{\mu_{\mathrm{G}}}{p^3}p \tag{11.87}$$

式中，$\mu_{\mathrm{G}} = 3.985325\times10^{14}\,\mathrm{Nm^2/kg}$ 是地球万有引力的常量。

外在力产生的加速度 a_{C} 由科氏力加速度和离心力加速度组成，

$$\begin{aligned} a_{\mathrm{Coriolis}} &= -2\boldsymbol{\omega}\times v(t) \\ a_{\mathrm{centrifugal}} &= -\boldsymbol{\omega}\times(\boldsymbol{\omega}\times p(t)) \end{aligned} \tag{11.88}$$

式中，× 表示向量乘运算，$\boldsymbol{\omega}$ 为地球自转角速度向量，在 ECEF 坐标系下 $\boldsymbol{\omega}=[0,0,\omega]^{\mathrm{T}}$ 。

由上述分析得出主动段上的加速度的 4 项表达式，可以得到主动段的运动方程如下：

$$\begin{aligned}
\dot{p}_x &= v_x \\
\dot{p}_y &= v_y \\
\dot{p}_z &= v_z \\
\dot{v}_x &= \frac{gn}{(1-qt)}\frac{v_x}{\sqrt{v_x^2+v_y^2+v_z^2}} - \frac{\rho(h)}{2\beta}\sqrt{v_x^2+v_y^2+v_z^2}\,v_x - \\
&\quad \frac{\mu_{\mathrm{G}}}{\sqrt{p_x^2+p_y^2+p_z^2}}p_x + (2\omega v_y + \omega^2 p_x) \\
\dot{v}_y &= \frac{gn}{(1-qt)}\frac{v_y}{\sqrt{v_x^2+v_y^2+v_z^2}} - \frac{\rho(h)}{2\beta}\sqrt{v_x^2+v_y^2+v_z^2}\,v_y - \\
&\quad \frac{\mu_{\mathrm{G}}}{\sqrt{p_x^2+p_y^2+p_z^2}}p_y + (-2\omega v_x + \omega^2 p_y) \\
\dot{v}_z &= \frac{gn}{(1-qt)}\frac{v_z}{\sqrt{v_x^2+v_y^2+v_z^2}} - \frac{\rho(h)}{2\beta}\sqrt{v_x^2+v_y^2+v_z^2}\,v_z - \\
&\quad \frac{\mu_{\mathrm{G}}}{\sqrt{p_x^2+p_y^2+p_z^2}}p_z
\end{aligned} \tag{11.89}$$

2. 自由段运动模型

弹道目标在自由段时不再受到推进力和空气阻力影响，其加速度包括地心引力产生的加速度 a_{G} 和外在力（科氏力和离心力）产生的加速度 a_{C}。可以得到自由段的运动方程如下：

$$
\begin{aligned}
&\dot{p}_x = v_x \\
&\dot{p}_y = v_y \\
&\dot{p}_z = v_z \\
&\dot{v}_x = -\frac{\mu_{\mathrm{G}}}{\sqrt{p_x^2 + p_y^2 + p_z^2}} p_x + (2\omega v_y + \omega^2 p_x) \\
&\dot{v}_y = -\frac{\mu_{\mathrm{G}}}{\sqrt{p_x^2 + p_y^2 + p_z^2}} p_y + (-2\omega v_x + \omega^2 p_y) \\
&\dot{v}_z = -\frac{\mu_{\mathrm{G}}}{\sqrt{p_x^2 + p_y^2 + p_z^2}} p_z
\end{aligned} \tag{11.90}
$$

3. 再入段运动模型

再入段指弹头及其伴飞物进入大气层向落点飞行的阶段，或称为末段，通常飞行时间只有 2～3min。弹道目标再入大气时会重新受到空气阻力影响，再入段的加速度包括空气阻力产生的加速度 a_{D}、地心引力产生的加速度 a_{G}、外在力（科氏力和离心力）产生的加速度 a_{C}。可以得到再入段的运动方程如下：

$$
\begin{aligned}
&\dot{p}_x = v_x \\
&\dot{p}_y = v_y \\
&\dot{p}_z = v_z \\
&\dot{v}_x = -\frac{\rho(h)}{2\beta}\sqrt{v_x^2 + v_y^2 + v_z^2}\, v_x - \frac{\mu_{\mathrm{G}}}{\sqrt{p_x^2 + p_y^2 + p_z^2}} p_x + (2\omega v_y + \omega^2 p_x) \\
&\dot{v}_y = -\frac{\rho(h)}{2\beta}\sqrt{v_x^2 + v_y^2 + v_z^2}\, v_y - \frac{\mu_{\mathrm{G}}}{\sqrt{p_x^2 + p_y^2 + p_z^2}} p_y + (-2\omega v_x + \omega^2 p_y) \\
&\dot{v}_z = -\frac{\rho(h)}{2\beta}\sqrt{v_x^2 + v_y^2 + v_z^2}\, v_z - \frac{\mu_{\mathrm{G}}}{\sqrt{p_x^2 + p_y^2 + p_z^2}} p_z
\end{aligned} \tag{11.91}
$$

从以上分析可以看出，主动段运动模型最复杂，再入段运动模型仅比自由段运动模型多了空气阻力影响，在实际使用时主要考虑主动段和再入段两个飞行阶段进行弹道目标建模。

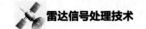

11.5.6　交互多模型

交互多模型（Interacting Multiple Model，IMM）的基本思想如下：使用多个不同的运动模型分别匹配目标的不同运动状态，不同模型之间通过一个马尔可夫链来转移；在每一时刻，混合前一时刻所有滤波器滤波得出的状态估计值，得到与各个模型匹配的初始条件；然后对每个模型并行滤波；最后以模型匹配似然函数为基础更新模型概率，并组合所有滤波器修正后的状态估计值（加权和）输出。

不同的模型具有不同水平的过程噪声，一般来讲，非机动模型具有低水平的过程噪声，机动模型具有较高水平的过程噪声；模型之间的转移概率一般由环境情况和先验信息确定，并且可以随后通过蒙特卡罗仿真的结果来调整，当马尔可夫链的转移概率为零时，交互式多模型算法就简化成一个静态多模型算法。

如图 11.5 所示的结构包含 3 个模型的示意图，图中的 $\hat{\boldsymbol{X}}^j(k-1|k-1)$（$j=1,2,3$）为 $k-1$ 时刻第 j 个滤波器的输出，$\boldsymbol{P}^j(k-1|k-1)$（$j=1,2,3$）为对应的协方差矩阵。$\hat{\boldsymbol{X}}^{0j}(k-1|k-1)$（$j=1,2,3$）为 $\hat{\boldsymbol{X}}^j(k-1|k-1)$（$j=1,2,3$）交互作用的结果，它作为 k 时刻滤波器 j 的输入。$\boldsymbol{\mu}(k)$ 为模型概率向量，$\Lambda(k)$ 为模型似然函数，$Z(k)$ 为 k 时刻的量测，$\hat{\boldsymbol{X}}^j(k|k)$（$j=1,2,3$）为模型 j 的状态估计，$\boldsymbol{P}^j(k|k)$（$j=1,2,3$）为对应的协方差矩阵。

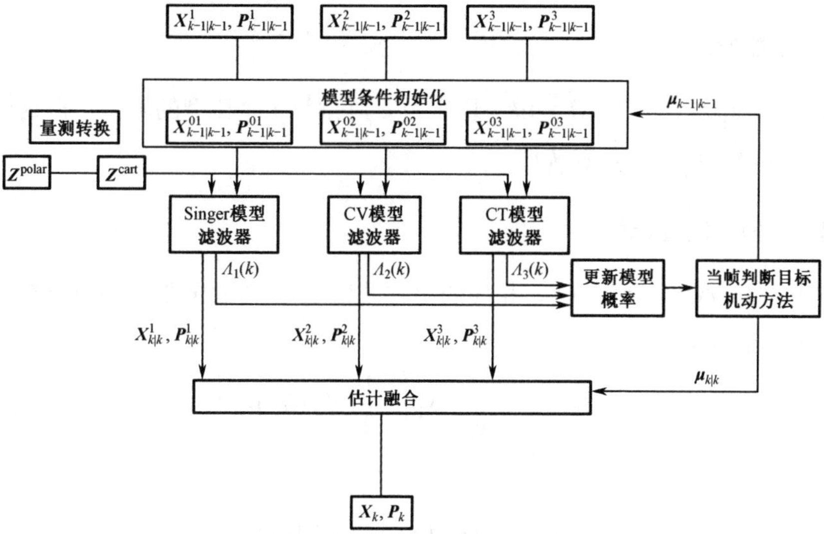

图 11.5　交互多模型结构示意图

IMM 算法的递推处理过程如下。

1．状态估计的交互

假设从模型 i 转移到模型 j 的转移概率为 $\boldsymbol{P}_{t_{ij}}$，则

$$\boldsymbol{P}_t=\begin{bmatrix} p_{t_{11}} & p_{t_{12}} & p_{t_{13}} \\ p_{t_{21}} & p_{t_{22}} & p_{t_{23}} \\ p_{t_{31}} & p_{t_{32}} & p_{t_{33}} \end{bmatrix} \tag{11.92}$$

$\hat{\boldsymbol{X}}^j(k-1|k-1)$为$k-1$时刻滤波器 j 的状态估计，$\boldsymbol{P}^j(k-1|k-1)$为相应的协方差矩阵，$\boldsymbol{\mu}_{k-1}(j)$为$k-1$时刻模型 j 的概率，其中$i,j=1,2,\cdots,r$ 。交互计算后 3 个滤波器在k时刻的输入为

$$\hat{\boldsymbol{X}}^{0j}(k-1|k-1)=\sum_{i=1}^{3}\hat{\boldsymbol{X}}^i(k-1|k-1)\boldsymbol{\mu}_{k-1|k-1}(i|j) \tag{11.93}$$

式中，

$$\begin{aligned} &\boldsymbol{\mu}_{k-1|k-1}(i|j)=\frac{1}{\bar{\boldsymbol{C}}_j}\boldsymbol{P}_{t_{ij}}\boldsymbol{u}_{k-1}(i) \\ &\bar{\boldsymbol{C}}_j=\sum_{i=1}^{3}\boldsymbol{P}_{t_{ij}}\boldsymbol{u}_{k-1}(i) \\ &\boldsymbol{P}^{0j}(k-1|k-1)=\sum_{i=1}^{3}\Big[\boldsymbol{P}^i(k-1|k-1)+\Big(\hat{\boldsymbol{X}}^i(k-1|k-1)-\hat{\boldsymbol{X}}^{0j}(k-1|k-1)\Big)\times \\ &\qquad\Big(\hat{\boldsymbol{X}}^i(k-1|k-1)-\hat{\boldsymbol{X}}^{0j}(k-1|k-1)\Big)'\Big]\boldsymbol{\mu}_{k-1|k-1}(i|j)\Big] \end{aligned} \tag{11.94}$$

2．模型修正

$\hat{\boldsymbol{X}}^{0j}(k-1|k-1)$、$\boldsymbol{P}^{0j}(k-1|k-1)$ 作为 k 时刻第 j 个模型的输入，得到相应的滤波输出为$\hat{\boldsymbol{X}}^j(k|k)$、$\boldsymbol{P}^j(k|k)$ 。

3．模型可能性计算

若模型 j 滤波残差为$\boldsymbol{v}_k^j$，相应的协方差为$\boldsymbol{S}_k^j$，并假定服从高斯分布，那么模型j的可能性为

$$\boldsymbol{\varLambda}_k^j=\frac{1}{\sqrt{|2\pi\boldsymbol{S}_k^j|}}\exp\left[-\frac{1}{2}(\boldsymbol{v}_k^j)'(\boldsymbol{S}_k^j)\boldsymbol{v}_k^j\right] \tag{11.95}$$

式中，

$$\boldsymbol{v}_k^j=\boldsymbol{Z}(k)-\boldsymbol{H}^j(k)\hat{\boldsymbol{X}}^j(k|k-1)$$
$$\boldsymbol{S}_k^j=\boldsymbol{H}^j(k)\boldsymbol{P}^j(k|k-1)\boldsymbol{H}^j(k)'+\boldsymbol{R}(k)$$

$\boldsymbol{H}^j(k)$表示 k 时刻模型 j 的系统量测矩阵，$\boldsymbol{Z}(k)$表示 k 时刻对状态的多维量测。

4．模型概率更新

模型 j 的概率更新为

$$\begin{aligned}\mu_k(j) &= \frac{1}{\boldsymbol{C}}\boldsymbol{\Lambda}_k^j\overline{\boldsymbol{C}}_j \\ \boldsymbol{C} &= \sum_{i=1}^{3}\boldsymbol{\Lambda}_k^j\overline{\boldsymbol{C}}_j\end{aligned} \tag{11.96}$$

5．输出交互

状态估计输出为

$$\begin{aligned}&\hat{\boldsymbol{X}}(k|k) = \sum_{i=1}^{3}\hat{\boldsymbol{X}}^i(k|k)\boldsymbol{u}_k(i) \\ &\widehat{\boldsymbol{P}}(k|k) = \sum_{i=1}^{3}\boldsymbol{u}_k(i)\left[\boldsymbol{P}^i(k|k) + (\hat{\boldsymbol{X}}^i(k|k) - \hat{\boldsymbol{X}}(k|k)) \times (\hat{\boldsymbol{X}}^i(k|k) - \hat{\boldsymbol{X}}(k|k))'\right]\end{aligned} \tag{11.97}$$

IMM 滤波方法是递推的，在每个周期进行多个运动模型的滤波，算法的整体状态估计为多个模型状态估计的有效混合。同时使用多个模型，有效地解决了估计过程中由于目标模型的不确定性而带来的困难。大量的实际飞行数据分析结果表明，交互多模型算法为目标非机动/机动飞行的联合决策和估计问题提供了一种有效的集成性算法。

11.6　常用跟踪滤波器

跟踪滤波器利用有效观测时间内的观测值，通过选择适当的估计方法，得到线性离散时间系统的状态估计值，并且随着观测值的不断获取，不断得到系统的状态估计值，形成对系统状态的连续跟踪，获得目标的连续航迹。雷达数据处理常用跟踪滤波器有最小二乘滤波器、卡尔曼滤波器、α-β 滤波器。

11.6.1　最小二乘滤波器

雷达数据处理可以根据观测数据，按一定的规则拟合出函数，以完成滤波或预测。由于观测数据存在误差，若要求近似函数通过全部已知点，相当于保留全部数据误差，这是不合理的。最小二乘滤波器是根据给定的数据组 (x_i, y_i)（$i = 1, 2, \cdots, n$），选取近似函数形式，即给定函数类 H，求函数 $\varphi(x) \in H$，使得

$$\sum_{i=1}^{n}\delta_i^2 = \sum_{i=1}^{n}[y_i - \varphi(x_i)]^2 \tag{11.98}$$

为最小，即

$$\sum_{i=1}^{n}[y_i-\varphi(x_i)]^2 \approx \min_{\varphi\in H}\sum_{i=1}^{n}[y_i-\varphi(x_i)]^2 \tag{11.99}$$

这种求近似函数的方法被称为数据拟合的最小二乘法，函数 $\varphi(x)$ 被称为这组数据的最小二乘函数。通常 H 为一些比较简单函数的集合，如低次多项式和指数函数等。在雷达数据处理中一般选用多项式拟合。

对给定的数据组 (x_i, y_i)（$i=1,2,\cdots,n$），求一个 m 次多项式（$m<n$）：

$$P_m(x)=a_0+a_1x+\cdots+a_mx^m \tag{11.100}$$

使得

$$\sum_{i=1}^{n}\delta_i^2=\sum_{i=1}^{n}[y_i-P_m(x_i)]^2=F(a_0,a_1,\cdots,a_m) \tag{11.101}$$

为最小，即选取参数 a_i（$i=0,1,\cdots,m$），使得

$$F(a_0,a_1,\cdots,a_m)=\sum_{i=1}^{n}[y_i-P_m(x_i)]=\min_{\varphi\in H}\sum_{i=1}^{n}[y_i-\varphi(x_i)]^2 \tag{11.102}$$

式中，H 为至多 m 次多项式集合。$P_m(x)$ 称为这组数据的最小二乘 m 次拟合多项式。由多元函数取极值的必要条件，得方程组

$$\frac{\partial F}{\partial a_j}=-2\sum_{i=1}^{n}\left[y_i-\sum_{k=0}^{m}a_kx_i^k\right]x_i^j=0 \quad (j=0,1,\cdots,m) \tag{11.103}$$

移项得

$$\sum_{k=0}^{m}a_k\left(\sum_{i=1}^{n}x_i^{k+j}\right)=\sum_{i=1}^{n}y_ix_i^j \tag{11.104}$$

式（11.104）即最小二乘拟合多项式的系数 a_k（$k=0,1,\cdots,m$）应满足的方程组，称为正则方程组或法方程组。由函数组 $\{1,x,x^2,\cdots,x^m\}$ 的线性无关性可以证明，式（11.104）存在唯一解，且解所对应的多项式 $P_m(x)$ 必定是已给数据组 (x_i,y_i)（$i=1,2,\cdots,n$）的最小二乘 m 次拟合多项式。

11.6.2 卡尔曼滤波器

在雷达数据处理过程中，要求利用有限观测时间内收集到的观测值 $\boldsymbol{z}^k=\{z_0,z_1,\cdots,z_k\}$ 来估计线性离散时间动态系统的状态 $\boldsymbol{s}$。若系统模型假设为状态方程满足

$$\boldsymbol{s}_{k+1}=\boldsymbol{\Phi}_k\hat{\boldsymbol{s}}_k+\boldsymbol{B}_k\boldsymbol{u}_k+\boldsymbol{G}_k\boldsymbol{v}_k \tag{11.105}$$

式中，$\hat{\boldsymbol{s}}_k$ 表示 k 时刻系统状态的 n 维矢量；$\boldsymbol{\Phi}_k$ 是 k 时刻 $n\times n$ 阶状态转移矩阵；$\boldsymbol{u}_k$ 为 p 维输入向量；$\boldsymbol{B}_k$ 是 $n\times p$ 阶输入矩阵；$\boldsymbol{v}_k$ 为 q 维随机向量，满足高斯白噪声分布；$\boldsymbol{G}_k$ 是 $n\times q$ 维实值矩阵，且

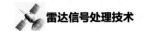

$$\begin{aligned}&E\{\boldsymbol{v}_k\}=0\\&E\left\{\boldsymbol{G}_k\boldsymbol{v}_k\boldsymbol{v}_j^{\mathrm{T}}\boldsymbol{G}_j^{\mathrm{T}}\right\}=\boldsymbol{Q}_k\delta_{kj}\end{aligned}\tag{11.106}$$

观测方程也是线性函数，即

$$\boldsymbol{z}_k=\boldsymbol{H}_k\boldsymbol{s}_k+\boldsymbol{L}_k\boldsymbol{w}_k\tag{11.107}$$

式中，$\boldsymbol{z}_k$ 是 k 时刻 m 维观测向量；$\boldsymbol{H}_k$ 是 $m\times n$ 阶观测矩阵；$\boldsymbol{w}_k$ 是 m 维测量噪声，满足高斯白噪声分布；有

$$\begin{aligned}&E\{\boldsymbol{w}_k\}=0\\&E\left\{\boldsymbol{L}_k\boldsymbol{w}_k\boldsymbol{w}_j^{\mathrm{T}}\boldsymbol{L}_j^{\mathrm{T}}\right\}=\boldsymbol{R}_k\delta_{kj}\end{aligned}\tag{11.108}$$

另外，假设 $\boldsymbol{v}_k$ 与 $\boldsymbol{w}_k$ 是相互独立的，即满足

$$E\left\{\boldsymbol{v}_k\boldsymbol{w}_k^{\mathrm{T}}\right\}=0\tag{11.109}$$

利用 11.4.3 节最小均方误差估计的结果，分步导出系统状态预测方程、状态滤波方程、滤波增益方程、残差协方差矩阵等，通常称为卡尔曼滤波方程。卡尔曼滤波方程导出可以根据线性模型和高斯分布的假设，应用最佳估计准则求得最佳滤波器；也可以对过程的分布函数不作任何假设而采用线性均方估计。这里不做仔细推导，但给出推导过程的一些主要结果，并做必要解释，以便于后续的应用。

设 $\hat{\boldsymbol{s}}_{k/k}$ 是已知 k 时刻和 k 时刻以前的观测值对 $\boldsymbol{s}_k$ 的最小均方估计，即

$$\hat{\boldsymbol{s}}_{k/k}=E\{\boldsymbol{s}_k\mid\boldsymbol{z}^k\}\tag{11.110}$$

式中，$\boldsymbol{z}^k=\{z_0,z_1,\cdots,z_k\}$。

此时相应的协方差矩阵为

$$\hat{\boldsymbol{P}}_{k|k}=E\{(\boldsymbol{s}_k-\hat{\boldsymbol{s}}_{k|k})\cdot(\boldsymbol{s}_k-\hat{\boldsymbol{s}}_{k|k})^{\mathrm{T}}\left|\boldsymbol{z}^k\right.\}=E\{\Delta\boldsymbol{s}_k\cdot\Delta\boldsymbol{s}_k^{\mathrm{T}}\left|\boldsymbol{z}^k\right.\}\tag{11.111}$$

式中

$$\Delta\boldsymbol{s}_k=\boldsymbol{s}_k-\hat{\boldsymbol{s}}_{k/k}\tag{11.112}$$

已知 $\hat{\boldsymbol{P}}_{k/k}$ 为 k 时刻滤波协方差矩阵，下面导出 k+1 时刻状态预测值、协方差矩阵与 k 时刻滤波值、协方差矩阵的递推关系式。

结合式（11.105）和式（11.106），可导出 k+1 时刻状态预测值 $\hat{\boldsymbol{s}}_{k+1/k}$ 为

$$\hat{\boldsymbol{s}}_{k+1/k}=\boldsymbol{\Phi}_k\boldsymbol{s}_{k/k}+\boldsymbol{B}_k\boldsymbol{u}_k\tag{11.113}$$

其相应误差为

$$\Delta\boldsymbol{s}_{k+1/k}=\boldsymbol{s}_{k+1/k}-\hat{\boldsymbol{s}}_{k+1/k}=\boldsymbol{\Phi}_k\Delta\boldsymbol{s}_{k/k}+\boldsymbol{G}_k\boldsymbol{v}_k\tag{11.114}$$

则 k+1 时刻的预测协方差矩阵为

$$\hat{\boldsymbol{P}}_{k+1/k}=E\{\Delta\boldsymbol{s}_{k+1/k}\cdot\Delta\boldsymbol{s}_{k+1/k}^{\mathrm{T}}\mid z^k\}=\boldsymbol{\Phi}_k\boldsymbol{P}_{k/k}\boldsymbol{\Phi}_k^{\mathrm{T}}+\boldsymbol{Q}_k\tag{11.115}$$

下面导出残差序列及其协方差矩阵。

设 $\hat{z}_{k+1/k}$ 是已有观测集合 z_k 对观测 z_{k+1} 做的最小均方误差估计，即

$$z_{k+1|k} = E\{z_{k+1} \mid z^k\} \tag{11.116}$$

由式（11.107）和式（11.108）可得到观测的预测公式

$$\hat{z}_{k+1/k} = H_{k+1}s_{k+1/k} \tag{11.117}$$

根据残差的定义有

$$v_{k+1} = z_{k+1} - \hat{z}_{k+1/k} = H_{k+1}\Delta s_{k+1/k} + L_k w_{k+1} \tag{11.118}$$

结合式（11.115）得到残差协方差矩阵为

$$\theta_{k+1} = E\{v_{k+1} \cdot v_{k+1}^{\mathrm{T}} \mid z_k\} = H_{k+1}\hat{P}_{k+1/k}H_{k+1}^{\mathrm{T}} + R_{k+1} \tag{11.119}$$

现已知 k+1 时刻及以前观测值 z_k，导出相应的滤波值 $\hat{s}_{k+1/k+1}$ 及协方差矩阵 $P_{k+1/k+1}$。由 $\hat{s}_{k+1/k+1}$ 的最小均方估计定义知

$$\hat{s}_{k+1/k+1} = E\{s_{k+1} \mid z_{k+1}\} = E\{s_{k+1} \mid (z_k, z_{k+1})\} \tag{11.120}$$

利用 11.4.3 节的最小均方估计导出的重要公式（11.50）和式（11.51）有

$$\hat{x} = \bar{x} + P_{xz}P_{zz}^{-1}(z - \bar{z}) \tag{11.121}$$

$$P = P_{xx} - P_{xz}P_{zz}^{-1}P_{xz}^{\mathrm{T}} \tag{11.122}$$

对照式（11.50）与式（11.120），只需要把 $\hat{s}_{k+1/k+1}$ 看作 $\hat{x}$，把 $\hat{s}_{k+1/k}$ 看作 $\bar{x}$，把 $\hat{z}_{k+1/k}$ 看作 $\hat{z}$，进行类似的处理就可以得到相应的协方差矩阵为

$$P_{xx} = E\{\Delta s_{k+1/k} \cdot \Delta s_{k+1/k}^{\mathrm{T}} \mid z^k\} = \hat{P}_{k+1/k} \tag{11.123}$$

$$P_{xz} = E\{\Delta s_{k+1/k} \cdot v_{k+1}^{\mathrm{T}} / z^k\} = \hat{P}_{k+1/k}H_{k+1}^{\mathrm{T}} \tag{11.124}$$

$$P_{zz} = E\{v_{k+1} \cdot v_{k+1}^{\mathrm{T}} / z^k\} = \theta_{k+1} \tag{11.125}$$

将式（14.122）、式（11.123）和式（11.124）代入式（11.121），得到 k+1 时刻的滤波递推公式为

$$\begin{aligned}\hat{s}_{k+1/k+1} &= \hat{s}_{k+1/k} + P_{k+1/k}H_{k+1}^{\mathrm{T}}\theta_{k+1}^{-1}(z_{k+1} - \hat{z}_{k+1/k}) \\ &= \hat{s}_{k+1/k} + K_{k+1}(z_{k+1} - \hat{z}_{k+1/k})\end{aligned} \tag{11.126}$$

定义滤波增益矩阵 K_{k+1} 为卡尔曼增益，则有

$$K_{k+1} = \hat{P}_{k+1/k}H_{k+1}^{\mathrm{T}}\theta_{k+1}^{-1} = \hat{P}_{k+1}H_{k+1}^{\mathrm{T}}(H_{k+1}\hat{P}_{k+1}H_{k+1}^{\mathrm{T}} + \hat{P}_{k+1})^{-1} \tag{11.127}$$

综合式（11.125）和式（11.126）可以看出，k+1 时刻的滤波值是 k+1 时刻预测值加 k+1 时刻观测修正值，而 K_{k+1} 起以上权重作用。由式（11.122）得到 k+1 时刻滤波的协方差矩阵为

$$\hat{P}_{k+1/k+1} = \hat{P}_{k+1/k} - \hat{P}_{k+1/k}H_{k+1}^{\mathrm{T}}\theta_{k+1}^{-1}H_{k+1}\hat{P}_{k+1} = (I - K_{k+1}H_{k+1})\hat{P}_{k+1/k} \tag{11.128}$$

至此，监视雷达数据处理中需要应用的卡尔曼滤波器的基本公式已介绍完毕。这些公式的应用将在稍后的卡尔曼滤波算法步骤中简单叙述。

卡尔曼滤波器的基本特点如下：

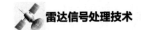

（1）卡尔曼滤波值 $\hat{\boldsymbol{s}}_k$ 是过程 $\boldsymbol{s}_k$ 的最小方差估计，而当过程本身和观测误差都是高斯分布时，则 $\hat{\boldsymbol{s}}_k$ 达到最大似然估计意义上的最佳估计，也是有效无偏估计。当噪声不满足高斯分布时，由 11.4.4 节内容可知，$\hat{\boldsymbol{s}}_k$ 是 $\boldsymbol{z}_k=\{z_0,z,\cdots,z_k\}$ 的最佳线性均方估计。

（2）由式（11.126）可知，滤波估计 $\hat{\boldsymbol{s}}_{k+1/k+1}$ 是预测值和残差的线性组合，卡尔曼增益 $\boldsymbol{K}_{k+1}$ 是两项组合的权系数矩阵。$\boldsymbol{K}_{k+1}$ 可由式（11.127）计算得出，式中，$\hat{\boldsymbol{P}}_{k+1/k}$ 为预测协方差矩阵，$\boldsymbol{H}_{k+1}$ 为状态空间到观测空间的运算符，$\boldsymbol{\theta}_k$ 是残差序列的协方差矩阵，所以，可以把 $\boldsymbol{K}_{k+1}$ 看作两个协方差矩阵 $\hat{\boldsymbol{P}}_{k+1/k}$ 和 $\boldsymbol{\theta}_{k+1}$ 之比。前一个矩阵用于衡量预测的不确定性，后一个矩阵用于衡量残差的不确定性。当 $\boldsymbol{K}_{k+1}$ 很大时，有 $\hat{\boldsymbol{P}}_{k+1/k}>\boldsymbol{\theta}_{k+1}$，说明预测误差大，置信度应放在观测值 $\boldsymbol{z}^k$ 上，依赖 $\hat{\boldsymbol{s}}_{k+1/k}$ 的程度很小；相反，当 $\hat{\boldsymbol{P}}_{k+1/k}<\boldsymbol{\theta}_{k+1}$ 时，残差很大，说明观测中可能有较大误差，所以，应以预测值为主。

（3）残差协方差矩阵 $\boldsymbol{\theta}_k$ 为零均值的“白色”过程，当 $\boldsymbol{s}_0$ 和过程 $\boldsymbol{v}_k$ 、$\boldsymbol{w}_k$ 都是高斯分布时，残差过程也是高斯分布。

（4）卡尔曼滤波方程表明：预测是滤波的基础，并暗示滤波估计值的精度优于预测估计值的精度。可以证明预测估计值误差大于滤波估计值的误差。

在雷达数据处理中卡尔曼滤波的算法步骤如下。

（1）根据雷达获得的前两次位置观测值 $\boldsymbol{z}_1$ 和 $\boldsymbol{z}_2$ 求得卡尔曼滤波器的状态初始值，即

$$\hat{\boldsymbol{s}}_{2/2}^{\mathrm{T}}=[z_2,(z_2-z_1)/T] \tag{11.129}$$

（2）假设观测噪声 $\boldsymbol{w}$ 是一个具有平稳方差 σ_w^2 的零均值高斯分布随机变量，且与过程噪声和初始条件无关，则可以导出相应的协方差矩阵 $\boldsymbol{P}_{2/2}$ 具有如下形式：

$$\boldsymbol{P}_{2/2}=\begin{bmatrix}\sigma_w^2 & \sigma_w/T^2\\ \sigma_w/T^2 & 2\sigma_w^2/T^2\end{bmatrix} \tag{11.130}$$

（3）下面按计算顺序依次给出卡尔曼滤波估值的计算公式，并进行循环。

首先按滤波协方差矩阵初始值，计算预测协方差矩阵，如已知 $\boldsymbol{P}_{2/2}$，可计算 $\hat{\boldsymbol{P}}_{3/2}$，有

$$\hat{\boldsymbol{P}}_{k+1/k}=\boldsymbol{\Phi}\hat{\boldsymbol{P}}_{k/k}\boldsymbol{\Phi}^{\mathrm{T}}+\boldsymbol{Q}_k \tag{11.131}$$

计算出预测协方差矩阵，就可以计算卡尔曼增益：

$$\boldsymbol{K}_{k+1}=\hat{\boldsymbol{P}}_{k+1/k}\boldsymbol{H}^{\mathrm{T}}(\boldsymbol{H}\hat{\boldsymbol{P}}_{k+1/k}\boldsymbol{H}^{\mathrm{T}}+\boldsymbol{R}_{k+1})^{-1} \tag{11.132}$$

若已知卡尔曼增益 $\boldsymbol{K}_{k+1}$、预测协方差 $\hat{\boldsymbol{P}}_{k+1/k}$，则可按下式计算滤波协方差：

$$\hat{\boldsymbol{P}}_{k+1/k+1}=(\boldsymbol{I}-\boldsymbol{K}_{k+1}\boldsymbol{H})\hat{\boldsymbol{P}}_{k+1/k} \tag{11.133}$$

由状态滤波值（起始时为初值）和状态转移矩阵，按下列公式可计算状态预测值为

$$\hat{\boldsymbol{s}}_{k+1/k}=\boldsymbol{\Phi}_k\hat{\boldsymbol{s}}_{k/k}+\boldsymbol{B}_k\boldsymbol{u}_k \tag{11.134}$$

由状态预测值、观测值和卡尔曼增益，就可以计算卡尔曼滤波值：

$$\hat{\boldsymbol{s}}_{k+1/k+1}=\hat{\boldsymbol{s}}_{k+1/k}+\boldsymbol{K}_{k+1}\left(z_{k+1}-\boldsymbol{H}_{k+1}\hat{\boldsymbol{s}}_{k+1/k}\right) \tag{11.135}$$

至此，可以按上述步骤进行分析计算，通过调整参数，实现对不同种类目标的连续跟踪。

11.6.3 α-β滤波器

当目标运动方程采用常速度模型时，按式(11.127)的计算，其滤波增益为常数矩阵，可表示为$\boldsymbol{K}=[\alpha,\beta/T]^{\mathrm{T}}$，故称为$\alpha$-$\beta$滤波器。根据给定的过程噪声（方差为$\sigma_a^2$）、观测噪声（方差为$\sigma_w^2$），可以按卡尔曼滤波方程求出$\alpha$、$\beta$与各已知参数之间的关系式。

按 11.5.1 节介绍的常速度模型式（11.64），其状态转移矩阵为

$$\boldsymbol{\Phi}=\begin{bmatrix}1 & T\\ 0 & 1\end{bmatrix} \tag{11.136}$$

其过程噪声的协方差矩阵为

$$\boldsymbol{Q}_k=\begin{bmatrix}\frac{1}{4}T^4 & \frac{1}{2}T^3\\ \frac{1}{2}T^3 & T^2\end{bmatrix}\sigma_a^2 \tag{11.137}$$

观测噪声的方差为

$$\boldsymbol{R}_k=E\{\boldsymbol{w}_k^2\}=\sigma_w^2 \tag{11.138}$$

此模型下的观测矩阵为

$$\boldsymbol{H}=[0,1] \tag{11.139}$$

当卡尔曼增益为常数时，预测协方差矩阵$\hat{\boldsymbol{P}}_{k+1/k}=\hat{\boldsymbol{P}}_{k/k-1}=\hat{\boldsymbol{P}}_p$，且滤波协方差矩阵$\hat{\boldsymbol{P}}_{k/k}=\hat{\boldsymbol{P}}_{k-1/k-1}=\hat{\boldsymbol{P}}_f$，则卡尔曼方程为

$$\hat{\boldsymbol{P}}_p=\boldsymbol{\Phi}\hat{\boldsymbol{P}}_p\boldsymbol{\Phi}^{\mathrm{T}}+\boldsymbol{Q} \tag{11.140}$$

$$\boldsymbol{K}=\boldsymbol{P}_p\boldsymbol{H}^{\mathrm{T}}(\boldsymbol{H}\boldsymbol{P}_p\boldsymbol{H}^{\mathrm{T}}+\boldsymbol{R})^{-1} \tag{11.141}$$

$$\hat{\boldsymbol{P}}_f=\left(\boldsymbol{I}-\boldsymbol{K}\boldsymbol{H}\right)\boldsymbol{P}_p \tag{11.142}$$

解上述方程组，可得到α与β的关系式为

$$\alpha=\sqrt{2\beta}-\frac{\beta}{2} \tag{11.143}$$

还可得到α、β与过程噪声、观测噪声的关系式为

$$\beta = \frac{\lambda^2 + 4\lambda - \lambda\sqrt{\lambda^2 + 8\lambda}}{4} \tag{11.144}$$

$$\alpha = \frac{\lambda^2 + 8\lambda - (\lambda + 4)\sqrt{\lambda^2 + 8\lambda}}{8} \tag{11.145}$$

式中，

$$\lambda = \frac{\sigma_a T^2}{\sigma_w} \tag{11.146}$$

一般称λ为目标机动指数，包含信（过程噪声σ_a）噪（观测噪声σ_w）之比σ_a / σ_w。

在实际应用过程中，根据过程噪声σ_a、观测噪声σ_w的取值不同，可以计算出α和β的值。在完整航迹跟踪过程中，根据不同飞行状态σ_a取值的不同，也可以分段计算α和β的值。因此，有效地确定σ_a和σ_w是α-β滤波器的关键。

对目标模型作进一步理想化假设，可得到使用更方便的关系式。假设：

（1）目标航线为直线，且无加速度，即$\sigma_a = 0$。

（2）观测噪声平稳不变，即在任意第n次雷达扫描中，$\sigma_w(k)$为常数。

（3）雷达采样周期T不变。

由卡尔曼滤波方程导出雷达扫描次数n与α和β的关系式为

$$\alpha = \frac{2(2n-1)}{n(n+1)} \tag{11.147}$$

$$\beta = \frac{6}{n(n+1)} \tag{11.148}$$

对上式的物理解释如下：当n较小时，对目标的跟踪刚开始，其位置和速度的估计值是不可靠的，因此，必须取较大的α和β值，以强调所测点迹位置的重要性；当n逐渐增大时，估计值的可靠性便大大增加，故α和β趋于零。

在工程应用中，目标模型并不符合上述假设，即便目标作匀速直线飞行，也存在下列因素需要考虑：

（1）雷达天线与目标之间的相对运动，造成录取同一目标点迹数据间隔并不均等。

（2）受空中气流的扰动和人为因素的影响，速度并不均匀。

（3）目标点迹数据中时间的准确性及点迹凝聚引起的时间误差。

这些因素综合表现为目标模型中$\sigma_a \neq 0$，因而要求实际α-β滤波器具有一定的瞬态响应性能，故一般把n截断，当$n \geqslant N$（如$N=7$）时，就取到N为止。

11.6.4 扩展卡尔曼滤波器

卡尔曼滤波实质上是线性最小均方误差估计的一种递推形式，它在各个领域得到广泛的应用。弹道导弹跟踪的问题是非线性的，不能直接利用卡尔曼滤波，通常采用的处理方法是利用线性化技术将非线性滤波问题转化为一个近似的线性滤波问题，再利用线性滤波理论得到原非线性问题的次优滤波算法。通常扩展卡尔曼滤波器采用的线性化方法是将非线性状态方程按一阶泰勒级数展开。

弹道微分方程为连续状态方程，记为

$$\dot{\boldsymbol{s}} = f(\boldsymbol{s}(t)) + \boldsymbol{u}(t) \tag{11.149}$$

式中，$\boldsymbol{u}(t)$ 为高斯零均值噪声。近似成递推的离散时间状态方程为

$$\hat{\boldsymbol{s}}_{k+1/k} = \hat{\boldsymbol{s}}_{k/k} + f(\hat{\boldsymbol{s}}_{k|k})T + A(\hat{\boldsymbol{s}}_{k/k})f(\hat{\boldsymbol{s}}_{k/k})T^2/2 \tag{11.150}$$

$$\boldsymbol{A}(\boldsymbol{s})_k = \partial f(\boldsymbol{s})/\partial \boldsymbol{s} \tag{11.151}$$

利用卡尔曼滤波导出下列方程，计算预测协方差矩阵为

$$\boldsymbol{P}_{k+1/k} = \boldsymbol{\Phi}_k \boldsymbol{P}_{k/k} \boldsymbol{\Phi}_k^{\mathrm{T}} + \boldsymbol{Q}_k \tag{11.152}$$

$$\boldsymbol{\Phi}_k = \boldsymbol{I} + A(\hat{\boldsymbol{X}}_{k/k})T \tag{11.153}$$

式中，$\boldsymbol{I}$ 为单位矩阵。计算增益矩阵为

$$\boldsymbol{K}_{k+1} = \boldsymbol{P}_{k+1/k}\boldsymbol{B}_{k+1}^{\mathrm{T}}(\boldsymbol{B}_{k+1}\boldsymbol{P}_{k+1/k}\boldsymbol{B}_{k+1}^{\mathrm{T}} + \boldsymbol{R}_{k+1})^{-1} \tag{11.154}$$

$$\boldsymbol{B}(\boldsymbol{s}) = \partial h(\boldsymbol{s})/\partial \boldsymbol{s} \tag{11.155}$$

状态滤波值为

$$\hat{\boldsymbol{s}}_{k+1|k+1} = \hat{\boldsymbol{s}}_{k+1|k} + \boldsymbol{K}_{k+1}[\boldsymbol{Z}_{k+1} - h(\hat{\boldsymbol{s}}_{k+1|k})] \tag{11.156}$$

误差协方差为

$$\boldsymbol{P}_{k+1/k+1} = [\boldsymbol{I} - \boldsymbol{K}_{k+1}\boldsymbol{B}_{k+1}]\boldsymbol{P}_{k+1/k} \tag{11.157}$$

扩展卡尔曼滤波器在应用于非线性不强的问题解决时具有不错的性能，同时其计算复杂度不高，总体上费效比较高。扩展卡尔曼滤波器的不足在于应用于非线性较强和非高斯的环境下性能不理想，可能会发散，同时需要求解雅可比矩阵。

11.6.5 无损卡尔曼滤波器

无损卡尔曼滤波器是基于不敏变换发展起来的。它通过一组确定大小的样本点来反映状态向量的分布，经过任意非线性函数转换后，这些样本点仍能够很好地反映状态的分布，从而精度可以逼近二阶以上。无损卡尔曼滤波器相比一阶扩展卡尔曼滤波器具有更高的精度，而且不需要计算雅可比矩阵。

假定状态向量为 $[x, y, z, \dot{x}, \dot{y}, \dot{z}, \beta]$，其中 β 为弹道系数，状态向量维数

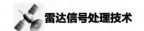

$L=7$。无损卡尔曼滤波器处理首先通过不敏变换进行采样点选取，常用方法为标准对称采样。在已知非线性函数的均值 $\hat{\boldsymbol{x}}_{k-1/k-1}$ 和协方差阵 $\boldsymbol{P}_{k-1/k-1}$ 时，选择 $2L+1=15$ 个采样点按下式计算：

$$\begin{cases}\boldsymbol{\chi}_0=\hat{\boldsymbol{x}}_{k-1/k-1},\ W_0^{(m)}=\dfrac{\lambda}{2(L+\lambda)},\ W_i^{(c)}=\dfrac{\lambda}{2(L+\lambda)}+1-\alpha^2+\gamma\\ \boldsymbol{\chi}_i=\hat{\boldsymbol{x}}_{k-1/k-1}+\left(\sqrt{(L+\lambda)\boldsymbol{P}_{k-1/k-1}}\right)_i,\ W_i^{(m)}=W_i^{(c)}=\dfrac{1}{2(L+\lambda)},\ i=1,2,\cdots,L\\ \boldsymbol{\chi}_{i+L}=\hat{\boldsymbol{x}}_{k-1/k-1}-\left(\sqrt{(L+\lambda)\boldsymbol{P}_{k-1/k-1}}\right)_i,\ W_{i+L}^{(m)}=W_{i+L}^{(c)}=\dfrac{1}{2(L+\lambda)},\ i=1,2,\cdots,L\end{cases} \tag{11.158}$$

其中，$\lambda=\alpha^2(L+\kappa)$ 为比例参数，用于控制采样点到均值的距离，$W_i^{(m)}$、$W_i^{(c)}$ 分别表示计算采样点均值与协方差时对应的权重系数；通常 $\alpha=0.5$，$\kappa=3-L$，$\gamma=2$；$\left(\sqrt{(L+\lambda)\boldsymbol{P}_{k-1/k-1}}\right)_i$ 为 $(L+\lambda)\boldsymbol{P}_{k-1/k-1}$ 均方根矩阵的第 i 行。

状态预测为

$$\hat{\boldsymbol{x}}_{k/k-1}=\sum_{i=0}^{2n}W_i^{(m)}\boldsymbol{\chi}_{i,k/k-1} \tag{11.159}$$

$$\boldsymbol{\chi}_{k/k-1}=f(\boldsymbol{\chi}_{k/k-1},k-1) \tag{11.160}$$

预测协方差矩阵为

$$\boldsymbol{P}_{k|k-1}=\sum_{i=0}^{2n}\left(W_i^{(c)}\left[\boldsymbol{\chi}_{i,k/k-1}-\hat{\boldsymbol{x}}_{k/k-1}\right]\cdot\left[\boldsymbol{\chi}_{i,k/k-1}-\hat{\boldsymbol{x}}_{k/k-1}\right]^{\mathrm{T}}\right)+\boldsymbol{Q}_{k-1} \tag{11.161}$$

量测预测为

$$\hat{\boldsymbol{Y}}_{k/k-1}=\sum_{i=0}^{2n}W_i\zeta_{i,k/k-1} \tag{11.162}$$

$$\zeta_{k/k-1}=h(\boldsymbol{\chi}_{k/k-1},k) \tag{11.163}$$

计算出状态预测和量测预测后，依据卡尔曼滤波方法即可完成滤波过程。

11.6.6　机动目标的自适应跟踪方法

上述介绍的滤波器均可应用到匀速或缓慢机动的目标航迹跟踪中。如果在一次扫描中，目标的加速度变化很大，那么对目标位置和速度的估值偏差大，这时系统必须立即采取修正性操作，否则目标可能会丢失。要解决这一问题，需要使用机动检测器。

1. α-β 滤波器的机动检测及算法

在 α-β 滤波器中，检测机动目标的方法如下：在目标的预测位置周围形成内窄-外宽两个相关区（也可形成多层），根据目标点迹落入的相关区来判决目标是否机动，并按加速度的估值大小选择合适的滤波器参数α和β。如果点迹落在里面的窄相关区内，则α和β取目标稳定跟踪时的值；相反，如果点迹落在窄相关区外，但在宽相关区内，则α和β取目标机动跟踪时的值，相当于使跟踪滤波器"重新初始化"。需要注意的是，对相关区内可能发生的目标衰落和虚警情况，应有防护措施。实施方法是在检测到机动目标时采用双航迹，即利用落入外波门内的点迹作为第一个航迹；第二个航迹由已建立的航迹经预测得到（不输出），而不需要考虑外波门内的点迹，在随后的扫描中再解除模糊并删除其中的一个航迹。

2. 卡尔曼滤波器的机动检测算法

机动检测算法是一种判决机制，一般由它来确定机动的开始时间，以及估计目标机动的幅度和持续时间等参数。对卡尔曼滤波器来说，通过检测该滤波器的残差序列v_k，就能够对目标的机动进行某些检测。残差v_k是白高斯随机序列，其均值为零，协方差矩阵为

$$\boldsymbol{\theta}_k = \boldsymbol{H}_k \hat{\boldsymbol{P}}_{k/k-1} \boldsymbol{H}_k^{\mathrm{T}} = \boldsymbol{\Gamma}_k + \boldsymbol{R}_k \tag{11.164}$$

式中，$\boldsymbol{H}_k$为观测矩阵；$\hat{\boldsymbol{P}}_{k/k-1}$为预测协方差矩阵；$\boldsymbol{R}_k$为观测误差协方差矩阵，机动检测可以通过检测残差$v_k$的分布情况来实现。下面讨论一种较简单的检测方案[2]。

假设v_k分量服从高斯概率密度分布，估算第i个分量每次落入区间($\pm C\sqrt{\boldsymbol{\theta}_k(i,i)}$)的概率，即

$$-C\sqrt{\boldsymbol{\theta}_k(i,i)} \leqslant \boldsymbol{v}_k(i) \leqslant C\sqrt{\boldsymbol{\theta}_k(i,i)},\ i=1,2,\cdots,m \tag{11.165}$$

式中，C 是一个正常数。当$C=1$时，v_k分量与该区间关联的概率为 0.6827；当$C=2$时，概率为 0.9545；当$C=3$时，概率为 0.9973。因此，若$v_k(i)$的所有分量都处于区间（$\pm C\sqrt{\boldsymbol{\theta}_k(i,i)}$）内，那么可以说$v_k$服从均值为零和协方差矩阵$\boldsymbol{\theta}_k$的高斯分布；只要$v_k$中有一个分量不落在该区间内，则上述假设便不成立。

当检测到v_k的两个或更多分量不满足式（11.165）的关系式时，自适应算法对v_k相应分量修正其协方差分量，使$v_k(i)$存在于由式（11.165）决定的可接受区域限界内，为此引入正标量修正因子$\boldsymbol{a}_k(i)$，且满足下列关系式：

$$\boldsymbol{v}_k^2(i) = C^2\left\{\boldsymbol{a}_k(i)\boldsymbol{\Gamma}(i,i) + \boldsymbol{R}_k(i,i)\right\} \tag{11.166}$$

式中，修正因子$\boldsymbol{a}_k(i)$为

$$\boldsymbol{a}_k(i) = \frac{[\boldsymbol{v}_k(i)/C]^2 - \boldsymbol{R}_k(i,i)}{\boldsymbol{\Gamma}(i,i)} \tag{11.167}$$

在该条件下，当 $v_k(i)$ 全部分量都不满足式（11.165）时，$\hat{\boldsymbol{P}}_{k/k-1}$ 可修正为 $\boldsymbol{a}_{k;m}\hat{\boldsymbol{P}}_{k/k-1}$，其中 $\boldsymbol{a}_{k;m}$ 是全部 $\boldsymbol{a}_k(i)$ 中的最大值。增大预测误差的协方差能保持对目标的跟踪，但以降低精度为代价。当机动幅度更大时，除协方差校正外，还可引入偏差校正项，但一般不常用，因此不在这里介绍。引入修正因子 $\boldsymbol{a}_k(i)$ 后，自适应跟踪滤波器有如下方程式：

$$\begin{aligned}
\hat{\boldsymbol{s}}_{k/k} &= \hat{\boldsymbol{s}}_{k/k-1} + \boldsymbol{K}_k\boldsymbol{v}_k \\
\hat{\boldsymbol{P}}_{k/k} &= \boldsymbol{a}_{k;m}\left[\boldsymbol{I} - \boldsymbol{K}_k\boldsymbol{H}\right]\hat{\boldsymbol{P}}_{k/k-1} \\
\hat{\boldsymbol{s}}_{k/k-1} &= \boldsymbol{\Phi}\hat{\boldsymbol{s}}_{k-1/k-1} \\
\boldsymbol{P}_{k/k-1} &= \boldsymbol{\Phi}\hat{\boldsymbol{P}}_{k-1/k-1}\boldsymbol{\Phi}^{\mathrm{T}} + \boldsymbol{\theta}_k \\
\boldsymbol{K}_k &= \boldsymbol{a}_{k;m}\hat{\boldsymbol{P}}_{k/k-1}\boldsymbol{H}^{\mathrm{T}}[\boldsymbol{R}_k + \boldsymbol{a}_{k;m}\boldsymbol{H}\hat{\boldsymbol{P}}_{k/k-1}\boldsymbol{H}^{\mathrm{T}}]^{-1}
\end{aligned} \tag{11.168}$$

11.7 目标跟踪的起始、点迹–航迹相关处理与波门控制

目标跟踪的自动起始、点迹-航迹相关处理与波门控制是密切相关的。目标跟踪的自动起始主要解决雷达扫描帧与帧之间或多帧之间的点迹与点迹的相关问题，实质上也是点迹与航迹的相关问题。点迹与航迹相关处理是雷达数据处理的基本问题，本章后面要介绍的算法和本节的波门控制也都是为了实现点迹与航迹的正确相关。波门控制要求恰到好处地控制相关点迹的相关范围，既不扩大范围造成点迹数据过多，也不缩小范围使得点迹数据未被纳入进来。

11.7.1 目标跟踪的起始

目标航迹起始有半自动目标航迹起始和全自动目标航迹起始两种方式。

（1）半自动目标航迹起始方式由人工完成首点航迹的起始，接下来系统对目标进行自动跟踪。半自动目标航迹起始方式中的首次波门处理是至关重要的，因为缺少目标点迹及回波的先验知识，如何确定波门内首点航迹位置是问题的焦点。用最近邻域方法来确认首点航迹，即把离波门中心最近的位置作为首次目标的观测位置，这样简单处理具有风险，特别是在虚警概率较大和地杂波剩余较多的区域，会出现离波门中心点较近但并不是目标的点迹。经过大量的观察和数据统计，设计师们发现：根据不同雷达的特性，把最近邻域方法与回波的幅度、宽度信息结合起来使用，可弥补首次航迹没有目标速度及航向信息的不足。

（2）全自动目标航迹起始方式是由目标进入雷达威力范围之后按要求自动建

立起真实目标的航迹。一般来说，对参加航迹起始的点迹有如下约束条件：确信不使已知的可靠航迹的观测回波集合被用来形成新的暂时航迹，或者只有那些没有与杂波点、可靠航迹（稳定航迹）关联上的点迹才可用于航迹起始。这些点迹是对原始点迹回波经过点迹处理以后的凝聚点迹，已滤除了地面杂波、气象干扰、噪声源等产生的大部分虚假点迹，但仍存在信号处理后杂波剩余和虚警产生的点迹。

对自动目标航迹起始的要求如下：当目标进入雷达威力范围之后，能及时建立起真实目标的航迹，但要避免杂波剩余等点迹建立假航迹，以造成航迹虚警，因此，快速起始的要求与较高的航迹正确起始概率是相互矛盾的。高可靠（低虚警）地建立起真实目标航迹，需要足够的信息积累，因而不可避免地存在自动起始逻辑响应时间的延长，基于此，一个好的航迹起始方法，应该是在快速起始航迹与较低虚警航迹之间选取一个最佳折中方案。

航迹自动起始的主要过程如下：设计适当的航迹自动起始逻辑，通过门限检测判断是否建立暂时航迹；对已建立的暂时航迹进行确认，并根据确认结果判断是否形成可靠航迹。

暂时航迹的确认过程如下：先预测暂时航迹的下次雷达扫描回波的位置，然后在预测位置的相关区域中进行检测，以寻找与之配对的点迹，一般在一帧或若干帧内完成。对暂时航迹的管理，也包含了在可靠航迹中所采用的滤波预测技术。

航迹自动起始响应时间是指收到目标点迹到建立起航迹的时间延迟。由于实际点迹存在是概率事件，是随机发生的，那么航迹起始响应时间也是一个随机变量，也可用航迹起始累积概率与扫描次数的关系式来表达。更为直观的描述是航迹起始所需的雷达扫描数的平均值和标准偏差。

目标跟踪自动起始方法一般采用滑窗法，即用雷达扫描期间相继收到的点迹序列 $z_1,z_2,\cdots,z_i,\cdots,z_n$ 表示 n 次扫描时间窗，如果第 i 次扫描时相关波门内含有点迹，则该波门区内记为 1，反之记为 0。当时间窗内相应波门区域内“1”的个数达到某一特定值 m 时，航迹起始成功；否则，滑窗右移一次扫描。航迹起始是在时间窗内进行 n 次扫描，而其中的 m 次检测到点迹才告成功，由此构成了航迹起始逻辑，又称“m/n”准则。滑窗法目标跟踪自动起始示意图如图 11.6 所示。

在给定点迹检测概率 p、航迹自动起始准则 m/n 的前提下，可由概率计算求得航迹起始所需要扫描次数的平均值和标准偏差，如表 11.3 所示。

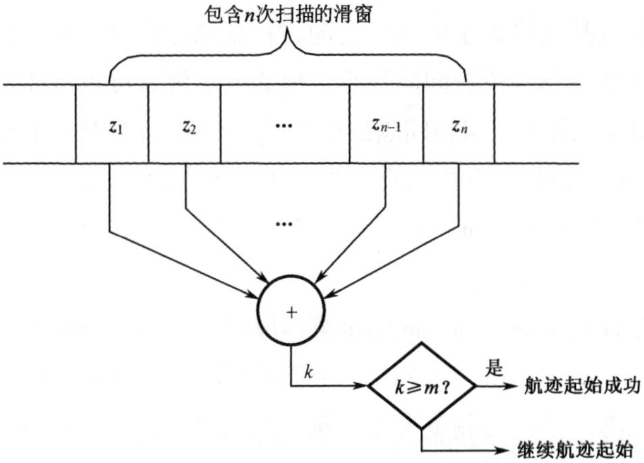

图 11.6　滑窗法目标跟踪自动起始示意图

表 11.3　航迹起始所需要的扫描次数平均值和标准偏差

航迹起始准则 m/n	平均值及标准偏差	p=0.1	p=0.2	p=0.3	p=0.4	p=0.5	p=0.6	p=0.7	p=0.8	p=0.9
2/2	$\bar{N}$	>103.8	30.4	14.3	8.7	6.0	4.5	3.5	2.8	2.3
	σ_N	>96.1	28.4	13.0	7.5	4.6	3.1	2.1	1.4	0.8
2/3	$\bar{N}$	62.4	18.9	9.8	6.3	4.7	3.7	3.0	2.6	2.2
	σ_N	60.3	17.0	8.3	5.0	3.2	2.1	1.5	1.0	0.5
3/3	$\bar{N}$	>84.3	58.1	51.4	24.9	14.0	9.1	6.4	4.8	3.7
	σ_N	>141.2	59.4	49.1	24.4	11.0	6.8	4.4	2.7	1.5
3/4	$\bar{N}$	>141.1	56.0	25.7	13.6	8.7	6.4	4.9	4.0	3.4
	σ_N	>149.0	47.5	23.2	11.4	6.2	4.0	1.6	1.6	0.8

11.7.2　点迹-航迹相关处理

点迹-航迹相关是把雷达扫描相继收到的点迹与已知航迹进行比较，然后确定正确配对的过程。当配对实现后，目标位置和速度等航迹信息被更新。

点迹-航迹相关处理分 3 个步骤：首先，按点迹、航迹扇区的信息，对每条航迹产生一个配对表，该表中包括全部可能的点迹-航迹配对数据；其次，按配对表分别计算点迹与航迹的统计间隔等参数，并使每个航迹与点迹构成暂时关联，然后检查暂时关联情况，去掉那些重复使用的点迹；最后，对选出的单个点迹与单条航迹进行唯一配对，从而更新航迹的信息。

假定目标预测位置为 $\hat{\boldsymbol{z}}_{k/k-1}$，相关波门内存在 n 个点迹数据，且第 i 个点迹数据为 $\boldsymbol{z}_{k,i}$，则第 i 个点迹与目标预测位置的欧几里得间隔为

$$\boldsymbol{v}_i = \hat{\boldsymbol{z}}_{k/k-1} - \boldsymbol{z}_{k,i} \tag{11.169}$$

目标预测位置是按照 $k-1$ 时刻以前的目标观测点迹进行滤波预测得到的，其实际目标点迹可能与预测位置间隔很小，但其他虚假点迹也可能与预测位置间隔更小，此时若简单地按欧几里得间隔最小进行点迹-航迹配对是不妥的。如图 11.7 所示为波门内点迹示意图，其中共有 4 个点迹，点迹 1 比点迹 2 与预测位置的间隔更小，但它不是目标点迹，而点迹 2 才是目标点迹。注意：间隔不能作为配对的唯一条件。

统计间隔是针对不同坐标之间的量测精度提出来的，一般雷达的距离精度高于方位精度，在对离雷达站较远的目标进行跟踪时，需要更多地考虑方位精度的影响。统计间隔考虑了雷达测量误差、航迹预测误差和目标机动等因素对欧几里得间隔进行的修正，因此更具合理性。

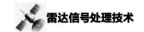

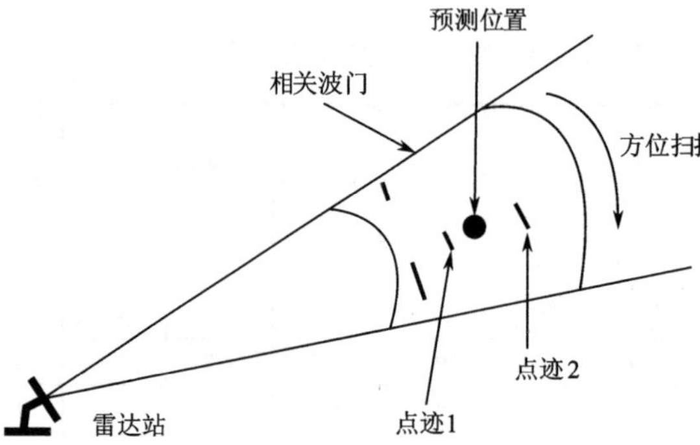

图 11.7　波门内点迹示意图

点迹-航迹相关处理应用的主要算法如下：概率数据关联滤波、最近邻域关联滤波、点迹-航迹关联配对“最靠近”准则、模糊关联滤波、多因子综合关联滤波等。一般情况下，在不同的雷达数据处理场合要使用与之相适应的算法[5]。

11.7.3　波门控制

波门曾经有两个主要功能。一是控制雷达原始点迹数据进入数据处理计算机，以降低对数据传输、存储和处理等设备的要求，目前这项功能正在弱化，许多新研制的系统已不需要这种控制功能了。二是以预测值为中心确定相关点迹的空间区域，使落入波门中的真实观测（如果检测到的话）点迹具有很高的概率，同时又不允许波门内有过多的无关点迹，因此，波门控制的关键是如何恰到好处地确定波门的尺寸。此外，由 11.7.2 节已知，相关处理的基本原理是把位置接近的点迹和航迹互相配对，而位置接近点迹的确认与雷达测量精度、航迹预测精度和目标机动情况密切相关。

在获取第 k 次雷达扫描目标位置滤波值的情况下，将第 k+1 次雷达扫描中目标观测点迹 $\boldsymbol{z}_{k+1}$ 与预测位置 $\hat{\boldsymbol{z}}_{k+1/k}$ 进行配对，其位置间隔可用向量 $\boldsymbol{d}_{k+1}$ 表示为

$$\boldsymbol{d}_{k+1} = \boldsymbol{z}_{k+1} - \hat{\boldsymbol{z}}_{k+1/k} \tag{11.170}$$

由于雷达观测的误差、航迹预测误差和目标机动的可能性等原因，$\boldsymbol{d}_{k+1}$ 的均值存在有两种可能：

（1）当观测点迹 $\boldsymbol{z}_{k+1}$ 属于所跟踪目标，即配对正确时，$\boldsymbol{d}_{k+1}$ 的均值为零。

（2）当观测点迹 $\boldsymbol{z}_{k+1}$ 不属于所跟踪目标，即配对不正确时，$\boldsymbol{d}_{k+1}$ 的均值不为零。

当配对正确时，位置间隔 $\boldsymbol{d}_{k+1}$ 的协方差矩阵为观测误差协方差矩阵、预测误差协方差矩阵和目标机动产生的协方差矩阵之和，即

$$\boldsymbol{B}_{k+1} = \boldsymbol{R}_{k+1} + \hat{\boldsymbol{P}}_{k+1/k} + \boldsymbol{Q}T^4/4 \tag{11.171}$$

因此，在观测空间内定义一个目标配对范围

$$\boldsymbol{y}_{k+1} = \{\boldsymbol{z} : \boldsymbol{d}_{k+1}^{\mathrm{T}} \boldsymbol{B}_{k+1}^{-1} \boldsymbol{d}_{k+1} \gamma\} \tag{11.172}$$

式中，γ 是参数，由式（11.172）定义的范围称为跟踪波门或波门，在这个范围内，观测点迹的分布将以较高的概率出现，其范围呈概率集中的椭圆。如果测量值落入这个范围，记为有效；如果测量值不在这个范围，就放弃。

目标点迹落入波门的概率为

$$p_1(\boldsymbol{d}_{k+1}) = \frac{1}{2\pi|\boldsymbol{B}_{k+1}|^{1/2}} \exp\left(-\frac{1}{2}\boldsymbol{d}_{k+1}^{\mathrm{T}} \boldsymbol{B}_{k+1}^{-1} \boldsymbol{d}_{k+1}\right) \tag{11.173}$$

其他非目标点迹的概率分布视情况而不同，如噪声产生的虚警点迹在整个探测区域内是均匀分布的。

点迹-航迹相关逻辑处理是把第 k 次扫描中第 i 个点迹观测值 $\boldsymbol{z}_{k,i}$ 中满足式（11.172）的全部点迹都保留，并按统计间隔填入间隔矩阵。在这些点迹中，y 值较小的点迹与该航迹配对的概率较大；其他点迹能参加配对的概率较小。完成点迹-航迹相关逻辑处理的步骤如下。

（1）按航迹预测点位置确定相关区域，即确定波门。

（2）计算波门范围内所有点迹的统计间隔，并按式（11.172）进行检验，以保留满足门限要求的点迹。

（3）根据不同的点迹环境，通过关联滤波算法，选择最适合该航迹的点迹，完成点迹-航迹配对。

若点迹-航迹相关逻辑处理在极坐标系统中进行，由式（11.171）可得到协方差矩阵为

$$\boldsymbol{B}_{k+1} = \begin{bmatrix} \sigma_\rho^2 & 0 \\ 0 & \sigma_\theta^2 \end{bmatrix} + \begin{bmatrix} \hat{\sigma}_{\rho,k+1/k}^2 & 0 \\ 0 & \hat{\sigma}_{\theta,k+1/k}^2 \end{bmatrix} + \frac{T^2}{4}\begin{bmatrix} \sigma_{a,\rho}^2 & 0 \\ 0 & \sigma_{a,\theta}^2 \end{bmatrix} \tag{11.174}$$

式中，σ_ρ^2和σ_θ^2为极坐标(ρ,θ)观测误差的方差，$\hat{\sigma}_{\rho,k+1/k}^2$和$\hat{\sigma}_{\theta,k+1/k}^2$为$(\rho_{k+1},\theta_{k+1})$的预测方差，而$\sigma_{a,\rho}^2$和$\sigma_{a,\theta}^2$为目标加速度分量的方差。简单起见，设加速度分量互不相关，由式（11.171）可确定点迹-航迹相关逻辑处理范围的关系式为

$$\begin{aligned}&\left|\rho_{k+1}-\hat{\rho}_{k+1/k}\right|<K_\rho\\&\left|\theta_{k+1}-\hat{\theta}_{k+1/k}\right|<K_\theta\end{aligned}\tag{11.175}$$

式中，$(\rho_{k+1},\theta_{k+1})$为由雷达提供的点迹观测值；$(\hat{\rho}_{k+1/k},\hat{\theta}_{k+1/k})$为滤波方程提供的预测值。$K_\rho$和$K_\theta$为相关波门参数，表达式如下：

$$\begin{aligned}K_\rho&=\chi\left(\sigma_\rho^2+\hat{\sigma}_{\rho,k+1/k}^2+\frac{T^2}{4}\sigma_{a,\rho}^2\right)^{1/2}\\K_\theta&=\chi\left(\sigma_\theta^2+\hat{\sigma}_{\theta,k+1/k}^2+\frac{T^2}{4}\sigma_{a,\theta}^2\right)^{1/2}\end{aligned}\tag{11.176}$$

式中，χ是一个可提供选择的参数，它能够调整相关范围和正确关联概率。由式（11.175）和式（11.106）确定的相关波门形状如图 11.8（a）所示，图 11.8（b）所示为直角坐标系中的相关波门，该图与式（11.175）和式（11.176）所描述的区域近似。

由上式可知，波门尺寸不仅取决于与位置有关的参数$\hat{\sigma}_{\rho,k+1/k}$和$\hat{\sigma}_{\theta,k+1/k}$，还取决于$\sigma_\rho$、$\sigma_\theta$和$\sigma_a$。在实际工作中，为避免使用很大的相关波门，波门的尺寸在跟踪的不同阶段是不相同的，并与目标的类型相匹配。在目标跟踪的起始阶段，波门尺寸较大；而在目标跟踪的稳定阶段，波门尺寸较小；当检测到目标机动时，波门尺寸又放大。固定目标的波门只取决于观测精度，直线目标的波门则按照观测值和预测滤波器的精度计算，而机动目标的波门需要考虑加速度的影响。

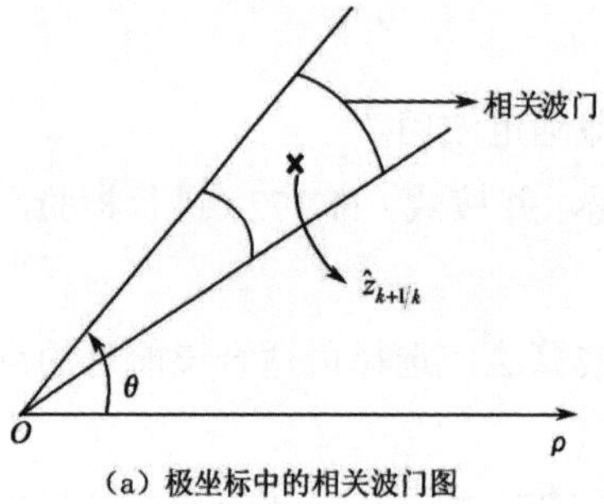

（a）极坐标中的相关波门图

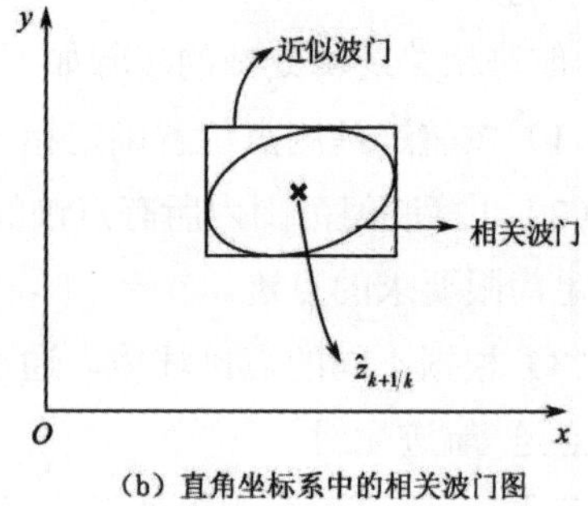

（b）直角坐标系中的相关波门图

图 11.8　相关波门形状示意图

若点迹-航迹相关逻辑处理在直角坐标系中进行，由式（11.171）得到的协方差矩阵为

$$\boldsymbol{B}_{k+1}=\begin{bmatrix}\sigma_x^2 & \sigma_{xy}\\ \sigma_{xy} & \sigma_y^2\end{bmatrix}+\begin{bmatrix}\hat{\sigma}_{x,k+1/k}^2 & \hat{\sigma}_{xy,k+1/k}\\ \hat{\sigma}_{xy,k+1/k} & \hat{\sigma}_{y,k+1/k}^2\end{bmatrix}+\frac{T^2}{4}\sigma_a^2\boldsymbol{I} \tag{11.177}$$

式中，σ_x^2、σ_y^2和σ_{xy}是直角坐标系中观测误差的方差和协方差，而$\hat{\sigma}_{x,k+1/k}^2$、$\hat{\sigma}_{y,k+1/k}^2$和$\hat{\sigma}_{xy,k+1/k}$是预测值的方差和协方差；σ_a^2为目标加速度分量方差，并假设在 x、y 方向上相等，由式（11.172）可得描述相关范围的表达式为

$$a(x_{k+1}-\hat{x}_{k+1/k})^2+b\left(x_{k+1}-\hat{x}_{k+1/k}\right)\left(y_{k+1}-\hat{y}_{k+1/k}\right)+c(y_{k+1}-\hat{y}_{k+1/k})^2\leqslant x^2 \tag{11.178}$$

式中，$\left(x_{k+1},y_{k+1}\right)$是点迹直角坐标，$\left(\hat{x}_{k+1/k},\hat{y}_{k+1/k}\right)$是跟踪目标的预测值；系数 a、b、c 是取决于式（11.177）的方差和协方差。当σ_a^2大于其他方差而起决定作用时，相关波门变成一个圆，图 11.8（b）中给出了相应的波门形状。在实际应用中，也可用矩形来近似椭圆，以减小直角坐标系中实现相关波门的计算量[1,2]。

11.7.4　弹道/空间目标快速起始

一般目标起始通常采用 11.7.1 节中的滑窗法自动起始准则，但弹道/空间目标快速起始不同于一般目标起始，弹道/空间目标飞行速度极快，最高达到 7.9km/s，在前一个搜索周期内检测到的目标可能在下一个搜索周期内已经穿越搜索屏，导致目标丢失，因此，对弹道/空间目标必须进行快速起始，起始后主动调度波束进行跟踪。一般弹道/空间目标快速起始步骤如下。

（1）在对弹道/空间目标进行目标截获时，首先在目标可能出现范围内设置搜索屏，并安排波束搜索。

（2）如果有回波信号，则按一定的时间间隔安排再次照射，时间间隔的大小依据目标穿屏时间长短进行设定，保证再次照射时目标仍在搜索屏内。

（3）再次照射若有回波信号，则进入航迹起始流程；若无回波信号，则安排重新照射两次。

（4）重新照射两次，若有回波信号，则进入航迹起始流程；若仍然无回波信号，则可能为虚警。视情况对产生虚警的回波信号进行分析，确定是否扩大范围进一步搜索。

（5）在截获空间目标进行航迹起始时，一般采用 3 次滑窗扫描，在 3 次扫描中若至少有两次观测值能够相关成功，则完成航迹快速起始，进入新航迹跟踪阶段，根据目标运动速度等情况，确定目标数据更新率以维持稳定跟踪。

11.8　复杂环境下的目标跟踪

在雷达数据处理中，复杂环境下的目标跟踪是指剩余杂波较多、多目标多架

次编队、机动及交叉背景下的跟踪处理，此时要求点迹-航迹相关处理、目标航迹跟踪的滤波与预测处理都要可靠正确。两者之间是相辅相成的，正确的点迹-航迹相关结果，会产生较为准确的滤波和预测。准确的滤波和预测，又会促进点迹-航迹的正确相关。本节结合复杂的目标环境，着重介绍点迹-航迹的相关处理方法。

11.8.1 剩余杂波较多环境下的目标跟踪

现在雷达已采用先进的信号处理技术，在一般环境下能有效地控制虚警杂波，保持适当的检测能力。但在特殊的地理、气象、海洋环境中或在电磁干扰环境下，仍然会出现较高杂波剩余现象，因而必须使用有效的跟踪滤波器来保持对目标航迹的自动起始和连续跟踪。

当跟踪波门内出现一个以上点迹被选择用来建立和保持单条航迹时，需要按照一定的方法选出属于跟踪目标的那个点迹或采用航迹分支技术，这对连续跟踪来说是至关重要的。当观测值来源不确定时，卡尔曼跟踪滤波器就不再是最佳的了，但可以按下面已介绍的概率数据关联滤波法和最近邻域关联滤波法进行处理。

1. 概率数据关联滤波（PDAF）法

假定 k 时刻经跟踪波门选定的当前观测值为$\boldsymbol{z}_k=\{z_{k,i}:i=1,2,\cdots,m_k\}$，以$\boldsymbol{z}^k$表示直到$k$时刻的全部有效观测值的集合，$\boldsymbol{z}^k=\{z(j):j=1,2,\cdots,k\}$，即$\boldsymbol{z}_k$表示在$k$时刻点迹群的预测值，观测值与预测值的偏差集合为

$$\boldsymbol{v}_{k,i}=z_{k,i}-z_k,\quad i=1,2,\cdots,m_k \tag{11.179}$$

相关波门是一个椭圆球体，点迹满足

$$\boldsymbol{v}_k^{\mathrm{T}}\boldsymbol{\theta}_k^{-1}\boldsymbol{v}_k\leqslant\chi^2 \tag{11.180}$$

式中，$\boldsymbol{\theta}_k$是偏差的协方差矩阵；χ为调整相关范围的参数。

准最佳状态估值利用了加权后的偏差

$$v_k=\sum_{i=1}^{m_k}\beta_{k,i}v_{k,i} \tag{11.181}$$

式中，$\beta_{k,i}=\mathrm{Prob}\{z_{k,i}/\boldsymbol{z}^k\}$（$i=0,1,\cdots,m_k$）为第 i 个观测值为真的后验概率。应用贝叶斯定律可以得到这些概率为

$$\beta_{k,i}=\frac{\exp\{-0.5\boldsymbol{v}_{k,i}^{\mathrm{T}}\boldsymbol{\theta}_k^{-1}\boldsymbol{v}_{k,i}\}}{b+\sum_{j=1}^{m_k}\exp\{-0.5\boldsymbol{v}_{k,i}^{\mathrm{T}}\boldsymbol{\theta}_k^{-1}\boldsymbol{v}_{k,i}\}},\quad i=1,2,\cdots,m_k \tag{11.182}$$

$$\beta_{k,0} = \frac{b}{b + \sum_{j=1}^{m_k} \exp\{-0.5\boldsymbol{v}_{k,i}^{\mathrm{T}}\boldsymbol{\theta}_k^{-1}\boldsymbol{v}_{k,i}\}} \tag{11.183}$$

式中，b 是一个相应的参数，它表示没有一个点迹是正确的后验概率。

$\beta_{k,i}$ 的分母实质上是所有可能事件 $z_{k,i}$（$i = 0,1,\cdots,m_k$）的概率估算值，表明所有候选点迹参与形成某个等效点迹。

$\hat{\boldsymbol{s}}_{k/k}$ 的 PDAF 状态方程为

$$\hat{\boldsymbol{s}}_{k/k} = \boldsymbol{s}_{k/k-1} + \boldsymbol{K}_k\boldsymbol{v}_k = \boldsymbol{s}_{k/k-1} + \boldsymbol{K}_k\sum_{i=1}^{m_k}\beta_{k,i}\boldsymbol{v}_{k,i} \tag{11.184}$$

$$\hat{\boldsymbol{P}}_{k/k} = \hat{\boldsymbol{P}}_{k/k-1} - (1-\beta_{k,0})\boldsymbol{w}_k\boldsymbol{\theta}_k\boldsymbol{w}_k^{\mathrm{T}} + \boldsymbol{\pi}_k \tag{11.185}$$

式中，

$$\boldsymbol{w}_k = \hat{\boldsymbol{P}}_{k/k-1}\boldsymbol{H}^{\mathrm{T}}\boldsymbol{\theta}_k^{-1} \tag{11.186}$$

$$\boldsymbol{\pi}_k = \boldsymbol{w}\left\{\sum_{i=1}^{m_k}\beta_{k,i}\boldsymbol{v}_{k,i}\boldsymbol{v}_{k,i}^{\mathrm{T}} - \boldsymbol{v}_k\boldsymbol{v}_k^{\mathrm{T}}\right\}\boldsymbol{w}^{\mathrm{T}} \tag{11.187}$$

2. 最近邻域关联滤波（NNF）法

最近邻域关联滤波法首先由波门限制点迹数目，经波门初步限制后，按式（11.179）求其偏差的集合 $\boldsymbol{v}_{k,i}$，然后按下式计算其统计间隔：

$$\boldsymbol{y}_{k,i} = \boldsymbol{v}_{k,i}^{\mathrm{T}}\boldsymbol{\theta}_k^{-1}\boldsymbol{v}_{k,i} \tag{11.188}$$

通过比较 $\boldsymbol{y}_{k,i}$，使得其值最小的点迹与该航迹配对。

应用最近邻域关联滤波法，通常会出现以下情况：

（1）若波门内只有一个观测值，则航迹与此观测值配对相关。

（2）若波门内含有多个观测值，则航迹与统计间隔最近的观测值配对相关。

（3）当某个观测值落入多个波门内时，则观测值与最近的航迹配对相关。

显然，最近邻域关联滤波法是有片面性和局限性的，因为离目标预测位置最近的点迹并不一定就是目标点迹，特别是当滤波器工作在密集多回波环境中或发生航迹交叉时更是如此，因此，最近邻域关联滤波法在实际中常常会发生误跟或丢失目标的现象，其相关性能不甚完善。由于最近邻域关联滤波法是一个次优方法，在不太密集的回波环境中，此方法应用得还是较为成功的；但在稠密回波环境中，发生误相关的概率较大，要么多个航迹争夺单个点迹，要么多个点迹与一条航迹相关，此时最近邻域关联滤波法应与波门控制、航迹分支、多因子综合关联等方法相结合，以实现正确关联。

3．航迹分支

由于跟踪门内可能发生机动引起的目标信号衰落和出现虚警现象，因此，任何自适应滤波都应对此有防范措施。一种有效的方法是检测到机动目标时采用双航迹（航迹分支）：滤波器利用最新观测形成第一个航迹，第二个航迹由跟踪滤波器的预测值形成。在随后的扫描中再解除模糊并删除其中的一个航迹。这种方法能有效减少信号衰落、虚警或目标机动时的部分关联错误。如图 11.9 所示为航迹分支示意图。其中，图 11.9（a）表明航迹预测位置及相关点迹与滤波位置一致，属于正常跟踪；图 11.9（b）表明在目标机动情况下，概率较大的相关点迹与航迹预测位置存在较大偏离，因而采用了航迹分支；图 11.9（c）表明目标信号衰落情况下的航迹分支。

为了限制分支的无限增长，一般设计在处理每一组数据后只保留一种假设。

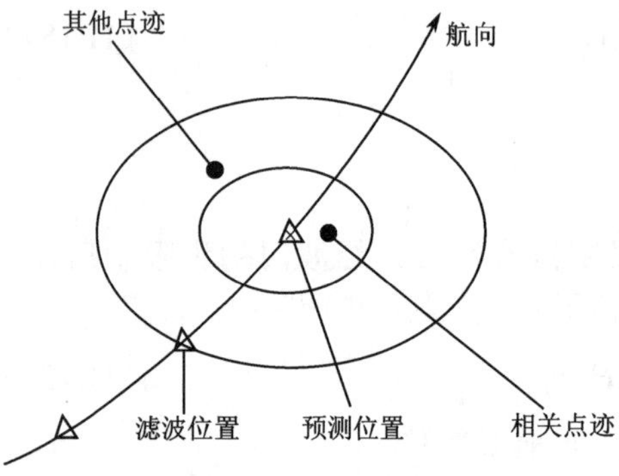

（a） 正常跟踪情况下，预测、滤波位置及相关点迹示意

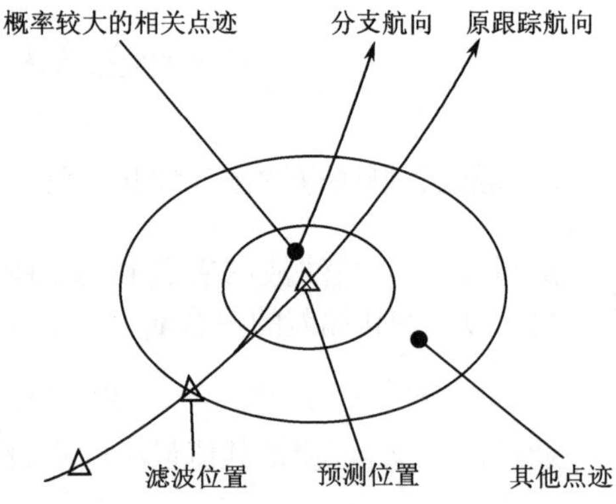

（b）目标机动情况下的航迹分支

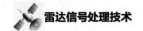

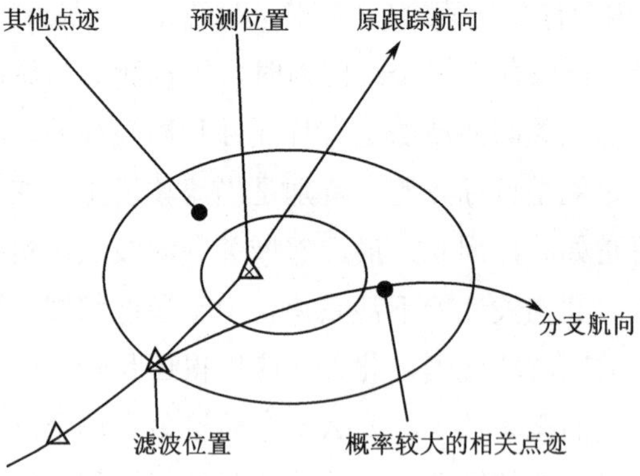

（c）目标信号衰落情况下的航迹分支

图 11.9　航迹分支示意

11.8.2　多目标环境中的跟踪

在多目标环境中，由于目标间航线交叉或目标编队飞行，目标之间相距甚近，跟踪时会出现相关波门相互重叠，且存在一个目标报告要同若干航迹相关的情况。当存在漏警和杂波引起的虚警时，要将观测值与恰当的航迹关联是一个棘手的问题。一般采用点迹-航迹关联配对“最靠近”准则、模糊关联滤波和多因子综合关联等算法进行关联和判别。

1. 点迹-航迹关联配对“最靠近”准则

多目标的点迹-航迹关联配对“最靠近”准则规定：从统计意义上，最靠近目标预测位置的那个点迹与航迹相关的概率最大。例如，P_1、P_2 分别表示接收到的点迹，s_1 和 s_2 分别表示航迹预测位置，于是可能得到的点迹-航迹关联配对是 $(P_1-s_1,\ P_2-s_2)$ 或 $(P_1-s_2,\ P_2-s_1)$，用 $v_{ij}=P_i-s_j$（$i,j=1,2$）表示偏差，而且 σ_{ij} 表示相应的标准偏差。这时应考虑如下假设检验：

$$H_0:p(v_{11},v_{22})=\frac{1}{2\pi\sigma_{11}\sigma_{22}}\exp\left\{-\frac{1}{2}\left(\frac{v_{11}^2}{\sigma_{11}^2}+\frac{v_{22}^2}{\sigma_{22}^2}\right)\right\} \tag{11.189}$$

$$H_1:p(v_{21},v_{12})=\frac{1}{2\pi\sigma_{21}\sigma_{12}}\exp\left\{-\frac{1}{2}\left(\frac{v_{21}^2}{\sigma_{21}^2}+\frac{v_{12}^2}{\sigma_{12}^2}\right)\right\} \tag{11.190}$$

式中，假定偏差具有零均值高斯概率密度分布。现假设全标准偏差具有同一 σ 值，则得到下列关联配对：

（1）如果 $v_{11}^2+v_{22}^2\leqslant v_{12}^2+v_{21}^2$，则 (P_1-s_1,P_2-s_2)。

（2）如果 $v_{11}^2+v_{22}^2\geqslant v_{12}^2+v_{21}^2$，则 (P_1-s_2,P_2-s_1)。

在工程应用中，一般把点迹与航迹的概率密度、航向、回波的幅度与宽度、径向速度等信息构成约束函数，以进行综合考虑。

2. 航迹交叉

就本质而言，航迹交叉问题属于多目标数据关联的范畴。目标航迹交叉问题特别是小角度交叉问题在数据处理中的难度较大，因而受到普遍关注。

在目标航迹小角度交叉时，两条航迹长时间靠得很近，容易发生相关模糊。一般目标正确交叉时，两条航迹交叉后分开（如图 11.10 所示），而相关模糊发生错误的交叉时，则出现如图 11.11 所示的错误关联引起的航迹交换。

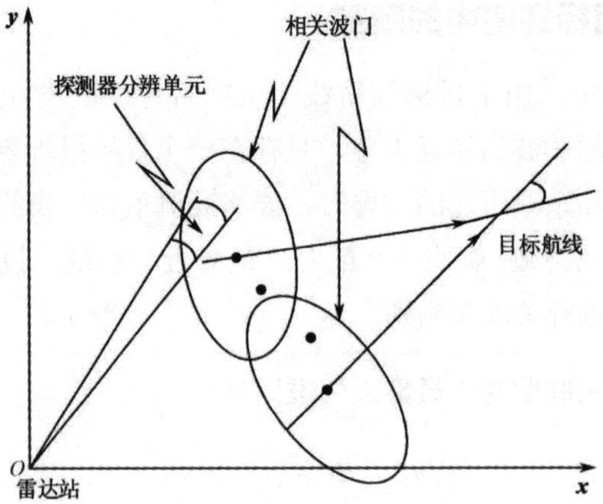

图 11.10　两条航迹交叉

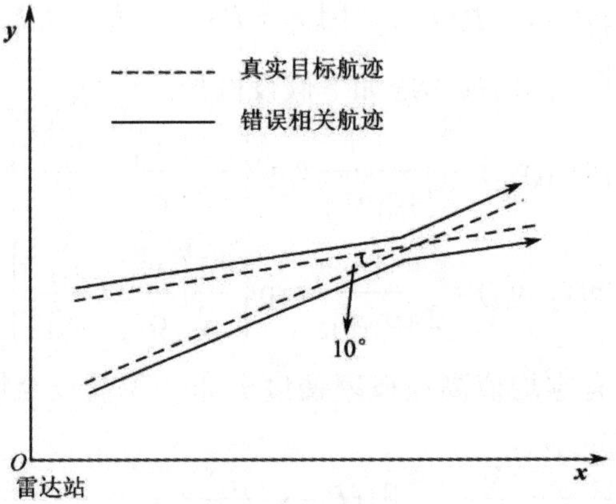

图 11.11　错误关联引起航迹交换

模糊关联产生的一种情况如图 11.12 所示，其跟踪门的重叠是产生模糊的主要来源。点迹 A 和 D 并不能引起关联模糊，而应关心点迹 B 和 C，由于点迹 B 和 C 处于航迹 1 和航迹 2 的跟踪波门的重叠区域内，因此，产生了点迹–航迹关联的模糊。

在多目标回波环境中，杂波剩余、噪声虚警等始终存在，跟踪波门内非真实目标回波的存在概率往往较大，使得交叉问题变得较为复杂，特别是当目标交叉角较小，航速接近时，致使跟踪波门重叠处被多次扫描，而发生模糊关联的概率与航迹处于模糊关联区域的时间成正比。在这种情况下，通常采用模糊关联和多因子综合关联滤波方法解决此类问题。

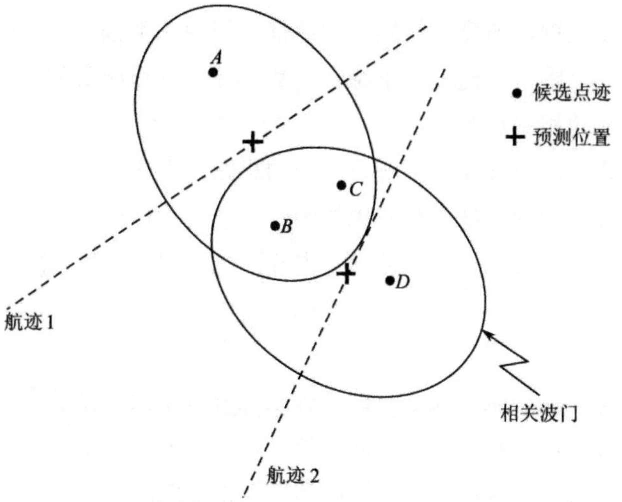

图 11.12　模糊关联的产生

3．模糊关联

在数据关联问题中，模糊分类和联合使用目标的运动模型及利用目标回波的特征具有十分明显的意义。事实上，无论是暂时航迹还是稳定航迹，都是由状态参数和航迹模型表征的一个类型。例如，直线航迹就是以其初始位置、速度和直线方程来表达的。目标回波由幅度、形状等特征表征，目标状态参数可实时地、自适应地估计出来，而特征参数则通过统计获取。模型匹配程度实际上是一个模糊量，匹配程度越高，则一个点迹属于某航迹的可信度越高。一般来说，运动模型的匹配是可以实现的，在滤波、预测及关联的过程中，就已实时地进行了运动模型的匹配，可以将目标特征模型的匹配技术作为数据关联前的处理技术。

回波特征匹配，一般是对各扫描中所获得的有用参数，包括回波宽度、信噪比、形状等信息进行加权统计，并对各个扫描间的信息进行匹配，求出航迹预测位置附近的每个观测点迹属于此航迹的置信度。此外，这些信息还与目标先验信息（如方位宽度、距离宽度或当前可能的运动状态等）进行匹配，当满足模型匹配准则时则进行点迹-航迹关联。若置信度小于给定的最小门限，即当不能解除相应的关联模糊时，便不能关联，只能进一步增加信息量，以解除模糊。

4．多因子综合关联

用最近邻域关联滤波法处理一组观测数据后，可能会出现多个点迹数据同时与某一个目标都关联上且都进入最佳关联区的情况，这时有必要利用目标的运动特性参数做进一步的关联处理，以解除模糊关联。多因子综合关联滤波法利用运动特性参数，如位置、速度、航向、加速度、属性、类别和运动航线等，提取其特征和设定取值范围，构造多因子综合函数，计算综合函数值，找到综合函数值最大且最有可能的相关点迹。

多因子综合关联滤波仅给出解决问题的思路，在实际应用中要根据情况灵活地构造多因子综合函数，把需要考虑的因素和能够考虑的因素都以数学方式表达出来，并设定取值范围，用于解决点迹与点迹、点迹与航迹的点迹归属和模糊问题。

5. 航迹修正

航迹修正是对自动跟踪发散时的一种人工补救手段。杂波剩余较多、真目标点迹丢失等情况都较容易引起跟踪滤波器误跟踪和发散。航迹修正技术就是通过人工手段来修正航迹的跟踪偏差，以达到持续稳定跟踪的目的。

在工程实现上，仅通过光标提供目标的位置信息（相当于强制性给出跟踪目标的滤波位置信息），就可使跟踪回到正确的航迹上来，从而实现“跟踪修正”。

6. 二次雷达点迹相关及其应用

二次雷达通过接收飞行器应答信号来提供较为准确的信息，如高度、航班号等。通常二次雷达点迹比一次雷达点迹精度要高，且其提供的信息可信度高。充分利用二次雷达的点迹信息优势，可以大大提高自动航迹的起始速度和对目标跟踪的稳定性。

二次雷达的点迹与系统航迹相关的方法和雷达自身探测到的点迹与航迹相关方法基本上一样。由于二次雷达的点迹精度、可信度均较高，在具体处理时采取的权重和相关准则不一样，特别是在自动航迹起始过程中，如有二次雷达点迹参与航迹起始，航迹起始的速度会加快。

11.8.3 群目标跟踪

群目标跟踪是一种复杂情况下的多目标跟踪，群内目标空间分布范围较小、运动特征差异不明显、相对运动速度较低且飞行趋势相同。弹道导弹目标在飞行过程中发生头体分离、分导舱与干扰诱饵等分离构成的密集多目标是典型的群目标。与传统的多目标相比，群目标的回波特性更加复杂，在雷达跟踪波束照射群内目标时会有多个目标被同时检测到，多个目标的方位、方位角、俯仰角差别很小，仅能根据距离进行分辨。一般的多目标跟踪算法对群目标的航迹起始、航迹关联、航迹维持等处理存在不足，因此，需要设计新的群目标跟踪方法[17,18]。

在处理飞机编队群目标跟踪时，一般没有必要准确跟踪群内单个目标的航迹，通常按照一批多架次进行跟踪。但在弹道目标跟踪中，需要保证对群内单个目标的高精度稳定跟踪。

1．群目标跟踪流程

群目标跟踪处理主要包括波门内目标簇处理、通过关联矩阵进行点迹-航迹关联匹配、群内新航迹起始、航迹滤波预测、航迹信息与群信息更新处理，具体流程如下。

（1）对接收到的目标点迹数据进行目标簇处理，相控阵雷达跟踪波束一次照射在开窗波门内会同时有多个目标点迹数据，这些点迹数据即一个目标簇，通过遍历同一波束内的所有目标点迹数据提取目标簇的距离、方位和俯仰等前后沿信息，统计出簇的时间、质心、点迹个数等信息，目标簇是后续进行起始、关联、跟踪等处理的基本单元。

（2）目标簇处理完成后进行目标数据关联，对当前航迹集合的所有航迹按照目标簇时间进行跟踪波门预测，计算目标簇内的所有目标点迹与所有航迹的关联隶属度，建立目标簇点迹与航迹的关联矩阵。

（3）对关联矩阵进行求解完成点迹与航迹的关联分配；关联矩阵求解时需要同时满足两个限制：①任一点迹最多仅与一条航迹关联；②一条航迹最多仅与一个点迹关联。在关联矩阵求解时，如果点迹数少于航迹数，会出现有些航迹无法分配到点迹的现象，也会出现点迹无法关联到航迹的现象。

（4）若目标簇内存在点迹未与航迹关联，则进行孤立点迹处理，该孤立点迹与暂时航迹进行关联，完成关联计算后进行暂时航迹的起始确认。如果有新航迹起始，则该新航迹被认为是该目标簇内的一个新独立航迹，对赋予该目标簇的速度、航向、滤波参数等进行初始化，同时更新群目标信息。

（5）若目标簇内点迹能够与航迹关联，则进行航迹滤波更新、目标群信息更新；关联矩阵分配求解后，即得到群目标在此刻的最优分配，对该航迹进行滤波处理，更新该航迹的速度、航向、加速度等信息，目标簇内的所有航迹都完成更新后，对群目标进行合并与分离检测，并对群信息进行更新，包括群质心的位置、速度、航向等估计。

（6）如果某个航迹连续多次未更新，则撤销该航迹，同时更新所在群目标信息。

（7）将航迹及群信息输出，进入下一个循环处理。

由以上处理流程可以看出，群目标跟踪与一般多目标跟踪最大的不同是需要以目标簇的方式同时处理簇内的多个点迹数据，按照最优分配算法进行关联矩阵求解；簇内新目标起始时可以被赋给所在群的速度、航向、滤波参数等信息；当航迹信息更新时，需要同步更新所在群的相关信息。群目标跟踪流程如图 11.13 所示。

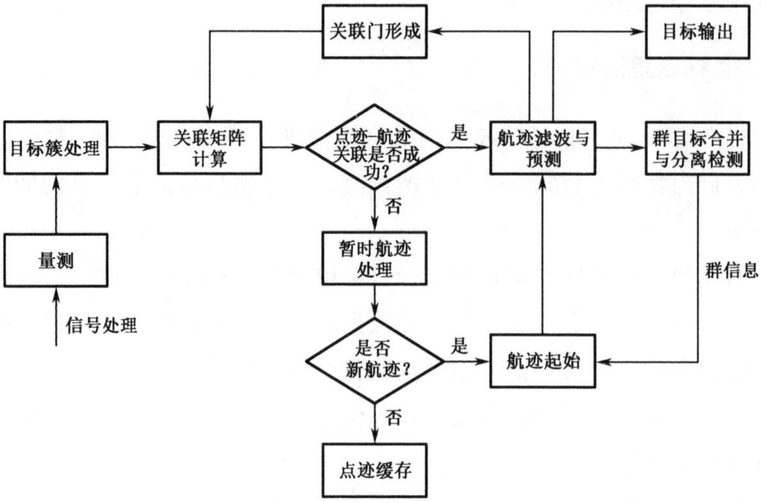

图 11.13　群目标跟踪流程

2．群目标管理

在群目标运动过程中，会产生新的航迹合并到群目标中，或原有航迹分离出去，从而造成群规模的变化及其质心的波动，导致跟踪丢失或跟踪误差增大，因此，需要及时检测群目标的产生、合并、分离以确保稳定跟踪，如图 11.14 所示。

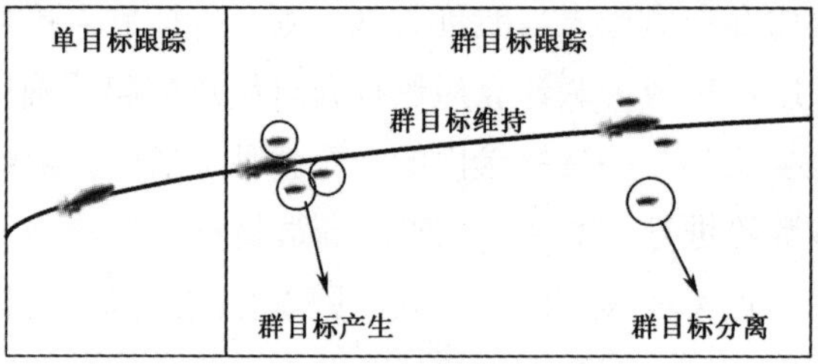

图 11.14　群目标跟踪示意图

在群目标产生、合并、分离等事件发生时，容易出现目标错误关联，为对群目标进行稳定关联、及时起始新目标，需要对群目标和群内目标进行及时检测和管理，有效更新信息，进行正确关联和滤波预测。目前，典型做法是基于最优分配算法实现群内目标关联，结合多假设跟踪架构和弹道模型滤波方法进行跟踪预测，在实际装备中可以实现稳健的群目标跟踪。

3．基于群信息的能量调度技术

群目标的跟踪分为主目标和副目标的跟踪。在整个跟踪过程中，以主目标跟踪为主，高优先级、集中资源、根据任务要求确保合理数据更新率进行跟踪。副目标则为次要跟踪优先级。随着目标的运动和距离远近的变化，自适应调整搜索、跟踪波束的脉宽、带宽、重复周期等波形参数。当出现大量目标时，系统时间资源趋近饱和，无法持续对所有目标的高精度跟踪。针对此情况，在跟踪策略和波束调度策略上需要采用有针对性的优化算法，保证对起批后的有效目标能持续跟踪，在最大限度优化时间资源的同时跟踪更多有效目标。

11.8.4　机载 GMTI 雷达对地面目标跟踪

机载 GMTI 雷达对地面动目标跟踪受最小可检测速度的限制，以及受地面动目标速度慢、地杂波强、机动持续时间短等因素影响，为较好地解决地面动目标跟踪问题，需要利用基于道路约束策略的交互式多模型（IMM）跟踪算法，融合 CV、Singer 和 CT 等运动模型，以适应地面目标慢速机动和突然转弯运动特性，达到减少计算量和提高跟踪精度的目的。

1．机载 GMTI 量测模型

GMTI 雷达的量测数据通常表示为机体坐标系，而跟踪滤波在地面站惯性坐标系或地心坐标系进行，量测数据的转换可能产生跟踪误差。通过分析机载多普勒量测，可构建机载 GMTI 雷达伪多普勒量测模型，建立状态向量与观测值的关系[19]。

机载 GMTI 雷达在 k 时刻的量测为

$$\boldsymbol{Z}_k=\boldsymbol{h}(x_k,y_k)+\boldsymbol{v}_k=[r_{pk},x_{pk},\dot{r}_{pk}]^{\mathrm{T}}+\boldsymbol{v}_k \tag{11.191}$$

式中，r_{pk}、x_{pk} 和 $\dot{r}_{pk}$ 分别为雷达在机体坐标系对目标的斜距、载机航迹方向位移和距离变化率，与直角坐标系存在相互转化关系为

$$\begin{cases}r_{pk}=\sqrt{x_{pk}^2+y_{pk}^2}\\ \dot{r}_{pk}=(x_{pk}\dot{x}_{pk}+y_{pk}\dot{y}_{pk})/\sqrt{x_{pk}^2+y_{pk}^2}\\ \boldsymbol{v}_k=[\gamma_k,\chi_k,\upsilon_k]^{\mathrm{T}}\\ d_k=r_{pk}\dot{r}_{pk}=x_{pk}\dot{x}_{pk}+y_{pk}\dot{y}_{pk}+\xi_k\end{cases} \tag{11.192}$$

式中，$\boldsymbol{v}_k=[\gamma_k\ \ \chi_k\ \ \upsilon_k]^{\mathrm{T}}$ 为相应的三维加性量测误差，减弱多普勒量测和目标运动状态间的强非线性，采用简化的伪多普勒转换方程；d_k 为伪多普勒量测；ξ_k 为伪量测转换误差。

此时雷达量测在机体直角坐标系中为

$$Z_k = [x_{pk}, y_{pk}, x_{pk}\dot{x}_{pk} + y_{pk}\dot{y}_{pk}]^{\mathrm{T}} + [\chi_k, \eta_k, \xi_k] \tag{11.193}$$

式中，χ_k、η_k 为 x_{pk}、y_{pk} 两个方向上互不相关的噪声序列。

2．基于道路约束的交互式多模型跟踪算法

交互式多模型（IMM）算法中多个模型并行工作，模型间基于马尔可夫链进行切换，目标状态为多个滤波器估计融合的结果。

在时刻 k，应用IMM算法进行目标状态估计，每个模型滤波器均有可能成为有效系统模型滤波器，滤波的初始条件由前一时刻各模型滤波结果合成。基于道路约束的交互式多模型滤波算法流程如图 11.15 所示，对于地面机动目标，采用 3 种状态模型——CV、Singer 和 CT 模型。算法的主要步骤如下：

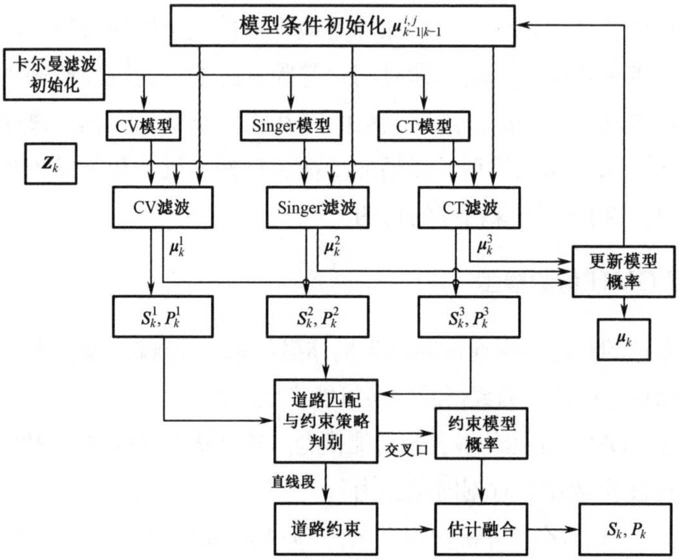

图 11.15　基于道路约束的交互式多模型滤波算法流程图

（1）滤波模型初始化。计算模型混合概率 $\mu_{k-1|k-1}^{i,j}$，初始化卡尔曼滤波器：状态变量 $\boldsymbol{s}_{k-1|k-1}^{j0} = \sum_{i=1}^{N} \boldsymbol{s}_{k-1|k-1}^{j} \mu_{k-1|k-1}^{i,j}$ 和协方差矩阵 $\boldsymbol{P}_{k-1|k-1}^{j0} = \sum_{i=1}^{N} \Big[\boldsymbol{P}_{k-1|k-1}^{i} + (\boldsymbol{s}_{k-1|k-1}^{i} - \boldsymbol{s}_{k-1|k-1}^{j0})(\boldsymbol{s}_{k-1|k-1}^{i} - \boldsymbol{s}_{k-1|k-1}^{j0})^{\mathrm{T}} \Big] \mu_{k-1|k-1}^{i,j}$。

（2）对各模型分别进行卡尔曼滤波。计算预测状态和协方差，更新卡尔曼滤波器。

（3）计算更新模型混合概率。其公式为 $\mu_k^i = \dfrac{1}{c} \Lambda_k^i \sum_{j=1}^{N} p_{ij} \mu_{k-1}^{j} = \dfrac{\overline{c}_i}{c} \Lambda_k^i$，归一化常

数 $c=\sum_{i=1}^{N}\Lambda_i^k\overline{c}_i$，式中 Λ_i^k 为在高斯条件下的似然函数，有 $\Lambda_k^i=\frac{1}{\sqrt{2\pi\left|\boldsymbol{S}_k^i\right|}}\exp\left\{-\frac{1}{2}(\tilde{\boldsymbol{Z}}_k^i)^{\mathrm{T}}(\boldsymbol{S}_k^i)^{-1}\tilde{\boldsymbol{Z}}_k^i\right\}$，其中 $\boldsymbol{S}_k^i=\boldsymbol{H}_k^i\boldsymbol{P}_{k|k-1}^i(\boldsymbol{H}_k^i)^{\mathrm{T}}+\boldsymbol{R}_k^i$。

（4）应用道路约束策略。其主要思路如下：目标沿道路方向的不确定性大于垂直道路方向的不确定性，道路信息按道路链接线段的方式定义，根据目标与道路之间的距离调整过程噪声的方差，目标在道路上时维持较小的方差，当目标接近道路链接端点时增加方差。假设同一目标在雷达相邻两次扫描间是沿公路方向运动的，(x_1,y_1)、(x_2,y_2) 为目标当前所在位置道路端点。

另（x_p,y_p）为修正前的值，（x,y）为修正后的值，目标状态约束模型为[20]

$$\begin{aligned}x&=x_l+(x_p-x_l)\cos^2\theta+(y_p-y_l)\cos\theta\sin\theta\\y&=y_l+(x_p-x_l)\cos\theta\sin\theta+(y_p-y_l)\sin^2\theta\end{aligned}\tag{11.194}$$

σ_l 为新概率分布的标准差：

$$\begin{aligned}\sigma_l^2&=\sigma_{xp}^2\cos^2\theta+\sigma_{yp}^2\sin^2\theta\\\sigma_x^2&=\sigma_l^2\cos^2\theta+\omega^2\sin^2\theta\\\sigma_y^2&=\sigma_l^2\sin^2\theta+\omega^2\cos^2\theta\\\sigma_{xy}&=(\sigma_l^2-\omega^2)\cos\theta\sin\theta\end{aligned}\tag{11.195}$$

其中，θ 为道路方向与水平方向的夹角，当到道路交叉口时，不进行道路约束滤波，而进行航向、航速机动判别，同时提高 Singer 和 CT 模型概率，降低 CV 模型概率。当检测到目标道路口转弯机动完成后，从所有可能的转向中选择距离最近的路段作为当前路段，启动道路约束策略。

（5）状态估计融合。计算 k 时刻系统融合后的状态 $\boldsymbol{s}_{k|k}=\sum_i\boldsymbol{\mu}_k^i\boldsymbol{s}_{k|k}^i$ 和误差协方差 $\boldsymbol{P}_{k|k}=\sum_i\boldsymbol{\mu}_k^i\left[\boldsymbol{P}_{k|k}^i+(\boldsymbol{s}_{k|k}^i-\boldsymbol{s}_{k|k})(\boldsymbol{s}_{k|k}^i-\boldsymbol{s}_{k|k})^{\mathrm{T}}\right]$，滤波器输出是多个滤波器估计的加权平均。

3．应用效果

雷达对实际地面区域中大量低速动目标进行跟踪，如图 11.16 所示，其中，直的虚点线为道路示意图，带有 T 字标牌的为地面车辆目标航迹，对道路中高密度行驶车辆目标能够实现稳定的跟踪，形成地面目标稳定的跟踪态势。

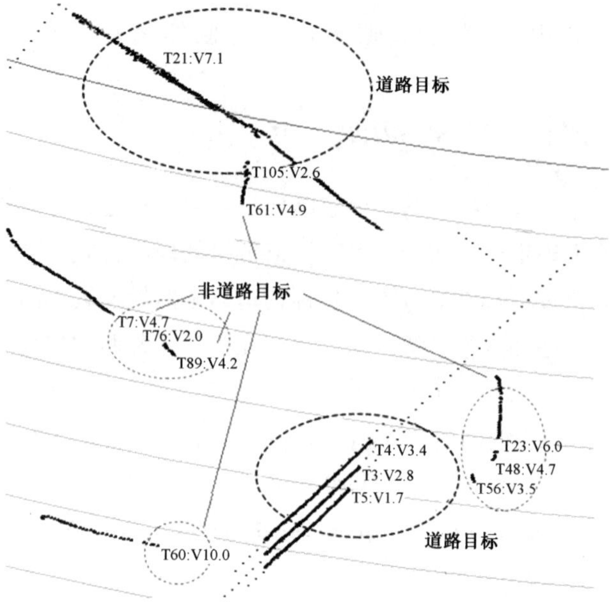

图 11.16 对地目标跟踪态势

11.8.5 机载雷达对海面目标跟踪

为适应海面目标运动模式多样和海杂波环境复杂的特点，机载雷达对海面目标跟踪采用基于递推结构的固定时延平滑算法和基于变结构交互式多模型滤波算法。

1. 固定时延平滑算法

海面目标运动速度慢，常常面临量测噪声与目标位移几乎相近的挑战，结合目标历史量测信息和在线实时处理要求，可采用基于递推结构的固定时延平滑算法。该算法通过引入时延、增广目标的状态向量的方法，使目标状态估计比较准确[21]。对于固定时延 $d>0$ 和 $k>d$ 的平滑估计器的固定时延平滑状态估计为

$$\boldsymbol{P}_{k-d|d} = E\left\{[\boldsymbol{s}_{k-d} - \hat{\boldsymbol{s}}_{k-d}][\boldsymbol{s}_{k-d} - \hat{\boldsymbol{s}}_{k-d}]^{\mathrm{T}} \mid \boldsymbol{Z}^{k}\right\} \tag{11.196}$$

对系统状态进行扩展，把状态变量 $\boldsymbol{s}_k$ 扩展为 $\tilde{\boldsymbol{s}}_k$

$$\left.\begin{aligned} \tilde{\boldsymbol{s}}_k &= [\tilde{\boldsymbol{s}}_k^{(0)}\tilde{\boldsymbol{s}}_k^{(1)}\cdots\tilde{\boldsymbol{s}}_k^{(d)}] \\ \tilde{\boldsymbol{s}}_k^{(i)} &= \boldsymbol{s}_{k-i} \quad i=0,1,\cdots,d \end{aligned}\right\} \tag{11.197}$$

对于扩展系统，假定可得到滤波后状态估计和相关的协方差矩阵为

$$\left.\begin{aligned} \hat{\tilde{\boldsymbol{s}}}_{k|k} &= E\{\tilde{\boldsymbol{s}} \mid \boldsymbol{Z}^k\} \\ \tilde{\boldsymbol{P}}_{k|k} &= E\left\{\left[\tilde{\boldsymbol{s}}_k - \hat{\tilde{\boldsymbol{s}}}_{k|k}\right]\left[\tilde{\boldsymbol{s}}_k - \hat{\tilde{\boldsymbol{s}}}_{k|k}\right]^{\mathrm{T}} \middle| \boldsymbol{Z}^k\right\} \end{aligned}\right\} \tag{11.198}$$

可得到扩展后的状态估计和协方差矩阵分量

$$\left.\begin{aligned}\hat{\tilde{s}}_k^{(i)} &= E\{\tilde{s}_k^{(i)} \mid Z^k\} = \hat{s}_{k-i|k} \\ \tilde{P}_{k|k}^{(i,i)} &= E\left\{\left[\tilde{s}_k^{(i)} - \hat{\tilde{s}}_{k|k}^{(i)}\right]\left[\tilde{s}_k^{(i)} - \hat{\tilde{s}}_{k|k}^{(i)}\right]^{\mathrm{T}} \middle| Z^k\right\} = P_{k-i|k}\end{aligned}\right\} \tag{11.199}$$

式中，$i = 0,1,\cdots,d$ 。

在全域进行固定时延平滑滤波时，卡尔曼滤波结果近似于历史信息最优的维纳滤波，在实际应用中，需要考虑系统的实时性和精度要求，对固定时延步长进行具体约束。

2. 变结构交互式多模型滤波算法

海面目标各阶段具有不同的运动模型，即在任意时刻目标的运动模式具有不确定性，为使滤波方法对目标机动保持敏感性，可采用变结构交互式多模型（VS-IMM）滤波算法。VS-IMM 算法应用可变的模型集，而选定模型集后，模型间的交互采用IMM算法[22]。滤波算法采用的基于卡尔曼滤波器的固定时延平滑器，模型初始化、滤波计算、概率更新、估计融合等基本步骤，与 11.8.4 节类似。

根据海面慢速目标运动特点，采用{CV, Singer, CT+, CT−}模型作为初始滤波模型，适应匀速运动和一定范围内加速度的机动运动，确保雷达在目标匀速运动和弱机动情况下具有较高的跟踪精度；而当海面目标发生转弯机动时，采用常速度转弯模型{CT+, CT−}模型，通过自适应决策实时切换至 CT 模型。决策调整过程如下。

（1）中心模型集合{CV, Singer}模型概率 μ_k^{C-S} 最大：若左、右转弯模型概率低于门限值 γ_1，说明目标发生转弯机动概率很低，则模型往{CV, Singer}模型集合靠近，缩小模型间隔为 $\lambda_k/2$ ；若左、右转弯模型概率高于门限值 γ_1，此时保持中间模型集合间隔不变化，$\{\omega^{\mathrm{R}},\omega^{\mathrm{L}}\}$ 模型参数采用以下公式计算：

$$\omega_{k+1}^{\mathrm{R}} = \begin{cases}\omega_k^{C-S} - \lambda_k^{\mathrm{R}}/2, & \mu_k^{\mathrm{R}} < \gamma_1 \\ \omega_{k_1}^{C-S} - \lambda_k^{\mathrm{R}}, & \text{其他}\end{cases}, \quad \omega_{k+1}^{\mathrm{L}} = \begin{cases}\omega_k^{C-S} + \lambda_k^{\mathrm{L}}/2, & \mu_k^{\mathrm{R}} < \gamma_1 \\ \omega_{k_1}^{C-S} + \lambda_k^{\mathrm{L}}, & \text{其他}\end{cases} \tag{11.200}$$

（2）若右转弯模型 CT+模型概率最大，左转弯模型保持原模型间隔不变。若右转弯模型后验概率大于门限值，则认为目标发生向右转弯的机动，因此，将右转弯模型向右跃变两个模型间隔 $2\lambda_k^{\mathrm{R}}$ ；若不超过门限值 γ_2，则保持原来的模型间隔 λ_k^{R} 往右移动。计算公式表示为

$$\omega_{k+1}^{\mathrm{R}} = \begin{cases}\omega_k^{C-S} - 2\lambda_k^{\mathrm{R}}, & \mu_k^{\mathrm{R}} > \gamma_2 \\ \omega_{k_1}^{C-S} - \lambda_k^{\mathrm{R}}, & \text{其他}\end{cases}, \quad \omega_{k+1}^{\mathrm{L}} = \omega_{k+1}^{C-S} + \lambda_k^{\mathrm{L}} \tag{11.201}$$

（3）同理，左转弯模型采用相似处理，计算公式为

$$\omega_{k+1}^{\mathrm{R}}=\omega_{k+1}^{C-S}-\lambda_k^{\mathrm{R}},\ \ \omega_{k+1}^{\mathrm{L}}=\begin{cases}\omega_k^{C-S}+2\lambda_k^{\mathrm{L}},\ \mu_k^{\mathrm{L}}>\gamma_2\\ \omega_{k_1}^{C-S}-\lambda_k^{\mathrm{L}},\ \text{其他}\end{cases} \tag{11.202}$$

式（11.202）中，$\lambda_k^{\mathrm{R}}=\max\{\lambda_k^{C-S}-\omega_k^{\mathrm{R}},\gamma_\omega\}$，$\lambda_k^{\mathrm{L}}=\max\{\lambda_k^{\mathrm{L}}-\omega_k^{C-S},\gamma_\omega\}$，$\gamma_\omega$为最小的模型间隔单元，以确保模型间的独立性。$\gamma_1$和$\gamma_2$分别为不可能模型和模型跃变的门限参数，在实际选取时，根据不同类型目标运动特性和实际雷达量测误差与目标运动速度的关系，设置γ_1和γ_2的值。

3. 应用效果

雷达对实际海面舰船目标进行跟踪，如图 11.17 所示，可以看出大量舰船目标滤波后航迹平滑连续，滤波效果明显，航迹质量较高。这说明包括固定时延平滑器的变结构交互式多模型算法在复杂海环境下适应海面慢速目标的跟踪。

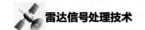

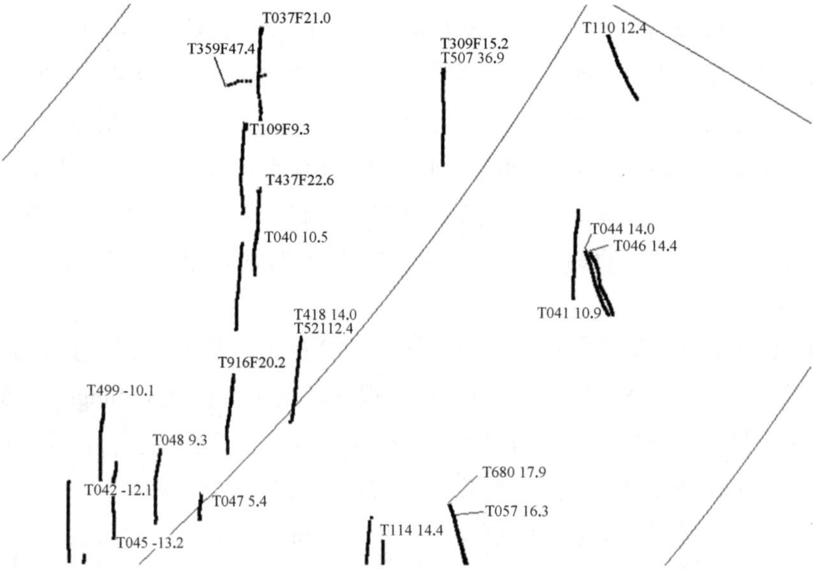

图 11.17　对地目标跟踪结果

11.9　精细化航迹处理

精细化航迹处理包含的内容特别多，因用途、威力、工作平台不同，其要求差别很大，这里仅简单介绍卫星标校、电波传播修正、系统误差修正和航迹质量评估等几个维度，供实际工作时参考。

11.9.1　卫星标校

卫星标校是一种较先进的雷达标定技术，它以运行于空间近地轨道的人造地球卫星为基准目标对雷达系统误差进行标定，可以实现对雷达距离、方位、方位角、俯仰角、RCS 等精度和零值的修正，还可以实现雷达威力的标定。

1．校准原理

卫星标校基本原理如下：雷达跟踪测量空间特定的卫星目标，获取测量数据；同时，获取该卫星对应雷达测量弧段的精密轨道数据，将雷达测量数据与卫星精密轨道数据（如精密星历）进行比对，利用最优化方法解算出雷达各项误差系数，包括系统误差、天线水平和俯仰误差、电扫指向误差等，达到校准设备的目的。其中，用于标校的卫星轨道根数已知，在考虑各项摄动修正的情况下要能够提供一定弧段的高精度卫星精轨数据，其精度必须高出雷达测量精度大约 1 个数量级，作为卫星轨迹的“真值”使用。卫星标校流程如图 11.18 所示。

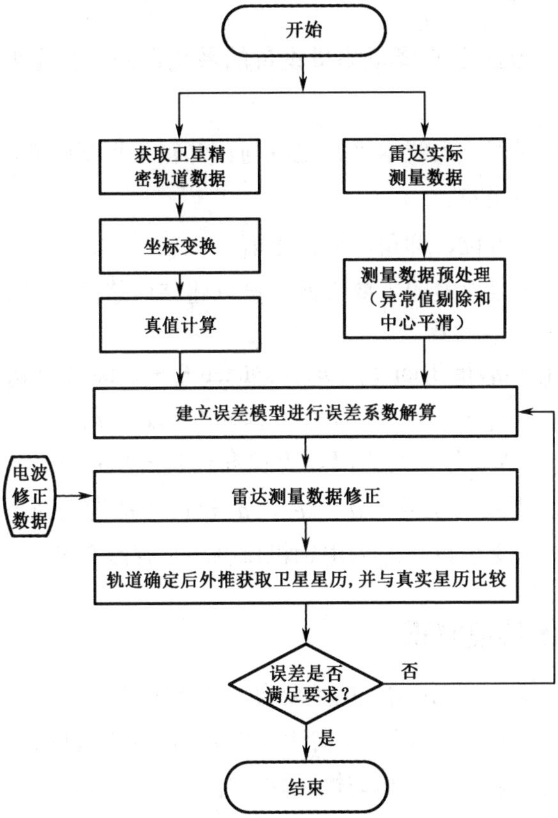

图 11.18　卫星标校流程

2. 标校卫星的选择

选择卫星目标需要重点从动态范围和定轨精度两方面考虑。卫星相对于雷达的运动状态范围主要受卫星轨道半长轴、轨道倾角和偏心率等参数的影响。轨道高度决定雷达跟踪弧段的距离范围和跟踪弧长。在相同的倾角条件下，轨道高度越高，跟踪弧段越长。轨道倾角决定了卫星相对于雷达的可见程度和角度覆盖范围，卫星轨道倾角越高则目标相对于雷达的角度范围覆盖越大。此外，卫星的轨道高度和倾角还对数据精度和一天内可见圈次有一定的影响。根据此要求，需要计算卫星的观测预报，从而选择合适的卫星来进行卫星标校。

从保证卫星精密轨道数据动态范围的角度出发，可以利用卫星激光测距（Satellite Laser Ranging，SLR）技术获取雷达标定所需数据，卫星目标可以从国际 SLR 中选取。目前的精轨卫星数据精度可达厘米级，通过拉格朗日插值方法可以计算卫星在雷达测量时刻的准确位置。

3. 测量误差模型

采用卫星标校方法主要修正测量设备的系统误差，其主要误差项包括如下几项。

（1）天线轴系误差：天线水平、电轴与俯仰轴不正交引起的误差、俯仰轴与方位轴不正交引起的误差。

（2）零值误差：方位、仰角、距离零值。

根据上述雷达测量误差的主要来源，可以建立误差模型如下：

$$
\begin{aligned}
\Delta R_i &= \Delta R_0 + r_1 \csc E_i \\
\Delta A_i &= \Delta A_0 + a_1 \sin A_i \tan E_i + a_2 \cos A_i \tan E_i + a_3 \tan E_i + a_4 \sec E_i \\
\Delta E_i &= \Delta E_0 + e_1 \sin A_i + e_2 \cos A_i + e_3 \cot A_i + e_4 \sin E_i
\end{aligned}
\tag{11.203}
$$

式中，ΔR_0、ΔA_0、ΔE_0 分别为距离、方位和俯仰零值；r_1、e_3 分别为距离和俯仰角的电波折射修正残余系数；a_1、e_1、a_2 和 e_2 分别为天线不水平系数；a_3 为方位轴、俯仰轴不正交系数；a_4 为电轴机械轴不平行度系数。

11.9.2 电波传播修正

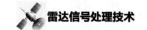

大气折射与电离层闪烁是雷达的主要大气传播效应。利用大气环境特性数据，分析雷达的大气传播效应，实时修正雷达探测目标时的大气折射误差。电磁波在大气中传播时，大气折射率的不均匀性且随时空变化，使雷达电波射线发生延迟与弯曲，导致雷达测量的目标视在参量（如距离、仰角等）相对目标真实参量产生偏差，产生大气折射效应。通过对雷达探测区域的大气环境实时监测，结合大气环

境特性、大气折射和修正技术的分析与研究，可实现大气折射效应的实时分析与修正。

大气传播误差校准是依据雷达误差模型公式计算出目标的误差项，并进行修正完成系统误差的校准。

低工作频段雷达受大气折射与电离层闪烁影响很大，尤其是低仰角、远距离时，对 P 波段雷达在 1000km 处，0° 仰角影响最大可达 0.5°，因此，必须考虑大气传播效应。

1. 对流层修正

对流层对雷达电波的折射作用与频率无关，与发射仰角和对流层状态密切相关。对流层的状态主要取决于气象参数，如压力、温度、湿度等，而这些参数又随着地理位置、地形、季节、昼夜时间变化，因此，对流层对雷达电波的折射作用具有较大的变化，从而需要对电波距离和仰角进行实时实地的修正。

在仰角 30°、距离 1000km 时，使用大气年均值参数计算得到距离折射年均值误差为 4.482m，仰角折射年均值误差为 0.0264°。若空气中水汽含量增加、温度升高，如雨季或夏季，则误差还会增大。例如，在探测 1000km 轨道高度的目标时，不同湿度和不同温度导致修正值也不完全相同，如图 11.19 所示为山西、宁夏和新疆东北部三个典型地域的对流层折射误差（年均值）。利用实际装备工作地点构建大气折射指数剖面进行对流层数据修正，修正后的对流层延时误差和折射误差残余量为 1%～5%。

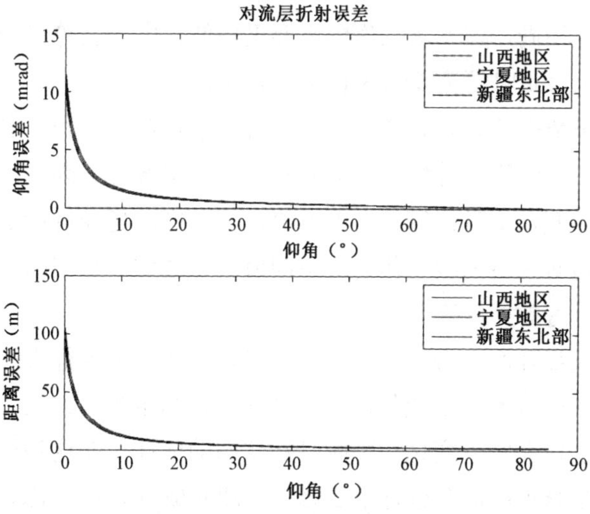

图 11.19　三个典型地域的对流层折射误差（年均值）

2. 电离层修正

电离层的影响程度与雷达电波频率、站点位置、太阳活动、季节和昼夜密切相关。按磁离子理论，忽略地磁场和碰撞效应，电离层群时延与工作频率的平方成反比，与传播路径总电子含量（Total Electron Content，TEC）成正比。越靠近赤道地区，总电子含量越高，则造成的传播误差越大。定时定位设备通过接收卫星信号来获取探测空域范围内的TEC，然后进行电波距离修正。在工作频率确定的情况下，电离层群时延误差的校正精度取决于 TEC 的测量精度，一般定时定位设备的实时修正精度为米量级。

11.9.3 系统误差修正

雷达经过标校和实时数据统计后能够将系统误差计算出来，目标点迹数据进入处理后应首先修正系统误差，再进行后续处理。这里主要考虑距离、方位与俯仰角、天线姿态数据、行进间天线阵面中心等系统误差的修正。

（1）距离修正。不同带宽、不同工作频点下雷达系统距离误差会有差别，因此，收到目标点迹数据时应根据工作带宽、工作频点查表修正系统距离误差。

（2）方位与俯仰角修正。对相控阵雷达来讲，波束理论指向与实际指向在阵面中的不同位置存在不同的角度误差，尤其在偏离法线 45° 以上的大角度时，会呈现较强的非线性，因此，数据处理系统收到目标点迹数据后应根据方位、仰角查表进行修正。修正值一般可通过系统标校获取，一般方位覆盖±60°、俯仰覆盖−35°～60°，1° 一个，至少有 120×95=11400 个修正值，再考虑到部分频点不同修正值也有些许不同，在实际工作中需要采集低、中、高等多个频点数据进行比对。此外，方位修正时还需要考虑跨正北影响。

（3）天线姿态数据修正。天线在伺服平台上会存在水平和横滚角姿态数据变化，并且在有风、天线旋转等情况下会有不同的姿态数据，因此，需要根据动态水平仪和横滚角的变化实时计算每个测量值，一般横滚角经过标定后是相对固定的，动态水平仪随着天线法线变化会有不同值。这些姿态数据的变化都会影响系统误差，需要分析考虑并修正。

（4）行进间天线阵面中心修正。对于机载、舰载、车载行进间系统，天线阵面中心随着平台运行时刻发生变化，雷达测量的目标距离、方位、俯仰角、多普勒频率等多个维度均会发生变化，影响目标状态的估计，在这种情况下除了需要进行天线姿态数据修正还需要进行中心修正，即完成 6 自由度修正（在笛卡儿直角坐标系中，沿 3 个轴移动和绕 3 个轴转动 6 种运动形式）。一般会将站址设在岸上中心或每隔一段时间进行一次站心变换。

11.9.4 航迹质量评估的几个维度

航迹质量评估因出发点不同，考虑的因素和权重也不同，这里从航迹预测的准确性和对目标的分辨角度出发，主要考虑从综合隶属度、机动等级、距离跟踪精度、航向跟踪精度 4 个维度开展航迹质量评估。

（1）综合隶属度是航迹质量中最重要的因素。综合隶属度从体现预测准确性的归一化残差、速度变化、高度变化、航向变化等多个因子共同计算得出，全面反映了当前航迹关联和跟踪效果。

（2）实时监测航迹跟踪的机动等级。目标在发生机动时航迹质量会下降，因此，需要在航迹跟踪过程中实时计算机动等级，机动等级越高，对航迹质量影响越大。

（3）实时统计距离跟踪精度。对跟踪目标的分辨主要依赖从距离维度上实现，在跟踪过程中通过对距离跟踪精度进行统计可反映航迹历史跟踪情况，主要通过 5 点滑窗进行跟踪距离随机差统计。

（4）航向跟踪精度从测角维度反映了航迹跟踪质量。在跟踪过程中通过对航向跟踪精度进行统计可反映航迹历史跟踪情况，主要通过 5 点滑窗进行航向随机差统计。

11.10 基于深度学习的目标识别技术

深度学习可以自动从雷达测量数据中学习更加复杂的特征表达，拥有比传统机器学习更优越的特征提取、分类和回归预测能力。目前，将深度学习应用于军用雷达目标识别的研究还处于探索阶段，但这些尝试性的探索为基于深度学习的雷达目标识别的研究与应用提供了一种崭新的思路。本节借助深度学习技术对图像数据处理的优势，把一维回波信号变换为时间-频率二维分布图像进行深层次特征提取，并综合应用了目标航速、高度、微多普勒等信息，开展对直升机、螺旋桨飞机和喷气式飞机 3 类目标的识别，有效提升了飞机目标识别的准确性。

11.10.1 卷积神经网络的应用

卷积神经网络（Convolutional Neural Network，CNN）是采用多层卷积多层池化结构的深度学习方法，通过卷积的方式提取出原始数据中更高层次的特征信息，并将特征提取和基于特征的分类识别结合在一起，相比传统机器学习方法，具备更好的泛化能力[23,24]。

CNN 基本结构包括卷积层、池化层、全连接层和输出层，它有 3 个明显的特性：局部连接、权值共享及池化。局部连接表示每个神经元不需要感知图像中的全部像素，只对图像局部像素进行感知，然后在更高层次将这些局部信息进行合并，从而得到图像的全部表征信息，有效减少了参数的数量；权值共享意味着同一个卷积核在卷积过程中权值不变，可降低网络的复杂度及减少权值的数量；池化相当于对特征图进行下采样，能进一步减少权值的数量。这些特性使得 CNN 具有位移、缩放和扭曲不变性，可充分利用数据本身包含的局部性等特征，优化网络参数和结构，大幅度降低训练复杂度，减轻过拟合，提高模型的泛化能力，得到有效的学习结果。

1．卷积运算

卷积层是 CNN 的核心，也是 CNN 不同于传统神经网络的重要特点之一。卷积层利用特定大小的卷积核与上一层的输入图像数据进行卷积运算，可以得到多张特征图。卷积运算是图像处理中最常用的线性滤波方法之一，卷积核本质上是一个权值矩阵。在卷积核中各个像素的相对差值越小，就越能实现模糊降噪的功能；而相对差值越大，则越容易实现边缘提取的效果。卷积运算即卷积核沿着输入图片的横向轴或纵向轴移动，并且与卷积核下方对应的数据进行卷积运算，完成卷积运算之后就可得到一个新的二维特征图。

输入信息 $\boldsymbol{X}$ 和卷积核 $\boldsymbol{W}$ 的二维卷积定义如下：

$$\boldsymbol{Y} = \boldsymbol{X} * \boldsymbol{W} \tag{11.204}$$

式中，“*”表示输入信息和卷积核对应位置元素的乘积之和，卷积过程如图 11.20 所示。

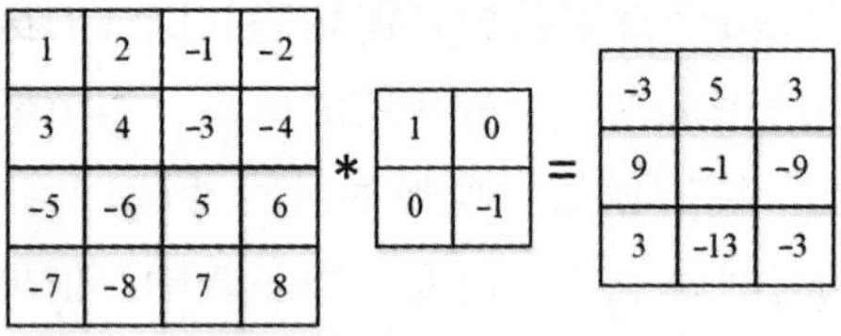

图 11.20　二维卷积示例

2．池化层

CNN 常在连续的卷积层之间间隔地插入池化层。池化是指对每个区域进行下采样得到一个值，作为这个区域的概括，可对卷积特征图像不同位置的特征进行聚合统计，从而逐渐实现图像特征从高维度到低维度的表达。池化操作可降低图像的大小，从而减少网络训练产生的参数，大大减少计算量。

对于一个区域，常用的池化函数有两种：最大池化、平均池化。

1）最大池化

选择这个区域内所有神经元的最大活性值作为这个区域的表示，即

$$y^d = \max_{i \in R^d} x_i \tag{11.205}$$

式中，x_i 为区域 R^d 内每个神经元的活性值；y^d 表示该区域的输出值。

2）平均池化

一般取区域内所有神经元活性值的平均值，即

$$y^d = \frac{1}{\left|R^d\right|} \sum_{i \in R^d} x_i \tag{11.206}$$

式中，$\left|R^d\right|$ 表示区域内所有神经元的个数。

上述两种池化操作示例如图 11.21 所示。

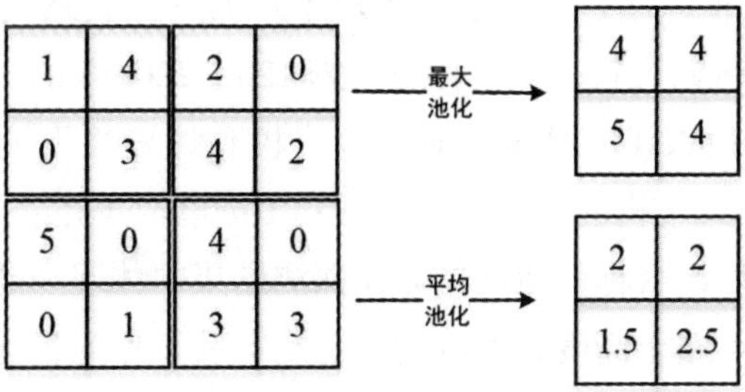

图 11.21　池化操作示意图

3．全连接层

CNN 经过卷积和池化操作之后，通常还会经过一个或多个全连接层再输出结果。这一层的神经元与上一层所有神经元全部区域相连接，用于整合经过前几层卷积和池化操作提取的局部特征，并在每个神经元上添加偏置，经过激活函数非线性化后输入到输出层。

4．输出层

CNN 的输出层将神经网络的输出变成一个概率分布，用于建立输入特征到输出结果的映射关系，实现输入数据的分类。

对于一个 k 分类问题，将输出单元个数设置为 k，经全连接将分类结果通过输出层输出，其函数表达式如下：

$$P(C_i \mid X) = \frac{e^{V_i(x)}}{\sum_{i=1}^{k} e^{V_i(x)}} \tag{11.207}$$

式中，$V_i(x)$ 表示样本 X 对输出层的第 i 个输入；$P(C_i \mid X)$ 在 $[0,1]$ 内，表示未知

样本 X 被判断为类别 C_i 的概率，因此，该层可以输出每个样本属于各个类别的概率，且概率之和等于 1。

11.10.2 目标综合特征分类识别

综合应用目标运动特征、微多普勒特征、基于微多普勒的时频谱特征等信息，并深入进行挖掘，能够有效开展直升机、螺旋桨飞机和喷气式分机分类识别。

1. 应用目标运动特征进行目标初步分类

直升机、螺旋桨飞机和喷气式飞机动力结构及工作方式的不同，产生了动力强弱的差异，进而在飞行过程中呈现出不同的动力学特性。从巡航速度上来看，飞行速度小于 120m/s 的空中目标可能为直升机或螺旋桨飞机；飞行速度大于 250m/s 的可能为喷气式飞机；而飞行速度为 120～220m/s 的，更有可能为螺旋桨或喷气式飞机。从最大飞行高度来看，直升机和螺旋桨飞机的飞行高度多位于 10000m 以下，喷气式飞机的飞行高度可达到 10000m 以上。

经过数据处理后，目标的运动能力在探测结果中体现为高度、速度及其对应的变化率，因此，可基于高度、速度构建运动特征，作为目标动力特性的体现，利用决策树（Decision Tree，DT）实现目标初步分类。

高度变化率反映了目标的发动机性能。通常，喷气式飞机在进行高度爬升时具有更大的高度变化率，而螺旋桨飞机和直升机的则较小。

速度变化率反映了目标的机动性，由数据处理根据航迹估计获得。喷气式飞机较为灵活，具有更高的速度变化率，而直升机则具有良好的悬停特性。

运动特征具有较大的波动范围，且不同类型间存在特征交叠区域，因此，该结果往往作为初步的分类参考，辅助其他识别手段进行综合判决。

2. 基于微多普勒信号特征的分类识别

由于 3 类飞机在运动特征上存在耦合，因此，需要挖掘 3 类飞机的本征特征，实现精细化的分类识别。飞机发动机旋转部件周期性运动可产生微多普勒调制，3 类飞机的动力类型不同，其调制特征也有较大差异[25-29]。因此，挖掘微多普勒信号的调制特征，并利用支持向量机（Support Vector Machine，SVM）分类器可以实现 3 类目标的精细化识别。

1）常用的微多普勒信号特征

（1）谱线间隔。电磁波由于旋转桨叶的周期性调制而产生一系列的线谱，其周期为谱线间隔，即

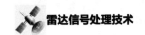

$$f_T = N \cdot f_r \tag{11.208}$$

式中，N 为发动机桨叶个数；f_r 为发动机转速。谱线间隔相当于回波的“闪烁频率”，反映调制谱的周期特性。现代飞机的桨叶个数和桨叶转速按空气动力学设计为最佳，在正常巡航时通常是恒速转动，因此，对特定型号的飞机和雷达来说，只要雷达工作和飞机飞行都正常，其调制谱的谱线间隔 f_T 就固定。通常，直升机的谱线间隔为 10～50Hz，螺旋桨飞机的谱线间隔为 60～300Hz，喷气式飞机的则更大。

（2）谱线宽度。旋转部件端点线速度相对雷达径向的投影速度将带来多普勒偏移，谱线宽度反映了这种偏移，公式如下：

$$B = \frac{4\pi \cdot f_r \cdot L \cdot \cos\beta}{\lambda} \tag{11.209}$$

式中，L 为桨叶长度；β 为雷达视线与桨叶旋转平面的视线夹角；λ 为雷达波长。

（3）谱线个数。它综合反映了旋转桨的调制作用，公式如下：

$$N_1 = \frac{8\pi \cdot L \cdot \cos\beta}{N \cdot \lambda} \tag{11.210}$$

受限于现役雷达体制和性能，谱线宽度及谱线个数的实际特性和理论情况往往存在一定的差别。

第一维特征取为使信号能量占 98%，而噪声能量只占 2%的大特征值个数，公式如下：

$$f_1 = \arg_i \left(\sum_{n=1}^{i} \lambda_n^2 \bigg/ \sum_{n=1}^{N_e} \lambda_n^2 = 0.98 \right) \tag{11.211}$$

式中，λ_n 表示所有特征值从大到小排序后的第 n 个特征值；N_e 表示特征谱的维数。

第二维特征取自修正周期因子特征，公式如下：

$$f_2 = \varsigma \times \delta_{\text{rperi}} \tag{11.212}$$

式中，$\varsigma = \varsigma / \log N_e$，表示为归一化能量熵；$\hat{\varsigma} = -\sum_{j=1}^{N_e} \varepsilon_j \log(\varepsilon_j)$，$\varepsilon_i = E_i \Big/ \sum_{j=1}^{N_e} E_j$，$E_i$ 表示用来估计协方差矩阵的样本的信号能量；$\delta_{\text{rperi}} = 1 - \delta_{\text{rperi}} / (1 - N_e)$，表示归一化周期因子，其中 $\delta_{\text{rperi}} = \lambda_1^2 \Big/ \sum_{i=1}^{N_e} \lambda_i^2$。

第三维特征为特征谱能量熵特征，公式如下：

$$f_3 = -\sum_{i=1}^{N_e} p_i \log(p_i) = -\sum_{i=1}^{N_e} \left(\lambda_i^2 \bigg/ \sum_{j=1}^{N_e} \lambda_j^2 \right) \cdot \log \left(\lambda_i^2 \bigg/ \sum_{j=1}^{N_e} \lambda_j^2 \right) \tag{11.213}$$

第四维特征取为大特征值归一化后的特征值的和，公式如下：

$$f_4 = \sum_{i=1}^{N_e} \lambda_i / \lambda_1 \tag{11.214}$$

2）基于 SVM 的微多普勒信号特征判决

基于 SVM 的分类识别过程如图 11.22 表示，在实际工程应用中，包含两个相互关联的步骤。一是在离线模式下，基于已有数据集，经过数据质量检查、数据筛选等预处理，将已标注的回波数据作为训练样本，进行目标微多普勒信号多维特征提取，并组合不同的特征，根据识别结果确认所选的特征组合是否达到识别要求，待确定有效的特征组合后，保存所选的特征及相应的 SVM 分类模型，供装备正常工作时调用。二是在线识别时，对雷达测量的窄带回波进行数据质量评估、数据有效性检查等预处理，提取离线训练时对应的特征，将其输入分类模型中得到识别结果，并把识别结果发送给数据处理。同时，根据情报信息判断识别结果是否正确，如果识别结果错误，则将对应的窄带回波样本加入离线训练的数据集中。通过离线训练—在线识别—离线训练的迭代过程，不断提高分类模型的稳健性。

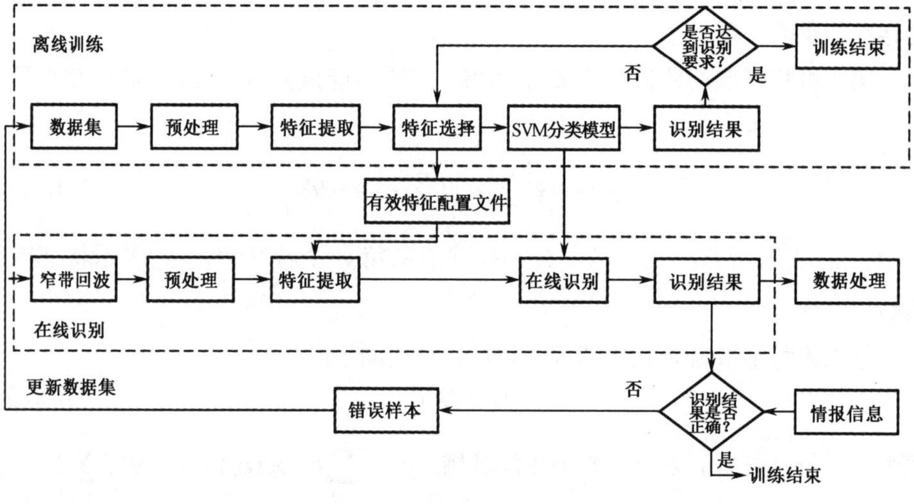

图 11.22　基于 SVM 的分类识别过程

3. 基于 CNN 的时频图像分类识别

目前，主流的飞机目标识别的特征提取方法大多从回波信号的时域、频域中进行手工特征提取。在传统方法中，傅里叶变换是一种整体变换，对信号的表征要么是完全的时间域表示，要么是完全的频率域表示，并不能分析信号频率随时间的变化关系，更无法有效反映调制的细节。为了从飞机目标空间微动部件的雷达回波中得到更丰富的目标信息，充分利用回波信号时域和频域两维信息，将目标回波变换为时间-频率二维图像。随着深度学习算法的日趋火热，其逐层自动抽取的特点使其对数据的组成、结构具有较好的学习能力，端到端的训练方式也使得其具备较好的特征发掘和表达能力，因此，将深度学习算法引入飞机目标识别中，可有效提升识别的准确率。

飞机目标空间微动部件对雷达信号的响应相当于一个非线性系统，其雷达回波信号具有非线性和非平稳的特点，简单的傅里叶变换无法对雷达回波信号进行全面的分析，为了获取更多信号相关信息，需要将信号映射到时间-频率的二维时频平面上，同时描述信号在不同时间和频率下的能量密度或信号强度，因此，引入了短时傅里叶变换（Short Time Fourier Transform，STFT）对信号进行时频域处理。STFT 的基本思想是在信号傅里叶变换前乘上一个时间有限的窗函数，实现信号在时域上的局部化。假定在时间窗内信号是平稳的，通过窗在时间轴上的移动对信号逐段进行傅里叶变换，从而得到信号的时变特性。信号的 STFT 公式如下：

$$S(t,f)=\int_{-\infty}^{+\infty}s(\tau)h(\tau-t)\mathrm{e}^{-\mathrm{j}2\pi f\tau}\mathrm{d}\tau \qquad (11.215)$$

式中，$h(t)$ 是窗函数，沿时间轴移动，如果取无限长的窗函数，则 STFT 退化为传统的傅里叶变换。由于 STFT 是一种线性时频变换，因此，不会产生交叉项，在工程上具有实现简单、计算复杂度低的优势。

根据飞机旋转部件的微多普勒模回波模型，仿真直升机、螺旋桨飞机、喷气式飞机等的微多普勒调制回波。仿真雷达工作参数和目标特性参数分别如表 11.4 和表 11.5 所示。

表 11.4　仿真雷达工作参数

参数名称	参数值
载频	3GHz
重频	10kHz
驻留时间	0.2s

表 11.5　仿真目标特性参数

类别	直升机	螺旋桨飞机	喷气式飞机
桨长（m）	6.7	2.25	0.75
桨叶个数（个）	2	4	30
转速（rad/min）	280	760	3000

3 类飞机旋转部件仿真的时域回波、频谱图和时频图如图 11.23 所示。时频图不同亮度的像素点代表了不同的信号幅度，它们在目标时频图中占据了不同区域，使图像表现出不同的形状。时频图可以更清晰地反映目标的发动机桨叶运动状态及工作结构信息，其包含的信息量更为丰富，图 11.23 中可明显发现 3 类飞机在时频图上的差异。但在实际工程应用中，难免存在雷达资源不足及遮挡等情况，因此，结合时频图的特点，将经典飞机目标微多普勒调制特征识别面临的机身遮挡、观测姿态各异、噪声/杂波环境不同等影响因素统一到 CNN 的输入中，利用其天然的分级结构进行大数据高维特性信息的自动挖掘与强泛化特征的自学习，实现端到端的飞机目标识别。

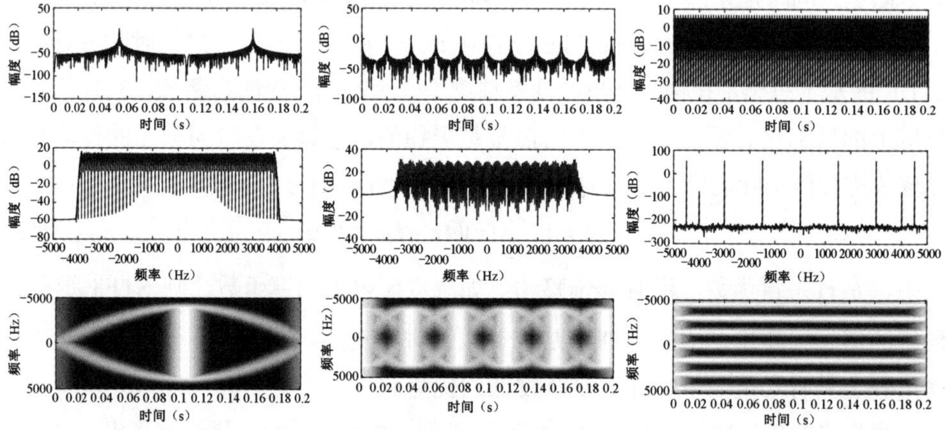

（a）直升机时域回波（上）、频谱图（中）与时频图（下）

（b）螺旋桨飞机时域回波（上）、频谱图（中）与时频图（下）

（c）喷气式飞机时域回波（上）、频谱图（中）与时频图（下）

图 11.23　3 类飞机旋转部件时域回波与对应的频谱图、时频图

传统的机器学习算法需要手工设计和提取特征，而 CNN 可以自动提取输入图像不同的特征，包括目标的外形、颜色等属性特征，以及背景特征。不同的卷积层可以提取不同层级的特征，不同的卷积核对不同特征的响应也不相同。一个螺旋桨飞机的时频图在 CNN 中卷积 1 层特征图可视化效果如图 11.24 所示。该层特征图由 32 个卷积核卷积后得到，这些是比较底层的特征，主要描述目标的轮廓、边缘、颜色、纹理和形状等特征，能初步反映图像的内容，但包含的语义信息较少。随后，通过池化操作，在没有改变特征图主要结构和个数的情况下，有效地降低了特征的维

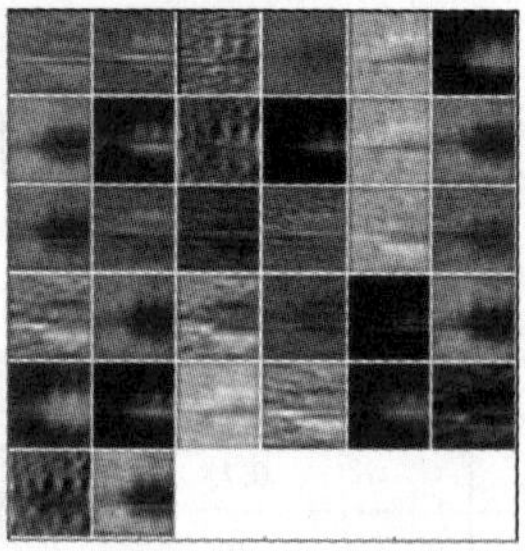

图 11.24　卷积 1 层特征图可视化效果

度。由此，经过多级卷积、池化和全连接操作，可有效提取出时频图中 3 类飞机目标的关键信息，得到能反映目标特性的高层语义特征，从而实现飞机目标精细化分类识别。

11.10.3 综合识别处理流程

对运动特征、回波特征和时频图等多维度识别结果进行综合决策是提升识别系统稳健性的重要方法。运动特征与目标的运动能力相关，是发动机动力性能的体现。回波微多普勒信号特征与桨叶转速及桨叶个数相关，是发动机工作参数和结构特点的体现。时频图从时间和频率的维度，动态描述了发动机的工作过程。3 个维度的结果可视作发动机物理特性在 3 个测量空间上的投影。多维度特征的联合使用，相当于丰富了目标特性的描述空间，提升了对目标特性描述的全面性和准确性，进而提升了识别的可靠性。

在实际应用中，DT、SVM、CNN 等方法都需要在训练数据集（模板库）的基础上获得对应的模型参数。在分类过程中，还可构建有针对性的专家知识库，利用专家知识辅助判决，进一步提升识别结果的准确度。

实际雷达装备飞机目标综合识别处理流程如图 11.25 所示。雷达稳定跟踪目标后，目标识别模块实时从数据处理模块获取目标运动信息，得到目标速度、高度等运动特征，通过 DT 逐帧累积判决获得初步的识别结果；操作员在显示界面对指定批号目标发起精确分类识别请求，雷达对目标采用识别波形进行照射。此时，目标识别模块接收到目标的窄带回波数据，并对回波进行特征提取和时频分析，得到特征结果和时频图；之后，利用 SVM 完成对特征结果的分类，利用 CNN 完成对时频图的识别；最后，借助综合判决完成对多方判决结果综合，得到分类结果，并将特征和分类结果输出。

以螺旋桨飞机的微动特性为例，在特定姿态下，受遮挡效应的影响，回波中的微多普勒调制效应变弱甚至消失，导致回波特征及时频图结果改变。借助专家知识库，可对探测场景中是否存在遮挡进行判断，根据遮挡情况采取针对性措施，降低遮挡效应的影响，提升识别系统的准确性。

综合判决对 DT、SVM、CNN 等模型的判决结果进行融合以获得识别结果，该过程可借助 D-S 证据理论完成[30]。在实际应用中，将单个分类器输出的判决概率作为 D-S 证据理论的输入，对多个分类器的判决概率进行合成运算，便可得到综合后的判决结果，即识别结果。D-S 证据理论作为贝叶斯理论的推广，可以实现多个证据不同层次上的有效融合，能够对各种识别信息的模糊性进行较好的处理，有效降低判决的不确定性。

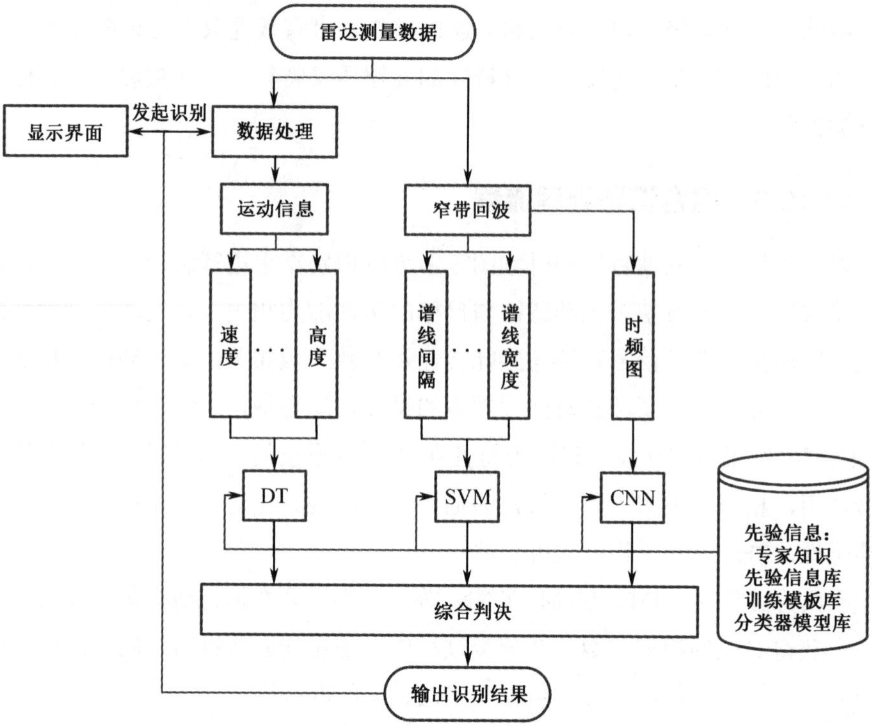

图 11.25　实际雷达装备飞机目标综合识别处理流程

11.11　综合航迹的人工智能处理技术

卡尔曼滤波方法依赖精确的运动模型和量测模型，在实际复杂环境和机动多目标跟踪应用中可能存在模型失配问题。人工智能处理技术可应用于综合航迹，针对航迹关联和滤波，随机化多假设数据关联方法和随机参数矩阵多模型最优滤波方法，有助于提升关联和航迹滤波精度；基于知识的数据处理技术，根据外部环境自适应改变工作参数，通过构建智能化认知处理的体系架构，提升雷达的整体跟踪性能。

11.11.1　随机化多假设数据关联方法

在强杂波场景下进行多目标数据关联时，关联的正确性与多假设关联计算复杂度给实际雷达跟踪带来较大的挑战。将多目标数据关联问题转化为随机化多假设数据关联问题，应用最优随机参数矩阵滤波整体估计目标的状态，可有效提升跟踪系统的稳定性和对目标状态的估计精度。

1. 随机化多假设数据关联优化问题

随机化多假设数据关联优化是指根据真实复杂场景中的情形，利用多次扫描的量测数据，对航迹起始、滤波预测、虚警处理、航迹维持、航迹终止等情形进行建模描述，由此构建数据关联优化模型。在强杂波和多目标环境下，其实际为多维分配问题，计算复杂度非常高。通过优化松弛技术，可将与多假设跟踪等价的多维分配问题松弛为线性规划，如图 11.26 所示：构建随机化多假设数据关联优化模型[31]，将原本左图中的白色点迹确定关联到白色点迹，不与黑色点迹做关联的分配形式，松弛为右图中白色点迹以一定概率 P_{12} 关联到白色点迹，以 P_{11} 的概率关联到黑色点迹的分配形式。这种概率化的分配形式，避免了关联先后顺序不同导致的关联错误，但无法解决最优化的问题。

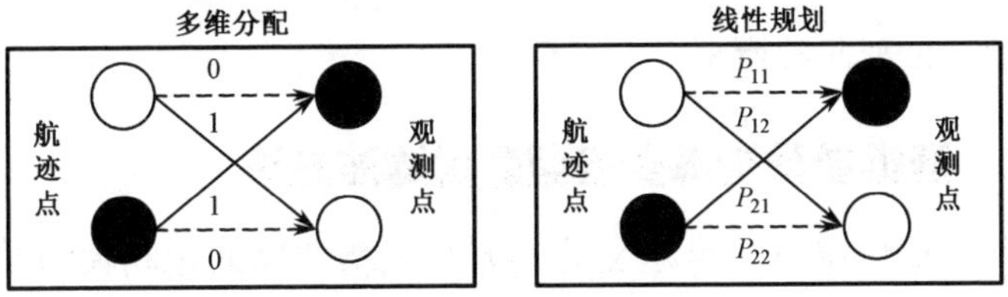

图 11.26　随机化多假设数据关联优化建模

2. 多目标随机化数据关联模型

将多目标随机化数据关联问题转化为随机化多假设数据关联问题，以随机参数矩阵刻画其不确定性，多目标随机化数据关联模型具体描述为[32]

$$\begin{aligned}&\min \sum_{(i_1,\cdots,i_N)\in A} C_{i_1,\cdots,i_N} z_{i_1,\cdots,i_N}\\&\text{s.t.} \sum_{p(k)\in A_k(i_k)} z_{i_1,\cdots,i_N}=1\\&\quad \text{for } i_k=1,\cdots,M_k\\&\quad z_{i_1,\cdots,i_N}\in\{0,1\}\end{aligned} \tag{11.216}$$

式中，$z_{i_1,\cdots,i_N}$ 是局部假设的示性函数；$C_{i_1,\cdots,i_N}$ 是对应局部假设的损失系数。该优化问题是 NP 难问题（NP Hard Problem），在空天密集集群目标场景下，该问题难以实时求解。为了降低计算复杂度，通过随机化的优化松弛技术，将原问题中的 0～1 整数约束松弛为 0～1 区间约束，从而将由多假设跟踪问题等价而来的多维分配问题松弛为一个线性规划问题，能够在多项式时间内求解。松弛后的问题描述为

$$
\begin{aligned}
&\min \sum_{(i_1,\cdots,i_N)\in A} C_{i_1,\cdots,i_N} z_{i_1,\cdots,i_N} \\
&\text{s.t.} \sum_{p(k)\in A_k(i_k)} z_{i_1,\cdots,i_N} = 1 \\
&\text{for } i_k = 1,\cdots, M_k \\
&0 \leqslant z_{i_1,\cdots,i_N} \leqslant 1
\end{aligned} \tag{11.217}
$$

通过求解上述随机化多假设数据关联模型，能够获得目标和观测的匹配概率，即概率意义下的潜在航迹。针对观测匹配的多样性导致的潜在航迹的多样性，引入随机参数矩阵刻画观测方程的多样性，建立如下观测系统方程：

$$
\begin{aligned}
\left(H_k, \omega_k\right) &= \left(H_k^{(1)}, \omega_k^{(1)}\right) \text{with prob } P_1^h \\
&= \cdots \\
&= \left(H_k^{(M)}, \omega_k^{(M)}\right) \text{with prob } P_M^h
\end{aligned} \tag{11.218}
$$

式中，P_i^h 是第 i 个观测的概率。

11.11.2 随机参数矩阵多模型最优滤波方法

在密集多目标情况下，卡尔曼滤波方法依赖精确的运动模型和量测模型参数。运动模型和观测模型采用的是确定性矩阵，适应性不高，特别是目标运动模型对大幅度、高频率的机动目标跟踪有重要影响。在目标密集分布场景下，确定性参数的滤波模型难以克服杂波或其他目标产生的量测对目标估值的影响，导致目标跟踪性能大幅下降。

1．随机参数矩阵多模型动态跟踪系统

通过构建随机参数矩阵多模型动态跟踪系统，利用随机参数矩阵来描述多目标运动的物理规律，包括目标运动、模型参数、观测匹配的不确定性[7]，此时，卡尔曼滤波框架中的状态转移矩阵 $\boldsymbol{F}_k \in \mathbb{R}^{r\times r}$ 及观测矩阵 $\boldsymbol{H}_k \in \mathbb{R}^{N\times r}$ 均为随机矩阵，上述动态跟踪系统具有以下性质：$\{\boldsymbol{F}_k, \boldsymbol{H}_k, \upsilon_k, \omega_k,\ k=0,1,2,\cdots\}$ 为在时间上相互独立的随机变量序列，且独立于初始状态 $\boldsymbol{x}_0$；在 k 时刻的状态 $\boldsymbol{x}_k$ 和 $\{\boldsymbol{F}_k, k=0,1,2,\cdots\}$ 之间是互相独立的；初始状态 x_0、噪声 $\boldsymbol{\upsilon}_0$、$\boldsymbol{\omega}_k$，以及参数矩阵 $\boldsymbol{F}_k$、$\boldsymbol{H}_k$ 的均值和方差如下[33]：

$$
\begin{aligned}
&E(\boldsymbol{x}_0) = \boldsymbol{\mu}_0, E(\boldsymbol{x}_0 - \boldsymbol{\mu}_0)(\boldsymbol{x}_0 - \boldsymbol{\mu}_0)^{\mathrm{T}} = \boldsymbol{P}_0 \\
&E(\boldsymbol{\upsilon}_k) = 0, E(\boldsymbol{\upsilon}_k \boldsymbol{\upsilon}_k^{\mathrm{T}}) = \boldsymbol{R}_{\upsilon k}, E(\boldsymbol{\omega}_k) = 0, E(\boldsymbol{\omega}_k \boldsymbol{\omega}_k^{\mathrm{T}}) = \boldsymbol{R}_{\omega_k} \\
&E(\boldsymbol{F}_k) = \bar{\boldsymbol{F}}_k, \mathrm{Cov}(f_{ij}^k, f_{mn}^k) = C_{f_{ij}^k f_{mn}^k} \\
&E(\boldsymbol{H}_k) = \bar{\boldsymbol{H}}_k, \mathrm{Cov}(h_{ij}^k, h_{mn}^k) = C_{h_{ij}^k h_{mn}^k}
\end{aligned} \tag{11.219}
$$

式中，$E(\cdot)$ 是数学期望；f_{ij}^k、h_{ij}^k 分别为矩阵 $\boldsymbol{F}_k$、$\boldsymbol{H}_k$ 在 (i,j) 位置的元素。将 $\boldsymbol{F}_k$

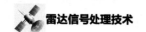

和 $\boldsymbol{H}_k$ 写成如下形式：

$$\begin{aligned}\boldsymbol{F}_k &= \bar{\boldsymbol{F}}_k + \tilde{\boldsymbol{F}}_k \\ \boldsymbol{H}_k &= \bar{\boldsymbol{H}}_k + \tilde{\boldsymbol{H}}_k\end{aligned} \tag{11.220}$$

确定性矩阵 $\bar{\boldsymbol{F}}_k$、$\bar{\boldsymbol{H}}_k$ 分别是随机矩阵 $\boldsymbol{F}_k$、$\boldsymbol{H}_k$ 的期望，$\tilde{\boldsymbol{F}}_k$、$\tilde{\boldsymbol{H}}_k$ 是均值为 0 的随机扰动矩阵。为方便处理，可将运动模型和观测模型的随机性分别整合到状态噪声和观测噪声中进行统一处理，把式（11.220）代入原始的卡尔曼框架动态系统中，可以得到如下动态跟踪系统：

$$\begin{aligned}\boldsymbol{x}_{k+1} &= \bar{\boldsymbol{F}}_k x_k + \tilde{\upsilon}_k \\ \boldsymbol{y}_k &= \bar{\boldsymbol{H}}_k x_k + \tilde{\omega}_k\end{aligned} \tag{11.221}$$

式中，

$$\begin{aligned}\tilde{\boldsymbol{\upsilon}}_k &= \upsilon_k + \tilde{\boldsymbol{F}}_k x_k \\ \tilde{\boldsymbol{\omega}}_k &= \omega_k + \tilde{\boldsymbol{H}}_k x_k\end{aligned}$$

该动态跟踪系统具有确定性参数矩阵，但过程噪声和观测噪声与状态之间具有相关性，不满足标准卡尔曼滤波的假设。后面将介绍如何在卡尔曼滤波框架下，实现一致最小方差无偏估计的滤波。

2．随机参数矩阵多模型滤波方法

随机参数矩阵滤波方法本质为多统计特性噪声条件下的最小方差无偏状态估计，针对上述描述动态跟踪系统，在标准卡尔曼框架滤波条件假设下，其滤波递推更新公式[34]如下：

$$\begin{aligned}
&x_{k+1|k+1} = x_{k+1|k} + K_{k+1}(y_{k+1} - \bar{\boldsymbol{H}}_{k+1} x_{k+1|k}) \\
&x_{k+1|k} = \bar{\boldsymbol{F}} x_{k|k} \\
&K_{k+1} = \boldsymbol{P}_{k+1|k} \bar{\boldsymbol{H}}_{k+1}^{\mathrm{T}} (\bar{\boldsymbol{H}}_{k+1} \boldsymbol{P}_{k+1|k} \bar{\boldsymbol{H}}_{k+1}^{\mathrm{T}} + R_{\tilde{\omega}_k})^{+} \\
&\boldsymbol{P}_{k+1|k} = \bar{\boldsymbol{F}}_k \boldsymbol{P}_{k|k} \bar{\boldsymbol{F}}_k^{\mathrm{T}} + R_{\tilde{\upsilon}_k} \\
&\boldsymbol{P}_{k+1|k+1} = (\boldsymbol{I} - K_{k+1} \bar{\boldsymbol{H}}_{k+1} \boldsymbol{P}_{k+1|k}) \\
&R_{\tilde{\upsilon}_k} = R_{\upsilon_k} + E(\tilde{\boldsymbol{F}}_k E(x_k x_k^{\mathrm{T}}) \tilde{\boldsymbol{F}}_k^{\mathrm{T}}) \\
&R_{\tilde{\omega}_k} = R_{\omega_k} + E(\tilde{\boldsymbol{H}}_k E(x_k x_k^{\mathrm{T}}) \tilde{\boldsymbol{H}}_k^{\mathrm{T}}) \\
&E(x_{k+1} x_{k+1}^{\mathrm{T}}) = \bar{\boldsymbol{F}}_k E(x_k x_k^{\mathrm{T}}) \bar{\boldsymbol{F}}_k + E(\tilde{\boldsymbol{F}}_k E(x_k x_k^{\mathrm{T}}) \tilde{\boldsymbol{F}}_k^{\mathrm{T}}) + R_{\upsilon_k} \\
&x_{0|0} = E(x_0), P_{0|0} = \mathrm{Var}(x_0), E(x_0 x_0^{\mathrm{T}}) = E(x_0) E(x_0^{\mathrm{T}}) + P_{0|0} \\
&E(\tilde{\boldsymbol{F}}_k E(x_k x_k^{\mathrm{T}}) \tilde{\boldsymbol{F}}_k^{\mathrm{T}})(m,n) = \sum_{i=1}^{r} C_{f_{n1}^k f_{mi}^k} \boldsymbol{X}_{i1}^k + \cdots + \sum_{i=1}^{r} C_{f_{nr}^k f_{mi}^k} \boldsymbol{X}_{ir}^k \\
&E(\tilde{\boldsymbol{H}}_k E(x_k x_k^{\mathrm{T}}) \tilde{\boldsymbol{H}}_k^{\mathrm{T}})(m,n) = \sum_{i=1}^{r} C_{h_{n1}^k h_{mi}^k} \boldsymbol{X}_{i1}^k + \cdots + \sum_{i=1}^{r} C_{h_{nr}^k h_{mi}^k} \boldsymbol{X}_{ir}^k
\end{aligned} \tag{11.222}$$

式中，上标“+”表示 Moore-Penrose 广义逆；$x_{k+1|k}$ 表示 x_{k+1} 的一步预测；$\boldsymbol{P}_{k+1|k}$ 表示 $x_{k+1|k}$ 的协方差矩阵；$x_{k+1|k+1}$ 表示状态 x_{k+1} 的更新且 $\boldsymbol{P}_{k+1|k+1}$ 表示 $x_{k+1|k+1}$ 的协方差矩阵；X_{ij}^{k} 为矩阵 $\boldsymbol{X}^{k}=E(x_k x_k^{\mathrm{T}})$ 在 (i,j) 位置上的元素。

3. 应用效果

对于密集多目标跟踪问题，现有的交互式多模型滤波、随机化多假设数据关联方法的局限在于多模型滤波估值及数据关联采取分离处理的方式，会导致估值精度及关联正确率下降。随机参数矩阵多模型最优滤波方法，可兼顾不同目标的运动特性，将模型匹配与数据关联问题统一处理。如图 11.27 所示为随机参数矩阵多模型动态跟踪系统最优滤波航迹图，其中带 T 字标牌的为目标跟踪航迹。从图中可看到，T124、T126 和 T129 三个目标发生多次样式复杂的交汇及多次强机动转弯，利用随机参数矩阵多模型最优滤波方法获得的目标航迹连续、稳定，未出现混批、断批的现象，说明这一方法对大幅度、多机动目标具有较高的应用价值。

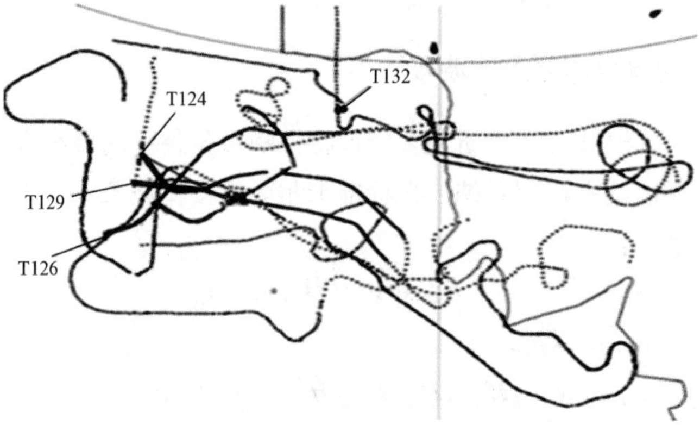

图 11.27　随机参数矩阵多模型动态跟踪系统最优滤波航迹图

11.11.3　基于知识的数据处理技术

基于知识的数据处理技术可建立具备学习优化能力的数据处理流程，充分发掘并利用雷达环境信息和先验知识，最大限度地发挥雷达的探测效率。

1. 基于知识的数据处理系统

与传统雷达数据处理相比，基于知识的数据处理架构是一个全自适应的闭合环路。通过知识的“应用—评估—更新”的闭环及“全自适应的智能化认知处理”的核心框架[35]，构建智能化认知处理的体系架构。基于知识的数据处理系统结构如图 11.28 所示。

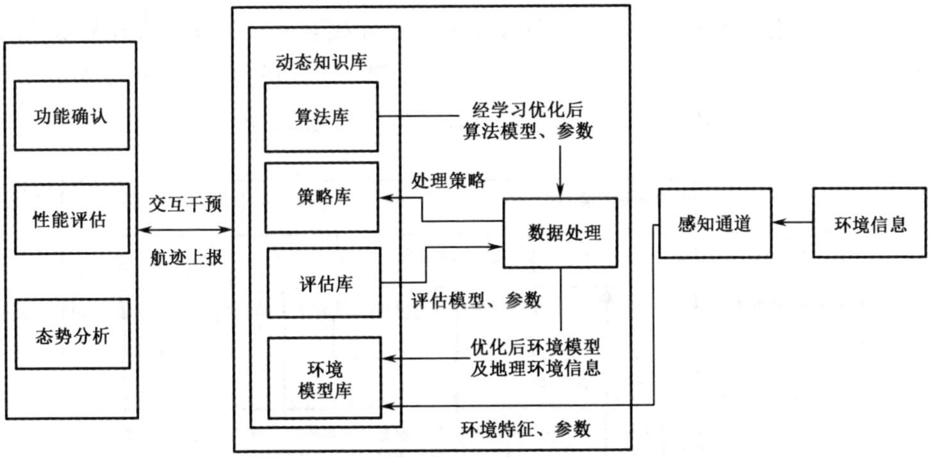

图 11.28　基于知识的数据处理系统结构图

基于知识的数据处理系统包括数据库信息准备和知识学习与推理决策两部分[36]。首先，通过环境感知通道接收海杂波、地杂波、地理信息、高程数据、动态水平仪修正角度数据、大气折射修正数据等环境数据，由环境信息模型获得如海杂波分区、地杂波分区、道路交通网等数据库信息，存入环境模型库。算法库包含航迹起始、数据关联、滤波估计等方法，将处理算法进行参数化、模型化设计，滤波器模型、运动模型、量测模型等按照模型化公式实现，具体应用通过配置参数实例化得到。策略库由关联逻辑规则组成，如杂波分区处理策略控制、起始准则、数据关联波门设置准则、滤波方法、运动模型选取等。评估库主要包含雷达跟踪性能评估方法等，如利用目标真值数据等对雷达跟踪精度、探测威力、发现概率等进行综合评估。推理决策部分根据环境信息建立数据处理体系，在不同环境下匹配不同的目标跟踪方法；根据专家数据处理经验，建立模糊关联准则与机制，针对不同体制雷达和不同跟踪目标类型，建立不同的处理体系；根据当前雷达工作模式和状态，自动关联相应的航迹起始、数据关联、滤波、波束调度等处理方法。同时，基于当前数据特征或历史数据自学习调整处理策略，根据当前跟踪目标数据特性，通过在线学习或基于历史数据经验，采用基于认知学习等方法，对当前目标滤波方法、运动模型等进行实时调整，使系统具有自学习能力。

2．基于知识的数据处理流程

传统的多目标跟踪数据处理主要包括航迹起始、数据关联、滤波与预测、航迹跟踪、波门选取等部分，各环节分工明确、连接紧密，但缺少环境知识和学习知识的有效介入，系统不具备学习能力。基于知识的数据处理技术可干预输入信息和知识，提高数据处理能力，处理流程如图 11.29 所示。

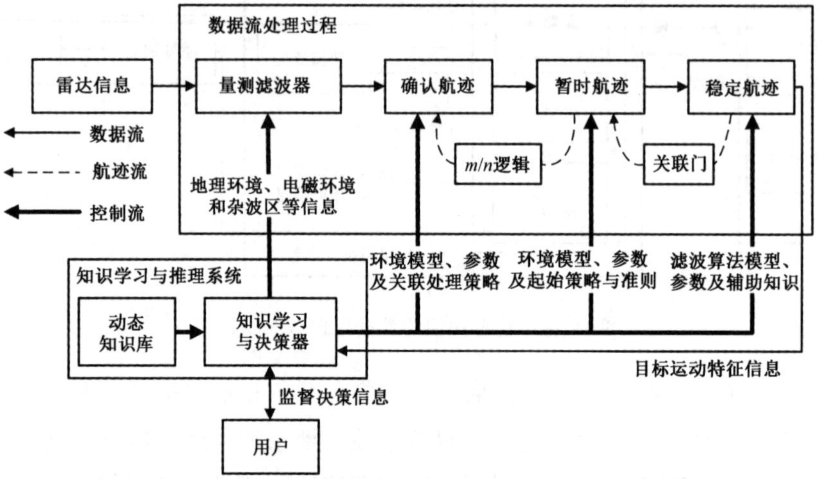

图 11.29　基于知识的数据处理流程面向对象生命周期模型的数据处理流程

首先要对量测数据预处理，经前端检测处理后的观测数据，进入量测滤波器，通过知识学习与决策器访问动态数据库获取当前探测目标的环境信息，根据不同的环境信息映射出不同处理方法，主要包括异常点迹剔除规则、干扰点判别规则、地理信息匹配规则、杂波强度在线估计方法等。经过量测预处理的点迹，进入航迹关联处理，先从知识学习与推理系统获取环境信息、关联门设置、起始策略及准则、关联处理策略等信息。对与航迹关联上的点迹将进行基于知识的滤波处理，选取合适的滤波器和目标运动模型。点迹与航迹相关成功的，则对航迹进行确认，确认成功转入稳定航迹；点迹与航迹相关联未成功的点迹则转入暂时航迹处理。对更新后的暂时航迹进行 m/n 逻辑起始准则判断，如果满足 m/n 逻辑准则，则暂时航迹形成确认航迹。

对于更新的航迹，根据动态算法库提供的滤波方法和运动模型关联准则，选取与之相适应的滤波估计模型，知识学习与推理系统将对该条航迹进行实时评估，通过深度学习等人工智能方法，对经过滤波后的航迹进行修正，实时进行目标机动在线评判，根据目标运动属性，切换至与目标运动特性相匹配的运动模型和滤波方法。将处理后的航迹送入航迹数据库，通过对比目标机数据，分析雷达探测威力范围、检测概率、探测精度等探测性能，进行航迹质量综合评估。

3. 应用效果

图 11.30 中 T20 为实际强杂波区域的低空小目标跟踪航迹，低空中存在大量杂波点，目标航迹得到稳定的起始跟踪，形成稳定的滤波跟踪航迹，该航迹与目标航线符合较好。应用环境信息和目标特征信息等，建立的基于知识的数据处理系统可用于强杂波区的低空小目标起始跟踪，有助于提升雷达的整体性能。

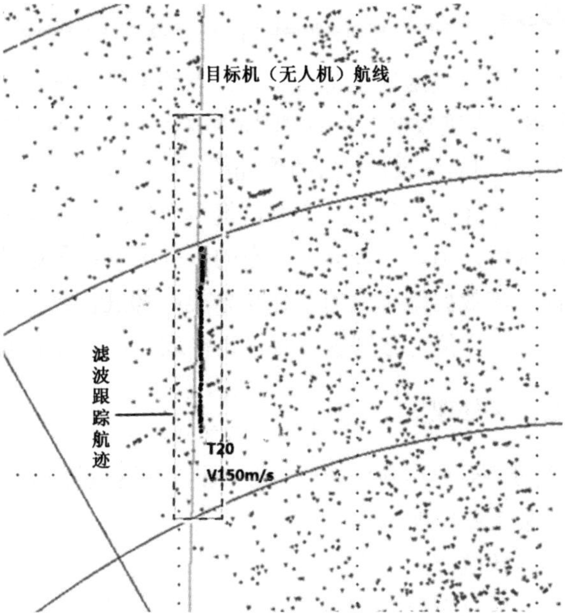

图 11.30　强杂波区低空小目标起始跟踪示意图

11.12　工程应用简介

工程应用主要是针对具体的实际环境和要求选择算法，某种算法对于某种场合可能是最合适的，但要解决普遍的问题，常使用综合方法或某几种方法的组合。下面首先介绍一般雷达数据处理的步骤和内容，接着给出在不同目标环境下分别应用最小二乘滤波器、卡尔曼滤波器和 α - β 滤波器 3 种滤波算法得到的跟踪结果，也给出了无损卡尔曼滤波器、扩展卡尔曼滤波器两种滤波算法的应用情况比较。

11.12.1　工程设计主要内容

雷达数据处理系统获取信号处理模块产生的点迹数据后，进行点迹凝聚处理、点迹-航迹相关处理、点迹-航迹相关解模糊处理、航迹滤波与预测、航迹起始处理、航迹管理与维持，以实现对目标的稳定连续跟踪及对目标状态的精确估计，它的主要关键技术包括相关处理和目标的跟踪滤波，其中，相关处理主要算法包括最近邻域关联滤波算法、多因子综合关联滤波算法、概率数据关联滤波算法。最近邻域关联滤波算法适用于稀疏目标环境，多因子综合关联滤波算法适用于多目标交叉环境，概率数据关联滤波（PDAF）算法适用于高密度目标的情况。目标的跟踪滤波主要用于解决观测数据的不精确性，以及实现目标状态的跟踪与预测，常用的跟踪滤波算法有α-β滤波器和卡尔曼滤波器。

1. 点迹凝聚处理

点迹凝聚处理是雷达数据处理的第一步。点迹凝聚处理，可减少关联点迹数量，得到较高置信度的点迹数据。受多种因素影响，同一目标往往会产生多个测量值，因此，有必要首先对量测数据进行凝聚处理，以得到精确的目标点迹估计值。

点迹凝聚处理通过算法从目标多个测量值中产生最客观反映目标物理位置的质心点。如第 10 章所介绍，点迹凝聚处理的步骤如下：①区别出属于同一个目标的点迹；②进行点迹数据距离上的归并与分类；③进行点迹数据方位上的归并与分类；④在距离上、方位上分别求质心，直接或线性内插获取凝聚点。

2. 点迹-航迹相关处理

点迹-航迹相关处理是雷达数据处理的第二步，在这里将要确定点迹的归属：

（1）点迹属于某个稳定航迹。

（2）确定点迹为新航迹的首点。

（3）确定点迹为孤立点/虚警点。

最近邻域关联滤波算法常被用于进行目标点迹-航迹的相关处理。最近邻域关联滤波算法利用在统计意义上与被跟踪目标预测位置最靠近的点迹作为候选点迹，然后应用算法中增益与协方差矩阵的计算，考虑跟踪门的大小、点迹密度及各种约束参数的影响。

点迹-航迹相关处理步骤如下：首先设置跟踪门以限制潜在的决策数目；然后由跟踪波门初步筛选所得到的点迹，并作为候选点迹。此时若跟踪波门内点迹数大于 1，则比较波门内各回波的残差，将统计间隔最小的候选观测值作为目标点迹。点迹-航迹相关处理的一般流程如下：对输入的点迹数据进行点迹分类，确认相关对象和范围，有相关对象则取相关航迹数据，计算统计间隔，判断是否为目标点迹，若是目标点迹则进入解模糊处理，否则进入暂时航迹处理；无相关对象则进入暂时航迹处理。如图 11.31 所示为点迹-航迹相关处理流程图。

3．点迹-航迹精相关解模糊处理

点迹-航迹相关解模糊处理是雷达数据处理的第三步，主要解决目标航迹交叉、多个点迹与一条航迹相关、多条航迹争夺一个点迹等问题。它的处理可解除虚假点迹关联，保证航迹跟踪的连续性和稳定性。

点迹-航迹相关解模糊处理将综合使用最近邻域关联滤波算法、多因子综合关联滤波算法、模糊关联滤波算法、概率数据关联滤波算法等。

点迹-航迹相关解模糊处理的流程图如图 11.32 所示。

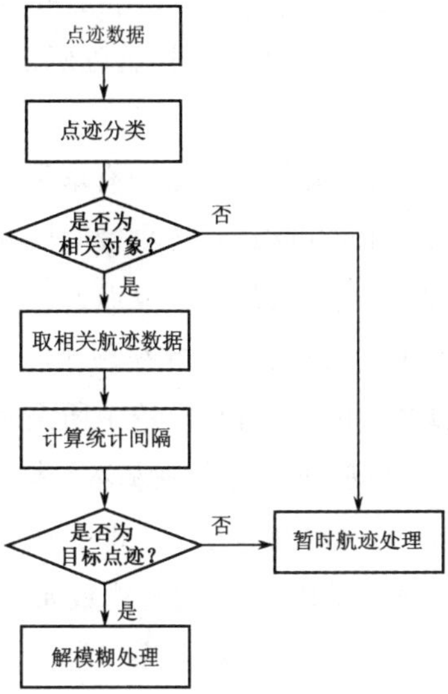

图 11.31　点迹-航迹相关处理流程图

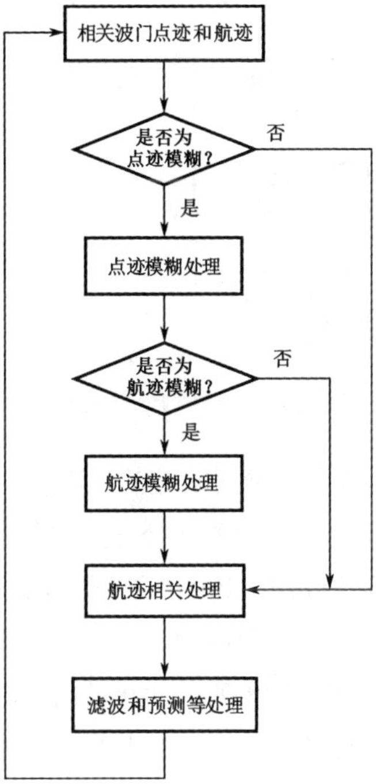

图 11.32　点迹-航迹相关解模糊处理流程图

4．航迹滤波与预测

航迹滤波与预测是雷达数据处理的第四步。通过这个环节的处理，最终可以得到目标航迹的状态估计值，并为下一轮回的相关处理确定跟踪波门。这也是目标跟踪的基础。在工程上常用 α - β 滤波器和卡尔曼滤波器两种算法。

α - β 滤波器是一种简单的易于在工程中实现的常增益滤波方法，此方法已被广泛应用于各种系统的跟踪滤波器的设计过程中。它的优点在于增益矩阵可离线计算，α - β 滤波器实际上是卡尔曼滤波器的简化，其应用在目标直线运动时，可使滤波的航迹位置与速度的均方误差最小，因此，在设计中可不考虑过程噪声的影响。

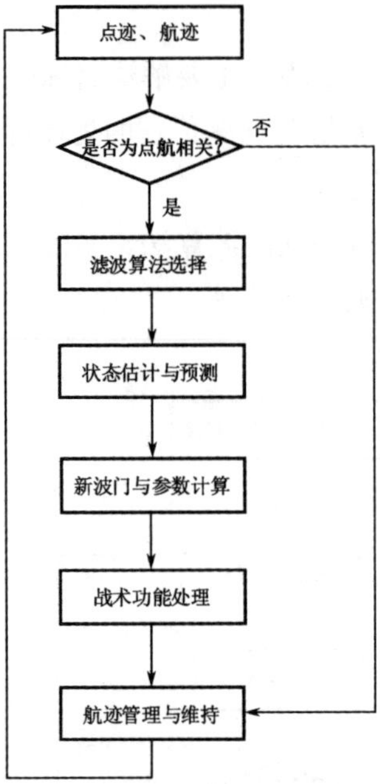

图 11.33 航迹滤波与预测处理流程图

对机动目标的跟踪和跟踪精度要求较高的系统往往采用卡尔曼滤波器，而计算机软硬件技术水平的发展，满足了卡尔曼滤波器大计算量的要求。如图 11.33 所示为航迹滤波与预测处理流程图。

5. 航迹自动起始处理

一般可将航迹寿命定义为暂时航迹、稳定航迹和航迹消亡 3 个阶段。航迹起始是目标跟踪的第一步，它实际上是一种建立新的目标档案的决策方法，主要包括暂时航迹形成、航迹初始化和航迹确定 3 个方面。

航迹自动起始处理就是在有虚警的条件下，经过适当的起始逻辑过程及有限步的确认后，检测出真实目标并建立航迹，这里的确认是指先预测暂时航迹的下次雷达扫描的回波（点迹）位置，并在预测位置周围的适当区域中进行关联处理。对暂时航迹的处理同样包含可靠航迹中所采用的滤波及预测等过程，其中点迹-暂时航迹相关处理与点迹-航迹相关联基本一样。

从工程应用角度看，“滑窗法”是有效的自动起始处理方法，即当在持续的 n 次雷达扫描中出现 m 次相关时，则输出航迹。航迹起始成功的检测数 m 和滑窗中相继事件总数 n（滑窗长度）构成了一种自动航迹起始逻辑关系，称为滑窗的“m/n”逻辑。详细介绍请参见 11.7.1 节。

事实上，一般仅用滑窗法并不能满足航迹起始的要求，即便在滑窗 3/3 的慢速起始逻辑下，仍有虚假航迹输出。因而，研究人员提出一种在“滑窗”后级联多道滤波器的自适应航迹起始方法。如图 11.34 所示为自适应航迹起始方法示意图。

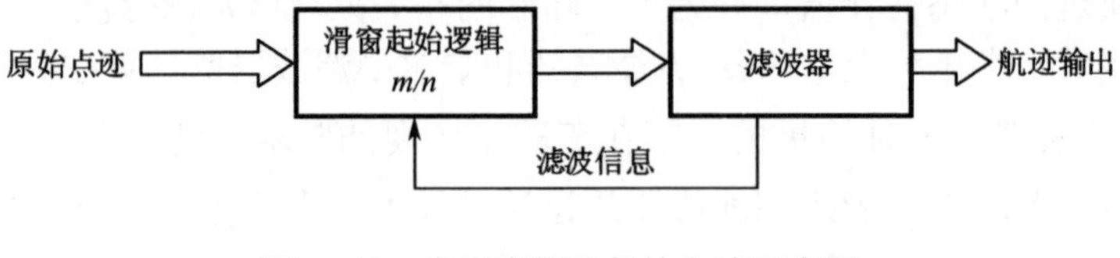

图 11.34 自适应航迹起始方法示意图

图 11.34 中滤波器的作用主要是通过速度滤波、航向滤波和固定目标滤波等，实现对虚假航迹的抑制。

6. 航迹管理与维持

航迹管理与维持主要完成批号表的管理、航迹扇区索引的组织和动态管理及航迹自动删除控制等任务。批号表的管理一般采用线性表的方式，根据批号快速进行目标航迹文件定位，同时保证对批号的有序使用。如图 11.35 所示为采用线性表结构的航迹批号表。

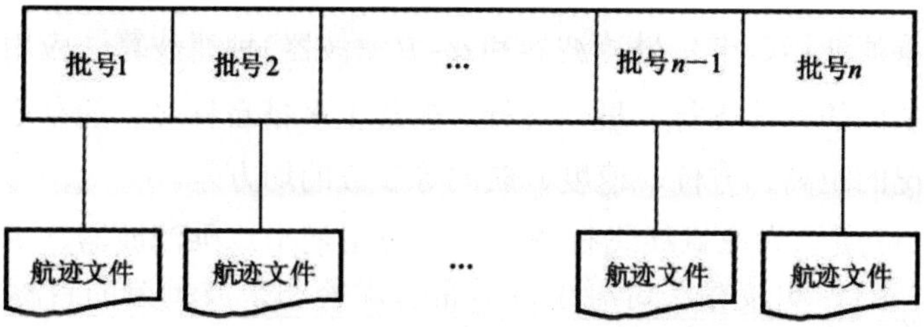

图 11.35　采用线性表结构的航迹批号表

航迹扇区索引的组织和动态管理是将所有航迹文件按照它们所在扇区，通过双向链表方式组织到不同的扇区索引链中，以便于点迹-航迹相关时确定需要进行相关处理的航迹范围。通常将雷达扫描的圆周划分成 64 个或 128 个扇区，每个航迹根据其所在的扇区，分别挂接到相应的扇区索引链中，当航迹状态发生变化时，动态调整其在扇区索引中的位置。航迹扇区划分如图 11.36 所示。

航迹自动删除控制是航迹管理中的一个重要内容，一般当航迹在连续 3 个扫描周期中都未与任何点迹关联上时，即进入航迹衰落状态；连续 6 帧没有关联点迹时，即可自动删除该航迹。

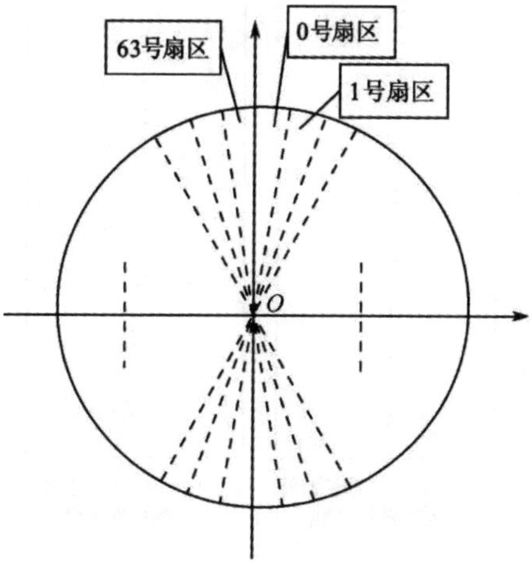

图 11.36　航迹扇区划分

11.12.2 应用举例

本节介绍两部分内容：一是最小二乘滤波器、卡尔曼滤波器和α-β滤波器3种滤波算法对空中目标跟踪情况比较；二是无损卡尔曼滤波器、扩展卡尔曼滤波器两种滤波算法对弹道和空间目标跟踪情况比较。

1．最小二乘滤波器、卡尔曼滤波器和α-β滤波器3种滤波算法应用情况

最小二乘滤波器、卡尔曼滤波器和α-β滤波器3种滤波算法应用于跟踪直线飞行、改变航向的直线飞行、机动飞行、航线上多批目标飞行的空中目标。下面分析 3 种情况的距离、方位、速度、航向等参数的均方差。

如图 11.37 所示为在直线飞行情况下，应用最小二乘滤波器、卡尔曼滤波器和α-β滤波器3种滤波算法对凝聚以后带有虚警和杂波剩余的目标点迹数据进行跟踪的示意图。其中，如图 11.37（a）所示为经凝聚处理以后的目标点迹数据，该系统的原始点迹测量精度如下：距离小于 100m、方位误差小于 0.3°；如图 11.37（b）所示为最小二乘滤波器算法的跟踪示意图，其应用包括当前点在内的最近 5 点数据进行的拟合；如图 11.37（c）所示为卡尔曼滤波器算法的跟踪示意图，它应用了 Singer 相关噪声模型，但模型机动加速度和机动因子采用自适应方法调整；如图 11.37（d）所示为α-β滤波器算法的跟踪示意图，它应用了滤波残差自适应调整滤波增益的方法。

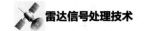

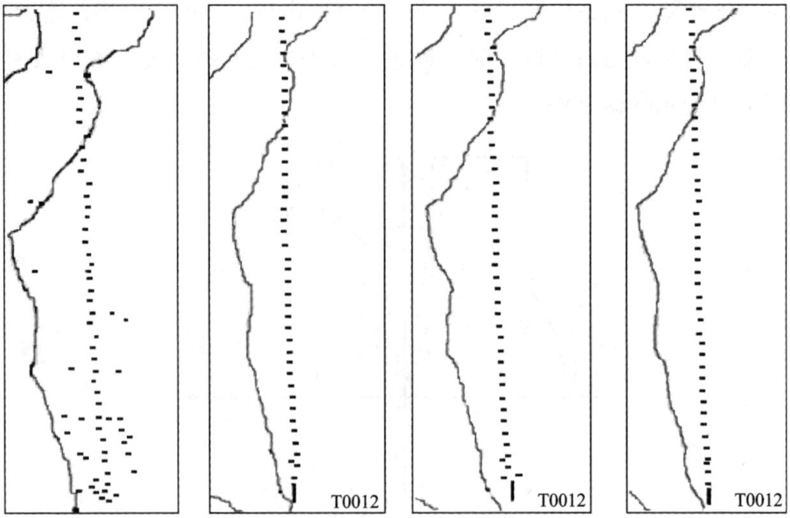

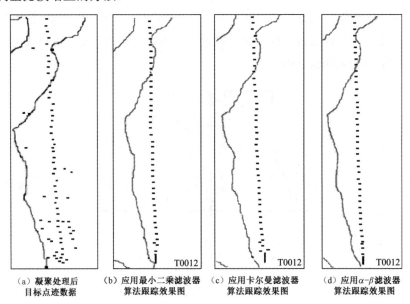

（a）凝聚处理后目标点迹数据　（b）应用最小二乘滤波器算法跟踪效果图　（c）应用卡尔曼滤波器算法跟踪效果图　（d）应用α-β滤波器算法跟踪效果图

图 11.37　在直线飞行情况下应用最小二乘滤波器、卡尔曼滤波器、α-β滤波器3种滤波算法的跟踪效果图

表 11.6 给出了在直线飞行情况下 3 种滤波算法的跟踪均方差的比较。

表 11.6　在直线飞行情况下 3 种滤波算法的跟踪均方差的比较

误差项	α-β滤波器	卡尔曼滤波器	最小二乘滤波器
距离/(m)	10.96	11.00	12.24
方位/(°)	0.01	0.02	0.03
速度/(km/h)	0.24	0.50	0.95
航向/(°)	0.23	0.70	0.46

由表 11.6 可知，α-β滤波器算法应用于直线运动目标的跟踪效果最好，且与目标运动模型相匹配，这与分析结果一致。

如图 11.38 所示为在改变航向直线飞行情况下应用最小二乘滤波器、卡尔曼滤波器、α-β滤波器3种滤波算法对凝聚处理以后带有虚警、杂波剩余的目标点迹数据的跟踪效果图。其中，如图 11.38（a）所示为经凝聚处理以后的目标点迹数据，该系统的原始点迹测量精度如下：距离误差小于 80m、方位误差小于 0.25°；如图 11.38（b）、图 11.38（c）和图 11.38（d）所示分别为应用最小二乘滤波器、卡尔曼滤波器、α-β滤波器3种滤波算法的跟踪效果图。

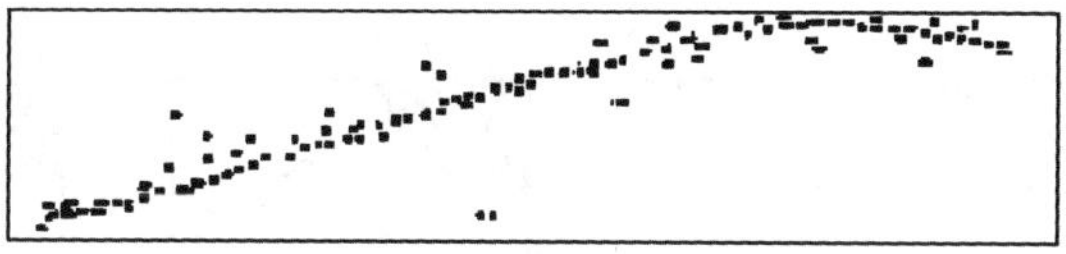

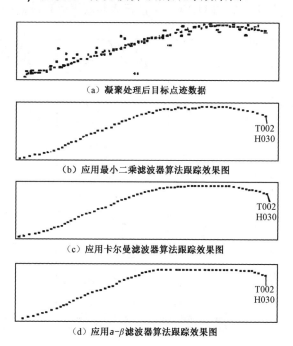

（a）凝聚处理后目标点迹数据

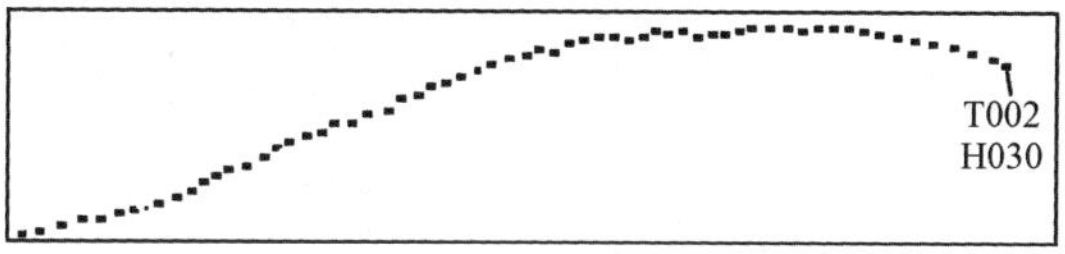

（b）应用最小二乘滤波器算法跟踪效果图

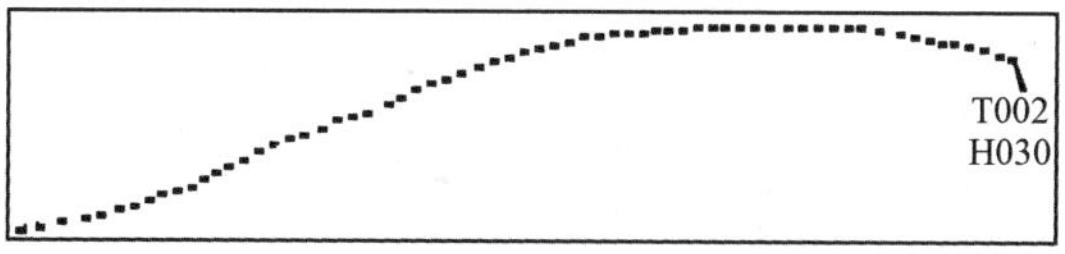

（c）应用卡尔曼滤波器算法跟踪效果图

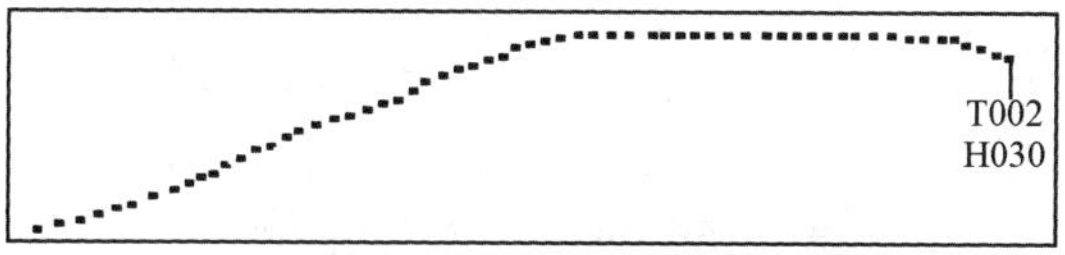

（d）应用a-β滤波器算法跟踪效果图

图 11.38　在改变航向直线飞行情况下应用最小二乘滤波器、卡尔曼滤波器、α-β滤波器 3 种滤波算法的跟踪效果图

表 11.7 给出了在改变航向直线飞行情况下 3 种滤波算法的跟踪均方差的比较。

表 11.7 在改变航向直线飞行情况下 3 种滤波算法跟踪均方差的比较

误差项	α-β 滤波器	卡尔曼滤波器	最小二乘滤波器
距离/（m）	3.4（转弯前）、 22.8（转弯后）	3.3（转弯前）、 27.5（转弯后）	4.1（转弯前）、 26.2（转弯后）
方位/（°）	0.005（转弯前）、 0.28（转弯后）	0.006（转弯前）、 0.39（转弯后）	0.009（转弯前）、 0.31（转弯后）
速度（km/h）	0.09（转弯前）、 0.52（转弯后）	0.15（转弯前）、 0.95（转弯后）	0.45（转弯前）、 0.79（转弯后）
航向/（°）	0.13（转弯前）、 0.34（转弯后）	0.13（转弯前）、 0.25（转弯后）	0.11（转弯前）、 0.18（转弯后）

由表 11.7 可知，α-β 滤波器算法应用于改变航向直线运动目标跟踪时的效果仍然最好，说明该算法对一般性改变航向的直线飞行目标仍有较强的适应性。

如图 11.39 所示为在机动飞行情况下应用最小二乘滤波器、卡尔曼滤波器、改进 α-β 滤波器3种滤波算法对凝聚处理以后带有虚警、杂波剩余的目标点迹数据的跟踪效果图。其中，如图 11.39（a）所示为经凝聚处理以后的目标点迹数据，

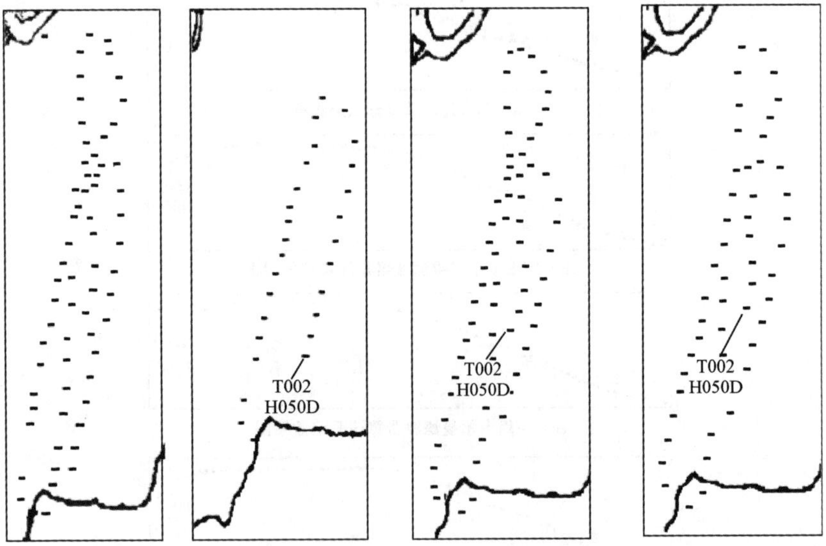

（a）凝聚处理后目标点迹数据　（b）应用最小二乘滤波器算法跟踪效果图　（c）应用卡尔曼滤波器算法跟踪效果图　（d）应用改进 α-β 滤波器算法跟踪效果图

图 11.39 在机动飞行情况下应用最小二乘滤波器、卡尔曼滤波器、改进 α-β 滤波器3种滤波算法的跟踪效果图

该系统的原始点迹测量精度如下：距离误差小于 100m、方位误差小于 0.3°；如图 11.39（b）、图 11.39（c）和图 11.39（d）所示分别为应用最小二乘滤波器、卡尔曼滤波器、改进α - β 滤波器3种滤波算法的跟踪效果图。

表 11.8 给出了在机动飞行情况下 3 种滤波算法的跟踪均方差的比较。

表 11.8　在机动飞行情况下 3 种滤波算法的跟踪均方差的比较

误差项	改进α-β滤波器	卡尔曼滤波器	最小二乘滤波器
距离/（m）	96	73	167
方位/（°）	0.054	0.052	0.072
速度（km/h）	23.4	9.47	25.4
航向/（°）	2.65	1.35	3.12

由表 11.8 可知：卡尔曼滤波器算法应用于机动飞行情况下跟踪效果最好，目标运动模型完全匹配，这与分析结果一致。

如图 11.40 所示为航线上多批目标飞行情况下应用最小二乘滤波器、卡尔曼滤波器、改进α - β 滤波器3种滤波算法对凝聚处理以后带有虚警、杂波剩余的目标点迹数据的跟踪效果图。其中，如图 11.40（a）所示为经凝聚算法处理以后的目标点迹数据；如图 11.40（b）、图 11.40（c）和图 11.40（d）所示分别为应用最小二乘滤波器、卡尔曼滤波器、改进α - β 滤波器3种滤波算法的跟踪效果图。

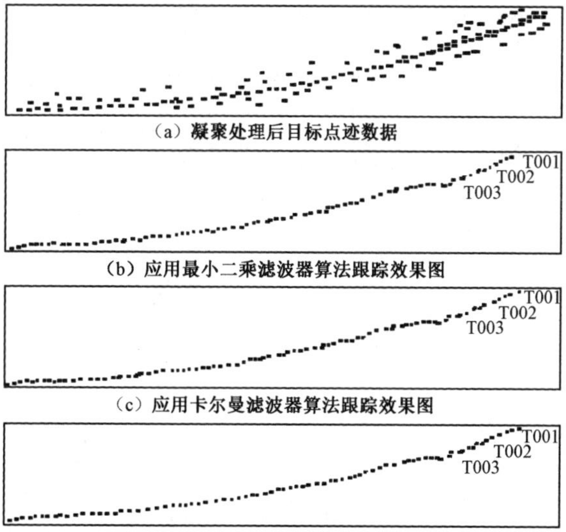

（a）凝聚处理后目标点迹数据

（b）应用最小二乘滤波器算法跟踪效果图

（c）应用卡尔曼滤波器算法跟踪效果图

（d）应用改进α-β滤波器算法跟踪效果图

图 11.40　航线上多批目标飞行情况下应用最小二乘滤波器、卡尔曼滤波器、改进α-β 滤波器3种滤波算法的跟踪效果图

从如图 10.40 所示几种实际应用情况看，改进α-β滤波器算法适用于直线运动目标，跟踪效果较好；卡尔曼滤波器算法适用于机动飞行目标，跟踪效果较好；最小二乘滤波器算法应用直线运动目标也有较好的跟踪效果，但对机动目标来说，其在机动发生和机动结束后的估计误差较大，难以完成正常跟踪，因此，一般不单独使用，仅在跟踪中用于辅助预测和航向的判断。

2．无损卡尔曼滤波器、扩展卡尔曼滤波器两种滤波算法的应用情况

图 11.41 为对弹道目标应用无损卡尔曼滤波器、扩展卡尔曼滤波器两种滤波算法对凝聚处理之后的点迹数据跟踪效果图。其中，如图 11.41（a）所示为经凝

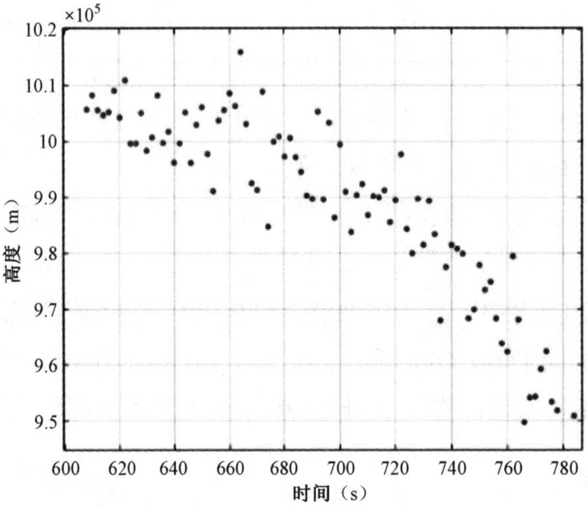

（a）凝聚处理后的点迹数据

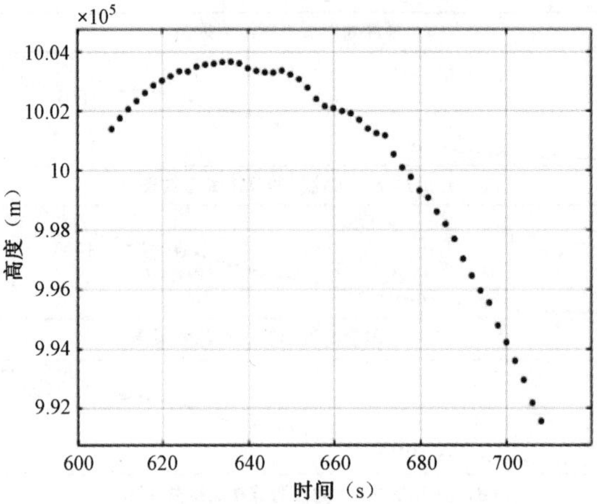

（b）应用无损卡尔曼滤波器滤波算法跟踪示意图

图 11.41　弹道目标应用无损卡尔曼滤波器、扩展卡尔曼滤波器两种滤波算法跟踪示意图

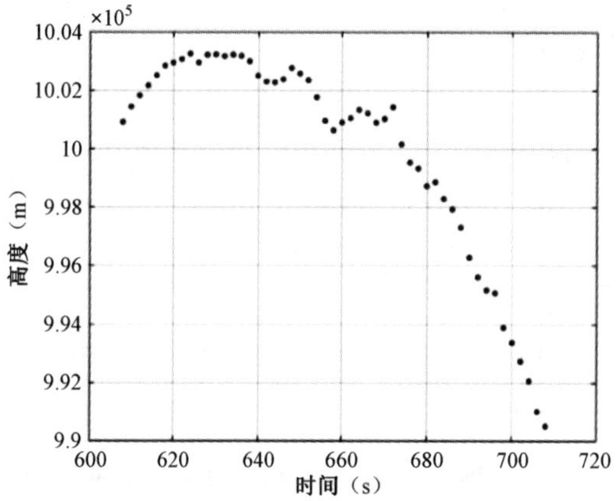

（c）应用扩展卡尔曼滤波器滤波算法跟踪示意图

图 11.41　弹道目标应用无损卡尔曼滤波器、扩展卡尔曼滤波器两种滤波算法跟踪示意图（续）

聚算法处理以后的目标点迹数据；如图 11.41（b）、图 11.41（c）所示分别为应用无损卡尔曼滤波器、扩展卡尔曼滤波器两种滤波算法跟踪示意图。

表 11.9 给出了对弹道目标跟踪两种滤波算法均方差的比较。

表 11.9　弹道目标跟踪两种滤波算法均方差的比较

误差项	无损卡尔曼滤波器	扩展卡尔曼滤波器
距离/（m）	321	432
方位/（°）	0.058	0.066
俯仰/（°）	0.061	0.073

从图 11.41 的呈现情况看，无损卡尔曼滤波器滤波算法对弹道目标的跟踪效果较扩展卡尔曼滤波器滤波算法好，输出的轨迹更为平滑；由表 11.9 可知：无损卡尔曼滤波器滤波算法的均方差比扩展卡尔曼滤波器算法的均方差小，也印证了图 11.41 中的结果。

如图 11.42 所示为对空间目标应用无损卡尔曼滤波器、扩展卡尔曼滤波器两种滤波算法的跟踪效果图。其中，如图 11.42（a）所示为凝聚处理后的点迹数据；如图 11.42（b）、图 11.42（c）所示分别为应用无损卡尔曼滤波器、扩展卡尔曼滤波器滤波算法的跟踪示意图。

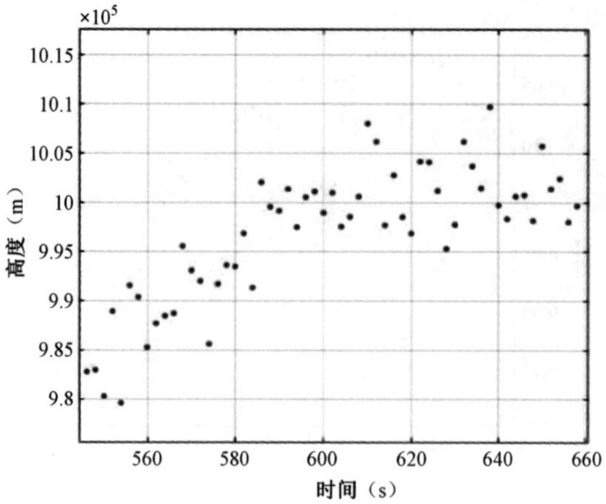

（a）凝聚处理后的点迹数据

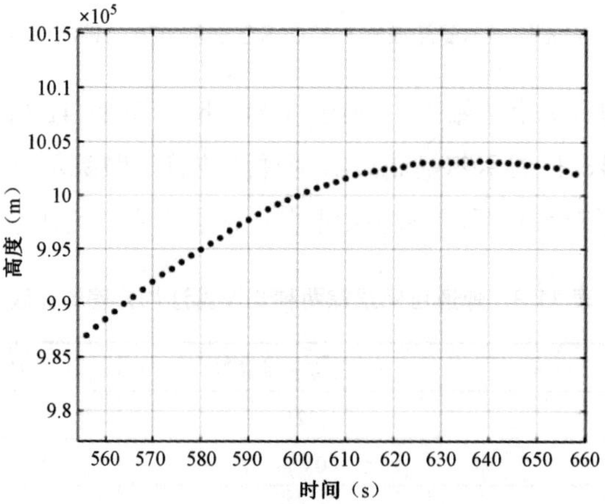

（b）应用无损卡尔曼滤波器滤波算法跟踪示意图

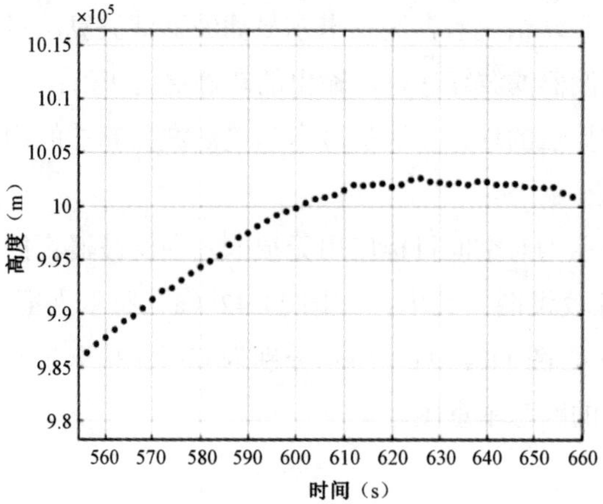

（c）应用扩展卡尔曼滤波器滤波算法跟踪示意图

图 11.42　空间目标应用无损卡尔曼滤波器、扩展卡尔曼滤波器两种滤波算法跟踪示意图

表 11.10 给出了对空间目标跟踪两种滤波算法均方差的比较。

表 11.10　空间目标跟踪两种滤波算法均方差的比较

误差项	无损卡尔曼滤波器	扩展卡尔曼滤波器
距离/（m）	221	313
方位/（°）	0.052	0.059
俯仰/（°）	0.054	0.061

从如图 11.42 所示的算法效果看，与弹道目标类似，无损卡尔曼滤波器滤波算法对空间目标跟踪效果也比扩展卡尔曼滤波器滤波算法好，输出的目标轨迹更为平滑；表 11.10 中的两种滤波算法的均方差比较结果表明：无损卡尔曼滤波器滤波算法要优于扩展卡尔曼滤波器滤波算法。

总体来看，对于运动方程高度非线性的目标，无损卡尔曼滤波器是一种精度较高的滤波跟踪算法，并且也不涉及雅克比矩阵求导计算，效费比较高。

11.13　本章小结

本章从点迹与点迹相关、点迹与航迹相关，以及运动目标航迹的滤波、预测着手，采用渐进的方法，给出目标航迹处理框架、最佳拟合的思路，介绍了常用的运动目标数学模型、跟踪滤波器，以及目标的起始、跟踪、相关区域自动控制的方法和准则，阐述了在虚警环境下应用概率数据关联滤波、最近邻域关联滤波、航迹分支等相关处理算法和技术。本章还介绍了系统误差、天线水平和俯仰误差、电扫指向误差的修正方法，以及大气折射、电离等因素造成误差的修正方法，以适应精细化航迹处理的需要；同时介绍了基于目标位置、航向、航速、微多普勒、时间-频率二维分布等特征的深度学习方法的目标识别，有效利用了跟踪与识别信息对雷达目标航迹处理性能的提升。

人工智能技术在雷达目标航迹处理方面的探索应用极具活力和吸引力，在智能处理方面主要包括基于目标运动特性、目标散射特性等进行目标快速分类，基于自学习、自评估的目标跟踪模型参数自动寻优，基于历史大数据和知识信息的航迹位置准确预测、目标意图识别与威胁估计、复杂自适应波形参数选择等，基于动态雷达资源分配实现对重点目标的快速发现确认、高数据率跟踪、干扰识别估计及自动模式选择等。

本章参考文献

[1] FARINA A，STUDER F A. 雷达数据处理（第 2 卷）[M]. 孙龙祥，张祖稷，等，译. 北京：国防工业出版社，1988.

[2] 周宏仁，敬忠良，王培德. 机动目标跟踪[M]. 北京：国防工业出版社，1991.

[3] 巴沙洛姆. 跟踪与数据互联[M]. 张兰秀，赵连芳，译. 连云港：中船总七一六所，1991.

[4] 丁鹭飞，耿富录. 雷达原理[M]. 3 版. 西安：西安电子科技大学出版社，2002.

[5] 何友，修建娟，等. 雷达数据处理及应用[M]. 北京：电子工业出版社，2006.

[6] BLACKMAN S S. Multiple-Target Tracking with Radar Application[M]. Artech House, INC, 1986.

[7] 唐劲松，何友，王国宏. 一种自适应 $\alpha-\beta-\gamma$ 滤波[J]. 火力与指挥控制，1995（2）：32-36.

[8] 董志荣. 论航迹起始方法[J]. 情报指挥控制系统与仿真技术，1999（2）：1-6.

[9] 杨晨阳，毛士艺. 相控阵雷达中 TWS 和 TAS 跟踪技术[J]. 电子学报，1999（4）.

[10] 康继红. 数据融合理论及应用[M]. 西安：西安电子科技大学出版社，1997.

[11] 郦能敬. 预警机系统导论[M]. 北京：国防工业出版社，1998.

[12] 韩崇昭，朱洪艳，段战胜，等. 多源信息融合[M]. 2 版. 北京：清华大学出版社，2010.

[13] SARKKA S. Bayesian Filtering and Smoothing[M]. Cambridge University Press, 2013: 51-56

[14] SKOLIK M. 雷达手册[M]. 2 版. 王军，等译. 北京：电子工业出版社，2003.

[15] KALMAN R E, BUCY R S. New Results in Linear Filtering and Predication Problems[J]. Journal of Basic Engra., Trans. ASME, Ser. D, 1960, 82(1): 35-45.

[16] FARINA A, STUDER F A. Radar Data Processing[M]. Research Studies Press LTD, 1985.

[17] 靳俊峰，曾怡，廖圣龙. 弹道导弹群目标跟踪分裂算法研究[J]. 雷达科学与技术，2020，18（03）：321-326.

[18] JIN J F, MA M. Data association algorithm for ballistic missile target based on

optimal assignment strategy[C]// 2016 CIE International Conference on Radar, 2016: 1618-1622.

[19] 刘军伟，钮俊清，任清安. 一种高精度机载 GMTI 雷达数据滤波方法[J]. 雷达科学与技术，2011，9（5）：437-440.

[20] 李国兵，覃征，郭蓉华，等. 基于 UKF 的快速地面集群目标跟踪算法设计和实现[J]. 中南大学学报：自然科学版，2009，40（S1）：108-114.

[21] LI X R, JILKOV V P, RU J F. Multiple-model estimation with variable structure-Part VI: expected-mode augmentation[J]. IEEE Transactions on Aerospace and Electronic Systems, 2005, 41(3): 853-867.

[22] BAR-SHALOM Y, BLAIR W D. Multitarget-Multisensory Tracking: Applications and Advances Vol. III[M]. Boston, MA: Artech House, 2000: 1-10.

[23] LAN G F, YOSHUA B, AARON C. Deep Learning[M]. 2017.

[24] 郑泽宇，梁博文，顾思宇. TensorFlow：实战 Googel 深度学习框架[M]. 2 版. 北京：电子工业出版社，2018.

[25] CHEN V C. The Micro-Doppler Effect in Radar[M]. Norwood: Artech House, 2011.

[26] 李秋生. 常规雷达上飞机目标旋转部件回波调制特性分析[J]. 中国科学院大学学报，2013，30（6）：1-9.

[27] 陈行勇. 微动目标雷达特征提取技术研究[D]. 长沙：国防科技大学，2006.

[28] 陈凤，刘宏伟，杜兰，等. 基于特征谱散布特征的低分辨雷达目标分类方法[J]. 中国科学：信息科学，2010，40（4）：624-636.

[29] 姜悦. 基于微多普勒的飞机目标时频域特征提取方法研究[D]. 西安：西安电子科技大学后面加上，2014.

[30] 刘丽娟. 基于 D-S 证据理论的多传感器信息融合算法研究[D]. 无锡：江南大学，2014.

[31] CHONG C Y, MORI S, REID D B. Forty years of multiple hypothesis tracking-a review of key developments[C]// IEEE 21st International Conference on Information Fusion, 2018: 452-459.

[32] BA-NGU VO, MAHENDRA M, BAR-SHALOM Y, et al. Multitarget Tracking[J]. Wiley Encyclopedia of Electrical and Electronics Engineering, 2015: 1-20.

[33] BLACKMAN S S, DEMPSTER R J, ROSZKOWSKI S H. IMM/MHT applications to radar and IR multitarget tracking[J]. Proceedings of Spie the International Society for Optical Engineering, 1997, 3163.
[34] BLACKMAN S S, DEMPSTER R J. IMM/MHT solution to radar benchmark tracking problem[J]. IEEE Transactions on Aerospace and Electronic Systems, 1999, 35(2): 730-738.
[35] 卢燕. 基于认知的机载雷达空时自适应处理技术研究[D]. 成都：电子科技大学，2017.
[36] 金林. 智能化认知雷达综述[J]. 现代雷达，2013：6-11.